Fehler und Fehlerschutz

in elektrischen Drehstromanlagen

Von

Dr.-Ing. Dr. techn. **Hans Titze**

Baden (Schweiz)

In zwei Bänden

Zweiter Band

Der Fehlerschutz

Mit 231 Textabbildungen

Wien

Springer-Verlag

1953

ISBN-13:978-3-7091-7825-6   e-ISBN-13:978-3-7091-7824-9
DOI: 10.1007/978-3-7091-7824-9

Vorwort zum zweiten Band

Obwohl dem ersten Bande dieses Buches bereits ein Vorwort vorangestellt war, das das ganze Werk behandelt hat, soll auch der zweite Band ein solches erhalten, da er leider doch später als vorausgesehen fertig geworden ist, und vor allem, da er ja selbständig für sich gelesen werden kann. Vor allem aber ist es mir eine willkommene Gelegenheit, noch einmal allen denen, die mir irgendwie durch Ratschläge oder Bereitstellung von Unterlagen geholfen haben, bestens zu danken. Vor allem möchte ich den leider inzwischen verstorbenen Herrn Prof. Dr. Doppler von der Technischen Hochschule Wien noch einmal erwähnen, der mir seine reichhaltige Bibliothek zur Verfügung stellte und damit wesentlich dazu beitrug, das Buch möglichst auf eine moderne Grundlage zu stellen. Nicht minder bin ich Herrn Oberingenieur Courvoisier, Baden (Schweiz), zu Dank verpflichtet, der den zweiten Band unter Opferung seiner kostbaren Zeit durchgesehen hat und mir aus seiner reichen Erfahrung viele Ratschläge und Verbesserungen machte. Schließlich last not least möchte ich nach Herausgabe des ganzen Buches dem Verlage für seine hervorragende Ausführung und Ausstattung meine besondere Anerkennung aussprechen.

Der zweite Band behandelt die praktischen Ausführungen des Fehlerschutzes der elektrischen Starkstrom- und Hochspannungsanlagen. Ich wiederhole kurz seine Einteilung. In der Grundeinteilung bin ich hier von dem bewährten Vorbild ausgegangen, das mir in der „Modernen Selektivschutztechnik", herausgegeben von M. Schleicher (Springer, 1936) vorlag. Die meßtechnischen Grundlagen wurden in einem Abschnitt über die Meßgrößen vorangestellt. Dann wurde die Gewinnung der Meßgrößen behandelt. In diesen Abschnitt fällt die Beschreibung der Wandler, die insofern erweitert wurde, daß auch ihre meßtechnische Schaltung zur Gewinnung der Meßgrößen behandelt wurde. Auch die Gewinnung besonderer Meßgrößen (wie Gegensysteme) und die Schaltung für Veränderung der Meßgrößen (wie 90°-Schaltungen) sind in diesem Abschnitt zu finden. Dann folgen die Abschnitte über die Relaisarten und die Relaisschaltungen. Letztere habe ich der Übersicht halber noch einmal in zwei Abschnitte unterteilt, die Schaltungen des Anwurfkreises und des Betätigungskreises. In konsequenter Verfolgung dieser Einteilung ergab sich allerdings die Notwendigkeit, die Vergleichschutzschaltungen auf mehrere Abschnitte aufzuteilen, da der Differentialschutz, der die Meßgröße aus der Differenzschaltung der Wandler erhält, zum Teil bei den Wandlerschaltungen erscheint, der Stromrichtungsvergleichschutz bei den Anwurfschaltungen, der Leistungsvergleichschutz, der ja die Betätigung der Relais vergleicht, im Abschnitte über den Betätigungskreis im wesentlichen behandelt werden mußte. Ich hoffe aber, daß dieser kleine Nachteil durch den Vorteil besserer Übersicht des Ganzen voll ausgewogen wird, zumal durch entsprechende Hinweise und kurze Wiederholungen der Zusammenhang der getrennten Teile dargelegt wird. Schließlich werden in einem Abschnitt über die Projektierung Richtlinien für die Auswahl und Aus-

legung des Schutzes gegeben und im letzten Abschnitt die Prüfung und
Überwachung beim Einbau und Betrieb geschildert.

Ich hoffe, daß die Ausarbeitung des zweiten Bandes allen denen, die
damit arbeiten, sei es der Schüler, der sich in die Materie einarbeiten will,
sei es der Praktiker der Herstellerfirmen, der Anregung für seine Arbeiten
sucht, oder der Versorgungsunternehmer, der sich über die Wirkungsweise unterrichten will, eine kleine Hilfe und Erleichterung in ihrer
Arbeit sein wird.

Baden (Schweiz), im November 1953.

Hans Titze

Inhaltsverzeichnis

A. Aufgabe des Fehlerschutzes

Im ersten Band sind die Erscheinungen beschrieben worden, die bei Fehlern in elektrischen Anlagen auftreten und die Methoden für die Berechnung angegeben. Es fragt sich nun: Wie vermeidet man solche Fehler und wie schützt man sich gegen bereits eingetretene Fehler? Kann man nicht durch geeignete Maßnahmen überhaupt das Entstehen von Fehlern vermeiden? Diese Frage muß leider verneint werden. Gewiß kann man Mittel anwenden, um die Zahl der Fehler auf ein Mindestmaß zu beschränken, aber ganz verhindern kann man derartige Fehler nicht. Überschaut man die Entwicklung der elektrischen Starkstromanlagen von Anbeginn bis zur Jetztzeit, so muß man zugeben, daß mit der Modernisierung der technischen Einrichtungen auch die Zuverlässigkeit und Betriebssicherheit stetig besser geworden ist. War die elektrische Beleuchtung zunächst eine Luxuseinrichtung wegen des häufigen Versagens der Elektrizitätsversorgung, die man sich nur neben älteren Beleuchtungsarten erlauben konnte, so ist heute in normalen Zeiten die Versorgung mit Elektrizität derart sicher, daß alle anderen Beleuchtungsarten fast völlig verschwunden sind. Diese Entwicklung zeigt, wie sehr mit der Zeit die Sicherheit der Elektrizitätsversorgung angewachsen ist. Dies ist dadurch ermöglicht worden, daß alles Erdenkliche angewandt worden ist, um Störungen durch Kurzschlüsse weitestgehend zu verhindern.

Trotzdem konnte dies nicht völlig gelingen. Dies liegt vor allem daran, daß die Ursache von Fehlern oft gar nicht in der Ausführung liegt, sondern in äußeren Einflüssen und im allmählichen Nachlassen der Isolationsfähigkeit. In Freileitungsnetzen ist es der Blitzschlag, der den Hauptteil der Störungen verursacht, weiters sind es Beschädigungen beim Bau von Straßen, wo Kabel angeschlagen werden können; Tiere verursachen Überschläge, wenn sie in Schaltanlagen zwischen spannungsführenden Teilen herumlaufen oder -fliegen. Schließlich ist auch der Mensch selbst manchmal Ursache von Fehlern. Es können Fehlschaltungen vorkommen, indem asynchrone Netze versehentlich gekuppelt oder Trennschalter unter Last gezogen werden, es kommt vor, daß unter Spannung befindliche Teile trotz aller Sicherheitsmaßnahmen berührt und dadurch Kurzschlüsse eingeleitet werden. Beim Arbeiten in Hochspannungsanlagen ist es zum Schutze des Arbeiters vorgeschrieben, daß alle Leiter einer abgeschalteten Leitung miteinander kurzgeschlossen und geerdet sind. Es kann vorkommen, daß versehentlich solche Teile eingeschaltet werden, ohne daß vorher diese Kurzschlußseile entfernt worden sind. Nun sind aber bei den derzeitigen Netzen die Auswirkungen derartiger Fehler so verheerend, daß sie auf schnellstem Wege beseitigt werden müssen. Lediglich beim Erdschluß sind die Schadenswirkungen geringer, aber auch bei ihm besteht die Gefahr, daß als Folgeerscheinung weitere schwere Fehler durch längeres Bestehen des Erdschlusses auftreten.

Erst die rasche Beseitigung solcher Fehler, d. h. die Abschaltung fehlerhafter Anlageteile, und nur dieser Teile, hat das große Vertrauen in die Sicherheit der derzeitigen Elektrizitätsversorgung rechtfertigen können.

Die Aufgabe nun, das Auftreten von Fehlern anzuzeigen und fehlerhafte Teile automatisch herauszuschalten, fällt dem Fehlerschutz zu.

In der ersten Zeit der elektrischen Versorgung schaltete man einfach den ganzen Versorgungskreis ab, heute schaltet man nur den tatsächlich fehlerbehafteten Anlageteil automatisch heraus. Ist nun noch die Schaltung des Netzes geschickt ausgeführt, so daß beim Herausschalten eines Netzgliedes oder einer Maschine, eines Transformators usw. die Stromversorgung möglichst aller Stromabnehmer bestehen bleibt, so ist damit die Sicherheit der Elektrizitätsversorgung auf ein nicht mehr zu überbietendes Höchstmaß gebracht.

Der Fehlerschutz muß also so projektiert sein, daß tatsächlich nur der fehlerhafte Anlageteil herausgeschaltet wird. Erfüllt er dies, so nennt man den Schutz *selektiv*.

Die Selektivität des Schutzes kann darin bestehen, daß nur der fehlerhafte Teil spannungslos gemacht wird. Oftmals genügt es aber auch, wie bei Erdschlüssen, den fehlerhaften Teil nur selektiv anzuzeigen und die Abschaltung dem Willen des Schaltmeisters oder Betriebsingenieurs zu überlassen. Eine Selektivität besteht auch dann, wenn die Fehlerstelle nur kurzzeitig spannungslos gemacht wird, so daß der Lichtbogen an der Fehlerstelle auslöscht und dann sofort wieder selbsttätig eingeschaltet wird. Dies ist die *Schnellwiedereinschaltung*,[1] die in Freileitungsnetzen oft zum Erfolg führt.

Die Aufgabe des Fehlerschutzes ist also, so rasch wie möglich einmal aufgetretene Fehler möglichst ohne Unterbrechung der Elektrizitätsversorgung selektiv zu beseitigen.

B. Die Meßgrößen für den Fehlerschutz und die Selektionsmöglichkeiten

Damit der Schutz selektiv ist, müssen diejenigen elektrischen Größen oder ihre Folgeerscheinungen herausgesucht werden, die die unmittelbare Nähe der Fehlerstelle kennzeichnen. Da der Schutz natürlich an jeder Stelle des Netzes vorhanden sein muß — man kann ja die Lage des Fehlers nicht voraussehen —, so muß er also so arbeiten, daß wirklich nur die fehlerhaften Teile abgeschaltet werden. Dies kann dadurch ermöglicht werden, daß er entweder überhaupt nur an dieser Stelle in Tätigkeit tritt oder daß man Unterscheidungsmittel anwendet, die ihn, wenn er auch an mehreren Stellen in Funktion tritt, nur an der gewünschten Stelle zur Auslösung gelangen lassen, an den anderen Stellen aber wieder in die Ruhelage zurückbringen.

Man unterscheidet hiernach *Staffelschutzsysteme* und *Vergleichsschutzsysteme*. Das erste Schutzprinzip nützt die Unterschiede der elektrischen Erscheinungen an der Fehlerstelle und den übrigen Stellen einer elektrischen Anlage aus. Das fehlerhafte Glied wird mit Hilfe von *Zeitstaffelungen* selektiv ausgesiebt, wobei die Auslösezeiten des Schutzes an

---

[1] auch Kurzschlußfortschaltung oder Kurztrennung genannt.

der Kurzschlußstelle jeweils relativ am kürzesten sind und um so größer werden, je weiter der Schutz von der Fehlerstelle entfernt liegt. Den Zeitunterschied der Ablaufzeiten nennt man die *Staffelzeit.*

Das zweite Schutzprinzip, die Vergleichsschutzsysteme, nützt nur die an der Fehlerstelle vorhandenen elektrischen Erscheinungen aus. Hierzu ist im wesentlichen ein Vergleich der Vorgänge zu beiden Seiten der Fehlerstelle erforderlich.

Die für den Fehlerschutz maßgebenden physikalischen Erscheinungen sind entweder die elektrischen Vorgänge selbst, also Strom, Spannung, Impedanz, Leistung, Leistungsrichtung oder auch durch die elektrischen Vorgänge hervorgerufene andere Erscheinungen, wie Erwärmungen, Gasbildungen, Explosionswellen.

Behandelt man die nicht elektrischen Meßgrößen für sich, so kann man das ganze Schutzgebiet also in drei Gruppen ordnen, den *Staffelschutzsystemen, den Vergleichsschutzsystemen* und den *nicht elektrischen Systemen.*

Die Meßgrößen haben zwei Aufgaben im Schutz zu erfüllen, die allerdings häufig bei einfachen Anlagen zusammenfallen können. Erstens müssen sie den Schutz in Funktion setzen, man sagt dazu, *anwerfen,*[1] zweitens müssen sie die Zeit bestimmen, bis zu der der Auslösebefehl an das Abschaltorgan, beispielsweise den Leistungsschalter, weitergegeben wird; dies ist das *Ablaufen.* Man spricht dementsprechend beim Schutz von einem *Anwurf-* und einem *Ablaufglied.* Die Abhängigkeit der Zeit von dem Wert der Meßgrößen ist die *Charakteristik* oder Kennlinie einer Schutzeinrichtung. Außerdem gibt es das *Auslöseglied,* für das die Meßgrößen selbst in der Regel nicht verwendet werden, das daher in diesem Abschnitt nicht besprochen zu werden braucht. Es hat die Aufgabe, den Auslösebefehl an den Leistungsschalter weiterzugeben. Im folgenden werden nun die einzelnen Meßgrößen und die Möglichkeiten ihrer Verwendungen für den Fehlerschutz näher untersucht, um damit die meßtechnische Grundlage für einen selektiven Schutz zu schaffen.

I. Die Meßgrößen bei Kurzschluß und Doppelerdschluß

a) Der Strom

Das wesentliche Kennzeichen eines Kurzschlusses ist eine starke Erhöhung des Stromes. Es liegt daher nahe, den Strom als Kennzeichen für einen Schutz auszuwählen. Die einfache praktische Ausführung als Sicherungen, als aufgebaute Auslöser und einfache billige Relais hat ihm eine überragende Bedeutung als Meßgröße für den Schutz eingebracht.

Der Strom wird für den Anwurf und den Ablauf bei Staffel- und Vergleichsschutzsystemen und für andere Aufgaben verwendet.

1. Anwurf

Bei der Wahl des Stromes als Meßgröße für den Anwurf ist darauf zu achten, daß die Größe des Kurzschlußstromes je nach dem Maschineneinsatz schwankt. Der Kurzschlußstrom ist wohl immer größer als der jeweilige Belastungsstrom vor dem Fehler. Es kann aber der Fall eintreten, daß bei geringem Maschineneinsatz zu Zeiten schwacher Belastung, beispielsweise in der Nacht, der Kurzschlußstrom kleiner ist als der Belastungsstrom zu Zeiten des stärksten Maschineneinsatzes und der Be-

---

[1] auch anregen oder ansprechen genannt.

lastungsspitzen. Hieraus ergibt sich die erschwerende Bedingung, daß der Schutz bereits bei Stromwerten ansprechen muß, die zu anderen Tageszeiten betriebsmäßigen Belastungsgrößen entsprechen, wo ein Ansprechen natürlich unerwünscht ist. In solchen Fällen kann ein Schutz mit Hilfe des Stromes allein als Meßgröße nicht aufgebaut werden. Man erkennt solche Fälle, indem die Stromverteilung in einem Netz nach dem im ersten Band angegebenen Methoden für Kurzschlüsse zur Zeit der Schwachlast und Spitzenlast durchgerechnet wird.

Für den Anwurf ist der Strom als Meßgröße sonst immer zu verwenden, wenn die eben erwähnte Einschränkung nicht gilt. Es wird dann also durch den Strom der Schutz überall angeworfen, wo der Kurzschlußstrom den Anwurfstrom des Schutzes überschreitet. Zum Anwerfen wird der Strom als Meßgröße in der überwiegenden Zahl der Fälle verwendet. Für den Anwurf kann er unabhängig davon gewählt werden, welche Meßgröße für das Ablaufglied des Schutzes vorgesehen wird. Er kann also für Schutzsysteme genommen werden, die selbst wiederum den Strom für die Erreichung einer Zeitstaffelung verwenden. Hiebei fallen Anwurf und Ablaufglied häufig zusammen. Der Stromanwurf kann auch ein konstantes Zeitwerk betätigen, er kann Impedanzrelais in Betrieb setzen, Leistungsrelais einschalten, kann dem Impedanzrelais ganz bestimmte Spannungen und Ströme zuordnen usw.

2. Der Strom in Staffelschutzsystemen

Ein Staffelschutzsystem kann mit dem Strom als Meßgröße aufgebaut werden, wenn die Stromstärke an der Fehlerstelle größer als an den übrigen Teilen ist und damit die Fehlerstelle eindeutig kennzeichnet.

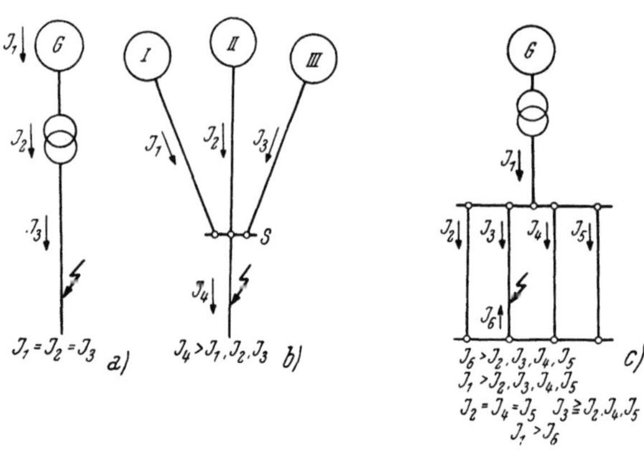

Abb. 1. Größe des Kurzschlußstromes bei verschiedenen Netzformen
a) Einzelleitung, b) Mehrfachspeisung, c) Parallelspeisung

Denkt man sich ein einziges Kraftwerk mit einer Leitung bis zur Fehlerstelle (Abb. 1a), so ist der Strom vom Anfang bis zum Ende gleich. Hier ist also eine meßtechnische Unterscheidung nicht möglich. Denkt man sich mehrere Spannungsquellen, die jede für sich die Fehlerstelle speisen (Abb. 1b), so fließt an der Fehlerstelle die Summe der Ströme. Der Strom ist also hiebei wesentlich größer als in den Kraftwerken. In diesem Falle ist eine meßtechnische Unterscheidung zwischen der Fehlerstelle und weiter entfernt liegenden Stellen leicht möglich. Denkt man sich nun noch als dritten Fall einen Generator, der eine Sammelschiene speist, von dem mehrere parallele Leitungen abgehen (Abb. 1c), so sieht man, daß auch der umgekehrte Fall entstehen kann, wo der Strom in der Nähe der Fehlerstelle in jeder einzelnen Leitung kleiner ist als am Generator. Man erkennt also, daß die Unterscheidung mit Hilfe des Stromes allein bei den verschiedenen Netzformen verschiedenen Gesetzen unterworfen ist. Am einfachsten liegen die Verhältnisse im Fall b. Da hier die Ströme nach dem Kraftwerk zunehmen, kann man in der Schaltstation S und den Kraftwerken I, II und III eine Staffelung erreichen, wenn die Ablaufzeit beim Strom als Meßgröße umgekehrt proportional dem Strom gemacht wird. Man nennt einen solchen Schutz einen *abhängigen Überstromschutz*. In Abb. 2 ist die Kennlinie eines solchen Schutzes dargestellt. Hat also ein Relais einen höheren Strom als ein anderes, so laufen sie mit verschiedenen Zeiten ab. Der Unterschied beider Zeiten ist die *Staffelzeit*. Die Kennlinie eines solchen abhängigen Überstromschutzes beginnt also bei einem sehr hohen Wert und geht mit wachsendem Strom bis auf einen sehr kleinen Wert herunter.

Für das Beispiel der Abb. 1 b ergibt sich daraus nun folgendes: Im Zeitpunkt t_2 löst das dem Kurzschluß am nächsten liegende Relais in der Schaltstation S aus, der Kurzschluß verschwindet und die Relais im Kraftwerk fallen wieder in die Ruhestellung zurück, da ihre Ablaufzeit t_1 noch nicht erreicht gewesen ist. Ähnlich liegen die Verhältnisse bei einem Fehler in einer Kraftwerkzuleitung, wie man leicht selbst ableiten kann.

Auch im Fall 1 c lassen sich stromabhängige Schutzsysteme (Relais oder Sicherungen) verwenden, allerdings nur für die parallelen Leitungen. Der Strom I_6 ist wesentlich größer als die anderen Ströme; daher besitzt der zugehörige Schutz die kleinste Ablaufzeit. Es wird also dort zuerst aufgetrennt. Hierdurch verschwinden die Ströme I_2, I_4 und I_5, während der Strom I_3 allein bestehen bleibt und sein Wert größer wird. Der Schutz in den Leitungen 2, 4 und 5 kommt nicht zur Auslösung, es löst dann nur noch der Schutz der Leitung 3 aus, womit der Fehler abgeschaltet ist.

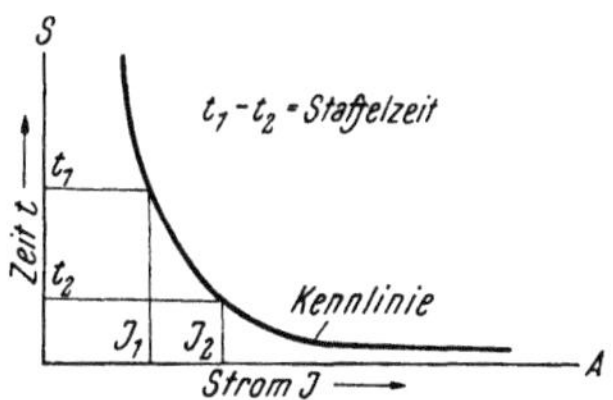

Abb. 2. Kennlinie von abhängigen Überstromrelais

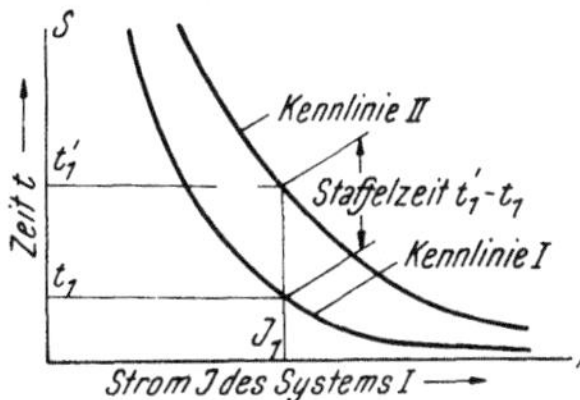

Abb. 3. Staffelung mit abhängigen Überstromrelais verschiedener Kennlinien

Der Zuleitung, in der der Strom fließt, darf dabei nun allerdings nicht derselbe Schutz oder wenigstens nicht dieselbe Charakteristik gegeben werden, da der Strom I_1 größer als die Ströme in den parallelen Leitungen, ja sogar größer als der Strom I_6 ist. Man kann sich nun aber so helfen, daß man an dieser Stelle einen Schutz mit einer steileren Charakteristik einbaut, dessen Ablaufzeiten länger sein müssen als diejenigen des in den parallelen Leitungen eingebauten Schutzes. Abb. 3 zeigt die Kennlinien zweier abhängiger Relais. Die Kennlinien sind in Abhängigkeit des Stromes für das Relais I aufgetragen. Hat also das Relais I, in unserem Beispiel also der Schutz an der Stelle von I_6 die Ablaufzeit t_1, so muß der übergeordnete Schutz eine um die Staffelzeit höhere Ablaufzeit besitzen, das ist t_1'. Selbstverständlich muß dann noch die Kennlinie II für den zugehörigen Strom I_1 umgezeichnet werden. Erwähnt sei noch, daß statt dieser Schutzart auch andere, vielleicht besser passende Systeme verwendet werden können.

Ähnliche Betrachtungen müssen auch für den Fall a der Abb. 1 angewendet werden. Auch hier ist eine Staffelung nur mit Schutzsystemen verschiedener Charakteristik zu erreichen, da der Strom in jedem
Kurzschlußfalle an allen Stellen gleich groß ist. Zweckmäßig ist insbesondere für diesen Fall die Wahl einer Kennlinie, bei der die Zeit nicht auf
einen sehr kleinen Wert bei größeren Strömen absinkt, sondern bei der,
wie Abb. 4a zeigt, die Zeit nur auf einen bestimmten Grenzwert absinkt,
der einstellbar gemacht wird. Man kann dadurch allein schon durch diesen
Grenzwert eine ausreichende Staffelung für Relais gleicher Ströme erreichen. Diese Kennlinie nennt man eine *begrenzt abhängige* Kennlinie. Sie
ist gewissermaßen eine Vorstufe zum *unabhängigen Überstromschutz*, dessen
Ablauf immer nach einer konstanten, von der Meßgröße unabhängigen
Zeit erfolgt. Dieser Fall gehört aber nicht zum Abschnitt Strom als Meßgröße und wird in einem besonderen Abschnitt unter Zeit als Meßgröße
behandelt. Der abhängige Überstromschutz braucht nicht nur Kennlinien
in der in Abb. 2 angegebenen Form zu haben, sondern man kann statt einer
stetigen Abhängigkeit auch Zeitstufen benützen. Eine solche Kennlinie
zeigt Abb. 4b. Dieses Relais besitzt zwischen den Strömen I_1 und I_2 die
Ablaufzeit t_1, bei Strömen größer als I_2 die Ablaufzeit t_2. Die Stufenzahl

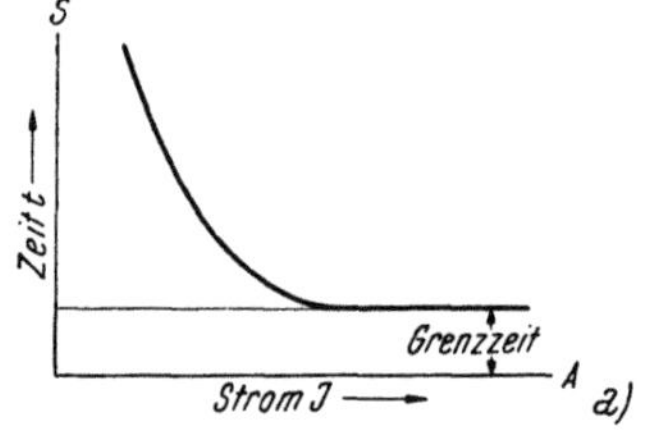

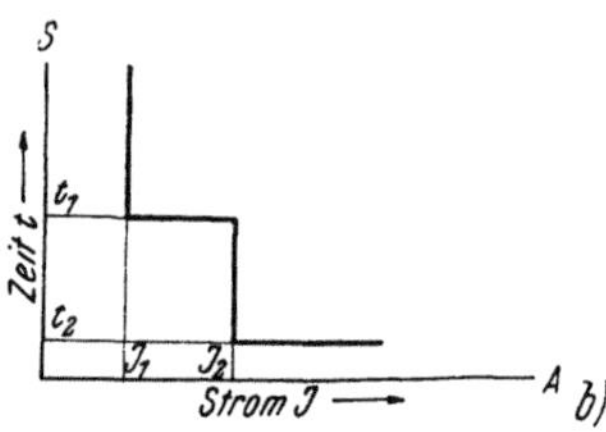

Abb. 4. Begrenzt abhängige Kennlinien
a) mit Grenzzeit, b) mit Zeitstufen

kann natürlich auch größer sein. Macht man die zweite Ablaufzeit t_2 null,
so erhält man ein unabhängig verzögertes Relais mit Grenzstrom-Moment-
auslösung. Dies hat den Vorteil, daß bei großen Kurzschlußströmen die
Beanspruchung der Betriebsmittel auf ein Mindestmaß beschränkt bleibt.

Die behandelten Fälle besitzen alle eine einseitige Speisung. Hierfür
ist ein stromabhängiger Schutz im allgemeinen anwendbar. Bei zweiseitiger Speisung sind die Verhältnisse schwieriger zu übersehen.
Im allgemeinen läßt sich dann mit einem solchen Schutz allein nicht
für jeden beliebigen Kurzschlußfall ge-
nügende Staffelung erzielen. Man muß
dann, wie später gezeigt wird, andere
Meßgrößen zu Hilfe nehmen. Dagegen
genügt häufig in sehr vermaschten Netzen,
z. B. Niederspannungsmaschennetzen der
Strom als Meßgröße. In Abb. 5 ist ein
idealisiertes Maschennetz dargestellt. Man
erkennt, wie die Stromstärke infolge der
sich addierenden Zulieferung von allen
Seiten bis zur Kurzschlußstelle anwächst.

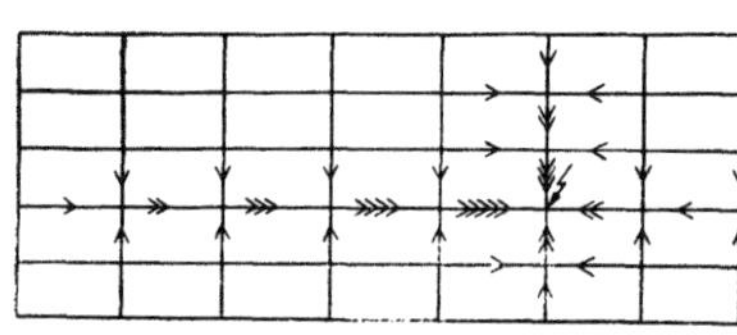

Abb. 5. Stromstaffelung in vermaschten
Niederspannungsnetzen

Ein solches Netz kann gut mit Hilfe des Stromes allein als Meßgröße,
beispielsweise mit Sicherungen geeigneter Kennlinien geschützt werden.

3. Der Strom in Vergleichsschutzsystemen

Die Ströme an den beiden Enden des schadhaften Anlageteiles sind bei einem Fehler verschieden groß, während sie im normalen Zustand gleich sind. Vergleicht man also beide Ströme und benützt die *Stromdifferenz* als Meßgröße, so ist dies ein eindeutiges Kennzeichen des Fehlers. Im normalen Betriebe ist die Stromdifferenz null oder wenigstens bei Berücksichtigung der Meßfehler sehr klein. Im Störungsfalle dreht sich die Stromrichtung auf einer Seite um oder, bei einseitiger Speisung, verschwindet der Strom dort ganz (s. Abb. 6). Die beiden Ströme addieren sich und geben so ein eindeutiges Kennzeichen des Fehlers. Dieses Prinzip kann bei allen Anlageteilen angewendet werden, bei Leitungen und Kabeln sowie bei Transformatoren und Maschinen. Bei Transformatoren muß dabei die Übersetzung berücksichtigt werden (Abb. 7a). Bei Generatoren geht es nur dann, wenn die Statorwicklung am Anfang und Ende herausgeführt ist (Abb. 7b). Auch bei

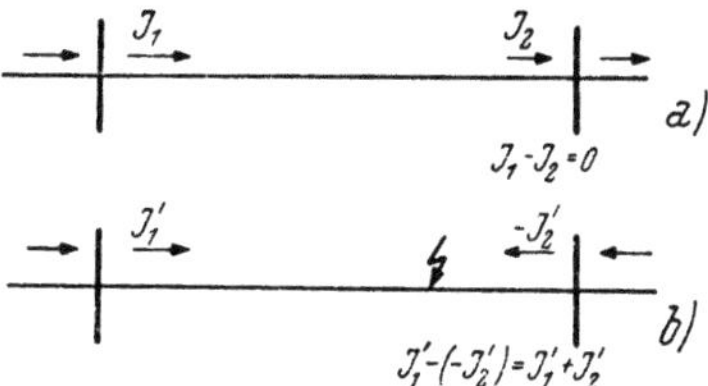

Abb. 6. Stromvergleich
a) Normaler Betrieb, *b)* Kurzschluß

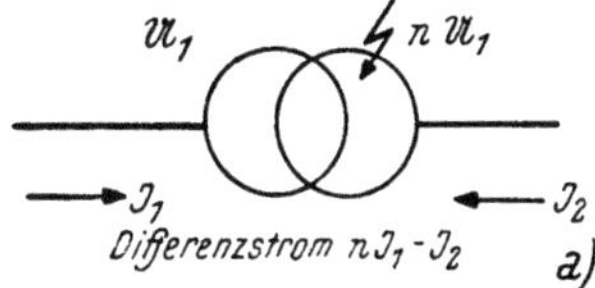
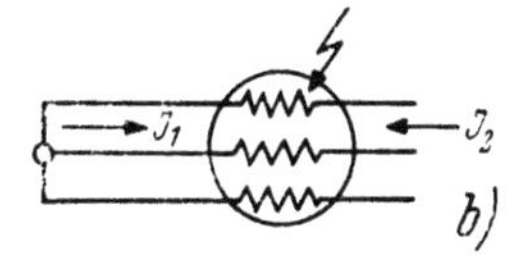

Abb. 7. Differenzstrombildung bei Maschinen
a) Transformator, *b)* Generator

Sammelschienen läßt sich dieses Differenzstromprinzip anwenden, indem die Summe aus ankommenden und abgehenden Strömen gebildet wird.

Auch für parallele Leitungen kann die Differenz der Ströme in den einzelnen Leitungen als Meßgröße herangezogen werden. Es werden hierbei nicht die Ströme am Anfang und Ende derselben Leitung verglichen, sondern die Ströme je zweier Leitungen (Abb. 8). Bei genau parallelen Leitungen sind diese Ströme in jeder Leitung gleich, ihre Differenz also paarweise null. Im Störungsfall dreht sich die Richtung

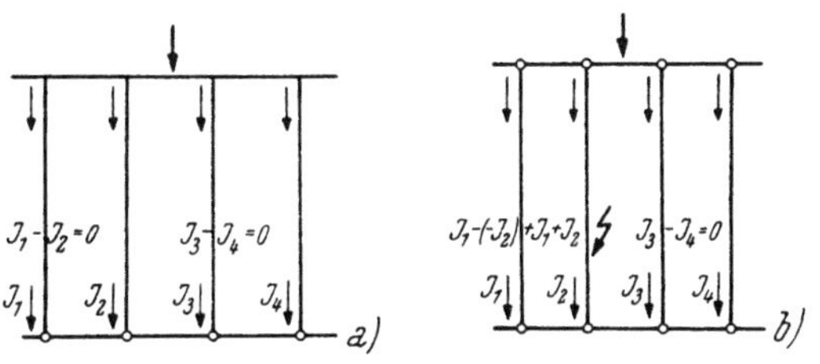

Abb. 8. Differenzstrombildung bei parallelen Leitungen
a) normaler Betrieb, *b)* Kurzschluß

eines Stromes am Ende der Leitung um, und der Differenzstrom verwandelt sich dort in einen Summenstrom. Bei zwei parallelen Leitungen nennt man dies die Achterschaltung, bei mehreren parallelen Leitungen die Polygonschaltung, wo die Differenz jeweils für zwei Leitungen gebildet wird. Es werden also die Differenzen $I_1 - I_2$, $I_2 - I_3$, $I_3 - I_4$, ... als Meßgrößen für den Schutz paralleler Leitungen benutzt.

Der Vergleich der Ströme wird bei den bisher geschilderten Fällen algebraisch durchgeführt. Er kann aber auch so erfolgen, daß nur die

Richtung der Ströme zueinander oder, was dasselbe ist, ihre gegenseitige Phase als Meßgröße herangezogen wird. Im Normalbetrieb ist der Phasenwinkel annähernd null, im Störungsfall ist er, da sich der eine Strom umdreht, etwa 180°. Solche auf diesem Prinzip aufgebauten Relais werden nicht nur unmittelbar als Stromrichtungsvergleichsrelais, sondern auch in Verbindung mit anderen Schutzsystemen vorgesehen. Sie nehmen dann nicht selbst die Auslösung vor, sondern geben nur den Auslösekreis der anderen Relais im Störungsfalle frei bzw. sperren ihn. Man nennt diese Relais daher auch *Sperrelais oder Freigaberelais*. Sie werden in Verbindung mit Überstromschutz und Achter- bzw. Polygonschutz angewendet und erweitern den Anwendungsbereich auch auf parallele Leitungen ungleicher Länge. Die absolute Richtung kann aber mit diesen Relais nicht festgestellt werden, sondern nur die relative Richtung der Ströme gegeneinander. Zur Bestimmung der Richtung genügt der Strom als Meßgröße allein nicht.

4. Sonstige Anwendungen

Der Überstrom hat als Meßgröße eine sehr vielseitige Anwendung gefunden. Er kann auch ohne irgendwelche Rücksicht auf Staffelungen zu nehmen, überall dort verwendet werden, wo Apparate, Motoren usw. das Ende einer elektrischen Übertragung darstellen.

So kann jeder kleine Abzweig leicht mit Überstromrelais oder Sicherungen geschützt werden. Hiebei können Verzögerungen angebracht sein oder auch nicht. Kleine Transformatoren werden häufig mit sofort wirkendem Überschutz versehen, der von einem bestimmten Überstrom an arbeitet. Motoren erhalten mit Hilfe des Überstromes bei hohen Kurzschlußströmen Momentanauslösungen. Sie werden häufig mit temperaturabhängigen Relais (s. Abschnitt f) zu Motorschutzschaltern kombiniert.

Im Haushalt als Sicherung und Kleinautomat, auf Straßenbahnwagen, in Rundfunkgeräten und sonstigen empfindlichen Apparaten wird der Strom als Meßgröße für den Schutz herangezogen.

5. Stromauswahl

Bei der Verwendung des Stromes als Meßgröße zeigt es sich, daß die Staffelzeiten einesteils stark vom Maschineneinsatz und dem Schaltzustand, andererseits auch von der Art des Kurzschlusses (drei-, zwei-, einpoliger Kurzschluß oder Doppelerdschluß) abhängen.

Der Unterschied der Stromstärke bei den verschiedenen Fehlerarten läßt sich durch geschickte Wahl der Ströme für die Relais unwirksam machen.

Wählt man die Leiterströme (Phasenströme), so mißt man bei zwei- und dreipoligen Fehlern, wie Tabelle 1 zeigt, verschiedene Ströme. Wählt man dagegen die Dreieckströme (verketteten Ströme), so sind die Ströme wenigstens in einem Relais bei den beiden Kurzschlußarten gleich, nämlich $\frac{U}{z}$. Dieses Relais wird also die Auslösung ausführen, da die anderen Relais kleinere Ströme führen, nämlich $\frac{U}{2z}$. Diese Relais (oder Sicherungen) erhalten also bei abhängiger Kennlinie eine größere Ablaufzeit, d. h. sie kommen nicht mehr zur Auslösung.

Beim einpoligen Fehler in geerdeten Netzen sind die Ströme oft von anderer Größenordnung, da die Impedanzen der Schleife Leiter—Erde sich von den Impedanzen Leiter—Leiter unterscheiden und häufig in Netzen mit geerdetem Sternpunkt Begrenzungswiderstände eingebaut sind. Deshalb verwendet man häufig für den einpoligen Fehler besondere

Tabelle 1. *Wahl des Stromes als Meßgröße bei drei- und zweipoligem Kurzschluß.*

Kurzschlußart	Dreipolig	Zweipolig (RS)
Leiterstrom	$I_R = I_S = I_T = \dfrac{U}{z\sqrt{3}}$	$I_R = -I_S = \dfrac{U}{2z}$ $I_T = 0$
Dreieckstrom	$I_{RS} = I_{ST} = I_{TS} = \dfrac{U}{z}$	$I_{RS} = \dfrac{U}{z}$ $I_{ST} = I_{TR} = -\dfrac{U}{2z}$

U = Dreieckspannung, z = resultierende Impedanz je Leiter.

Relais, denen als Meßgröße nicht der Leiter- oder Dreieckstrom, sondern der Nullstrom, also die Summe aller Leiterströme zugeführt wird. Ein Nullstrom ist im normalen Betrieb nicht vorhanden. Man kann also bei den Relais für einpolige Kurzschlüsse ihren Ansprechwert unabhängig vom Belastungsstrom beliebig tief wählen.

b) Die Spannung

Eine weitere Meßgröße für den Schutz ist die Spannung. Sie bricht an der Kurzschlußstelle ganz zusammen und baut sich zum Kraftwerk hin, und zwar bei jedem Schaltzustand, auf. Es ist also ein selektiver Schutz denkbar, wenn man *Spannungsabfall*-Relais vorsieht, die bei kleiner werdender Spannung ansprechen und mit einer Zeit, die proportional der Spannung ist, ablaufen. Dann erhalten die Relais in der Nähe des Kraftwerkes höhere Ablaufzeiten als die Relais an der Kurzschlußstelle. Ein Staffelschutzsystem ist also möglich. Statt von der Spannung abhängiger Zeit können auch feste Zeiten für die Relais vorgesehen werden. Die Schwierigkeiten, die sich bei der Verwendung des Stromes als Meßgröße ergeben, scheinen hier also weniger vorhanden zu sein.

Trotzdem aber verwendet man die Spannung allein als Meßgröße nur wenig für den Schutz. Dies liegt daran, daß besondere Maßnahmen notwendig sind, um eine zusätzliche Abschaltung spannungslos gewordener aber fehlerfreier Anlageteile zu verhindern, da ein Spannungsloswerden kein eindeutiges Kennzeichen eines Kurzschlusses ist. Dazu kommt, daß die Spannungsunterschiede bei dreipoligen, einpoligen und zweipoligen Fehlern sehr verschieden groß sind. Bei dreipoligem Kurzschluß brechen alle drei Spannungen zusammen, bei einpoligem nur eine Sternspannung, beim zweipoligen Fehler dagegen nur eine Dreieckspannung, während die Sternspannungen noch zu einem wesentlichen Prozentsatz erhalten bleiben. In Tafel 2 sind diese Verhältnisse für die Kurzschlußstelle zusammengestellt. Näheres ist aus dem ersten Band zu ersehen. Dort (s. Abb. 28) ist auch zu erkennen, daß die Größe der nacheilenden Sternspannung beim zweipoligen Fehler sogar noch nach dem Kraftwerk zu etwas abnehmen kann, während die Größe der voreilenden Spannung immer zunimmt. Dies liegt, wie dort ausgeführt wurde, an verschiedenen Impedanzwinkeln der Kurzschlußbahn, vor allem von Generator und Leitung.

Eine weitere Schwierigkeit ist die Änderung der Spannungsunterschiede mit dem Maschineneinsatz. Bei geringem Maschineneinsatz bricht die Spannung auch bei entfernt liegenden Fehlern schon sehr stark zusammen, so daß für die Unterscheidung innerhalb des Netzes nur wenig übrigbleibt, während bei hohem Maschineneinsatz die Klemmenspannung an der Maschine stabiler ist.

Tabelle 2. *Spannungen an der Kurzschlußstelle bei verschiedenen Kurzschlußarten.*

Kurzschluß-art	Dreipolig	Zweipolig (RS)	Einpolig (R)
Stern-spannung	$U_R = U_S = U_T = 0$	$U_R = U_S = 0{,}5\,\dfrac{U}{\sqrt{3}}$ $U_T \sim \dfrac{U}{\sqrt{3}}$	$U_R = 0$ $U_S = U_T \sim \dfrac{U}{\sqrt{3}}$
Dreieck-spannung	$U_{RS} = U_{ST} = U_{TR} = 0$	$U_{RS} = 0$ $U_{ST} = U_{TR} = 1{,}5\,\dfrac{U}{\sqrt{3}}$	$U_{RS} = U_{TR} = \dfrac{U}{\sqrt{3}}$ $U_{ST} \sim U$

U = Dreieckspannung.

Auch die *Nullspannung* kann als Meßgröße verwendet werden, sie hat bei Fehlern mit Erdberührung, ähnlich wie der Nullstrom die Aufgabe, bestimmte Umschaltungen in den Ablaufgliedern, insbesondere bei Widerstandszeitrelais, vorzunehmen.

Man verwendet daher Spannungsrelais selten für Staffelschutzsysteme, sondern meist nur in solchen Fällen, wo nach einem plötzlichen unerwarteten Spannungsloswerden die wiederkehrende Spannung Maschinen oder andere Apparate gefährden kann, also beispielsweise zum Schutz von Motoren, die nur mit Anlasser angelassen werden dürfen. Auch diese Relais können mit Zeitverzögerung versehen werden, da Motoren nach Wegbleiben der Spannung noch kurze Zeit ihre Umdrehung beibehalten. Die notwendige Auslösezeit ergibt sich also hier aus den Betriebsverhältnissen allein. Man wird aber solche Verzögerungen vorsehen, um unnötige Abschaltungen zu vermeiden.

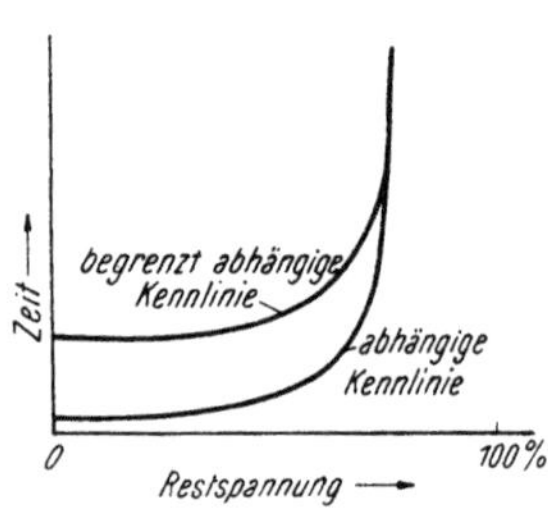

Abb. 9. Kennlinien spannungsabhängiger Relais

Die Zeitverzögerungen können abhängig von der Spannungsabsenkung gemacht werden oder auch unabhängig davon sein. Bei größeren Spannungsabsenkungen ist die zulässige Zeit der Spannungslosigkeit geringer als bei kleineren. Eine solche Charakteristik zeigt Abb. 9. Auch diese Kennlinien können wie beim Überstromschutz „begrenzt" sein, d. h. gehen nicht bis auf annähernd null, sondern auf einen konstanten, häufig einstellbaren Wert herunter.

Nicht nur das Absinken der Spannung ist ein Zeichen eines Fehlers im Netz, sondern auch das Ansteigen der Spannung über den normalen Wert. Es treten also auch *Überspannungen* auf, die als Meßgröße für den Schutz verwendet werden können. Die atmosphärischen Überspannungen seien nur erwähnt. Sie werden durch Überspannungsableiter unschädlich gemacht. Es können aber auch infolge großer Lastabschaltungen nach Kurzschlußabschaltungen, insbesondere bei Generatoren, betriebsbedingte Überspannungen auftreten. Um sich hiergegen zu schützen, verwendet man die Spannung als Meßgröße für Überspannungsrelais oder Spannungssteigerungsrelais.

Bei einpoligen oder unsymmetrischen Fehlern mit Erdberührung fließen Ströme über die Erde, bzw. das Gehäuse von Apparaten und Maschinen, durch deren Spannungsabfall unzulässig hohe Spannungen auftreten können an Stellen, die der Berührung durch den Menschen zugänglich sind. Man nennt sie *Berührungsspannungen*. Auch hiegegen kann man sich durch einen Überspannungsschutz schützen, der in solchen Fällen das Gerät abschaltet. Es wird hiezu die Berührungsspannung gegen Erde selbst als Meßgröße verwertet[1].

Die Spannung wird als Meßgröße auch dazu benutzt, um nach Beseitigung des Fehlers automatisch *wieder zuzuschalten* (z. B. in mehrfach gespeisten Niederspannungs-Maschennetzen).

c) Die Leistung

Die Leistung findet als Meßgröße für Staffelschutzsysteme für den Kurzschlußschutz keine Verwendung, da sie gegenüber dem Strom keinen Vorteil aufweisen, aber wesentlich kompliziertere Ausführungen verlangen würde.

Das, was die Leistung, insbesondere die Wirkleistung, vor dem Strome auszeichnet, ist die Tatsache, daß man bei ihr die Richtung unterscheiden kann. Beim Strom ist die Richtung nur relativ durch Vergleich zweier Ströme zu erkennen. Es kann nur festgestellt werden, ob zwei Ströme gleiche Richtung haben oder nicht. Dagegen ist es bei der Leistung möglich, die Richtung absolut festzustellen. Diese Eigenschaft der Leistung ermöglicht es, sie als weiteres Selektionsmittel in Staffelschutzsystemen zusätzlich zu anderen Meßgrößen und in Vergleichsschutzsystemen als Meßgröße selbst zu benützen.

1. Die Leistung in Staffelschutzsystemen

Bei Staffelschutzsystemen wird die Leistung dazu verwendet, um einen Schutz nur bei einer bestimmten Leistungsrichtung freizugeben, ihn bei entgegengesetzter Richtung aber zu sperren, also ihn erst gar nicht anwerfen zu lassen oder mindestens seine Auslösung zu verhindern.

So ist es möglich, die Anwendung des Stromes als Meßgröße mit Hilfe von Richtungsrelais auch auf zweiseitig gespeiste Netze zu erweitern. Das Richtungsrelais sperrt dann das Überstromrelais, wenn die Leistung aus dem zu schützenden Anlageteil herausgeht. Für parallele Leitungen ist dies in Abb. 10 dargestellt. Bei einem Fehler an der angegebenen Stelle sind die Relais der fehlerhaften Leitung freigegeben. Die Relais der übrigen Leitungen sowie der Zuleitung sind auf der ankommenden Seite gesperrt. Auf diese Weise ist eine Selektivität auch dort erreicht, wo der Strom hierzu nicht ausreicht.

Die Bedeutung der Richtung bei der Verwendung von Impedanzschutzsystemen wird im nächsten Abschnitt beschrieben. Die Verbindung

---

[1] Heinisch-Riedl-Schutz.

von Richtungsrelais mit reinen Zeitstaffelungen ermöglicht den Schutz von Ringleitungen in einfacher Form (s. Abschnitt f). Bei Achter- und Polygonschaltungen erhält man mit Hilfe von Richtungsrelais die richtige Auswahl der fehlerhaften Leitung. Im Falle der Abb. 10 würde die Achterschaltung die Leitungen 1 und 2 sowie 3 und 4 zusammenfassen. Das zu 1 und 2 gehörende Relais würde bei dem gezeichneten Fehler ansprechen

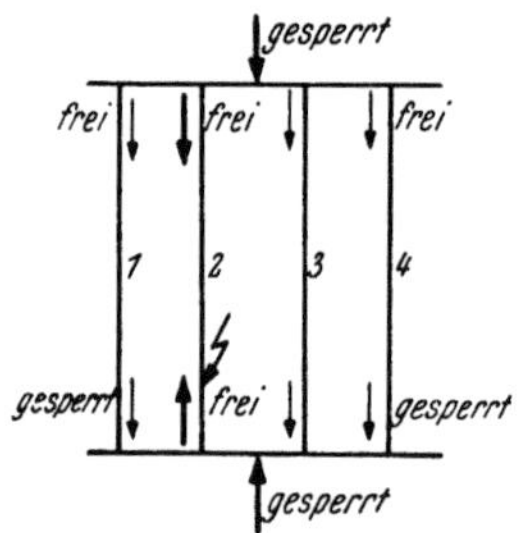

Abb. 10. Richtungsrelais in zweiseitig gespeisten parallelen Leitungen

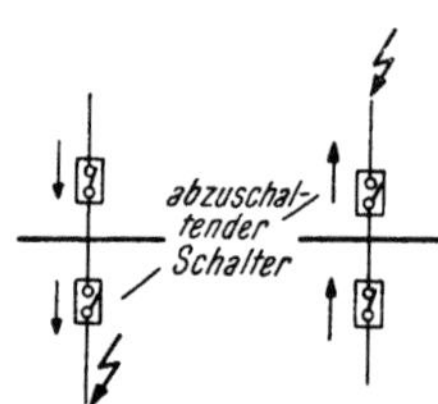

Abb. 11. Auswahl der Abschaltung mittels Leistungsrichtung

und wird mit einem Richtungsrelais auf den Auslösekreis der Leitung 2 geschaltet.

Die Richtung der Leistung als Meßgröße kann weiter dazu benutzt werden, um in einer Station die ankommende und abgehende Leitung mit nur einer Schutzeinrichtung zu schützen (Abb. 11) [Titze, H. (76, 77)]. Das Richtungsrelais mißt verschiedene Leistungsrichtungen, je nachdem, ob der Fehler vor oder hinter der Station liegt. Dadurch ist es möglich, mit einem Richtungsrelais den abzuschaltenden Schalter richtig auszuwählen, wobei als Anwurf- und Ablaufglied in beiden Fällen dasselbe Relais verwendet werden kann.

2. Die Leistung in Vergleichsschutzsystemen

Eine besondere Bedeutung hat die Leistungsrichtung als Meßgröße beim Leistungsvergleichsschutz oder Richtungsvergleichsschutz erlangt.

Diese Schutzart nützt die Tatsache aus, daß die Leistungsrichtung immer zum Kurzschlußpunkt hinzeigt. Auf einer Übertragungsleitung fließt also im Kurzschlußfalle Leistung von beiden Seiten in die Leitung hinein, während im Normalfalle die Leistung auf der einen Seite hinein-, auf der anderen Seite hinausgeht. Vergleicht man also die Leistungsrichtung an beiden Enden der zu schützenden Leitung, so hat man ein eindeutiges Kriterium des Fehlers. Streng genommen, gilt dies nur für beidseitige Speisung. Bei einseitiger Speisung fließt nur auf einer Seite Leistung in die Leitung hinein, während auf der anderen Seite überhaupt keine Leistung vorhanden ist. Aber auch diese Tatsache ist ein eindeutiges Kennzeichen eines Fehlers. Im Gegensatz zum Stromvergleichsschutz, bei dem die Ströme, also die Meßgröße selbst, am Anfang und Ende zur Differenzbildung irgendwie zusammengeschaltet werden, ist es beim Leistungsvergleichsschutz nur nötig, die Auslösekreise irgendwie zu koppeln, da die Leistungsrichtung ja direkt festgestellt werden kann. Dies ist von besonderem Vorteil beim Schutz von langen Leitungen und Kabeln. Als Anwurf wird hiebei meist der Strom als Meßgröße verwendet.

3. Zuordnung von Spannung und Strom

Die Schwierigkeit bei der Verwendung der Leistung als Meßgröße ist
die Tatsache, daß die Spannung gerade an der Kurzschlußstelle annähernd
null wird, also die Leistung gar nicht gemessen werden kann. Allerdings
wird dieser Nachteil genügend gemildert, wenn ein Lichtbogen auftritt,
der bereits einen kleinen Spannungsabfall hervorruft und damit an der
Einbaustelle des Schutzes eine meßbare Spannung erscheinen läßt. Man
muß also zunächst einmal die Empfindlichkeit der Richtungsrelais sehr
groß machen, damit sie sicher und richtig ansprechen. Ein anderer Nachteil
ist, daß insbesondere bei Freileitungen die Kurzschlußleistung infolge der
dort vorwiegenden induktiven Widerstände des Kurzschlußkreises im
wesentlichen Blindleistung ist, während bei Kabeln dieser Nachteil weniger
zur Auswirkung kommt. Man spricht hiebei von einer *toten Zone* des
Richtungsrelais, d. i. diejenige Zone vom Einbauort bis zur Kurzschlußstelle, in der es infolge der eben geschilderten Umstände noch nicht anspricht. Man kann nun aber diese Nachteile durch geschickte Zuordnung
von Spannung und Strom stark verringern.[1]

Die Leistungsmessung kann einpolig und mehrpolig erfolgen.

α) **Einpolige Messung.** Man wählt solche Spannungen und Ströme
aus, deren Phase in Verbindung mit dem Kurzschlußwinkel möglichst null
ist (Abb. 12), wo sich also das Meßsystem so verhält, als ob beiläufig reine
Wirkleistung zugeführt wird. Andererseits versucht man solche Spannungen
auszuwählen, die auch bei einem totalen Kurzschluß möglichst erhalten
bleiben. Dies ist natürlich nur bei ein- oder zweipoligen Kurzschlüssen
möglich, da bei einem dreipoligen Fehler sämtliche Spannungen zusammenbrechen. Man unterscheidet 0°-, 30°-, 60°- und 90°-Schaltungen. Eine
0°-Schaltung ist danach die Zuordnung der Spannung und des Stromes des
gleichen Leiters, also beispielsweise U_R und I_R oder auch U_{RS} und I_{RS}, bei
den übrigen Schaltungen eilt der Strom um 30°, 60° bzw. 90° voraus (Kapazitive Schaltung), bzw. die Spannung entsprechend nach.

Bei der 30°-*Schaltung* wird dem Strom die um 30° nacheilende Dreieckspannung zugeordnet, also dem Strom I_R die Spannung U_{RT} usw., bei der
60°-Schaltung wird dem Strom die um *60°* nacheilende Spannung zugeordnet,
also beispielsweise I_R und — U_T oder I_{RT} und U_{ST}. Schließlich wird bei der
90°-Schaltung dem Leiterstrom die auf ihm senkrechte Dreieckspannung
zugeordnet, also z. B. I_R und U_{ST}. Für den Fall des zwei- und dreipoligen
Fehlers sind diese Verhältnisse in Abb. 12 dargestellt. Es sind darin die
Stromspannungsdiagramme bei den verschiedenen Fehlerarten dargestellt.
Der Winkel zwischen Strom und Spannung (Kurzschlußwinkel) ist dabei
so gewählt, daß bei der betreffenden Schaltung der günstigste Wert herauskommt, also bei der 30°-Schaltung ist beispielsweise auch der Kurzschlußwinkel zu etwa 30° angenommen. Man erkennt deutlich die Verbesserung
der Richtungsempfindlichkeit durch geeignete Zuordnung von Strom
und Spannung.

Erwähnt sei noch, daß man auch Ströme und Spannungen in einem
Winkel von 45° zuordnen kann. Man verwendet hierzu die bereits beschriebene
90°-Schaltung, dreht aber die an der Spule liegende Spannung durch Vorschalten eines Widerstandes um 45°, so daß die 45°-Schaltung entsteht.

---

[1] Mit Hilfe der Speicherung der Spannung läßt sich die tote Zone praktisch
ganz beseitigen.

Mittels solcher Kunstschaltungen, die später genauer beschrieben werden, kann jeder beliebige Winkel von Strom und Spannung eingestellt werden (s. Abschn. C II c 1, S. 90).

Für den *dreipoligen* Fehler läßt sich mit den angegebenen Schaltungen eine weitgehende Anpassung an die verschiedenen Kurzschlußwinkel der Kurzschlußbahn erzielen. Bei Freileitungen würde man der 60°-Schaltung,

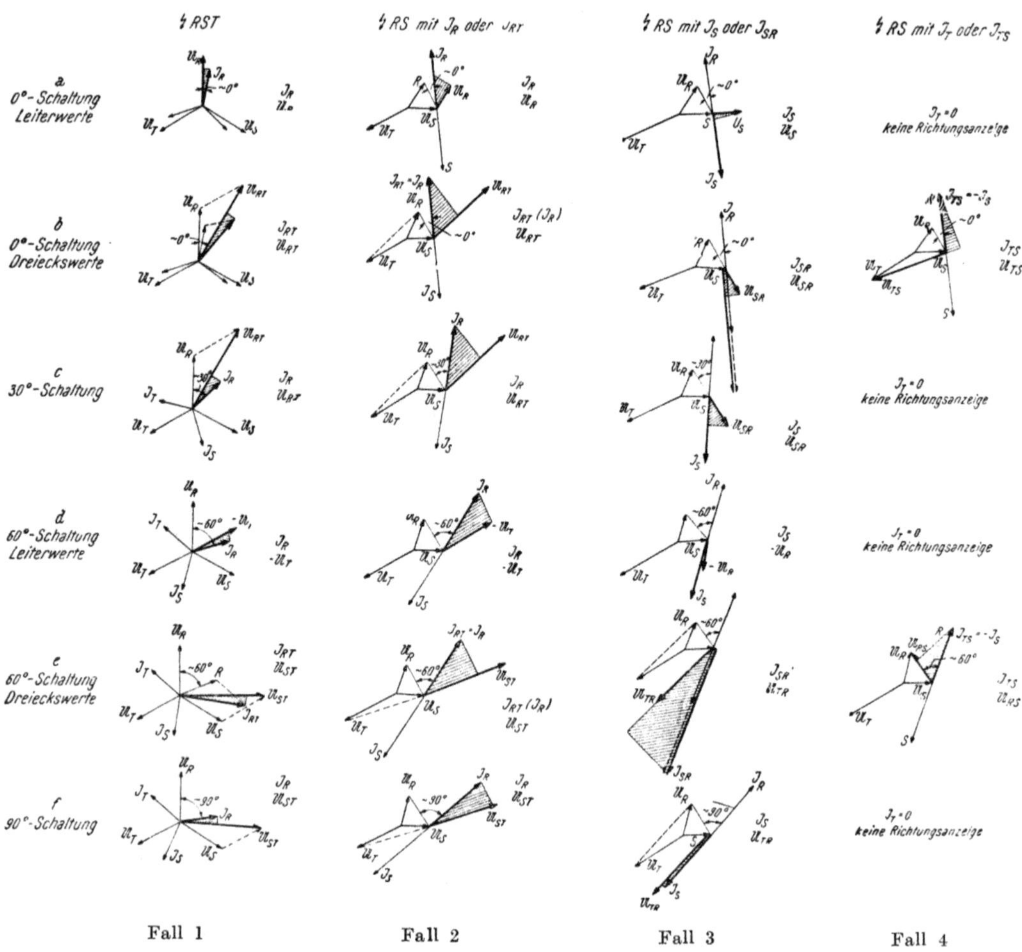

Fall 1   Fall 2   Fall 3   Fall 4

Abb. 12. Zuordnung von Spannung und Strom bei der Richtungsbestimmung

bei Kabel, bei denen der Ohmsche Anteil stärker ist, der 30°-Schaltung den Vorzug geben. In besonderen Fällen, bei sehr hohen Kurzschlußwinkeln, würde die 90°-Schaltung zu wählen sein. Wegen der völligen Symmetrie des Fehlers gibt es beim dreipoligen Fehler keinen bevorzugten Leiter. Bei Einbau von drei getrennten Richtungsgliedern ist die ihnen zugeführte Leistung jeweils gleich (Abb. 12, Fall 1).

Beim *zweipoligen* Fehler läßt sich außer der Anpassung an den Kurzschlußwinkel noch durch Benützung der geeigneten Spannung die tote Zone beseitigen. In Abb. 12 sind drei Möglichkeiten gezeigt. Im Fall 2 ist der Strom des Leiters R oder der Dreieckstrom I_{RT} ausgewählt. Hiefür ergibt sich mit Ausnahme nur der 0°-Schaltung immer eine Spannung, die nur wenig zusammenbricht, wo also selbst bei starrem Kurzschluß keine tote Zone mehr entstehen kann. Im Fall 3 ist bei a, c, d und f kein Gewinn vorhanden, da die zusammengebrochene Spannung gewählt wurde, während sich in der Schaltung e eine weitere Erhöhung der Richtungsempfindlichkeit ergibt, da der Strom doppelt so groß ist. Der letzte Fall 4 ist überhaupt nur zu gebrauchen, wo der Dreieckstrom gewählt wird, da der Leiterstrom praktisch null ist oder nur aus dem nicht dargestellten Laststrom besteht. In der Schaltung b tritt sogar eine Richtungsumkehr, also falsche Anzeige auf. Dies bedeutet, daß bei einem zweipoligen Fehler nur die Relais arbeiten dürfen, die in einem bestimmten Leiter, dem bevorzugten Leiter, liegen.

Für den *einpoligen* Kurzschluß und *zweipoligen Kurzschluß mit Erdberührung* in geerdeten Netzen wählt man am zweckmäßigsten den Nullstrom und die Nullspannung. Die Verwendung der Nullspannung hat den Vorteil, daß sie am Fehlerort selbst am größten ist und nach dem Generator zu abnimmt. Es gibt also keine tote Zone. Eine Zuordnung besonderer Spannungen ist beim einpoligen Fehler im allgemeinen weniger erforderlich, da der Kurzschlußkreis mehr Ohmschen Anteil hat als beim zwei- oder dreipoligen Kurzschluß. Bei Verwendung von Ohmschen Begrenzungswiderständen ist im wesentlichen nur Wirkleistung vorhanden, eine Phasenverschiebung von Strom und Spannung also überhaupt nicht erforderlich. In anderen Fällen kann eine solche Phasenverschiebung durch Kunstschaltungen in Relais ausgeführt werden.

Auch Zuordnung von Dreieckspannung und Leiterstrom vermeidet die tote Zone und hat den Vorteil, daß man für Fehler mit Erdberührung dieselben Relais verwenden kann wie bei drei- und zweipoligem Kurzschluß. Statt der Leiterströme kann man auch die Summe von Leiterströmen und Nullströmen oder einen Teil (k) davon als Meßgröße für den Richtungsentscheid verwenden. Dies ist dann von Nutzen, wenn für die Messung der richtigen Impedanz bei Widerstandszeitrelais ohnehin die Einführung des Nullstromes, die sogenannte Nullstromkompensation, angewendet wird (s. Abschnitt d 5).

Beim *Doppelerdschluß* liegen die Verhältnisse im allgemeinen ähnlich wie beim zweipoligen Kurzschluß. Liegt der Schutz außerhalb der beiden Erdschlußstellen, so fließen, wie dort, im wesentlichen nur in zwei Leitern Strom, wobei die Spannung nach dem Kraftwerk hin zunimmt. Der Strom im fehlerfreien Leiter (s. Band I) ist im allgemeinen klein gegenüber den anderen Strömen. Man muß bei der Auswahl der Spannungen und Ströme darauf achtgeben, welchen Erdschluß man abschalten will. Die Richtungsanzeige und die Selektivität des Schutzes muß sich hiebei auf dieselbe Erdschlußstelle beziehen.

Liegt der Schutz innerhalb der Erdschlußstellen, so ist die Verwendung von Dreieckströmen unzweckmäßig, da hiebei eine bewußte Auswahl der Erdschlußstelle nicht eindeutig möglich ist. Bei Verwendung von Leiterströmen ist in jedem Leiter ein Richtungsrelais vorzusehen, bzw. das Relais entsprechend umzuschalten, da bei einseitig gespeistem Doppelerdschluß nur ein einziger Leiter Strom führt. Besser ist die Verwendung des Nullstromes auch beim Doppelerdschluß.

In Tab. 3 ist die Zuordnung von Spannung und Strom für die einzelnen Fehlerfälle noch einmal übersichtlich zusammengestellt.

β) **Mehrpolige Messung.** Bei mehrpoligen Richtungsrelais, wo also zwei bzw. drei Meßsysteme mechanisch verbunden sind, also die Summe der Leistungen als Meßgröße herangezogen wird, sind die Verhältnisse ähnlich. Man mißt beim dreipoligen Kurzschluß hiebei den zwei- bzw. dreifachen Wert. Beim zweipoligen Fehler ist diese Summe immer eindeutig und paßt sich den Kurzschlußmöglichkeiten (R S, S T, T R) in jedem Falle an. Man braucht also nicht den bevorzugten Leiter durch besondere zusätzliche Schaltorgane an das Richtungsrelais anzuschalten.

Tabelle 3. *Zuordnung von Strom und Spannung für den Richtungsentscheid.*

Fehlerart	0°	30°	60°	90°	Null-werte	mit Nullstrom-kompensation
	Schaltung					
Dreipoliger Kurzschluß RST	$\Im_R\ U_R$ $\Im_{RS}\ U_{RS}$	$\Im_R\ U_{RT}$	$\Im_{R1}\ -U_T$ $\Im_{RT}\ \ \ U_{ST}$	$\Im_R\ U_{ST}$		
Zweipoliger Kurzschluß RS	$\Im_R\ U_R$ $\Im_{RS}\ U_{RS}$	$\Im_R\ U_{RT}$	$\Im_{R1}\ -U_T$ $\Im_{R(T)}\ \ U_{ST}$	$\Im_R\ U_{ST}$		
Zweipoliger Kurzschluß mit Erdberührung RS $\perp$	$\Im_R\ U_R$	$\Im_R\ U_{RT}$	$\Im_{R1}\ -U_T$	$\Im_R\ U_{ST}$	$\Im_0\ U_0$	$\Im_R + k\,\Im_0$ $\begin{matrix}U_R\\U_{RT}\\-U_T\\U_{ST}\end{matrix}$
Einpoliger Kurzschluß R $\perp$	$\Im_R\ U_R$	$\Im_R\ U_{RT}$	$\Im_{R1}\ -U_T$	$\Im_R\ U_{ST}$	$\Im_0\ U_0$	$\Im_R + k\,\Im_0$ $\begin{matrix}U_R\\U_{RT}\\-U_T\\U_{ST}\end{matrix}$
Doppelerdschluß außerhalb I R $\perp$ II S $\perp$	$\Im_R\ U_R$ $\Im_{RS}\ U_{RS}$	$\Im_R\ U_{RT}$	$\Im_{R0}\ -U_T$ $\Im_{RT}\ \ \ U_{ST}$	$\Im_R\ U_{ST}$		
innerhalb der Fehler	$\Im_R\ U_R$ $\Im_s\ U_s$	$\Im_R\ U_{RT}$ $\Im_s\ U_{SR}$	$\Im_{R1}\ -U_T$	$\Im_R\ U_{ST}$	$\Im_0\ U_0$	$\Im_R + k\,\Im_0$ $\begin{matrix}U_R\\U_{RT}\\-U_T\\U_{ST}\end{matrix}$

Alle Werte zyklisch vertauschbar.

γ) **Messung der Gegenkomponente der Leistung.** Die Speisung des Richtungsrelais mit Nullstrom und Nullspannung bedeutet mathematisch die Verwendung der Nullkomponente der symmetrischen Komponenten von Strom und Spannung. Man kann nun auch von den symmetrischen Komponenten die *Gegenkomponente* für ein Richtungsglied heranziehen. Man hat auch hiebei den Vorteil beim zweipoligen Fehler, wo Gegensysteme auftreten, keine tote Zone zu haben. Das Gegensystem ist ja am Entstehungsort am größten und nimmt zum Generator hin ab.

Man kann es mit Hilfe von Drehfeldscheidern [Friedländer, E. und Schmutz (*19*)] erhalten, die für den Strom und die Spannung getrennt vorgesehen werden. Sie beruhen auf folgendem Prinzip: Es wird dem Gerät der Wert $\Im_R + \Im_T\ \underline{|60°}$ zugeführt, also der Strom des Leiters R und der um 60° verdrehte Strom des Leiters T. Man erhält damit einen den Gegensystemen proportionalen Wert, wenn kein Nullsystem vorhanden ist.

Denn es ist nach Band I (S. 12)

$$\mathfrak{J}_R = \mathfrak{J}_M + \mathfrak{J}_G + (\mathfrak{J}_0)$$

$$\mathfrak{J}_T = \mathfrak{J}_M\, a + \mathfrak{J}_G\, a^2 + (\mathfrak{J}_0) \qquad a = \text{Drehung um } 120°$$

$$\mathfrak{J}_R + \mathfrak{J}_T \underline{|60°} = \mathfrak{J}_M + \mathfrak{J}_M \underline{|180°} + \mathfrak{J}_G + \mathfrak{J}_G \underline{|-60°} + (\mathfrak{J}_0 + \mathfrak{J}_0 \underline{|60°}) \qquad (1)$$

$$= \mathfrak{J}_G + \mathfrak{J}_G \underline{|-60°} + (\mathfrak{J}_0 + \mathfrak{J}_0 \underline{|60°})$$

$$= \mathfrak{J}_G \sqrt{3} \underline{|-30°} + (\mathfrak{J}_0 \sqrt{3} \underline{|30})$$

d. h. die Meßgröße ist proportional dem Gegensystem für $\mathfrak{J}_0 = 0$. Bei der Spannung ist es zweckmäßiger, von den Dreieckspannungen auszugehen, indem man die Spannung $\mathfrak{U}_{TR}$ und die um 60° verdrehte Spannung $\mathfrak{U}_{ST} \underline{|60°}$ zuordnet. Auch so erhält man das Gegensystem, da auch dieser Schaltung dasselbe Gesetz wie Gl. (1) zugrundeliegt. Dies ergibt sich sofort, wenn man die Dreieckspannung in ihre Leiterspannungen zerlegt:

$$\mathfrak{U}_{TR} + \mathfrak{U}_{ST} \underline{|60°} = \mathfrak{U}_T - \mathfrak{U}_R + \mathfrak{U}_S \underline{|60°} - \mathfrak{U}_T \underline{|60°}$$

$$= \mathfrak{U}_T + \mathfrak{U}_S \underline{|60°} - (\mathfrak{U}_R + \mathfrak{U}_T \underline{|60°}) \qquad (2)$$

Man erhält zwei Glieder, von denen das zweite unmittelbar, das erste nach zyklischer Vertauschung der Gl. (1) entspricht; es ist also die angegebene Spannungskombination dem Gegensystem (für $\mathfrak{J}_0 = 0$) proportional. Die zugehörigen Vektordiagramme zeigt Abb. 13. Auch die Zuordnung der Spannungen

$$\mathfrak{U}_{TR} + \mathfrak{U}_{SR} \underline{|120°}$$

ergibt das Gegensystem der Spannungen.

Es ist

$$\mathfrak{U}_T - \mathfrak{U}_R + \mathfrak{U}_S \underline{|120°} - \mathfrak{U}_R \underline{|120°} = \mathfrak{U}_T - \mathfrak{U}_R + \mathfrak{U}_S\, a - \mathfrak{U}_R\, a$$

$$= \mathfrak{U}_M\, (a - 1) + \mathfrak{U}_G\, (a^2 - 1) + \mathfrak{U}_M\, (1 - a) + \mathfrak{U}_G\, (a^2 - a) \qquad (3)$$

$$= \mathfrak{U}_G\, (2\, a^2 - 1 - a) = 3\, \mathfrak{U}_G\, a^2$$

Um nun die Leistung des Gegensystems zu erhalten, genügt es, entweder den Strom oder die Spannung mit Drehfeldscheidern zu erzeugen, da die Leistung jeder Komponente schon gebildet werden kann, wenn die Komponente in der Spannung und dem Strom gleichzeitig vorhanden ist. Ist also in der Spannung nur die Gegenkomponente vorhanden, so ergibt sich die Gegenleistung, auch wenn im Strom alle Komponenten vorhanden sind. Praktisch geht man nun so vor, daß man im Strom die Nullkomponente und in der Spannung das Gegensystem mit Drehfeldscheidern ausscheidet.

Auch ohne Drehfeldscheider zu verwenden, läßt sich die Leistung des Gegensystems meßtechnisch erfassen, wenn man vier Systeme kuppelt, denen folgende Spannungen und Ströme zugeführt werden:

$$\mathfrak{U}_{RS}\, \mathfrak{J}_R, \; \mathfrak{U}_{TS}\, \mathfrak{J}_T, \; - \mathfrak{U}_R \sqrt{3}\, \mathfrak{J}_S, \; \mathfrak{U}_S \sqrt{3}\, \mathfrak{J}_S$$

wovon die ersten beiden Glieder als Wirk-, die letzten beiden als Blindleistungen gemessen werden.

Die Summe dieser Leistungen ist die doppelte Leistung des Gegensystems. Dies ergibt sich folgendermaßen:

Es ist
$$2\,N_G = N_M + N_G - (N_M - N_G)$$

$N_M + N_G$ ist die Gesamtleistung kann also nach der Aronschaltung gemessen werden (bei $N_0 = 0$). Dies ergibt die beiden ersten Meßgrößen

$$N_M + N_G = N_{Ges} = \mathfrak{U}_{RS}\,\mathfrak{J}_R + \mathfrak{U}_{TS}\,\mathfrak{J}_T \tag{4}$$

Für die beiden letzten Größen ergibt sich, wenn man die Größen für N_M

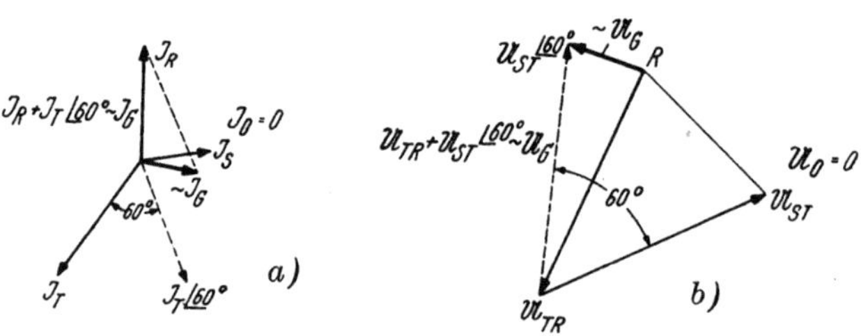

Abb. 13. Gewinnung der Gegenkomponenten
a) Strom, *b*) Spannung

und N_G entsprechend den Gleichungen für die symmetrischen Komponenten einsetzt (s. Band I, S. 11):

$$\begin{aligned}
N_M - N_G &= 3\,\mathfrak{U}_M\,\mathfrak{J}_M^* - 3\,\mathfrak{U}_G\,\mathfrak{J}_G^* \\
&= \tfrac{1}{3}[(\mathfrak{U}_R + a\,\mathfrak{U}_S + a^2\,\mathfrak{U}_T)\,(\mathfrak{J}_R + a^2\,\mathfrak{J}_S + a\,\mathfrak{J}_T) \\
&\quad - (\mathfrak{U}_R + a^2\,\mathfrak{U}_S + a\,\mathfrak{U}_T)\,(\mathfrak{J}_R + a\,\mathfrak{J}_S + a^2\,\mathfrak{J}_T)] \\
&= (\mathfrak{U}_R\,\mathfrak{J}_S - \mathfrak{U}_S\,\mathfrak{J}_R)\,(a^2 - a)
\end{aligned} \tag{5}$$

$$N_M - N_G = \mathfrak{U}_R\,\sqrt{3}\,\mathfrak{J}_S\,j - \mathfrak{U}_S\,\sqrt{3}\,\mathfrak{J}_R\,j \tag{6}$$

Danach ist also

$$2\,N_G = \mathfrak{U}_{RS}\,\mathfrak{J}_R + \mathfrak{U}_{TS}\,\mathfrak{J}_T - \mathfrak{U}_R\,\sqrt{3}\,\mathfrak{J}_S\,j + \mathfrak{U}_S\,\sqrt{3}\,\mathfrak{J}_R\,j \tag{7}$$

Dies ergibt die oben angegebenen vier Meßsysteme, aus denen das Gegensystem der Leistung gemessen werden kann.

d) Der Widerstand

Eine besondere Bedeutung hat in der Selektivschutztechnik die Wahl des Widerstandes als Meßgröße erlangt. Sie vereinigt in sich die Vorteile der Spannung und des Stromes und ermöglicht in manchen Fällen gleichzeitig eine Richtungsunterscheidung. Der Widerstand, das Verhältnis von Spannung und Strom, besitzt dabei den Vorteil, unabhängig von der absoluten Größe des Stromes, also vom Belastungszustand des Netzes zu sein, soweit nicht das Meßglied im Relais selbst eine Stromabhängigkeit zeigt. Es wird also der Widerstand zwischen Einbaustelle des Schutzes und dem Fehler gemessen. Da er der Entfernung proportional ist, so mißt das Relais gewissermaßen die Entfernung selbst. Man spricht daher auch von einem „*Distanzschutz*".

'Als Meßgröße kann die *Impedanz*, also der Scheinwiderstand, und die *Reaktanz*, der Blindwiderstand, verwendet werden. Theoretisch ist auch der *Wirkwiderstand* denkbar, kommt aber in der Praxis kaum vor. Weiters kann man auch beide Meßgrößen gleichzeitig als sogenannten *linearen Mischwiderstand* verwenden.

Verwendet wird das Distanzprinzip für den Anwurf im *„Widerstandsrelais"* und für Staffelschutzsysteme im *„Widerstandszeitrelais"*. Für Vergleichsschutzsysteme hat das Distanzprinzip keine Verwendung gefunden, höchstens in dem Sinne, daß aus anderen Gründen vorhandene Widerstandsrelais einen gleichzeitig vorhandenen Vergleichsschutz anwerfen.

Das Distanzprinzip kann bei jeder Kurzschlußart verwendet werden. Für einpolige Kurzschlüsse werden häufig getrennte Relais vorgesehen.

1. Impedanz und Reaktanz als Meßgrößen

α) **Impedanz.** Die Impedanz ist das Verhältnis von Spannung und Strom am Einbauort des Schutzes. Man gewinnt also die Impedanz, wenn man Spannung und Strom als Meßgröße heranzieht und sie gegeneinander wirken läßt.

Bei Widerstandszeitrelais wächst die Ablaufzeit mit größer werdender Spannung und kleiner werdendem Strom an. Der Impedanzwert ist für eine bestimmte Entfernung vom Kurzschluß daher immer der gleiche und wird nicht vom Belastungszustand und dem Maschineneinsatz beeinflußt. Auch die Phasenlage zwischen Strom und treibender Spannung ist ohne Einfluß, da am Einbauort immer nur der Spannungsabfall bis zur Fehlerstelle als Meßgröße auftritt, der mit dem Kurzschlußstrom einen durch die Impedanz bis zur Fehlerstelle bestimmten konstanten Phasenwinkel besitzt. Da die Impedanz der quadratische Mittelwert aus Ohmschem und induktivem Widerstand ist, also

$$Z = \sqrt{R^2 + X^2} \qquad (8)$$

so spricht man von ihr auch als von einem *quadratischen Mischwiderstand*.

In diese Impedanz gehen allerdings die Widerstände an der Fehlerstelle mit ein. Lichtbogenwiderstand und bei erdunsymmetrischen Fehlern der Erdwiderstand sind in der Impedanz mit enthalten. Die Impedanz als Meßgröße spielt heute beim Distanzschutz die wichtigste Rolle. Besonders in Netzen mit großen Kurzschlußströmen, wo der Lichtbogenwiderstand im Verhältnis zur Leitungsimpedanz klein ist, wird ausschließlich die Impedanz als Meßgröße benutzt. Ihr Vorteil ist insbesondere auch die einfachere Ausführung der Relais selbst.

β) **Reaktanz.** Die Reaktanz ist das Verhältnis des Blindspannungsabfalles zum Strom. Um sie als Meßgröße zu erhalten, wird die Blindleistung mit dem Quadrat des Stromes verglichen. Ihr Verhältnis ist der Blindwiderstand.

$$\frac{N_B}{I^2} = \frac{U \, I \sin\varphi}{I^2} = \frac{U \sin\varphi}{I} = X \qquad (9)$$

Der wesentliche Vorteil der Reaktanz als Meßgröße ist ihre völlige Unabhängigkeit von Ohmschen Widerständen in der Kurzschlußbahn. Da Lichtbogen und Erdübergangswiderstände fast rein ohmisch sind, so ist die Reaktanzmessung unabhängig von den Fehlerwiderständen. Deshalb hat das Reaktanzrelais überall dort Bedeutung, wo insbesondere der Lichtbogenwiderstand den Kurzschlußwiderstand erheblich beeinflußt. Dies ist in Höchstspannungsnetzen mit Freileitungen der Fall. Hier ist das eigentliche Anwendungsgebiet des Reaktanzrelais.

Die Zeitmessung ist in solchen Netzen dann nur von der Reaktanz zwischen dem Einbauort des Schutzes und der Fehlerstelle abhängig. Für den Anwurf eines Schutzes findet das Reaktanzprinzip keine Anwendung, weil die Gefahr besteht, daß das Relais dann auch bei Normalbetrieb mit reiner Wirklastübertragung anspricht.

In diesem Falle ist das Verhältnis von Blindleistung zum Strom entsprechend (9) null. Es wird also dem Relais eine Reaktanz null vorgetäuscht und es kann ansprechen. Auf die größere Empfindlichkeit von Reaktanzrelais bei Pendelungen wird später eingegangen.

Die Reaktanz kann man als Sonderfall eines *linearen Mischwiderstandes* von der Form

$$M = R \cos \psi + X \sin \psi \tag{10}$$

auffassen, wobei der Winkel ψ die innere Phasenverschiebung des verwendeten Leistungsgliedes im Relais ist.

Ist $\psi = 90°$, so wird $M = X$, gleich der Reaktanz. Bei $\psi = 0$ würde das reine Widerstandsrelais entstehen. Ist ψ nicht genau 90°, so ändert sich der gemessene lineare Mischwiderstand etwas mit dem Wirkwiderstand. Bei $\psi < 90°$ wird M etwas größer als X, bei $\psi > 90°$ dagegen wird, da $\cos \psi$ negativ wird, M kleiner als X, was unter Umständen die Staffelung gefährden kann, also beachtet werden muß.

γ) Impedanz mit verminderter Lichtbogenempfindlichkeit.

1. *Spannungs- oder Stromzusatz.* Die kompliziertere Ausführung eines Reaktanzrelais und seine anderen Nachteile kann durch eine Ausführung ersetzt werden, die im Prinzip die Impedanz als Meßgröße heranzieht, bei der aber durch zusätzliche Spannungsbeeinflussung des Stromgliedes oder Strombeeinflussung des Spannungsgliedes der Einfluß des Fehlerwiderstandes verringert wird.

Man vergleicht also beispielsweise die Spannung $\mathfrak{U}$ mit der Meßgröße $\mathfrak{J} + c \, \mathfrak{U} \, \underline{|\psi}$. Statt nur durch den Strom wird das Meßglied gleichzeitig von der Spannung beeinflußt, die um den Winkel ψ künstlich gedreht ist.

Gemessen wird also

$$\frac{\mathfrak{U}}{\mathfrak{J} + c \, \mathfrak{U} \, \underline{|\psi}} \tag{11}$$

oder bei quadratischer Abhängigkeit im Relais, was praktisch häufiger vorkommt

$$\frac{\mathfrak{U}^2}{(\mathfrak{J} + c \, \mathfrak{U} \, \underline{|\psi})^2} \tag{11 a}$$

Dies ist gleichbedeutend mit einer Impedanz

$$\frac{\mathfrak{z}^2}{(1 + c \, \mathfrak{z} \, \underline{|\psi})^2} = \frac{z^2}{1 + c^2 z^2 + 2 \, c \, z \cos(\varphi + \psi)} \tag{12}$$

Man erkennt, daß nicht die reine Impedanz gemessen wird, sondern ein korrigierter Wert, der etwas vom Impedanzwinkel abhängt. Mit Hilfe des inneren Phasenwinkels ψ und der Konstante c kann man die Korrektion in gewissen Grenzen variieren. c = 0 ergibt das reine Impedanzrelais, c = 1 und $\psi = + 90°$ das reine Reaktanzrelais.

Auf ähnliche Weise kann man den Strom $\Im$ mit der Meßgröße $\mathfrak{U} + c\,\Im\,\underline{|\psi}$ vergleichen, wobei der Strom das Spannungsglied zusätzlich beeinflußt.

Macht man $c = -1$ und $\psi = 0$, vergleicht man also $|\mathfrak{U} - \Im|$ mit $\Im$, so erhält man zusätzlich eine Richtungsempfindlichkeit. Die Meßimpedanz wird nur unterschritten, wenn $\Im$ positiv ist, also die Spannung herabsetzt, bei Umkehr der Richtung wird die Spannung vergrößert, so daß immer der Spannungsanteil im Relais überwiegt, was bei entsprechender Schaltung eine Sperrung bewirkt.

Aus der Ansprechbedingung

$$|\,\mathfrak{U} - \Im\,| = \Im$$

ergibt sich $U^2 - 2\,I\,U\cos\varphi + I^2 = I^2$
und nach weiterer Umformung

$$U = 2\,I\cos\varphi.$$

Die Meßgröße wird dadurch $\dfrac{U}{I\cos\varphi}$ der Konduktanz (Wirkleitwert) proportional.

Dieses Prinzip wird im Konduktanzrelais [Neugebauer, H. (148)] ausgenutzt, wo der Vergleich mit gleichgerichteten Meßgrößen erfolgt.

2. *Impedanzvergleich (Drehfeldrelais).* Eine weitere einfache Art, die Impedanz als Meßgröße zu verwenden, ist, ihre Größe bis zur Fehlerstelle mit einer festen Impedanz zu vergleichen. Dies geschieht praktisch, dadurch, daß die Spannung an der Einbaustelle des Schutzes mit dem Spannungsabfall des Stromes in dieser festen Impedanz in Beziehung gebracht wird. [Matthey-Doret, A. (140, 141), Parschalk (149)].

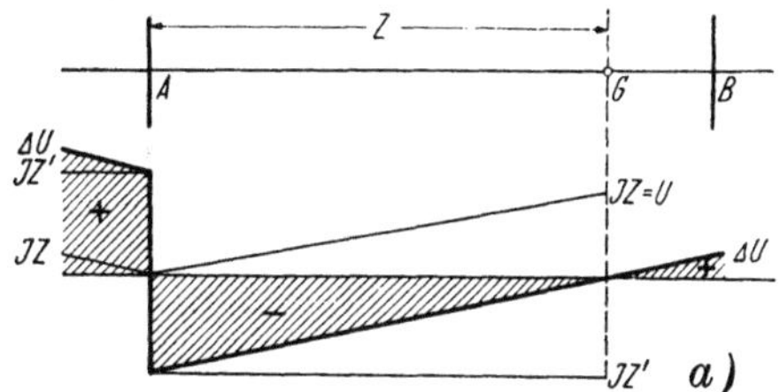

Es wird gemessen:

$$\Im\,\mathfrak{z} - \mathfrak{U} = \Im\,(\mathfrak{z} - \mathfrak{z}_\mathrm{L}) = \varDelta\,\mathfrak{U} \qquad (13)$$

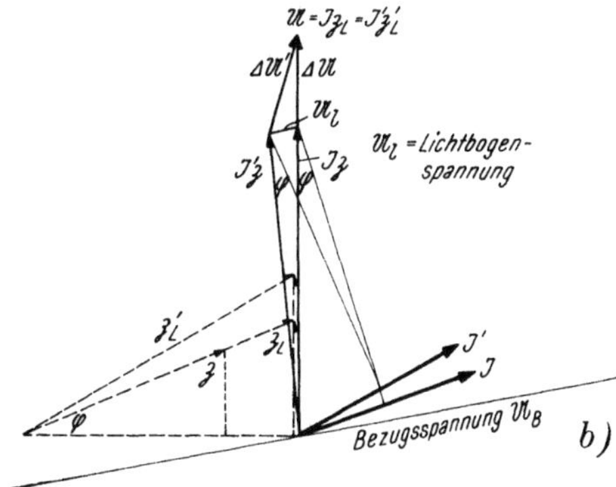

	ohne	mit
		Lichtbogen
Strom	$\Im$	$\Im'$
Leitungsimpedanz	$\mathfrak{z}_\mathrm{L}$	$\mathfrak{z}_\mathrm{L}'$
Ersatzimpedanz	$\mathfrak{z}$	$\mathfrak{z}$
Differenzspannung	$\varDelta\,\mathfrak{U}$	$\varDelta\,\mathfrak{U}'$
Spannung am Einbauort	$\mathfrak{U}$	$\mathfrak{U}$
Spannung an der Ersatzimp.	$\Im\mathfrak{z}$	$\Im'\mathfrak{z}$

Abb. 14. Impedanzvergleich (Drehfeldrelais)
a) Meßprinzip, b) Diagramm

wobei $\Im$ der Kurzschlußstrom, $\mathfrak{U}$ die Kurzschlußspannung am Einbauort des Schutzes, $\mathfrak{z}_\mathrm{L}$ die Impedanz bis zur Kurzschlußstelle, $\mathfrak{z}$ die Vergleichsimpedanz ist.

Diese Vergleichsimpedanz $\mathfrak{z}$ wird nun gleich der Impedanz zwischen Relaisort und einem Punkt G am Ende der Leitung gewählt (zirka 85% der Leitungsstrecke, Strecke AG in Abb. 14a). Der an ihr auftretende Spannungsabfall $\mathfrak{I}\,\mathfrak{z}$ ist daher im wesentlichen unabhängig von der Fehlerstelle, soweit der Kurzschlußstrom jeweils den gleichen Wert hat. Die Spannung $\mathfrak{U}$ wächst dagegen mit der Distanz des Fehlers an und ist proportional der Impedanz. Die Differenzspannung $\varDelta\,\mathfrak{U}$ ist null, wenn der Fehler am Punkt G auftritt und wächst bis zur Einbaustelle A des Schutzes an. Über beide Grenzen hinaus wechselt die Differenzspannung $\varDelta\,\mathfrak{U}$ ihr Vorzeichen, an der Stelle A, weil der Strom sein Vorzeichen wechselt, an der Stelle G, weil die Spannung $\mathfrak{U}$ größer als der Spannungsabfall $\mathfrak{I}\,\mathfrak{z}$ wird. Diese Tatsache ist ein großer Vorteil, da dabei eine ganz scharfe Abgrenzung des Auslösebereiches erlangt wird. In Verbindung mit einer Bezugsspannung $\mathfrak{U}_\mathrm{B}$ kann die Richtung unterschieden werden.

Hiebei ist nun die Abhängigkeit vom Lichtbogen sehr gering. Man wählt eine Bezugsspannung, die annähernd senkrecht auf der Kurzschlußspannung steht, z. B. die Spannung $\mathfrak{U}_\mathrm{RS}$ bei einem zweipoligen Fehler ST und gibt hiebei dem Relais (Ferraris-System) die größte Empfindlichkeit. Dann fällt die durch den Lichtbogen hervorgerufene Spannungsänderung etwa in die Richtung der Bezugsspannung und verursacht nur ein geringes Drehmoment (Abb. 14b).

δ) **Vergleich des Impedanz- und Reaktanzprinzipes.** Das Impedanzprinzip hat sich wegen der leichteren Ausführbarkeit am besten durchgesetzt und wird selbst dort benutzt, wo es gewisse Nachteile hat. Der Vorteil ist die Strom- und Phasenunabhängigkeit der Meßgröße und geringere Empfindlichkeit gegen Pendelungen. Sein Nachteil ist die Abhängigkeit vom Fehlerwiderstand, insbesondere Lichtbogenwiderstand. Aber auch dieser Nachteil wird heute geringer als früher gewertet. In Kabelnetzen ist der Lichtbogen kurz und der Kurzschlußstrom meist hoch, so daß sein Widerstand klein ist. Für Freileitungsnetze mittlerer Spannung gilt etwa dasselbe. Nur in Höchstspannungsnetzen mit Freileitungen ist der Lichtbogenwiderstand infolge der großen Leiterabstände und des kleineren Kurzschlußstromes groß gegenüber der Leitungsimpedanz. In solchen Netzen ist häufig das Reaktanzrelais verwendet worden. Im Laufe der Entwicklung hat sich aber auch dieser Nachteil als nicht so gefährlich gezeigt, wenn nur die Auslösezeiten selbst kurz genug sind oder die Meßgröße selbst gegenüber dem Lichtbogenwiderstand groß ist.

Bei Beginn des Kurzschlusses ist der Lichtbogenwiderstand bekanntlich noch klein und entwickelt sich erst nach einiger Zeit. Man verwendet also heute auch in solchen Netzen ebenfalls Impedanzrelais.

Das Reaktanzrelais hat den besonderen Vorteil, nicht von Fehlerwiderständen beeinflußt zu werden, besitzt aber dafür den Nachteil, leicht auf Pendelungen anzusprechen. Außerdem ist der Aufbau des Reaktanzrelais meist komplizierter. Man findet es daher in modernen Netzen nur noch selten angewendet.

Die kombinierte Ausführung, also die Impedanz als Meßgröße mit Spannungs- oder Stromzusatz, findet ebenfalls in Höchstspannungsnetzen Anwendung. Sie wird häufig nur bei den mittleren Auslösezeiten benutzt; dies ergibt also Relaisanwendungen, die für die Schnellauslösung die Impedanz, für die mittleren Auslösezeiten die kombinierte Ausführung und für die höheren wieder die Impedanz als Meßgröße besitzen; die teuere

Ausführung also nur dann, wenn der Lichtbogenwiderstand im Vergleich zur Leitungsimpedanz groß ist. Wenn die Schaltung selbst einfach ist, wie beim Konduktanz- und Drehfeldrelais, ist natürlich eine solche Kombination nicht erforderlich. In diesem Falle genügt ein einziges Meßprinzip für alle Zeitstufen.

2. Widerstand als Meßgröße für den Anwurf

Es wurde schon erwähnt, daß man zwischen Widerstands- und Widerstandszeitrelais unterscheidet. Die ersteren sprechen momentan an, sind also als Anwurfrelais zu verwenden. Unterschreitet der Widerstand einen bestimmten Wert, so spricht das Relais an und wirft die Schutzanordnung an.

Es wurde schon erwähnt, daß der Kurzschlußstrom zu Zeiten schwachen Maschineneinsatzes kleiner sein kann als der Belastungsstrom zu Zeiten starker Belastung. In solchen Fällen findet man mit dem Strom als Meßgröße kein Auslangen. Mit dem Widerstand als Meßgröße ist diese Schwierigkeit beseitigt, da er unabhängig vom Belastungsstrom ist.

Da die starken Belastungsunterschiede häufiger in Freileitungsnetzen (Überlandnetzen) als in Kabelnetzen (Stadtnetzen) auftreten, so findet man auch dort häufiger den Widerstand als Meßgröße für den Anwurf angewendet.

Als Meßgröße wird für den Anwurf ausschließlich die Impedanz verwendet, da im ersten Moment der Lichtbogenwiderstand noch klein ist und die Reaktanz die schon erwähnten Nachteile bei Pendelungen und Wirklastübertragungen besitzt.

Für die Anregung eines Schutzes ist eine völlige Stromunabhängigkeit der Unterimpedanzrelais gar nicht in allen Fällen erwünscht. Eine geringe Stromabhängigkeit bringt gewisse Vorteile, ohne daß die Grundforderung, eine für alle Belastungszustände einwandfreie Anregung zu erhalten, dadurch beeinträchtigt wird. Um dies genauer auszuführen, sei der Begriff der *Betriebsimpedanz* erläutert. Dies ist das Verhältnis von Nennspannung zum Betriebsstrom. Es ist also diejenige Impedanz, die das Relais im ungestörten Betrieb mißt und bei der es nicht ansprechen darf. Läßt man die normalerweise nur geringen Spannungsschwankungen außer Betracht, so bildet die Betriebsimpedanz in Abhängigkeit vom Strom eine Hyperbel mit der Gleichung

$$\mathfrak{Z}_B = \frac{\mathfrak{U}_N}{\mathfrak{J}_B} \tag{14}$$

worin $\mathfrak{U}_N$ eine Konstante ist.

Ist die Ansprechimpedanz des Relais nun völlig unabhängig vom Strom, so ergibt dies eine waagrechte Linie, die bei einem bestimmten Stromwert beginnt, von dem an das Relais überhaupt erst arbeitet. (S. Abb. 15, Kurve a.)

Diese Linie darf die Betriebsimpedanz-Kurve erst bei Werten schneiden, die erheblich über dem Nennstrom liegen. Der Nachteil dieser Anordnung ist, daß der Abstand zwischen Betriebsimpedanz und Ansprechimpedanz des Relais am Anfang recht groß ist. Es besteht also die Gefahr, daß trotz Verwendung eines Unterimpedanzrelais, bei Schwachlast, der Schutz noch nicht angeworfen wird.

Diesen Nachteil kann man dadurch beseitigen, daß man die Ansprechimpedanz nicht konstant macht, sondern sie der Betriebsimpedanz anschmiegt (Kurve b). Dies erreicht man einfach dadurch, daß man die Meßgrößen Spannung und Strom getrennt wirken läßt, wobei der Ansprechstrom ein bestimmter Bruchteil des Vollaststromes, beispielsweise 40% und die Ansprechspannung, beispielsweise 60% Restspannung, betragen. Hiedurch entsteht wiederum eine Hyperbel, die bei dem angegebenen Strom beginnt und dann parallel zur Betriebsimpedanz verläuft. Diese Ausführung beseitigt den Nachteil, bei Schwachlast nicht anzusprechen, schneidet aber die Betriebsimpedanz auch bei großen Strömen nicht. Sie stellt daher keinen Überlastungsschutz dar und spricht unter Umständen bei sehr großen Kurzschlußströmen, wo die Spannung sich gegen die Kraftwerke hin sehr rasch aufbaut, nicht mehr an.

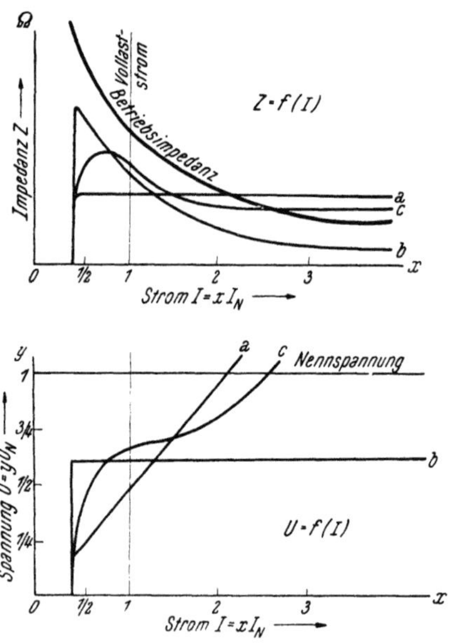

Abb. 15. Kennlinien von Unterimpedanzrelais
    a stromunabhängig
    b fester Strom, feste Spannung
    c stromabhängig

Diesen Nachteil beseitigt die dritte Kurve (c), die bei kleinen Strömen etwas unter der Betriebsimpedanz liegt, sie dann aber schneidet. Diese Kurve kann man einem an sich stromabhängigen Unterimpedanzrelais geben, indem das Stromglied mit wachsendem Strome unempfindlicher gemacht wird, also die Ansprechimpedanz bei großen Strömen kleiner wird.

Die in Abb. 15 gezeigten Kurven stellen die Kennlinien der Unterimpedanzrelais dar. In ihnen ist die Impedanz in Funktion vom Strom dargestellt. Die Kennlinie kann auch dadurch dargestellt werden, daß man die Spannung als Funktion des Stromes darstellt. Beide Formen sind in Abb. 15 dargestellt.

Bei sehr langen Leitungen ergibt sich ein sehr großer Unterschied der Impedanzen zwischen Beginn und Ende einer Leitung, insbesondere einer Höchstspannungsleitung. Man kann, ähnlich wie beim Drehfeldrelais, hier zur Verringerung der Gesamtimpedanz auf die Hälfte einen Impedanzvergleich als Meßgröße verwenden. Es wird eine Hilfsimpedanz eingeführt, die der halben Impedanz der Leitung entspricht. Bei einem Fehler in der Mitte der Leitung entsteht dann die Meßgröße null, an beiden Enden jeweils die halbe Leitungsimpedanz (sog. Kompoundierungsschaltung) [Vrethem, A. u. Jancke, G. (78)].

3. Staffelschutzsysteme

Mit dem Widerstand als Meßgröße läßt sich nun ein Schutz aufbauen, der weitestgehende Selektivität gewährleistet. Das Widerstandszeitrelais besitzt also eine Auslösezeit, die mit dem gemessenen Widerstand anwächst. Die Zeitabhängigkeit kann verschieden sein. Die derzeit vorkommenden Kennlinien sind in Abb. 16 dargestellt.

Man unterscheidet danach die *stetige Charakteristik* (a), die bei einer kleinsten Auslösezeit, der *Grundzeit*, beginnt und in modernen Ausführungen immer praktisch geradlinig ansteigt bis zu einer höchsten Auslösezeit, der *Endzeit* oder *Grenzzeit*. Die *Steilheit* der Charakteristik hängt von der

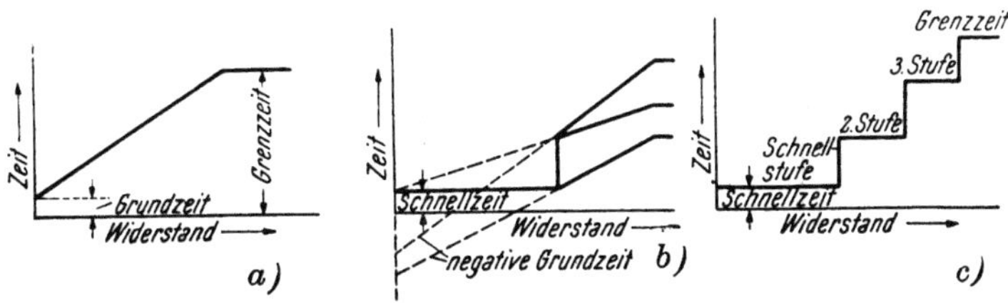

Abb. 16. Kennlinien von Distanzrelais
a) stetig, b) gebrochen, c) Stufen

Länge der Leitungen ab, sie muß dieser so angepaßt sein, daß zwischen Anfang und Ende der geschützten Leitung ein Zeitunterschied gleich der Staffelzeit entsteht. In Abb. 17 sind mehrere Leitungen dargestellt, die mit Distanzschutz geschützt werden. Die Auslösezeiten der in den Punkten A, B und C eingebauten Relais sind darunter in den sogenannten Staffel-plan (a) eingetragen. Bei einem Fehler kurz hinter der Stelle B würde das Relais B mit der Grundzeit, das Relais A mit einer um die Staffelzeit höher liegenden Zeit auslösen. Daher muß also die Auslösezeit vom Anfang bis zum Ende um diese Staffelzeit anwachsen. Endzeit, Grundzeit und Steil-heit werden am Relais zwecks bester Anpassung an die je-weiligen Netzbedingungen ein-stellbar gemacht.

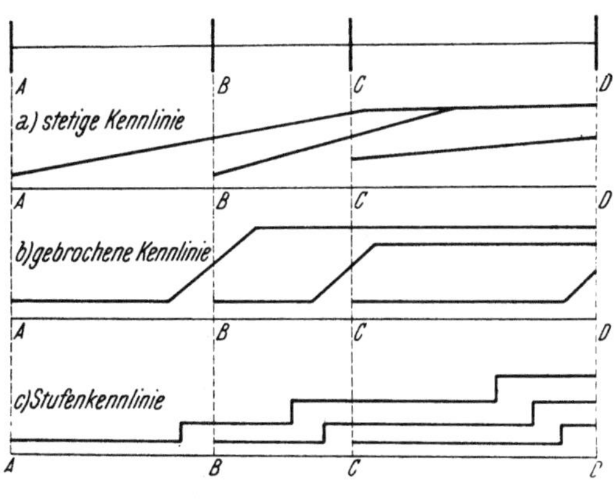

Abb. 17. Staffelpläne

Als zweites gibt es die *ge-brochene Kennlinie* (Abb. 16b und 17b). Bei dieser wird die Auslösezeit auf fast der ganzen Leitung so kurz wie möglich ge-macht. Das Relais löst in diesem Bereich mit der *Schnellzeit* aus. Ihr Auslösebereich umfaßt etwa 70 bis 85% der zu schützenden Leitung. Bei Fehlern, die weiter weg liegen, wird die Auslösezeit von einer stetigen Kennlinie bestimmt. Die Grundzeit, d. h. der Anfangspunkt der stetigen Kennlinie, wenn man sie bis zum Nullpunkt verlängern würde, braucht nicht gleich der Schnellzeit zu sein. Sie kann es, muß es aber nicht sein. Es gibt hiebei drei Möglichkeiten. Erstens: die stetige Kennlinie beginnt am Ursprung, dann schält die Schnellzeit sich gewissermaßen aus der Kennlinie heraus, zweitens: die stetige Kennlinie beginnt erst, wo die Schnellzeit aufhört, setzt aber mit dem Werte der Schnellzeit ein, und drittens: die stetige Kennlinie setzt sprunghaft ein. Die beiden letzteren Fälle kann man auch so auffassen, als ob das Relais eine negative Grundzeit hätte. Der Vorteil dieser Ausführung liegt auf der Hand; die Auslösezeiten sind auf der zu schützenden Leitung fast zur Gänze klein und die Richtung der Kennlinien kann unabhängig von der Länge der Leitung gemacht werden. Weiter ist die Möglichkeit gegeben, durch Verstellen der Grundzeit, also des Sprunges, sich noch besser den Verhältnissen anzupassen.

Außerdem unterscheidet man noch die Stufenkennlinie (s. Abb. 16 c und 17 c). Hiebei besteht die Kennlinie nur noch aus parallelen Stücken, die sprunghaft sich aneinanderfügen. Man kann hiebei beliebig viele Stufen herstellen. Die erste Stufe entspricht der Schnellzeit, die letzte der Grenzzeit. Es läßt sich hiemit eine weitestgehende Anpassung erreichen. Es kann zweckmäßig sein, auch statt einer der Stufen ein stetiges Ansteigen einzusetzen, also die geknickte Kennlinie mit der Stufenkennlinie zu kombinieren. Meist wählt man hiezu die zweite oder dritte Stufe.

Die einzelnen Stufen sind durch bestimmte Widerstandswerte gekennzeichnet. Man kann nun hiefür ein Widerstandsrelais, in der Regel Impedanzrelais, benutzen, bei der die Ansprechimpedanz geändert wird oder man kann jeder Stufe ein besonderes Widerstandsglied zuordnen. Hiebei hat man den Vorteil, eine Stufe von der Reaktanz oder dem Mischwiderstand, die andere von der Impedanz anregen zu lassen.

Die dritten und höheren Stufen sollen natürlich bei ordnungsgemäß ablaufendem Schutz gar nicht in Funktion treten. Sie dienen nur der Reserve für den Fall von Schutzversagern und der Abschaltung bei Überlastungen.

Der Widerstand allein als Meßgröße genügt für Staffelschutzsysteme nicht. Man muß ihn mit einem Richtungsschutz ergänzen. Man erkennt dies aus Abb. 16 leicht. An der Stelle B beispielsweise messen die Relais der Leitung A B dieselbe Impedanz wie die Relais der Leitung B C. Sie haben also immer die gleiche Auslösezeit. Trotzdem aber darf nur das zur fehlerhaften Leitung gehörende Relais auslösen. Wählt man als Auslöserichtung immer die von der Sammelschiene fortgehende Richtung, so kann man mit Hilfe von Richtungsrelais die Auslösung oder den Ablauf des zur gesunden Leitung gehörenden Relais sperren.

Auf die Wahl der geeignetsten Kennlinie wird im Abschnitt über die Projektierung näher eingegangen. Es sei nur noch erwähnt, daß man wechselnde Schaltzustände berücksichtigen muß. Es hat auf die Selektivität einen großen Einfluß, ob ein, zwei oder mehr parallele Leitungen hinter der zu schützenden Leitung liegen.

Mit Distanzschutz läßt sich der überwiegende Teil komplizierter Netzgestaltungen sicher schützen. Nicht nur bei Leitungen und Kabeln findet er Anwendung, sondern er kann genau so gut für Transformatoren und Generatoren vorgesehen werden. Oft genügen hiefür einfachere Formen, da der innenliegende Fehler durch andere Schutzarten, meist Vergleichsschutzsysteme, abgeschaltet wird. Er findet daher dort nur Anwendung für Fehler an der speisenden oder gespeisten Sammelschiene und als Reserve für Versager von Schutzeinrichtungen im Netz.

4. Widerstand als Richtungsentscheid

Es wurde schon erwähnt, daß zu einem Distanzschutz fast in allen Fällen ein Richtungsentscheid gehört. Es dürfen nur diejenigen Relais auslösen, bei denen die Leistung in die kranke Leitung hineinfließt. Auf die Einbaustelle bezogen, heißt das, die Leistung muß von der Sammelschiene wegfließen. Meist läßt man den Richtungsentscheid mittels besonderer Richtungsrelais vornehmen. Man kann aber bei manchen Schaltungen auch den Widerstand selbst zum Richtungsentscheid mit heranziehen.

Grundsätzlich geht dies bei allen Distanzrelais, bei denen die Leistung, Blind- oder Wirkleistung, als Meßgröße zur Gewinnung des Widerstandes benutzt wird. Es wurde gezeigt, daß ein Distanzrelais fast immer zwei Meßglieder besitzt. Ein Impedanzrelais besitzt ein Spannungs- und ein Stromglied, bei ihm ist also eine Richtungsunterscheidung im allgemeinen nicht zu erwarten. Erst wenn man Glieder benutzt, die selbst zwei Meßgrößen benützen, ist ein Richtungsentscheid möglich. Dies kann mit Hilfe zweier Spannungen, Strom und Spannung und, wenigstens theoretisch, auch von zwei Strömen durchgeführt werden.

Beim Impedanzrelais zieht man zu diesem Zwecke eine Bezugsspannung hinzu, wie dies beim Drehfeldrelais geschieht. Hier wird die Impedanzdifferenz in Spannung umgewandelt und mit einer beliebig wählbaren Bezugsspannung einem Leistungssystem zugeführt. Bei Umkehr des Stromes kehrt sich auch der in der Impedanzdifferenz entstehende Spannungsabfall und damit die Leistungsrichtung um. Diesem Relais wird also zugeführt [s. a. Gl. (13)]:

$$\varDelta \mathfrak{U} = \mathfrak{J}\,(Z' - Z)$$

und die Bezugsspannung $\mathfrak{U}_B$. Wählt man als $\mathfrak{U}_B$ eine möglichst hohe Spannung, so kann man hiebei eine gute Richtungsempfindlichkeit und eine sehr geringe tote Zone, in der das Richtungsrelais nicht anspricht, erreichen.

Bei Reaktanzrelais wird die Blindleistung mit einem I^2-System verglichen. Auch hier ist ein Richtungsentscheid möglich, da die Blindleistung mit dem Strom die Richtung wechselt. Allerdings ist bei diesen Relais die Richtungsempfindlichkeit häufig geringer als bei reinen Richtungsrelais. Die Richtungsempfindlichkeit bei kleinen Spannungen kann durch Vorschalten stark stromabhängiger Widerstände künstlich erhöht werden.

Auch bei Impedanzrelais mit Spannungs- oder Stromzusatz ist ein Richtungsentscheid möglich.

Er ist, wie erwähnt, auch beim Konduktanzrelais vorhanden, bei dem bei Umkehr der Stromrichtung der Strom im Spannungssystem die gleiche, in der Regel sperrende, Wirkung wie die Spannung selbst hat [Neugebauer, M. (*148*)]. S. 21.

Eine besonders gute Richtungsempfindlichkeit kann man erhalten, wenn man Spannungs- und Stromzusatz gleichzeitig verwendet, und zwar in folgender Weise: Man führt dem einen System $\mathfrak{U} - \mathfrak{U}_i$, dem anderen $\mathfrak{U}_i + \mathfrak{U}$ zu ($\mathfrak{U}_i$ = die durch den Strom erzeugte gleichwertige Spannung).

Dies ergibt die Gleichung

$$U^2 - 2\,U\,U_i \cos\varphi + U_i{}^2 = U^2 + 2\,U\,U_i \cos\varphi + U_i{}^2$$

oder

$$U\,U_i \cos\varphi = 0$$

d. h. der Kippwert ist die Leistung Null, dies ist aber die Bedingung eines Richtungsrelais.

5. Zuordnung von Strom und Spannung

Bei Widerstandsrelais ist es nicht gleichgültig, welche Spannungen und Ströme bei den verschiedenen Fehlerarten benutzt werden.

Bei Widerstandszeitrelais, also zum Erhalt richtiger Staffelungen, ist es notwendig, für eine bestimmte Fehlerstelle bei jeder Fehlerart möglichst gleiche Auslösezeiten zu haben. Bei zum Anwurf verwendeten Widerstandsrelais muß die Messung ebenfalls genau sein, um einen sicheren Anwurf bei allen Fehlerarten zu gewährleisten.

α) Beim **Staffelschutz.** Bei Verwendung gleicher Spannungen und Ströme bei allen Fehlerarten ist eine gleiche Auslösezeit nicht ohne weiteres gegeben.

Berechnet man die Staffelung für den dreipoligen Fehler, so ergeben sich andere Werte für den zweipoligen. Eine Vergrößerung der Auslösezeiten ist hiebei zwar nicht gefährlich, aber unerwünscht, da die Staffelung unnötig vergrößert wird. Es können aber auch Verkürzungen der Auslösezeiten auftreten. Dadurch wird die Staffelung unter Umständen zu klein und es können Falschauslösungen vorkommen. Dies ist unbedingt zu vermeiden. Es ist daher eine weitgehende Angleichung der Auslösezeiten für die verschiedenen Fehlerarten nötig.

Im folgenden wird die Impedanz der Fehlerschleife für ein-, zwei-, dreipoligen Kurzschluß und Doppelerdschluß ermittelt.

Für den *dreipoligen Kurzschluß* ist nach Gl. (86) im ersten Band, S. 52, $\mathfrak{J}_{KIII} = \dfrac{\mathfrak{U}_E}{\mathfrak{z} \sqrt{3}}$, wo $\mathfrak{U}_E$ die Dreiecksspannung und $\mathfrak{z}_{ges}$ die resultierende Impedanz der ganzen Kurzschlußbahn ist. Die Sternspannungen an einer beliebigen Stelle des Netzes, von wo aus die Impedanz bis zur Fehlerstelle den Wert $\mathfrak{z}$ hat, sind dann

$$\mathfrak{U}_R = \mathfrak{J}_R \mathfrak{z} \qquad \mathfrak{U}_S = \mathfrak{J}_S \mathfrak{z} \qquad \mathfrak{U}_T = \mathfrak{J}_T \mathfrak{z} \tag{15}$$

Die Dreiecksspannungen

$$\mathfrak{U}_{RS} = \mathfrak{J}_R \mathfrak{z} \sqrt{3}\ \underline{|30°}, \ \mathfrak{U}_{ST} = \mathfrak{J}_S \mathfrak{z} \sqrt{3}\ \underline{|30°}, \ \mathfrak{J}_{TR} = \mathfrak{J}_T \mathfrak{z} \sqrt{3}\ \underline{|30°} \tag{16}$$

oder mit den Dreiecksströmen

$$\mathfrak{U}_{RS} = \mathfrak{J}_{RS} \mathfrak{z} \qquad \mathfrak{U}_{ST} = \mathfrak{J}_{ST} \mathfrak{z} \qquad \mathfrak{U}_{TR} = \mathfrak{J}_{TR} \mathfrak{z} \tag{17}$$

Hieraus ergeben sich also, je nach der Zuordnung von Strom und Spannung die Impedanz $\mathfrak{z}$ oder $\mathfrak{z} \sqrt{3}$ (s. Tab. 4).

Für den *zweipoligen Kurzschluß* (RS) ist nach Gl. (87) des ersten Bandes, S. 53: $\mathfrak{J}_{KII} = \dfrac{\mathfrak{U}_E}{2\,\mathfrak{z}}$. Die Spannung an einer beliebigen Stelle des Netzes mit der Impedanz $\mathfrak{z}$ bis zur Fehlerstelle ist dann entsprechend für einen Fehler zwischen den Leitern R und S

$$\mathfrak{U}_{RS} = \mathfrak{J}_R \mathfrak{z} - \mathfrak{J}_S \mathfrak{z} \text{ oder, da } \mathfrak{J}_R = - \mathfrak{J}_S$$
$$\mathfrak{U}_{RS} = \mathfrak{J}_R\, 2\,\mathfrak{z} \tag{18}$$

bzw. bei Verwendung des Dreiecksstromes

$$\mathfrak{U}_{RS} = \mathfrak{J}_{RS}\, \mathfrak{z} \tag{19}$$

Hieraus ergeben sich also jeweils die Impedanzen $\mathfrak{z}$ oder $2\,\mathfrak{z}$.

Tabelle 4. *Impedanz als Meßgröße.*

Fehlerart		Spannung	Strom	Impedanz
Dreipolig	R S T	U_R U_{RS} U_{RS}	$\mathfrak{J}_R$ $\mathfrak{J}_R$ $\mathfrak{J}_{RS}$	$\mathfrak{z}$ $\mathfrak{z}\sqrt{3}$ $\mathfrak{z}$
Zweipolig ohne Erdberührung	R S	U_{RS} U_{RS}	$\mathfrak{J}_{RS}$ $\mathfrak{J}_R$	$\mathfrak{z}$ $2\,\mathfrak{z}$
Zweipolig mit Erdberührung, Netz geerdet	R S $\perp$	U_{RS}	$\mathfrak{J}_{RS}$	$\mathfrak{z}$
		U_{RS}	$\mathfrak{J}_R$	$2\,\mathfrak{z} - \mathfrak{z}\,\dfrac{\mathfrak{J}_E}{\mathfrak{J}_R}$
		U_{RE}	$\mathfrak{J}_R$	$\mathfrak{z} + \mathfrak{z}_E\,\dfrac{\mathfrak{J}_E}{\mathfrak{J}_R}$
		U_{SE}	$\mathfrak{J}_S$	$\mathfrak{z} + \mathfrak{z}_E\,\dfrac{\mathfrak{J}_E}{\mathfrak{J}_R}$
Einpolig, Netz geerdet	R $\perp$	U_{RE}	$\mathfrak{J}_R$	$\mathfrak{z} + \mathfrak{z}_E$
Doppelerdschluß, Netz isoliert	R $\perp$ S $\perp$	außerhalb der Erdschlußstellen		
		U_{RE}	$\mathfrak{J}_R$	$\mathfrak{z}$
		U_{SE}	$\mathfrak{J}_S$	$\mathfrak{z} + K_I$
		U_{RS}	$\mathfrak{J}_{RS}$	$\mathfrak{z} + K_{II}$
		U_{RS}	$\mathfrak{J}_R$	$\sim\ 2\mathfrak{z} + K_{III}$
		innerhalb der Erdschlußstellen		
		U_{RE}	$\mathfrak{J}_R$	$\mathfrak{z} + \mathfrak{z}_E\,\dfrac{\mathfrak{z}g}{\mathfrak{z}_I + \dfrac{1}{3}\,_{I\,II}}$
		U_{SE}	$\mathfrak{J}_S$	$\mathfrak{z} + \mathfrak{z}_E\,\dfrac{\mathfrak{z}g}{\mathfrak{z}_{II} + \dfrac{1}{3}\,\mathfrak{z}_{I\,II}}\ *$

* $\mathfrak{z}$ von II aus gerechnet.
Alle Werte zyklisch vertauschbar.

$$K_I = \mathfrak{z}_{I\,II} + \mathfrak{z}_E\,\frac{\mathfrak{z}g}{\mathfrak{z}_{II} + \dfrac{1}{3}\,\mathfrak{z}_{I\,II}}
\qquad
K_{II} = \left(\mathfrak{z}_{I\,II}\,\frac{\mathfrak{z}_{II} + \dfrac{1}{3}\,\mathfrak{z}_{I\,II}}{\mathfrak{z}g} + \mathfrak{z}_E\right)\frac{\mathfrak{J}_E}{\mathfrak{J}_{RS}}$$

oder von II aus gerechnet:

$$K_I = \mathfrak{z}_E\,\frac{\mathfrak{z}g}{\mathfrak{z}_I + \dfrac{1}{3}\,\mathfrak{z}_{I\,II}}
\qquad
K_{III} = \mathfrak{z}_{I\,II} + \mathfrak{z}_E\,\frac{\mathfrak{J}_E}{\mathfrak{J}_R}$$

Beim *zweipoligen Kurzschluß (R S) mit Erdberührung* in Netzen mit geerdetem Sternpunkt ist nach Gl. (91) des ersten Bandes

$$\mathfrak{J}_R + \mathfrak{J}_S = \mathfrak{J}_E$$
$$\mathfrak{U}_R = \mathfrak{J}_R\,\mathfrak{z} + \mathfrak{J}_E\,\mathfrak{z}_E \tag{20}$$
$$\mathfrak{U}_S = \mathfrak{J}_S\,\mathfrak{z} + \mathfrak{J}_E\,\mathfrak{z}_E$$

Hieraus folgt
$$\mathfrak{U}_{RS} = \mathfrak{J}_{RS}\,\mathfrak{z} \tag{21}$$

sowie aus
$$\mathfrak{U}_R - \mathfrak{U}_S = \mathfrak{J}_R\,\mathfrak{z} - \mathfrak{J}_S\,\mathfrak{z}$$
und Einsetzen von $\mathfrak{J}_S$

$$\mathfrak{U}_{RS} = \mathfrak{J}_R \left(2\,\mathfrak{z} - \frac{\mathfrak{J}_E}{\mathfrak{J}_R}\,\mathfrak{z}\right) \tag{22}$$

Mit der Spannung gegen Erde ergibt sich unmittelbar aus Gl. (20)

$$\mathfrak{U}_{RE} = \mathfrak{J}_R \left(\mathfrak{z} + \mathfrak{z}_E\,\frac{\mathfrak{J}_E}{\mathfrak{J}_R}\right) \tag{23}$$

Die entsprechenden Impedanzen sind dann $\mathfrak{z}$ bzw. $\mathfrak{z}\left(2 - \dfrac{\mathfrak{J}_E}{\mathfrak{J}_R}\right)$ oder

$$\mathfrak{z} + \mathfrak{z}_E\,\frac{\mathfrak{J}_E}{\mathfrak{J}_R}.$$

Beim *einpoligen Kurzschluß* (R) in Netzen mit geerdetem Sternpunkt ist nach Gl. (90) des ersten Bandes, S. 54

$$\mathfrak{J} = \frac{\mathfrak{U}_E}{\sqrt{3}\,(\mathfrak{z} + \mathfrak{z}_E)}$$

wobei $\mathfrak{U}_E$ wieder die Dreiecksspannung als treibende Spannung ist.

Für einen beliebigen Punkt des Netzes gilt, nun mit der Spannung gegen Erde, bei einem Fehler auf dem Leiter R

$$\mathfrak{U}_{RE} = \mathfrak{J}_R\,(\mathfrak{z} + \mathfrak{z}_E) \tag{24}$$

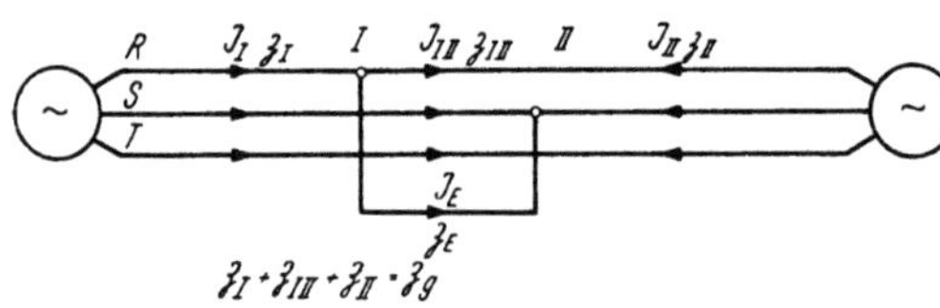

Abb. 18. Doppelerdschluß RS einer zweiseitig gespeisten Leitung (Bezeichnung)

Die Impedanz ist $\mathfrak{z} + \mathfrak{z}_E$.

Beim Doppelerdschluß (R und S) werden die Gl. (116) bis (118), S. 76, des ersten Bandes zugrundegelegt. Sie wurden für den zweiseitig gespeisten Doppelerdschluß abgeleitet. Zeiger I und II bedeuten hiebei die Teile außerhalb der Erdschlußstellen, also das Netz zwischen Kraftwerk I bis zur Erdschlußstelle I (Leiter R), bzw. zwischen Kraftwerk II bis zur Erdschlußstelle II (Leiter S). Der Zeiger I II gibt an, daß der betrachtete Netzteil zwischen den beiden Fehlern liegt (Abb. 18).

Die Gl. (116) bis (118) lauten auf den Fehler RS angewandt:

$$\mathfrak{J}_{IR} = \mathfrak{J}_E\left(\frac{\mathfrak{z}_{II}}{\mathfrak{z}_g} + \frac{2}{3}\,\frac{\mathfrak{z}_{I\,II}}{\mathfrak{z}_g}\right) \quad \left.\begin{array}{c}\text{bis zur Stelle I}\\(\text{R})\end{array}\right)$$

$$\mathfrak{J}_{IS} = -\,\mathfrak{J}_E\left(\frac{\mathfrak{z}_{II}}{\mathfrak{z}_g} + \frac{1}{3}\,\frac{\mathfrak{z}_{I\,II}}{\mathfrak{z}_g}\right)$$

$$\mathfrak{J}_{I\,IIR} = -\,\mathfrak{J}_E\left(\frac{\mathfrak{z}_{I}}{\mathfrak{z}_g} + \frac{1}{3}\,\frac{\mathfrak{z}_{I\,II}}{\mathfrak{z}_g}\right) \quad \left.\begin{array}{c}\text{zwischen den}\\\text{Fehlerstellen}\end{array}\right) \quad (25)$$

$$\mathfrak{J}_{I\,IIS} = -\,\mathfrak{J}_E\left(\frac{\mathfrak{z}_{II}}{\mathfrak{z}_g} + \frac{1}{3}\,\frac{\mathfrak{z}_{I\,II}}{\mathfrak{z}_g}\right)$$

$$\mathfrak{J}_{IIR} = -\,\mathfrak{J}_E\left(\frac{\mathfrak{z}_{I}}{\mathfrak{z}_g} + \frac{1}{3}\,\frac{\mathfrak{z}_{I\,II}}{\mathfrak{z}_g}\right) \quad \left.\begin{array}{c}\text{hinter Stelle II}\\(\text{S})\end{array}\right)$$

$$\mathfrak{J}_{IIS} = \mathfrak{J}_E\left(\frac{\mathfrak{z}_{I}}{\mathfrak{z}_g} + \frac{2}{3}\,\frac{\mathfrak{z}_{I\,II}}{\mathfrak{z}_g}\right)$$

Die Verhältnisse sind offenbar verschieden, je nachdem, ob der Schutz außerhalb oder innerhalb der Fehlerstellen liegt [Thewald, A. (156)].

Zunächst sei angenommen, der Schutz liege innerhalb. Die Spannung an einer beliebigen Stelle baut sich von der Erde aus auf als Spannungsabfall in den Erdübergangswiderständen und im erdgeschlossenen Leiter, also

$$\mathfrak{U}_{RE} = \mathfrak{J}_{I\,IIR}\,\mathfrak{z} - \mathfrak{J}_E\,\mathfrak{z}_E \qquad (26)$$

worin $\mathfrak{z}$ die Impedanz zwischen Meßpunkt und Fehler des Leiters R ist, also die Impedanz, die am Relais liegen soll. Der Erdstrom $\mathfrak{J}_E$ hat die Richtung von $\mathfrak{J}_{RI}$, fließt also von R nach S. Ersetzt man nun $\mathfrak{J}_E$ durch $\mathfrak{J}_{I\,IIR}$ aus obigen Gleichungen, so erhält man

$$\mathfrak{U}_{RE} = \mathfrak{J}_{I\,IIR}\left[\mathfrak{z} + \mathfrak{z}_E \cfrac{\mathfrak{z}_g}{\mathfrak{z}_I + \cfrac{1}{3}\,\mathfrak{z}_{I\,II}}\right] \quad \begin{matrix}(\mathfrak{z}\ \text{gemessen} \\ \text{von I aus})\end{matrix} \qquad (27)$$

und entsprechend

$$\mathfrak{U}_{SE} = \mathfrak{J}_{I\,IIS}\left[\mathfrak{z} + \mathfrak{z}_E \cfrac{\mathfrak{z}_g}{\mathfrak{z}_{II} + \cfrac{1}{3}\,\mathfrak{z}_{I\,II}}\right] \quad \begin{matrix}(\mathfrak{z}\ \text{gemessen} \\ \text{von II aus})\end{matrix} \qquad (27\,a)$$

Die Dreiecksspannungen oder Dreiecksströme sind hiebei nicht zu verwerten, insbesondere weil die Dreiecksspannung sich zwischen den Erdschlußstellen nur wenig ändert.

Nun liege der Schutz außerhalb beider Fehlerstellen. Die Spannung gegen Erde baut sich dann je nach dem betrachteten Leiter von der Fehlerstelle I oder II aus auf.

Liegt der Schutz vor der Fehlerstelle I (R), so ist einfach

$$\mathfrak{U}_{RE} = \mathfrak{J}_{IR}\,\mathfrak{z} \qquad (28)$$

dagegen ist $\mathfrak{U}_{SE}$ um den Spannungsabfall zwischen den Fehlerstellen größer, also

$$\mathfrak{U}_{SE} = \mathfrak{J}_{IS}\,(\mathfrak{z} + \mathfrak{z}_{I\,II}) - \mathfrak{J}_E\,\mathfrak{z}_E,$$

das ergibt, wenn $\mathfrak{J}_E$ durch $\mathfrak{J}_{IS}$ ersetzt wird

$$\mathfrak{U}_{SE} = \mathfrak{J}_{IS}\left(\mathfrak{z} + \mathfrak{z}_{I\,II} + \mathfrak{z}_E \cfrac{\mathfrak{z}_g}{\mathfrak{z}_{II} + \cfrac{1}{3}\,\mathfrak{z}_{I\,II}}\right) \qquad (29)$$

wobei das letzte Glied bei außerhalb der Erdschlußstellen liegenden Fehlern konstant ist. Setzt man die Konstante gleich K_I, so ist

$$\mathfrak{U}_{SE} = \mathfrak{J}_{IS}\,(\mathfrak{z} + K_I) \qquad (30)$$

In diesem Falle sind auch die Dreieckswerte zu verwenden, da außerhalb der Fehlerstellen die Dreiecksspannung sich nach dem Kraftwerk zu proportional der Impedanz aufbaut.

Es ist

$$\mathfrak{U}_{RS} = \mathfrak{J}_{IR}\,\mathfrak{z} - \mathfrak{J}_{IS}\,(\mathfrak{z} + \mathfrak{z}_{I\,II}) + \mathfrak{J}_E\,\mathfrak{z}_E$$

$$= \mathfrak{J}_{IRS}\,\mathfrak{z} - \mathfrak{J}_{IS}\,\mathfrak{z}_{I\,II} + \mathfrak{J}_E\,\mathfrak{z}_E$$

ersetzt man $\mathfrak{J}_S$ durch $\mathfrak{J}_E$, so ergibt sich

$$\mathfrak{U}_{RS} = \mathfrak{J}_{IRS}\left[\mathfrak{z} + \left(\mathfrak{z}_{I\,II}\,\frac{\mathfrak{z}_{II} + \frac{1}{3}\,\mathfrak{z}_{I\,II}}{\mathfrak{z}_g} + \mathfrak{z}_E\right)\frac{\mathfrak{J}_E}{\mathfrak{J}_{IRS}}\right] \qquad (31)$$

$$\mathfrak{U}_{RS} = \mathfrak{J}_{IRS}\,(\mathfrak{z} + K_{II}) \qquad (31\,a)$$

Dies bedeutet, daß die Impedanz um einen für jeden Fehler von der Lage des Schutzes unabhängigen, also konstanten Wert, Wert K_{II} vergrößert ist. Die Staffelung wird aber nur durch die Impedanz $\mathfrak{z}$ bestimmt.

Mit dem Leiterstrom und der Dreiecksspannung ergibt sich entsprechend

$$\mathfrak{U}_{RS} = \mathfrak{J}_{IR}\left[\mathfrak{z}\left(1 + \frac{\mathfrak{z}_{II} + \frac{1}{3}\,\mathfrak{z}_{I\,II}}{\mathfrak{z}_{II} + \frac{2}{3}\,\mathfrak{z}_{I\,II}}\right) + \mathfrak{z}_{I\,II}\,\frac{\mathfrak{z}_{II} + \frac{1}{3}\,\mathfrak{z}_{I\,II}}{\mathfrak{z}_{II} + \frac{2}{3}\,\mathfrak{z}_{I\,II}} + \mathfrak{z}_E\,\frac{\mathfrak{J}_E}{\mathfrak{J}_{IR}}\right] \qquad (32)$$

Hiefür kann man angenähert setzen, wenn $\mathfrak{z}_{II} \gg \mathfrak{z}_{I\,II}$

$$\mathfrak{U}_{RS} \sim \mathfrak{J}_{IR}\left(2\,\mathfrak{z} + \mathfrak{z}_{I\,II} + \mathfrak{z}_E\,\frac{\mathfrak{J}_E}{\mathfrak{J}_R}\right) \qquad (32\,a)$$

Die gemessene Impedanz $2\mathfrak{z}$ ist auch hier angenähert um einen konstanten Wert K_{III} vergrößert.

$$\mathfrak{U}_{RS} \sim \mathfrak{J}_{IR}(2\,\mathfrak{z} + K_{III}) \qquad (32\,b)$$

Es ergeben sich also folgende Widerstände für den Doppelerdschlußfall:
Außerhalb den Erdschlußstellen: Gl. (28, 30, 31a, 32b) (s. Tabelle 4):

$$\mathfrak{z},\ \mathfrak{z} + K_I,\ \mathfrak{z} + K_{II},\ 2\,\mathfrak{z} + K_{III}$$

Innerhalb den Erdschlußstellen: Gl. (27, 27a):

$$\mathfrak{z} + \mathfrak{z}_E\,\frac{\mathfrak{z}_g}{\mathfrak{z}_I + \frac{1}{3}\,\mathfrak{z}_{I\,II}},\quad \mathfrak{z} + \mathfrak{z}_E\,\frac{\mathfrak{z}_g}{\mathfrak{z}_{II} + \frac{1}{3}\,\mathfrak{z}_{I\,II}}$$

Bei allen Rechnungen ist stillschweigend vorausgesetzt, daß die Impedanzen der Leitungen und der Schleife Leiter—Erde etwa gleich sind. Ist dies nicht der Fall, so ergeben sich vor allem für den einpoligen Fehler weitere starke Abweichungen. Deswegen werden für ihn meist besondere Relaissätze verwendet.

Für die meisten Fehlerfälle ist es aber möglich, die Impedanzen durch geschickte Zuordnung und weitere Hilfsmittel praktisch gleichzumachen (z. B. Umschaltungen mit Hilfe von Nullwerten bei Fehlern mit Erdberührung).

In Tab. 5 sind zunächst die Werte zusammengestellt, bei denen sich ungefähr gleiche Impedanzen ohne Umschaltung durch einen Nullwert ergeben, wenn in Netzen mit geerdetem Sternpunkt für den einpoligen Fehler besondere Relais verwendet werden. Die günstigste Schaltung hiefür ist die Verwendung der Dreiecksspannung und des Dreiecksstromes. Bei Verwendung des Leiterstromes treten dagegen noch einige Verschiedenheiten auf. Die Impedanz zwischen drei- und zweipoligem Fehler unterscheidet sich im Verhältnis $\sqrt{3}:2$, das sind etwa 15%. Dieser Unterschied kann in Kauf genommen werden. Man kann ihn aber auch mit Hilfe von

Vorwiderständen beim zweipoligen Fehler ausgleichen. Dann wird überall $\mathfrak{z}\sqrt{3}$ gemessen. Beim zweipoligen Fehler mit Erdberührung ist der Wert um den Wert $\mathfrak{z}\,\dfrac{\mathfrak{J}_E}{\mathfrak{J}_R}$ verändert. Dieser Wert ist der Größe nach höchstens gleich $|\mathfrak{z}|$, aber gegenüber dem Glied $2\mathfrak{z}$ um 60° verschoben, da $\mathfrak{J}_R$ und $\mathfrak{J}_E = \mathfrak{J}_R + \mathfrak{J}_S$ um 60° verschoben sind. Die Gesamtgröße ist also höchstens nur um 25% verändert. In Netzen mit nicht geerdetem Sternpunkt ist damit auch ein ausreichender Schutz zu erreichen, wenn auf eine richtige Abschaltung des Doppelerdschlusses kein Wert gelegt wird. Wie man sieht, arbeitet ein solcher Schutz nur außerhalb der Fehlerstellen beim Doppelerdschluß richtig.

Tabelle 5. *Impedanz als Meßgröße im isoliertem Netz ohne Doppelerdschlußerfassung und im geerdetem Netz ohne Erfassung einpoliger Fehler*
Keine Umschaltung, keine Erdstrom-Kompensation

Kurzschlußart	a) Dreieckspannung und Dreieckstrom	b) Dreieckspannung und Leiterstrom
Dreipolig R S T	$\mathfrak{U}_{RS}, \mathfrak{J}_{RS}, \mathfrak{z}$	$\mathfrak{U}_{RS}, \mathfrak{J}_R, \mathfrak{z}\sqrt{3}$
Zweipolig R S	$\mathfrak{U}_{RS}, \mathfrak{J}_{RS}, \mathfrak{z}$	$\mathfrak{U}_{RS}, \mathfrak{J}_R, 2\mathfrak{z}$
Zweipolig mit Erde R S ⏚	$\mathfrak{U}_{RS}, \mathfrak{J}_{RS}, \mathfrak{z}$	$\mathfrak{U}_{RS}, \mathfrak{J}_R, 2\mathfrak{z} - \mathfrak{z}\,\dfrac{\mathfrak{J}_E}{\mathfrak{J}_R}$
Doppelerdschluß R ⏚ S ⏚		
außerhalb	$\mathfrak{U}_{RS}, \mathfrak{J}_{RS}, \mathfrak{z} + K_{II}$	$\mathfrak{U}_{RS}, \mathfrak{J}_R, 2\mathfrak{z} + K_{III}$
innerhalb der Fehler	keine Staffelung	keine Staffelung

Alle Werte zyklisch vertauschbar.

In Tab. 6 sind nun die Werte zusammengestellt, die sich bei Umschaltung der Spannungen oder Ströme bei Fehlern gegen Erde ergeben. Für den Fall, daß $\mathfrak{z}_E$ etwa gleich $\mathfrak{z}$ ist, ist diese Art von Kombination der Meßgrößen genau genug. Unter a) wird nur die Spannung durch die Nullspannung oder den Nullstrom umgeschaltet, unter b) müssen Strom und Spannung umgeschaltet werden. Man erkennt, daß bei der Spannungsumschaltung sich die Impedanz $2\mathfrak{z}$ in fast allen Fällen ergibt.

Erfolgt die Umschaltung durch die Erdspannung, so wird beim Doppelerdschluß außerhalb der Erdschlußstellen, wo ja ebenfalls Erdspannung vorhanden ist, eine zu kleine Impedanz, nämlich $\mathfrak{z}$ statt $2\mathfrak{z}$ gemessen. Die Umschaltung durch den Erdstrom ist also hier zweckmäßiger.

Wird der Strom und die Spannung umgeschaltet, also bei Verwendung der Dreieckspannungen und Dreieckströme bei erdfreien Fehlern, so ergibt sich überall ungefähr die Impedanz $\mathfrak{z}_1$, man muß aber die Schaltung so wählen, daß die halbe Erdspannung zugeführt wird. Für diesen Fall ist auch die Verwendung der Erdspannung zum Umschalten in allen Fällen möglich.

Die letzten Ungenauigkeiten lassen sich auch noch fast ganz beseitigen, wenn man als weiteres Hilfsmittel die Nullstromkorrektur einführt.

Dies bedeutet, daß man bei Fehlern gegen Erde nicht den Leiterstrom, sondern die Summe Leiter und Erdstrom dem Relais als Meßgröße zuführt, wobei der Erdstrom im Verhältnis des Erd- zum Leitungswiderstand verändert wird. Für den zweipoligen Kurzschluß mit Erdberührung ergibt sich nach Gl. (20) unmittelbar

$$\mathfrak{U}_R = \mathfrak{z}\left(\mathfrak{J}_R + \mathfrak{J}_E\,\frac{\mathfrak{z}_E}{\mathfrak{z}}\right)$$

Dasselbe ergibt sich für den einpoligen Fehler aus Gl. (24):

$$\mathfrak{U}_{RE} = \mathfrak{z}\,\mathfrak{J}_R + \mathfrak{J}_E\,\mathfrak{z}_E = \mathfrak{z}\left(\mathfrak{J}_R + \mathfrak{J}_E\,\frac{\mathfrak{z}_E}{\mathfrak{z}}\right)$$

Ebenso erhält man für den Doppelerdschluß dieselbe Gleichung aus Gl. (26), wenn man das anders gewählte Vorzeichen von $\mathfrak{J}_E$ berücksichtigt.

$$\mathfrak{U}_{RE} = \mathfrak{z}\left(\mathfrak{J}_{I\ IIR} + \mathfrak{J}_E\,\frac{\mathfrak{z}_E}{\mathfrak{z}}\right)$$

Tabelle 6. *Impedanz als Meßgröße für alle Netze mit beschränkt richtiger Erfassung von Doppelerdschlüssen und einpoligen Kurzschlüssen. Mit Umschaltung, ohne Erdstromkorrektur*

Kurzschlußart	a) Spannungsumschaltung		b) Spannungs- und Stromumschaltung	
Dreipolig R S T	$\mathfrak{U}_{RS},\ \mathfrak{J}_R,\ \mathfrak{z}\sqrt{3}$		$U_{RS},\ \mathfrak{J}_{RS},\ \mathfrak{z}$	
Zweipolig R S	$\mathfrak{U}_{RS},\ \mathfrak{J}_R,\ 2\,\mathfrak{z}$		$U_{RS},\ \mathfrak{J}_{RS},\ \mathfrak{z}$	
Zweipolig mit Erde R S⟂	$\mathfrak{U}_{RE},\ \mathfrak{J}_R,\ \mathfrak{z} + \mathfrak{z}_R\,\dfrac{\mathfrak{J}_E}{\mathfrak{J}_U} \sim 2\,\mathfrak{z}$		$\dfrac{U_{RE}}{2},\ \mathfrak{J}_R,\ \sim\mathfrak{z}$	
Einpolig R⟂	$\mathfrak{U}_{RE},\ \mathfrak{J}_R\quad \mathfrak{z} + \mathfrak{z}_E \sim 2\,\mathfrak{z}$		$\dfrac{U_{RE}}{2},\ \mathfrak{J}_R,\ \sim\mathfrak{z}$	
Doppelerdschluß R⟂ S⟂	Umschaltung durch		Umschaltung durch	
	Erdstrom	Erdspannung	Erdstrom	Erdspannung
außerhalb der Fehlerstellen	$U_{RS},\ \mathfrak{J}_R$ $\sim 2\,\mathfrak{z} + K_{III}$	$[U_{RE},\ \mathfrak{J}_R,\ \mathfrak{z}]$ $U_{SE},\ \mathfrak{J}_S$ $\mathfrak{z} + K_I$ $\sim 2\,\mathfrak{z}$	$U_{RS}\ \mathfrak{J}_{RS}$ $\mathfrak{z}_I + K_{II}$	$\dfrac{U_{SE}}{2}\,\mathfrak{J}_S \sim\mathfrak{z}$
innerhalb der Fehlerstellen	$\mathfrak{U}_{RE},\mathfrak{J}_R,\mathfrak{z}+\mathfrak{z}_E\,\dfrac{\mathfrak{z}_g}{\mathfrak{z}_I + \frac{1}{3}\mathfrak{z}_{I\ II}} \sim 2\mathfrak{z}$ $\mathfrak{U}_{SE},\ \mathfrak{J}_S,\mathfrak{z}+\mathfrak{z}_E\,\dfrac{\mathfrak{z}_g}{\mathfrak{z}_{II} + \frac{1}{3}\mathfrak{z}_{I\ II}} \sim 2\,\mathfrak{z}$		$\dfrac{\mathfrak{U}_{RE}}{2},\ \mathfrak{J}_R,\sim\mathfrak{z}$ $\dfrac{\mathfrak{U}_{SE}}{2},\ \mathfrak{J}_S,\ \sim\mathfrak{z}$	

Alle Werte zyklisch vertauschbar. $K_I,\ K_{II},\ K_{III}$ s. Tab. 4, S. 29.

Diese Gleichung gilt aber nur, wenn der Schutz innerhalb der Fehlerstellen liegt. Außerhalb fließt ja kein Nullstrom, so daß sich ganz von selbst dann die Gleichung $U_{RE} = \mathfrak{J}_{IR}\mathfrak{z}$ ergibt, die auch ohne Nullstromkorrektur richtig ist (Gl. 28).

Die Tab. 7 zeigt die Werte mit einer solchen Nullstromkorrektur. Eine geringe Ungenauigkeit ist nur noch dadurch vorhanden, daß praktisch das Verhältnis der Impedanzen zur Reduktion des Erdstromes nur reell nachgebildet werden kann, während in Wirklichkeit das Verhältnis komplex ist, da Erd- und Leitungswiderstand immer verschiedene Impedanzwinkel besitzen.

Tabelle 7. *Impedanz als Meßgrößen für alle Netze mit richtiger Erfassung von Doppelerdschlüssen und einpoligen Kurzschlüssen.*
Mit Umschaltung, mit Erdstromkorrektur.

Kurzschlußart	a) Spannungsumschaltung	b) Spannungs- und Stromumschaltung
Dreipolig R S T	$\mathfrak{U}_{RS}, \mathfrak{J}_R, \mathfrak{z}\sqrt{3}$	$\mathfrak{U}_{RS}, \mathfrak{J}_{RS}, \mathfrak{z}$
Zweipolig R S	$\mathfrak{U}_{RS}, \mathfrak{J}_R, 2\mathfrak{z}$	$\mathfrak{U}_{RS}, \mathfrak{J}_{RS}, \mathfrak{z}$
Zweipolig mit Erde R S ⊥	$2\,\mathfrak{U}_{RE}, \left(\mathfrak{J}_R + \mathfrak{J}_E\,\dfrac{\mathfrak{z}_E}{\mathfrak{z}}\right), 2\,\mathfrak{z}$	$\mathfrak{U}_{RE}, \left(\mathfrak{J}_R + \mathfrak{J}_E\,\dfrac{\mathfrak{z}_E}{\mathfrak{z}}\right), \mathfrak{z}$
Einpolig R ⊥	$2\,\mathfrak{U}_{RE}, \left(\mathfrak{J}_R + \mathfrak{J}_E\,\dfrac{\mathfrak{z}_E}{\mathfrak{z}}\right), 2\,\mathfrak{z}$	$\mathfrak{U}_{RE}, \left(\mathfrak{J}_R + \mathfrak{J}_E\,\dfrac{\mathfrak{z}_E}{\mathfrak{z}}\right), \mathfrak{z}$

<table>
<tr><td rowspan="3">Doppelerdschluß R ⊥ S ⊥</td><td colspan="2">Umschaltung durch</td><td colspan="2">Umschaltung durch</td></tr>
<tr><td>Erdstrom</td><td>Erdspannung</td><td>Erdstrom</td><td>Erdspannung</td></tr>
</table>

<table>
<tr>
<td>außerhalb</td>
<td>$\mathfrak{U}_{RS}, \mathfrak{J}_R$
$2\,\mathfrak{z} + K_{III}$</td>
<td>$2\,\mathfrak{U}_{RE}, \mathfrak{J}_R, 2\,\mathfrak{z}$</td>
<td>$\mathfrak{U}_{RS}, \mathfrak{J}_{RS}$
$\mathfrak{z} + K_{II}$</td>
<td>$\mathfrak{U}_{RE}, \mathfrak{J}_R, \mathfrak{z}$</td>
</tr>
<tr>
<td rowspan="2">innerhalb
der Fehlerstellen</td>
<td colspan="2">$2\,\mathfrak{U}_{RE}, \mathfrak{J}_R + \mathfrak{J}_E\,\dfrac{\mathfrak{z}_E}{\mathfrak{z}}, 2\,\mathfrak{z}$</td>
<td colspan="2">$\mathfrak{U}_{RE}, \mathfrak{J}_R + \mathfrak{J}_E\,\dfrac{\mathfrak{z}_E}{\mathfrak{z}}, \mathfrak{z}$</td>
</tr>
<tr>
<td colspan="2">$2\,\mathfrak{U}_{SE}, \mathfrak{J}_S + \mathfrak{J}_E\,\dfrac{\mathfrak{z}_E}{\mathfrak{z}}2, \mathfrak{z}^{*}$</td>
<td colspan="2">$\mathfrak{U}_{SE}, \mathfrak{J}_S + \mathfrak{J}_E\,\dfrac{\mathfrak{z}_E}{\mathfrak{z}}, \mathfrak{z}$</td>
</tr>
</table>

* $\mathfrak{z}$ von II aus gerechnet.
Alle Werte sind zyklisch vertauschbar.

β) **Für den Anwurf.** Auch für den Anwurf mit Widerstandsrelais ist es nicht gleichgültig, welche Spannungen und Ströme zugeordnet werden. Die Anforderungen sind vielleicht nicht so scharf wie für den Staffelschutz, da die Staffelung selbst nicht gefährdet wird. Die geringen Unterschiede zwischen der Messung bei drei- und zweipoligen Fehlern dürften dabei unbedeutend sein. Aber überall dort, wo der Anwurf direkt gefährdet ist, muß eine richtige Zuordnung überlegt werden. Diese Forderung betrifft insbesondere wieder alle Fehler gegen Erde. Dagegen ist eine Erdstrom-Korrektur nicht erforderlich.

Insbesondere aber hat der Anwurf die Aufgabe, nicht nur überhaupt einen Schutz zum Anlaufen zu bringen, sondern auch ihm mitzuteilen, welche Fehlerart vorliegt. Eine saubere Unterscheidung der verschiedenen Fehlerfälle muß also gewährleistet sein.

Beim Widerstandsanwurf ergeben sich folgende Verhältnisse: Beim dreipoligen Kurzschluß brechen alle Spannungen zusammen, und alle Leiter führen Strom. Das Kennzeichen ist also das Ansprechen in allen Leitern. Beim zweipoligen bricht nur eine Dreiecksspannung völlig zusammen, während die anderen sich wenig ändern, und zwei Leiter führen Strom. Das Kennzeichen ist also das sichere Ansprechen eines Relais, fallweise vielleicht noch eines zweiten.

Bei Fehlern mit Erde tritt dazu das Auftreten von Nullspannung und Nullstrom. Beim zweipoligen Kurzschluß mit Erdberührung in Netzen mit geerdetem Sternpunkt ist danach das Kennzeichen das Ansprechen zweier Relais der betreffenden Leiter und das Auftreten von Nullkomponenten, beim einpoligen Kurzschluß entsprechend das Arbeiten eines einzigen Relais und das Auftreten der Nullkomponenten. Beim Doppelerdschluß in Netzen mit isoliertem Sternpunkt wiederum das Arbeiten eines oder zweier Relais wie beim zweipoligen Fehler und das Auftreten einer Nullspannung im ganzen Netz und des Nullstromes zwischen den Erdschlußstellen.

In Tab. 8 sind diese Merkmale nochmals übersichtlich zusammengestellt.

Tabelle 8. *Zuordnung von Strom und Spannung für den Widerstandsanwurf*

Kurzschlußart	Spannung	Strom	Kennzeichen
Dreipolig R S T	$\mathfrak{U}_{RS}$ $\mathfrak{U}_{ST}$ $\mathfrak{U}_{TR}$	$\mathfrak{J}_R, \mathfrak{J}_{RS}$ $\mathfrak{J}_S, \mathfrak{J}_{ST}$ $\mathfrak{J}_T, \mathfrak{J}_{TR}$	Alle vorhandenen Relais sprechen an
Zweipolig R S	$\mathfrak{U}_{RS}$ $(\mathfrak{U}_{ST})$	$\mathfrak{J}_R, \mathfrak{J}_{RS}$ $(\mathfrak{J}_S), (\mathfrak{J}_{ST})$	Ein Relais spricht sicher an, ein anderes unsicher
Zweipolig mit Erde R S $\perp$	$\mathfrak{U}_{RE}$ $\mathfrak{U}_{SE}$	$\mathfrak{J}_R$ $\mathfrak{J}_S$	Zwei Relais sprechen an, Nullspannung und Nullstrom vorhanden
Einpolig R $\perp$	$\mathfrak{U}_{RE}$	$\mathfrak{J}_R$	Ein Relais spricht an, Nullspannung und Nullstrom vorhanden
Doppelerdschluß R $\perp$ S $\perp$	$\mathfrak{U}_{RS}$ $(\mathfrak{U}_{ST})$ oder	$\mathfrak{J}_R, \mathfrak{J}_{RS}$ $(\mathfrak{J}_S), (\mathfrak{J}_{ST})$	Ein Relais spricht sicher an, ein anderes unsicher, bzw. zwei Relais sprechen an, Nullspannung vorhanden
außerhalb	$\mathfrak{U}_{RE}$ $\mathfrak{U}_{SE}$	$\mathfrak{J}_R$ $\mathfrak{J}_S$	
innerhalb der Fehler	$\mathfrak{U}_{RE}$ $\mathfrak{U}_{SE}$	$\mathfrak{J}_R$ $\mathfrak{J}_S$	Zwei Relais sprechen an, Nullspannung und Nullstrom vorhanden

Alle Werte sind zyklisch vertauschbar.

6. Darstellung der Widerstandsmeßgrößen im RX-Diagramm

Das Verhalten der Widerstandsrelais läßt sich im Widerstandsdiagramm (RX-Diagramm) übersichtlich beschreiben. Es läßt sich daraus erkennen,

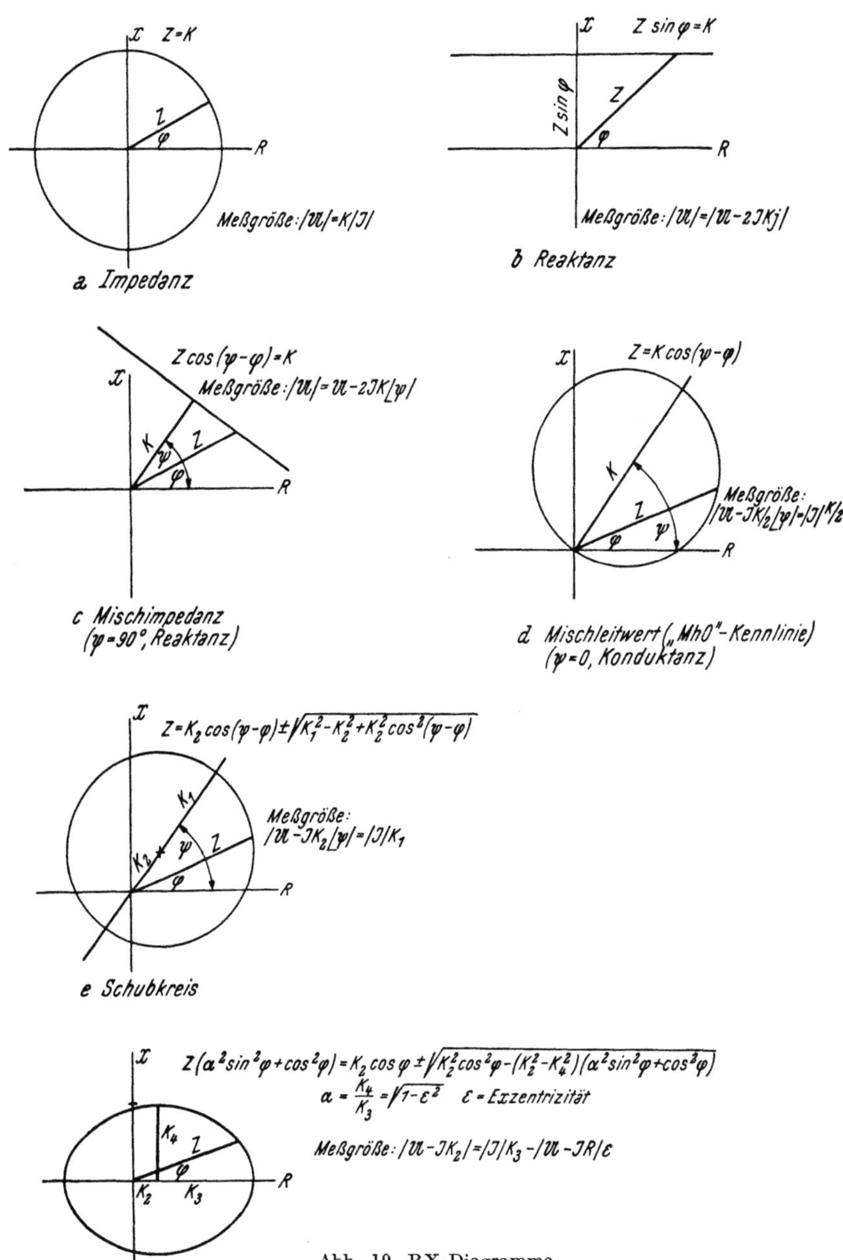

Abb. 19. RX-Diagramme

in welchem Bereich das Relais arbeitet. Man zeichnet zu diesem Zwecke ein Achsenkreuz, wobei die waagerechte Achse die ohmsche, die senkrechte die induktive Komponente darstellt. Je nach der Type des Relais,

Impedanz-, Reaktanz- usw. Relais, stellt sich die Ansprechgrenze verschieden dar. Abb. 19 zeigt die RX-Diagramme für die verschiedenen Systeme. In Abb. 19a ist das *Impedanz*relais dargestellt. Es ist unabhängig vom Phasenwinkel, die Impedanz z ist immer der Ansprechwert.

Es ist also
$$z = K$$
$$K = konstans$$
(33a)

Dies bedeutet einen Kreis mit dem Mittelpunkt im Ursprung des Koordinatenkreuzes. Bei allen Impedanzen kleiner als z löst also das Relais aus, bei größeren Impedanzen spricht es nicht an. Einen Richtungsentscheid besitzt dieses Relais nicht, da es sich in gleicher Weise im Bereich $+ R$ und $- R$ verhält. Die zu schützende Leitung kann als Leitungslinie in diesem Diagramm abgebildet werden. Sie ist unter der Neigung ihres Impedanzwinkels zu zeichnen. Ein Kabel erscheint hierbei flacher als eine Freileitung, weil es mehr ohmschen Anteil besitzt. Die Gl. (33a) kann man auch schreiben

$$\mathfrak{U} = \mathfrak{J}\,K$$
(33b)

Hieraus ergibt sich, daß die Impedanz durch Vergleich der Spannung mit dem Strom erhalten werden kann. Als Meßgröße wird also Spannung und Strom dem Relais zugeführt. Wirken beide in gleicher Größe (abgesehen von der Konstanten K), aber im entgegengesetzten Sinne, so ist damit die Ansprechimpedanz gegeben.

Das Verhalten des *Reaktanz*relais (Abb. 19b) im RX-Diagramm ist darzustellen mit Hilfe der Gleichung

$$z \sin \varphi = K$$
(33c)

Dies ergibt eine Gerade parallel zur R-Achse im Abstand K, da K immer die Richtung der X-Achse haben muß. Der Ansprechbereich liegt zwischen der K-Geraden und der R-Achse. Man erkennt leicht, daß ein Anwachsen des ohmschen Widerstandes (Lichtbogen) keinen Einfluß auf die Arbeitsweise eines Reaktanzrelais haben kann. Die zugehörigen Meßgrößen erkennt man, wenn man Gl. (33c) in folgender Weise umwandelt:

$$K - z \sin \varphi = 0$$
$$K^2 - z\,K \sin \varphi + \frac{z^2}{4} = \frac{z^2}{4}$$

Die linke Seite ist hierbei als Absolutwert der Vektordifferenz $K - z/2$ und die rechte als Absolutwert von $z/2$ aufzufassen. Multipliziert man noch mit $\mathfrak{J}$, so erhält man die zugehörige Meßgröße

$$|\,\mathfrak{U} - 2\,\mathfrak{J}\,K\,| = |\,\mathfrak{U}\,|$$
(33d)

Man muß also die vektorielle Differenz von $2\,\mathfrak{J}\,K$ und $\mathfrak{U}$ mit $\mathfrak{U}$ selbst vergleichen, wobei $\mathfrak{U}$ und $\mathfrak{J}$ den Winkel φ einschließen, um ein Reaktanzrelais zu erhalten. Eine andere Zuordnung ist das Quadrat des Stromes und die Blindleistung. Hierauf wurde bereits früher hingewiesen (B I d 1 β).

Ein *Mischimpedanz*relais ist durch die Gl. (9) (B I d 1 β)

$$K = R \cos \psi + X \sin \psi,$$

wobei ψ der Phasenwinkel der Relaisanordnung ist, gekennzeichnet. Dies ist gleichbedeutend mit einer um den Winkel ψ geneigten Geraden (Abb. 19c). Hier ist zwar eine geringe Abhängigkeit vom Lichtbogenwiderstand vorhanden, sie ist aber erheblich kleiner als beim Impedanzrelais. Die Gl. (9) kann durch Einsetzen des Impedanzwinkels φ und der Impedanz z zu

$$z = K/\cos(\psi - \varphi) \qquad (33e)$$

umgeformt werden. Für $\psi = 90°$ erhält man das Reaktanzrelais, für $\psi = 0$ ein reines Widerstandsrelais.

Die zugehörige Meßgröße ist hierbei

$$|\,\mathfrak{U} - 2\,\mathfrak{J}\,K\,\underline{|\,\psi\,}| = |\,\mathfrak{U}\,| \qquad (33f)$$

Es wird also die vektorielle Differenz aus den um den Winkel ψ verdrehten Strom und der Spannung gebildet und mit der Spannung verglichen.

Umgekehrt kann man nun auch die Gleichung

$$z = K \cdot \cos(\psi - \varphi) \qquad (33g)$$

abbilden. Diese Größe sei zur Unterscheidung von der Mischimpedanz *Mischleitwert*[1] genannt. Die Gl. (33g) ergibt einen durch den Nullpunkt gehenden Kreis, der um den Winkel ψ geneigt ist (Abb. 19d) und dessen Durchmesser gleich K ist. Dies ist leicht zu beweisen, wenn man von der Mittelpunktsgleichung des Kreises ausgeht. Für $\psi = 0$ erhält man hieraus das *Konduktanz*relais. Die zugehörige Meßgröße ist hierbei

$$|\,\mathfrak{U} - \mathfrak{J}\,K/2\,\underline{|\,\psi\,}| = |\,\mathfrak{J}\,|\,K/2 \qquad (33h)$$

Da der Kreis nur auf der positiven Seite von R liegt, ist mit dem Konduktanzrelais ein Richtungsentscheid möglich. Es braucht nicht immer der Kreis genau durch den Mittelpunkt zu gehen, es sind auch Distanzrelais denkbar, bei denen der Mittelpunkt des Kreises nur etwas verschoben ist (Abb. 19e). Auch hierdurch erhält man eine Verbesserung bezüglich der Lichtbogenempfindlichkeit, aber keinen Richtungsentscheid. Bezeichnet man den Radius mit K_1 und den Abstand des Kreismittelpunktes vom Ursprung mit K_2, so ist die Gleichung dieses Kreises

$$z = K_2 \cos(\varphi - \psi) \pm \sqrt{K_1^2 - K_2^2 + K_2^2 \cos^2(\psi - \varphi)} \qquad (33i)$$

Für $K_1 = K_2 = K/2$ ergibt sich wieder das Konduktanzrelais.

Die zugehörige Meßgröße ist

$$|\,\mathfrak{U} - \mathfrak{J}\,K_2\,\underline{|\,\psi\,}| = |\,\mathfrak{J}\,|\,K_1 \qquad (33j)$$

also auf der linken Seite die vektorielle Differenz von $\mathfrak{U}$ und dem um den Winkel ψ gedrehten Strom $\mathfrak{J}$ und rechts der Strom $\mathfrak{J}$ selbst, beide Ströme mit verschiedenen Konstanten multipliziert.

Eine weitere Variante ist die *Ellipsen*form des RX-Diagrammes, die durch ihre langgestreckte Form, wenn sie in Richtung der R-Achse liegt, eine weitgehende Unterdrückung des Lichtbogenwiderstandes gewährleistet. Sie kann durch den Ursprung gehen oder wie beim Schubkreis verschoben sein. Ihre Gleichung lautet (Abb. 19f)

$$z\,(\alpha^2 \sin^2\varphi + \cos^2\varphi) = K_2 \cos\varphi \pm \sqrt{K_2^2 \cos^2\varphi - (K_2^2 - K_1^2)\,(\alpha^2 \sin^2\varphi + \cos^2\varphi)}$$
$$(33k)$$

---

[1] Das Mischleitwert-Relais wird auch „Mho"-Relais genannt.

worin α das Verhältnis der Achsen der Ellipse $K_4 : K_3$, K_2 wieder der Abstand des Mittelpunktes vom Ursprung ist. Für $\alpha = 1$ geht die Gleichung in die Kreisgleichung über. Die zugehörigen Meßgrößen sind:

$$|\,\mathfrak{U} - \mathfrak{J}\,K_2\,| = |\,\mathfrak{J}\,|\,K_3 + |\,\mathfrak{U} - \mathfrak{J}\,z\cos\varphi\,|\,\varepsilon$$

worin $\varepsilon = \sqrt{1 - \alpha^2}$ die Exzentrizität der Ellipse ist. Die Ellipse ist also nur mit drei Meßgrößen zu erhalten. Auch eine Verdrehung der Ellipse um den Winkel ψ ist möglich. Geht sie durch den Nullpunkt durch, so ist ein Richtungsentscheid möglich.

e) Die Zeit als Meßgröße

Von den nicht elektrischen Größen, die für einen Selektivschutz verwendet werden können, ist die wichtigste die Zeit selbst. Mit Relais verschiedener Ablaufzeiten, die unabhängig von den elektrischen Größen sind, läßt sich in vielen Fällen genügende Selektivität erzielen. Elektrische Größen, insbesondere der Strom, werden hiebei nur für den Anwurf als Meßgrößen herangezogen.

Die unabhängige Zeitverzögerung wird für Staffelschutzsysteme und für besondere Aufgaben verwendet.

1. Für Staffelschutzsysteme

Relais, die den Strom zum Anwerfen eines konstanten, meist einstellbaren Zeitwerkes benutzen, sind die *unabhängigen Überstromzeitrelais*, kurz *UMZ-Relais* oder Maximalstrom-Zeitrelais genannt.

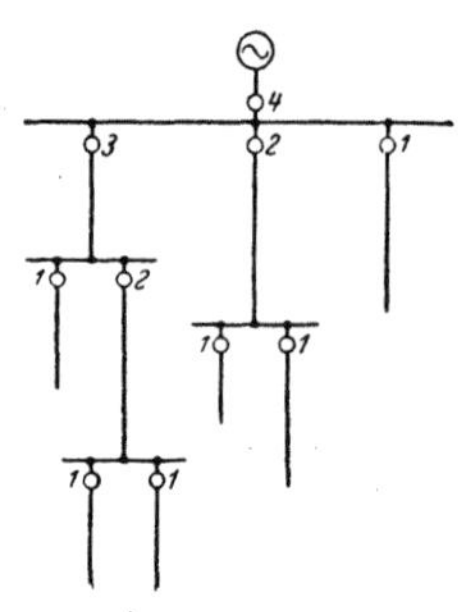

Abb. 20. Unabhängige Zeitstaffelung in einem Strahlennetz

Ähnlich wie beim früher erwähnten abhängigen Überstromschutz ist das Hauptanwendungsgebiet ein Strahlennetz, also ein Netz mit einer einzigen Einspeisestelle, das etwa die Form der Abb. 20[1] besitzt.

Eine Maschine speist eine Sammelschiene, von der mehrere Leitungen abgehen. Diese speisen mehrere hintereinanderliegende Unterstationen. Jedem Abzweig ist nun ein UMZ-Schutz zugeordnet, dessen Auslösezeiten um so höher sind, je näher er an der Maschine liegt. Die angeschriebenen Ziffern stellen die Auslösezeit in s dar. Man erkennt, daß bei einem Fehler am Ende einer Stichleitung das nächstliegende Relais die kürzeste Auslösezeit besitzt und gegenüber den weiter abliegenden Relais eine Staffelzeit von im Beispiel 1 s[2] besitzt. Es löst also nur das Relais der Stichleitung aus, während die anderen Relais wieder abfallen. Bei einem Fehler in einer Verbindungsleitung löst das auf 2 s, bzw. 3 s eingestellte Relais aus; die übergeordneten Relais haben höhere Auslösezeiten, fallen also wieder ab, die untergeordneten Relais werden dabei nicht angeworfen, da dort kein Kurzschlußstrom fließt.

---

[1] Diese und die nächsten Abb. dieses Abschnittes sind dem Buche „Die moderne Selektivschutztechnik", herausgegeben von Schleicher, Berlin: Springer 1936, entnommen.

[2] Die Staffelzeiten können auch kleiner als 1 s sein. Man kann bis auf 0,5 s, in besonders günstigen Fällen sogar bis auf 0,3 s heruntergehen.

Auch eine geschlossene Ringleitung kann mit UMZ-Schutz geschützt werden, wobei allerdings ein Richtungsentscheid notwendig ist. Es müssen zusätzlich Richtungsrelais vorhanden sein, die die Auslösung nur freigeben,

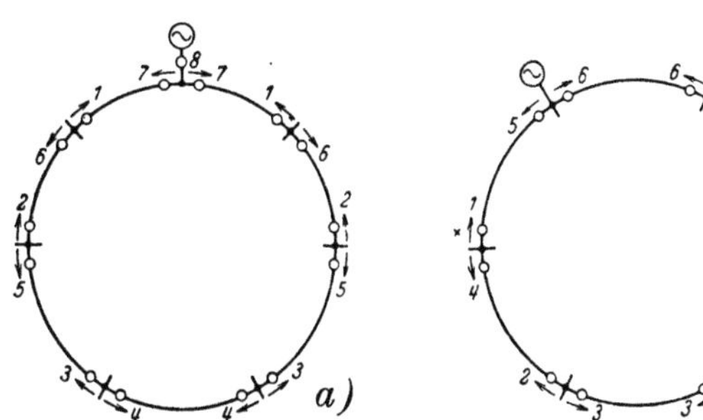

Abb. 21. Gegenläufige Zeitstaffelung in Ringnetzen

a) eine Einspeisung   *b)* zwei Einspeisungen   *c)* zwei entgegengesetzte
                    × zusätzliche Auslösung   Einspeisungen

wenn der Kurzschlußstrom von der betreffenden Sammelschiene ins Netz fließt. In Abb. 21 sind Ringleitungen mit verschiedenen Einspeisestellen dargestellt. Bei nur einer Einspeisung (Abb. 21a) ist mit dem gerichteten Überstromschutz eine einwandfreie Staffelung vorhanden. Bei zweifacher Speisung sind zwar zusätzlich Abschaltungen in einigen Fällen möglich (× in Abb. 21), eine Spannungslosigkeit einzelner Stationen tritt aber nicht ein.

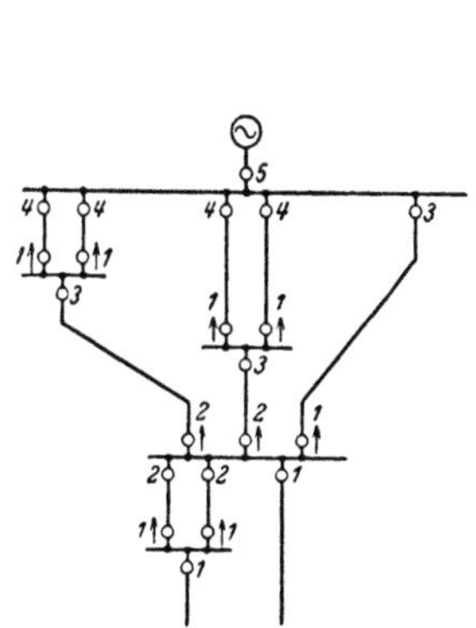

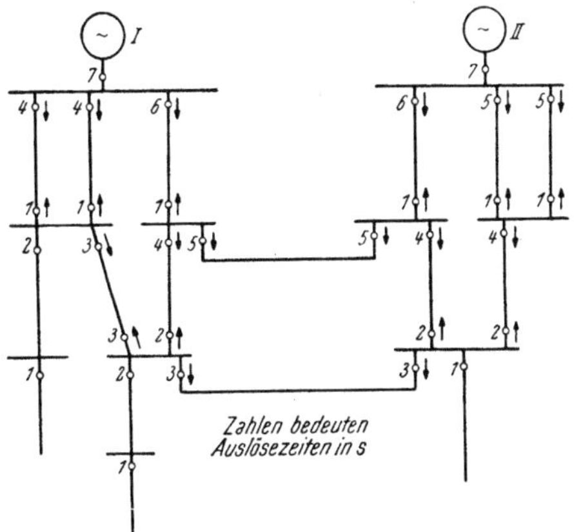

Abb. 22. Gerichteter Maximalschutz im   Abb. 23. Gerichteter Maximalschutz im
einseitig gespeisten vermaschten Netz   mehrfach gespeisten vermaschten Netz

Abb. 22 zeigt ein vermaschtes Netz mit einseitiger Speisung. Auch mehrfach gespeiste vermaschte Netze können in einzelnen Fällen mit gerichteten UMZ-Schutz versehen werden, wie Abb. 23 zeigt. Auch hiebei sind zusätzliche Auslösungen möglich.

Der Nachteil aller dieser Anordnungen läßt sich leicht erkennen. Er liegt in den hohen Auslösezeiten in der Nähe der Kraftwerke. Dies ist besonders deswegen unangenehm, da gerade dort die Kurzschlußströme ihre größten Werte haben, also die Schadenswirkung besonders stark ist.

Sind zusätzlich noch Vergleichsschutzsysteme irgend welcher Art vorhanden, so ist dieser Nachteil nicht so groß.

Die Einfachheit dieser Schutzart erklärt seine große Bedeutung und Verbreitung trotz der vielfach hohen Auslösezeiten. Sie wird vielfach auch in Verbindung mit anderen Schutzarten angewendet, wenn sich eine feste Zeit zwischen abhängigen Zeiten unbedenklich einschalten läßt. So findet ein unabhängiger Schutz oft bei Generatoren, Transformatoren und Kuppelverbindungen Anwendung.

2. Andere Anwendungen

Die Zeit als Meßgröße findet bei anderen wie bei Staffelschutzsystemen beim *Unterspannungsrelais* mit konstanter Zeitverzögerung zum Schutze von Motoren Anwendung. Wird ein Abnehmer plötzlich aus irgend einem Grunde spannungslos, so besteht die Gefahr, daß seine Motoren bei Wiederkehr der Spannung überlastet werden. Dies ist aber erst bei längerer Zeitdauer der Spannungslosigkeit gefährlich, während bei nur kurzzeitiger Spannungslosigkeit eine Wiederkehr der Spannung keine Gefahr mit sich bringt. Man schützt deshalb derartige Motoren mit verzögertem Unterspannungsrelais, die nur bei längerer Dauer der Spannungslosigkeit den Motor vom Netz abtrennen.

Vielfach ist die Verwendung reiner *Zeitrelais*. Solche Relais werden von einer Hilfsstromquelle betätigt und geben ein Signal irgendwelcher Art oder einen Auslösebefehl erst verzögert weiter. Für die Fernsteuertechnik sei ihre Bedeutung nur erwähnt. Sie werden aber auch in der Schutztechnik häufig benutzt.

Kurzzeitrelais dienen dazu, den Richtungsentscheid erst abzuwarten, bevor das Ablaufglied angeworfen wird. Feste Zusatzzeiten können mit Hilfe solcher Relais erhalten werden. Auch um einen Schutz erst nach Abklingen von Einschaltvorgängen arbeiten zu lassen, verwendet man Kurzzeitrelais. Aus diesem Grunde gibt man Vergleichsschutzsystemen bei Transformatoren eine Verzögerung bis 3 s, damit der Einschaltstrom, der kurzzeitig den Ansprechstrom überschreiten kann, keine Falschauslösung hervorrufen kann.

Langzeitrelais finden vor allem Anwendung, wenn ein Auslösebefehl oder ein Signal erst nach längerer Zeit gegeben werden soll. Als Kontrolle von Überlastungen kann es das Betriebsmittel so lange in Betrieb lassen, als noch kein Schaden auftreten kann. Kurzzeitige Überlastungen rechtfertigen meist noch nicht eine Abschaltung, erst bei längerer Dauer muß eine Maßnahme ergriffen werden.

Kombinationen verschiedener Zeitrelais derart, daß bei kleinen Überströmen mit längerer Zeit ein Signal gegeben wird, bei größeren Überströmen mit kürzerer Zeit eine Abschaltung erfolgt, zeugen von der Vielfalt der Anwendungsmöglichkeiten, die hier nicht erschöpfend wiedergegeben werden können.

f) Weitere nicht elektrische Meßgrößen

1. Die Temperatur

Als Folge von Überlastungen treten in elektrischen Maschinen und anderen Betriebsmitteln Erwärmungen auf, die dem Schutz als Meßgröße dienen können. Man muß hier zwei verschiedene Prinzipien unterscheiden. Erstens die Temperaturerhöhung der Betriebsmittel wird direkt dem Relais als Meßgröße zugeführt und zweitens wird im Relais die Temperaturerhöhung durch Zuführung des betreffenden Stromes nachgeahmt. Man unterscheidet so direkte und indirekte Wärmerelais.

$\alpha)$ **Direkter Wärmeschutz.** Die direkten Wärmerelais, die auch Wärmewächter oder Gefahrmelder genannt werden, sind mit dem zu schützenden Gegenstand in direkter Verbindung. Es wird die in Wicklungen der Generatoren und Transformatoren entstehende Wärme als Meßgröße verwendet. Ein solches Relais kann in die Wicklungen selbst eingebaut werden oder es wird in das Öl von Transformatoren oder Ölkondensatoren getaucht und mißt dessen Temperatur. Steigt die Temperatur über einen zulässigen Wert an, so gibt das Relais ein Signal oder den Auslösebefehl.

$\beta)$ **Indirekter Wärmeschutz.** Die häufig vorhandene Schwierigkeit, Relais direkt mit dem zu schützenden Gegenstand in Verbindung zu bringen, hat dazu geführt, die Wärmeentwicklung in Relais nachzuahmen. Zu diesem Zweck wird der in diesem Betriebsmittel fließende Strom oder ein Teil davon dem Wärmerelais zugeführt und die durch ihn erzeugte Wärmemenge als Meßgröße ausgenutzt.

Um eine weitgehende Anpassung an den zu schützenden Gegenstand zu erlangen, muß die im Relais durch die Wärmemenge entstehende Temperatur zeitlich proportional der Temperatur des Schützlings sein. Dies bedeutet, daß die Wärme-Zeitkonstanten möglichst gleich sein sollen. Man kann auch hierfür Kennlinien aufstellen. Hiebei wird wie beim abhängigen Überstromrelais die Ablaufzeit in Abhängigkeit vom Strom dargestellt. Der Unterschied gegenüber diesen Relais liegt aber vor allem darin, daß die Belastung vor Eintritt des Überstromes in die Kennlinie miteingehen muß. Denn ein stark vorbelasteter Motor oder Generator kann nicht soviel Überstrom vertragen wie ein vorher unbelasteter. Auch die Umgebungstemperatur des Schützlings hat einen Einfluß auf die Überlastungsfähigkeit und muß beim Wärmerelais oder thermischen Abbild berücksichtigt werden. Alle diese Einflüsse werden bei Überstromrelais als unerwünscht empfunden und möglichst ausgeschaltet, während sie bei thermischen Relais in die Charakteristik einbezogen werden müssen. Deshalb rechnet man diese Wärmerelais zweckmäßigerweise nicht zu den Überstromrelais. Die Kennlinien für unbelasteten und vorbelasteten Zustand sind in Abb. 24 dargestellt. Erwähnt sei noch, daß solche Relais oft mit unverzögerten Überstromrelais kombiniert werden, die bei Kurzschlüssen eine Momentanabschaltung bewirken sollen.

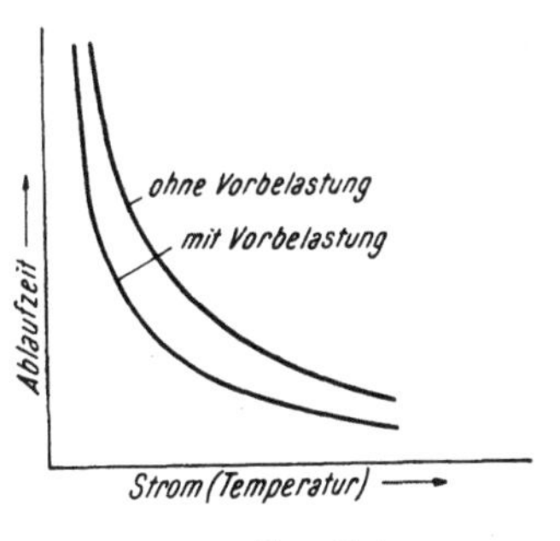

Abb. 24. Kennlinie von Wärmerelais

Anwendung finden solche Relais insbesondere für den Schutz von Motoren, für kleinere Transformatoren, auch für Kabel, Generatoren und Wandler hat man thermische Abbilder entwickelt, die ein Signal geben oder abstellen, wenn sie zu warm werden, also überlastet worden sind.

Man wählt die Zeitkonstante des thermischen Abbildes so, daß sie etwas unter der des Schützlings liegt.

Tab. 9 zeigt einige Zeitkonstanten von Maschinen, Transformatoren und Kabeln [Naef, O. und Imhof, A. (*108*)].

Tabelle 9. *Wärmezeitkonstanten von Maschinen, Transformatoren und Kabel*

a) Maschinen

Leistung	Drehzahl	Zeitkonstante
PS	1/min	min
bis 100		10 bis 25
100 „ 300	3000	15 „ 30
	1500 bis 750	20 „ 60
	750 „ 300	25 „ 90
300 „ 1000	3000	20 „ 45
	1500 bis 750	30 „ 60
	750 „ 300	60 „ 120

b) Transformatoren

Leistung	Zeitkonstante		
	Wicklung/Öl	Öl/Luft	Luft/Wasser bei Wasserkühlung
kVA	min	h	h
bis 50	3	1	
50 „ 200	3 bis 5	1 bis 2	
200 „ 500	⎫	2 „ 3	
500 „ 3000	⎬ 5 „ 7	3 „ 5	
3000 „ 10000	⎭	4 „ 6	2 bis 3

c) Kabel

Querschnitt	Zeitkonstante bei				
	1 kV	6 kV	10 kV	20 kV	30 kV
mm²	min				
1 × 25	10	8 bis 15	12 bis 19	20 bis 26	27 bis 32
1 × 50	14	11 „ 18	14 „ 22	22 „ 30	29 „ 38
1 × 95	21	15 „ 22	18 „ 26	26 „ 36	33 „ 47
1 × 185	31	11 „ 25	22 „ 30	30 „ 42	39 „ 55
3 × 25	14	19 bis 27	25 bis 33	39 bis 47	53 bis 61
3 × 50	21	25 „ 33	33 „ 40	48 „ 56	64 „ 70
3 × 95	31	33 „ 41	40 „ 48	56 „ 66	74 „ 83
3 × 185	48	39 „ 49	47 „ 57	63 „ 78	82 „ 100

Infolge der Inhomogenität des Aufbaues der Isolation und der Leitungen ist die Zeitkonstante in gewissen Grenzen etwa 10 bis 15% abhängig von der Belastung, man führt deshalb die *Nenn-Zeit-Konstante* ein, die sich auf den Nennstrom bezieht.

Bei Maschinen gelten die angegebenen Werte für normale Ausführungen mit Eigenkühlung.

Bei den Kabeln gelten die kleineren Werte für Verlegung in feuchten Boden, die höheren Werte für Verlegung in trockenen Boden und Luft.

2. Mechanische Meßgrößen

Verschiedene, bei Fehlern auftretende Erscheinungen lassen sich ebenfalls als Meßgröße für den Schutz heranziehen.

Hiebei sei besonders *die Druckwelle* erwähnt, die im Öl bei Transformatoren entsteht, wenn ein Fehler in ihm auftritt. Ein Kurzschluß mit seinem Lichtbogen hoher Temperatur erzeugt explosionsartige Gasentwicklung im Öl, die mit starkem Druck das Öl herausdrücken will. Dieses Öl nimmt bei sonst völlig geschlossenem Transformatorkessel seinen Weg über ein mehr oder minder kurzes Rohrstück zum Ausdehnungsgefäß, das alle Transformatoren mittlerer und größerer Bauart, sogar größere Spannungswandler besitzen. Die Druckwelle kann man nun ausnützen, um einen Kurzschluß im Transformator abzuschalten, wenn man ein geeignetes Relais in die Rohrverbindung zum Ausdehnungsgefäß einbaut. Es ist das sogenannte Buchholz-Relais [B u c h h o l z, A. (*279*), S c h w e n k - h a g e n, H. (*284*), S c h m o h l, E. (*283*)]. Es muß hiebei nur darauf geachtet werden, daß der Ansprechwert eines solchen Relais so hoch ist, daß es bei außerhalb des Transformators liegenden Fehlern nicht anspricht. Denn auch in diesem Falle treten Druckwellen auf, hervorgerufen durch die Kurzschlußkräfte im Transformator infolge des starken Stromanstieges.

Auch das Aufsteigen von *Gasblasen* im Transformator ist ein Zeichen, daß ein Fehler im Transformator vorhanden ist. Dieser Fehler kann zunächst eine kleine Erhitzung sein, ohne daß bereits ein Kurzschluß vorhanden ist. Es genügen bereits kleine Glimmerscheinungen. Auch diese Erscheinungen können mit dem Buchholzrelais erfaßt werden. Das Relais hat gerade in dieser Beziehung große Dienste erwiesen und bereits kleinste beginnende Fehler angezeigt und damit größeren Schaden verhindern können.

Auch die Anzeige von zu *geringem Ölgehalt* von Transformatoren kann durch Buchholzrelais angezeigt werden, indem beim Absinken des Ölspiegels sich Luft ansammeln muß.

II. Die Meßgröße beim Erdschluß

Beim Erdschluß, worunter der Schluß eines Leiters mit Erde in Netzen mit isoliertem oder hochinduktiv geerdetem Sternpunkt verstanden sein soll, treten, wie im ersten Band gezeigt wurde, ganz andere elektrische Verhältnisse auf wie bei Kurzschlüssen. Der Erdschluß stellt zwar auch eine mehr oder minder starre Verbindung zwischen Anlage und Erde dar. Aber die dadurch entstehenden Spannungen und Ströme unterliegen ganz anderen Gesetzen.

Es seien nochmals ganz kurz die wesentlichsten Erscheinungen zusammengefaßt. Der Strom wird entweder von den Netzkapazitäten allein bestimmt (unkompensiertes Netz) oder, wenn dieser Ladestrom durch einen gleich großen induktiven Strom kompensiert ist, durch den Restwirkstrom, der sich aus dem ohmschen Anteil der Kompensationsspulen (Erdschlußspulen) und den Ableitungen im Netz ergibt. Der Erdschlußstrom ist also im ersten Fall kapazitiver Blindstrom, im zweiten Wirkstrom. Die Spannungen verhalten sich in beiden Fällen gleich. Die Spannung des erdgeschlossenen Leiters gegen Erde verschwindet und diejenige der anderen Leiter steigt vom Sternwert auf den Dreieckswert.

In symmetrischen Komponenten ausgedrückt entsteht durch den Erdschluß in allen Leitern eine Nullspannung von der entgegengesetzten Richtung der Spannung des erdgeschlossenen Leiters, die im unkompensierten Netz einen kapazitiven, im kompensierten Netz einen ohmschen Nullstrom erzeugt. Die Erzeugungsstelle der Nullspannung ist die Erdschlußstelle selbst. In allen Netzen, ganz gleich, ob vermascht oder nicht, ob einseitig oder mehrfach gespeist, entsteht also im Erdschlußfalle eine einseitig gespeiste Nullstromverteilung.

Liegt der Erdschluß im Netz, so spricht man von einem totalen Erdschluß, da dort nur die Leiter selbst mit Erde in Berührung kommen. In Maschinenwicklungen können dagegen auch partielle Erdschlüsse auftreten, wenn ein beliebiger Punkt der Wicklung die Erde, z. B. das Eisen, berührt.

Die Anforderungen an eine Selektivität beim Erdschluß sind viel geringer als beim Kurzschluß. Meist verlangt man überhaupt nur ein Signal, nur in seltenen Fällen, wo der Erdschlußstrom bereits unzulässig groß ist, z. B. in großstädtischen Kabelnetzen, ist ein abschaltender Schutz notwendig. Aber auch dann kann man in der Regel höhere Auslösezeiten zulassen als beim Kurzschlußschutz. Eine Selektivität dient bei einem signalisierenden Schutz nur dazu, den schadhaften Anlageteil möglichst rasch feststellen zu können. Es genügt hiebei, aus der Art der jeweiligen Anzeige die Erdschlußstelle herauszufinden. Bei einem abschaltenden Erdschlußschutz sind die Anforderungen an die Selektivität natürlich ähnlich wie beim Kurzschlußschutz, insbesondere dürfen keine gesunden Anlageteile spannungslos werden. Dagegen läßt man größere Auslösezeiten unbedenklich zu.

Dazu kommt manchmal noch der Wunsch, den betroffenen Leiter R, S oder T feststellen zu können. Auch dies kann häufig mit wenig komplizierten Mitteln erreicht werden. Praktische Bedeutung dürfte dies allerdings wenig haben, da eine raschere Auffindung des Fehlers dadurch kaum möglich wird.

Als Meßgröße kommen für den Erdschluß der Nullstrom, die Nullspannung und die Nulleistung in Betracht. Sie finden für den Anwurf und den Ablauf der Relais, soweit ein solcher erforderlich ist, Verwendung.

a) Die Nullspannung

1. Leitungen

Die Nullspannung beim Erdschluß ist dadurch gekennzeichnet, daß sie im ganzen Netz in angenähert gleicher Höhe, und zwar in der Höhe der Sternspannung auftritt. Diese Eigenschaft macht sie zur selektiven Erfassung allerdings ungeeignet. Aber als Anwurf für Erdschlußrelais ist sie zu verwenden. Will man überhaupt nur eine Meldung haben, daß ein Erdschluß im Netz aufgetreten ist, so genügt hiebei vollkommen die Verwendung der Nullspannung als Meßgröße.

2. Maschinen

Beim Generator kann die Erdschlußspannung allerdings auch niedrigere Werte annehmen, wenn der Fehler in der Wicklung und nicht an der Klemme liegt.

Arbeitet der Generator direkt aufs Netz, so tritt bei jedem Erdschluß im Netz oder im Generator eine Nullspannung auf. Sie ist also für einen selektiven Schutz auch für Generatoren, die direkt aufs Netz arbeiten, allein nicht zu verwenden.

Arbeitet der Generator dagegen über Transformatoren (Blockschaltung) auf das Netz, so ist das Auftreten einer Nullspannung das untrügliche Kennzeichen eines Fehlers im Generatorabzweig.

Allerdings muß hier eine Erscheinung berücksichtigt werden, die den Schutzwert etwas herabsetzt. Es können nämlich auch bei Fehler hinter den Maschinentransformatoren infolge der kapazitativen Kopplung der Transformatorenwicklungen Nullspannungen auftreten, theoretisch sogar in voller Höhe, wenn der Generatorabzweig überhaupt keinen Widerstand gegen Erde besäße. Es bestimmt sich diese Verlagerungsspannung aus der Spannungsteilung zwischen den Widerständen (kapazitiv und ohmisch) des Generatorabzweiges und dem kapazitiven Kopplungswiderstand des Transformators. Bei Verwendung von Nullpunkt-Widerständen verschwindet diese Erscheinung, weil dann diese Spannung zusammenbricht.

3. Künstliche Verlagerung des Erdpotentials

Ein Generatorerdschlußschutz hat möglichst alle Erdschlüsse zu erfassen, die in der Statorwicklung vorkommen können. Je näher nun aber der Erdschluß am Sternpunkt liegt, um so geringer ist die Verlagerungsspannung. Im Grenzfall bei einem Erdschluß am Sternpunkt entsteht überhaupt keine Spannung. Man kann nun diesen Nachteil dadurch beseitigen, daß man das Erdpotential schon bei normalem Betrieb an eine andere Stelle als den Sternpunkt verlagert.

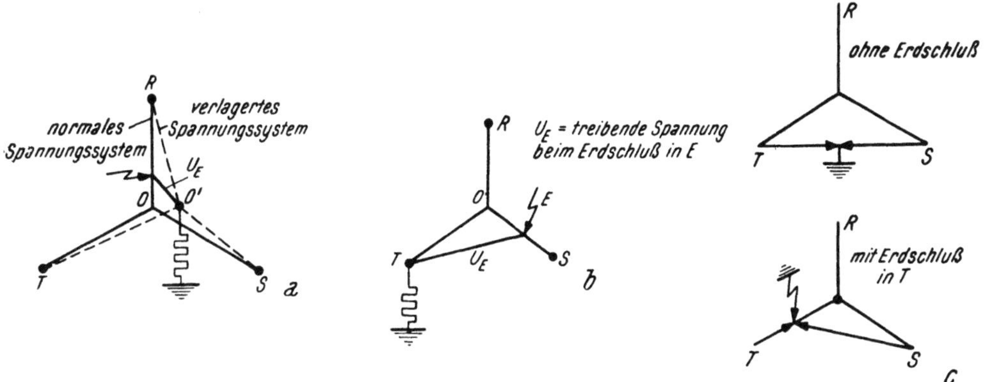

Abb. 25. Künstliche Verlagerung des Erdpotentials
a) Sternpunktverlagerung, b) Künstlicher Erdschluß eines Leiters, c) Differenz der halben Dreieckspannung

Hiebei gibt es verschiedene Möglichkeiten, die in der Abb. 25 zusammengestellt sind. Erstens kann man einen künstlich verlagerten Sternpunkt bilden [Pohl, R. (*218*), Scheu, H. (*219*), Titze, H. (*222*)], der über einen Widerstand geerdet ist (0' in Abb. 25a). Tritt nun ein Erdschluß auf, so ist die Erdschlußspannung die Spannung zwischen dem künstlichen Sternpunkt und der Erdschlußstelle. Hiemit ist also ein 100%iger Schutzbereich der Generator-Wicklungen gegeben.

Die zweite Möglichkeit zeigt Abb. 25 b. Hier wird ein Leiter über einen Widerstand geerdet. Diese Erdung kann allerdings erst im Störungsfalle eingeschaltet werden. Und zwar ist die Wahl des Leiters je nach der Lage des Erdschlusses verschieden. Der Unterschied der Spannung zwischen starrem Leitererdschluß und Erdschluß im Sternpunkt ist, wie aus der Abb. 25 b leicht zu erkennen ist, $1 : \sqrt{3}$ [Stalder, H. *(221)*]. Dies ergibt eine gute Gleichmäßigkeit für alle Erdschlußmöglichkeiten. Da der künstliche Erdschluß erst zugeschaltet wird, ist ein 100%iger Schutz hiemit nicht ganz zu erreichen. Der Schutzbereich hängt von der Empfindlichkeit des Spannungsanwurfes ab.

Eine dritte Möglichkeit ist die Differenzbildung der halben Dreieckspannungen (s. Abb. 25 c). Normalerweise sind die beiden Teilspannungen gleich und heben sich gegenseitig auf. Bei einem Erdschluß an irgend einer beliebigen Stelle verschieben sich die Teilspannungen und es entsteht eine Differenzspannung, die als Meßgröße verwendet werden kann. Bei einem Leiter-Erdschluß ist die Differenzspannung die Dreieckspannung, bei einem Sternpunkts-Erdschluß die Sternspannung, auch hier ist also das Größenverhältnis $1 : \sqrt{3}$. Der Nachteil dieser Anordnung ist, daß ein Leiter immer die 1,5 fache Sternspannung gegen Erde hat.

Bei allen diesen Anordnungen darf nicht außer acht gelassen werden, daß auch die Netzkapazitäten den Erdpunkt festlegen. Ohne Verlagerungseinrichtungen wird der Erdpunkt allein durch die Netzkapazitäten bestimmt. Um diesen Einfluß zu beseitigen, muß die Leistungsfähigkeit der Verlagerungseinrichtung größer sein als diejenige der Netzkapazitäten. Bei der Ausführung der Abb. 25 c läßt sich der Einfluß der Netzkapazität dadurch kompensieren, daß die Kapazität des bei der Verlagerung nicht benützten Leiters durch eine Drosselspule kompensiert wird. Dann liegt das Erdpotential auch im Netz in der Mitte der Dreieckspannung.

4. Bestimmung des erdgeschlossenen Leiters

Um zu erkennen, welcher Leiter einen Erdschluß hat, kann die Spannung allein benutzt werden. Man kann hiefür die Tatsache ausnützen, daß die Spannung des fehlerhaften Leiters gegen Erde zusammenbricht und die Spannungen der fehlerfreien Leiter auf den Dreieckswert ansteigt. Hiebei muß nur das im ersten Band erwähnte Ausschwingen der Nullspannung berücksichtigt werden, weil dann nach der ersten richtigen Anzeige durch die Drehung des Null-Spannungsvektors Fehler auch in den anderen Leitern vorgetäuscht werden können. Eine einmal erfolgte Anzeige muß daher festgehalten werden, auch wenn der Erdschluß wieder verschwindet.

Eine andere Möglichkeit besteht darin, die Nullspannung in ihrer Phase gegenüber den Dreieckspannungen zu messen. Da die Nullspannung die umgekehrte Richtung der Sternspannung des erdgeschlossenen Leiters besitzt, ist ihr Winkel zu den Dreieckspannungen je nach der Leiterart verschieden. Auch dies kann in geeigneten Schaltungen für die Anzeige des fehlerhaften Leiters ausgenutzt werden.

b) Der Nullstrom

Der Nullstrom allein als Meßgröße wird im allgemeinen nur für einen signalisierenden Schutz ausgenützt und dann auch meist nur im unkompensierten Netz und in besonderen Fällen bei Generatoren.

1. Leitungen

Der Nullstrom nimmt in allen Fällen in Richtung auf die Erdschlußstelle zu (Abb. 26). Der gesamte Ladestrom fließt an der Erdschlußstelle, während in anderen Leitungen wesentlich geringere Anteile fließen. In Netzen mit Stichleitungen kann man also mit Hilfe des Stromes allein schon eine gewisse Selektivität erhalten. Man braucht nur den Ansprechwert so hoch zu legen, daß nur das Relais, und zwar ein Überstromrelais, anspricht, dessen Leitung den Erdschluß hat.

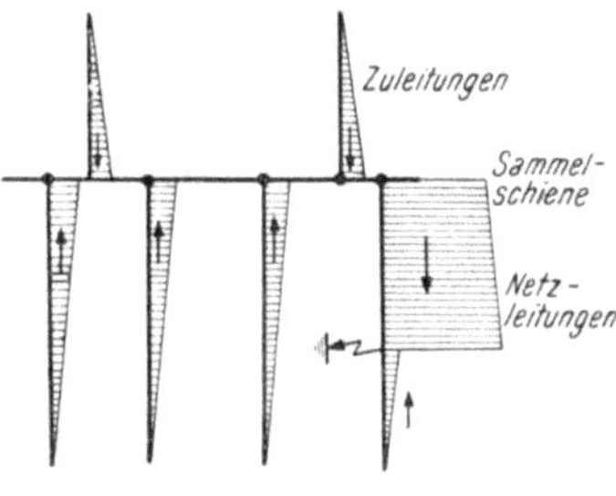

Abb. 26. Nullstromverteilung bei Erdschluß

In vermaschten Netzen ist die Unterscheidung schwieriger, da der Erdschluß von zwei Seiten in die Leitung hineinfließt, der Unterschied in den Stromstärken also meist geringer ist. Aber auch dort ist unter Umständen noch eine gute Stromstaffelung vorhanden. Eine genaue Durchrechnung des Netzes nach den im ersten Band angegebenen Methoden gibt Aufschluß darüber, ob eine Stromstaffelung vorhanden ist oder nicht.

2. Maschinen

Auch für den Generator kann der Strom als Meßgröße für den Erdschlußschutz herangezogen werden. Arbeitet der Generator ohne Transformator direkt auf ein größeres Netz, so fließt im Generator-Abzweig nur dann ein Nullstrom, wenn der Generator selbst Erdschluß hat. Bei Erdschlüssen im Netz fließt im Generator-Abzweig kein Strom. Dieser Unterschied kann für einen selektiven Schutz ausgenutzt werden. Praktisch hat man allerdings dies kaum ausgeführt, sondern zur Erhöhung der Empfindlichkeit Richtungsrelais verwendet.

In dem Fall, daß der Generator über einen Transformator ein Netz speist, fließt an sich überhaupt kein Nullstrom im Erdschlußfalle, da keine Kapazität, also kein Rückschluß vorhanden ist. In diesem Falle hat man sich dadurch geholfen, daß der Sternpunkt des Generators über einen Widerstand geerdet wird. Dieser bestimmt nun den Strom für das Erdschlußrelais.

Auch mit dem Strom als Meßgröße sollen möglichst alle Erdschlüsse erfaßt werden, die in der Statorwicklung vorkommen können. Je näher nun aber der Erdschluß am Sternpunkt liegt, um so geringer ist, ebenso wie die Spannung, der zur Verfügung stehende Strom.

Man kann dieselben Maßnahmen ergreifen wie bei der Spannung, d. h. das Erdpotential verlagern und dann den durch diese Verlagerungsspannung im Erdschlußfalle entstehenden Strom ausnützen. Man kann aber auch den Schutzbereich stark erweitern, indem man spannungsabhängige Widerstände (s. Abb. 27) verwendet, so daß der Strom bei Fehlern in der Nähe des Sternpunktes im Verhältnis größer ist als bei Leitererdschluß [Bütow, W. (205)]. Der Erdschlußstrom ist dann bei Erdschluß in der Nähe des Sternpunktes annähernd gleich dem bei Leitererdschluß.

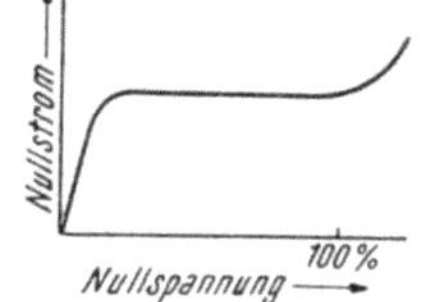

Abb. 27. Kennlinie spannungsabhängiger Widerstände

Allgemein ist zu sagen, daß der Strom als Meßgröße für den Erdschlußschutz längst nicht die Bedeutung hat wie für den Kurzschlußschutz, da er mit dem Schaltzustand stark schwankt und die Richtung nicht erkennbar ist.

c) Die Nulleistung

Da die Nullspannung praktisch im ganzen Netz die gleiche ist, ist die Verteilung der Leistung proportional der des Stromes. Es kommt nur dazu, daß mit ihr auch die Richtung erkannt werden kann. Dies macht die Leistung zu der für die selektive Erfassung von Erdschlüssen geeignetsten Meßgröße.

1. Leitungen

Da im unkompensierten Netz Blindströme, im kompensierten dagegen Wirkströme fließen, so kommt entsprechend die Blindleistung, bzw. die Wirkleistung als Meßgröße in Frage.

Man kann nun mit den Leistungsrelais eine selektive Anzeige und eine selektive Auslösung im Erdschlußfall ausführen lassen.

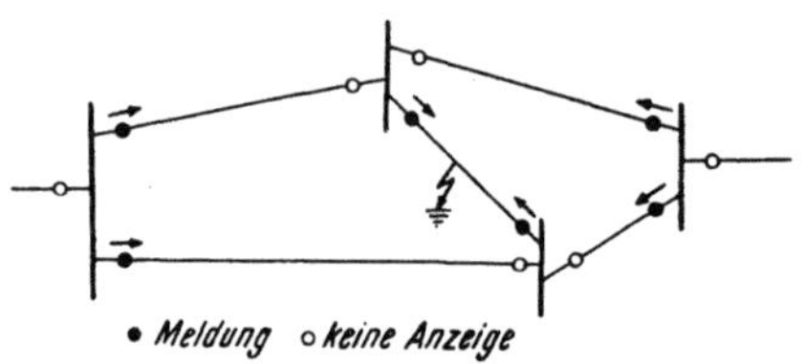

Abb. 28. Selektive Anzeige von Erdschlüssen

Bei der *selektiven Anzeige* wird in jedem Abzweige ein Leistungsrelais vorgesehen. Im Erdschlußfalle (s. Abb. 28) zeigen dann nur in der Leitung, wo der Fehler liegt, die Relais auf beiden Seiten in die Leitung hinein. Genauer gesagt, fließen die Leistungen aus ihr hinaus, da ja die Erdschlußstelle die Entstehungsstelle der Nulleistung ist. Wichtig ist hiebei aber nun, daß an den beiden Enden die Leistungsrichtung entgegengesetzt ist, während sie bei den fehlerfreien Leitungen auf beiden Seiten gleich ist, d. h. daß die Erdschlußleistung durch die Leitung hindurchfließt. Der Größe nach sind auch hiebei die Leistungen nicht gleich, da ja die Leistungen an den Enden der Leitung sich um die zur betreffenden Leitung gehörenden Nulleistung unterscheiden muß. Die Richtungsanzeige in der fehlerfreien Leitung weist normalerweise natürlich auch auf die Erdschlußstelle hin.

Im ersten Band, S. 67, wurde für das kompensierte Netz abgeleitet, daß infolge der Stromverteilung der Blindkomponente in Anlageteilen verschiedener Impedanzwinkel Nullwirkleistungen vorgetäuscht werden können, die unter Umständen ein falsches Anzeigen eines Erdschlußrelais hervorrufen können. Für die selektive Anzeige ist dies von keiner so großen Bedeutung, da es nicht möglich ist, daß hiedurch auf beiden Seiten einer Leitung die Relais entgegengesetzte Richtung anzeigen können. Es kann höchstens vorkommen, das in einer fehlerfreien Leitung das Relais einmal nicht in die Richtung zeigt, wo der Erdschluß liegt. Das entgegengesetzte Anzeigen des Schutzes an beiden Enden der Leitung ist immer ein untrügliches Mittel, daß der Erdschluß in dieser Leitung liegt.

Man kann den Erdschlußschutz selbst den fehlerhaften Teil auch *abschalten* lassen, was in Netzen mit größerem Restwirkstrom, also besonders in großen Kabelnetzen, gemacht wird, wo die Gefahr eines raschen Überganges in einen Kurzschluß oder Doppelerdschluß vorhanden ist.

Hierfür kann man wie beim Kurzschluß das Vergleichsschutzsystem oder das Staffelschutzsystem anwenden.

Dem *Richtungsvergleich* liegt dasselbe Prinzip zugrunde wie bei der selektiven Anzeige. Es werden die Richtungen auf beiden Seiten der Leitung verglichen. Sind sie entgegengesetzt, so werden die Schalter auf beiden Seiten ausgelöst. Natürlich sind hiefür Hilfsleitungen erforderlich. Dieser Schutz wird im unkompensierten Netz mit der Blindleistung, in kompensierten Netzen mit der Wirkleistung als Meßgröße ausgeführt.

Bei *Staffelschutzsystemen* ist ein besonderes Ablaufglied erforderlich, mit dessen Hilfe eine Zeitstaffelung erreicht werden kann. Im Prinzip gilt hiefür dasselbe wie beim gerichteten Überstromschutz im Kurzschlußfalle. Jedes Netz besitzt im Erdschlußfalle nur eine Einspeisestelle des Nullstromes. Es ist also für die Nullstromkomponenten immer ein einseitig gespeistes Netz, für das man mit einem gerichteten Überstromschutz im allgemeinen auskommen kann. Für den Erdschlußfall verwendet man nun nicht getrennt ein Überstromrelais für Nullstrom und ein Richtungsrelais,

sondern man kann wegen der Konstanz der Nullspannung dem Richtungsrelais eine von der Größe der Leistung abhängige Auslösezeit geben. Es entstehen dann Auslösezeiten, die in Richtung zur Erdschlußstelle hin abnehmen.

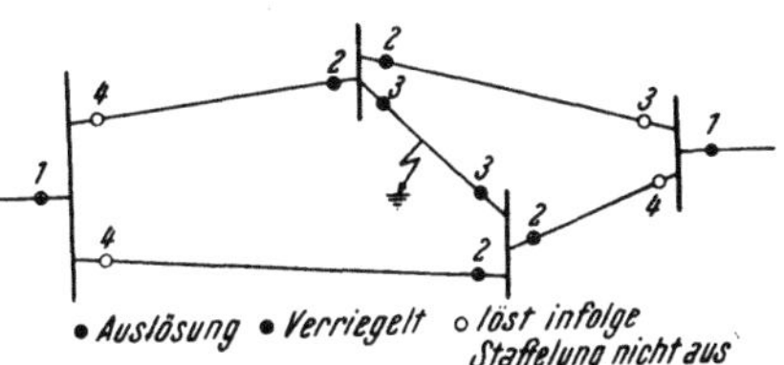

Abb. 29. Selektive Abschaltung eines Erdschlusses

Dasselbe kann man erreichen mit festen Zeitstaffelungen. Hiebei hängt also die Auslösezeit nicht von der Lage des Erdschlusses ab, sondern ist für die jeweilige Einbaustelle des Schutzes konstant. Der früher erwähnte Nachteil hoher Auslösezeiten bei diesem Schutzprinzip kann beim Erdschlußschutz unbedenklich zugelassen werden (s. Abb. 29).

Für Staffelschutzsysteme ist die bereits erwähnte Erscheinung, daß sich Ausgleichwirkleistungen bei Anlageteilen mit verschiedenem Impedanzwinkel durch den Blindstrom bilden können, unbedingt zu berücksichtigen. Eine genaue Durchrechnung der Erdschlußstromverteilung ist deshalb unbedingt zu empfehlen, um etwaige Falsch- oder Fehlauslösungen zu verhindern. Die beste Abhilfe ist die geeignete Wahl der Größe und des Einbauortes der Erdschlußspulen. Je mehr in seinen Teilen ein Netz auskompensiert ist, um so geringer ist der Ausgleichblindstrom und die Bildung von vorgetäuschten Wirkleistungen (s. Bd. I, S. 67).

Bei Netzen mit kleinem eigenen Erdschlußstrom kann durch Zuschalten von Widerständen im Erdschlußfalle der Erdschlußstrom künstlich erhöht werden.

2. Maschinen

Der Generatorschutz mit Leistungsrelais unterscheidet sich insbesondere durch die erhöhte Empfindlichkeit gegenüber der Verwendung des Stromes als Meßgröße. Überall, wo Stromrelais verwendet werden können, können auch Richtungsrelais verwendet werden. Notwendig sind sie aber, wenn der Generator direkt auf ein Netz arbeitet und er selbst einen Erdungswiderstand besitzt. Dies wird bei kleineren Netzen manchmal ausgeführt. In einem solchen Falle fließt bei jedem Erdschluß Nullstrom im Generatorabzweig, bei einem Fehler in der Maschine fließt der Netzerdschlußstrom in den Generator hinein, bei einem Fehler im Netz der Generatorerdschlußstrom ins Netz hinaus. Die Richtung ist also in beiden Fällen entgegengesetzt.

Die Erdschlußschutzeinrichtungen sind in allen Fällen, wo der Erdschlußstrom im Generatorabzweig selbst erzeugt wird, bereits betriebsbereit, bevor der Generator ans Netz geschaltet ist; dies ist von großem Vorteil, da dann eine Störung im Netz vermieden wird. Bei Generatoren, bei denen der Netzerdschlußstrom als Meßgröße für den Schutz verwendet wird, ist der Schutz an sich erst nach dem Zuschalten betriebsbereit. Man kann aber dadurch, daß bei geöffnetem Schalter über einen Kondensator oder Widerstand (je nachdem, ob die Blindleistung oder Wirkleistung die Meßgröße ist) künstlich einen Erdschlußstrom erzeugen [Scheu, H. (*29*), Titze, H. (*222*)], der den Schutz vor der Zuschaltung des Generators auch in diesem Falle betriebsbereit macht.

Auch Transformatorenabzweige können mit Leistungsrelais geschützt werden. An sich gilt natürlich hier auch die Betrachtung für partielle Erdschlüsse. Beim Transformator braucht aber hierauf nicht soviel Wert gelegt zu werden wie beim Generatorschutz, da Erdschlüsse im Transformator durch andere Schutzsysteme, z. B. den Buchholzschutz, einfacher erfaßt werden können.

3. Zuordnung von Spannung und Strom

Im allgemeinen genügt es, zur Leistungsgewinnung die Nullspannung und den Nullstrom zuzuordnen. Für den Schutz von Leitungen ist dies immer ausreichend, da in Netzen die Nullspannung überall etwa gleiche Werte hat. Eine tote Zone wie beim Kurzschlußschutz gibt es bei der Nulleistung nicht.

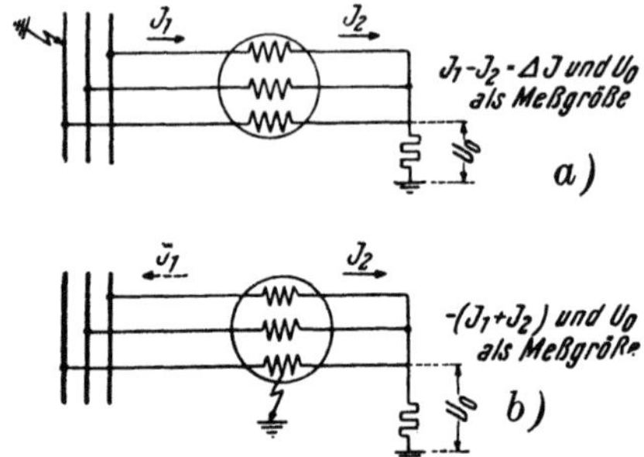

Abb. 30. Differenzschaltungen des Erdschlußstromes beim Erdschlußschutz von Generatoren
a) Fehler im Netz, *b)* Fehler im Generator

Anders liegt dies beim Generatorschutz. Hier kann die Spannung bei Erdschlüssen in der Nähe des Sternpunktes sehr klein werden und damit die Ansprechempfindlichkeit eines Leistungsrelais unterschreiten. Die bereits angegebenen Prinzipien zur Erhöhung der Empfindlichkeit bei Erdschlüssen in der Nähe des Sternpunktes durch spannungsabhängige Widerstände verringern diesen Nachteil sehr stark. Man kann, wie später genauer gezeigt wird, sowohl den Strom als auch die Spannung bei Erdschlüssen in der Nähe des Sternpunktes verhältnismäßig erhöhen („regenerieren“) und dadurch eine bessere Empfindlichkeit erreichen.

Die Verwendung fester Dreieckspannungen in Verbindung mit einem für alle Fehlerarten höchstens im Verhältnis $1:\sqrt{3}$ schwankenden Strom gibt dem Erdschlußschutz eine besondere Stabilität im Erdschlußfalle [Stalder, H. (*221*), BBC (*30*)].

Zur Verbesserung der Sicherheit des Richtungsentscheides im Generatorabzweig bei direkt aufs Netz arbeitendem Generator wählt man als Meßgröße außer der Nullspannung auch die Differenz des Stromes vor und hinter dem Generator (s. Abb. 30).

Bei außerhalb des Generators liegendem Fehler sind diese Ströme gleich und heben sich annähernd auf, bei innenliegendem Fehler addieren sich dagegen beide Ströme, bzw. ist nur ein Strom vorhanden. Für den genauen Richtungsentscheid macht man nun absichtlich die Differenz nicht null und nutzt die verbleibende Differenz für die Betätigung des Richtungsgliedes aus, das in diesem Falle den Erdschlußschutz einwandfrei sperrt.

d) Verhalten des Erdschlußschutzes bei anderen Fehlern, insbesondere Doppelerdschlüssen

Es ist nun zu untersuchen, ob die erwähnten Meßgrößen auch bei anderen Fehlern als Erdschlüssen auftreten und dann unter Umständen Störungen der Selektivität hervorrufen können.

Nullkomponenten treten bei allen Fehlern mit Erdberührung auf. Da aber der Erdschlußschutz nur in Netzen mit isoliertem oder hochohmig geerdetem Sternpunkt vorkommt, so scheiden für diese Betrachtung der einpolige Kurzschluß und der zweipolige Kurzschluß mit Erdrückleitung aus. Bei einem zweipoligen Kurzschluß mit Erdberührung können wohl kleine Verlagerungsspannungen auftreten, sie sind aber nie von Nullströmen begleitet, so daß ein Erdschlußschutz nicht ansprechen wird. Ein Schutz, der in diesem Falle die Verlagerungsspannung anzeigt, hat keine Beeinflussung der Selektivität zur Folge, im Gegenteil eine solche Anzeige deutet auf die Erdberührung hin, die sonst nicht ohne weiters erkennbar ist.

Will man dies trotzdem vermeiden, so darf der Erdschlußschutz erst bei Spannungen über 50% der Sternspannung arbeiten.

Wesentlich unangenehmer aber ist der Doppelerdschluß. Hier treten größere Nullspannungen verbunden mit Nullströmen zwischen den beiden Erdschlußstellen auf. Die Größe der Nullspannung kann in ungünstigen Fällen die Größe der Sternspannungen mindestens erreichen und der Strom ist oft um eine Größenordnung größer als der Nullstrom beim einfachen Erdschluß. Je weiter die Erdschlüsse auseinanderliegen, umso höher kann die Nullspannung werden (s. Bd. I, S. 77), [Titze, H. (*12*)].

Bei anzeigendem Erdschlußschutz spielt dies alles keine weitere Rolle. Die zusätzliche Anzeige von Erdschlüssen mag unerwünscht sein, ist aber nicht einmal falsch, da ja tatsächlich Erdschlüsse auftreten und vor dem Eintritt des zweiten Erdschlusses unter allen Umständen ein Erdschluß bestanden haben muß, da ja jeder Doppelerdschluß die Folge eines Erdschlusses ist.

Unangenehmer ist dies beim abschaltenden Erdschlußschutz. Insbesondere stromabhängige oder leistungsabhängige Relais erhalten eine hohe Nulleistung zugeführt und lösen daher mit kurzer Zeit aus. Ein Schutz mit festen Zeiten kann auch beim Doppelerdschluß wenigstens gestaffelt arbeiten und wird daher nur wenig Falschauslösungen hervorrufen.

Aber alles dies sieht gefährlicher aus, als es in der Praxis ist. Denn einmal ist bei einem abschaltenden Erdschlußschutz die Möglichkeit eines Doppelerdschlusses an sich schon sehr gering. Es müßte dann nämlich der zweite Erdschluß bereits eintreten, bevor der erste Erdschluß abgeschaltet worden ist. Zweitens ist in der überwiegenden Zahl der Doppelerdschlüsse die Erdschlußspannung unter etwa 80% der Sternspannung. Man kann also mit einem auf 80% eingestellten Spannungsabwurf das Arbeiten des Erdschlußschutzes weitgehend verhindern.

Eine andere Maßnahme ist, dem Erdschlußschutz eine so große Auslösezeit zu geben, daß vor der ersten Abschaltung in jedem Falle der Doppelerdschluß geklärt ist und dann nur noch der übrigbleibende Erdschluß abgeschaltet wird. Auch an die Sperrung des Erdschlußschutzes beim Doppelerdschluß mit Hilfe von Frequenzrelais hat man gedacht, da bei einem Doppelerdschluß die Netzfrequenz Schwankungen unterworfen ist und bei Erdschluß die Frequenz unverändert bleibt. Eine Sperrung kann man weiters mit Hilfe von Drehfeldscheidern vornehmen, da ein starkes Gegensystem beim Doppelerdschluß immer vorhanden ist [Friedländer, E. u. Schmutz (*19*)].

III. Die Meßgrößen bei Pendelungen

Das Außertrittfallen von Kraftwerken ruft periodische, kurzschlußähnliche Erscheinungen hervor. Es ist nun wichtig zu wissen, welchen Einfluß Pendelungen auf die Schutzsysteme haben, welche Maßnahmen man ergreifen muß, um diesen Einfluß unschädlich zu machen, und welche Meßgrößen man verwenden kann, um eine bestimmte Abschaltung bei Pendelungen vorzunehmen.

a) Der Einfluß von Pendelungen auf den Kurzschlußschutz

Im ersten Band (s. S. 78, 87) sind die elektrischen Vorgänge bei Pendelungen eingehend behandelt worden. Hier sei das Ergebnis zum besseren Verständnis noch einmal wiederholt.

1. Bei Pendelungen treten Überströme auf, die im Takte der Pendelfrequenz von null bis zu kurzschlußähnlichen Werten ansteigen und abfallen (Abb. 31a).

2. Die Spannungen schwanken im gleichen Maße vom Nennwert bis zu einen Mindestwert hin und her. Dieser Mindestwert ist längs der Kuppelleitung der pendelnden Werke verschieden (Abb. 31b). An einer bestimmten Stelle, der elektrischen Mitte der Leitung, ist die Spannungsschwankung am größten und kann im ungünstigsten Falle bis auf null heruntergehen. Diese Stelle ist also ein vorgetäuschter Kurzschlußpunkt, der im Takte der Pendelung auftritt und wieder verschwindet [Schimpf, R. (*152*), Thewald, A. (*157*), Titze, H. (*26*)].

3. Dieser scheinbare Kurzschlußpunkt ist aus dem Impedanzdiagramm (Abb. 31c) ebenfalls zu erkennen. Zur Zeit des größten Stromes wird die Impedanz in der elektrischen Mitte der Leitung null.

4. Für den Blindwiderstand liegen die Verhältnisse, wie Abb. 31d zeigt, noch ungünstiger. Hier kann an jeder Stelle des Netzes ein Punkt geringster Reaktanz entstehen, der während der Pendelung von einem Kraftwerk zum anderen läuft. Ein Kurzschlußpunkt ist dieser allerdings nicht, da die Spannung nicht gleichzeitig null wird.

5. Während einer bestimmten Zeit der Pendelperiode sind die von beiden Seiten kommenden Wirkleistungen (Abb. 31e) entgegengesetzt gerichtet.

6. Für die Blindleistung (Abb. 31f) ist dieser gefährdete Bereich noch größer und erstreckt sich fast auf die ganze Pendelperiode.

7. In kurzschlußbehafteten Abzweigen, die von Kupplungen ausgehen, können bei Pendelungen auf diesen Kupplungen starke Schwankungen des Kurzschlußstromes auftreten.

8. Alle Erscheinungen sind dreipolig. Gegen- und Nullsysteme treten keine auf.

Die Abbildungen sind unter denselben Voraussetzungen gezeichnet worden wie im ersten Band. Es sind gleiche Spannungen im Kraftwerk (100%) angenommen, der Phasenwinkel der Kupplung ist auf der ganzen

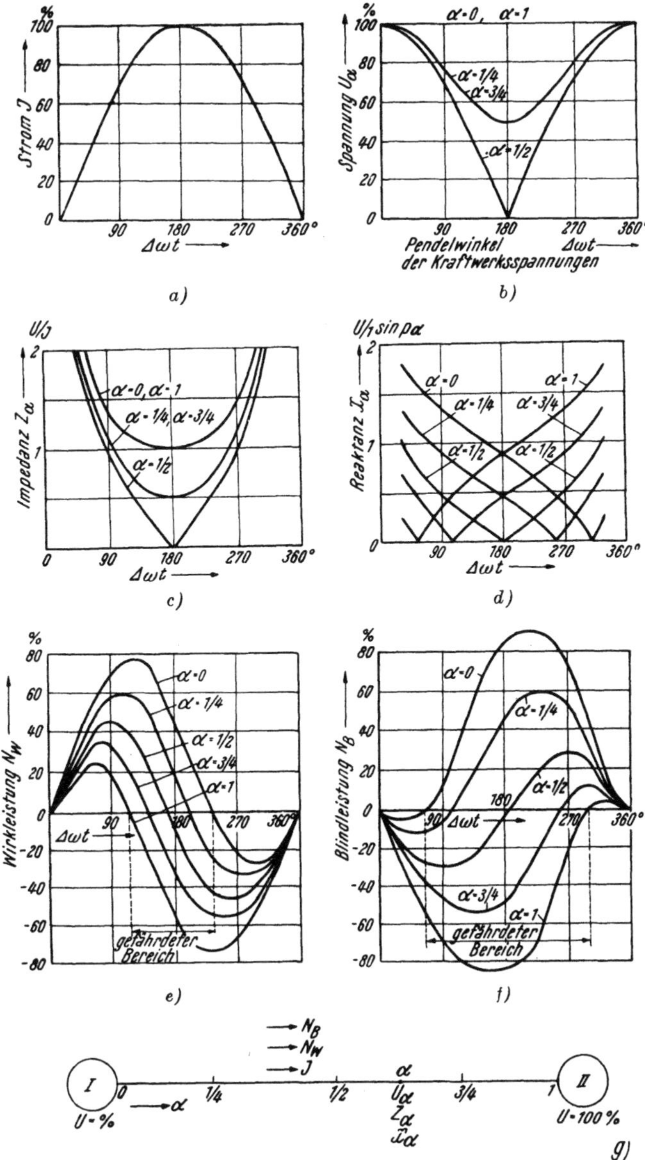

Abb. 31. Vorgänge bei Pendelungen
a) Strom, b) Spannung, c) Impedanz, d) Reaktanz, e) Wirkleistung, f) Blindleistung

Strecke konstant $\varphi = 60°$. Die zur Berechnung benützten Gleichungen seien hier noch einmal angegeben.

Die Spannung an jedem Punkte der Leitung ist

$$U_n = U \sqrt{\left[1 - 4\,\alpha\,(1 - \alpha)\sin^2\frac{\omega_E\,t}{2}\right]}$$

der Strom

$$I = \frac{2\,U}{z}\, \sin\, \frac{\omega_E\, t}{2},$$

der Phasenwinkel an jedem Punkt der Leitung

$$\varphi_a = \varphi - \delta - \vartheta_a \ \text{bei}\ \delta = 90 - \frac{\omega_E\, t}{2} \ \text{und}$$

$$\cos\,\vartheta_a = \frac{1 - 2a \sin^2 \dfrac{\omega_E\, t}{2}}{\sqrt{\left[1 - 4\,a\,(1-a)\,\sin^2 \dfrac{\omega_E\, t}{2}\right]}}$$

Die Leistungen sind dann

$$N_{\omega_a} = U_a\, I\ \cos\ \varphi_a \ \ \text{bzw.} \ \ N_{B_a} = U_a\, I\ \sin\ \varphi_a$$

und die Widerstände

$$z_a = \frac{U_a}{I} \ \text{und}\ x_a = \frac{U_a}{I}\, \sin\ \varphi_a$$

a gibt die Stelle auf der Kupplung an ($a = 0$ Kraftwerk I, $a = \frac{1}{2}$ die Mitte, $a = 1$ Kraftwerk II), $\omega_E/2\,\pi$ ist die Pendelfrequenz, $\omega_E\, t$ also der Winkel zwischen den pendelnden Erreger-EMK.

Man erkennt für das Verhalten der verschiedenen Schutzsysteme folgendes:

Sind die Auslösezeiten der Schutzsysteme kleiner als die Zeit, die der scheinbare Kurzschlußpunkt oder der durchlaufende Punkt kleinster Reaktanz usw. während einer Pendelperiode hat, so können Falschauslösungen entstehen. Bei den modernen kurzen Auslösezeiten ist dies fast immer gegeben. Impedanzschutzsysteme können an dieser Stelle im Netz in der Nähe der elektrischen Mitte der Kupplung falsch auslösen, Reaktanzschutzsysteme an jeder Stelle der Kupplung. Ebenso können Richtungsvergleichsschutzsysteme falsch arbeiten. Stromvergleichsschutzsysteme sind dagegen pendelunempfindlich, da der Strom auf der ganzen Leitung jeweils gleich und gleichgerichtet ist. In Abzweigen von der Kupplung können bei Kurzschlüssen stromangeworfene Schutzsysteme versagen, wenn das Stromminimum unter dem Ansprechwert des Stromanwurfes liegt. Bei Impedanzanwurf ist der Schutz an diesen Stellen kaum gefährdet.

b) Möglichkeiten der Verhinderung von Falschauslösungen

Es wurde bereits im ersten Band dargelegt, daß zur Verhinderung von Pendelungen überhaupt die Auslösezeiten einen bestimmten Wert nicht überschreiten dürfen. Die Berechnung dieser höchstzulässigen Auslösezeiten wurde dort angegeben. Die Verwendung eines schnellarbeitenden Selektivschutzes setzt also das Auftreten von Pendelungen weitestgehend herab. Andererseits ist aber dieser Schutz selbst bei bereits aufgetretenen Pendelungen am stärksten pendelempfindlich.

Die Praxis hat nun gezeigt, daß sich trotz kürzester Auslösezeiten Pendelungen doch nie ganz verhindern lassen, da nicht nur Kurzschlüsse die Ursache von Pendelungen sind, sondern auch starke Laststöße, plötzliche Abschaltung parallel laufender leistungsfähiger Maschinen, Änderungen des Schaltzustandes von Kupplungen zwischen den Kraftwerken. Dazu kommt, daß der Schutz nicht immer wirklich mit einer Auslösezeit auslöst, die kleiner ist als die höchst zulässige Auslösezeit, z. B. bei Versagern von Relais.

Aus diesen Gründen muß man also immer mit dem Auftreten von Pendelungen rechnen. Deshalb sieht man Pendelsperren an den Selektivschutzsystemen vor. Sie können entweder den Schutz bei Pendelungen überhaupt sperren oder geben ihm eine längere Auslösezeit als die größte vorkommende Pendelperiode, also höher als 2 s. Diese Zeiterhöhung oder Sperrung kann man auf dreipolige Fehler beschränken.

c) Die Meßgrößen für Pendelsperren

Man kann zunächst, ohne überhaupt besondere Meßgrößen heranzuziehen, bei allen Relais, die bei einem Kurzschluß angeworfen werden, die Zusatzzeit vorsehen, wenn sie nicht unmittelbar die Abschaltung in der Schnellzeit vornehmen. Dies ist am leichtesten möglich bei Relais, die durch die Leistungsrichtung gesperrt werden. Zeigt die Leistung auf die Sammelschiene zu (Sperrichtung), so wird die Zeiterhöhung eingeschaltet. Bei einer nachfolgenden Pendelung erhalten diese Relais eine erhöhte Auslösezeit. Die restlichen Relais erhalten die Zusatzzeit nach Beginn einer Pendelung beim Umschlagen der Leistungsrichtung.

Besser und sicherer ist es allerdings, irgendwelche Meßgrößen zu benutzen, die eine Pendelung exakt kennzeichnen. Hiefür gibt es mehrere Möglichkeiten.

Man kann das *Anziehen und Abfallen des Anwurfes* ausnutzen. Hiefür ist Impedanz- und Stromanwurf in gleicher Weise zu verwenden.

Fällt der Anwurf in allen drei Leitern gleichmäßig wieder ab, so wird die Pendelsperre in Betrieb gesetzt.

Weiters kann man das plötzliche *Umschlagen der Wirkleistung* zur Betätigung der Pendelsperre ausnutzen. Bei beiden Methoden tritt allerdings die Sperrung erst in Tätigkeit, wenn mindestens eine halbe Pendelperiode verflossen ist. Dies kann in ungünstigen Fällen bei langsamer Pendelung bereits ungenügend sein. Man hat daher versucht, noch schneller wirkende Kennzeichen zu finden. Da ist zunächst der *Vergleich der Blindleistungs- und Wirkleistungsrichtung* zu nennen. Wie aus Abb. 31e und f ersichtlich, verhalten sich die Blindleistungen und Wirkleistungen während einer Pendelung ganz verschieden. Die entgegengesetzte Anzeige von Blind- und Wirkleistungsrelais ist also ein Kennzeichen einer Pendelung, das bereits in einem Bruchteil der Pendelperiode erkannt werden kann [Gutmann, H. (*138*)].

Eine andere Methode ergibt sich aus der Verwendung der Impedanz als Meßgröße. Die Impedanz verringert sich beim Kurzschluß momentan, während sie bei einer Pendelung im Takte der Pendelfrequenz sich ändert und erst nach einer halben Periode den Kleinstwert erhält. Vergleicht man nun zwei Impedanzanwurfrelais mit verschiedener Ansprechimpedanz, so sprechen beim Kurzschluß beide gleichzeitig an, bei der Pendelung aber erst hintereinander. Dies kann ebenfalls für die Betätigung der Pendelsperre ausgenutzt werden.

Um diese Sperren sofort aufheben zu können, falls während der Pendelung ein Kurzschluß auftritt, verwendet man das Auftreten von Gegen- und Nullsystemen. Dies ist an sich nur bei ein- oder zweipoligen

Fehlern möglich. Da aber dreipolige Fehler nur selten ohne wenigstens kurzzeitigen vorherigen zwei- oder dreipoligen Fehler auftreten, genügt diese Maßnahme für diesen an sich nicht häufigen Fehlerfall durchaus.

d) Netzauftrennung

Pendelungen müssen beseitigt werden, insbesondere wenn eine Synchronisierung der außer Tritt gefallenen Maschinen nicht mehr von selbst erfolgen kann. In vielen Fällen ziehen sich die Maschinen von selbst wieder in den Synchronismus hinein. Dies ist an dem Längerwerden der Pendelperiode zu erkennen. Ist dagegen die Pendelfrequenz verhältnismäßig rasch, so ist ein Wiederfangen unwahrscheinlich. Dann muß die Kupplung zwischen den pendelnden Maschinen aufgetrennt werden, und zwar möglichst an einer Stelle, wo geeignete Synchronisierungsvorrichtungen vorgesehen sind, also an der Sammelschiene der Kraftwerke. Um das Netz nicht durch eine Maschinenabschaltung allzusehr zu schwächen, legt man eine solche Auftrenneinrichtung gern an das schwächere Kraftwerk.

Die Meßgrößen für eine Auftrennung sind dieselben wie für Pendelsperren. Da man aber immer eine hohe Auslösezeit (etwa 6 bis 15 s) vorsieht, um den Maschinen Gelegenheit zum Wiederfangen zu geben, so genügt als Anwurf das mehrmalige Anziehen und Abfallen irgendwelcher Anwurfrelais.

Bei Kupplungen zwischen mehr als zwei Kraftwerken kann man die Abschaltung der einzelnen Kraftwerke zeitlich staffeln. Erst läßt man bei den kleineren, dann größeren Kraftwerken auftrennen.

Häufig legt man die Auftrenneinrichtung auch an Kuppelstellen von Netzen verschiedener Art oder verschiedener Eigentümer, z. B. an Übergabestellen von Fernstrom an Stadtnetze.

IV. Die Meßgrößen beim Rotorerdschluß

Der Erregerkreis von Generatoren, insbesondere der Rotor selbst, kann auch fehlerhaft werden. Ein Kurzschluß ergibt dieselben Meßgrößen wie an anderen Stellen, also vor allem Stromerhöhungen und Spannungsabsenkungen.

Anders liegt es bei einem Erdschluß. Der Gleichstromkreis des Rotors ist an sich nicht geerdet. Ein auftretender Erdschluß wirkt sich daher nur als Spannungsverlagerung aus, die zunächst keinen Schaden hervorruft. Erst bei einem zweiten Erdschluß entsteht eine kurzschlußähnliche Erscheinung, die die Erregung der Maschine beeinflußt. Die Kenntnis und fallweise Beseitigung des ersten Erdschlusses ist also zweckmäßig, um spätere Auswirkungen auf den Erregungszustand der Maschine vorbeugend zu verhindern. Man kann hiezu zwei verschiedene Verfahren benützen. Das erste benutzt als Meßgröße die *Spannungen* der beiden Pole *gegen Erde*. Sind diese Spannungen gleich, so ist der Kreis in Ordnung, andernfalls ist ein Fehler vorhanden.

Eine andere Möglichkeit besteht darin, den *Strom* als Meßgröße zu verwenden, den eine einseitig geerdete *Wechselstromquelle* im Erregerkreis hervorruft. Diese Hilfsstromquelle liegt einpolig am Erregerkreis und kann daher nur bei einer leitenden Verbindung des Kreises mit Erde einen Strom hervorrufen.

V. Die Meßgrößen bei einem Windungsschluß

Der Windungsschluß ist ein Kurzschluß einer oder mehrerer Windungen einer Wicklung. In einer solchen kurzgeschlossenen Windung tritt ein hoher Strom auf. Dieser kann selbst natürlich nicht als Meßgröße herangezogen werden, wohl aber ist es möglich, die durch erhöhte Belastung des einen Schenkels auftretende Unsymmetrie auszunützen. Es müssen Gegen- und Nullsysteme infolge der einpoligen Belastung entstehen.

Man kann also die *Gegenleistung* zur Erfassung von Windungsschlüssen heranziehen. Weiters kann man die *Spannungsverlagerung* eines normal nicht geerdeten Sternpunktes als Meßgröße heranziehen, indem man die Spannung des Maschinensternpunktes gegen einen künstlich, durch eine symmetrische dreipolige Belastung entstehenden festen Sternpunktes mißt.

Bei Generatoren mit parallel geschalteten Wicklungen läßt sich ein Windungsschluß durch *Stromvergleich* der Ströme in den beiden Wicklungen feststellen. Im Normalbetrieb sind sie gleich, bei einem Windungsschluß verschieden. Ebenso kann man die Ströme zweier dauernd parallel fahrender Generatoren auf diese Weise vergleichen, um einen Windungsschluß festzustellen. Auch die *Spannungen* an den Sternpunkten beider Systeme können als Meßgröße herangezogen werden. Bei in Dreieck geschalteten Maschinen kann man den Summenstrom aus den drei Einzelströmen der Wicklungen als Meßgröße heranziehen. Normalerweise bei symmetrischen Verhältnissen ist er, abgesehen von Oberwellen, null. Beim Windungsschluß ergibt sich aber ein Strom.

Ein Windungsschluß im Rotor kann ebenso am besten bei parallelen Maschinen durch Vergleich der Erregerströme erfaßt werden.

Bei Transformatoren in Öl ist ein Windungsschluß mit Bildung von Gasblasen verbunden, die in geeigneten Geräten aufgefangen werden und so einen solchen Fehler erkennen lassen (Buchholz-Relais).

Auch mit dem Differentialschutz läßt sich bei Transformatoren der Windungsschluß erfassen, da durch die hierbei entstehende Kurzschlußwindung das Gleichgewicht der zu- und abfließenden Ströme gestört wird.

C. Die Gewinnung der elektrischen Meßgrößen

Nachdem wir uns bisher mit den Meßgrößen selbst befaßt haben, die für einen selektiven Schutz in Betracht kommen, erhebt sich nun die Frage, wie diese Meßgrößen praktisch gewonnen werden können.

Es ist klar, daß die in den in Frage kommenden Netzen vorkommenden Ströme und Spannungen in vielen Fällen zu hohe Werte haben, um sie empfindlichen Instrumenten, wie sie die Relais darstellen, zuführen zu können. In kleineren Anlagen, bzw. schwächeren Abzweigen mit geringer Belastung oder in Niederspannungsnetzen ist dagegen die direkte Verwendung der Meßgrößen leicht möglich. Sonst aber muß man sie über besondere Transformatoren, die *Wandler*, in kleinere Werte übersetzen und dann den Relais zuführen. Man unterscheidet danach den *Primär-* und den *Sekundärschutz*. Aus dem Netz kann man auf diese Weise nur den Strom und die Spannung gewinnen.

Die übrigen Größen, die Widerstände und die Leistungen, können erst im Relais durch Kombinieren geeigneter Strom- und Spannungswerte erhalten werden. In diesem Abschnitt wird daher nur die Gewinnung des Stromes und der Spannung in ihren verschiedensten Erscheinungsformen behandelt.

I. Der Primärschutz

Beim Primärschutz werden die Meßgrößen dem Schutz direkt zugeführt. Besondere Hilfsmittel zur Gewinnung des Stromes oder der Spannung sind nicht erforderlich.

Die Schutzeinrichtungen werden unmittelbar in den Stromkreis eingeschaltet. Sie sind in einem späteren Abschnitt genauer beschrieben.

Der *Strom* kann im wesentlichen auf zwei Arten für den Primärschutz ausgenutzt werden, magnetisch oder thermisch.

Im ersten Fall kann er durch mehrere Windungen, deren Querschnitt etwa dem der Leitungsführung entspricht, geschickt werden und erzeugt so ein Magnetfeld, das einen Anker anzieht, der irgend eine Betätigung ausübt.

Die Windungszahl ist infolge der hohen Stromstärke nur klein. Je höher der Normalstrom einer Leitung ist, um so geringer ist die Windungszahl. Da ja auch jeder gestreckte Leiter ein magnetisches Feld besitzt, ist es auch bei sehr hohen Stromstärken oft ausreichend, den Auslösemechanismus direkt auf die Leitungsschiene aufzusetzen. was insbesondere bei Gleichstromanlagen häufiger ausgeführt worden ist.

Die magnetische Wirkung des Stromes wird in der Gruppe der *Überstromschalter*, *Primärauslöser* und *Primärrelais* ausgenützt.

Im zweiten Fall wird die durch den Strom erzeugte Wärmemenge für eine Betätigung verwendet. Dadurch können leicht schmelzbare Materialien von einer bestimmten Stromhöhe an zum Durchschmelzen gebracht werden. Dies ist die Gruppe der *Sicherungen,* die in der überwiegenden Zahl der Fälle direkt vom Primärstrom durchflossen sind. Oder man läßt besonders ausgebildete Wärmestreifen, sogenannte Bimetallstreifen, die sich durch die Wärme ausdehnen oder verbiegen und dadurch etwas auslösen. Dies ist die Gruppe der *Thermo-Auslöser.*

Eine Kombination beider Möglichkeiten besitzt man in der Gruppe der *Kleinautomaten*, *Motorschutzschalter*, wo für kleinere Überlastungen das Wärmeprinzip, für größere kurzschlußähnliche Ströme das magnetische Prinzip angewendet wird.

Die Spannung wird nur magnetisch ausgenutzt, indem eine Spule, die für die volle Netzspannung isoliert sein muß, eine Funktion ausübt, wenn die Spannung unter einen bestimmten Wert sinkt, also das Magnetfeld schwächer wird. Hiemit kann die Sternspannung, die Dreiecksspannung, die Spannung gegen Erde und schließlich die Spannung des Sternpunktes gegen Erde gemessen werden. Im letzten Fall wird natürlich die Erhöhung der Sternpunktspannung ausgenutzt. Die Verwendung der Primärspannung wird ausschließlich in Netzen bis höchstens 800 V angewendet.

Die Verwendung der Primärgrößen des Stromes und der Spannung ist naturgemäß auf besondere Anlagen beschränkt. Man findet sie vor allem in Niederspannungsanlagen, in Gleichstromanlagen und in kleineren Mittelspannungsnetzen ausgenützt; dagegen werden sie in größeren Netzen höherer Spannung nur bei sehr leistungsarmen oder weniger bedeutenden Abzweigen, wie für den Schutz von Spannungswandlern, unbedeutenden Stichleitungen, kleineren Transformatoren und ähnlichen, verwendet.

Wegen der verhältnismäßigen Billigkeit der Ausführung ist die Häufigkeit der Ausnutzung primärer Meßgrößen trotz mancher Nachteile recht groß. Überall, wo man mit ihnen irgendwie ein Auslangen findet, werden sie bevorzugt verwendet. Insbesondere ist auch der Vorteil zu erwähnen, daß keine Hilfsstromquelle benötigt wird.

In Niederspannungsnetzen werden die Primärgrößen für die am weitesten verbreiteten Schutzeinrichtungen angewendet. Zahlenmäßig dürften sie daher an erster Stelle stehen.

II. Der Sekundärschutz

Den Anforderungen an Genauigkeit von Relais der Selektivschutztechnik kann man mit dem Primärschutz nicht in allen Fällen gerecht werden. Eine laufende Überprüfung im Betrieb ist mit ihm nicht oder nur unter sehr erschwerten Umständen möglich. Eine Gewinnung aller für einen Selektivschutz erforderlichen Meßgrößen ist auf direktem Wege nicht möglich.

Alle diese Gründe haben dazu geführt, die Meßgrößen so umzuwandeln, daß sie für Präzisionsgeräte verwendbare Werte erhalten und gleichzeitig keine besondere Gefahr für die an den Geräten arbeitenden Menschen darstellen. Die Zwischenschaltung besonderer Geräte macht es weiters möglich, auch nicht direkt zu erhaltende Meßgrößen in geeigneten Schaltungen zu gewinnen und mit ihnen ganz bestimmte, für die Relais nötige Veränderungen vorzunehmen.

Das Mittel, um dies zu erreichen, ist in Wechselstromnetzen der *Wandler*, der eine Abart eines Transformators ist, in Gleichstromnetzen im wesentlichen der *Shunt* und der *Vorwiderstand*. Weiters gibt es noch einige besondere Hilfsmittel, die darüber hinaus der geeigneten Umwandlung oder Gewinnung der Meßgrößen dienen. Hiezu gehört die *Phasendrehung*, die Änderung der Meßgröße in *spannungsabhängigen Widerständen*, die besonderen Schaltungen bei der Gewinnung der *Gegenkomponente, künstliche Gewinnung* von *Erdschlußströmen* und *-spannungen* und anderes.

Alle diese Einrichtungen sollen nun in diesem Abschnitt genauer behandelt werden, soweit sie für den Schutz, insbesondere die Schaltung, von Bedeutung sind.

a) Die Wandler

Die Wandler sind meist Transformatoren, die entweder den Strom von großen Werten auf für den Schutz brauchbare niedere Werte umwandeln, die *Stromwandler*, oder die Hochspannung auf ungefährliche Werte niederer Spannung umspannen, die *Spannungswandler*. Obwohl beide Arten zu den Transformatoren gezählt werden müssen, sind sie in ihrer Ausführung und ihren Eigenschaften grundverschieden.

Strom- und Spannungswandler werden nicht nur für den Schutz, sondern auch für die Betriebsmessung verwendet. Es läge daher nahe, für beides gemeinsame Wandler zu verwenden. Bei Spannungswandlern ist dies im allgemeinen ohneweiters zulässig. Denn die einzelnen Kreise liegen parallel, beeinflussen sich nicht weiter und im Fehlerfall, wo die Spannung zusammenbricht, geschieht den gleichzeitig angeschlossenen Meßinstrumenten nichts. Nur muß die Belastbarkeit der Wandler, also seine *Nennbürde*, entsprechend ausgelegt sein.

Bei Stromwandlern liegen die Verhältnisse anders. Die Meßinstrumente verlangen von einem Wandler eine bestimmte Genauigkeit zwischen Leerlauf und Vollast des Betriebsmittels, der Schutz aber verlangt gerade bei hohen Überströmen, die bis zum 50fachen Vollastwert ansteigen können, seine Genauigkeit. Der Hauptwert muß beim Schutz also auf den Überstrombereich gelegt werden. Dazu kommt, daß Instrumente und Relais hintereinander in demselben Stromkreis liegen müßten, sich also gegenseitig beeinflussen können. Um Instrumente zu schützen, läßt man die Wandler bei hohen Strömen gern zusammenbrechen; dies ist bei gleichzeitiger Verwendung für den Schutz nicht statthaft, so daß damit die Instrumente häufig im Kurzschlußfalle gefährdet sind. Aus allen diesen Gründen ist eine Trennung von Schutz und Messung mit getrennten Wandlern oder Kernen sehr zu empfehlen.

Die Wandler sind ein Bestandteil des Schutzes. Sie sind daher mit derselben Sorgfalt und Genauigkeit zu behandeln wie die Relais. Welche Anforderungen sind nun an dieselben zu stellen?

Die Wandler sollen die Meßgröße der Größe und Phase möglichst genau unter Berücksichtigung der Nennübersetzung wiedergeben. Für Schutzwandler ist dies bei hohen Überströmen und bis zu niedrigsten Spannungen zu erfüllen. Allerdings braucht die Genauigkeit nicht so hoch zu sein wie beim Meßwandler, bei dem die Fehlergrenze 0,5 bis 1% nicht überschreiten darf. Für den Schutz genügt eine Genauigkeit im Überstrombereich von etwa 5 bis 10%.

Um die Eigenschaften von Wandlern beschreiben zu können, sind einige Begriffsbestimmungen erforderlich, die speziell für Wandler Gültigkeit haben.

Die *Bürde* ist der sekundär angeschlossene Scheinwiderstand in *Ohm*.

Die *Leistung* ist die sekundär angeschlossene Scheinleistung in *VA*.

Die *Nennbürde*, bzw. *Nennleistung* ist diejenige maximale Bürde oder Leistung, bei der die verlangten Fehlergrenzen gerade noch bei Nennspannung bzw. Nennstrom eingehalten werden.

Die *Überstromziffer* ist dasjenige Vielfache des Nennstromes bei Nennbürde, bei der der Fehler 10% beträgt.

Die *Grenzleistung* ist die Scheinleistung, die durch zulässige Erwärmung begrenzt ist. Sie entspricht der Nennleistung bei einem gewöhnlichen Transformator.

Der *thermische Grenzstrom* ist der Strom, den ein Wandler 1 Sekunde lang aushalten kann.

Der *dynamische Grenzstrom* ist die Stromamplitude, die der Wandler dynamisch aushält[1].

1. Die Spannungswandler

Die Spannungswandler sind im Prinzip Transformatoren kleiner Leistung und unterscheiden sich von einem gewöhnlichen Transformator nur wenig. Die Anforderungen sind aber andere. Diese bestimmen im wesentlichen die Eigenschaften der Spannungswandler. Außer transformatorischen Spannungswandlern gibt es auch solche, die als Spannungsteiler, und zwar kapazitive Spannungsteiler, geschaltet sind. Ihre Eigen-

---

[1] Bezüglich der Werte für die Genauigkeit usw. sei auf die Vorschriften der jeweiligen Länder verwiesen.

schaften unterscheiden sich natürlich von den Spannungstransformatoren
und werden daher getrennt behandelt.

Spannungswandler transformieren die Netzspannung auf eine niedrige
Spannung herunter. Als Sekundärspannung, meist Dreiecksspannung, wird
100 oder 110 V verwendet, seltener 220 V, wobei die Primärspannung der
Nennspannung des Netzes entspricht.

α) Die Eigenschaften.

1. Transformatorische Spannungswandler. Die besonderen Eigenschaften
von Spannungswandlern ergeben sich daraus, daß ihre Leistung nicht wie
bei Transformatoren durch die Erwärmung, sondern durch die auftretenden
Meßfehler begrenzt ist.

Diese Fehler entstehen durch die
Spannungsabfälle und die Verluste im
Wandler, wie das Vektordiagramm der
Abb. 32 zeigt. Das Diagramm ist
für eine Übersetzung 1 : 1 darge-
stellt. Es entspricht einem normalen
Transformatordiagramm. Die Primär-
spannung U_p erleidet in der Primär-
wicklung (r_p, x_p) einen Abfall und eine
Drehung durch den Primärstrom $\mathfrak{J}_p$.
Der Primärstrom setzt sich dabei
zusammen aus dem Magnetisierungs-

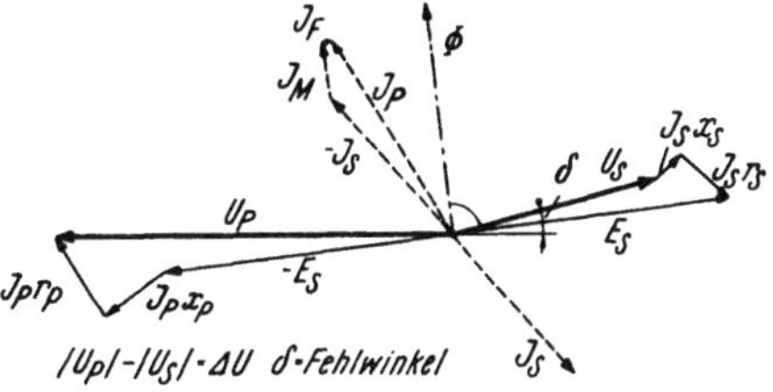

Abb. 32. Spannungsdiagramm eines transformatorischen Spannungswandlers (nicht
maßstäblich)

strom $\mathfrak{J}_M$, dem Strom $\mathfrak{J}_F$, der die Eisenverluste deckt, und dem negativen
Sekundärstrom $- \mathfrak{J}_S$. Der Fluß hat die Richtung des Magnetisierungs-
stromes, aus dem die induzierte EMK in der Sekundärwicklung E_S entsteht.
Die Sekundärspannung U_S erhält man unter Abzug des Spannungsabfalles
durch den Sekundärstrom $\mathfrak{J}_S$ in der Sekundärwicklung (r_S, x_S). Man erkennt, daß diese Spannung kleiner als die Primärspannung ist und ihr
gegenüber etwas verdreht ist.

Die Darstellung in der Abb. 32 ist der Anschaulichkeit wegen stark
übertrieben.

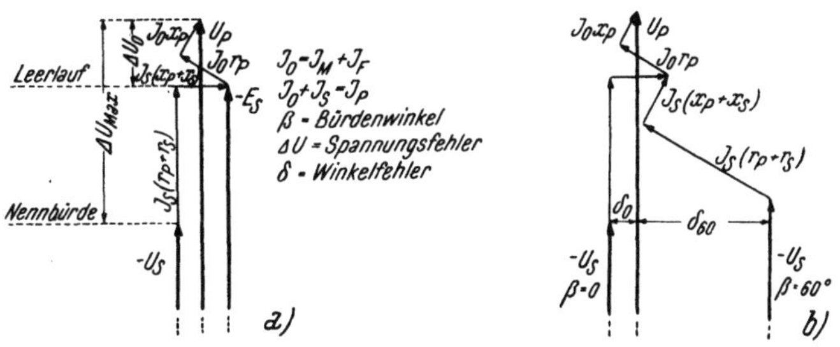

Abb. 33. Fehler bei Spannungswandlern
a) Spannungsfehler von Leerlauf bis Nennbürde $\beta = 0$, *b)* Winkelfehler von $\beta = 0$ bis $\beta = 60°$
bei Nennbürde

Die Größendifferenz wird im wesentlichen durch die Größe der Belastung,
die Verdrehung durch ihre Phase bestimmt, wie Abb. 33 zeigt, in der die
Spannungsabfälle vergrößert dargestellt sind. Die Größendifferenz
(Abb. 33a) schwankt zwischen $\varDelta U_0$ und $\varDelta U_{max}$, hat also immer das

gleiche Vorzeichen. Durch eine entsprechende geänderte Übersetzung, die etwa bei mittlerer Belastung den Größenunterschied null macht, kann der Fehler auf beide Seiten verteilt und dadurch auf die Hälfte reduziert werden. Die Phasendifferenz δ ändert sich infolge des inneren Phasenwinkels des Wandlers nach beiden Seiten (Abb. 33b) mit der Phase der Bürde.

Beim Spannungswandler liegen die Anforderungen an die Genauigkeiten für Meß- und Schutzzwecke etwa in demselben Bereich. Für den Schutz wird noch bei sehr kleinen Spannungen eine gute Genauigkeit verlangt. Es genügt aber bei Spannungswandler vollauf, die Genauigkeit für die Messung und Zählung auszulegen. Dann ist für den Schutz, soweit er die Nennbürde nicht überschreitet, die geforderte Genauigkeit hoch genug.

2. Kapazitive Spannungswandler. Kapazitive Spannungswandler nutzen die Spannungsaufteilung in Isolatoren, insbesondere Durchführungsisolatoren von Leistungsschaltern und Transformatoren, aus oder es werden die Ankopplungskondensatoren benutzt, die man für die Hochfrequenzübertragung von Nachrichten, Fernsteuerungen und auch für den Vergleichsschutz (s. später) verwendet. Solche Isolatoren stellen gewissermaßen einen kapazitiven Spannungsteiler dar, von dem an der untersten Stufe die Spannung für den Schutz abgenommen wird (Abb. 34).

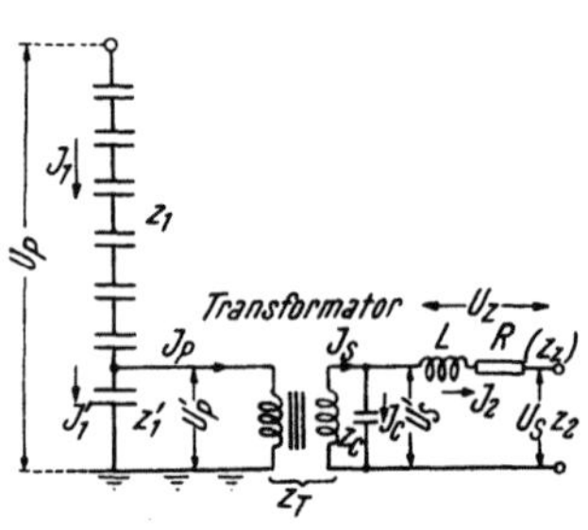

Abb. 34. Prinzip des kapazitiven Spannungswandlers

Allerdings ist es nun nicht so, daß an der letzten Isolationsstufe von vornherein die gewünschte Spannung von 100 oder 110 V erscheint.

Im allgemeinen ist diese Spannung höher. Es muß also irgend ein Glied zwischengeschaltet werden, das diese Spannung reduziert. Dies kann ein zusätzlicher Kondensator, ein Widerstand oder meist ein Transformator sein.

Die Leistungsfähigkeit eines solchen Spannungswandlers hängt von dem Ladestrom des Isolators ab. Um den Spannungsteiler möglichst stabil zu bekommen, d. h. eine möglichst weitgehende gleiche Sekundärspannung bei verschiedenen Belastungen zu erhalten, muß die Bürde im Ohm, bezogen auf die Primärseite des Hilfstransformators, größer sein als der kapazitive Widerstand der untersten Stufe. Mit anderen Worten, es muß der Primärstrom des Hilfstransformators kleiner sein als der Ladestrom des Spannungsteilers. Daraus folgt, daß die ganze Anordnung überhaupt nur bei ausreichend hohem Ladestrom möglich ist. Dies beschränkt derartige Ausführungen nur auf Höchstspannungsanlagen. Je höher die Spannung, um so größer ist der Ladestrom, um so stabiler und ergiebiger der Spannungswandler.

Die Anordnung mit einem Hilfstransformator zur Reduktion der Spannung stellt die beste Lösung dar, da hierbei der Strom auf der Sekundärseite größer gemacht werden kann. Bei den anderen Anordnungen mit Widerstand oder Kapazität parallel zur untersten Stufe des Isolators wird die Spannung dieser Stufe reduziert, ohne daß der Ladestrom deswegen praktisch größer wird. Die zur Verfügung stehende Leistung wäre hier also das Produkt aus Ladestrom und reduzierter Spannung der untersten Isolationsstufe. Beim Transformator wird aber die Spannung nicht reduziert, sondern transformiert. Es steht also für die Leistung die ursprüngliche Spannung zur Verfügung. Daher ist die Leistungsfähigkeit bei der Verwendung eines Transformators höher [Leyburn, M. u. Lackey, C. H. (21)]. Nun sind aber noch einige Maßnahmen erforderlich, um die erforderliche Genauigkeit zu erlangen. Die an der Sekundärseite erhaltene Spannung ist, wie das Diagramm der Abb. 35 zeigt, nicht in Phase mit der Primärspannung. Um dies zu erreichen, wird der Belastungsstrom durch einen Scheinwiderstand mit induktivem und Ohmschem Anteil (L und R in Abb. 34) geführt. Hiedurch entsteht ein zusätzlicher Spannungsabfall, der bei geeigneter Bemessung die an der Bürde liegende Spannung in Phase mit der Primärspannung bringt. Um den Unterschied der zur Verfügung stehenden Spannung zwischen Leerlauf und Nennbürde zu verringern, wird noch ein Kondensator C der Sekundärwicklung parallelgeschaltet, der gewissermaßen eine Vorbelastung darstellt.

Das Vektordiagramm (Abb. 35) zeigt das Verhalten des kapazitiven Spannungswandlers in der Schaltung der Abb. 34. Die Leiterspannung ist $\mathfrak{U}_1$, sie erzeugt einen Ladestrom $\mathfrak{J}_1$ im Isolator. In der untersten Stufe setzt sich dieser Strom aus deren Ladestrom $\mathfrak{J}_1{}'$ und dem Primärstrom des Transformators $\mathfrak{J}_P$ zusammen. Die am Transformator liegende Spannung $\mathfrak{U}_P{}'$ steht senkrecht auf dem Ladestrom $\mathfrak{J}_1{}'$. Der negative Sekundärstrom ist die Differenz von Primärstrom und Leerlaufstrom $\mathfrak{J}_0$ des Transformators. Unter Vernachlässigung der Spannungsabfälle im Transformator ergibt sich die Sekundärspannung $\mathfrak{U}_S{}'$ entgegengesetzt zur Primärspannung $\mathfrak{U}_P{}'$. Der Sekundärstrom $\mathfrak{J}_S$ setzt sich zusammen aus dem Strom in der Bürde $\mathfrak{J}_2$ und dem Strom $\mathfrak{J}_C$ des Kondensators C. Der Spannungsabfall $\Delta \mathfrak{U}_2$ des Bürdenstromes $\mathfrak{J}_2$ in dem Impedanzglied (L, R) dreht die Spannung in die Richtung der primären Spannung $\mathfrak{U}_P$. $\mathfrak{U}_S$ ist die für den Schutz, bzw. die Messung zur Verfügung stehende Meßspannung.

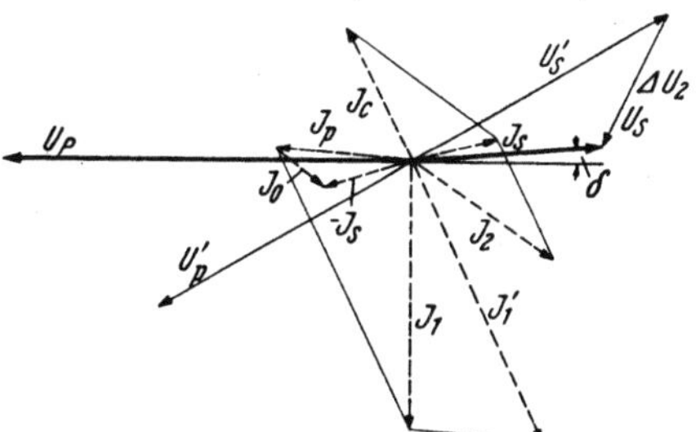

Abb. 35. Vektordiagramm eines kapazitiven Spannungswandlers

Das Verhältnis der Primär- zur Sekundärspannung kann man unter Annahme der Übersetzung 1 : 1 des Transformators leicht aus den Kirchhoffschen Gesetzen ermitteln. Es ergibt sich aus den verschiedenen Impedanzen der gesamten Anordnung zu

$$\frac{\mathfrak{U}_P}{\mathfrak{U}_S} = \frac{1}{\mathfrak{Z}_2}\left[(\mathfrak{Z}_C + \mathfrak{Z}_2 + \mathfrak{Z}_z)\,\frac{1}{\mathfrak{Z}_C}\left(\mathfrak{Z}_1 + \mathfrak{Z}_T + \frac{\mathfrak{Z}_T\,\mathfrak{Z}_1}{\mathfrak{Z}'_1}\right) + (\mathfrak{Z}_2 + \mathfrak{Z}_z)\left(\frac{\mathfrak{Z}_1}{\mathfrak{Z}'_1} + 1\right)\right] \qquad (34)$$

Die Bezeichnungen sind aus Abb. 34 zu ersehen. Bezüglich des Transformators ist noch zu erwähnen, daß $\mathfrak{Z}_T$ die Kurzschluß-Impedanz darstellt. Die Leerlaufimpedanz kann mit $\mathfrak{Z}_1{}'$ vereint gedacht werden.

Auf eine Erscheinung muß noch aufmerksam gemacht werden. Die Belastung besteht vorwiegend aus induktiven Widerständen. Die letzte Stufe des Isolators, die gewissermaßen die Kraftquelle darstellt, besitzt vorwiegend kapazitiven Widerstand. Wenn aus irgend einem Grunde beide Widerstände annähernd gleich sind, so entsteht ein Spannungs-Resonanzkreis, dessen resultierender Widerstand in diesem Fall einen sehr hohen Wert annimmt. Dieser ist dann größer als die kapazitiven Widerstände der vorgeschalteten Isolationsstufen. Das würde bedeuten, daß der ganze Spannungsabfall, also die Primärspannung, plötzlich an der untersten Stufe liegt. Hiedurch kann die ganze Apparatur stark gefährdet werden. Um dies zu vermeiden, muß man vor dem Transformator einen Überspannungsschutz vorsehen, der beim Auftreten zu hoher Spannungen die letzte Stufe kurzschließt.

β) **Aufbau von Spannungswandlern.** Der Aufbau von Spannungswandlern kann einpolig, zweipolig oder mehrpolig sein.

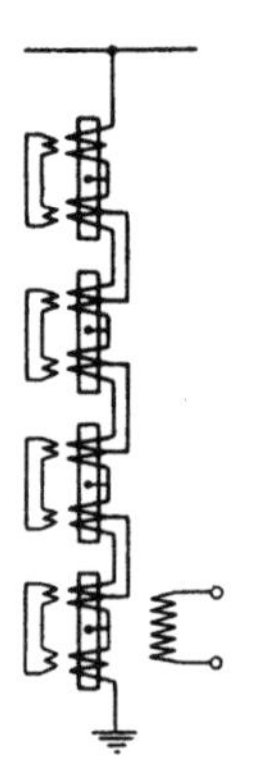

Einpolige Wandler liegen grundsätzlich zwischen einem Leiter und Erde. Nur eine Seite ist voll für die Hochspannungsseite isoliert. Das andere Ende der Wicklung ist mit Erde zu verbinden. Solche Wandler besitzen einen geschlossenen Eisenkern (Schenkelkern), der die Hochspannungs- und Niederspannungswicklung trägt.

Kapazitive Wandler können ihrem Prinzip nach nur als einpolige Wandler verwendet werden.

Für Höchstspannungsanlagen werden auch Kaskadenwandler verwendet, bei denen die Primärwicklung in Stufen unterteilt ist und nur die letzte Stufe zum Umspannen verwendet wird (s. Abb. 36). Zur Verringerung der Eigenimpedanz besitzen die einzelnen Stufen Ausgleichs- und Kupplungswicklungen, die die Potentialverteilung von der Bürde unabhängiger machen. Auch die Eisenkerne sind unterteilt und jeweils mit der Mitte der einzelnen Spulen verbunden. Hiedurch wird die Isolation wesentlich vereinfacht, da jede Stufe nur für die halbe Stufenspannung isoliert zu werden braucht.

Abb. 36.
Kaskaden-
spannungs-
wandler

Zweipolige Spannungswandler werden am Anfang und am Ende der Hochspannungswicklung für die volle Spannung isoliert. Solche Wandler können außer zwischen Leiter und Erde auch zwischen zwei Leiter und zwischen Leiter und isolierte Sternpunkte geschaltet werden.

Dreipolige Spannungswandler erlauben alle drei Leiterspannungen gleichzeitig umzuspannen. Sie sind im Aufbau ähnlich Leistungstransformatoren. Man unterscheidet wie dort Mantel- und Kerntypen. Als dritte Type können noch drei in ein Isoliergefäß zusammengebaute ein- oder zweipolige Spannungswandler betrachtet werden, die sich in Anwendung und Eigenschaften wie die einzelnen Wandler verhalten.

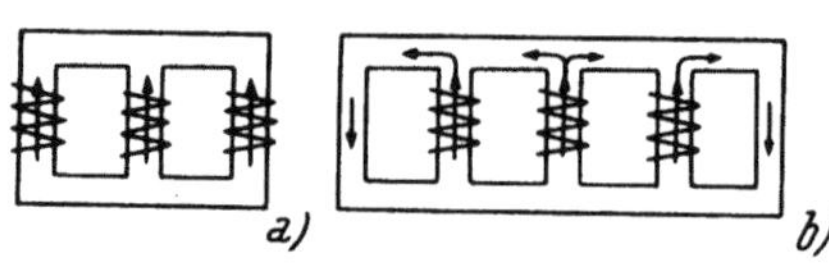

Abb. 37. Dreipolige Spannungswandler
a) Kerntype, *b)* Manteltype (Fünfschenkelwandler)

Bei der Kerntype (s. Abb. 37 a) besteht der Eisenkern aus drei Schenkeln, die die Wicklungen tragen. Diese Type wird derzeit nur noch selten benutzt, weil sie nur mit isoliertem Sternpunkt verwendet werden dürfen. Bei der Kerntype ist der magnetische Rückschluß eines Schenkels nur durch die beiden anderen Schenkel möglich. Dies bedeutet, daß nur symmetrische Drehstromsysteme einen magnetischen Rückschluß finden. Diese Type darf also nur so geschaltet werden, daß keine Nullsysteme auftreten können, d. h. der Sternpunkt darf nicht mit Erde verbunden werden.

Man verwendet deshalb derzeit lieber die Manteltype. Sie ist unter der Bezeichnung *Fünfschenkelwandler* am bekanntesten (s. Abb. 37b). Bei denselben bilden die Außenschenkel den Rückschluß bei fallweise vorhandenen Nullsystemen. Diese Type ist also universell verwendbar. Die Wicklungen liegen hierbei auf den mittleren Schenkeln [Walter, M. (*13*), Goldstein, S. (*2*), Hague, B. (*3*)]. Die Außenschenkel können für Erdschlußwicklungen verwendet werden.

γ) **Schaltung von Spannungswandlern.** Es sollen nun die für die Gewinnung der einzelnen Meßgrößen notwendigen Schaltungen angegeben werden.

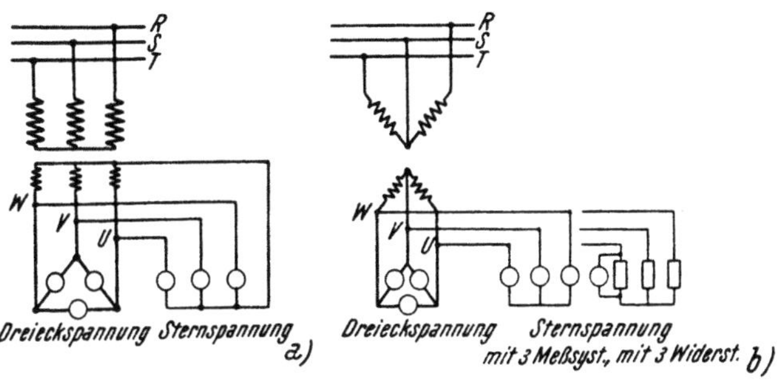

Sternpunkt isoliert

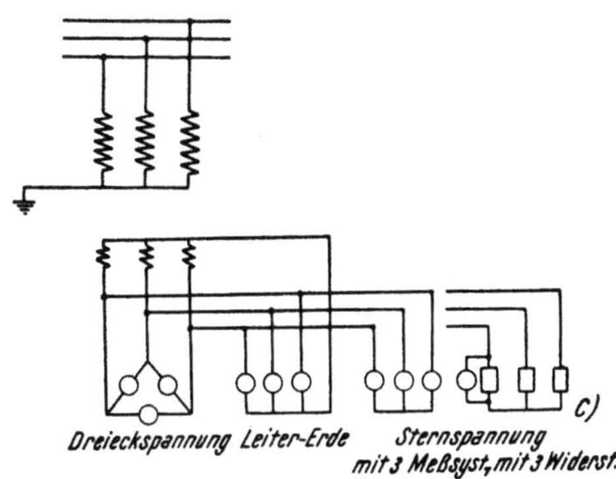

Abb. 38. Spannungswandlerschaltungen zur Gewinnung der Dreieck-, Stern- und Erdspannungen
a) Dreipolige Schaltung, *b)* V-Schaltung, *c)* Dreipolige Schaltung, Sternpunkt geerdet

Die Gewinnung der *Stern-* und *Dreieckspannungen* zeigt Abb. 38. Hiebei kann jeder dreipolig geschaltete Spannungswandler verwendet werden (Abb. 38a), deren Sternpunkt primär isoliert ist. Das sind also dreipolige Spannungswandler der Kerntype oder drei zweipolige Spannungswandler.

Statt der drei zweipoligen Wandler verwendet man auch mit demselben Erfolge, nur mit etwas geringerer Leistungsfähigkeit, die sogenannte V-Schaltung, die aus zwei an die Dreieckspannung angeschlossenen zweipoligen Wandlern besteht. Man kann damit, wie Abb. 38b zeigt, jede Stern- und Dreieckspannung messen, die Sternspannung allerdings nur bei Verwendung von drei Meßsystemen genau gleicher Bürde. Statt der

Meßsysteme kann man auch gleiche ohmsche Widerstände benutzen und an ihnen die Spannung messen.

Die Spannungen der *Leiter gegen Erde* erhält man mit drei einpoligen oder einem Fünfschenkelwandler, bei denen der Sternpunkt primär geerdet wird. Die Leiterspannungen gegen Erde sind nur bei symmetrischem Betriebe den Sternspannungen gleich. Man kann aber auch hiebei die Sternspannungen direkt erhalten, wenn man dieselbe Schaltung wie bei der V-Schaltung anwendet, also mit genau gleichen Meßsystemen oder Widerständen einen neuen Sternpunkt bildet. Die Dreiecksspannungen erhält man wie beim dreipoligen Wandler der Schaltung a) (s. Abb. 38 c).

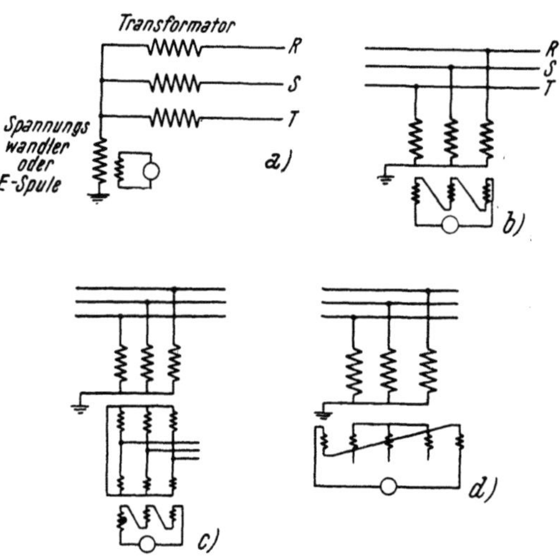

Abb. 39. Gewinnung der Nullspannung
a) Sternpunktspannung, *b)* offene Dreieckschaltung am Spannungswandler, *c)* Offene Dreieckschaltung am Hilfswandler, *d)* 4. und 5. Schenkel

Die *Nullspannung* kann man direkt erhalten, indem man die Spannung des Sternpunktes gegen Erde mißt (Abb. 39 a). Dies kann mit einpoligen Spannungswandlern ausgeführt werden. In kompensierten Netzen kann man die zwischen Sternpunkt und Erde liegende Erdschlußspule durch Anbringung einer Sekundärwicklung zur Messung der Nullspannung benutzen.

Aber auch mit dreipolig ans Netz angeschalteten Wandlern läßt sich die Nullspannung in einfacher Weise mit Hilfe einer offenen Dreieckswicklung messen. Es erhält jeder Schenkel eine zweite Sekundärwicklung, die hintereinander geschaltet werden und an deren Anfang und Ende das Meßsystem angeschlossen wird. Symmetrische Spannungen (Mit- und Gegensystem) ergeben bei der Hintereinanderschaltung den Wert null, ein Nullsystem entsteht aber in allen Leitern in gleicher Richtung und erscheint infolgedessen an den Klemmen mit dem dreifachen Wert (Abb. 39b). Dasselbe kann man erhalten, wenn man, statt die Wicklungen auf dem Spannungswandler direkt aufzuwickeln, einen kleinen, nur für Niederspannung isolierten Hilfsspannungswandler benutzt, dessen Primärwicklung in Stern geschaltet und dessen Sternpunkt mit dem Sternpunkt des Hauptwandlers verbunden ist. Die Sekundärwicklung ist in offenem Dreieck geschaltet (Abb. 39 c). Gleichzeitig lassen sich an der offenen Dreieckswicklung auch die einzelnen Spannungen messen.

Eine weitere, heute weniger verwendete Schaltung ist, den vierten und fünften Schenkel eines Fünfschenkelwandlers zu bewickeln und die Wicklungen hintereinander zu schalten. In diesen Schenkeln schließt sich ja nur der von Nullsystemen herrührende Fluß, der damit zur Gewinnung der Nullspannung ausgenutzt werden kann (Abb. 39d).

Die für die Gewinnung von Verlagerungsspannungen beim Erdschlußschutz von Generatoren verwendeten Schaltungen werden in einem späteren Abschnitt behandelt, da die hiezu erforderlichen sogenannten Gestellschlußdrosseln nicht mehr zu den Spannungswandlern gerechnet werden können. Sie stellen bereits Transformatoren dar, die der Gewinnung von Erdschlußströmen dienen. Allerdings erhalten diese meist auch Wicklungen für die Spannungsmessungen.

δ) **Anschluß von Spannungswandlern.** Der Anschluß und Einbau von Spannungswandlern erfolgt vorwiegend nach zwei Arten. Meist erhält er in Stationen und Kraftwerken einen besonderen Sammelschienenabzweig, wo er an die Sammelschiene über einen Trennschalter angeschlossen wird. In diesem Falle versorgt er sämtliche Abgänge mit Spannung. Für die Spannungsmessung genügt dies immer. Beim Schutz schließt man manchmal den Spannungswandler unmittelbar an den zu schützenden Abzweig an. Dies hat vor allem den Vorteil, daß man immer die richtige Spannung für den Schutz erhält und durch keine Fehlschaltung eine falsche Spannung dem Schutz zugeführt werden kann. Bei Sammelschienenwandlern, die bei mehreren Sammelschienensystemen von einem System auf das andere umgeschaltet werden müssen, besteht immer die Gefahr, daß der Wandler an der falschen Sammelschiene liegt. Bei Wandlern, die selbst nicht umgeschaltet werden können, wo also jedes Sammelschienensystem einen eigenen Spannungswandler hat, muß ihre Sekundärspannung durch Hilfskontakte an den Trennschaltern jedes Abzweiges selbsttätig umschaltbar sein (s. Abb. 40). Wird also der Abzweig von einem System auf das andere gelegt, so wird automatisch auch die Sekundärspannung umgeschaltet.

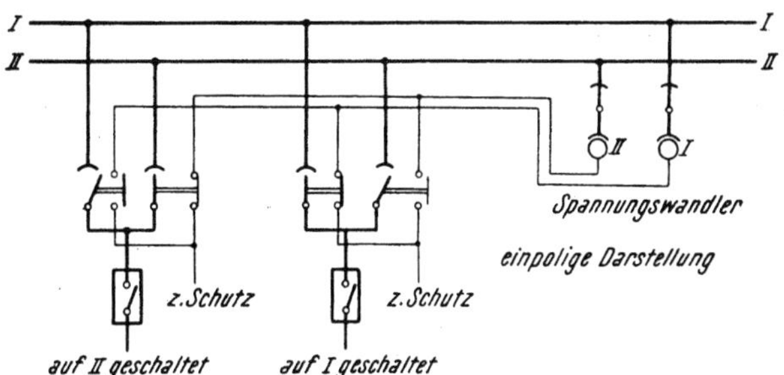

Abb. 40. Umschaltung der Spannungen bei Doppel-Sammelschienen

Die Sekundärkreise müssen an einer Stelle geerdet sein. Welche Stelle dies ist, ist gleichgültig: Meist erdet man den Sternpunkt, man kann aber insbesondere bei Dreiecksschaltungen auch einen Leiter an Erde legen. Es muß nur darauf geachtet werden, daß nur ein einziger Punkt des Sekundärkreises geerdet wird, da sonst die Meßgrößen verfälscht werden können.

Die Sekundärkreise sichert man mit Sicherungen oder Kleinautomaten ab, wobei für die Wahl ihres Nennstromes die Grenzleistung der Spannungswandler zugrunde gelegt wird. Die üblichen Werte sind 4 bis 15 A, in seltenen Fällen kommen auch höhere Werte vor. Es ist zweckmäßig, Schutz- und Meßkreise getrennt abzusichern.

Das Durchgehen einer Spannungswandler-Sicherung bedeutet für den Schutz, der die Spannung als Meßgröße verwendet, die Spannung Null an dieser Stelle, was ein falsches Arbeiten bei inzwischen eintretendem

Fehler zur Folge hat. Auf einen raschesten Ersatz der Sicherungen muß also geachtet werden. Es ist besonders bei Impedanzschutzarten mit Impedanzanwurf unbedingt notwendig, daß in diesem Falle mindestens eine Meldung erfolgt. Darüber hinaus kann, wenn neben dem Unterimpedanzanwurf noch Überstromanwurf vorhanden ist, jener unwirksam gemacht werden oder es wird überhaupt der ganze Betätigungskreis unterbrochen. Dies kann mit Hilfe von Kleinautomaten mit Hilfskontakten oder Spannungsüberwachungsrelais durchgeführt werden. Die Kleinautomaten werden an Stelle von Sicherungen in den Relaiskreis eingebaut, sie liegen hinter den sekundären Hauptsicherungen des Spannungswandlers, mit denen sie ausreichend gestaffelt sein müssen. Die Überwachungsrelais, die beim Ausbleiben der Spannung selbst ansprechen, müssen verzögert sein, wenn sie außer der Meldung noch Schaltungen im Betätigungskreis vornahmen. Um ganz sicher zu gehen, daß beim Wiedereinschalten der Automaten keine Fehlabschaltung erfolgt, schaltet man den Hilfskontakt etwas verzögert, so daß die Betätigungsspannung erst wieder da ist, wenn sich das Relaissystem richtig eingespielt hat.

Die Hochspannungsseite sichert man ebenfalls, soweit als möglich, bis etwa 50 kV mit Sicherungen ab.

Fehler im Inneren der Wandler werden durch diese Sicherungen meist nur beschränkt erfaßt. Die Dämpfung des Kurzschlußstromes ist bei Spannungswandlern so groß, daß bei Kurzschlüssen selbst in der Primärwicklung der Ansprechstrom der Sicherung schon unterschritten werden kann.

Um den Spannungswandler auch gegen Überlastungen zu schützen, kann man thermische Auslöser verwenden. Sie werden als Schutzapparat mit Vorwiderstand und Trennschalter zusammengebaut [Widmer, K. (28), Durst, E. (17)].

Dieser Schutzapparat kann für den primären Grenzstrom des Wandlers ausgelegt werden und löst etwas über diesen Wert, mit etwa 1 h, aus. Bei höheren Strömen wird die Auslösezeit in einer abhängigen Charakteristik kleiner. Der die Erwärmung bedingende Widerstand wirkt gleichzeitig als Vorwiderstand und begrenzt damit den Strom, so daß die Auslösung mit einem Trennschalter erfolgen kann.

2. Die Stromwandler

Die Stromwandler sollen die hohen Primärströme auf niedere Ströme heruntertransformieren und darüber hinaus den Sekundärstromkreis elektrisch vom Hochspannungsnetz trennen. Der Sekundärstrom ist bei Nennstrom auf der Hochspannungsseite einheitlich 5 A, in seltenen Fällen 1 A. Man bezeichnet den Stromwandler im Gegensatz zu den Transformatoren mit der Stromübersetzung. Eine Übersetzung 800/5 A bedeutet, daß der Sekundärstrom 5 A beträgt, wenn primär 800 A fließen.

α) Die Eigenschaften.

1. *Ströme und Spannungen.* Die Herabsetzung des Stromes von großen Werten auf 5 A ist nur durch einen Transformator zu bewerkstelligen, dessen Windungszahlen umgekehrt proportional den Strömen sind. Dies bedeutet, daß ein Stromwandler auf der Primärseite die kleine, auf der

Sekundärseite eine hohe Windungszahl haben muß. Die Spannung auf der Sekundärseite muß demnach höher sein als an den Wandlerklemmen auf der Primärseite.

Die Stromübersetzung muß so weit wie möglich unabhängig von der Belastung, also der Bürde sein. Hieraus ergibt sich ein gänzlich anderes Verhalten des Stromwandlers gegenüber anderen Transformatorarten wie auch gegenüber dem Spannungswandler. Bei diesen ändern sich die Ströme mit der Belastung, beim Stromwandler dagegen die Spannungen. Und zwar wächst die Spannung bei konstantem Strom proportional mit der Bürde an. Je größer die Bürde in Ohm, um so höher die Sekundär- und damit auch die Primärspannung. Diese Tatsache muß in zweifacher Hinsicht beachtet werden.

Erstens ist dadurch der Magnetisierungsstrom höher und zweitens können an den Sekundärklemmen unerwünscht hohe Spannungen, insbesondere bei offenem Wandler, also unendlich großer Bürde, entstehen.

2. *Magnetisierungsstrom.* Der Magnetisierungsstrom muß den erforderlichen Fluß, bzw. die Induktion B aufbringen, die sich bekanntlich aus folgender Gleichung berechnen läßt:

$$B = \frac{U}{4{,}44\,f\,q\,w}\,10^8$$

(f = Frequenz, q = Eisenquerschnitt, w = Windungszahl)

Die Induktion steigt also mit der Spannung an. Die hiefür notwendigen Ampere-Windungen sind durch die Magnetisierungskurven (Abb. 41) aus der Gleichung

$$\frac{w\,J}{1} \sim \frac{B}{\mu} \qquad\qquad \text{bestimmt.}$$

Die Permeabilität μ ist aber keine konstante Größe. Bekanntlich wächst der Magnetisierungsstrom, bzw. die Magnetisierungs-Amperewindungen, von einer bestimmten Induktion stark an. Man spricht von der Sättigung

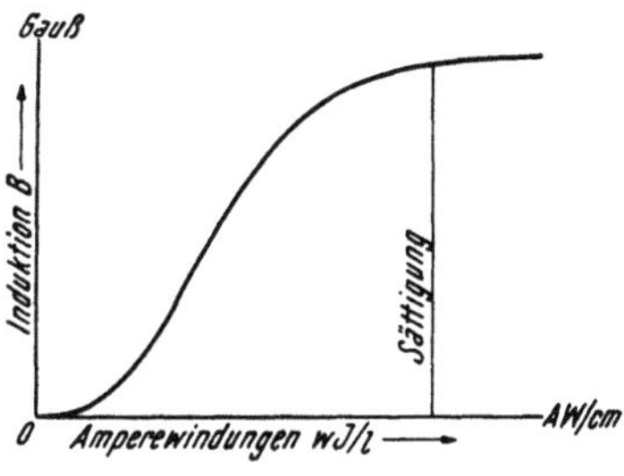

Abb. 41. Magnetisierungskurve

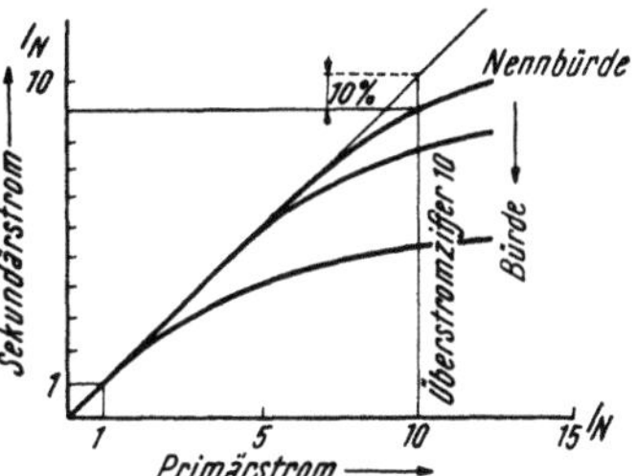

Abb. 42. Stromwandler-Kennlinie

des Eisens. Je höher also die Spannung mit der Bürde wird, um so größer muß der Magnetisierungsstrom werden, bis schließlich beim sekundär offenen Wandler der ganze Primärstrom zur Magnetisierung verbraucht wird. Hieraus folgt, daß der Sekundärstrom, sobald die Sättigung erreicht ist, nicht mehr proportional dem Primärstrom, sondern langsamer und bei starker Sättigung praktisch nicht mehr ansteigt. Hieraus ergibt sich der grundsätzliche Verlauf der Kennlinie eines Wandlers (Abb. 42).

Der Strom wird also gewissermaßen auf der Sekundärseite begrenzt, auch wenn der Primärstrom anwächst. Diese Tatsache nutzt man zum Schutze von Meßinstrumenten bei Kurzschlüssen aus, indem man absichtlich dem Wandler eine solche Kennlinie gibt, die beim Überschreiten des Wandlernennstromes, bis zu dem die verlangte Meßgenauigkeit eingehalten werden muß, rasch in den Sättigungsbereich führt. Mit besonderen Eisensorten ist dies leicht auszuführen.

In einigen Fällen will man auf der Sekundärseite gar keinen dem Primärstrom proportionalen Wert haben, sondern einen möglichst konstanten Strom. Dann benutzt man ebenfalls solche Wandler, meist Sekundärwandler, deren Sättigungsbeginn sehr niedrig liegt. Diese Wandler nennt man daher auch *Sättigungswandler*.

Solche Wandler können auch dazu verwendet werden, um eine quadratische Stromabhängigkeit eines Meßgliedes in eine einfache Stromabhängigkeit umzuwandeln. Man schaltet einen im Sättigungsbereich arbeitenden Sekundärwandler vor dieses Glied. Der Wandler begrenzt den Strom derart, daß das Verhältnis von Primärstrom zu Sekundärstrom etwa $\Im/\sqrt{\Im}$ wird.

3. *Sekundärspannung und Bürde.* Durch eine sehr hohe Bürde und die damit verbundene hohe Magnetisierung kann die an den Sekundärklemmen liegende Spannung so hoch werden, daß die Sekundärseite gefährdet wird. Deshalb darf ein Stromwandler nie offen betrieben werden, wenn seine Sättigung nicht so tief liegt, daß die Spannung einen bestimmten Wert nicht überschreiten kann, wie beim Sättigungswandler.

In besonderen Fällen ist es erwünscht, den Strom in eine Spannung zu transformieren. Dies kann man dadurch erreichen, daß man den Wandler mit einem Widerstand belastet und an diesem die Spannung abgreift. In diesem Falle ist der Wandler mit diesem Widerstand bebürdet. Das Meßglied (hochohmig) liegt dann dazu parallel.

Es ist aber auch möglich, den Strom direkt in Spannung zu transformieren, wenn man den Sekundärstrom sehr klein macht. Hierdurch wächst die Spannung entsprechend und kann einem Spannungsmeßglied zugeführt werden. Die Bürde selbst darf hiebei in nur geringen Grenzen schwanken. Meist wird ein solcher Wandler nur für ein bestimmtes Meßglied ausgelegt.

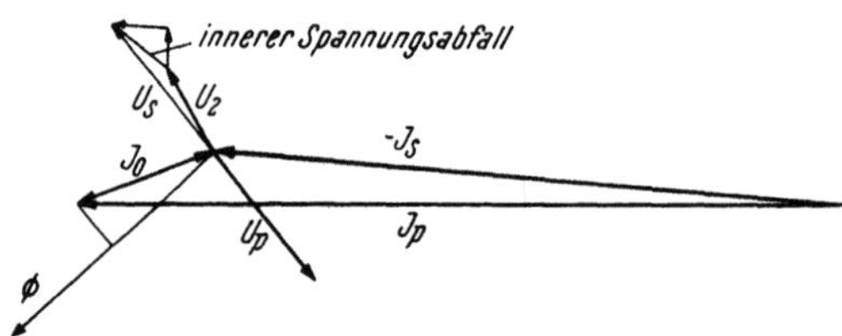

Abb. 43. Vektordiagramm eines Stromwandlers

4. *Fehlergrenzen.* Maßgebend für den Fehler eines Stromwandlers ist in erster Linie der Leerlaufstrom des Stromwandlers. Die Spannungsabfälle haben nur geringen Einfluß auf den Fehler. Primärseitig sind sie praktisch überhaupt zu vernachlässigen. Abbildung 43 zeigt das Vektordiagramm für den Stromwandler.

Die *Nennbürde* eines Stromwandlers ist dann die Bürde, bei der kein größerer Fehler als verlangt entsteht (z. B. 0,5, 1 oder 3%). Um dies zu erreichen, muß der Magnetisierungsstrom I_M so klein wie möglich gehalten werden. Dies kann durch geeignetes magnetisches Material, durch Verkleinerung des Kernes, die aber die Sättigung erhöht, oder durch

Verkleinerung der Induktion geschehen. In der Praxis hat die Verbesserung des magnetischen Materials die meiste Bedeutung erlangt. Magnetisches Material mit hoher Permeabilität hat hier gute Dienste geleistet. Sie fanden besonders für leistungsfähige Meßwandler Verwendung. Für Schutzwandler haben sie geringere Bedeutung, da bei diesen Materialien der Sättigungsbereich tiefer liegt (s. Abb. 44) und sie daher im Überstrombereich weniger benützt werden können.

Erwähnt sei noch, daß die Genauigkeit eines Wandlers auch durch besondere Kunstschaltung der Vor- und Gegenmagnetisierung, insbesondere für kleine Meßgrößen, verbessert werden kann. Für den Schutz haben diese Schaltungen weniger Bedeutung [Vahl (27), Erich (17)].

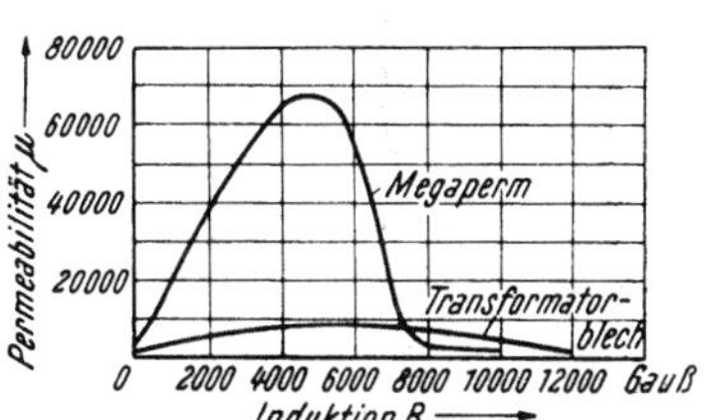

Abb. 44. Permeabilität verschiedener Bleche

5. *Überstromziffer.* Für den Schutz ist insbesondere das Verhalten im Überstrombereich von Wichtigkeit. Zur Kennzeichnung der Eigenschaften in diesem Bereich dient die *Überstromziffer*, das ist das Stromvielfache des Nennstromes, bei dem bei Nennbürde der Stromfehler 10% beträgt. Mit ihr ist der Beginn des Sättigungsbereichs gekennzeichnet. Bei Schutzwandlern sollte also die Überstromziffer möglichst hoch sein. Ist die Bürde des Schutzes kleiner als die Nennbürde, so schiebt sich damit die Fehlergrenze weiter hinaus. Man überdimensioniert daher insbesondere bei hohen Kurzschlußströmen gerne die Stromwandler. Man kann auch so vorgehen, daß die Genauigkeitsgrenze in den Überstrombereich gelegt wird. Man läßt beispielsweise von $^1/_3$ bis $10 \times J_N$ oder $^2/_3$ bis $20 J_N$ eine Genauigkeit von 5% zu. Solche Wandler sind nur für Schutzzwecke zu verwenden.

6. *Kurzschlußfestigkeit.* Von großer Wichtigkeit ist die Festigkeit der Wandler bei hohen Kurzschlußströmen. Denn der beste Schutz, die besten Relais, nützen nichts, wenn im Fehlerfalle die Wandler zerstört werden. Sie müssen thermisch und dynamisch den auftretenden Kurzschlußstrom aushalten können. Für die dynamische Festigkeit muß die höchstmögliche Stromamplitude, für die thermische Festigkeit der größte Effektivwert und die größte Kurzschlußdauer des betreffenden Netzes zugrunde gelegt werden.

Für die Berechnung der thermischen Festigkeit wird der Kurzschlußstrom auf 1 s umgerechnet. Da die thermische Belastung mit dem Quadrat des Stromes anwächst, so ist der thermische Grenzstrom

$$J_{th} = J_k \sqrt{t} \qquad (35)$$

(t = längste mögliche Auslösezeit des Schutzes)

Dies kann unter Umständen recht hohe Werte ergeben, die aber mit Rücksicht auf den Schutz eingehalten werden müssen. Man läßt für Wandler eine höchste Temperatur von 200° C bis 250° C zu.

Konstruktiv ist die thermische Festigkeit durch ausreichenden Querschnitt zu erhalten. Überschläglich kann er aus folgender Gleichung errechnet werden:

$$F^{[mm^2]} = \frac{J_{th}^{\ [kA]}}{180} \, 1000 \qquad (36)$$

Die dynamischen Kräfte können konstruktiv dadurch verkleinert werden, daß möglichst wenige Leiterstäbe einander parallel laufen oder Schleifen bilden. Parallele Leiter mit in gleicher Richtung fließenden Strömen stoßen sich ab, mit entgegengesetztem Richtungssinn ziehen sich an. Die Primärwicklung ist am stärksten gefährdet. Die Windungen werden zusammengepreßt und die Zuleitung auseinandergetrieben (Abb. 45a, b)*). Für hohe Kurzschlußströme verwendet man daher zweck-

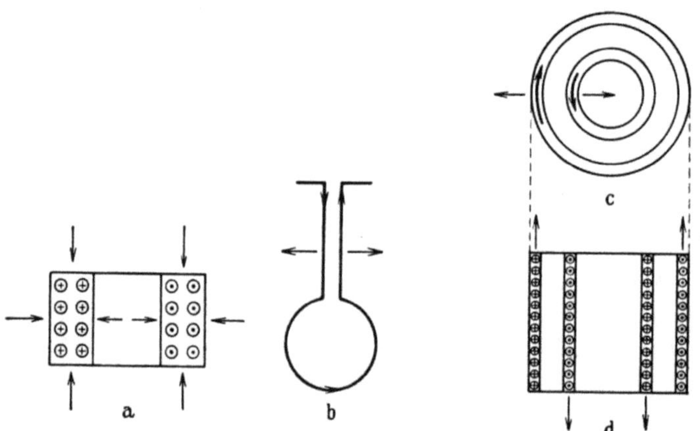

Abb. 45. Kurzschlußkräfte in Stromwandlern

a) und *b)* in der Primärwicklung, *c)* und *d)* zwischen Primär- und Sekundärwicklung

mäßig meist Stabwandler, deren Enden an gegenüberliegenden Stellen liegen und deren Primärwicklung nur aus einem Leiter besteht. Dies ist aber nur bei höheren Primärströmen möglich. Bei solchen Wandlern ist die dynamische Festigkeit praktisch unbegrenzt, bei Wandlern mit einer oder mehreren Windungen auf der Primärseite muß dagegen die dynamische Festigkeit durch besondere Konstruktionen erreicht werden. Man hat hiefür besonders widerstandsfähige Isolationskörper entwickelt, bei denen durch geeignete Formgebung die dynamische Festigkeit erhöht wird.

Für die dynamische Festigkeit ist weiters die gegenseitige Festigkeit von Primär- und Sekundärspule zu beachten. Hier können, wie Abb. 45c und d zeigt, Schubkräfte und Drehkräfte auftreten, die den Wandler zerstören können. Die Wicklungen müssen daher gut gegeneinander versteift werden.

β) **Der Aufbau von Stromwandlern.** (Abb. 46—48). Man unterscheidet Wandler mit einem und Wandler mit mehr Kernen. Bei letzteren wird dieselbe Primärwicklung für mehrere Kerne mit Sekundärwicklungen benutzt. Die Primärwicklung muß hiebei für die Leistung aller Kerne ausgelegt sein. Die einzelnen Kerne kann man für die Sekundärseite als getrennte Wandler auffassen. Man kann bei mehrkernigen Wandler auch verschiedene Kernarten verwenden, je nachdem, ob Meßgeräte oder Relais angeschlossen werden sollen. Auch die Genauigkeit kann verschieden sein.

γ) **Schaltung der Stromwandler zur Gewinnung der Meßgrößen.** Der Stromwandler ist seiner Bauart entsprechend an sich einpolig. Daher ergibt sich sekundär immer die Stromgröße, die ihn primär durch-

---

*) Diese und die nächste Abbildung aus S c h l e i c h e r, Selektivschutztechnik.

fließt. Dies ist in der Regel der Leiterstrom. Andere Ströme können daher nur durch sekundärseitige Kombinationen erhalten werden.

Zunächst erst einige allgemeine Regeln für die sekundäre Beschaltung. Es wurde bei den Eigenschaften bereits erwähnt, daß mit der Bürde der Fehler anwächst. Zu dieser Bürde gehört alles, was an den Wandler angeschlossen ist. Da überall derselbe Strom gemessen werden soll, sind also in der Regel alle Meßglieder hintereinanderzuschalten. Da die vorgeschriebene Nennbürde relativ niedrig ist und der Sekundärstrom verhältnismäßig hoch ist, so spielt auch die Impedanz der Zuleitungen eine Rolle. Längere Zuleitungen sind unbedingt zu vermeiden und die Querschnitte dürfen nicht zu klein gewählt werden.

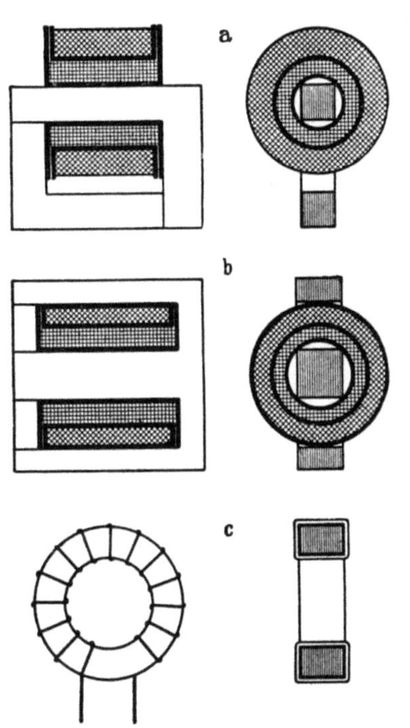

Abb. 46. Wandlerkernarten. *a)* Schenkelkern, *b)* Mantelkern, *c)* Ringkern

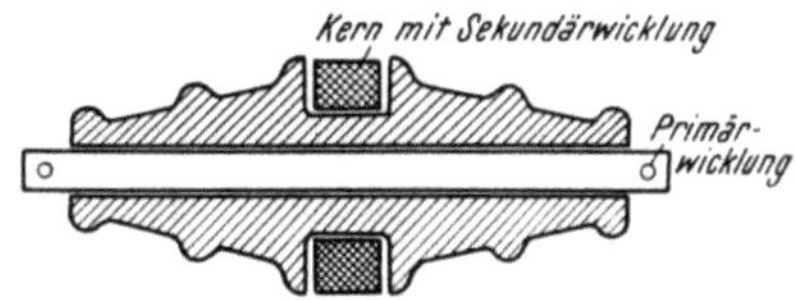

Abb. 47. Einleiter-Stromwandler

Gemeinsame Rückleitungen, die alle gleiches Potential haben, können zusammengefaßt werden. Da der Summenstrom aller zusammengefaßten Wandler in ihnen fließt, so darf zur Berechnung der tatsächlichen Bürde

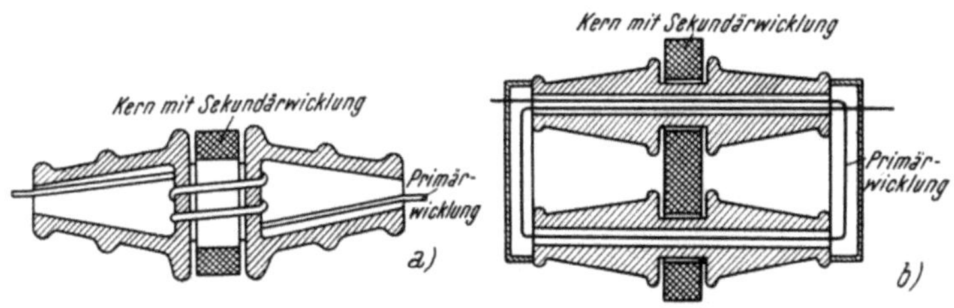

Abb. 48. Querloch- *a)* und Schleifenwandler *b)*

eines Wandlers nicht die Impedanz der gemeinsamen Leitung selbst, sondern es muß der im Verhältnis der Ströme umgerechnete Wert dafür eingesetzt werden. Dies gilt weit mehr noch, wenn in solchen zusammengefaßten Leitungen Meßglieder vorhanden sind. In dem Schaltbild der Abb. 49 sind zwei Wandler, jeder mit der Impedanz $\mathfrak{z}_1$ bzw. $\mathfrak{z}_2$ und gemeinsam mit der Impedanz $\mathfrak{z}_0$ bebürdet. Die Leistung des Wandlers I beispielsweise ergibt sich aus der entstehenden Sekundärspannung U_1 und dem Wandlerstrom $\mathfrak{J}_1$ zu

$$N_1 = U_1\,\mathfrak{J}_1 = [\mathfrak{J}_1\,\mathfrak{z}_1 + (\mathfrak{J}_1 + \mathfrak{J}_2)\,\mathfrak{z}_0]\,\mathfrak{J}_1 \tag{37}$$

die Bürde zu

$$\mathfrak{Z}_1 = \frac{N_1}{\mathfrak{J}_1{}^2} = \mathfrak{z}_1 + \frac{\mathfrak{J}_1 + \mathfrak{J}_2}{\mathfrak{J}_1}\,\mathfrak{z}_0 \tag{38}$$

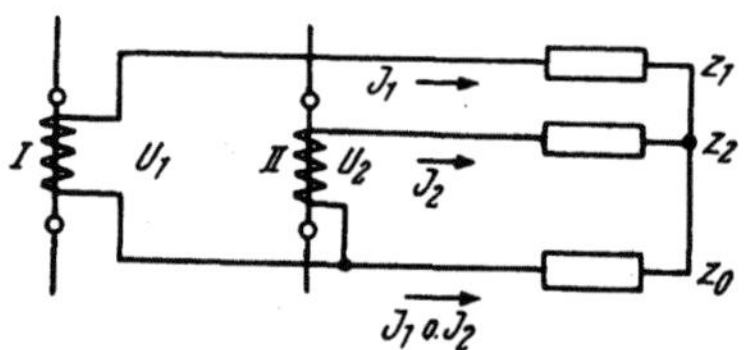

Abb. 49. Stromwandlerbürde bei gemeinsamen Leitungen

Es muß also in solchen Fällen die Bürde zusammengefaßter Ströme im Verhältnis der Ströme umgerechnet und dann der übrigen Bürde unter Berücksichtigung der Phase, da Gl. (38) eine Vektorgleichung ist, zugezählt werden. Die Belastung des zweiten Wandlers erhält man durch Vertauschen der Zeiger 1 und 2.

Weiters ist aus Sicherheitsgründen jeder Sekundärkreis an einer Stelle zu erden. Welche Stelle dazu gewählt wird, ist gleichgültig, es darf aber nur an einer Stelle geschehen. Auch bei Zusammenschaltung mehrerer Wandler darf insgesamt nur an einer einzigen Stelle geerdet werden, da sonst Verschiebungen in der Stromverteilung eintreten können.

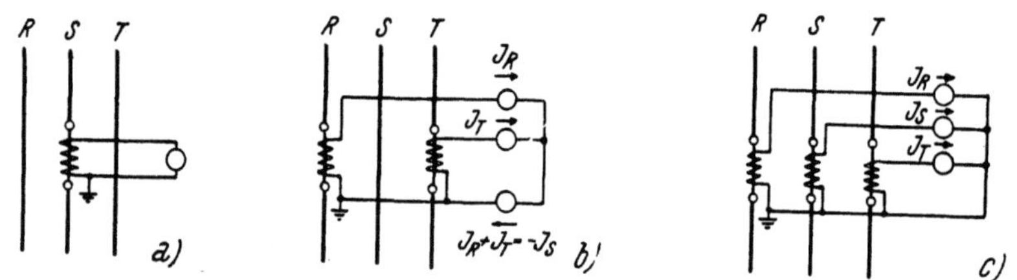

Abb. 50. Gewinnung der Leiterströme. *a)* einpolig, *b)* zweipolig, *c)* dreipolig

1. *Gewinnung der Leiter- und Dreieckströme.* Die Gewinnung eines *Leiterstromes* allein zeigt Abb. 50 a. Dies stellt die einfachste Stromwandlerschaltung dar.

Mit Hilfe zweier Wandler kann man auch alle drei Leiterströme, so lange kein Nullstrom vorhanden ist, messen, da die Summe beider Leiterströme gleich dem dritten Leiterstrom ist. Die Messung des dritten Stromes erfolgt dann in der Rückleitung (Abb. 50 b). Die Belastung der einzelnen Wandler ist in diesem Falle höher, da die Leistung für das dritte Meßglied von beiden Wandlern aufgebracht werden muß. Es gilt hiefür die Gl. (38). Unter der Voraussetzung gleicher Bürde der Meßglieder und unter Berücksichtigung der Ströme ergibt sich als Bürde jedes Wandlers

$$\mathfrak{Z} = \mathfrak{z} + \mathfrak{z}\,\underline{|\,60°} = \mathfrak{z}\,\sqrt{3}\,\underline{|\,30°} \tag{39}$$

Die Wandler-Bürde ist also um das $\sqrt{3}$-fache erhöht und der Winkel der Bürde um 30° gedreht. Dies gilt für den Normalfall und den dreipoligen Kurzschluß. Für zweipoligen Kurzschluß RS ergibt sich für den im Leiter R eingebauten Wandler, da $\mathfrak{J}_T = 0$ gesetzt werden kann, eine Bürde von 2 $\mathfrak{z}$. Der Wandler des Leiters T führt selbst keinen Strom, höchstens einen Rest des Belastungsstromes. Da aber in seiner Rückleitung Strom fließt, wird damit seine Bebürdung stark erhöht. Dies kommt zwar einem offenen

Wandler praktisch gleich, ist aber, da der Leiter nur geringen Strom führt, nicht gefährlich. Für den Fehler RT, wo kein Rückstrom fließt, also $\mathfrak{J}_S = 0$ ist, ist die Bürde der beiden Wandler $\mathfrak{z}$ selbst. Diese Werte sind in Tab. 10 zusammengestellt. Die Schaltung mit Hilfe dreier Wandler zeigt Abb. 50c.

Den *Dreieckstrom* kann man durch geeignete Zusammenschaltung der jeweiligen Leiterströme erhalten (s. Abb. 51). Aus $\mathfrak{J}_R - \mathfrak{J}_S$ ergibt sich der Dreieckstrom $\mathfrak{J}_{RS}$ usw. Da die Summe aller Dreieckströme null ist, so ist eine Rückführung der Ströme nicht nötig und die Meßglieder können zu einem Stern zusammengefaßt werden. Man beachte, daß nur ein einziger Wandler geerdet worden ist. Die Wandler sind hiebei unter sich im Dreieck geschaltet und in Sternschaltung belastet. In den Bürden fließt also jeweils der $\sqrt{3}$-fache Wandlerstrom.

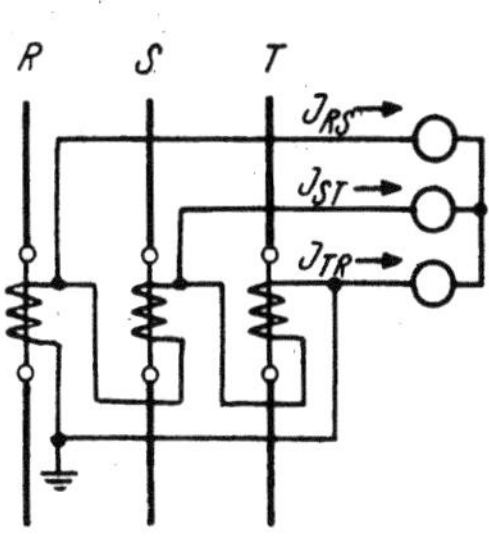

Abb. 51. Gewinnung der Dreieckströme

Die Bebürdung ergibt sich dann folgendermaßen. Die Spannung am Wandler des Leiters R ist

$$\mathfrak{U}_R = \mathfrak{J}_{RS}\,\mathfrak{z} - \mathfrak{J}_{TR}\,\mathfrak{z} = \mathfrak{J}_R\,\sqrt{3}\,\mathfrak{z}\,\underline{|30°} + \mathfrak{J}_R\,\sqrt{3}\,\mathfrak{z}\,\underline{|-30°}$$
$$= \mathfrak{J}_R\,3\,\mathfrak{z}, \quad \mathfrak{Z}_R = 3\,\mathfrak{z} \tag{40}$$

Die Bebürdung ist also dreimal so hoch wie die angeschlossene Bürde. Dies gilt für dreipoligen Kurzschluß. Bei zweipoligem Fehler R S ist $\mathfrak{J}_R = -\mathfrak{J}_S$ und $\mathfrak{J}_T = 0$, daraus folgt die Spannung an den zugehörigen Wandlern:

$$\mathfrak{U}_R = 2\,\mathfrak{J}_R\,\mathfrak{z} + \mathfrak{J}_R\,\mathfrak{z} = \mathfrak{J}_R\,3\,\mathfrak{z}$$
$$\mathfrak{U}_S = \mathfrak{J}_S\,\mathfrak{z} + 2\,\mathfrak{J}_S\,\mathfrak{z} = \mathfrak{J}_S\,3\,\mathfrak{z} \tag{41}$$

Für den Wandler des Leiters T ergibt sich eine große Bebürdung, wobei aber der Strom selbst sehr klein ist (s. Tab. 10).

Tabelle 10. *Bebürdung von Wandlern bei verschiedenen Schaltungen.*

Fehlerart	dreipolige Schaltung (Abb. 50a)			Zweipolige Schaltung (Abb. 50b)		Dreieckschaltung (Abb. 51)			Kreuzschaltung (Abb. 52)	
	R	S	T	R	T	R	S	T	R	T
Dreipolig	$\mathfrak{z}$	$\mathfrak{z}$	$\mathfrak{z}$	$\mathfrak{z}\sqrt{3}\,\underline{|30°}$	$\mathfrak{z}\sqrt{3}\,\underline{|30°}$	$3\,\mathfrak{z}$	$3\,\mathfrak{z}$	$3\,\mathfrak{z}$	$\mathfrak{z}\sqrt{3}$	$\mathfrak{z}\sqrt{3}$
Zweipolig R S	$\mathfrak{z}$	$\mathfrak{z}$	—	$2\,\mathfrak{z}$	sehr groß	$3\,\mathfrak{z}$	$3\,\mathfrak{z}$	sehr groß	$\mathfrak{z}$	sehr groß
Zweipolig R T	$\mathfrak{z}$	—	$\mathfrak{z}$	$\mathfrak{z}$	$\mathfrak{z}$	$3\,\mathfrak{z}$	sehr groß	$3\,\mathfrak{z}$	$2\,\mathfrak{z}$	$2\,\mathfrak{z}$
Einpolig R	$\mathfrak{z}$	—	—	—	—	$2\,\mathfrak{z}$	sehr groß	sehr groß	—	—

$\mathfrak{z}$ = Meßbürde.

Für den einpoligen Fehler ergibt sich für den Wandler des betroffenen Leiters $2\,\mathfrak{z}$, für die andern eine große Bebürdung mit kleinem Strom.

Die Zusammenfassung oder Verkettung mehrerer Ströme kann auch magnetisch erfolgen (Abb. 52). Dies hat den Vorteil, daß die Stromwandlerkreise für sich bleiben. Es ergibt übersichtlichere Schaltungen.

Die *Kreuzschaltung* ist eine verkümmerte Dreieckschaltung. Sie läßt in zweipoliger Form einen Dreieckstrom gewinnen. Zwei Wandler werden gegeneinander geschaltet und die Differenz ihrer Ströme dem Meßglied zugeführt (s. Abb. 53). Interessant ist die Bebürdung. Im Gegensatz zur Dreieckschaltung liegt bei der Kreuzschaltung nur eine Sekundärimpedanz am Wandler. Dies läßt erwarten, daß die Ausnutzung der Wandler besser sein muß. Dies bestätigt in der Tat die Rechnung. Als Sekundärspannung ergibt sich

$$\mathfrak{U}_1 = \mathfrak{J}_{RT}\, \mathfrak{z}$$

Daraus folgt für den symmetrischen Fall des dreipoligen Fehlers die Bürde $\mathfrak{z}\sqrt{3}$, also der $\sqrt{3}$-fache Teil wie bei der Dreieckschaltung. Beim zweipoligen Fehler muß zwischen den Fehlern unterschieden werden, bei denen beide Wandler stromdurchflossen sind (RT) und bei denen nur ein Wandler stromdurchflossen ist (RS oder ST). Beim Fehler RT ist, da $\mathfrak{J}_R = -\mathfrak{J}_S$, die Bebürdung $2\,\mathfrak{z}$. im anderen Fall nur $\mathfrak{z}$ (s. Tab. 10).

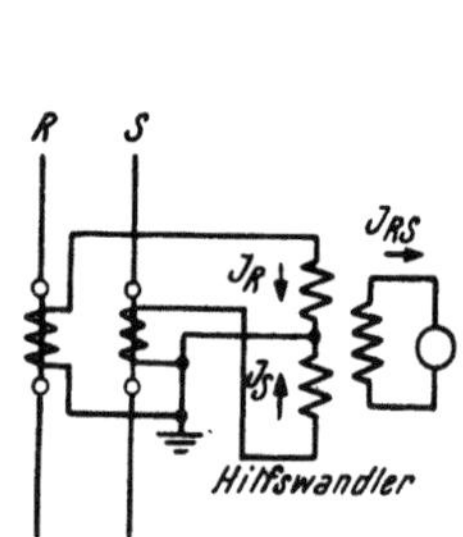

Abb. 52. Gewinnung des Dreieckstromes durch magnetische Verkettung

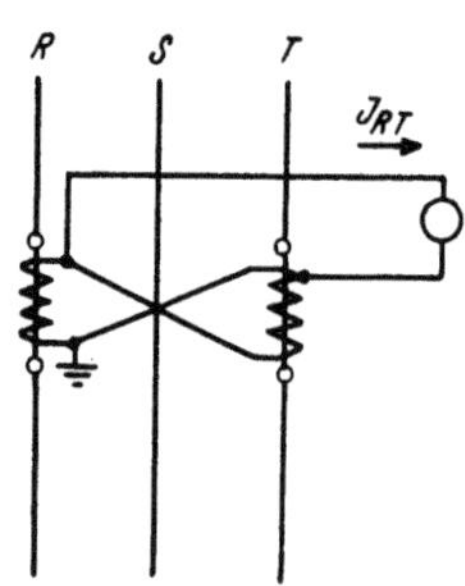

Abb. 53. Kreuzschaltung

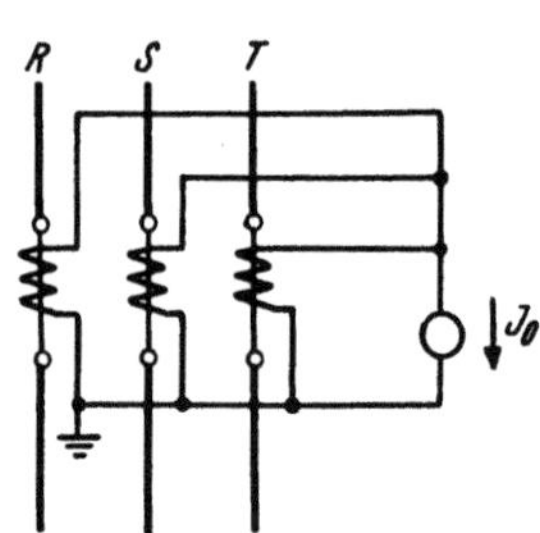

Abb. 54. Gewinnung des Nullstromes (Summen- oder Holmgren-Schaltung)

2. Gewinnung des Nullstromes. Die Summe aller Leiterströme ergibt bekanntlich den Nullstrom. Man kann also sämtliche Stromwandler sekundär zusammenschalten und dort ein Meßglied einfügen. Dieses mißt dann den Nullstrom (s. Abb. 54). Natürlich ist auch hiebei die gleichzeitige Messung der Leiterströme möglich[1].

Im normalen Betrieb wird die Bebürdung der Wandler durch den Summenstrom nicht beeinflußt, da er ja dann null ist. Bei dieser Schaltung ist aber darauf zu achten, daß die Wandler in den Leitern gleiche Eigenschaften haben und die Bürden möglichst gleich sind. Denn bei ungleichen Fehlerströmen der Wandler ist die Summe der drei Sekundärströme nicht null, sondern es bleibt ein Fehlerstrom übrig, der als Summenstrom in der Summenleitung schon bei normalen Betrieb fließt. Dies muß vermieden werden. Auch wenn im normalem Betrieb noch kein merklicher Fehlerstrom vorhanden ist, so kann aber durch ungleiche Belastung bei Kurzschlüssen ohne Erdberührung infolge der größeren Meßfehler bei

---

[1] Diese Schaltung wurde zuerst von Nickolson 1908 und Zachrisson 1909 beschrieben. Die Bezeichnung Holmgren-Schaltung ist daher nicht gerechtfertigt, s. E. u. M., 1927, S. 287.

hohen Strömen ein merklicher Fehlstrom entstehen, der die meist viel empfindlicher eingestellten Erdschlußrelais zum Ansprechen bringen kann. Sind die Bürden ungleich, so kann man sich durch Verwendung von Hilfs-bürden (Widerständen oder Spulen) helfen. In besonders empfindlich gelagerten Fällen ist eine Trennung des Erdschlußschutzes vom übrigen Schutz anzustreben.

Auch eine magnetische Summen-bildung ist möglich (s. Abb. 55). Hiezu werden Hilfswandler ver-wendet, denen primärseitig die ein-zelnen Ströme zugeführt werden und die sekundär den Nullstrom hergeben. Die Wicklungen können sämtlich auf einen Schenkel ge-wickelt werden. Der Eisenkern muß geschlossen sein. Man kann auch drei einzelne Kerne verwenden und die Sekundärwicklungen sämtlich parallel schalten.

Bei Generatoren und Transfor-matoren ist die Messung des Null-stromes möglich, indem ein Wandler in die Leitung der Erdschlußspule, bzw. des Erdungswiderstandes ein-gefügt wird (Abb. 56). Bei Gestell-schlußdrosseln (s. später) wird ein Stromwandler zwischen Sternpunkt und Erde gelegt.

Bei Kabeln ist noch eine weitere Möglichkeit vorhanden, indem ein Kern mit einer Sekundärwicklung über das Kabel selbst gesteckt wird (Kabelaufsteckwandler, Ferranti-Wandler, Abb. 57) [Wilson, W.

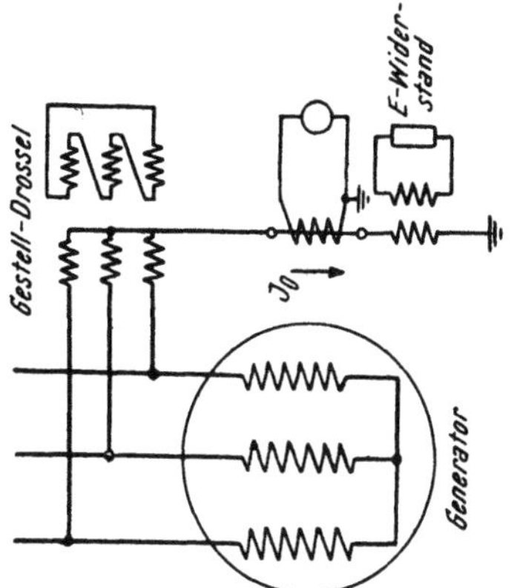

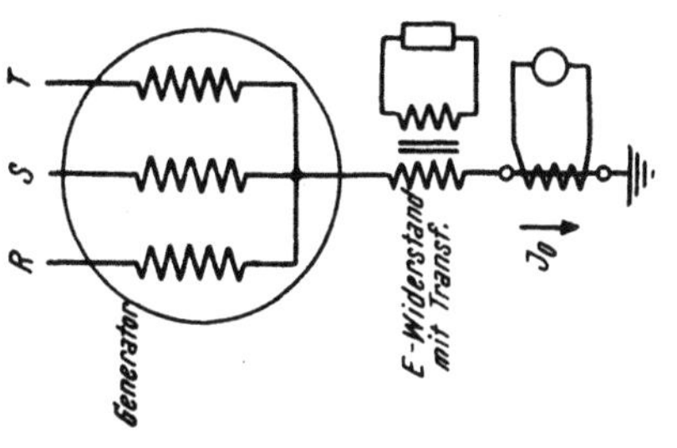

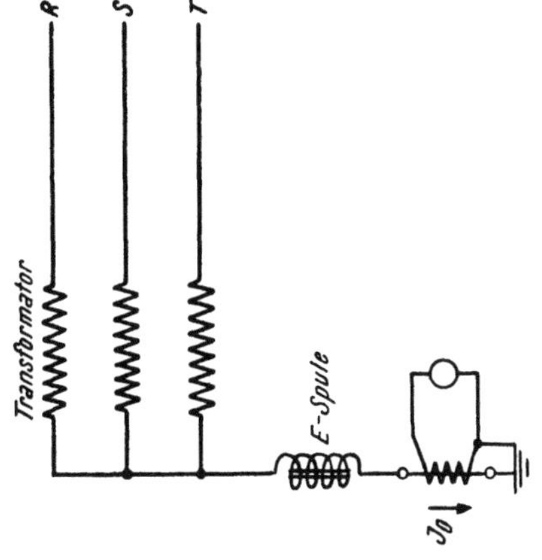

Abb. 56. Gewinnung des Nullstromes bei Maschinen

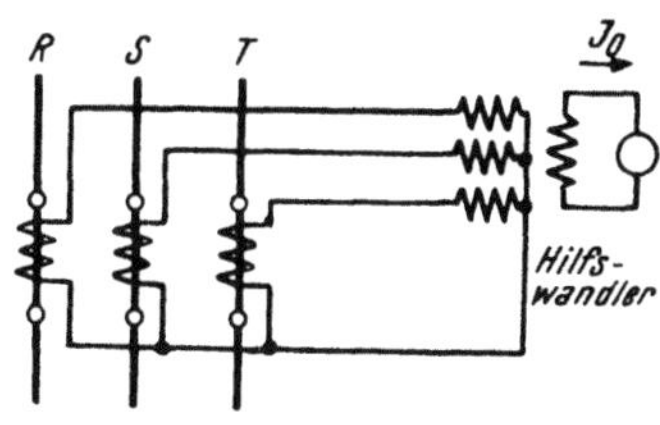

Abb. 55. Nullstromgewinnung durch magnetische Summenbildung

(196)]. Die drei Kabeladern bilden zusammen die Primärwicklung, da die Felder der Leiterströme sich zu null ergänzen, kommt nur das Nullfeld zur Wirkung. Auch dies ist eine magnetische Summenbildung. Beim Kabelauf-steckwandler muß nur darauf geachtet werden, daß der im Bleimantel fließende Erdstrom kompensiert wird, da er eine genaue Messung unmöglich macht. Diese Kompensation geschieht dadurch, daß die Erdleitung, die den Mantel an Erde legen soll, durch den Wandlerkern durchgezogen wird. Da in dieser Leitung derselbe Strom fließt wie im Mantel, heben sich die dadurch entstehenden Felder auf (s. Abb. 57).

3. *Gemeinsame Gewinnung von Leiter- und Nullströmen.* In der in Abb. 54 dargestellten Summenschaltung können neben der Nullkomponente auch die Leiterströme gemessen werden. Es werden also dieselben Wandler zur Gewinnung dieser Ströme benutzt.

Es gibt nun noch einige Schaltungen, die ebenfalls die Messung des Nullstromes und des Leiterstromes mit denselben Wandlern gestatten.

In Abb. 58 ist eine Schaltung dargestellt, bei der mit einem einzigen Meßglied für fast alle Fehlerarten der Strom gewonnen werden kann. Hiebei ist der mittlere Wandler umgekehrt angeschlossen. Bei dieser Schaltung können dreipolige Fehler, Erdfehler und zweipolige Fehler zwischen dem Leiter mit dem umgekehrt angeschlossenen Wandler (S) und einem anderen Leiter erfaßt werden. Dagegen fließt kein Strom bei einem zweipoligen Fehler mit gleichgeschalteten Wandlern (RT) [Nela (8)].

Bei einpoligen Kurzschlüssen fließt nicht nur in dem fehlerhaften Leiter, sondern auch in den anderen Leitern Strom. Diese als Bauchsches Paradoxon bekannte Erscheinung rührt daher, daß in der Erde bei einem einpoligen Kurzschluß ein starker Strom fließt und ein Spannungsabfall entsteht. Hierdurch werden bei zweiseitiger Speisung die Spannungssysteme verschoben. Es decken sich daher auch die Spannungen der fehlerfreien Leiter nicht mehr. Es muß der Spannungsunterschied durch einen in diesen Leitern fließenden Strom aufgebracht werden. Diesen Strom kann man mit Kompensationswandlern kompensieren. In solchen Wandlern wird auf den gleichen Schenkel nicht nur eine Wicklung des betreffenden Leiters, sondern noch zwei Kompensationswicklungen der anderen Leiter aufgebracht (s. Abb. 59). Mit einem solchen Wandler können alle Kurzschlußarten mit den eingezeichneten Meßgliedern richtig erfaßt werden. [Leyburn H., C. H. Lackey (21)].

4. *Differenzbildung von Strömen.* Eine sehr große Bedeutung für den Schutz hat die Differenzbildung von Strömen erlangt. Es werden entweder die Ströme am Anfang und Ende des Anlagenteiles (Längsvergleich) oder parallele Abgänge miteinander verglichen (Quervergleich).

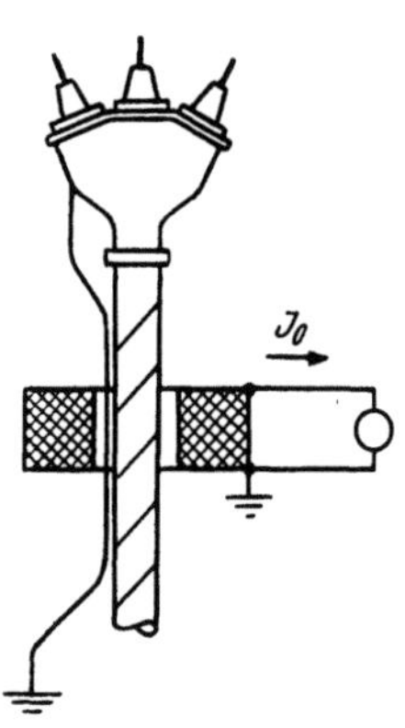

Abb. 57.
Kabelaufsteckwandler

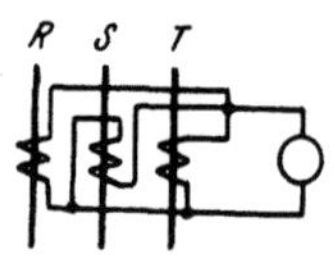

Abb. 58. Schaltung zum Messen von Leiter- und Erdströmen

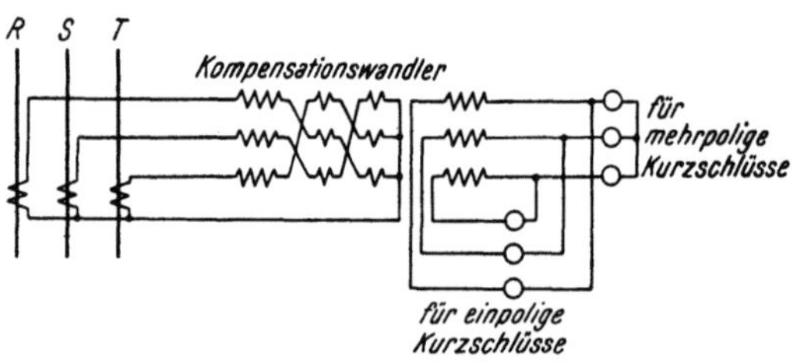

Abb. 59. Kompensationswandler

a) **Längsvergleichsschaltung von Wandlern.** Das Grundprinzip einer solchen Schaltung zeigt Abb. 60 (Merz-Price-Schutz). Fließen am Anfang des betreffenden Anlageteiles der Strom $\mathfrak{J}_1$, am Ende der Strom $\mathfrak{J}_2$, so erhält das Meßglied den Strom $\mathfrak{J}_1-\mathfrak{J}_2$ zugeteilt. Ist also $\mathfrak{J}_1$ und $\mathfrak{J}_2$ gleich groß und gleichgerichtet, so ist die Differenz null. Das Meßglied erhält keinen Strom. Dreht sich dagegen die Richtung am Ende um, so addieren sich die Ströme. Normalerweise, d. h. bei $\mathfrak{J}_1 = \mathfrak{J}_2$ sind die Wandler praktisch unbebürdet, also kurzgeschlossen, im Störungsfalle ist die Bürde des Meßgliedes mit den Strömen umgerechnet einzusetzen. Ein Differenzstrom fließt bereits dann, wenn $\mathfrak{J}_1$ und $\mathfrak{J}_2$ nicht genau gleich sind, wenn also ein Teil des Stromes im Anlageteil verlorengeht. Dies hat meist bereits einen beginnenden Fehler zur Ursache. Man kann also schon am Auftreten geringer Differenzen auf einen beginnenden Fehler schließen. Eine gewisse Grenze ist allerdings durch die Ungenauigkeit der Wandler selbst gegeben, und zwar ist hierbei der bei außerhalb des Anlageteiles liegenden Fehlern entstehende Falschstrom maßgebend. Um diesen Strom so klein wie möglich zu machen, sind gleiche Wandlertypen auf beiden Seiten des Anlageteiles zu verwenden, müssen die Wandler selbst untereinander genauestens abgeglichen werden und sind die Bürden der Wandler gleich groß zu machen. Es ist sogar meist zweckmäßig, für den Differentialschutz eigene Wandler oder Kerne zu verwenden.

Die in der Abb. 60 dargestellte Schaltung kann natürlich auch zwei- oder dreipolig oder auch für Nullströme benutzt werden.

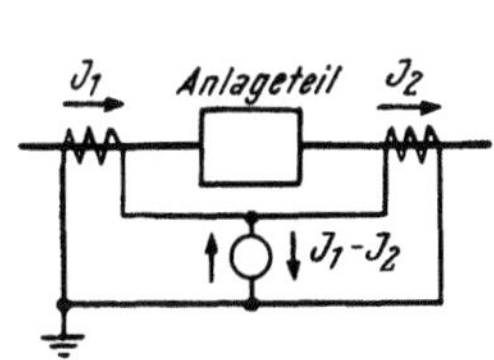

Abb. 60. Differentialschaltung, Prinzip

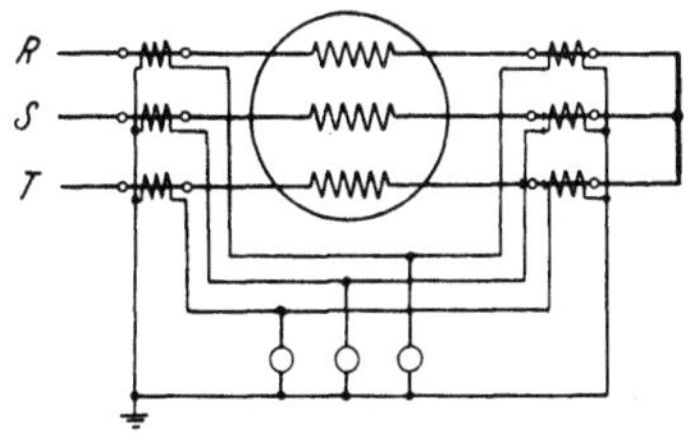

Abb. 61. Differentialschaltung bei Generatoren

Bei *Generatoren* kann die Schaltung der Abb. 60 direkt verwendet werden. Die Wandler werden vor und hinter dem Generator vorgesehen. Der Sternpunkt des Generators muß hierbei aufgelöst herausgeführt sein. Die Schaltung ist in der Regel dreipolig (s. Abb. 61). Die Übersetzung beider Wandlergruppen ist gleich.

Bei *Transformatoren* sind die Verhältnisse komplizierter. Einmal muß die Übersetzung des Transformators und zweitens seine Schaltung (Schaltgruppe) bei der Bildung des Differenzstromes berücksichtigt werden.

Ist die Übersetzung des Transformators n, so muß der Stromwandler der Primärseite eine um n kleinere Übersetzung haben als auf der Sekundärseite des Transformators.

$$N_1 = \frac{1}{n}\, N_2 \tag{42}$$

Die Schaltung der Transformatoren gestattet nur bei primär und sekundär gleicher Spannungsrichtung, also bei Stern / Stern- oder Dreieck/ Dreieck-Schaltung die direkte Anwendung des Differenzstromprinzips. Bei allen anderen Schaltgruppen müssen besondere Schaltungen angewendet werden, um einen richtigen Differenzstrom zu gewinnen. Eine Dreieckschaltung muß durch entsprechende Schaltung im Wandlerkreis berücksichtigt werden. Diese kann erstens direkt an den Hauptstromwandlern erfolgen (s. Abb. 62a), zweitens können die Hilfswandler verschieden geschaltet werden. Diese wiederum können jeder Seite getrennt beigegeben werden, indem die Primärseite und die Sekundärseiten getrennte Zwischenwandler (s. Abb. 62b) erhalten, oder man verwendet nur einen einzigen Zwischenwandler, in welchem magnetisch die Differenz der Ströme gebildet wird (s. Abb. 62c). Ein solcher Hilfswandler besitzt also einen Wicklungssatz mehr als der Haupttransformator.

Das Wichtigste bei diesen Schaltungen ist, die Phasenlage der Ströme richtig zu gewinnen, damit bei hindurchgehenden Fehlerströmen tatsächlich die Differenz, und nicht die Summe, entsteht. Die richtige Feststellung der geeigneten Schaltung ist nicht einfach und erfordert ein sorgfältiges Durchdenken der jeweili

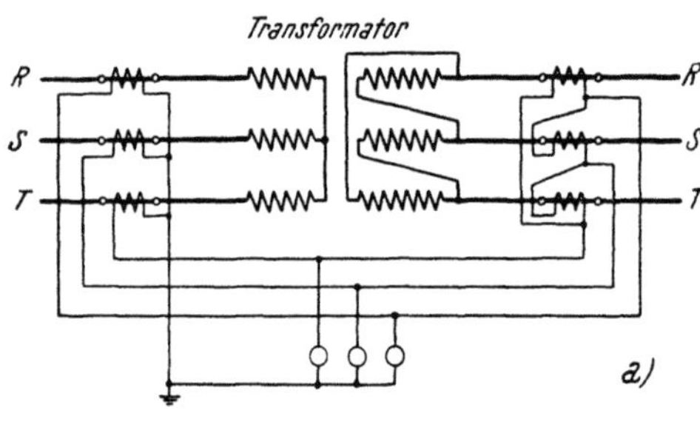

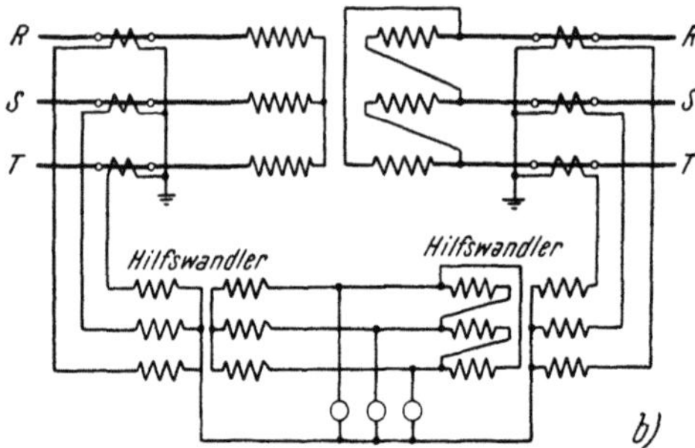

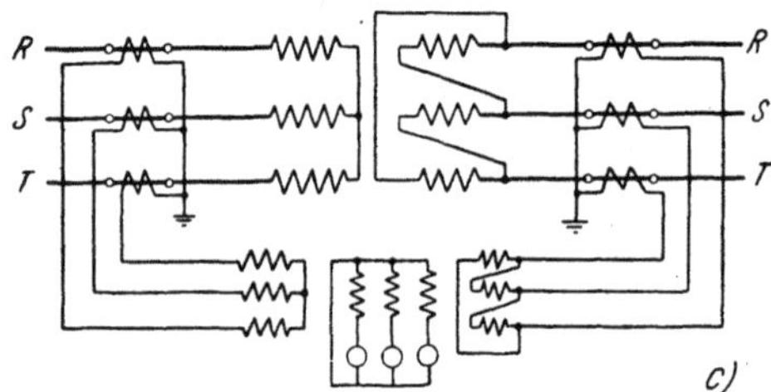

Abb. 62. Wandlerschaltungen für Transformatoren a) Hauptwandler im Dreieck, b) getrennte Hilfswandler, c) gemeinsame Hilfswandler

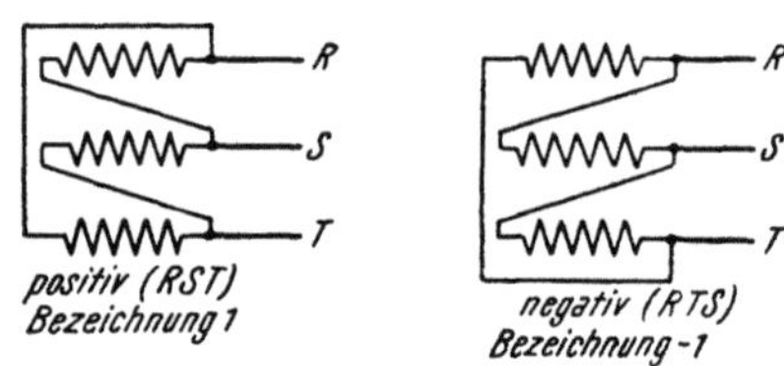

Abb. 63. Bezeichnung von Dreieckschaltungen

gen Vektordiagramme. Es seien deshalb, ohne alle Schaltungen im einzelnen zu besprechen, die Methoden angegeben, mit denen man, ohne Fehler zu machen, die richtigen Schaltungen erhält.

Das erste Prinzip ist folgendes [Dubusc R. (166)]: Die Sternschaltung wird mit 0, die positive Dreieckschaltung (Reihenfolge der Verbindung R S T) mit 1 und die negative Dreieckschaltung (Reihenfolge der Verbindung R T S) mit — 1 bezeichnet (s. Abb. 63). Diese Bezeichnung erhalten nun der Transformator, die Hauptstromwandler und, wenn vorhanden, die Hilfswandler, wobei bei letzteren ihre Sekundärwicklung gemeint ist. Die Bezeichnung 1, 0, — 1 heißt also: Die Wicklung des Transformators ist in Dreieck, die Hauptstromwandler sind in Stern geschaltet und dazu wird ein Hilfswandler Stern/Dreieck negativ geschaltet. Diese Symbolik wird nun für jede Seite gemacht. Auch bei Dreiwicklungstransformatoren findet diese Bezeichnungsweise Anwendung.

Zugeordnet dürfen nun nur solche Schaltungen werden, deren Quersumme dieselbe Zahl ergibt. Also beispielsweise 0 1 0 und 1 0 0 oder 0 0 0 und 1 0 — 1 und ähnliche Kombinationen. Hiebei ist nur die einzige Bedingung vorhanden, daß die Zwischenwandler für jede Seite getrennt vorgesehen werden und ihre Primärwicklung in Stern geschaltet ist. Für die Schaltung der Abb. 62 b ist diese Bezeichnung 0 0 0 und 1 0 — 1.

Eine zweite Möglichkeit, sich ein klares Bild über die Richtigkeit der Schaltungen zu machen, ist die Überprüfung der Verhältnisse bei zweipoligen Fehlern [Neugebauer, H. (10)]. Den zweipoligen Fehler kann man ohne Vektordiagramme wie ein Gleichstromproblem behandeln. Man bezeichnet daher die Stromrichtungen mit Pfeilen. In den Meßgliedern müssen sich die Ströme aufheben. Bei der Stromrichtung muß die Schaltgruppe des Transformators berücksichtigt werden, während man bei den Stromwandlern primär- und sekundärseitig die gleiche Stromrichtung annehmen kann. Dies ist zwar nicht ganz korrekt, ist aber ohne Belang, wenn es auf beiden Seiten in gleicher Weise angenommen wird. Für

den Fall der Dreieck-Stern-Schaltung (Schaltgruppe Dy 5, bzw. C_1) sind die Ströme in Abb. 64 ohne Verwendung von Zwischenwandlern eingezeichnet. Bei dieser Methode hat man den Vorteil, auch gleichzeitig einen Anhaltspunkt für die Übersetzung zu bekommen. Man erkennt aus dem Beispiel, daß auf der Primärseite nur der dritte Teil des Stromes fließt, also

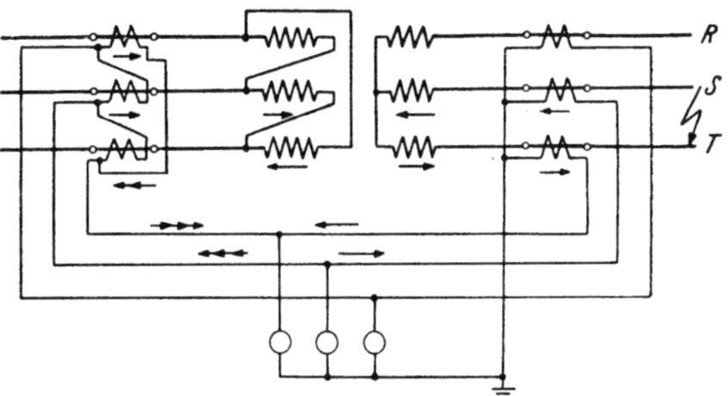

Abb. 64. Ströme bei zweipoligem Kurzschluß und Schaltgruppe Dy 5 (C_1)

eine Reduzierung 3 : 1 nötig ist, wenn man ein Windungsverhältnis 1 : 1 des Transformators annimmt. Bei der Dreieck-Stern-Schaltung entspricht dies allerdings nicht dem gleichen Spannungsverhältnis. Geht man, was praktischer ist, davon aus, daß dieses 1 : 1 ist, so ist das Windungsverhältnis $1 : \sqrt{3}$. Danach ist also der zur Primärseite gehörige Strom nur um $\sqrt{3}$ kleiner als der zur Sekundärseite gehörige. Dies bedeutet also eine Reduzierung um nur $\sqrt{3} : 1$ gegenüber der Spannungsübersetzung des Transformators.

Eine dritte Methode, um immer richtige Verhältnisse zu erhalten, ist, einfach mittels eines Zwischenwandlers die Schaltung des Transformators genau nachzubilden und gleichzeitig damit die Differenzbildung magnetisch zu machen (Abb. 60 c, AEG).

Eine besondere Berücksichtigung bei der Wahl der Schaltung erfordert das Verhalten bei Erdschluß. Alle bisherigen Betrachtungen gelten für Kurzschlüsse, bei denen eine Unterscheidung von äußeren und inneren Fehlern durch die Differenzschaltung möglich ist. Wie ist es aber bei einpoligen Fehlern?

Wenn der Sternpunkt des Transformators nicht geerdet ist, so ist kein Unterschied gegenüber den mehrpoligen Fehlern zu erwarten. Anders ist es aber, wenn der Sternpunkt direkt oder über einen Widerstand, eine Impedanz (Erdschlußspule), mit Erde verbunden ist. Bei einem einpoligen Fehler auf einer Seite des Transformators fließt dann über den Sternpunkt ein Strom, der nur auf einer Seite des Transformators vorhanden ist, also sich als Differenzstrom bei der Differenzschaltung auswirken kann.

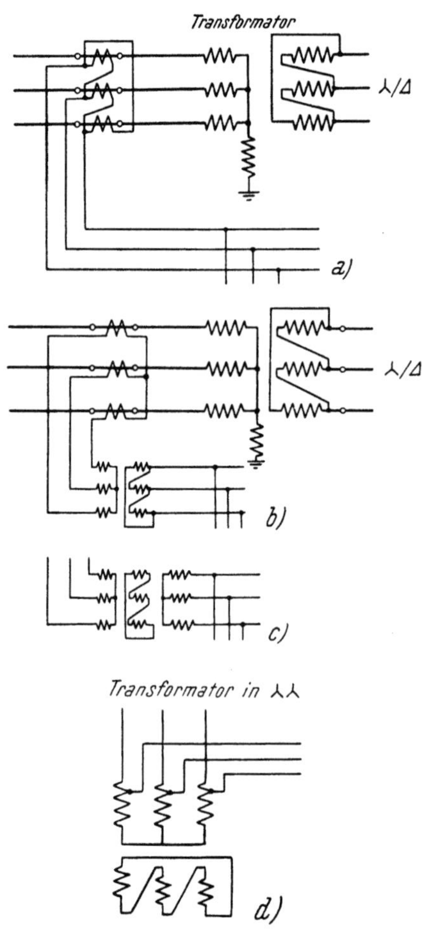

Man könnte nun diesen Nullstrom dadurch unwirksam machen, daß man im Wandlerkreis die Sternpunkte nicht verbindet. Dies würde aber für den Erdschlußfall bedeuten, daß die Wandler offen sind, was vermieden werden muß. Man muß also für diesen Fall eine Schaltung wählen, bei der wohl ein Rückschluß für den Nullstrom vorhanden ist, aber trotzdem der Nullstrom von den Meßgliedern ferngehalten wird. Dies ist mit einer Dreieckswicklung auf der Seite, wo der Sternpunkt mit Erde verbunden ist, durchzuführen. Jede Dreieckswicklung bedeutet einen Kurzschluß für die Nullstromkomponente und hält sie daher von den anderen Teilen ab. Aus diesem Grunde bringt man im Zwischenwandler nicht herausgeführte Dreieckswicklungen an oder schaltet die Wandler auf der Sternseite der Transformatoren in Dreieck (s. Abb. 65). Jedenfalls muß die Dreieckswicklung immer auf der Seite sein, wo der Sternpunkt mit Erde verbunden ist.

Abb. 65. Verhinderung von Falschströmen bei Erdschluß. *a)* Hauptwandler in Dreieck, *b)* Hilfswandler in Dreieck, *c)* Hilfswandler in Dreieck (Hilfswicklung), *d)* Zusätzlicher Hilfswandler mit Dreieckswicklung

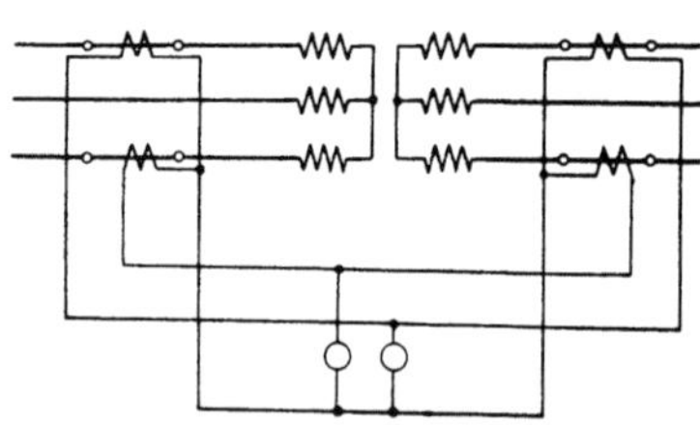

Abb. 66. Zweipolige Differentialschaltung

Selbstverständlich sind auch zweipolige Schaltungen, wenigstens bei nicht geerdeten Netzen, möglich. Man läßt zu diesem Zwecke meist den mittleren Wandler fort (s. Abb. 66). Dies ist aber nur möglich, wenn man nicht durch eine Dreieckschaltung die Nullkomponente aussieben muß. Zweipolige Schaltungen erfassen alle Fehler richtig. Höchstens bei einem Doppelerdschluß, bei dem ein Erdschluß gerade an dem ungeschützten

Leiter im Transformator auftritt, erhält man bei dieser Schaltung keine Anregung.

Auch Spartransformatoren können mit Differenzschaltungen geschützt werden. Man schaltet hiebei die Wandler direkt oder über Hilfswandler in Dreieck, um keine Fehlauslösungen bei Doppelerdschlüssen zu erhalten, wenn je ein Erdschluß auf beiden Seiten des Transformators liegt [Matthey-Doret, A. (29)]. Ähnlich geht man bei allein eingebauten Regeltransformatoren vor.

Für Transformatoren in Scott-schaltung (Zwei/Dreipoltransformatoren) kann man die Wandler nach Abb. 67 schalten. Hiebei müssen bei gleicher Nennspannung auf beiden Seiten die drehstromseitigen Wandler der Leiter R und S die doppelte, der des Leiters T eine $2/\sqrt{3}$-fache Übersetzung haben wie die Wandler auf der zweipoligen Seite.

Auch für den Erdschlußschutz kann die Differenzschaltung verwendet werden, wenn der Nullpunkt irgendwie geerdet ist. Es werden die drei Leitungswandler in Summenschaltung mit einem Wandler im Sternpunkt zusammengeschaltet (s. Abb. 68). Bei außenliegendem Erdschluß heben sich die Ströme gegenseitig auf, bei innen liegenden fließt dagegen nur im Nullpunktswandler Strom und der Schutz spricht an.

Transformatoren haben in der Regel nicht eine einzige feststehende Übersetzung, sondern mehrere Anzapfungen, die eine Variation der Spannung in gewissen Grenzen gestattet. Hat man nun die Hauptstromwandler etwa nach dem mittleren Übersetzungsverhältnis bestimmt, so würden sich bei den anderen Anzapfungen Fehlströme ergeben, die mit der Belastung anwachsen und bei äußeren Kurzschlüssen Werte annehmen können, die in den Ansprechbereich der Relais

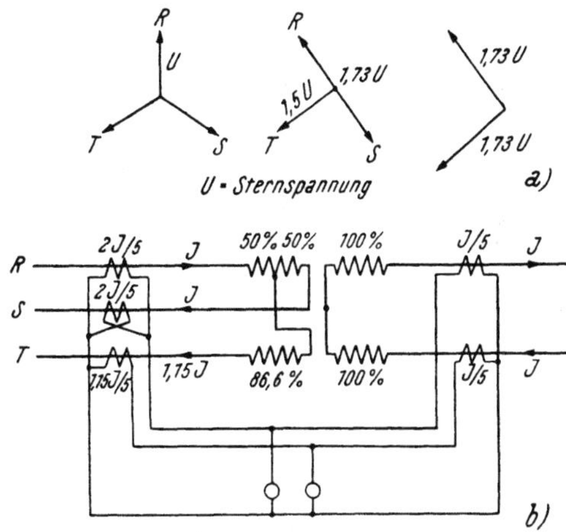

Abb, 67. Differentialschaltung bei Scott-Transformation. *a)* Spannungen, *b)* Ströme

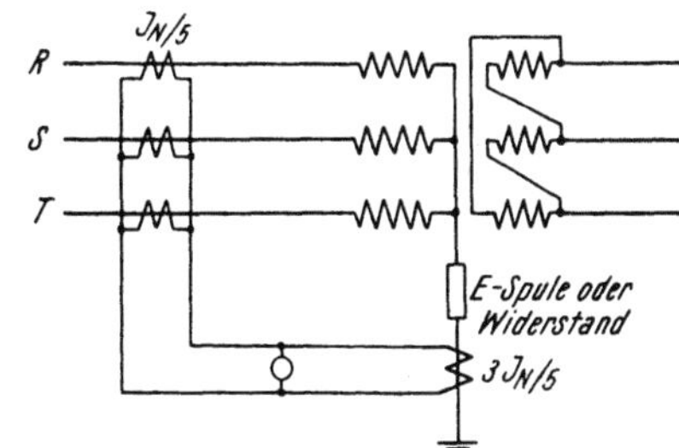

Abb. 68. Nullstrom-Differentialschaltung

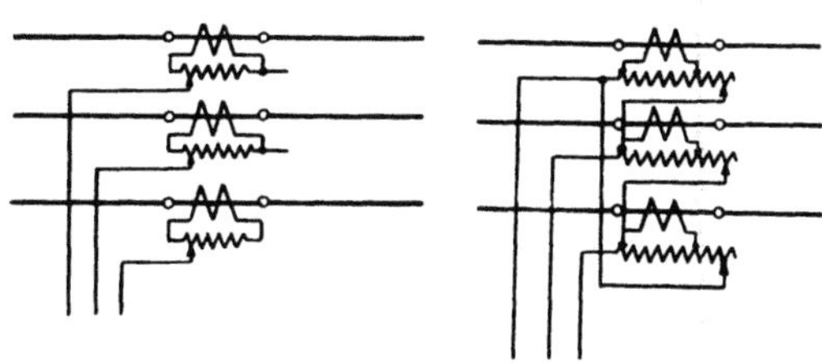

Abb. 69. Hilfswandler mit Anzapfungen (Sternschaltung)

Abb. 70. Hilfswandler mit Anzapfungen (Dreiecksschaltung)

fallen. Dies kann man, wenn in den Relais oder den Relaisschaltungen keine diesbezüglichen Maßnahmen vorgenommen werden (s. Abschnitt D), dadurch verhindern, daß man an Hilfswandlern ebenfalls Anzapfungen vorsieht, die mit den Anzapfungen des Transformators korrespondieren (Abb. 69 u. 70).

Beim Einschalten von Transformatoren entstehen, je nach dem Einschaltmoment, schwächere oder stärkere Stromstöße, die bis zum Dreifachen und mehr des Transformatoren-Nennstromes ansteigen können und etwa nach 0,4 bis 1,5 s auf 20% des Nennstromes abklingen. Er rührt daher, daß im ersten Moment das magnetische Gleichgewicht noch nicht vorhanden ist und der Transformator zunächst wie eine Drosselspule wirkt. Er besteht aus einem Wechselstrom- und einem Gleichstromanteil.

Der Ausgleichstrom ist daher im wesentlichen durch seinen Gleichstromanteil gekennzeichnet. Da diese Erscheinung nur auf der Primärseite auftritt, muß in den Differenzschaltungen dieser Ausgleichstrom als Differenzstrom auftreten und kann den Differentialschutz anwerfen. Um dies zu vermeiden, kann man vor das Relais einen gesättigten Zwischenwandler schalten [Geise, F. (*169*)], der die Gleichstromspitzen nicht durchläßt und daher den Ausgleichstrom vom Relais fernhält. Andere diesbezügliche Maßnahmen, die an den Relais selbst vorgenommen werden, werden im Abschnitt D beschrieben.

Das Differenzstromprinzip kann auch für *Leitungen* und *Kabel* angewendet werden, wenn auch der Richtungsvergleichsschutz die Bedeutung des Stromdifferentialschutzes hierfür stark zurückgedrängt hat. Die Hauptschwierigkeit sind die langen Hilfsverbindungsleitungen, die für die Wandler eine hohe Bürde darstellen, dann induktive Beeinflussungen der Hilfsadern, die Störungen hervorrufen können, und schließlich der Einfluß der Kapazität der Leitung, insbesondere der Kabel, deren Ladeströme in die Differenz der Ströme am Anfang und Ende der Leitungen eingehen. Weiters müssen auf beiden Seiten Relais sein, um die entsprechenden Leistungsschalter auslösen zu können.

Abb. 71. Längsdifferentialschutz für Leitungen, Diagonalverbindung

Abb. 72. Längsdifferentialschutz für Leitungen mit Hilfswandler

Das in Abb. 60 gezeigte Grundprinzip muß daher abgewandelt werden. Das Meßglied kann nicht in der Mitte angeordnet werden, sondern nur an den Enden, dies ergibt die Diagonalanordnung der Abb. 71. Hiebei ist die Belastung gleichmäßig auf die Wandler aufgeteilt. Die langen Hilfsleitungen bedingen aber eine hohe Zusatzbürde, die die ganze Anordnung auf kürzere Leitungen beschränkt.

Eine weitere Verbesserung bringt die Erniedrigung des Sekundärstromes von 5 auf 1 oder 0,5 A. Hierdurch können höhere Leitungsbürden zugelassen werden. In diesem Falle kann auch die normale Differenzbildung bei nicht allzu langen Leitungen verwendet werden, wobei an jeder Seite ein Meßglied vorgesehen ist. Die ganze Anordnung kann auch mit Hilfe von Zwischenwandlern 5/1 oder 5/0,5 ausgeführt werden (Abb. 72). Weiters kann man den im Stromwandler sekundärseitig entstehenden Strom in Spannung umsetzen und diese vergleichen. Der Sekundärstrom wird hiebei durch einen Widerstand geschickt und die so entstehenden

Spannungsabfälle gegenseitig verglichen. Die Spannungen werden in diesem Falle über das Meßglied gegeneinander geschaltet (direkte Gegenschaltung). Die Verbindungsleitungen führen hiebei nur wenig Strom (Abb. 73).

Eine gleichmäßige Belastung der Wandler kann man auch mit Ausgleichswiderständen erhalten, die etwa in der Größenordnung der Leitungsbürden liegen müssen. In Verbindung mit Wandlern 5/0,5 A zeigt die Schaltung Abb. 74. Es werden hiebei Differentialwandler benutzt, die einmal vom Strom in den Widerständen, einmal vom Strom in der Hilfsleitung durchflossen werden. Beide Ströme heben sich normalerweise auf. Ein Nachteil dieser Anordnung ist, daß dauernd auf der Hilfsleitung Strom fließt. Das Meßglied wird an eine Sekundärwicklung des Differentialwandlers angeschlossen. Statt der Differentialwandler kann auch das Meßsystem selbst die Differenz bilden (System McColl [Wilson, W. (190)].

Abb. 73. Längsdifferentialschutz für Leitungen, direkter Spannungsvergleich

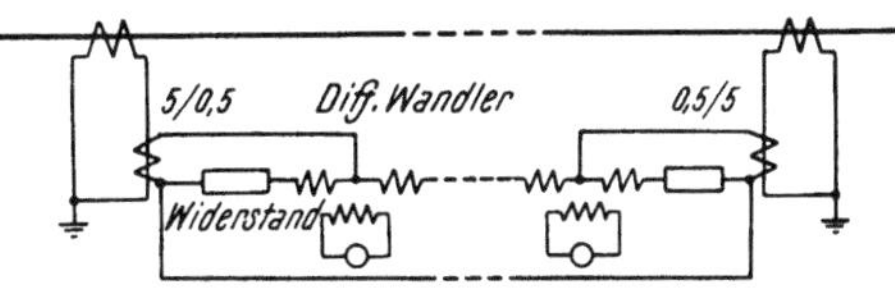

Abb. 74. Ausgleich der Leitungsbürde

Alle Wandlerschaltungen für die Differenzbildung bei Leitungen und Kabeln wurden bisher nur einpolig behandelt. Für einen dreipoligen Schutz braucht man also entsprechend mehr Hilfsleitungen, meist 4 oder 7, wenn die Rückleitungen zu einem Stern zusammengeschaltet werden. Man kann aber auch Verbindungsleitungen ersparen, indem die bereits erwähnte Kreuzschaltung angewendet wird. Hiebei wird der Schutz ein- oder zweipolig ausgeführt.

In Netzen mit geerdetem Sternpunkt kann man auch die zur Gewinnung des Nullstromes verwendeten Kabel-Aufsteckwandler (Ferranti-Wandler) benutzen und dieselben in Differenz schalten. Allerdings erfaßt man hiemit nur Fehler mit Erdberührung [Wilson, W. (197)] (System Ferranti-Howkins). Hiebei ist eine direkte Gegenschaltung möglich, da im Normalbetrieb kein Strom fließt.

Man kann aber auch den Schutz selbst dreipolig lassen und nur durch besondere Hilfswandlerschaltungen Verbindungsleitungen ersparen. Man verwendet dazu einen Summationswandler, dem man die einzelnen Leiter zuführt. Diese Wandler sind so geschaltet, daß bei jeder Kurzschlußart vom einpoligen bis zum dreipoligen Kurzschluß auf der Sekundärseite ein Strom entsteht. Dies geht nur, wenn die dem Leiter zugeordneten Windungszahlen auf der Primärseite ungleich sind. Hiedurch werden zwar alle Fehlerarten richtig erfaßt, die entstehenden Sekundärströme und damit die Ansprechströme variieren aber im Verhältnis 1 : 4. Dasselbe kann man auch mit drei getrennten Hilfswandlern erreichen. Hiebei addieren sich die in den Sekundärwicklungen entstehenden Ströme vektoriell zu den Primärströmen. Die Summe fließt bei allen Fehlerarten durch den dritten Wandler (5/1), der den Strom auf die Hilfsader transformiert. Auch hiebei ist das Verhältnis der Ströme ungünstigenfalls 1 : 4 (s. Abb. 75).

Auch für den *Sammelschienenschutz* können Differenzen von Strömen als Meßgrößen verwendet werden. Man summiert hiebei die ankommenden und abgehenden Ströme. Schwierigkeiten machen hierbei verschiedene Übersetzungen der Wandler und die großen Stromunterschiede bei äußeren Fehlern. Einige Leitungen erhalten nur geringe Überströme, die fehlerhaften Leitungen dagegen einen sehr hohen Überstrom. Es liegen daher die Wandler unter sehr verschiedenen Belastungsverhältnissen, wodurch der Fehlerstrom bei äußeren Kurzschlüssen relativ hoch wird. Man darf also keinen zu niedrigen Ansprechwert wählen. Weiters ist bei mehreren Sammelschienensystemen die Schaltung des Abzweiges auf das eine oder andere System zu beachten. Dies macht Umschaltungen mit Hilfe von Trennschalterhilfskontakten erforderlich. In geerdeten Netzen wird der Sammelschienendifferentialschutz häufig nur für Erdfehler benützt, da hiebei im normalen Betrieb die Wandler unbelastet sind und fast alle Sammelschienenüberschläge mit Überschlägen gegen Erde beginnen.

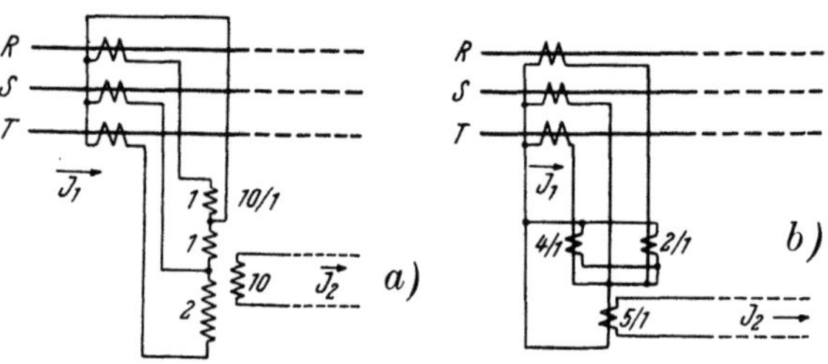

Kurzschlußart	J_1/J_2 für a	J_1/J_2 für b
R ⊥	10 : 1	10 : 1
S ⊥	10 : 1	10 : 2
T ⊥	10 : 3	10 : 1,5
RS	10 : 2	10 : 1
ST	10 : 2	10 : 0,5
TR	10 : 4	10 : 0,5
RST	10 : 2 $\sqrt{3}$	10 : ½ $\sqrt{3}$

Abb. 75. Adersparende Schaltungen
a) Summenwandler, b) Addition der Sekundärströme

b) **Quervergleichsschaltungen von Wandlern.** Bei Querdifferentialschaltungen werden die Wandler paralleler Leitungen gegeneinander geschaltet. Ihre Wirkungsweise wurde bereits in Abschnitt B I a 3 besprochen. Es sei deshalb nur noch kurz auf die Schaltung eingegangen.

Es sei hiebei unterschieden zwischen parallelen Leitungen, Kabeln oder Maschinen und einem Stromvergleich der Stromverteilung innerhalb eines Kabels selbst.

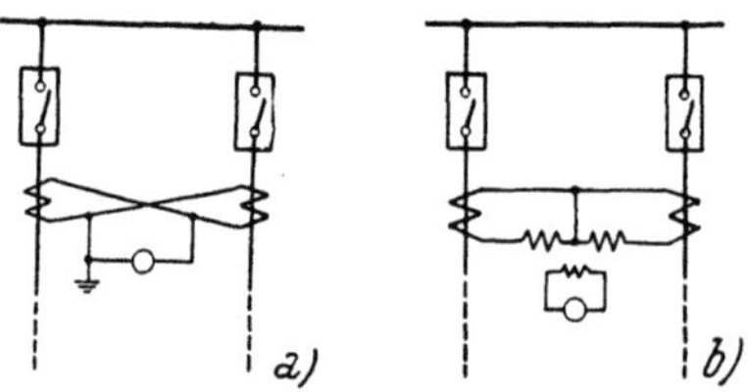

Abb. 76. Achterschaltung
a) direkt, b) über Hilfswandler

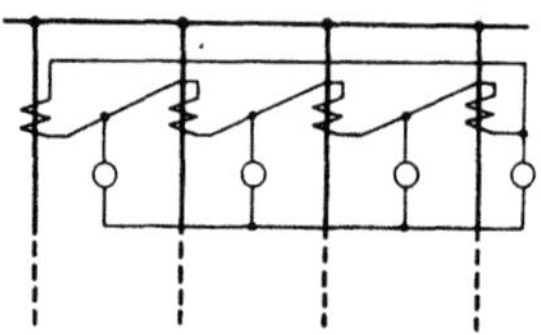

Abb. 77. Polygonschaltung

Bei parallelen Leitungen wendet man die Achterschaltung (zwei parallele Leitungen) und die Polygonschaltung (mehr als zwei Leitungen) an. Sie sind in Abb. 76 und 77 dargestellt. Die Schaltungen sind einpolig angegeben. Die Differenzbildung kann auch mit Zwischenwandlern ausgeführt werden (Abb. 76 b). Erwähnt sei noch, daß man gerne zwei unter einem Schalter liegende Leitungen mit einem Quervergleichschutz schützt (Abb. 78).

Der Quervergleich von Strömen wird auch ausgenutzt, um Meßgrößen beim Windungsschluß von Mehrwicklungs-Generatoren oder mehreren unter einem Schalter liegenden Generatoren zu erhalten. Hiezu werden die Ströme der Teil-Generatoren miteinander verglichen. Diese Schaltung kann man mit einem Längsdifferentialschutz verbinden, wie Abb. 79 zeigt. Hiebei wird der Stromvergleich durch Wandler mit zwei Primärleitern durchgeführt. Es entsteht ein Differenzstrom, wenn entweder die Ströme vor oder hinter dem Generator oder in beiden Generatoren voneinander abweichen.

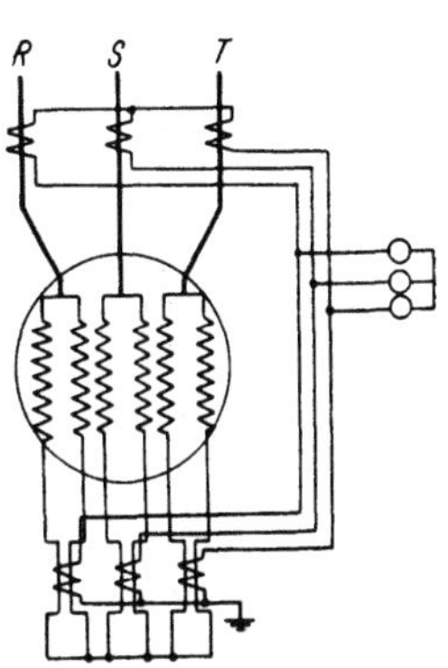
Abb. 79. Differenzbildung bei Doppelgeneratoren für Kurz-und Windungsschluß

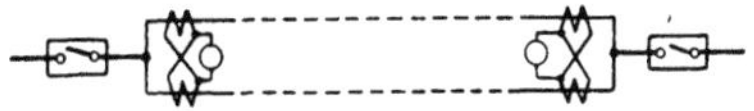
Abb. 78. Achterschutz von Leitungen unter gemeinsamem Schalter

Die zweite Gruppe, wo also die Ströme in den Adern eines Kabels miteinander verglichen werden, stellen Schutzsysteme dar, die in früherer Zeit gerne angewandt worden sind. Sie erfordern aber Spezialkabel und dies verteuert die Anlage meist. Diese Anordnungen seien deshalb nur kurz erwähnt. Zu diesem Zwecke hat man entweder einen Teil der Adern eines Kabels von den übrigen isoliert. Die Aufteilung der Ströme wird dabei in Spezialwandlern überwacht, die so geschaltet sind, daß das Feld sich in ihnen im normalen Betriebe aufhebt. Das Prinzip zeigt Abb. 80. Hiezu gehört das Pfannkuch-System, das Lypro-System, das Calecor-System u. a. Alle diese Schutzsysteme zeigen bereits kleine Veränderungen im Kabel an [Wilson, W. (197), Estorff, W. (167)].

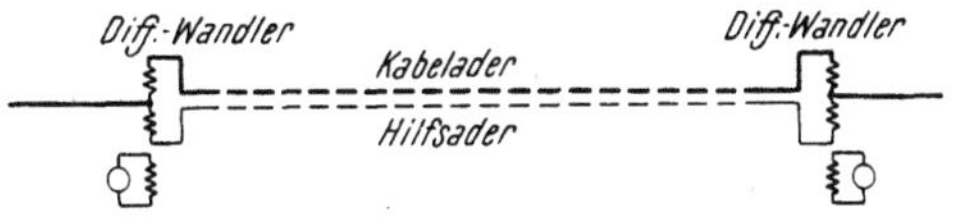

Abb. 80. Spaltleiterschutz

δ) **Anschluß und Schutz von Stromwandlern.** Der Einbau der Stromwandler erfolgt immer in dem Stromkreis, der gemessen werden soll. Sie liegen also im Zuge der betreffenden Leitungen.

Primärseitig müssen Mehrleiterwandler in der Regel mit Widerständen überbrückt werden, damit auftretende Wanderwellen nicht durch die Induktivität der Primärwicklung reflektiert werden und dadurch Überspannungen entstehen. Solche Widerstände sind spannungsabhängig und haben den kleinsten Wert, wenn die Spannung zwischen den Wandlerklemmen am größten ist.

Der Sekundärkreis muß gegen Übertreten der Hochspannung durch Erdung geschützt sein. Es wurde schon erwähnt, daß die Erdung nur an einer Stelle erfolgen darf, um Meßfehler zu vermeiden. Sicherungen dürfen nicht verwendet werden, da Kurzschlüsse keinen Schaden anrichten können. Wohl aber muß ein Offenbleiben des Sekundärkreises mit seinen bereits erwähnten Gefahren verhindert werden. Nicht benutzte Wandler sind entweder ganz oder über Widerstände kurzzuschließen.

b) Der Shunt

In Gleichstromanlagen verwendet man zur Reduzierung des Primärstromes vorwiegend den Shunt. Aber auch in Drehstromanlagen wird er, ähnlich wie bei jedem Meßinstrument, bei Relais zur Änderung des Meßbereiches und ähnlichem im Sekundärkreis von Wandlern verwendet. Insbesondere sei erwähnt, daß man mit induktiven Shunts ähnlich wie mit einem Sättigungswandler ein Strommeßglied gegen zu hohe Ströme schützen kann. Auch hiebei wird die Sättigung von Eisen ausgenützt, das bei höheren Strömen die Induktivität herabgesetzt und dadurch den Strom vom Meßglied fortnimmt. Solche Shunts werden aus Kupferstäben hergestellt, auf welchen Eisenscheiben aufgeschoben sind. Ihre Wirkung ist etwas schwächer als die der Sättigungswandler.

c) Hilfsmittel zur Gewinnung und Veränderung von Meßgrößen

Mit Hilfe der Wandler erhält man die Ströme und Spannungen, die im Netz auftreten. Mit ihnen findet man im allgemeinen ein Auslangen für den Schutz. Die zusammengesetzten Meßgrößen, wie Leistung, Impedanz, lassen sich daraus ohne besondere Mittel im Relais selbst konstruieren.

Trotzdem genügen diese Meßgrößen in manchen Fällen nicht, um einen einwandfreien Schutz zu erhalten. Es ist nötig, ihre Größe irgendwie zu beeinflussen oder ihre Phase zu drehen. Die zu letzterem notwendigen Hilfsmittel sind die Phasendrehschaltungen, insbesondere die 90°-Schaltung, die Gewinnung besonderer Meßgrößen, wie Spannungen und Ströme des Gegensystems, die Verwendung von spannungsabhängigen Widerständen zur Veränderung von Spannungen und Strömen sowie die Gewinnung der Nullkomponente durch Widerstände und künstliche Sternpunkte, bzw. Erdpunkte für die Beeinflussung der Meßgrößen beim Erdschluß, schließlich die Gewinnung von Meßgrößen durch eine besondere Bauweise der Schaltanlagen.

1. Die künstliche Phasenverschiebung

Zur richtigen Zuordnung von Spannung und Strom in Leitungsoder Impedanzrelais kann man die gegenseitige Phase ändern. Dies kann durch geeignete Wahl des Leiters geschehen (BI c 3 und d 5), es kann innerhalb des Relais geschehen (Abschnitt D), es kann aber auch durch Kunstschaltungen bewerkstelligt werden, die die Richtung des Stromoder Spannungsvektors drehen. Meist dreht man die Spannung.

Man verwendet hierzu eine Schaltung mit Widerständen, Kapazitäten und Induktivitäten. Die Spannungsabfälle in diesen Elementen haben verschiedene Richtungen. Legt man die vom Spannungswandler gewonnene Spannung an eine Hintereinanderschaltung von Widerstand und Kapazität oder Induktivität, so entsteht an den beiden Einzelgliedern eine gegenüber der angelegten Spannung verdrehte Spannung, die man an das Meßglied legen kann.

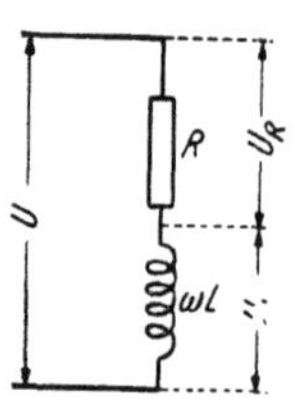

Abb. 81. Phasendrehschaltung

Der einfachste Fall ist der, der Induktivität der Spannungsspule einen Widerstand vorzuschalten (Abb. 81). Je nach dem Widerstandswert ändert sich die Verdrehung.

Theoretisch ist der Wert 90° auch erreichbar, wenn man den Widerstand unendlich groß machen könnte. Hat die Spannung von vornherein einen Phasenwinkel gegenüber dem Strom, so addiert sich der durch die Kunstschaltung erzeugte Winkel zu diesem hinzu. Hiebei kann natürlich leicht die 90°-Schaltung erhalten werden.

Mit Hilfe von Kondensatoren, Spulen und Widerständen [Poleck, H. (23)] läßt sich immer eine vollkommene 90°-Verschiebung herstellen. Ein Zweig mit Widerstand und Induktivität wird einem Zweige mit Widerstand und Kapazität parallel geschaltet und das ganze an den Spannungs- oder Stromwandler gelegt. Sind die Widerstände jeweils gleich den induktiven, bzw. kapazitiven Widerständen, so liegt zwischen den Enden der Spule und der Kapazität eine Spannung genau senkrecht auf der angelegten

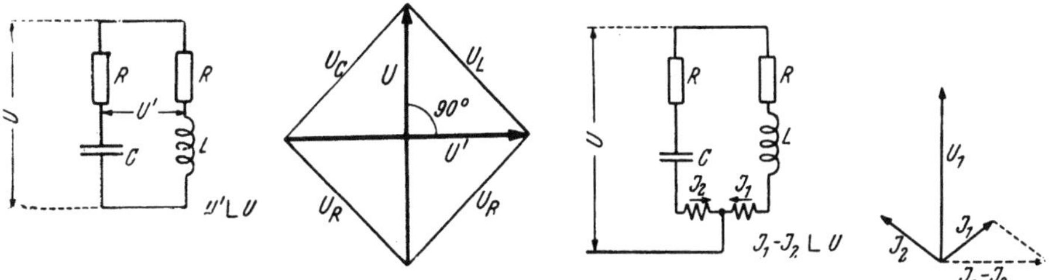

Abb. 82. 90°-Schaltung

Abb. 83. 90°-Schaltung mit Differentialwicklung

Spannung (s. Abb. 82). Bei der Schaltung (Abb. 83) werden ein gleich großer kapazitiver und induktiver Blindstrom gebildet und deren Differenz in einer Differentialwicklung gemessen. Diese ist um 90° gegen die Spannung verdreht (CdC). Diese Wicklung kann eine Relaiswicklung oder ein Zwischenwandler sein. Bekannt ist weiters noch die sogenannte Hummelschaltung, bei der dem Meßglied, das einen der Spannung um 90° ver-

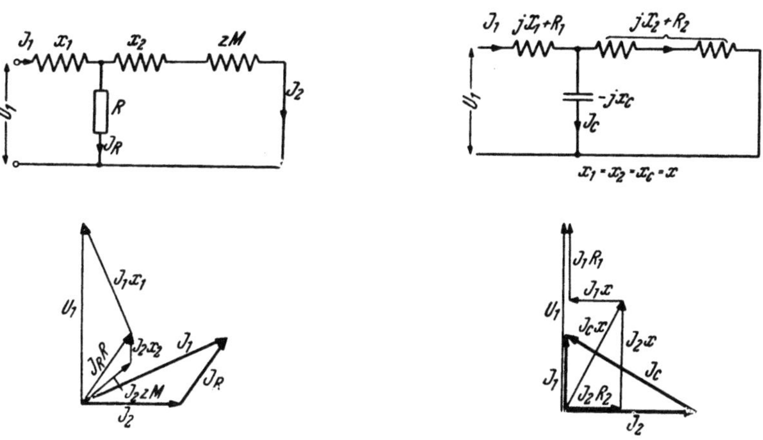

Abb. 84. 90°-Schaltung mit Drosselspule (Hummelschaltung)

Abb. 85. Hummelschaltung mit Kondensator

schobenen Strom führen soll, zwei Drosselspulen vorgeschaltet sind, zwischen denen ein Widerstand abgeht (s. Abb. 84). Durch den induktiven Widerstand x_1 und den Widerstand R wird die gegenüber U_1 induktiv verdrehte Spannung $\mathfrak{U}' = \mathfrak{J}_R R$ erzeugt, die in der Widerstandkombination x_2 und dem Meßgliedwiderstand $\mathfrak{z}_m$ einen vorwiegend induktiven Strom treibt. Dieser ist gegenüber der ursprünglichen Spannung bei richtig gewählten x_1 und R gerade um 90° verdreht.

Eine Abwandlung dieser Schaltung zeigt Abb. 85, in der der Widerstand durch einen Kondensator ersetzt worden ist. Macht man die induktiven Widerstände untereinander gleich und gleich dem kapazitiven Widerstand, so ist nicht nur der Strom um 90° gegenüber der Spannung verschoben, sondern auch gegenüber dem Strom $\mathfrak{J}_1$, d. h. die Spannung $\mathfrak{U}_1$ und der Strom $\mathfrak{J}_1$ ist in Phase. Man kann also die Schaltung für eine 90°-Verdrehung gegenüber dem Strom und gegenüber der Spannung verwenden.

Der Nachteil aller dieser Schaltungen ist die Frequenzabhängigkeit.

2. Drehfeldscheider

Die Gewinnung des Gegensystems ist mittels Drehfeldscheidern [Friedländer E. (19)] möglich. Die Theorie wurde bereits angegeben (B I c 3 γ). Danach ist das Gegensystem proportional der vektoriellen Summe aus dem Strom $\mathfrak{J}_R$ und dem um 60° gedrehten Strom $\mathfrak{J}_T$

$$\mathfrak{J}_G \sim \mathfrak{J}_R + \mathfrak{J}_T \underline{\,|\,60°} \tag{43}$$

und die Spannung entsprechend

$$\mathfrak{U}_G \sim \mathfrak{U}_{TR} + \mathfrak{U}_{ST} \underline{\,|\,60°} \tag{44}$$

oder

$$\mathfrak{U}_G \sim \mathfrak{U}_{TR} + \mathfrak{U}_{SR} \underline{\,|\,120°} \tag{45}$$

Die Schaltungen, mit denen man dies erreichen kann, sind in Abb. 86 und 87 zusammengestellt. Die Verdrehung der Phase um 60°, bzw. 120° werden durch Impedanzglieder bewerkstelligt. In Abb. 86 (Strom-Drehfeldscheider) werden die Spannungsabfälle in dem Widerstand R und der Widerstandskombination Z addiert. Der Spannungsabfall in Z ist gegenüber dem in R um 60° verdreht. In dem Meßglied fließt dann der durch die Summe entstehende Strom, der dem Gegensystem proportional ist.

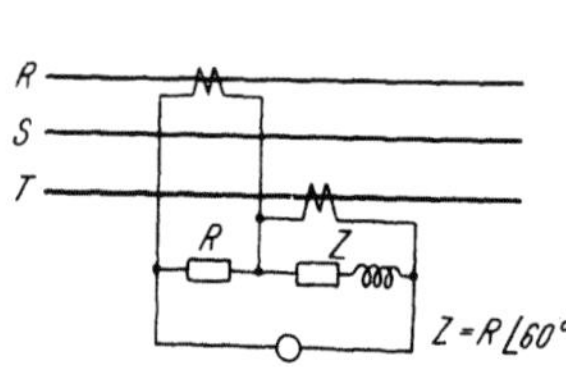

Abb. 86. Strom-Drehfeldscheider

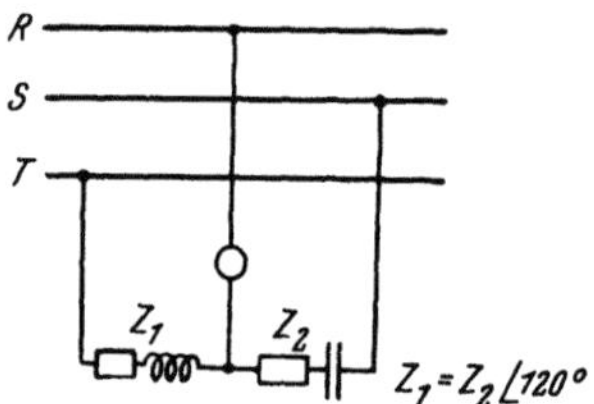

Abb. 87. Spannungsdrehfeldscheider

Auf ähnliche Weise erhält man (Abb. 87) das Gegensystem der Spannung. Hier werden die Spannung $\mathfrak{U}_{TR}$ und die um 120° gedrehte Spannung $\mathfrak{U}_{SR}$ addiert und die Summe als treibende Spannung dem Meßglied zugeführt.

3. Die künstliche Gewinnung der Meßgrößen beim Erdschluß

α) **Erdungs-Widerstände.** Es wurde bereits darauf hingewiesen, daß für den Erdschlußschutz in kleinen Netzen der Netzerdschlußstrom nicht ausreicht. Es muß der Erdschlußstrom dann also künstlich erhöht werden. Dies geschieht mit Hilfe von Widerständen, die direkt oder über einen Transformator an den Sternpunkt angeschlossen werden (Abb. 88).

Statt an den Sternpunkt kann man auch Hilfstransformatoren, sogenannte *Gestellschlußdrosseln*, an das Netz direkt anschließen. Der Widerstand kann dann entweder an den Sternpunkt der Primärwicklung oder

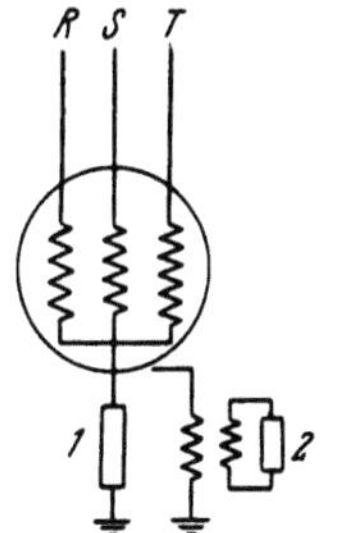

Abb. 88. Sternpunktswiderstand
1 direkt
2 über Transformator

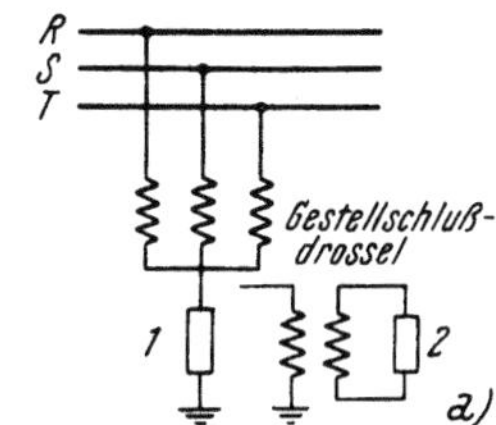
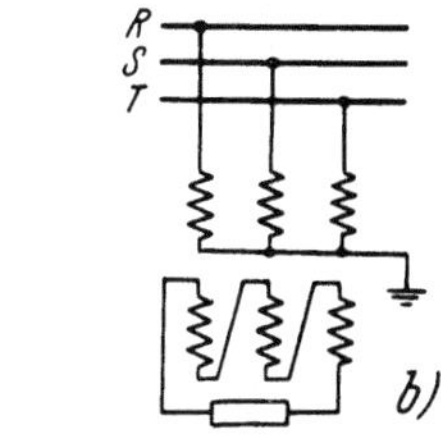

Abb. 89. Gewinnung von künstlichem Erdschlußstrom
Gestellschlußdrosseln
a) mit Sternpunktwiderstand, *b)* mit Dreieckswicklung

an die in offenem Dreieck geschaltete Sekundärwicklung geschaltet werden (s. Abb. 89). Die Verwendung von Gestellschlußdrosseln hat insbesondere den Vorteil, daß bei mehr als einem Generator nur eine gemeinsame künstliche Erdstromgewinnungseinrichtung erforderlich ist. In diesem Falle wird die Gestellschlußdrossel an die Sammelschiene angeschaltet.

β) **Spannungsabhängige Erdungswiderstände.** Es wurde schon erwähnt, daß beim Erdschlußschutz für Generatoren der Nachteil besteht, daß bei Fehlern in der Nähe des Sternpunktes die Erdschlußspannung und damit auch der Erdschlußstrom sehr klein ist. Diesen Nachteil kann man verringern, indem man als Erdungswiderstände spannungsabhängige Widerstände benutzt. Bei kleinen Erdschlußspannungen ist der Wert

dieser Widerstände klein, bei großen Spannungen dagegen größer. Der so entstehende Erdschlußstrom wird daher bei Fehlern in der Nähe des Sternpunktes künstlich erhöht. Diese Spannungsabhängigkeit kann im wesentlichen auf drei Arten erreicht werden (Abb. 90), entweder durch Nullspannungsrelais (Stufenrelais), die einen Teil des Erdungswiderstandes bei kleinen Spannungen kurzschließen oder durch spannungsabhängige Widerstän-

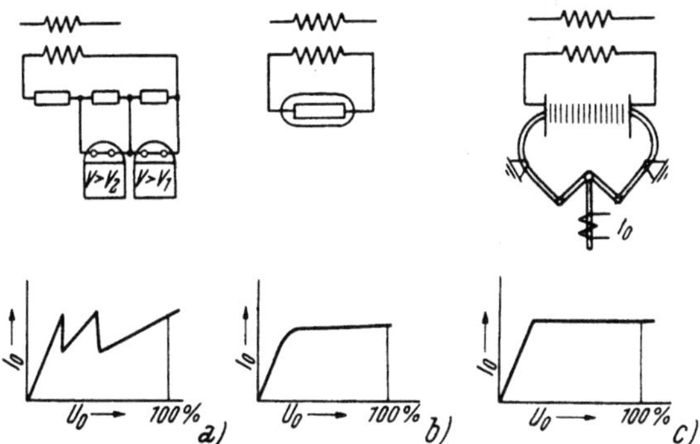

Abb. 90. Erhöhung des Erdschlußstromes bei kleinen Spannungen. *a)* Stufenrelais, *b)* Spannungsabhängiger Widerstand, *c)* Kohledruckregler

de [W. Bütow (*204, 205*), H. Titze (*222*)], z. B. Eisenwasserstoffwiderständen oder Eisenbändern, Metallfadenlampen, deren Widerstandswert mit der Spannung stark wächst oder drittens durch Kohledruckregler, die durch den Erdschlußstrom selbst gesteuert werden. Die zugehörigen Diagramme zeigen den grundsätzlichen Verlauf des Erdschlußstromes in Abhängigkeit von der Erdschlußspannung, d. h. von der Lage des Erdschlusses in der Wicklung. Man erreicht durch diese Anordnungen einen annähernd konstanten Verlauf des Erdschlußstromes über den ganzen Schutzbereich. Ein vollkommener 100%iger Schutz ist allerdings mit diesen Methoden nicht zu erreichen.

Man kann natürlich auch mit einem gewöhnlichen Widerstand denselben Ansprechwert und damit denselben Schutzwert erreichen, wenn nur der Widerstand klein genug gemacht wird. Hiebei muß aber bei totalem Erdschluß der Widerstand nach Betätigung der Relais mit einem Nullpunktschalter abgeschaltet werden. [Stalder (*221, 30*)].

γ) **Künstliche Spannungsverlagerungen.** Eine völlige Erfassung der Wicklung bei Erdschluß kann man durch künstliche Verlagerungen des Sternpunktes erreichen. Das Prinzip wurde bereits durchgesprochen (B II a 3). Es bleibt nur noch zu besprechen, wie eine solche Spannungsverlagerung möglich gemacht wird. [R. Pohl (*218*), Diesendorf W. und E. Groß (*207*)]. Man benutzt hiezu die bereits erwähnten Gestellschlußdrosseln, macht aber ihre Windungszahlen je Leiter verschieden. Dies kann man primärseitig machen oder in der im offenen Dreieck geschalteten Sekundärwicklung (Abb. 91). Im ersten Fall legt man den Erdungswiderstand zwischen den künstlichen Sternpunkt und Erde, im zweiten Fall liegt er an der Dreieckswicklung und der Sternpunkt ist fest geerdet.

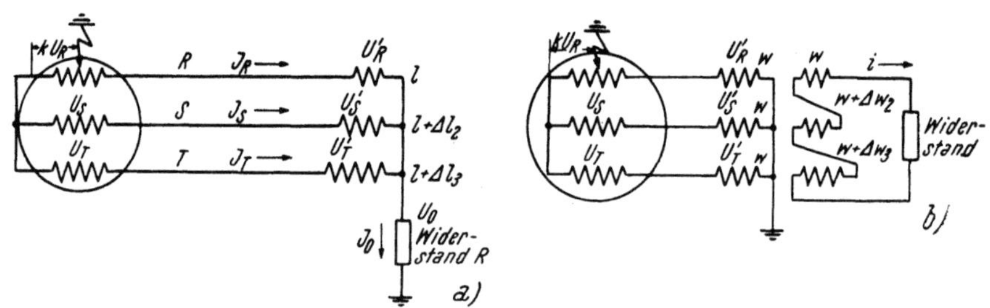

Abb. 91. Verlagerung des Sternpunktes
a) Primäre Unsymmetrie, *b)* sekundäre Unsymmetrie

Die verlagerte Spannung, bzw. der entstehende Erdschlußstrom kann bei diesen beiden Schaltungen wie folgt bestimmt werden. Der erste Fall, also die primärseitige Unsymmetrie, kann als eine unsymmetrische Sternbelastung aufgefaßt werden. Mit den Bezeichnungen der Abb. 91a ergibt sich dann für einen Erdschluß in der Wicklung des Leiters R

$$- (1 - k)\, \mathfrak{U}_R + \mathfrak{J}_R \, \frac{1}{l} + \mathfrak{J}_0\, R = 0$$

$$k\, \mathfrak{U}_R - \mathfrak{U}_S + \mathfrak{J}_S \, \frac{1}{1 + \varDelta\, l_2} + \mathfrak{J}_0\, R = 0 \qquad (46)$$

$$k\, \mathfrak{U}_R - \mathfrak{U}_T + \mathfrak{J}_T \, \frac{1}{1 + \varDelta\, l_3} + \mathfrak{J}_0\, R = 0$$

und

$$\mathfrak{J}_R + \mathfrak{J}_S + \mathfrak{J}_T = \mathfrak{J}_0 \qquad (47)$$

Hierbei ist die Gestellschlußdrossel mit den Scheinableitungen $l = \dfrac{1}{\mathfrak{z}}$ eingesetzt, wobei die Wicklung des Leiters S eine um $\varDelta\, l_2$, die des Leiters T eine um $\varDelta\, l_3$ größere Ableitung haben soll. k bestimmt die Lage des Erdschlusses. k ist 1 bei Klemmenerdschluß und null bei Erdschluß am Sternpunkt. Setzt man nun $\mathfrak{J}_R$, $\mathfrak{J}_S$ und $\mathfrak{J}_T$ aus Gl. (46) in die Gl. (47) ein, so erhält man nach einiger Umformung für die Spannung des künstlichen Sternpunktes

$$\mathfrak{U}_0 = \mathfrak{J}_0\,R = \frac{-\,k\,\mathfrak{U}_R\,(3\,l + \varDelta\,l_2 + \varDelta\,l_3) + \mathfrak{U}_S\,\varDelta\,l_2 + \mathfrak{U}_T\,\varDelta\,l_3}{1/R + 3\,l + \varDelta\,l_2 + \varDelta\,l_3} \qquad (48)$$

Für großes R kann man angenähert die übersichtliche Form schreiben:

$$\mathfrak{U}_0 = -\,k\,\mathfrak{U}_R + \frac{\mathfrak{U}_S\,\varDelta\,l_2 + \mathfrak{U}_T\,\varDelta\,l_3}{3\,l + \varDelta\,l_2 + \varDelta\,l_2} \qquad (49)$$

Hierin sind $k\,\mathfrak{U}_R$ die Nullpunktsverlagerung infolge des Erdschlusses und die beiden letzten Glieder die künstliche Verlagerung. Für den Sternpunkts-Erdschluß $(k = 0)$ bleibt nur die künstliche Verlagerung übrig. Es ist also auch in diesem Falle eine Erdschlußspannung und ein Erdschlußstrom vorhanden.

$\mathfrak{U}_0$ kann an keiner Stelle null sein, da die Gleichung eineVektorgleichung ist.

Auf ähnliche Weise kann man auch für die zweite Schaltung mit offener Dreieckswicklung die Nullpunktverlagerung berechnen (Abb. 91b). Hier führt man zweckmäßig die Windungszahlen ein. Für den Leiter R ist die Übersetzung $\dfrac{w}{w} = 1$, für den Leiter S $\dfrac{w}{w + \varDelta\,w_2}$, für den Leiter T $\dfrac{w}{w + \varDelta\,w_3}$. Dann ergibt sich mit den Bezeichnungen der Abb. 91b:

$$\begin{aligned}
-\,(1 - k)\,\mathfrak{U}_R + \mathfrak{U}'_R &= 0 \\
-\,\mathfrak{U}_S + k\,\mathfrak{U}_R + \mathfrak{U}'_S &= 0 \qquad (50)\\
-\,\mathfrak{U}_T + k\,\mathfrak{U}_R + \mathfrak{U}'_T &= 0
\end{aligned}$$

und aus dem Sekundärkreis (i = Sekundärstrom)

$$-\,\mathfrak{U}'_R - \mathfrak{U}'_S\,\frac{w + \varDelta\,w_2}{w} - \mathfrak{U}'_T\,\frac{w + \varDelta\,w_3}{w} + i\,R = 0.$$

Nach Einsetzen von $\mathfrak{U}'_R$, $\mathfrak{U}'_S$ und $\mathfrak{U}'_T$ aus Gl. (50) und Umformung erhält man

$$i\,R = -\,k\,\mathfrak{U}_R\!\left(3 + \frac{\varDelta\,w_2}{w} + \frac{\varDelta\,w_3}{w}\right) + \mathfrak{U}_S\,\frac{\varDelta\,w_2}{w} + \mathfrak{U}_T\,\frac{\varDelta\,w_3}{w}$$

Auch hier entsprechen das erste Glied im wesentlichen der Spannungsverlagerung durch den Erdschluß, die beiden anderen der künstlichen Spannungsverlagerung. Ein Strom i fließt also auch, wenn $k = 0$ ist.

Eine weitere Möglichkeit einer Spannungsverlagerung ist noch, die Mitte einer Dreieckspannung zu erden (Abb. 92). Das zugehörige Vektordiagramm zeigt Abb. 25c. Dem Meßglied wird hiebei die Differenz der beiden Hälften der Dreieckspannung zugeführt. Bei einem Erdschluß auf der einen Wicklung rutscht der Erdpunkt an diese Stelle und die Differenz ist nicht mehr null. Da der künstliche Erdpunkt auf einer Dreieckspannung liegt, ist auch hiebei jeder Punkt der in Stern geschalteten Generatorenwicklungen geschützt.

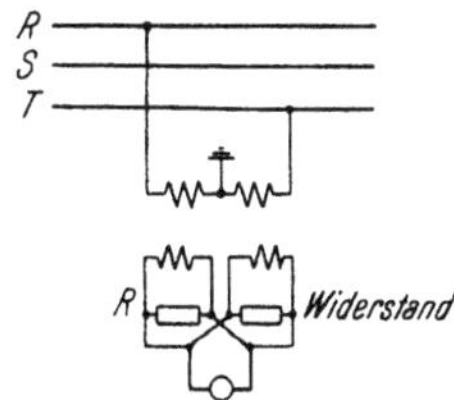

Abb. 92. Spannungsverlagerung in die Mitte einer Dreieckswicklung

Schließlich kann man im Erdschlußfalle künstlich einen Leiter über einen Widerstand an Erde legen, so daß auch in diesem Falle jeder Punkt der Wicklung geschützt ist (Abb. 93). Allerdings kann man diese Verlagerung des Erdpotentials erst im Fehlerfalle zuschalten, da man nicht dauernd einen Leiter erden kann. Die Zuschaltung kann mit einem sehr empfindlichen Spannungsrelais geschehen, es ist hiefür aber immer eine Spannung erforderlich. Diese ist aber bei einem direkten Sternpunktfehler nicht vorhanden, so daß diese Anordnung keinen 100%igen Schutz darstellen kann. Allerdings kann durch hohe Empfindlichkeit des Relais der Schutzbereich bis 99% erstreckt werden. Es wurde schon erwähnt, daß hiebei die Erdschlußspannung sich höchstens im Verhältnis $1 : \sqrt{3}$ ändern kann [H. Stalder (*29, 221*)].

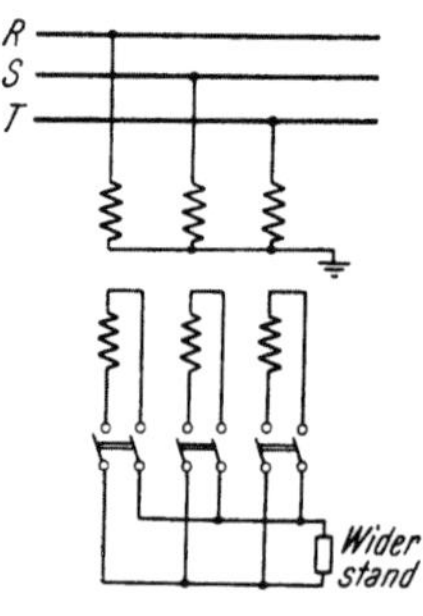

Abb. 93. Erdung eines Leiters bei Erdschluß

Die Leistungsfähigkeit solcher Drosseln hängt im wesentlichen von der Größe des Erdschlußstromes ab. Bei Generatoren, die über Transformatoren auf das Netz arbeiten, genügt als Erdschlußstrom gerade so viel, daß der Schutz arbeiten kann. Hiebei genügen oft 5 bis 10 A Erdschlußstrom vollkommen.

Anders ist es, wenn der Generator auf ein Netz arbeitet, das bereits einen eigenen Erdschlußstrom besitzt. Dann müssen Erdungsdrosseln so stark sein, daß sie trotz der Netzsymmetrie die Verlagerungsspannung erzeugen können, d. h. ihr Erdschlußstrom muß etwa in der gleichen Größenordnung wie der Netzerdschlußstrom sein.

Es wurde schon erwähnt, daß man das Netz selbst künstlich unsymmetrisch machen kann, indem man die Kapazität eines Leiters durch eine Drosselspule kompensiert und damit die Wirkung der Gestellschlußdrossel beispielsweise nach Abb. 92 unterstützen kann. In allen anderen Fällen muß die Impedanz der Erdungsdrossel kleiner sein als der kapazitive Widerstand des Netzes. Gleichheit der Werte ist wegen der damit verbundenen Resonanz nicht zu empfehlen.

δ) **Isolierung der Erdleitung in der Schaltanlage.** In Schaltanlagen kann man sich künstlich eine Meßgröße dadurch herstellen, daß sämtliche Erdleitungen, Schalterkessel, sonstige Gehäuse, Eisengerüste von der tatsächlichen Erde isoliert werden und alle Erdleitungen gemeinsam über einen Stromwandler mit Erde verbunden werden. Hiedurch erreicht man, daß bei irgend einem Fehler, der in Netzen mit geerdetem Sternpunkt in Schaltanlagen immer mit einem einpoligen Kurzschluß beginnt, Strom über die Erdungsanlage und Stromwandler in die Erde fließt. Man gewinnt also hiebei eine Meßgröße, die es ermöglicht, in ganz einfacher Weise einen Schaltanlagenfehler, also Sammelschienenfehler, festzustellen. Der Hauptnachteil dieser Anordnung ist natürlich die schwierige Herstellung der Schaltanlage.

4. Spannungsabhängige Widerstände

Spannungsabhängige Widerstände werden auch verwendet, um die Spannung am Relais selbst zu beeinflussen, um Überlastungen zu verhindern oder um die Empfindlichkeit bei kleinen Spannungen zu erhöhen.

Der Widerstand muß bei hoher Spannung einen höheren Wert besitzen als bei niederen. Hiefür können gewöhnliche Metallfadenlampen oder Eisen-Wasserstofflampen benützt werden.

Man kann durch solche Vorschaltwiderstände auch die Ansprechzeit beeinflussen. Bei Widerständen, die mit der Spannung stark ansteigen, fließt im ersten Moment, wo sie noch kalt sind, ein hoher Strom, der erst mit der Erwärmung auf seinen Endwert sinkt. Hiedurch wird das Ansprechen beschleunigt. Umgekehrt kann man durch Widerstände mit negativen Temperaturkoeffizienten das Ansprechen verzögern. Als solche Widerstände können Urandioxydwiderstände (Urdox) verwendet werden, deren Widerstandswert sich bis zu $1 : 50$ ändern kann.

Auch ohne den Erdschlußstrom zu beeinflussen, kann man die Empfindlichkeit des Erdschlußschutzes dadurch erhöhen, daß man im Spannungskreis spannungsabhängige Widerstände verwendet. Hiedurch erreicht man, daß einmal möglichst die ganze Wicklung von der Klemme bis fast zum Sternpunkt schutztechnisch erfaßt wird, auf der anderen Seite aber bei voller Spannung nicht überlastet werden darf.

Abb. 94. „Regenerierung" der Erdschlußspannung. *a)* Schaltung, *b)* Kennlinie

Man belastet den Spannungswandler (Abb. 94) mit einem solchen Widerstand, der bei kleiner Spannung kleine, bei großer Spannung große Werte hat, und legt in den Stromkreis einen Stromspannungswandler, an dem die Spannungsspule eines Relais angeschlossen wird. Dann wird die Spannung am Relais die in Abb. 94b gezeigte Abhängigkeit von der Spannung am Wandler haben. Die Spannung ist bei kleinen Werten kaum kleiner als bei großen Werten. Sie wird also gewissermaßen durch diese Schaltung künstlich erhöht, regeneriert. Man spricht daher auch von einer Spannungsregenerierung. Sie kann in allen Fällen benutzt werden, auch wenn der Erdschlußstrom selbst vom Netz herrührt und nicht künstlich erzeugt wird[1].

D. Relais-Arten

Die Entwicklung der Relaistechnik hat eine Unzahl von verschiedenen Ausführungsformen entstehen lassen, die natürlich nicht alle hier einzeln eingehend behandelt werden können. Es mußte eine Auswahl getroffen werden. Es ist daher im wesentlichen nur die prinzipielle Wirkungsweise angegeben und nicht auf konstruktive Einzelheiten eingegangen worden. Aber selbst dabei fehlt noch manche Type oder ist nur kurz erwähnt. Ich hoffe aber, die Auswahl so getroffen zu haben, daß eine gute Übersicht über die grundsätzliche Wirkungsweise der Relais entsprechend dem derzeitigen Stand erreicht worden ist.

Bevor die einzelnen Arten besprochen werden, sollen erst einige allgemeine Eigenschaften der Relais behandelt werden.

---

[1] Nach **Engelbert** und **Kudicke**.

I. Allgemeine Eigenschaften der Relais

a) Genauigkeit

Die wichtigste Eigenschaft eines Relais ist seine Genauigkeit beim Ansprechen und beim Ablauf, also sein Ansprechwert und seine Ablaufzeit. Der *Ansprechwert* darf nicht allzu sehr streuen. Einmal muß innerhalb der Fabrikation die Toleranz des Ansprechwertes bestimmte Grenzen haben. Andererseits darf aber auch bei ein und demselben Relais die Schwankung des Ansprechwertes nicht zu groß sein. Weiters ist es gerade bei Relais nötig, die oft jahrelang eingebaut sind, ohne, abgesehen von der laufenden Prüfung, in Tätigkeit zu treten, daß sie auch nach langer Betriebsdauer ihren Ansprechwert beibehalten. Diese Bedingung ist oft wichtiger als der tatsächliche Wert der Genauigkeit.

Die Betriebsverhältnisse erfordern robustere Ausführungen als bei Meßinstrumenten. Ein Ansprechfehler von etwa 5% ist in der Praxis meist ausreichend.

An den *Zeitablauf* von Relais müssen höhere Anforderungen gestellt werden. Je größer hier die Schwankung ist, um so höher muß die Staffelzeit bemessen werden, da sonst Falschauslösungen eintreten können.

Von der Genauigkeit des Zeitablaufes hängt die Wahl der Staffelzeit und damit überhaupt die Fehlerzeit in einem Netz ab. Es muß deshalb die Zeitgenauigkeit groß sein. Bei abhängigen Relais hängt dies außer von der Konstruktion auch von der Genauigkeit des Meßwertes, also von den Wandlern ab, bei Relais mit festen Zeiten aber nur von der Relaiskonstruktion. Unabhängige Relais sind daher genauer herzustellen als abhängige Relais. Eine Genauigkeit von $\pm\,0{,}1$ s ist bei Zeitrelais meist zu erreichen.

b) Halteverhältnis

Der Wert der Meßgröße, bei der ein Relais wieder in den Ruhezustand zurückgeht, ist der *Abfallwert*. Dieser liegt meist etwas tiefer als der Ansprechwert. Das Verhältnis von Ansprechwert zum Abfallwert ist das Halteverhältnis. Es ist als gut zu bezeichnen, wenn es nur wenig größer als 1 ist. Ein gutes Halteverhältnis muß insbesondere verlangt werden, wenn der Ansprechwert nur wenig über dem Normalstrom liegt. Bei zu großem Halteverhältnis könnte es dann vorkommen, daß auch nach Verschwinden des Kurzschlußstromes durch den Betriebsstrom das Relais weiter in der Auslösestellung verbleibt. Bei Impedanz-Anwurf-Relais ist daher ein besonders gutes Halteverhältnis erforderlich. Hilfsrelais, bei denen nach dem Ansprechen die Spannung völlig verschwindet, können größere Halteverhältnisse besitzen.

Beeinflußt wird das Halteverhältnis in erster Linie von dem Verhältnis von Anzugskraft des elektrischen Gliedes und der meist mechanischen Rückstellkraft. Dieses Verhältnis ist im angezogenen Zustande häufig anders als im abgefallenen. Die Anzugskraft oder das Anzugsmoment wächst bei magnetischen Relais mit der Kontaktbewegung an, da der Luftspalt des Magneten während des Anziehens des Ankers verkleinert wird. Wächst damit in gleicher Weise die Rückstellkraft der Feder (siehe Abb. 95a), so bleibt das Verhältnis gleich. Das Halteverhältnis ist 1. Da die Anzugskraft gerade für die Bewegung des Ankers ausreicht, ist hiebei der Kontaktdruck nur gering. Wächst aber die Anzugskraft rascher als die Rückstellkraft (s. Abb. 95b), so tritt folgendes ein: Das Relais spricht bei einer bestimmten Amperewindungszahl AW_1 an. Da nun die Kraft von selbst anwächst, erhält es damit ein zusätzliches Anzugsmoment, das sich in einem starken Kontaktdruck und eine rasche Kontaktgabe auswirkt. Wenn nun das Relais abfallen soll, so muß die AW-Zahl erst bis auf AW_2 absinken, bevor das Relais wieder zurückgehen kann. Das Halteverhältnis

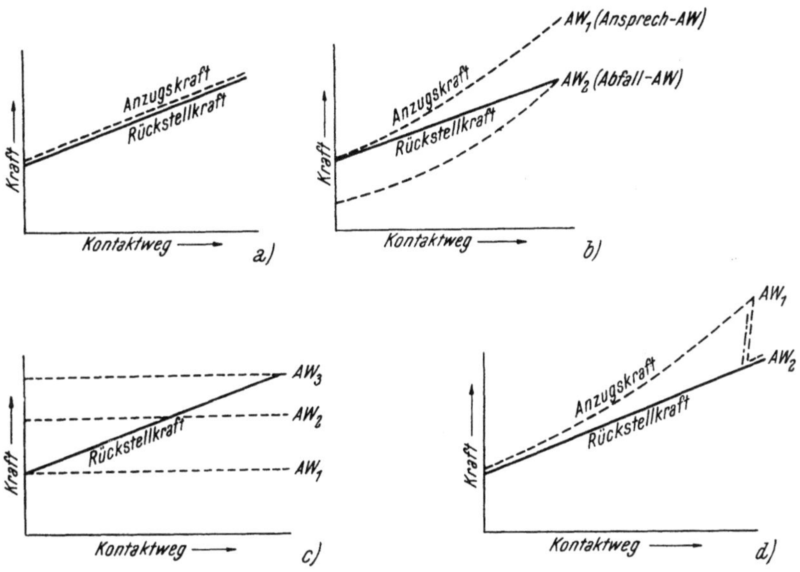

Abb. 95. Halteverhältnis

a) Anzugskraft = Rückstellkraft, Halteverhältnis = 1, *b)* Anzugskraft > Rückstellkraft, Halteverhältnis = AW_1/AW_2, *c)* Anzugskraft wie Meßgerät, Halteverhältnis = AW_3/AW_3 = 1, *d)* Mit Kunstschaltung (– – –) oder zusätzlicher Federkraft (– . –), Halteverhältnis $\sim AW_2/AW_2 \sim 1$

ist also schlechter. Einen dritten Fall zeigt Abb. 95 c. Hiebei bleibt das Anzugsmoment während der Ankerbewegung konstant, während das Rückstellmoment wächst. Hiemit werden dieselben Verhältnisse wie bei einem Meßinstrument erreicht. Die Rückstellkraft ist dann proportional der AW-Zahl. Bei der AW-Zahl AW_1 spricht wohl das Relais an, der Anker hebt sich aber nur wenig von der Ruhelage ab, steigt der Strom bis auf AW_2, so geht der Anker bis etwa zur Mitte, erst bei AW_3 erreicht er den Gegenkontakt. Als Ansprechwert muß hiebei AW_3 angesehen werden, da erst hiebei eine Kontaktgabe erfolgt. Der Abfallwert ist ebenfalls AW_3, da der Kontakt sich bei diesem Wert gerade zu öffnen beginnt. Zu einer völligen Öffnung ist allerdings erst die AW-Zahl AW_1 erforderlich. Man kann auch hier von einem Halteverhältnis 1 sprechen. Der Kontaktdruck ist auch in diesem Fall sehr klein. Wir wollen aus dieser Überlegung erkennen, daß gute Kontaktgabe und gutes Halteverhältnis sich gegenseitig ausschließen. Dies muß bei der Auslegung eines Relais bedacht werden.

Der Kontakt hat durch seine Klebewirkung, vor allem bei höheren Strömen, auch eine haltende Wirkung und kann das Halteverhältnis verschlechtern.

Durch Kunstschaltungen kann man gute Kontaktgabe mit gutem Halteverhältnis verbinden. Man läßt durch einen zweiten Kontakt entweder einen Widerstand in den Ansprechkreis schalten, der einen Teil der

Meßgröße vom Relais wegnimmt — bei Stromrelais wird dieser parallel, bei Spannungsrelais vor die Relaisspule geschaltet — oder eine zweite Spule auf dem Magnetkern erregen, die die AW-Zahl herabsetzt [Fröhlich, F. *(42)*].

Das Kräftediagramm zeigt Abb. 95d. Beim Kontaktschließen wird die Gesamt-AW-Zahl auf den Abfallwert verringert, so daß das Halteverhältnis angenähert 1 wird.

Dasselbe kann man durch zusätzliche Federn erreichen, die die Rückzugskraft kurz vor Erreichen des Kontaktes erhöhen. In diesem Fall steigt die Rückstellkraft am Ende sprunghaft an [John, S. *(103)*].

c) Eigenzeiten

Als Eigenzeit soll jene Zeit verstanden werden, die außer der beabsichtigten Ablaufzeit eines Relais noch vorhanden ist. Die *Ablaufzeit* ist eine Zeit, die mit besonderen Zeitsystemen entsprechend der Charakteristik eines Relais gewollt erzeugt wird. Die Eigenzeiten sind dagegen Zeiten, die sich aus der Konstruktion und Wirkungsweise ergeben und möglichst gar nicht existieren sollen. Sie sind für die Arbeitsweise meist unnötig oder gar schädlich.

Zunächst soll die *Eigenzeit* unverzögerter Relais behandelt werden. Jedes Anwurfrelais, Hilfsrelais, Richtungsrelais braucht eine endliche Zeit zur Ausübung seiner Funktion. Diese Zeit soll natürlich so klein wie möglich sein, da sie sich zur Ablaufzeit addiert. Ebenso besitzt der Auslöser und der Schalter selbst eine Eigenzeit. Ablaufzeit, vermehrt um die Eigenzeit der nacheinander arbeitenden Relais, des Auslösers und des Schalters selbst, ergeben die Auslösezeit des Schutzes.

Die Eigenzeit hängt von der Konstruktion ab. Leichtes Gewicht, kurze Wege, auch beim Ansprechwert starke Anzugskräfte (kippende Kontaktgabe) bedingen kleine Eigenzeiten. Sie ist meist abhängig von der Erregung des Relais. Je stärker die Erregung, um so kleiner ist die Eigenzeit. Sie ist daher am größten im Ansprechbereich und geht dann auf einen Grenzwert herunter. Dieser soll möglichst vor dem doppelten Ansprechwert erreicht sein. Eigenzeiten über 0,1 s sind als schlecht zu bezeichnen.

Eine genaue Kenntnis der Eigenzeit ist insbesondere notwendig, wenn mehrere Relais zusammenarbeiten. Beispielsweise darf beim Richtungsvergleichschutz das Richtungsrelais der einen Seite nicht früher ansprechen als das Vergleichssignal vom anderen Ende eingelangt ist. Ist die Auslösung hiebei normalerweise freigegeben und wird vom anderen Ende ein Sperrzeichen gegeben, so muß die Eigenzeit des Richtungsrelais größer sein als die Zeit des Sende- und Empfangsrelais im Übertragungskanal, da sonst der Schutz falsch auslösen würde,

Als nächstes sei die *Abfallzeit* von Relais genannt. Auch diese gehört zu den ungewünschten Zeiten, wenn nicht eine künstliche Abfallverzögerung nötig ist, was bei Pendelsperren und ähnlichem vorkommt. Die Abfallverzögerung muß deshalb gering sein, damit der Schutz möglichst schnell wieder betriebsbereit ist. Bei magnetischen Relais ist dies meist auch der Fall, weniger bei Induktionsrelais und vor allem bei thermischen Relais. Bei letzteren bedingt die notwendige Abkühlung oft eine oder mehrere Minuten, bis der Anfangszustand wieder erreicht ist. Da diese Abkühlung auch beim gekühlten Objekt vorhanden ist, so ist die lange Abfallzeit oft gar nicht unzweckmäßig, da sie ein Zuschalten noch nicht abgekühlter

Objekte verhindert. Eine lange Abfallzeit ist bei Pendelungen zu verhindern. Hiebei pendelt der Meßwert mehrere Male hin und her und über- und unterschreitet dabei den Ansprechwert. Ist nun das Relais dabei nicht bis zur Ruhestellung abgefallen, so verkürzt sich dadurch die Ablaufzeit immer mehr und das Relais löst schließlich mit kurzer Zeit aus. An Stellen, wo Pendelungen nicht auftreten, sind lange Abfallzeiten dagegen weniger von Bedeutung.

Sehr wichtig ist die Kenntnis von der *Nachlaufzeit* von Relais. Wie weit und wie lange läuft ein Relais noch weiter, wenn die Erregung nach dem Ansprechen wieder weggenommen wird? Diese Frage ist für die Ermittlung der kleinsten möglichen Staffelzeit notwendig. Dies sei an einem Beispiel dargelegt. Ein Relais besitzt bei einem bestimmten Meßwert eine Ablaufzeit von 1 s. Nach 0,8 s Dauer verschwindet der Fehler und damit die Erregung. Ist die Nachlaufzeit 0,2 s, so löst es aller Wahrscheinlichkeit trotz Ausbleibens der Erregung noch aus, ist sie aber kleiner, so fällt es wieder ab. Um eine solche unnötige Abschaltung zu verhindern, muß man dann die Ablaufzeit der Relais, also die Staffelzeit vergrößern. Je geringer die Nachlaufzeit also ist, um so geringer kann auch die Staffelzeit gemacht werden. Es empfiehlt sich also immer eine sehr kleine Nachlaufzeit, die insbesondere von der Trägheit der bewegten Teile und von der Nachheizung bei thermischen Relais abhängt.

d) Temperaturabhängigkeit

Die Abhängigkeit der Wirkungsweise der Relais von der Außentemperatur muß so klein wie möglich sein. Relais können in der Schaltanlage selbst untergebracht sein, sie sind sogar im Freien, nur durch Kästen geschützt, zu finden. Andererseits können sie in geheizten Räumen, z. B. in Kommandoräumen, eingebaut sein. Es können daher gleichzeitig bei hintereinanderliegenden Relais Temperaturunterschiede im Winter von 30° und mehr auftreten, während im Sommer die Umgebungstemperatur weniger verschieden ist. In beiden Fällen muß die Staffelzeit aber gleich sein. Auch die Vorbelastung hat einen Einfluß auf die Temperatur. Dies ist meist unerwünscht, kann aber beim Überlastschutz auch von Vorteil sein. Die Temperaturabhängigkeit rührt im wesentlichen von den Widerstandsänderungen der Wicklung her. Aber auch die Federkräfte, die Kontaktwege werden von der Temperatur in bestimmten Grenzen beeinflußt. Bei thermischen Relais sind sie durch Kompensationsstreifen kompensiert. Die Temperaturabhängigkeit von Rückzugfedern wirkt der Widerstandzunahme von Wicklungen entgegen.

e) Frequenz- und Oberwellenabhängigkeit

Die Frequenzabhängigkeit ist weniger von Bedeutung, da die Frequenz normalerweise sehr konstant ist und selbst bei starken Fehlern nur wenig schwankt. Sie ist durch die Induktivität der Spulen im wesentlichen bedingt. Sie kann durch Ohmsche Widerstände herabgesetzt werden.

In diesem Zusammenhang sei auch auf die Oberwellenabhängigkeit hingewiesen, die insbesondere bei Erdschlußrelais klein gehalten werden muß. Oberwellen können den Meßwert selbst verändern, wenn sie auf das Meßsystem Einfluß haben. Oberwellen in der Spannung sind in der Regel harmloser, da der durch die Spannung entstehende Strom in den

Wicklungen infolge der Induktivität sich glättet. Oberwellen im Strom können aber nur wenig beeinflußt werden. Daher ist im Stromrelais eine Oberwellenabhängigkeit am unangenehmsten. Leistungsrelais sind weniger empfindlich, wenn die Spannung wenig Oberharmonische besitzt, da eine Leistung nur aus Strom und Spannung gleicher Frequenz sich bilden kann.

Der Effektivwert eines Stromes mit Oberwellen bestimmt sich aus dem quadratischen Mittelwert der Effektivwerte der einzelnen Oberwellen.

$$I_{eff} = \sqrt{I_1{}^2 + I_2{}^2 + I_3{}^2 + \cdots} \tag{51}$$

Bei Überstromrelais nach dem Induktionsprinzip, bei denen durch denselben Strom mittels Kurzschlußringen oder ähnlichem zwei phasenverschobene Flüsse erzeugt werden, die auf eine Scheibe oder Trommel ein Drehmoment ausüben, haben die Oberwellen einen entsprechenden Anteil. Maßgebend ist wie bei der Grundwelle neben der Stromhöhe die Phasenverschiebung zwischen den Flüssen, die je nach der Ordnungszahl der Harmonischen verschieden ist. Ein Drehmoment bilden hierbei nur die Anteile der gleichen Frequenz, da das Produkt aus Faktoren verschiedener Frequenz Null ist. Ein Teil der Drehmomente wird negativ, wirkt also dem Grundwellendrehmoment entgegen, ein Teil ist positiv und unterstützt das Grundwellendrehmoment. Der Einfluß der Oberwellen beim Ferrarissystem ist also je nach der Größe der Oberwellenanteile und je nach der Konstruktion des Relais verschieden. In besonders schwierigen Fällen müssen Tiefpässe, die keine Frequenz höher als 100 Hz durchlassen, vor die Relais geschaltet werden.

f) Kontakt-Eigenschaften

Als Kontaktarten unterscheidet man *Einschalt-, Ausschalt- und Umschaltkontakte.* Der Ausschaltkontakt (Ruhekontakt) wird bei Betätigung der Relais geöffnet, der Einschaltkontakt (Arbeitskontakt) geschlossen und der Umschaltkontakt kann entweder von einem Kontakt auf den anderen umschalten oder es wird je nach der Ausschlagsrichtung der eine oder andere Kontakt aus der Mittelstellung zugeschaltet (*Wahlkontakt*). Der *Wischkontakt* betätigt den Kontakt nur kurzzeitig während des Anzugsvorganges. In beiden Endstellungen bleibt der Kontakt offen (Abb. 96).

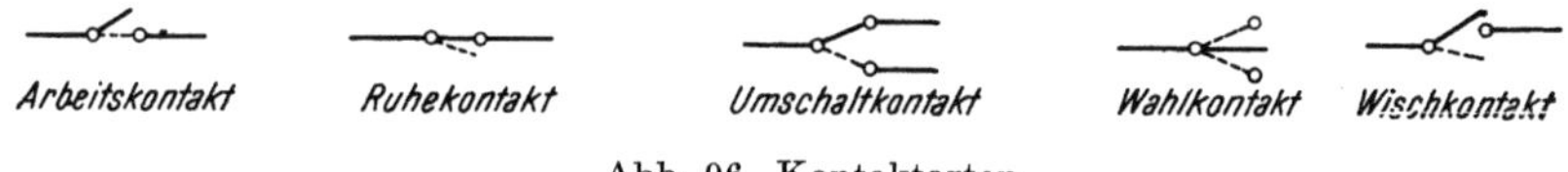

Abb. 96. Kontaktarten

Eine weitere Unterscheidung ist zu machen zwischen Relais mit Kontakten, die nach dem Ansprechen, auch nach Rückgang des Relais, im Auslösezustand bleiben und erst manuell zurückgestellt werden können, den *halbautomatischen* Relais oder mit Kontakten, die nach Auflösen der Erregung von selbst wieder in Ruhestellung zurückkehren, den *vollautomatischen* Relais.

Wichtig ist die *Schaltleistung* eines Relais. Sie hängt außer von der Ausführung des Kontaktes im wesentlichen von der elektrischen Größe selbst ab. Großer Kontaktweg verringert die Überschlagsgefahr nach einer Ausschaltung. Hoher Kontaktdruck zwischen den Kontakten verhindert dauernde Funkenbildung zwischen den Kontakten und die Gefahr des

Prellens. Große Abreißkraft beim Öffnen von Kontakten ergibt eine hohe Beschleunigung und schnelles Abreißen des Lichtbogens. Dies ist insbesondere für die Schaltung von Gleichstromkreisen von Bedeutung. Weiters ist es erforderlich, daß die Kontakte durch den durchfließenden Strom nicht zu warm werden und damit die Gefahr eines Zusammenschweißens (Klebens) vermieden wird.

Bei Schutzrelais muß darauf geachtet werden, daß sie oft lange Zeit unbetätigt sind. Es kann dadurch der Fall eintreten, daß Staubablagerungen, Oxydationen und ähnliches die Kontaktflächen mit nichtleitenden Schichten überdecken und damit die Kontaktgabe erschweren und verzögern. Solche Erscheinungen dürfen nicht auftreten.

Für Relais mit Einschaltkontakt kommt meist nur die Einschaltleistung in Frage. Die Ausschaltung, beispielsweise des Auslösekreises, erfolgt durch einen am Leistungsschalter angebrachten Hilfskontakt. Je nach der Belastung, ob ohmisch, induktiv oder kapazitiv, ist die Beanspruchung der Kontakte verschieden. Beim Einschalten ist sie bei ohmscher und induktiver Belastung nur gering, da Lichtbogenerscheinungen kaum auftreten. Dagegen tritt beim Einschalten von Kapazitäten, wozu wir auch das Einschalten von Glühlampen mit starken Widerstandsunterschieden zwischen dem kalten und heißen Zustande rechnen müssen, starke Einschaltstöße auf. Eine für induktive Kreise angegebene Einschaltleistung gilt also nicht bei kapazitiver Last. Insbesondere sind Prellungen beim Zuschalten in solchen Fällen unangenehm.

Beim Ausschalten liegen die Verhältnisse anders. Während hier neben der ohmschen die kapazitive Last weniger unangenehm ist, erzeugt die induktive Last, die sich ja noch eine gewisse Zeit aufrecht erhalten will, für die Kontakte eine große Beanspruchung. Hiebei muß auch die nach der Abschaltung an den Kontakten wieder auftretende Spannung berücksichtigt werden.

Reicht die Schaltleistung nicht aus, so muß ein Hilfsrelais zwischen Belastung und Relaiskontakt geschaltet werden, das ein größeres Schaltvermögen besitzt.

g) Verbrauch

Der Verbrauch von Relais muß den Wandlern angepaßt sein. Hiebei ist nicht nur der Verbrauch oder die Bürde im Ruhezustand, sondern auch im angezogenen Zustande zu berücksichtigen, da durch die Ankerbewegung die Bürde sich stark ändern kann, und zwar ist sie bei angezogenem Anker infolge der Luftspaltverkleinerung größer.

Bei der Wandlerstromauslösung ist hierauf besonders beim Auslöser selbst zu achten, damit nicht nach dem Ansprechen der Wandler zusammenbricht und dadurch entweder überhaupt die Auslösung verhindert wird oder das Relais pumpt.

Auch bei den Spannungsspulen ist auf die Bürde zu achten, da unter ungünstigsten Umständen bei kleiner Spannung eine größere Leistung nur durch hohen Strom bewerkstelligt werden kann, der aber den Spannungswandler zu stark belasten kann.

Der *Nennverbrauch* wird zweckmäßig immer auf den Nennstrom oder die Nennspannung bezogen. Hiebei kann der Ansprechwert darunter oder darüber liegen.

h) Nennwerte

Die meisten Ausführungen werden auf einen Nennstrom von 5 A und
100 V abgestimmt. 5 A entspricht also dem Vollaststrom des geschützten
Anlageteiles und 100 V der Nennspannung des Netzes. Auch 110 oder
220 V kommt vor. Als Nennstrom wird häufig auch 1 A, seltener 0,5 A,
gewählt. Diese Werte muß ein Relais dauernd aushalten, ohne zu warm
zu werden.

i) Überlastungsfähigkeit

Da Relais im Überlastungsbereich ihre Funktion ausführen sollen,
müssen sie den auftretenden Überlastungsverhältnissen gewachsen sein.
Sie müssen ähnlich wie die Wandler einmal mechanisch den Stromstößen
gewachsen sein, was im allgemeinen eine stabile und feste Ausführung
verlangt. Diese dynamische Festigkeit muß vor allem bei Primär-Relais
berücksichtigt werden. Bei Sekundärrelais spielt sie eine geringere Rolle.

Insbesondere aber müssen sie thermisch den Anforderungen genügen.
Bei Nennstrom ist eine Erwärmung von etwa 50 bis 60° gegenüber der
Umgebungstemperatur zulässig. Im Kurzschlußfall wird die zulässige
Erwärmung auf den Sekundenstrom wie bei Stromwandlern bezogen.
Dieser thermische Grenzstrom muß unter Umständen sehr hoch sein,
da ein Relais den Kurzschlußstrom auch bei der Reservezeit, falls ein
untergeordneter Schutz versagt, noch einwandfrei aushalten muß. Als
höchste Temperatur läßt man etwa 150° C zu. Der thermische Grenzstrom
kann dabei das 100fache und mehr des Nennstromes betragen. Aus dieser
höheren Anforderung resultiert häufig, daß die Dauerbelastbarkeit höher
als die Belastbarkeit bei Nennstrom ist.

Die Umrechnung der Kurzschlußstromes auf den auf 1 s bezogenen
thermischen Grenzstrom erfolgt genau wie bei den Wandlern nach Gl. (52)

$$I_{th} = I_k \sqrt{t} \qquad\qquad (52)$$

worin I_k der tatsächliche Kurzschlußstrom, t die längste Kurzschlußdauer
(Reservezeit) ist.

II. Strom- und Spannungsrelais

Strom- oder Spannungsrelais sind Relaisarten, die den Strom oder die
Spannung als Meßgröße verwenden. Hiezu gehören die momentan wirkenden
Überstromrelais, die abhängigen und die unabhängigen Überstrom-Zeit-
relais, die Stromvergleichsrelais und die entsprechenden Spannungsrelais.
Am Anfang werden erst die grundsätzlichen Meßsysteme besprochen.

a) Die Meßsysteme

Für Strom- und Spannungsrelais kommen als grundsätzliche Typen
das elektromagnetische, das Induktionsrelais und polarisierte Relais
in Frage. Das Wärmerelais wird in einem anderen Abschnitt behandelt,
obwohl es vielfach auch als Überstromrelais bezeichnet wird. Weiters
wird das elektrodynamische Prinzip mit beweglicher Spule besprochen.

1. Elektromagnetische Relais

Elektromagnetische Relais bestehen aus einem offenen Eisenkern, der die Erregerspule trägt und einem beweglichen Eisenanker, der bei Erregung den Luftweg des Flusses zu verringern sucht. Er führt auf diese Weise eine Bewegung aus, die zur Kontaktgabe ausgenutzt wird. Elektromagnetische Relais können für Gleich- und Wechselstrom ausgeführt werden.

Für Gleichstrom ist die Remanenz so klein wie möglich zu machen, da sonst Abweichungen im Ansprechen und Abfallen je nach der Stärke der Belastung auftreten können. Bei Wechselstrom tritt häufig vor allem bei Klappanker-Relais ein Brummen auf, da der Anker geringe Bewegungen mit der doppelten Wechselstromfrequenz ausführt. Dies kann durch Aufteilen des Flusses im Luftspalt verhindert werden. Man überzieht deshalb einen Teil des Eisens vor dem Luftspalt mit einem Kupferring. Dies wirkt wie eine Kurzschlußwindung, so daß zwei phasenverschobene Flüsse entstehen. Da die Kraftwirkung dem Quadrat des Stromes proportional ist, ist dadurch eine gleichmäßige Anzugskraft vorhanden und es wird die Schwingung gedämpft. Der Kern wird, insbesondere bei Wechselstrom, aus lamelliertem Eisen, meist Siliziumeisen, hergestellt.

Die Weg-Kraft-Kurven verlaufen bei Wechselspannungs-Relais flacher als bei Gleichspannungs-Relais, da bei Beginn der Bewegung die Induktivität niedriger ist als bei Schluß der Bewegung. Hierdurch ist am Anfang der aufgenommene Strom und damit die Ampere-Windungszahl höher.

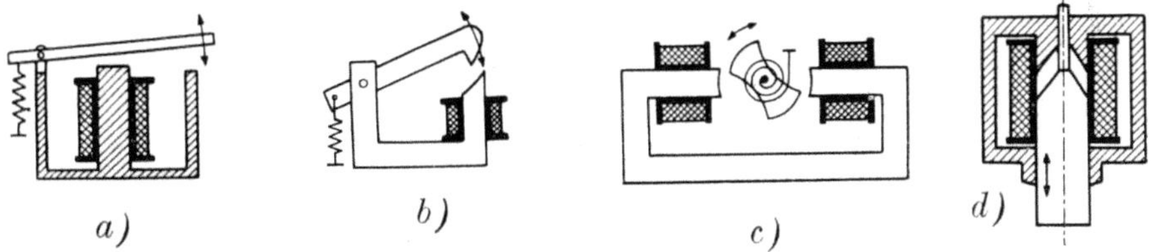

Abb. 97. Magnetische Meßsysteme
a) Klappanker, *b)* Klappanker mit kleinem Luftspalt, *c)* Drehanker, *d)* Tauchanker

Man unterscheidet Klappanker, Drehanker und Tauchanker (Abb. 97).

Der *Klappanker* ist ein Hebel, der einseitig drehbar am Eisenkern gelagert ist und mittels Feder in einer bestimmten Stellung gehalten wird. Bei Erregung muß die Anziehungskraft die Federkraft überwinden. Der Anker versucht den Eisenweg zu schließen und dreht sich auf den anderen Pol des Kernes zu (Abb. 97a). Infolge der damit verbundenen Verkleinerung des Luftspaltes wächst der Verbrauch und die Anziehungskraft des Magneten an. Die Bedeutung dieser Tatsache für das Halteverhältnis wurde bereits behandelt. Andererseits hat das Anwachsen der Anziehungskraft den Vorteil einer kräftigen Kontaktgabe auch im Ansprechbereich. Es ist zu vermeiden, daß der Anker den Eisenkern beim Schließen berührt. Dadurch würde auch beim Aufhören der Erregung infolge der Remanenz, wenigstens bei Gleichstrom, der Anker kleben bleiben. Man vermeidet dies durch Anbringen eines unmagnetischen Blechstreifens zwischen Anker und Kern oder durch Begrenzen des Luftspaltes mittels Anschlag.

Durch geeignete Formgebung der Ankerspitze in Form einer Nase kann man den Luftspalt im Ruhezustand kleiner machen und erhält eine flachere Weg-Kraft-Kurve, also besseres Halteverhältnis und ein starkes Anfangsmoment (Abb. 97b).

Der *Drehanker* ist in der Mitte zwischen den Polen des Kernes drehbar gelagert und gestattet eine größere Drehbewegung bei gutem Halteverhältnis (Abb. 97c). Auf den Drehanker wirkt die Tangentialkomponente der magnetischen Anzugskraft. Bei völlig eingedrehtem Drehanker ist diese Null.

Beim *Tauchanker-Relais* wird der Kern direkt in die Spule hineingezogen. Der Luftspalt befindet sich in der Spule und wird beim Anziehen des Ankers verkleinert. Der Tauchanker bewegt sich genau in Richtung der magnetischen Kräfte (Abb. 97d) und ermöglicht die beste Kräfte-Ausausnutzung. Mit ihm können daher größere Leistungen erzielt werden. Man findet ihn häufig bei Primär-Relais und bei kräftigen Hilfsmagneten. Die beste Form, die den besten Eisenschluß besitzt, ist der Topfmagnet.

2. Permanent-dynamische Relais

Es ist im allgemeinen nicht üblich, die Drehspul-Relais als permanentdynamische Relais zu bezeichnen. Will man aber eine gemeinsame Bezeichnung für alle Meßsysteme mit beweglicher Spule, Drehspule oder Tauchspule besitzen, so ist es zweckmäßig, die aus der Lautsprechertechnik übliche Bezeichnung auch hier einzuführen. Dynamische Relais sind also danach alle Relais mit beweglicher Spule, permanent-dynamische Relais besitzen einen permanenten Magneten, elektrodynamische einen Elektromagneten. Elektrodynamische Relais sind auch für Strom- und Spannungsrelais denkbar, sind aber wegen der teuren Ausführungsform kaum hergestellt worden.

Permanent-dynamische Relais besitzen ein magnetisches Gleichfeld, in die die Spule in bestimmter Richtung je nach der Polarität hineingezogen oder abgestoßen wird. Bei Gleichstrom in der Spule dreht oder bewegt sie sich in einer Richtung, bei Wechselstrom folgt sie entweder den Schwingungen oder bei entsprechender Dämpfung bleibt sie in der Ruhestellung. Solche Relais werden also nur für Gleichstrom verwendet, bei Wechselstrom nur dann, wenn die Bewegung der Spule der Frequenz folgen soll.

Das *Drehspul-Relais* arbeitet dem Prinzip nach wie ein Drehspul-Meßinstrument (Abb. 98a) mit dem Unterschied, daß eine Feder die Spule so lange in der Ruhelage festhält, bis der Ansprechwert erreicht ist und das Relais dann in die Endstellung geht.

Als Maximum- und Minimum-Relais besteht im Prinzip kein Unterschied gegenüber einem Meßinstrument (C d C, Paris). Die Spule geht mit dem Strom mit und erst beim Überschreiten eines Wertes gibt es einen Kontakt. Ebenso wird beim Unterschreiten ein Minimum-Kontakt geschlossen.

Das Drehmoment D ist proportional (c) dem Strome I in der Drehspule:

$$D = c \cdot I \cdot H \tag{53}$$
$$\text{(H = Feldstärke des Magneten).}$$

Steigt die Rückstellkraft der Feder proportional mit dem Drehwinkel, so ist jedem Stromwert eine bestimmte Stellung der Drehspule zugeordnet. Ist die Rückstellkraft konstant, so dreht sich die Spule nach Überwindung der Federkraft bis zur Betätigung eines Kontaktes.

Der Verbrauch solcher Relais ist außerordentlich klein, das Halteverhältnis gut, die Überlastungsfähigkeit bei ausreichendem Querschnitt groß.

Das *Tauchspul-Relais* arbeitet im Prinzip ähnlich wie ein dynamischer Lautsprecher (Abb. 98b). Die Spule wird je nach der Stromstärke mehr

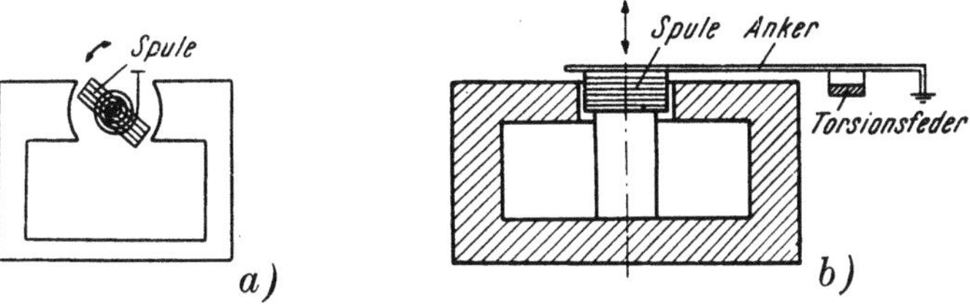

Abb. 98. Permanentdynamische Systeme
a) Drehspule, b) Tauchspule

oder weniger in den Luftspalt hineingezogen. Die Empfindlichkeit kann noch größer als beim Drehspulsystem gemacht werden. Besonders günstig [E. Bräuer (32)] ist bei solchen Relais die Kombination des dynamischen mit dem magnetischen Prinzip. Hiebei wird die Spule durch einen drehbaren, auf Federn gelagerten Anker gehalten, der selbst magnetisch angezogen wird. Beim Anziehen wirkt zunächst das dynamische Prinzip, es wird die Spule mit etwa konstanter Kraft in den Kern hineingezogen, die auf den Anker wirkende Kraft steigt allmählich an und gibt schließlich einen guten Kontaktdruck. Ein solches Relais geht bis 600 Hz mit der Wechselstromfrequenz mit.

3. Induktionsrelais

Das Induktionsprinzip (Ferraris-Prinzip) wird entweder wie bei Zählern oder wie bei Synchronkleinmotoren verwendet. Grundsätzlich besteht ein Induktionsrelais aus einem oder zwei Magneten und einer drehbaren Scheibe oder Trommel aus Metall. Die von dem Magneten erzeugten Flüsse induzieren in der Scheibe Wirbelströme. Sind die magnetischen Flüsse phasenverschoben, so entsteht infolge der gegenseitigen Wirkung, der magnetischen und der Wirbelfelder ein Drehmoment (Abb. 99a). Der Fluß Φ_1 induziert in der Trommel eine Spannung U_1, die einen etwa phasengleichen Strom i_1 durch die Trommel treibt. Dieser Strom ist nach dem Induktionsgesetz senkrecht zum Fluß gerichtet. Ebenso entsteht durch den Fluß Φ_2 der Strom i_2. Man erkennt, daß Φ_1 und i_2 sowie Φ_2 und i_1 parallel, bzw. antiparallel liegen. Nach dem Lenzschen Gesetz müssen hierdurch Drehmomente entstehen, die die beiden Stromschleifen senkrecht zu den Flüssen zu drehen suchen, und zwar dreht Φ_1 die Schleife i_2 und in entgegengesetztem Sinne Φ_2 die Schleife i_1. Das Gesamtdrehmoment D ist daher für die Momentanwerte

$$D = c' \, (\Phi_1 \, i_2 - \Phi_2 \, i_1) \tag{54}$$

Nimmt man nun Wechselflüsse an und läßt den Fluß Φ_1 dem Flusse Φ_2 etwa 90° voreilen, so entsteht das in Abb. 99a gezeigte Diagramm. Da J_2 dem Flusse Φ_1 vektoriell entgegengesetzt ist, muß J_2 mit entgegengesetztem Vorzeichen eingesetzt werden und die beiden Teildrehmomente addieren sich dann

$$D = c \, (\Phi_1 \, J_2 + \Phi_2 \, J_1) \tag{54a}$$

Setzt man die Momentanwerte ein und rechnet sich mit $J_1 = - c_1 \dfrac{d\,\Phi_1}{dt}$ und $J_2 = - c_2 \dfrac{d\,\Phi_2}{dt}$ das Drehmoment aus, so erhält man ein über die ganze Periode konstantes Drehmoment. Bei einer Phasenverschiebung der Flüsse wird dieses

$$D = c\,\Phi_1\,\Phi_2 \sin \psi \qquad (55)$$

Diese Phasenverschiebung kann man entweder durch Maßnahmen am Eisenkern oder durch die Schaltung erhalten. Man teilt zu diesem Zwecke den Pol und versieht einen Teil mit einem Kurzschlußring oder Kurzschlußwindungen. Hiedurch entsteht eine starke ohmsche Belastung,

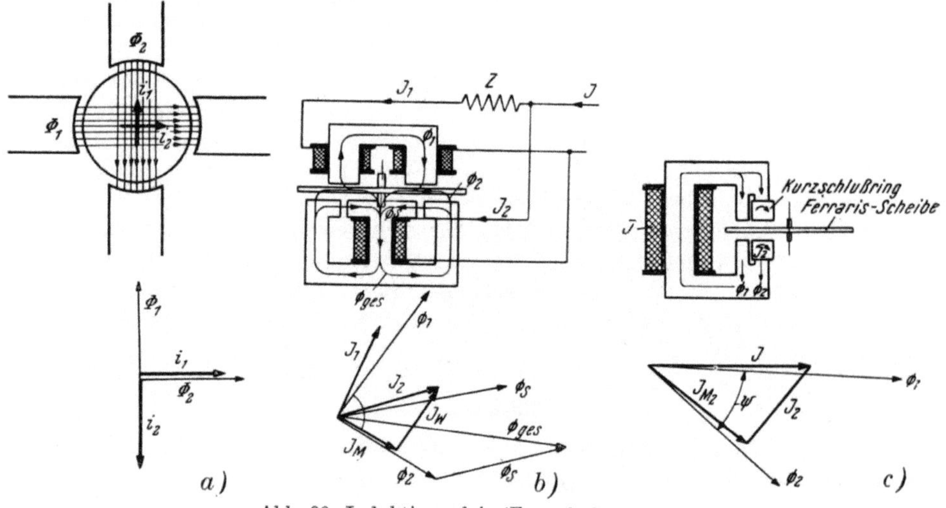

Abb. 99. Induktionsrelais (Ferraris-Systeme)
a) Prinzip, b) mit Kurzschlußring, c) mit zwei Triebkernen

die vom Primärstrom gedeckt werden muß, das Diagramm zeigt Abb. 99 b [nach Schleicher (*105*)]. Im freien Teil des Poles ist der Fluß angenähert mit dem Strom $\mathfrak{J}$ in Phase, im Teil mit dem Kurzschlußring setzt sich der Strom aus zwei Teilen zusammen, die aufeinander senkrecht stehen, dem Teil, der dem Strom $\mathfrak{J}_2$ in der Kurzschlußwicklung das Gleichgewicht hält und dem Magnetisierungsstrom $\mathfrak{J}_{M2}$ des Polteiles. Man sieht, daß hiedurch die Teilflüsse den Winkel ψ bilden. Dies genügt, um ein Drehmoment auf die Ferraris-Scheibe zu erzeugen.

In Abb. 99 c ist die Aufteilung des Meßwertes (Strom, bzw. Spannung) auf zwei Magnete dargestellt. Es ist ein Jochkern und ein Mantelkern vorgesehen. Die Phasenverschiebung kann durch ohmsche induktive oder kapazitive Widerstände im äußeren Stromkreis durch Veränderung des Streuflusses mit magnetischen Nebenschlüssen und durch Kurzschlußringe, beides am Mantelkern, erreicht werden. Die Wirkungsweise zeigt das zugehörige Vektordiagramm. Durch den Widerstand z sind die Ströme in beiden Spulen an sich schon phasenverschoben. Der Fluß Φ_1 ist hiebei etwa in Richtung des Stromes $\mathfrak{J}_1$, da die Streuung und die Verluste gering sind. Dagegen ist der Streufluß im Kern II durch den Nebenschluß größer, außerdem wirkt sich ein fallweise vorhandener Kurzschlußring auch noch phasendrehend aus. Der Streufluß Φ_S liegt etwa in Phase mit dem Strom $\mathfrak{J}_2$. Der Strom $\mathfrak{J}_2$ setzt sich wiederum zusammen aus dem Strom $\mathfrak{J}_W$, der den Sekundärstrom im Nebenschluß decken muß, und dem Magnetisierungsstrom $\mathfrak{J}_M$. Der Triebfluß Φ_2 liegt mit diesem in Phase. Φ_2 und Φ_S ergeben den Gesamtfluß Φ_{ges} des Kernes. Durch geeignete Wahl von Φ_S und $\mathfrak{J}_W$ können die Flüsse Φ_1 und Φ_2 senkrecht zueinander gebracht werden.

Das durch die phasenverschobenen Flüsse erzeugte Drehmoment versetzt den Rotor in Drehung. Am Rotor ist die Betätigungseinrichtung des Kontaktes angebracht.

Die dadurch entstehende Drehgeschwindigkeit kann zur Verzögerung der Relais ausgenutzt werden. Da das Drehmoment während der Rotorbewegung konstant bleibt, ist das Halteverhältnis gut. Es ist aber die Kontaktgabe wenigstens im Ansprechbereich nur schwach und die Gefahr von Prellungen groß. Die Kontakte werden daher federnd angebracht und gehen bei Schwankungen des Rotors nach der Kontaktgabe mit. Diese Schwankungen können durch einen Bremsmagneten stark herabgesetzt werden. Dies sind permanente Magnete, deren Feld die Scheibe durchsetzt und dadurch eine bremsende Wirkung hervorruft.

Die Geschwindigkeit der Ferraris-Scheibe hängt von den treibenden und bremsenden Momenten ab. Bei konstanter Drehzahl müssen beide sich gerade die Waage halten. Das treibende Drehmoment ist, wie bereits erwähnt wurde, nach Gl. (55)

$$D = c\,\Phi_1\,\Phi_2\,\sin\psi$$

wofür wir, da $\sin\psi$ konstant bleibt und die Flüsse konstante Bruchteile des Gesamtflusses Φ_D sind, bei Hineinnahme in die allgemeine Konstante schreiben können

$$D = c_D\,\Phi_D{}^2 \tag{56}$$

Infolge der Drehung entsteht ein Bremsmoment B des Triebkernes, das proportional der Drehzahl und dem Quadrat des Flusses ist, also

$$B = n\,c_{B1}\,\Phi_D{}^2 \tag{57}$$

Hieraus folgt, da $B = D$ sein soll, und wenn keine weitere Bremsung vorhanden ist:

$$n = \frac{c_D}{c_{B1}} \tag{58}$$

Die Drehzahl ist konstant. Die ungedämpfte Triebscheibe kann also für unabhängige Verzögerungen verwendet werden. Allerdings stört die Reibung im Ansprechbereich etwas, so daß doch wieder eine Verzögerung entsteht.

Bei Verwendung zusätzlicher permanenter Bremsmagneten ist das Bremsmoment um einen der Drehzahl proportionalen Betrag größer, also

$$n\,(c_{B1}\,\Phi_D{}^2 + C_{B2}) \tag{59}$$

Hieraus folgt für die Drehzahl aus $B = D$

$$n = \frac{c_{D1}\,\Phi_D{}^2}{c_{B1}\,\Phi_D{}^2 + C_{B2}} \tag{60}$$

Jetzt ist also eine Abhängigkeit vom Fluß und damit vom Strom oder der Spannung vorhanden. Allerdings wird diese mit wachsendem Fluß kleiner, da C_{B_2} dann vernachlässigt werden kann. Man bekommt auf diese Weise eine abhängige, und zwar vorwiegend begrenzt abhängige Kennlinie.

Die Grenzdrehzahl ist frequenzabhängig. Sie ergibt sich aus der Polpaarzahl P, der Frequenz f und dem Schlupf σ des Rotors zu

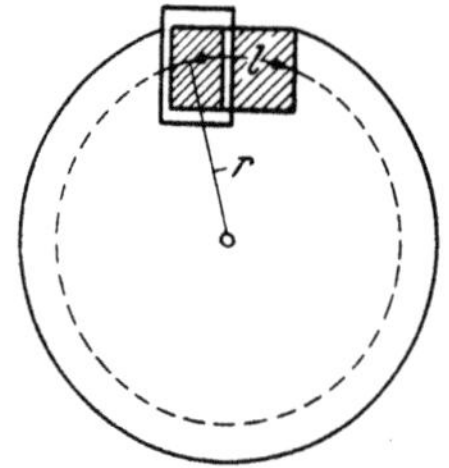

$$n = \frac{f}{P}\,(1 - \sigma)\left[\frac{1}{s}\right] \qquad (61)$$

Die Polpaarzahl erhält man aus der mittleren Breite des Poles l und dem Radius r des Rotors zu (Abb. 100)

$$P = \frac{2\,r\,\pi}{2\,l} \qquad (62)$$

Abb. 100. Polbreite des Induktionsrelais

Der Schlupf ist etwa 30%.

Für unabhängige Verzögerungen verwendet man meist wegen der Abhängigkeit im Ansprechbereich nicht ungedämpfte Rotoren, sondern Klein-Motoren mit synchronisiertem Rotor. Man kann diese in zwei Gruppen unterteilen, die untersynchronisierten Motoren und die Hysterese-motoren. [S. Frank (41)].

Beim *untersynchronisierten Induktionsmotor* werden auf dem Rotor, der normalerweise aus Kupfer oder Aluminium besteht, in Form von Eisenplättchen ausgeprägte Pole aufgebracht. Bei Trommeln bringt man Eisenzähne an oder man verwendet Eisen, in das Kupferstäbe eingelegt sind.

Der Rotor läuft dann asynchron an und wird beim Erreichen der der Rotorpolzahl entsprechenden Drehzahl in dieser Drehzahl festgehalten. Diese Drehzahl muß unter der normalen der Statorpolzahl entsprechenden synchronen Drehzahl bei Berücksichtigung des Schlupfes liegen. Die so erhaltene Drehzahl liegt häufig weit darunter. Sie muß so gewählt sein, daß ihr synchronisierendes Moment größer ist als das asynchrone Anlauf-moment bei dieser Drehzahl.

Beim *Hysterese-Motor* besitzt der Rotor keine ausgeprägten Pole, er besteht aus einem glatten Zylinder von eisenhaltigem Material, daß eine gewisse Hysterese aufweist. Im Rotor (Scheibe oder Trommel) bilden sich durch den Statorfluß magnetische Pole aus, die während des Anlaufs infolge der Hysterese etwas phasenverschoben wandern, beim Erreichen der synchronen Drehzahl aber festbleiben und damit eine Synchronisierung hervorrufen. Beim Hysterese-Motor stimmt also die synchrone Drehzahl mit der aus der Polzahl des Stators sich ergebenden überein.

4. Polarisierte Relais

Bei einem polarisierten Relais soll der Anker je nach der Richtung des Stromes nach der einen oder anderen Seite ausschlagen.

Bei *Gleichstromrelais* wird ein permanenter Magnet und ein Anker benutzt, der durch einen Strom erregt wird, bzw. umgekehrt ein vom Strom erregter Kern und ein magnetischer Anker (Abb. 101a). Je nach der Stromrichtung schlägt der Anker nach der einen oder anderen Seite um. In Abb. 102 ist das Drehmoment für stromlosen Zustand (Kurve a) und für die stromdurchflossene Spule (Kurve b) in Abhängigkeit vom Kontaktweg gezeigt. Man erkennt, daß im ersten Fall in der Mitte keine Kraft auf den Anker wirkt, während er bereits bei kleinen Schwankungen nach einer Seite gezogen wird. Die mittlere Stellung ist also labil. Die Kurve b zeigt das auf den Anker wirkende Drehmoment beim Ansprechwert. Der Anker wird mit wachsender Kraft auf die andere Seite umgelegt.

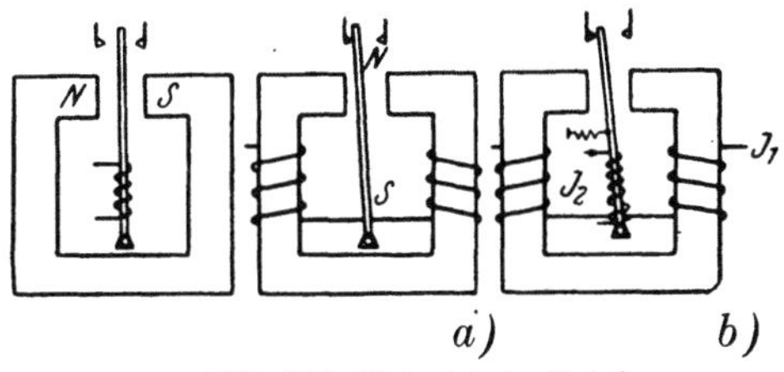

Abb. 101. Polarisierte Relais
a) Gleichstrom, b) Wechselstrom

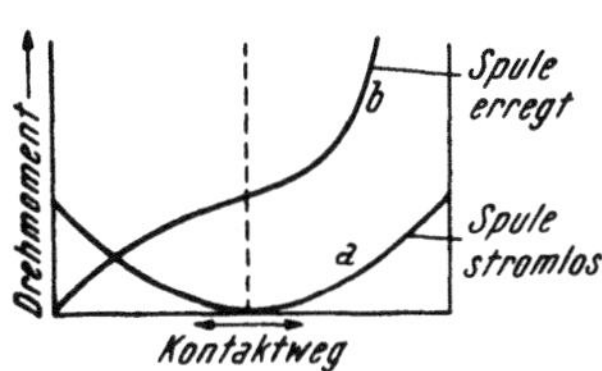

Abb. 102. Drehmoment
eines polarisierten Relais

Solche Relais kommen in der Starkstromtechnik. als Hilfsrelais und Spezialrelais vor.

Für *Wechselstrom* wird der Kern als Weicheisenkern ausgeführt und trägt ebenso wie der Anker eine Wicklung. Im Ruhezustand ist die Lage des Ankers indifferent. Der Anker muß also erst durch eine Feder (Abb. 101b)[1] in eine bestimmte Lage gebracht werden.

Führt man nun der Magnetspule den Strom $\mathfrak{J}_1$, der Ankerspule den Strom $\mathfrak{J}_2$ zu, so entstehen dadurch zwei Drehmomente, die auf den Anker einwirken. Das eine entspricht dem Drehmoment des polarisierten Gleichstromrelais und ist außer von der Größe auch von der gegenseitigen Richtung, also der Phase, beider Ströme abhängig.

$$D_1 = c_1 \, \mathfrak{J}_1 \, \mathfrak{J}_2 \, \cos \varphi$$

Das zweite wirkt erst, wenn die Mittellage verlassen ist und entspricht dem Anzugsmoment eines Klappankers, ist also proportional dem Quadrat der Ströme, also

$$D_2 = c_2 \, (\mathfrak{J}_1{}^2 + \mathfrak{J}_2{}^2)$$

Die Richtung dieses Momentes weist immer auf den näher gelegenen Pol, kann also das erste Drehmoment D_1 unterstützen oder auch schwächen, je nach der Richtung von D_1. Soll der Anker von einer Stelle aus umschlagen, so muß D_1 größer als D_2 und das Federmoment sein. Hieraus ergeben sich die Kurven der Abb. 103. Die Kurve a ergibt den Ansprechbereich bei Federkraft 0,

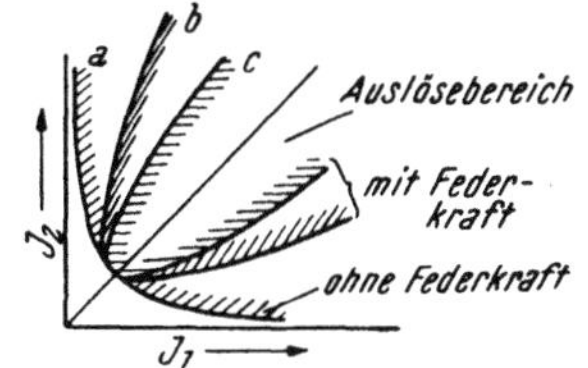

Abb. 103. Kennlinien von
polarisierten Wechselstromrelais

sie hat nur theoretischen Wert. Die Kurven b und c sind die Kurven mit entsprechender Federkraft. Je größer dieselbe ist, um so enger wird der Ansprechwert des Relais.

---

[1] Die Abbildungen entsprechen denen in Schleicher M. (10).

b) Primär-Relais (Hauptstromrelais)

Hauptstromrelais sind Relais, die den Meßwert direkt aus dem Netz entnehmen und durch einen Kontakt einen elektrischen Stromkreis öffnen oder schließen. Sie sind in der Ausführung, wenigstens bei Wechselstrom, im Prinzip nicht vom Hauptstromauslöser verschieden.

Bei diesem wird direkt der Leistungsschalter über ein Gestänge betätigt. Die Ausführung der Meßsysteme und der Verzögerungseinrichtungen ist aber die gleiche.

Man unterscheidet unverzögerte und verzögerte Hauptstromrelais.

1. Unverzögerte Hauptstromrelais

Für unverzögerte Hauptstromrelais werden in erster Linie Klappanker- und Tauchankerrelais verwendet. Der Magnet besitzt Hauptstromwicklungen. Der Anker zieht eine isolierte Stange an, die einen Kontakt betätigt oder bei Hauptstromauslöser eine Klinke zur Freigabe der Leistungsschalterauslösung betätigt.

Gegen Wanderwellen schützt man die Wicklung durch einen parallelgeschalteten Widerstand, der möglichst dem Wellenwiderstand der Leitungen entsprechen soll.

2. Verzögerte Hauptstromrelais

Für verzögerte Primärrelais werden außer Klapp- und Tauchankerrelais auch Induktionsrelais verwendet. Bei ersteren muß die Zeitverzögerung durch zusätzliche Zeitwerke bewirkt werden, bei den letzteren entsteht sie im Stromsystem selbst. Je nach der Kennlinie unterscheidet man unabhängige, abhängige und begrenzt abhängige Relais (s. B, I a, 2).

1. Abhängig verzögerte Hauptstromrelais. Die *abhängige Kennlinie* wird durch Hemmwerke oder Induktionsmeßsysteme erreicht.

Die *Hemmwerke* werden durch den Anker magnetischer Meßsysteme betätigt. Man unterscheidet mechanische, Flüssigkeits- und Lufthemmwerke.

Das mechanische Hemmwerk besteht aus einem Gesperre, das durch die Trägheit angebrachter Massen oder durch Federn ähnlich wie bei

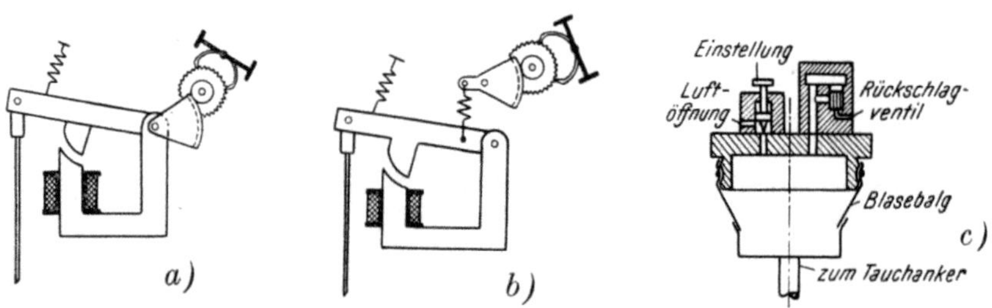

Abb. 104. Magnetische Primärrleais

a) Klappanker mit festgekoppeltem Hemmwerk, begrenzt abhängig, *b)* mit elastisch gekoppeltem Hemmwerk, abhängig und unabhängig, *c)* Luftdämpfung im Blasebalg, abhängig und unabhängig

einer Uhr den Ablauf eines Zahnsegmentes in seiner Geschwindigkeit regelt (Abb. 104a). Bei fester Verbindung zwischen Anker und Hemmwerk ist im Ansprechbereich eine größere Verzögerung vorhanden. Es ist das Relais oder der Auslöser also begrenzt abhängig. Um eine abhängige Kennlinie ohne Grenzzeit zu erreichen, koppelt man besser mit einer Feder (Abb. 104b). In diesem Falle dehnt der Anker die Feder je nach der Erregung mehr oder weniger aus, bis Federkraft und Anzugskraft gleich sind, dann entsteht eine starre Verbindung und das Hemmwerk bestimmt die Dauer des restlichen Weges. Je höher der Strom ist, um so kleiner ist der restliche Weg und damit die Auslösezeit.

Das Flüssigkeitshemmwerk besteht aus einem mit Öl gefüllten Zylinder, in dem ein Kolben sich bewegt. Der Kolben wird vom Anker des Magneten angezogen. Es entsteht hiebei eine begrenzt abhängige Auslösezeit. Die Verzögerung hängt auch von der Viskosität des Öles ab und kann an Öffnungen und Ventilen eingestellt werden. Je größer eine solche Öffnung, um so leichter kann sich der Kolben bewegen. Die Viskosität des Öles ist stark temperaturabhängig, besonders bei großen Zeitverzögerungen. Auch die Nachlaufzeit ist verhältnismäßig groß.

Statt des Ölpolsters kann man mit Kolben und Zylinder auch Luftpolster verwenden. Die hiemit erreichbaren Zeiten sind etwas kürzer, aber ebenfalls abhängig. Die Einstellbarkeit wird ebenfalls durch variable Löcher, die den Austritt der Luft gestatten, erreicht. Mit Rückschlagventilen, die beim Rückfallen des Relais rasch Luft nachströmen lassen, wird eine kurze Rückstellzeit erzielt.

Ein anderes Hemmwerk mit Luftpolster benutzt einen Blasebalg (Abb. 104c), auf den der Tauchanker drückt. Die Luft wird zusammengedrückt und entweicht durch eine kleine Öffnung. Eine Schraube kann die Öffnung vergrößern und damit die Ablaufzeit verkürzen. Ein Rückschlagventil sorgt auch bei dieser Ausführung für eine schnelle Rückstellzeit des Ankers. Auch hiebei erhält man eine begrenzt abhängige Kennlinie.

Bei den *Induktionsrelais* ist das Meßwerk mit dem Zeitglied vereint. Die Ausführung dieser Relais wird meist mit einem Klappanker kombiniert (Abb. 105). Dieser wird nach Ablaufen des Induktionsmeßwerkes betätigt, kann aber auch als Momentanauslösung verwendet werden, wobei der Hauptanker durch einen zweiten Anker, der im Einflußbereich des Magneten liegt, freigegeben wird.

Die Abhängigkeit wird dadurch erreicht, daß die Ferrarisscheibe durch einen permanenten Magneten gebremst wird (s. vorigen Abschnitt). Es entsteht eine begrenzt abhängige Kennlinie, die durch die Momentauslösung allerdings in eine etwa abhängige übergeführt werden kann.

Bei Induktionsmeßwerken muß der Anwurf des Relais getrennt davon mit dem Klappanker durchgeführt werden.

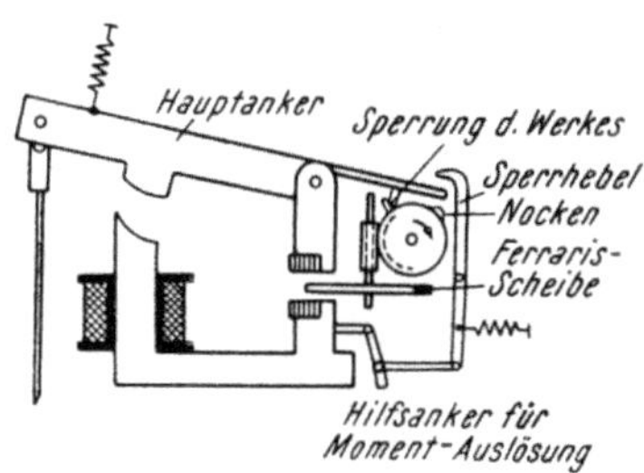

Abb. 105. Hauptstromrelais mit Induktionstrieb, Anker und Trieb in Reihe

Dieser macht beim Erreichen des Ansprechwertes zunächst nur eine Ansprechbewegung bis zum Anschlag des Sperrhebels. Hiedurch wird die Ferrarisscheibe, die im Ruhezustand durch eine Sperrung festgehalten wird, freigegeben. Gleichzeitig damit kann man erst die Scheibe mit dem Räderwerk kuppeln. Das Betätigungsgestänge darf durch die Ansprechbewegung nicht bewegt werden.

2. Unabhängig verzögertes Hauptstromrelais. *Die unabhängige Charakteristik*, bei der also die Zeit bei jeder Erregung des Magneten gleich ist, kann mit denselben Meßgliedern mittels besonderer Maßnahmen und geeigneter Auslegungen erreicht werden.

Bei mechanischen Hemmwerken verbindet man das Hemmwerk mit dem Anker über eine schwache Feder, deren Rückstellkraft bereits beim Ansprechwert den Anker vollkommen anziehen läßt. Bei angezogenem Anker holt die Feder dann das Hemmwerk nach und gibt dann die Auslösung frei (Abb. 104).

Mit Öldämpfungen dürften bei Primärrelais kaum den modernen Ansprüchen genügend unabhängige Kennlinien zu erreichen sein.

Bei der Anordnung mit Blasebalg und der Luftdämpfung kann man durch richtige Auslegung den abhängigen Teil der Kennlinie so nah an den Ansprechpunkt legen, daß praktisch die Kennlinie unabhängig wird.

Die weitaus größte Bedeutung bei modernen Typen hat das Induktionsprinzip mit synchronisiertem Rotor erreicht (Abb. 105).

Die beiden Synchronisierungsmöglichkeiten, der untersynchronisierte und der Hysteresemotor finden dabei Anwendung. Es wird also entweder der Rotor mit ausgeprägten Polen versehen, durch Anbringen von Eisenplättchen auf die Scheiben oder Eisenzähnen auf die Trommeln, oder der Rotor ist eisenhaltig hergestellt (Bimetallrotor), in dem sich während des Laufes durch die Hysterese feste Pole ausbilden. Erstere haben eine wesentlich kleinere Drehzahl als der Polpaarzahl des Stators entspricht, letztere sind synchron mit ihr. Die Ablaufzeit ist infolge der Synchronisierung praktisch völlig konstant. Auch diese Relais sind mit einem Klappanker kombiniert. Motor und Klappanker können hiebei magnetisch hintereinander [Stöcklin, I. (*119*), Wydler, I. (*125*), Parschalk, F. (*110*)] oder im Nebenschluß [Brockhaus, G. (*85*)] liegen (Abb. 106). Auch beim unabhängigen Relais muß erst eine Ansprechbewegung des Hauptankers ausgeführt werden, die die Drehung des Zeitwerkes freigibt. Es ist zweckmäßig, hiebei die bewegten Massen und die Kupplungswege so klein wie möglich zu machen, um die Streuung der Auslösezeit im Ansprechbereich klein zu halten.

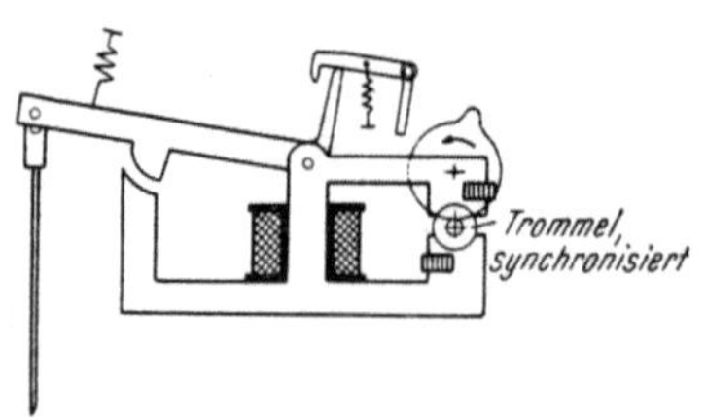

Abb. 106. Hauptstromrelais mit Induktionstrieb, Anker und Trieb im Nebenschluß, unabhängige Kennlinie

Der Klappanker kann nach Ablauf des Zeitwerkes oder bei Momentanauslösung durch Wegziehen einer Sperrung oder durch Auflösung einer starren Kniehebelverbindung freigegeben werden.

c) Sekundäre Strom- und Spannungsrelais

Strom- und Spannungsrelais unterscheiden sich nur durch die Wicklung. Stromrelais erhalten Wicklungen geringer Windungszahlen, aber größeren Querschnittes, Spannungsrelais eine hohe Windungszahl mit geringerem Querschnitt. Die Amperewindungen sind bei beiden etwa gleich. Zu beachten ist ferner, daß Stromrelais immer beim Überschreiten eines Stromwertes arbeiten sollen. Es sind also Überstromrelais, während

Spannungsrelais häufig auch beim Unterschreiten der Spannung ansprechen sollen. Man unterscheidet also Überspannungsrelais[1] und Unterspannungsrelais. Die erste Art ist konstruktiv, abgesehen von der Wicklung, vollkommen identisch mit den Überstromrelais. Bei der zweiten Art ist relaistechnisch gesehen der Abfallwert der eigentliche Ansprechwert. Denn das Relais zieht seinen Anker an, wenn die Spannung steigt und läßt ihn los, wenn sie fällt.

1. Unverzögerte Strom- und Spannungsrelais

Überstrom- und Spannungsrelais ohne Verzögerung arbeiten vorwiegend nach dem magnetischen Prinzip. Es kommen alle bereits beschriebenen Systeme vor: das Klappanker-, Drehanker- und Tauchankerrelais. Ihre Anwendung ist nicht sehr voneinander verschieden. Das Tauchankerrelais wird für stärkere Betätigungskräfte, das Drehankerrelais für gute Halteverhältnisse, wobei nicht außeracht gelassen werden darf, daß es auch Klappankerrelais mit guten Halteverhältnissen gibt.

Drehspulsysteme kommen als Schutz in Betätigungsanlagen in Betracht. Insbesondere sind sie wegen ihrer hohen Empfindlichkeit als Überwachungsorgane der Isolation zu verwenden.

Unverzögerte Überstromrelais werden verwendet, wo eine Zeitstaffelung nicht erforderlich ist, meist bei kleineren Abzweigen, unbedeutenden Stichleitungen, Eigentransformatoren, kleineren Motoren, seltener für Spannungswandler in gekapselten Anlagen, wo keine Sicherungen eingebaut werden können. Sie werden zusätzlich mit hohem Ansprechwert für verzögerte Relais vorgesehen, damit bei großen Strömen eine Schnellabschaltung erfolgen kann.

Weiters findet man sie als Anwurfrelais für verzögerten Überstromschutz, in Distanzschutzschaltungen, beim Vergleichschutz, beim Pendelschutz, bei Pendelsperren und beim Richtungsschutz; als Nullstromrelais werden sie für Umschaltungen im Anwurfkreis verwendet. Ferner werden sie als Differentialrelais und als Erdschlußrelais verwendet.

Überspannungsrelais findet man zum Schutz von Generatoren als Spannungssteigerungsrelais. Sie werden weiters als Erdschlußrelais und zur Umschaltung des Anwurfkreises von Distanzschutzschaltungen als Nullspannungsrelais verwendet. Sie werden auch als Wiederzuschaltrelais bei Maschennetzschaltern und als Differentialrelais benutzt.

Unterspannungsrelais finden beim Schutz von Generatoren und Motoren, oft als Anwurfrelais in Verbindung mit Zeitrelais Verwendung.

Sie werden auch in Verbindung mit Stromrelais für den Impedanzanwurf benutzt.

Das Verwendungsgebiet ist, wie man sieht, sehr groß, was bei der einfachen Ausführung verständlich ist.

Überstromrelais, seltener Spannungsrelais, werden ein-, zwei- und dreipolig ausgeführt. Hiebei kann man mehrere Systeme in ein Gehäuse setzen oder auch mehrere Systeme auf nur einen Kontakt oder Kontaktsatz wirken lassen. Man kuppelt die Anker miteinander und läßt sie auf einen gemeinsamen Kontakt arbeiten.

---

[1] Auch Spannungssteigerungsrelais genannt.

2. Verzögerte Strom- und Spannungsrelais

α) **Abhängige Verzögerung.** Im Prinzip unterscheiden sich abhängige Überstromrelais, oder wie sie auch abgekürzt heißen, AMZ-Relais, nur wenig von den abhängigen Primärrelais. Infolge der größeren Freizügigkeit, die bei der Konstruktion von Sekundärrelais möglich ist, gibt es noch weitere Ausführungsformen. AMZ-Relais werden zum Teil weniger als früher verwendet. Sie werden in Netzteilen angewendet, wo mit abhängigen und begrenzt abhängigen Kennlinien eine Selektivität erreicht werden kann. Sie werden auch dort angewandt, wo Einschaltstöße Relais mit festen Zeiten schon auslösen lassen würden, also in Abzweigen mit starken Belastungsstößen, z. B. Motoren.

Abhängige Unterspannungsrelais werden bei Abzweigen mit Motoren verwendet, damit nach längeren Spannungsabsenkungen die Spannung nicht auf stillstehende Maschinen geschaltet werden kann. Die Zeitabhängigkeit soll hierbei unnötige Abschaltungen bei kürzeren Spannungsabsenkungen im Netz verhindern.

Auch bei Generatoren und Phasenschieber-Abzweigen sind sie ebenso wie abhängige Überspannungsrelais zu finden.

Die prinzipielle Wirkungsweise von AMZ-Relais, ohne auf konstruktive Details einzugehen, sei nun im folgenden zusammengestellt.

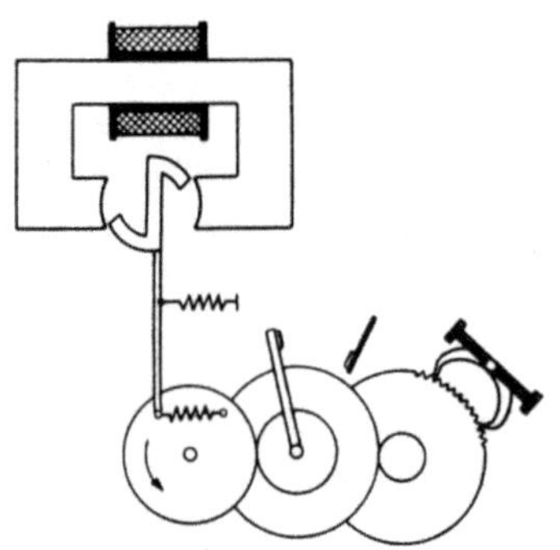

Abb. 107. Mechanisches Hemmwerk mit Feder, abhängiger Kennlinie

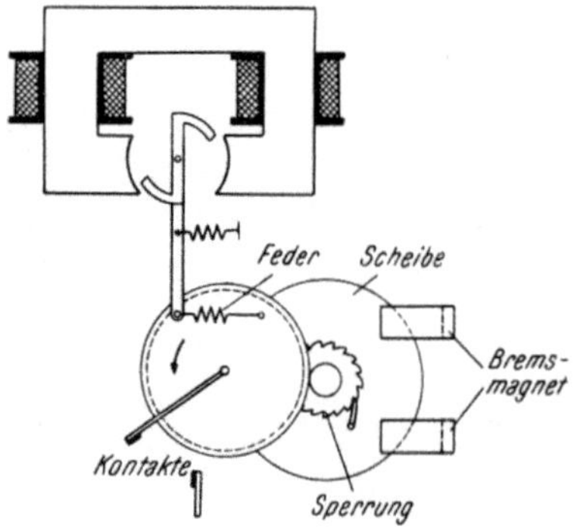

Abb. 108. Überstromrelais mit Wirbelstrombremse und elastischer Kupplung, begrenzt abhängige Kennlinie

1. *Relais mit Hemmwerken.* Es werden mechanische, Flüssigkeits- und Lufthemmwerke benutzt, die etwa denen in Abb. 101 für die Hauptstromrelais entsprechen. Hiebei muß nur die isolierte Betätigungsstange durch den Kontakt ersetzt werden (Abb. 107). Es sind auch Sekundärauslöser bekannt, die vom Sekundärstrom erregt werden und den Leistungsschalter direkt auslösen [Shreeve, A. G. u. Shipton, P. I. (*115*)]. Noch nicht erwähnt ist die Wirbelstrombremse zur Erzielung einer abhängigen Kennlinie (Abb. 108). Hiebei wird die Bewegung des Ankers magnetischer Dreheisen- (Smitt) oder Drehankerrelais elastisch über eine Feder in eine rotierende umgewandelt und eine Scheibe angetrieben, die zwischen permanenten Magneten liegt. Diese Scheibe wird in den Magneten gebremst, und zwar um so stärker, je höher die Geschwindigkeit ist. Im Ansprechbereich ist das Anzugsmoment noch schwach, die Feder wird

nur schwach gedehnt und die Scheibe langsam mit dem Anker bewegt. Bei starker Erregung wird der Anker schlagartig angezogen und die Scheibe läuft nur durch die Federkraft mit konstanter Geschwindigkeit ab. Man erhält also eine begrenzte Abhängigkeit. Das Gesperre an der Scheibe ermöglicht eine kurze Rückstellzeit des Relais.

2. *Induktionsrelais.* Die meisten Ausführungen von AMZ-Relais sind Induktionsrelais.

Wie bereits erwähnt, bestehen dieselben aus einem Triebmagneten mit phasenverschobenen Flüssen einer nicht synchronisierten Scheibe oder Trommel sowie Bremsmagneten. Zu unterscheiden sind zwei Ausführungsarten. Die eine benutzt das Zeitsystem gleichzeitig als Anwurfsystem. Die andere besitzt einen getrennten Anwurfanker oder Anwurfmagneten.

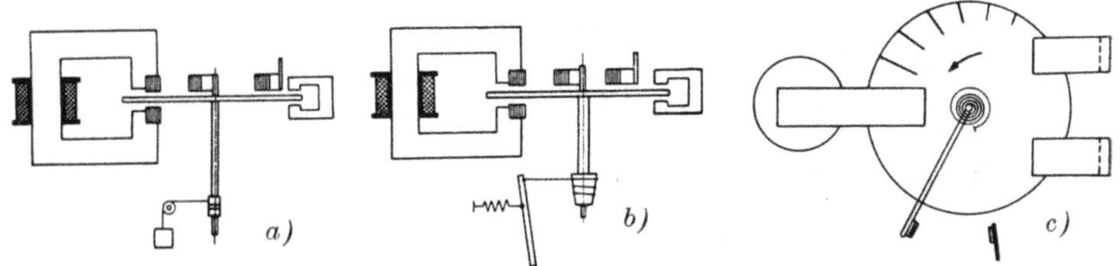

Abb. 109. Begrenzt abhängiges Induktionsrelais ohne getrennten Anwurf

a) Gegenkraft durch Gewicht, b) Durch Feder mit konischer Schnecke, c) Wachsende Antriebskraft durch verschieden geschlitzte Scheibe

Ist das Triebsystem des Induktionsmotors *gleichzeitig Ansprechsystem,* so muß der Rotor mit einer Gegenkraft versehen sein, die ihn in der Ruhelage hält, wenn der Ansprechstrom nicht überschritten wird. Als Gegenkraft werden Gewichte und Federn verwandt. Gewichte haben den Vorteil, daß die Gegenkraft während des ganzen Kontaktweges konstant bleibt (AEG) (Abb. 109a). Da bei Induktionswerken das magnetische Moment ebenfalls konstant bleibt, ist damit eine gleichmäßige Drehung möglich. Bei Federn wächst die Gegenkraft mit dem Wege an, so daß im Ansprechbereich die Scheibe wieder stehen bleiben kann, bevor sie den ganzen Weg zurückgelegt hat. Um diesen Nachteil auszugleichen, kann man die Feder über einen Faden, der sich auf einer konischen Schnecke aufwickelt, mit der Scheibe verbinden (SuH). Hiedurch wird der Angriffspunkt der Feder verändert, so daß das Drehmoment in demselben Maße verringert wird, wie die Federkraft ansteigt (Abb. 109b). Eine andere Ausführung (GEC) läßt das magnetische Drehmoment anwachsen, indem die Scheibe mit Schlitze versehen ist, deren Tiefe abnimmt (Abb. 109c). Bei diesen Relais ist die Rückstellzeit groß, da die Scheibe zurückgedreht werden muß.

Bei Relais mit *getrenntem Ansprechanker* oder -magneten muß durch die Ankerbewegung der Rotor des Ferraris-Motors freigegeben werden oder seine Bewegung mit dem Rädergetriebe gekuppelt werden. Eine Rückzugsfeder entfällt hiebei. Die Kupplung kann durch Einrücken der Schnecke eines Schneckengetriebes (Oerlikon) oder durch Klauenkupplung und ähnlichem (Abb. 110) erfolgen. Die Rückstellzeit ist kurz, da nur die Kupplung geöffnet zu werden braucht.

Bei einer anderen Ausführung wird gleichzeitig mit der Einkupplung die Ferrarisscheibe erst richtig in den Luftspalt hineingeschwenkt (ASEA), (Abb. 111). Die Scheibe führt hiebei bereits vor Erreichen des Ansprechwertes eine Drehung aus, die nach dem Ansprechen verstärkt wird und dann das Räderwerk antreibt, bis der Kontakt betätigt wird. Solche Relais können auch mit Momentauslösung mit Hilfe von Hilfsanker, die den Kontakt direkt betätigen, versehen werden.

Das Induktionsrelais hat wegen der konstanten Antriebskraft der Trommel oder der Scheibe den Nachteil, daß der *Kontaktdruck* zum mindesten im Ansprechbereich schwach ist. Hiedurch kann der Kontakt prellen und die Schaltleistung ist nur gering. Diesen Nachteil kann man in einfacher Weise beseitigen, indem man kurz vor dem Kontaktschluß eine zusätzliche Magnetkraft wirken läßt, die den Kontakt oder die Scheibe

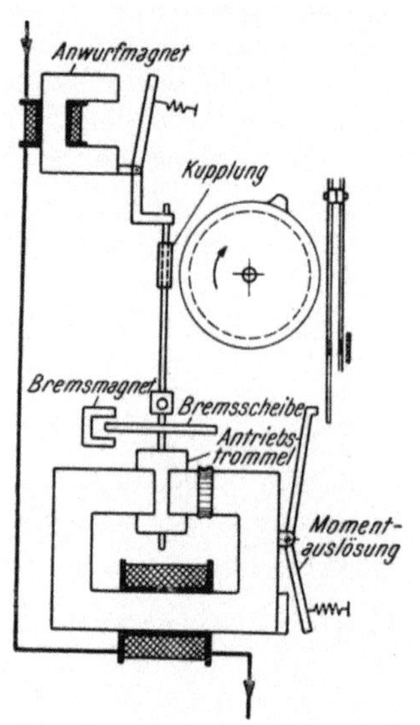

Abb. 110. Begrenzt abhängiges Induktionsrelais mit getrenntem Anwurf. Bei unabhängiger Kennlinie fällt Bremsung weg und der Rotor ist synchronisiert

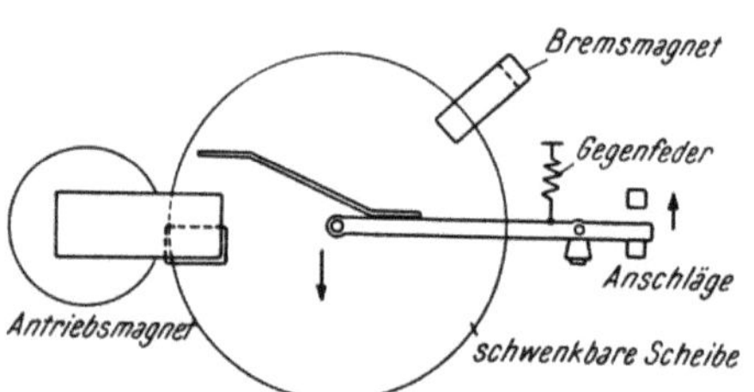

Abb. 111. Induktionsrelais mit schwenkbarer Scheibe

kräftig anzieht. Man kann dies durch einen kleinen permanenten Magneten machen, der am festen Kontakt angebracht ist und den beweglichen Kontakt, an dem ein Eisenblättchen befestigt ist, anzieht. Man kann aber auch bei Relais ohne getrennten Anwurf an der Scheibe ein Eisenplättchen anbringen, das kurz vor der Kontaktgabe an den Polschuhen des Triebmagneten vorbeigeführt und von ihnen angezogen wird.

Die *Kontakte* selbst bestehen entweder (z. B. Abb. 108) aus einem festen und einem mit dem Rotor mitgehenden Kontakt oder sie werden (Abb. 110) beide fest angeordnet und durch eine Nocke oder Rolle am Schluß der Bewegung zusammengedrückt. Im ersten Fall kann das Relais nur Arbeitskontakte besitzen, im zweiten Fall je nach Wunsch Arbeits- und Ruhekontakte.

Die Einstellung des Ansprechstromes kann bei getrenntem Ansprechmagneten oder Anker und bei der Momentauslösung durch Veränderung der Federspannung erfolgen. Bei Relais ohne besonderes Ansprechorgan macht man die Spule anzapfbar und führt die Anzapfungen an eine Schaltleiste. Der Ansprechwert wird in der Regel zwischen dem 0,8fachen bis etwa 2fachen Nennstrom, bei Spannungsrelais von der 1- bis 1,5fachen Nennspannung, bzw. etwa 0,2- bis 0,8fachen Nennspannung einstellbar gemacht.

Die Zeiteinstellung wird durch Verschieben eines Kontaktarmes oder der die Kontakte betätigenden Rolle ausgeführt, sie ist zwischen 0,3 s bis etwa 10 s Grenzzeit einstellbar. Oft sind auch kleinere Bereiche, z. B. 1 bis 10 s oder 0,2 bis 1 s u. a. vorgesehen.

β) **Unabhängige Verzögerung.** Ein weit größeres Anwendungsgebiet besitzen die unabhängigen Überstromrelais, Maximalstrom-Zeitrelais, abgekürzt UMZ-Relais oder Maximalrelais, genannt. Sie werden im Netz, für Staffelschutzsysteme verwandt, soweit damit eine Selektivität zu erreichen ist, beim Schutz paralleler Leitungen, bei Transformatoren, soweit sie eine feste Auslösezeit haben können, ohne daß die Staffelung mit dem über- und unergeordneten Schutz gefährdet ist. Man findet sie bei Generatoren als Schutz gegen äußere Kurzschlüsse. Auch als Erdschluß-Stromrelais mit Zeitverzögerungen werden sie vorgesehen.

Ähnlich wie bei den abhängigen Relais werden bei UMZ-Relais magnetische und Induktions-Relais verwendet.

1. *Mit getrennten Zeitwerken.* Im Gegensatz zu abhängigen Relais können bei UMZ-Relais das Ansprechglied und das Zeitglied auch mechanisch getrennt werden. Dabei wird das Zeitglied elektrisch betätigt. Dies ist dann eine Hintereinanderschaltung eines unverzögerten Überstromrelais und eines Zeitrelais. Das Zeitrelais wird dann von der Betätigungs-

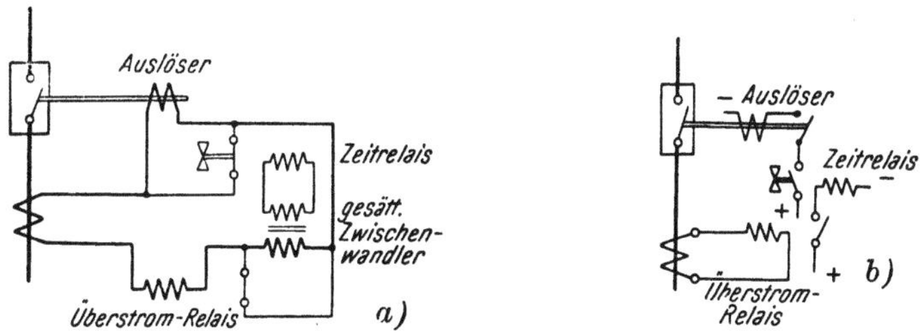

Abb. 112. Maximalschutz mit getrenntem Zeitwerk
a) Gleichstrom-Auslösung, *b*) Wandlerstrom-Auslösung

batterie aus gespeist (s. Abb. 112a). Bei Wandlerstromauslösung verwendet man dazu einen im Wandlerkreis liegenden gesättigten Wandler, der normalerweise überbrückt ist oder dessen Sekundärwicklung offen ist und nach dem Ansprechen des Überstromrelais dem Zeitrelais einen etwa konstanten Strom liefert. Das Zeitrelais betätigt durch Öffnen seines Ruhekontaktes den Auslöser (s. Abb. 112b).

2. *Mit Hemmwerken.* Diese Relaisart entspricht im wesentlichen den entsprechenden abhängigen Relais. Sie besitzen als Antriebsmagnet meist einen Dreh- oder Topfmagnet, der über eine elastische Verbindung das Hemmwerk betätigt. Die Feder muß dabei so ausgelegt sein, daß der Ankerweg bereits beim Ansprechwert vollkommen zurückgelegt und das Hemmwerk nur durch Federkraft betätigt wird. Hiedurch wird die unabhängige Kennlinie erreicht. Als Hemmwerke werden mechanische, seltener auch Flüssigkeits- und Lufthemmungen benutzt. Unter den mechanischen ist noch die Trägheitsscheibe zu nennen, die durch die Antriebskraft angetrieben wird und infolge der Trägheit eine konstante Umdrehungszahl besitzt, die durch Reibung gedämpft wird, um Prellungen zu vermeiden.

3. *Induktionsrelais mit unabhängiger Verzögerung.* Die größte Bedeutung haben die Induktionsrelais erlangt, deren Rotor synchronisiert ist. Hiedurch ist eine sehr hohe Zeitgenauigkeit zu erreichen. Über die Arten der Synchronisierung wurde schon gesprochen. Man unterscheidet untersynchronisierte und Hysterese-Motoren (b 2 und c 2 α 2). Beim UMZ-Relais nach dem Induktionsprinzip wird das Triebsystem selbst nicht für den Anwurf benutzt, weil hiedurch im Ansprechbereich immer eine Verzögerung vorhanden ist. Man unterscheidet zwischen Relais mit getrenntem Ansprechmagneten und solchen, bei denen der Ansprechanker mit dem Triebmagneten verbunden ist.

Die Ausführung der Abb. 110 ist ein Beispiel für ein UMZ-Relais mit getrenntem Ansprechmagnet, wenn die Bremsscheibe fortfällt und der Rotor synchronisiert ist (Oerlikon). Der Anker des Ansprechmagneten kuppelt den Rotor mit einer Schnecke an das Schneckenrad, das nach einer bestimmten einstellbaren Drehung den Kontakt betätigt. Ein gesonderter Anker dient zur Momentanauslösung bei höheren Strömen.

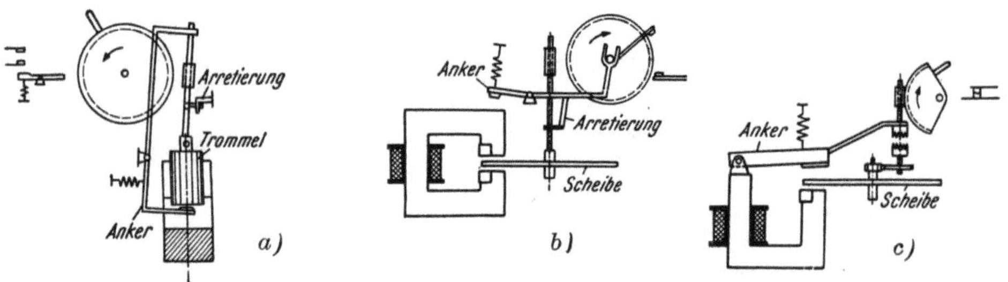

Abb. 113. Unabhängige Induktionsrelais mit Ansprechanker
a) einschwenkbare Schnecke, b) einschwenkbares Rad, c) Schwenkanker

Eine ähnliche Ausführung ohne getrennten Magnet zeigt Abb. 113a. Auch hier kuppelt der Anker, der vom Triebmagnet selbst betätigt wird, den Rotor mit dem Räderwerk, wobei der Rotor gleichzeitig freigegeben wird (BBC).

Eine Ausführung mit Ferrarisscheibe, die festgehalten wird und bei der das Rad schwenkbar ist, zeigt Abb. 113b (S. u. H.). Auch hier wird der Triebmagnet als Ansprechmagnet mitbenutzt.

Statt die Scheibe im Ruhezustand festzuhalten, kann man den einen Pol schwenkbar machen und als Klappanker für den Anwurf ausführen (Neumann, Berlin). Gleichzeitig damit wird das Räderwerk mit einer Klauenkupplung eingekuppelt (Abb. 113c).

Auch die Scheibe selbst kann man schwenkbar machen und beim Anwurf in den Luftspalt hineinziehen (ASEA) (s. Abb. 111).

Was über Kontakte und die Einstellbarkeit, die Verwendung bei Wandlerstromauslösung beim abhängigen Relais gesagt worden ist, gilt auch für das UMZ-Relais. Der Kontaktdruck kann durch zusätzliche Magneten verstärkt werden. Der Ansprechstrom wird durch Verstellen der Gegenfeder oder mit Hilfe von Anzapfungen eingestellt. Die Zeit wird durch Verstellen des Kontaktweges variiert.

4. *Elektrische Zeitverzögerung.* Die Zeitverzögerung kann auch auf rein elektrischem Wege mit Gleichspannung erreicht werden. Hiezu werden

Kondensator-Widerstand-Kombinationen (RC-Glieder) benutzt, die mit der Spule eines sonst unverzögerten Überstromrelais hintereinandergeschaltet werden. Der Gleichstrom kann sich auf diese Weise nicht sofort ausbilden, sondern wächst entsprechend einer Zeitkonstanten $T = RC$ exponentiell an. Mit diesen Methoden können ebenfalls Zeiten bis 10 s erreicht werden. Einige Schaltungen zeigt Abb. 114. In Abb. 114a wird beim Schließen zunächst der Kondensator C über den Widerstand R aufgeladen. Am Relais liegt im ersten Augenblick keine Spannung, da der Kondensator praktisch einen Kurzschluß bedeutet. Erst nachdem der Kondensator bis zur Ansprechspannung des Relais aufgeladen ist, spricht dieses an. Die Aufladung geschieht entsprechend der Zeitkonstante $T = CR$ nach einem Exponentialgesetz. Beim Ausschalten entlädt sich der Kondensator über das Relais. Diese Zeit ist kurz, wenn der Widerstand des Relais wesentlich kleiner als der Widerstand R ist. In Abb. 114b ist eine Schaltung mit Abfallverzögerung gezeigt. Beim Einschalten liegt sofort die volle Spannung am Relais, so daß keine Verzögerung entsteht. Beim Abschalten entlädt sich aber der Kondensator über den Widerstand R und das Relais, so daß es eine Zeit lang noch angezogen bleibt. In Abb. 114c ist eine Schaltung mit reiner Ansprechverzögerung gezeigt. Hiebei ist, wie in Abb. 114a, zunächst die Spannung am Relais klein und baut sich entsprechend $T = CR$ auf.

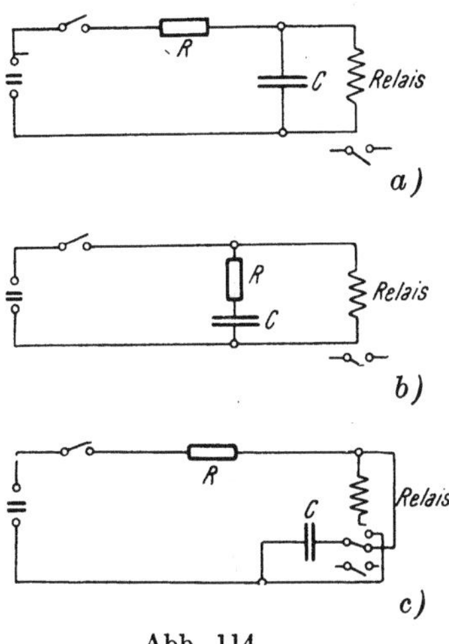

Abb. 114.
Elektrische Zeitverzögerung

a) Einschaltverzögerung groß,
   Ausschaltverzögerung klein,
b) nur Ausschaltverzögerung,
c) nur Einschaltverzögerung

Wenn das Relais anzieht, schließt es den Kondensator kurz, so daß er nach dem Abschalten des Relais nicht mehr entladen zu werden braucht.

3. Stromvergleichsrelais

Im Stromvergleichsrelais werden zwei verschiedene Ströme miteinander verglichen. Man kann hiebei zwei Prinzipien unterscheiden, entweder wird der Ansprechstrom (oder Spannung) durch einen zweiten Strom beeinflußt, so daß der Ansprechwert sich im Verhältnis zu dem zweiten Strom ändert, Prozent-Relais, oder es wird der Ansprechwert in gleicher Weise von beiden Strömen bestimmt, aber von der Richtung abhängig gemacht. Sperr- oder Freigaberelais und Stromrichtungs-Vergleichsrelais.

α) **Prozentrelais.** Prozentrelais, Quotientenrelais oder Relais mit Haltewicklung, werden von zwei verschiedenen Strömen durchflossen, von denen der eine im Sinne einer Kontaktbetätigung (Ansprechstrom), der andere entgegen wirkt (Haltestrom).

Das Hauptanwendungsgebiet dieser Relais ist der Differentialschutz. Wie bereits erwähnt, entsteht der Differenzstrom durch Gegenschaltung von Wandlern vor und hinter dem geschützten Anlageteil. Im Normalfall ist diese Differenz null, im Fehlerfalle hat sie dagegen einen Wert, der das Relais zum Ansprechen bringen soll. Nun sind aber die Wandler nicht so exakt gleich, daß nicht auch schon im Normalfall kleine Differenzen entstehen können. Man legt daher beim Differentialschutz den Ansprechwert etwas höher, als diesem Falschstrom entspricht. Bei außenliegenden Fehlern wächst dieser stark an, so daß man gezwungen ist, den Ansprechwert eines einfachen Differentialstromrelais unerwünscht hoch zu legen. Dies kann man vermeiden, wenn man Prozentrelais benützt. Diesem Relais führt man als Ansprechstrom den Differenzstrom, als Haltestrom den oder die einzelnen Ströme selbst zu. Infolgedessen wird der Ansprechwert stark erhöht, wenn ein hoher Wandlerstrom fließt, dagegen bleibt der Ansprechwert niedrig, wenn die einzelnen Ströme klein sind, so daß mit einem Prozentrelais auch geringere Fehler in den Wicklungen erfaßt werden können. Besonders vorteilhaft wirkt sich dieser Schutz aus, wenn Transformatoren mit während des Betriebes regelbarer Spannung geschützt werden sollen. Bei diesen Transformatoren kann man natürlich nicht die Übersetzung der Stromwandler mit der Spannungsregelung variieren, sondern man legt die Wandler für die mittlere Übersetzung des Regeltransformators aus. An den Grenzstellungen ist dann notwendigerweise der Sekundärstrom der Wandler etwas verschieden, wodurch bei außenliegendem Fehler verhältnismäßig hohe Differenzströme entstehen, die man im Prozentrelais durch eine geeignete „Ansprecherhöhung", also Verstärkung des Haltesystems, unwirksam machen kann.

In ähnlicher Weise kann man den Ansprechstrom vom Nullstromrelais mit den Leiterströmen erhöhen, damit bei mehrpoligen Fehlern, wobei die Ströme sich nicht exakt zu null ergänzen, das Relais nicht falsch auslöst. Relais, die auf ein Gegensystem ansprechen sollen, können entsprechend gegen dreipolige Fehler „stabilisiert" werden (CdC).

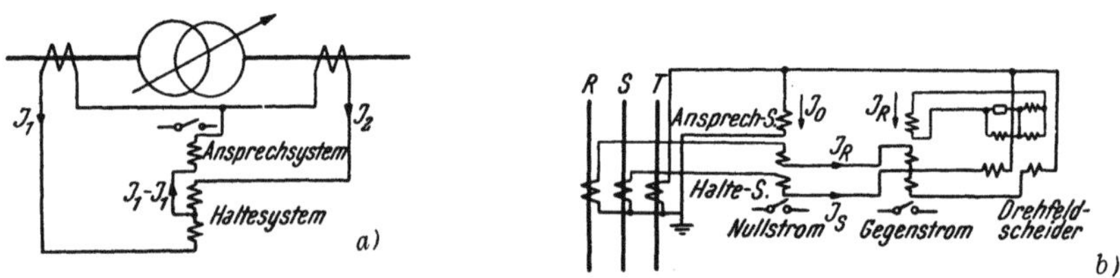

Abb. 115. Prozentrelais, Schaltungen
a) Differentialschutz, b) Null- und Gegenstromschutz

Die Schaltung eines Differentialschutzes mit Prozentrelais zeigt Abb. 115a. Man kann hiebei dem Haltesystem entweder nur einen, meist den Strom der Sekundärseite des Transformators, oder beide Ströme in zwei Wicklungen zuführen. Im Schaltbild ist die zweite Ausführung dargestellt. Die verschiedenen möglichen Differentialschutzschaltungen je nach der Transformatorenart sind entsprechend den Darlegungen des Abschnittes C II a 2 γ 5 a leicht zu verstehen. Die entsprechende Schaltung eines Schutzes gegen einpolige Kurzschlüsse und eines gegen unsymmetrische Fehler mit Hilfe des Gegensystems zeigt die Abb. 114b.

Prozentrelais können magnetische Relais und Induktionsrelais sein. Das Grundprinzip ist jeweils das gleiche: es werden zwei Systeme vorgesehen, die in ihrer Kraftwirkung entgegengesetzt sind. Es gibt Klappankerrelais mit einem als Waagebalken ausgeführten Anker [Sterner, V. (192)], (Abb. 116a). Andere Ausführungen verwenden Drehankersysteme, deren Achsen gekuppelt sind (AEG, Oerlikon, BBC) [Parschalk, F. (185), BBC (29)] (Abb. 116b). Bei Induktionssystemen kann man entweder

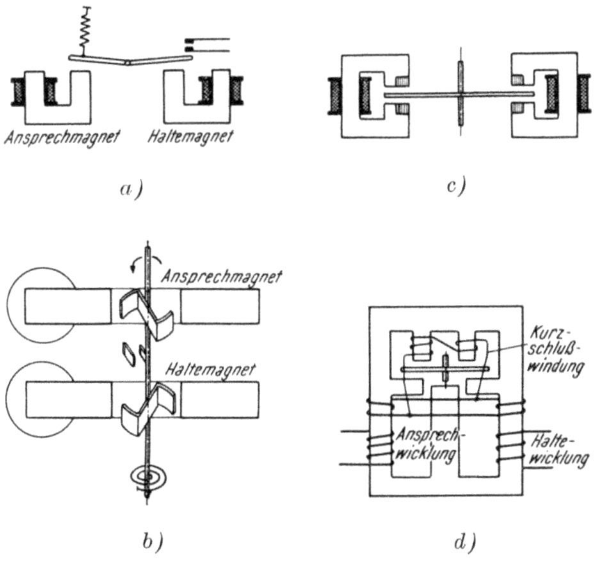

Abb. 116. Prozentrelais, Ausführungen

a) Klappanker, b) Drehanker, c) Induktionstype mit 2 Triebkernen, d) Induktionstype mit einem Triebkern

zwei Magneten mit entgegengesetztem Drehmoment (GEC) (Abb. 116c) verwenden oder man kann in einem einzigen Magneten den Magnetfluß selbst beeinflussen (Abb. 116d, Westinghouse). Bei diesem wird die für die Drehung erforderliche Phasenverschiebung transformatorisch erzeugt.

Die Kennlinie von Prozentrelais wird durch die Abhängigkeit des Ansprechstromes vom Haltestrom dargestellt (Abb. 117). Sie muß so gelegt werden, daß in allen Fällen der mögliche Falschstrom der Wandler kleiner ist als der Ansprechwert.

Auch die Prozentrelais können einstellbar gemacht werden. Es wird die Spannung der Gegenfeder wie beim Überstromrelais geändert oder es werden Anzapfungen der Spulen herausgeführt.

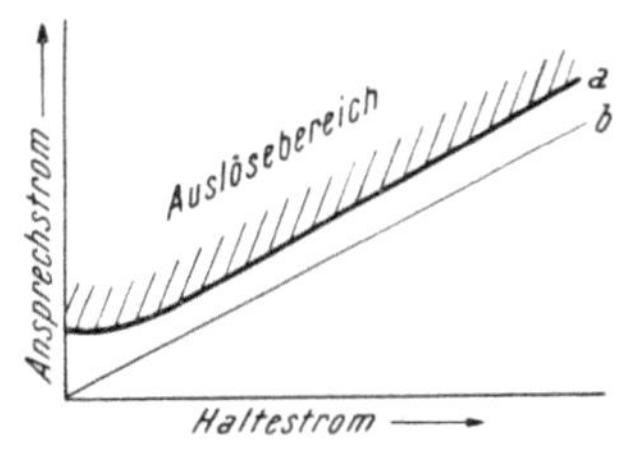

Abb. 117.
Prozentrelais, Kennlinie

a) Kennlinie, b) größter Falschstrom

β) **Sperr- und Freigaberelais.** Sperr- und Freigaberelais, auch Produktrelais genannt, werden von zwei Strömen durchflossen, die entweder bei gleicher oder bei entgegengesetzter Richtung der Ströme ihren Kontakt betätigen. Wenn es durch die Kontaktbetätigung ein Sperrsignal gibt, ist es ein Sperrrelais, wenn es ein Freigabesignal gibt, so ist es ein Freigaberelais. Die Meßgröße ist also das Produkt der beiden Ströme unter Berücksichtigung ihrer Phase, also der Wert $I_1 I_2 \cos \varphi$.

Ursprünglich für den Differentialschutz entwickelt, hat es heutzutage ein weites Anwendungsgebiet. Beim Differentialschutz hat es dieselbe

Aufgabe wie das Prozentrelais, nur daß es zusätzlich zu einem im Differenzstromkreis liegenden Überstromrelais vorgesehen werden muß. Sie sollen beim außenliegenden Fehler, wo also die beiden Vergleichströme etwa gleiche Phase haben, den Differentialschutz sperren, damit er durch die eventuell entstehenden Falschströme nicht angeworfen werden kann. Auch beim Querdifferentialschutz paralleler Leitungen kann man Sperrrelais verwenden, wo sie bei gleicher Stromrichtung den Schutz sperren sollen. Dadurch ist es möglich, auch parallele Leitungen ungleicher Länge mit einem empfindlich eingestellten Querdifferentialschutz zu schützen. Auch beim Sammelschienenschutz können sie verwendet werden, der gesperrt wird, wenn die Richtung der ein- und austretenden Ströme gleich ist, d. h. wenn der Kurzschlußstrom durch die betreffende Sammelschiene bei äußerem Fehler hindurchgeht.

Man kann damit auch den Überstromschutz von Speiseleitungen oder Speisetransformatoren, die eine Anlage eines Werkes einseitig von einer anderen Gruppe, meist des gleichen Werkes, her speisen, beeinflussen, beispielsweise also die Speiseleitungen einer Eigenbedarfsgruppe eines Kraftwerkes, die von der Hauptgruppe herkommen. Hierbei überbrückt man die Zeitverzögerung dieser Einspeisungen, wenn der Schutz der Abgänge nicht angeworfen wird. In diesem Falle muß der Fehler vor diesen Abgängen, also auf den Leitungen selbst oder an der Sammelschiene liegen. Man vergleicht dann in der gespeisten Station den Strom der Speiseleitungen mit dem Strom der anderen Abgänge. Ist die Stromverteilung normal, so arbeitet der Schutz mit hoher Auslösezeit, ist dagegen die Stromverteilung ungleich oder überhaupt kein Strom da, so wird die Kurzzeitauslösung freigegeben.

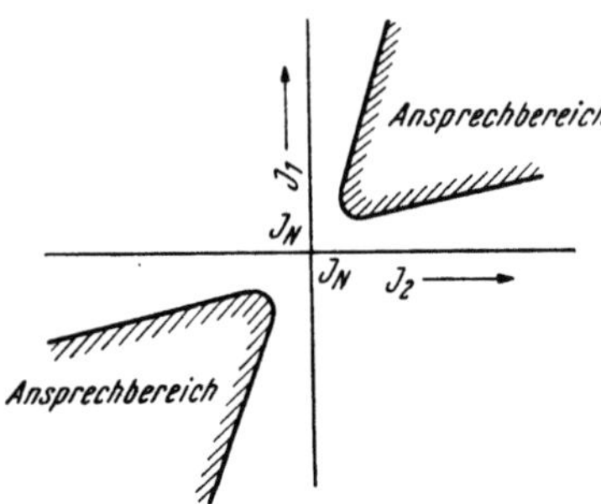

Abb. 118. Sperr-Relais, Kennlinie

Ausgeführt wird ein Sperr-Relais als polarisiertes Wechselstromrelais. Es besitzt also der Anker und der Kern eine Wicklung, die von den beiden zu vergleichenden Strömen durchflossen wird. Die prinzipielle Ausführung entspricht der Abb. 101b [Geise, F. (*170*), ASEA (*161*)].

Die Kennlinie eines solchen Relais zeigt Abb. 118. Der Bereich, wo das Sperr-Relais anspricht, ist schraffiert.

4. Spezielle Stromrelais

Im folgenden werden zwei spezielle Arten von Stromrelais beschrieben, die beide für den Differentialschutz verwendet werden. Als erstes ein Relais, dessen Anker den Wechselstromperioden folgt, und als zweites ein Relais, das gegen Gleichstromglieder von Einschaltströmen unempfindlich gemacht worden ist.

α) **Momentanwert-Relais.** Stromrelais, die auf den Momentanwert des Stromes ansprechen, lassen den zu betätigenden Kontakt im Takte der Wechselstromfrequenz ein- und ausschalten. Der positiven Stromrichtung entspricht also eine andere Kontaktstellung als der negativen Stromrichtung.

Solche Relais werden angewendet für den Längsdifferentialschutz mit Stromrichtungsvergleich. An beiden Enden einer Leitung sind solche Momentanwert-Relais vorgesehen. Schwingt der Kontakt bei beiden Relais in gleicher Weise, so wird der Steuerkreis beidseitig an die gleiche Spannung gelegt und bleibt daher stromlos. Schwingen die Kontakte entgegengesetzt, wenn die Ströme an beiden Enden verschiedene Richtung haben, so wird der Betätigungsstromkreis geschlossen (E I b 2), [Jahn (*175*), Carson, W. und Last, F. H. (*34*)].

Für solche Relais werden polarisierte Meßsysteme verwendet, wobei der Anker so leicht wie möglich gemacht wird. Es wird also der Kern vom Strom erregt und der Anker polarisiert. Dadurch schwingt der Anker im Takte der Frequenz des Stromes und betätigt entsprechend den Kontakt (s. Abb. 101 a).

In gleicher Weise können auch Tauchspulenrelais verwendet werden.

β) **Einschaltstoßsichere Stromrelais.** Beim Differentialschutz von Transformatoren macht sich, wie schon erwähnt wurde (CII 3 γ 5), der Einschaltstoß beim Einschalten des Transformators unangenehm bemerkbar. Es entsteht ein hoher Einschaltstoß auf der Primärseite, der sich dem Differentialrelais in voller Höhe mitteilt.

Damit nun der Differentialschutz nicht auslöst, hat man ihm eine unabhängige Verzögerung von 1 bis 3 s gegeben oder man hat ihn während des Einschaltens vorübergehend mittels Hilfskontakt am Leistungsschalter oder mit Spannungsrelais verzögert. Alle diese Maßnahmen haben noch

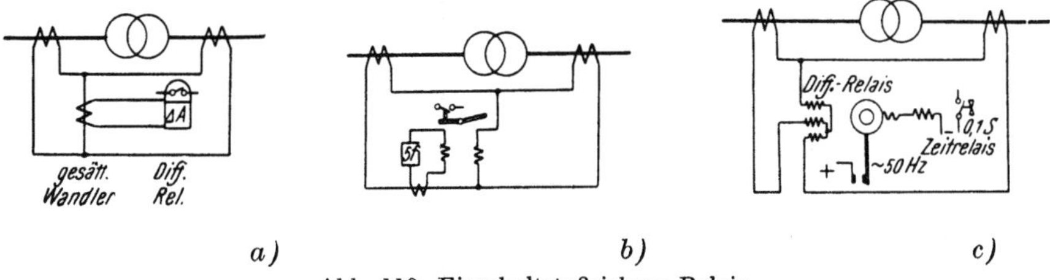

Abb. 119. Einschaltstoßsichere Relais
a) gesättigter Wandler, b) Haltespule, abgestimmt, c) Resonanzkontakt
auf die fünfte Oberwelle

gewisse Nachteile, die sich durch die Verwendung einschaltstoßsicherer Relais vermeiden lassen.

Die Schaltung mit gesättigtem Zwischenwandler wurde schon erwähnt. Der Gleichstromstoß bewirkt eine Sättigung des Stromwandlers, so daß sich bei hohen Strom-Amplituden der Fluß nur noch wenig ändert und damit auch der Strom im Relais nur wenig anwächst (s. Abb. 119a) [Geise, F. (*171*)].

Eine andere Ausführung benutzt ein Prozentrelais, wobei die Haltespule von den Oberwellen beeinflußt wird. Da beim Einschaltstoß infolge der hohen Magnetisierung starke Oberwellen auftreten, etwa 60% und mehr, so kann man damit während des Einschaltens eine hohe Ansprecherhöhung erreichen. Der Haltekreis wird insbesondere auf die fünfte Oberwelle abgestimmt (Abb. 119b).

Eine andere Möglichkeit, um ein Relais gegen Einschaltströme sicher zu machen, besteht darin, dem Anker mit dem Kontakt des Differentialrelais eine bestimmte Resonanzfrequenz zuzuordnen. Ist die Erregung gleich dieser Frequenz, so schwingt der Anker mit und gibt keinen Kontakt, bei allen anderen Frequenzen dagegen schließt er ordnungsgemäß [Hoel, H. und Stöcklin, J. (173)]. Dieses Relais nützt die Tatsache aus, daß das Drehmoment bei magnetischen Relais vom Quadrat des Stromes abhängt.

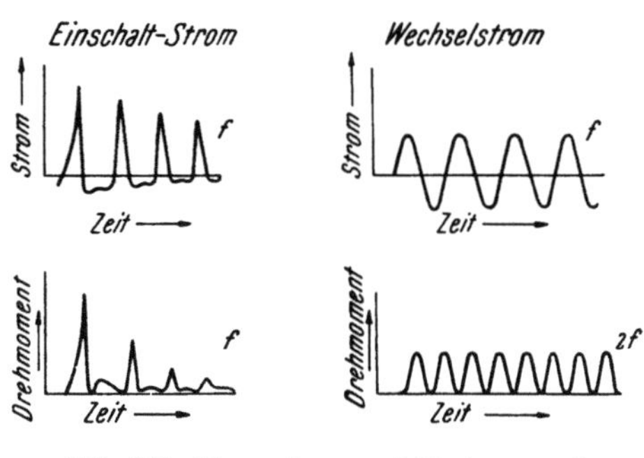

Abb. 120. Kurvenform und Drehmoment

Bei Gleichstromstößen (Abb. 120) besitzt das Quadrat des Stromes die gleiche Frequenz wie der Strom selbst, also beispielsweise 50 Hz. Ein sinusförmiger Strom dagegen erzeugt ein mit doppelter Frequenz schwingendes Drehmoment.

Das Relais betätigt ein gering verzögertes Hilfsrelais (etwa 0,1 s), das wiederum den Auslösekreis schließt (s. Abb. 119c).

Die Relais sind so ausgelegt, daß 15% Frequenzabweichungen keinen Einfluß auf die Wirkungsweise haben. Die Anordnung wird direkt an einem Prozentrelais vorgesehen, so daß außer dem Auslöserelais kein zusätzliches Relais erforderlich ist.

III. Leistungsrelais

Unter Leistungsrelais versteht man alle Relais, denen Spannung und Strom als Meßgröße zur Leistungsbildung zugeführt wird. Sie dienen entweder dazu, die Größe der Leistung festzustellen oder nur ihre Richtung. Im ersten Fall sind sie selbständige Relais und werden hauptsächlich als Erdschluß-Leistungsrelais benutzt. Im zweiten Fall sind sie meist mit andern Relais kombiniert und haben die Aufgabe, den Richtungsentscheid auszuführen. Sie sind dann häufig direkt mit Strom- oder Impedanzmeßwerken zusammengebaut. Sie werden als Richtungsglieder bezeichnet.

a) Die Meßsysteme

Als Meßsysteme kommen im wesentlichen das Induktionssystem und das dynamometrische System in Frage.

1. Das Induktionssystem

Das Induktionssystem wird ähnlich wie im Zählerbau angewendet. Ein Spannungs- und ein Stromtrieb induziert in einer Scheibe oder Trommel Ströme, durch die bei entsprechender Phasenlage ein Drehmoment erzeugt wird. Dieses Drehmoment ist am größten, wenn die Ströme in den Triebkernen um 90° verschobene Flüsse erzeugen. Bei Wirkleistungsrelais muß also der von der Spannung und der vom Strom erzeugte Fluß einen Winkel von 90° bilden, bei Blindleistungsrelais muß dieser Winkel null sein. Die grundsätzliche Schaltung zeigt Abb. 121. Das Vektordiagramm entspricht genau dem der Abb. 99, wo für $\mathfrak{J}_2$ der von der Spannung $\mathfrak{U}$ erzeugte Strom in der Spule zu setzen ist. Dieser Strom eilt infolge der

Induktivität der Spule bereits der Spannung nach. Mit Nebenschlüssen und Kurzschlußringen wird die genaue 90°-Verschiebung erreicht.

Bei Blindleistungsrelais kann man die 90°-Schaltung verwenden (Zuordnung der auf dem Strom senkrechten Spannung), ohne das Relais anders auszuführen. Bei der 60°-Schaltung muß man die Nebenschlüsse und Kurzschlußringe so ausführen, daß der Spannungs- und der Stromfluß sich bei $\cos \varphi = 1$ decken. Will man die zugehörige Spannung verwenden, wie es beim Erdschlußschutz nötig ist (0°-Schaltung), so erreicht man durch großen Luftspalt im Spannungseisen, Vorschalten eines Ohmschen Widerstandes vor die Spannungsspule und Parallelschalten eines Widerstandes zur Stromspule, daß der Fluß des Stromtriebes dem Strom um den gleichen Winkel nacheilt wie der Fluß des Spannungstriebes der Spannung. Hiedurch fallen die Flüsse bei $\cos \varphi = 1$ ebenfalls zusammen.

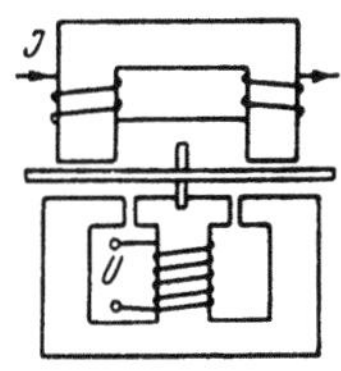

Abb. 121.
Leistungsrelais nach dem Induktionsprinzip

Induktionssysteme besitzen nur feste Spulen, wodurch der mechanische Aufbau verhältnismäßig einfach ist. Sie können auch als verzögerte Relais verwendet werden. Das Halteverhältnis ist, wie bereits beim Stromrelais erwähnt, gut. Eine gewisse Frequenzabhängigkeit entsteht dadurch, daß der Strom in der Spannungsspule mit wachsender Frequenz kleiner wird. Es wird also die Empfindlichkeit und die Eigenzeit mit wachsender Frequenz etwas geringer. Zum Teil wird dieser Einfluß durch den Stromtrieb kompensiert, wo infolge der höheren Frequenz bei gleichbleibendem Strom die induzierende Wirkung auf die Scheibe erhöht wird. Allerdings kann hierdurch die Meßlage verändert werden. Eine Oberwellen- und Temperaturabhängigkeit ist wohl vorhanden. Durch geeignete Maßnahmen können aber alle diese kleineren Nachteile praktisch unwirksam gemacht werden, so daß sich gerade in neuerer Zeit das Induktionsprinzip wieder mehr durchgesetzt hat.

2. Dynamometrische Systeme

Beim dynamometrischen Prinzip wird von einer festen Spule ein Drehmoment auf eine bewegliche Spule ausgeübt. Das Drehmoment ist angenähert den in den Spulen fließenden Strömen und dem Cosinus ihres eingeschlossenen Winkels proportional.

$$D = C\, i_1\, i_2 \cos \alpha \qquad (62)$$

i_1 ist der Strom in der beweglichen Spannungsspule, i_2 der vom Stromwandler gelieferte Strom. Bei einem Wirkleistungsrelais soll i_1 und i_2 phasengleich sein. Der Strom i_1 muß also auch mit der Spannung U in Phase sein. Dies ist im allgemeinen ausreichend der Fall, wenn der Spannungsspule ein Vorwiderstand vorgeschaltet wird.

Es gibt drei grundsätzliche Ausführungen von dynamometrischen Meßwerken (s. Abb. 122). Das eisenlose, das eisengeschlossene und das Induktionsdynamometer. Das *eisenlose Dynamometer* besteht aus einer feststehenden Spule, in deren Innern eine bewegliche Spule gelagert ist. Die bewegliche Spule dreht sich je nach der Stromrichtung nach der einen oder anderen Seite in die feste Spule hinein.

Beim *eisengeschlossenen Dynamometer* erhält die Stromspule einen
Eisenkern, so daß ein wesentlich höheres Drehmoment entsteht.

Beim *Induktionsdynamometer* wird der drehbaren Spule die Spannung
nicht direkt, sondern transformatorisch zugeführt (s. Abb. 122c). Hiedurch ergeben sich billigere Ausführungen, da die beweglichen Zuleitungen
wegfallen. Die bewegliche Spule ist dann nur ein Kupfer- oder Aluminium-

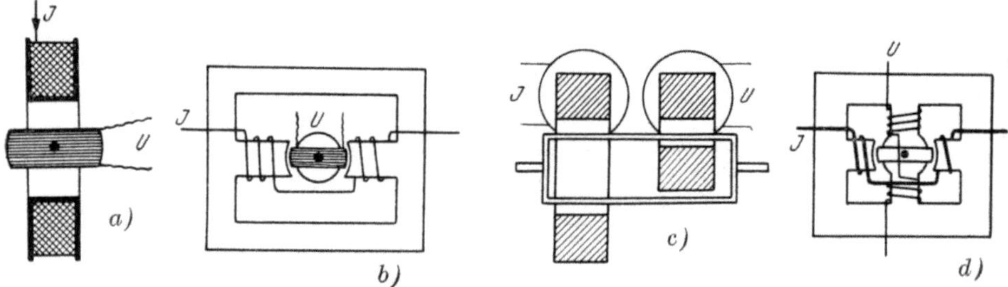

Abb. 122. Dynamometrische Leistungsmeßwerke
a) eisenlos, *b)* eisengeschlossen, *c)* Induktionsdynamometer mit Spannungstransformator,
d) Induktionsdynamometer mit gemeinsamem Kern

rahmen, der transformatorisch erregt wird. Wie Abb. 122d zeigt, kann
man das Stromeisen gleichzeitig für die Spannungstransformation verwenden.

Der Vorteil von Dynamometern als Richtungsglieder oder Richtungsrelais liegt in geringerer Eigenzeit, geringerer Frequenzabhängigkeit und
seiner Verwendungsmöglichkeit auch für Gleichstrom, wenigstens bei
den beiden ersten Arten. Auch die Temperaturabhängigkeit kann gering
gehalten werden. Eine gewisse Stromabhängigkeit ist dadurch vorhanden,
daß die Stromspule in der Spannungsspule Ströme induziert, die ein
Gegendrehmoment hervorrufen. Bei hohen Kurzschlußströmen kann
dadurch der Ansprechwert anwachsen. Man kompensiert deshalb die
Selbstinduktion der Spannungsspule gern durch eine Kapazität.

b) Richtungsrelais und Richtungsglieder

Unter Richtungsrelais, bzw. Richtungsgliedern sollen diejenigen Relais
oder Meßglieder verstanden werden, die bei andern Relais die Auslösung

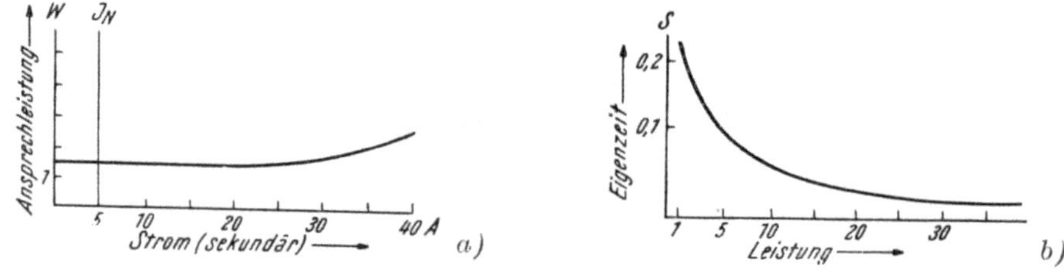

Abb. 123. Kennlinien von Richtungsrelais (Beispiele)
a) Empfindlichkeit, *b)* Eigenzeit

nur nach einer Leistungsrichtung freigeben, bzw. sperren. Sie sind unverzögert, besitzen keinen definierten Ansprechwert und ergänzen andere
Schutzeinrichtungen zu einem gerichteten Schutz.

Sie finden Anwendung im gerichteten Distanzschutz oder Überstromschutz, im Richtungsvergleichschutz in Verbindung mit Überstromanwurfrelais.

Richtungsrelais sind als Wirkleistungsrelais geschaltet. Dies ergibt den Vorteil, daß der fast immer vorhandene Lichtbogen die tote Zone, wo infolge zu kleiner Spannung der Ansprechwert unterschritten wird, verkürzt.

Die Empfindlichkeit beträgt etwa 0,5 bis 5 W. Sie wird in der Regel mit wachsendem Strom, insbesondere bei dynamometrischen Relais, etwas geringer (s. Abb. 123a). Die Eigenzeiten müssen jeweils kleiner sein als die Ablaufzeit der zugehörigen Relais (Abb. 123b).

Eine Erhöhung der Empfindlichkeit kann insbesondere bei kurzen Auslösezeiten dadurch erreicht werden, daß der Spannungsspule ein Resonanzkreis vorgeschaltet wird, der auch beim völligen Zusammenbrechen der Spannung die Spannung eine Zeitlang am Relais aufrechterhält [Biermanns, J. (127), Braten, J. L. u. Hoel, H. (129), Matthey-Doret, A. (142)] (Erinnerungsschaltung).

Die Kontakte sind meist so konstruiert, daß die Achse einen beweglichen Kontaktarm trägt, der beim Arbeiten des Relais an einen festen Kontakt anschlägt. Beim Umschaltkontakt sind an beiden Seiten feste Kontakte angebracht. Bei Richtungsrelais entstehen infolge der Leichtigkeit der beweglichen Glieder leicht Prellungen. Diese werden mit Hilfe von Dämpfungen beseitigt. Solche Dämpfungen sind meist Öl- und Wirbelstrombremsen. Bei Öldämpfungen ist mit der Achse ein Kolben verbunden, der sich in einem mit Öl gefüllten Zylinder bewegt. Das Öl muß bis zu tiefen Temperaturen gut flüssig sein. Wirbelstrombremsen bestehen aus einer Scheibe, die sich im Luftspalt eines permanenten Magneten bewegt.

Als Ausführungsformen kommen Induktionsrelais, dynamometrische und elektromagnetische Relais in Frage. Im Prinzip gelten die Abb. 121 und 122 (BBC, CdC). Als weitere Ausführung sei noch das Dynamometer mit Flachspule (ASEA) angeführt, das zwei getrennte Stromkerne besitzt, in deren Luftspalte sich eine flache, von der Spannung erregte Spule bewegt. Das von beiden Spulen mit der Flachspule entstehende Drehmoment dreht in gleicher Richtung (Abb. 124a). Ein Dynamometer mit teilweise geschlossenem Kern zeigt Abb. 124b. Der Drehhebel wird am anderen Ende von einem permanenten Magneten in einer definierten Stellung gehalten (ASEA).

Eine nach dem Prinzip des Induktionsdynamometers arbeitende Ausführung zeigt Abb. 124c. Sie ist dreipolig und wirkt auf ein einziges Drehsystem (Örlikon, ältere Ausführung). Der Spannungskern induziert im Rahmen einen Strom, der zusammen mit dem Stromkern das Drehmoment erzeugt.

Ein gerichtetes Überstromrelais (Örlikon), bei dem das Ansprechsystem gleichzeitig vom Stromkern des Richtungssystems betätigt wird, zeigt Abb. 124d. Die beiden Anker sind getrennt gelagert, ihre Kontakte wie bei getrennten Relais elektrisch verbunden. Die Ausführung entspricht sonst einem üblichen eisengeschlossenen Dynamometer. Bemerkenswert ist hiebei noch, daß für geringe Spannungen ein Unterspannungsrelais den Vorwiderstand der Spannungsspule kurzschließt und dadurch die Empfindlichkeit erhöht.

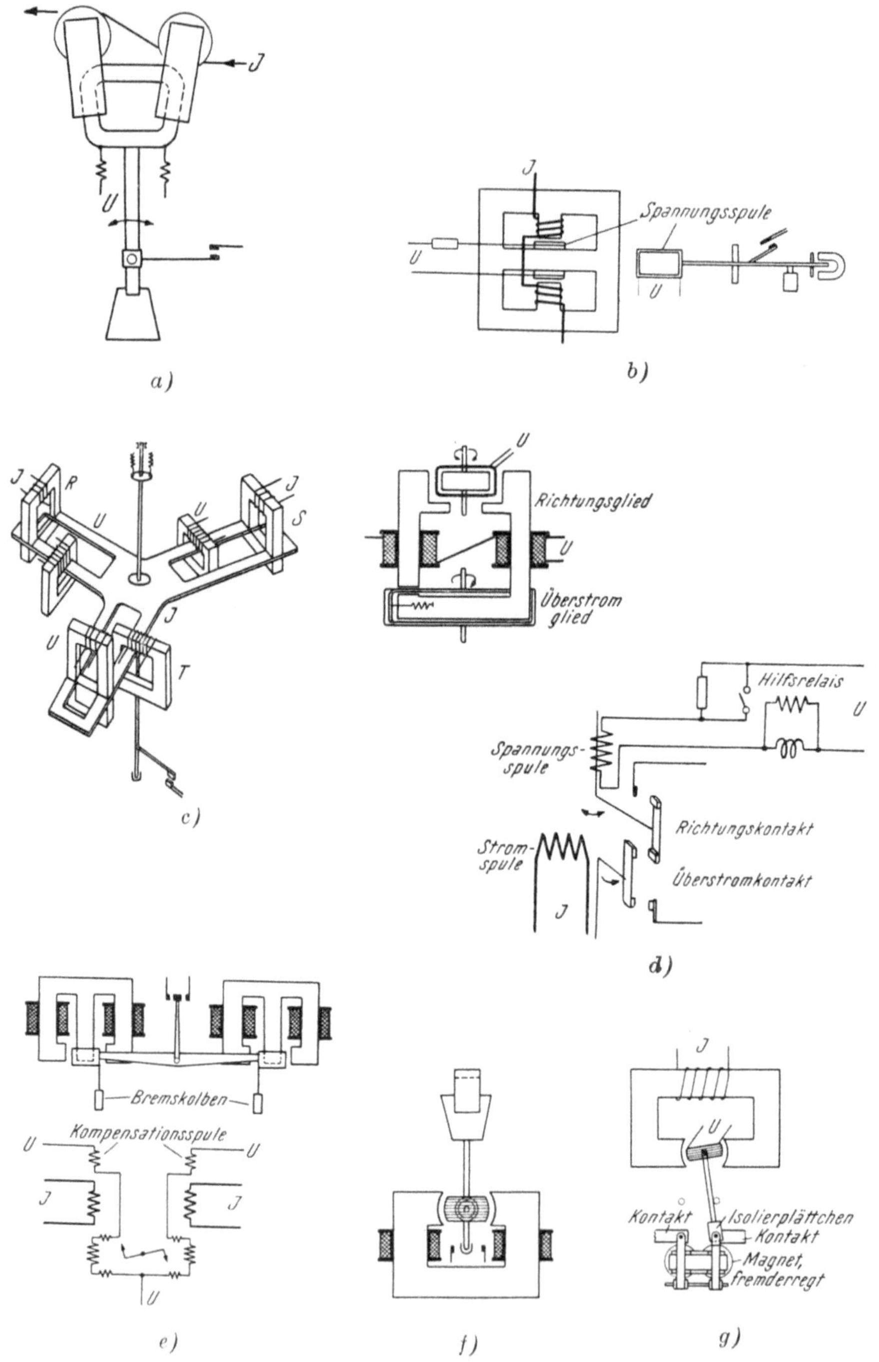

Abb. 124. Dynamometrische Richtungsrelais

a) Flachspule, b) Dynamometer mit teilweise geschlossenem Kern, c) Induktionsdynamometer, dreipolig, d) kombiniertes Überstrom-Richtungsrelais, e) zweigliedriges System mit Kompensation, f) mit Wirbelstrombremse, g) mit Hilfsmagnet

Ein zweisystemiges Relais zeigt Abb. 124e (CdC). Die Stromkerne sind getrennt, die beweglichen Spannungsrähmchen sind auf einer gemeinsamen Achse angeordnet. Die neben den Spulen liegenden Kolben bewegen sich in (nicht gezeichneten) Ölzylindern und dienen der Dämpfung. Bei dieser Ausführung besitzt die feste Spule noch eine von der Spannung erregte Kompensationswicklung, die die Rückwirkung der Stromwicklung auf die Spannungsspule kompensiert. Diese Ausführung kann für die Messung der Gegenleistung und der Nulleistung verwendet werden (Abschnitt B I c, 3δ). Eine einpolige Ausführung mit Wirbelstrombremsung zeigt Abb. 124f (CdC).

Eine besondere Kontaktanordnung zeigt Abb. 124g [Schleicher, M. (10)]. Hier trägt der Rahmen eine Isolierscheibe, die sich zwischen zwei festmontierte Arbeitskontakte schieben kann. Die Kontakte selbst werden von einem Hilfsrelais betätigt. Es werden hiebei beide Kontakte zusammengedrückt, aber nur derjenige geschlossen, zwischen denen keine Isolierscheibe liegt. Die Betätigung des Hilfsrelais kann durch das Anwurfglied erfolgen.

Einige Ausführungen nach dem Induktionsprinzip zeigt Abb. 125. In Abb. 125a ist ein mehrpoliges Induktionsrelais (Örlikon) gezeigt, das einem Kurzschlußläufermotor ähnlich sieht. Die Strom- und Spannungswicklungen liegen in den Nuten des Stators. Ein Spannungspol und ein Strompol folgt aufeinander. Eine achtpolige Ausführung mit Trommelanker besitzt eine zweite Trommel, die

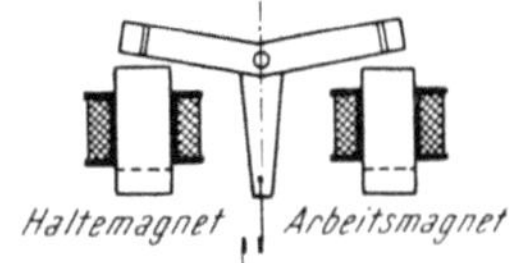

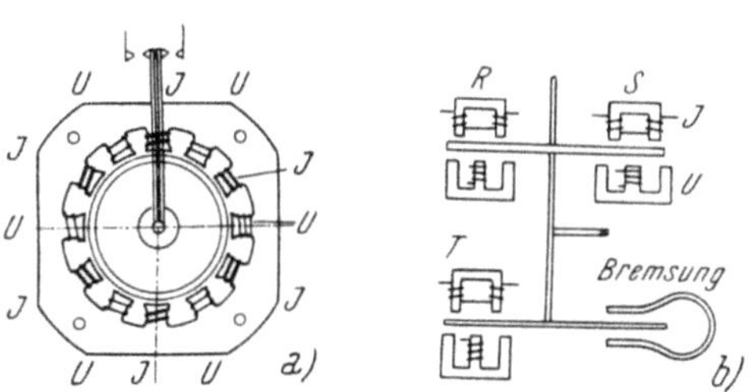

Abb. 125. Richtungsrelais, Induktionstype

a) vielpoliges Induktionssystem,
b) dreipoliges Induktionsrelais

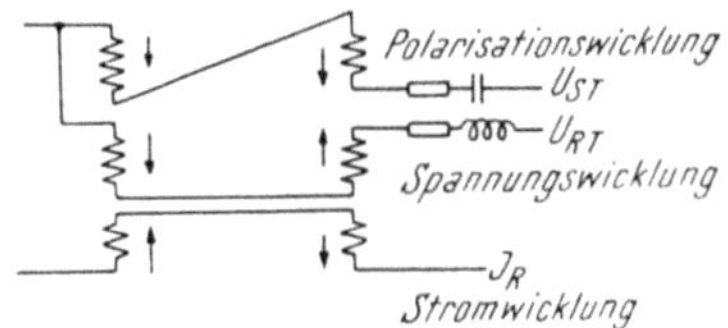

Abb. 126.

Elektromagnetisches Richtungsrelais

sich in einem permanenten Magneten als Dämpfung bewegt (CdC). Beim Leistungsrelais wirkt sich hiebei das hohe Anlaufdrehmoment günstig aus.

Eine dreipolige Ausführung, bei der zwei Triebe eine Scheibe, der dritte eine zweite Scheibe, die zugleich Dämpferscheibe ist, betätigen, zeigt Abb. 125b (CdC).

Ein Richtungsrelais nach dem elektromagnetischen Prinzip zeigt Abb. 126 [Leyburn, H. und Lackey, C. H. (21)]. Es besteht aus zwei Elektromagneten, die auf einen gemeinsamen Anker arbeiten. Der eine Magnet ist der Arbeitsmagnet, der andere wirkt diesem entgegen, er ist also ein Haltemagnet. Jeder Kern besitzt drei Wicklungen. Die Stromwicklungen und die Spannungswicklungen sind entgegengesetzt gewickelt, die Polarisationsspannungswicklung ist in gleichem Sinne auf beide Magneten gewickelt. Als Polarisationsspannung wird die auf der zum

Strom gehörigen Sternspannung senkrechte Dreieckspannung genommen,
für die Spannungswicklung die um 30° nacheilende. Beide Spannungen
werden in die gleiche Richtung gedreht. Beim Strom R ist also die Polarisationsspannung S T, die andere Spannung R T. Der Vorteil des
elektromagnetischen Systems ist seine geringe Eigenzeit. Die Schaltung
kann auch ohne Polarisationswicklung ausgeführt werden.

c) Selbständige Leistungsrelais (Erdschlußrelais)

Unter selbständigen Leistungsrelais wollen wir Leistungsrelais verstehen, die selbst eine Betätigung vornehmen und die Leistung als Meßgröße benutzen. Solche Relais sind die Rückleistungsrelais, die Gegenleistungsrelais und die Nulleistungsrelais, zu denen insbesondere die Erdschlußleistungsrelais gehören. Alle diese Relais haben einen definierten
Ansprechwert, der sich aus den Fehlerverhältnissen ergibt.

Sie werden angewendet beim Generatorschutz und als Erdschlußschutz für Generatoren und im Netz. Sie sind je nach der Meßgröße als
Blindleistungs- oder Wirkleistungsrelais ausgeführt.

Bei Generatoren werden Rückleistungsrelais nur noch dazu verwendet,
um einen unter Umständen auftretenden motorischen Betrieb zu verhindern.
Die Ansprechleistung wird hierbei sehr klein gewählt, etwa 1 bis 2% der
Nennleistung, das Relais wird entweder auf Signal geschaltet oder mit einer
größeren Auslösezeit versehen, insbesondere um ein Auslösen bei Pendelungen zu verhindern.

Gegenleistungsrelais sollen bei unsymmetrischen Fehlern im Generator
arbeiten. Auch sie werden meist sehr empfindlich eingestellt.

Ebenso erfordern Erdschlußrelais eine sehr hohe Empfindlichkeit,
insbesondere beim Generatorschutz, um auch Erdschlüsse in der Nähe
des Sternpunktes zu erfassen. Über diesbezügliche Schaltungsmaßnahmen
und äußere Hilfsmittel zur Erhöhung der Empfindlichkeit wurde schon
gesprochen (C II c). Hier werden nur die entsprechenden Relaisausführungen
beschrieben. Die Eigenzeit beim Erdschlußrelais spielt nur dann eine
Rolle, wenn auch Wischer erfaßt werden sollen.

Als Meßglieder werden wiederum das Induktionsmeßwerk und das
Dynamometer verwendet. Es finden auch einige bereits unter Richtungs-
relais beschriebene Ausführungen als selbständige Relais Verwendung
[Matthey-Doret, A. (*29, 30*) und Stalder, H. (*221*)].

Noch erwähnt sei das Delta-VAR-Relais [Jean-Richard, Ch. (*50*)].
Dieses beruht auf dem Prinzip, daß bei einem Kurzschluß im Netz immer
eine große Blindleistungsänderung auftritt. Das Relais spricht also nicht auf
die Blindleistung selbst, sondern auf deren rasche Änderung an (Abb. 127).
Es besteht aus einem Blindleistungsmeßglied nach dem Induktionsprinzip
und einer Kompensationseinrichtung. Das Meßglied besitzt eine Spannungs-
und Stromspule, das auf eine Scheibe ein der Blindleistung proportionales
Drehmoment ausübt. Die Scheibe ist mit einem Wälzkontakt verbunden,
der bei der Drehung erst den Kontakt 1 und dann den Kontakt 2 betätigt.
Der Kontakt 1 setzt über Hilfsrelais einen Servomotor in Betrieb, der
über zwei Kompensationsfedern die Scheibe wieder in die Mittellage
zurückdreht. Die Wirkungsweise ist nun derart, daß bei langsamen
Änderungen der Blindleistung, im normalen Betrieb, nur der erste Kontakt
betätigt wird, so daß der Servomotor Zeit hat, das Drehmoment zu kom-

pensieren. Bei rascher Änderung läuft die Scheibe aber soweit, daß der Motor nicht mehr angeworfen wird und das Zeitrelais betätigt wird.

Für Erdschlußrelais muß eine Ansprechleistung von etwa 0,05 bis 0,1 W verlangt werden [Meyer, K. (215)]. Die Ansprechzeit schwankt je nach der Leistung zwischen 0,1 bis 0,4 s.

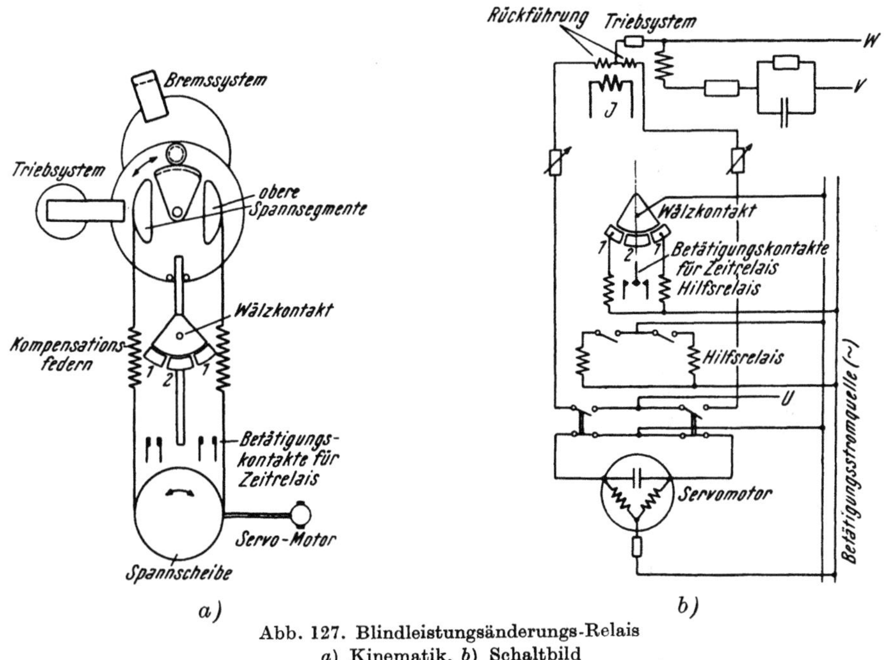

Abb. 127. Blindleistungsänderungs-Relais
a) Kinematik, b) Schaltbild

Ein sehr empfindliches Erdschlußrelais zeigt Abb. 128. Es ist nach dem Induktionsprinzip gebaut [Golds, L. B. S. und Lipman, C. L. (211)].

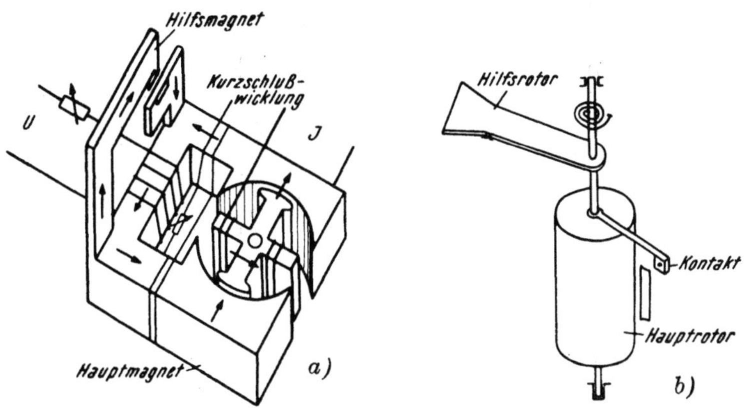

Abb. 128. Hochempfindliches Leistungsrelais (Erdschlußrelais), Induktionstype
a) Stator, b) Rotor

Es besitzt einen Hauptkern, der von der Spannung erregt ist. Im Luftspalt liegt ein kreuzförmiger Kern, der vom Strom erregt wird, und zwar so, daß sein Fluß senkrecht zu dem Fluß des Hauptkernes liegt. Senkrecht auf dem Hauptkern ist ein Hilfskern angebracht, der von der Spannungswicklung des Hauptkernes miterregt wird. Er besitzt einen Spaltpol mit Kurzschlußring. Der Rotor besteht aus einer Trommel, die den Auslösekontakt trägt. An der Achse ist ein zweiter flacher Rotor befestigt, der kurz vor der Kontaktgabe vom Hilfsmagneten ein starkes Drehmoment erhält und dadurch den Kontaktdruck erhöht. Eine besondere Kurzschlußwicklung regelt in Verbindung mit einem Widerstand die richtige Phasenlage im Hauptkern.

Eine Anordnung mit abhängiger Zeitverzögerung zeigt Abb. 129. Es ist ein Induktionsrelais, das von der Erdschlußspannung und dem Erdschlußstrom betätigt wird. Es besitzt wie bei den abhängigen Überstromrelais einen Bremsmagneten. Die Spannungsspule wird durch einen zusätzlichen Spannungsmagnet mit Drehanker zugeschaltet, um Fehlauslösungen bei Doppelerdschluß auf ein Mindestmaß zu beschränken. Dieses Relais besitzt eine abhängige Kennlinie (s. Abb. 130) und einen definierten

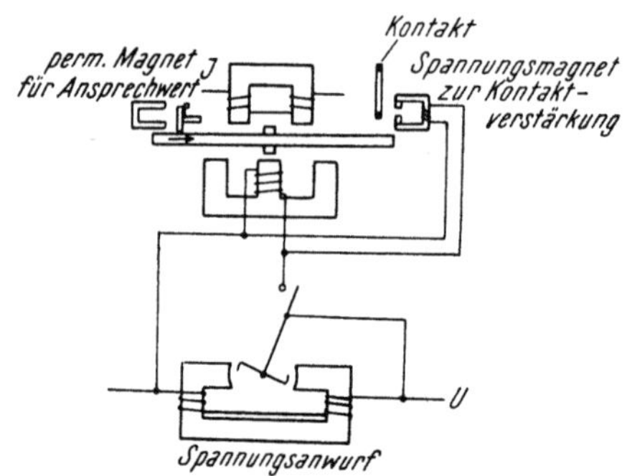

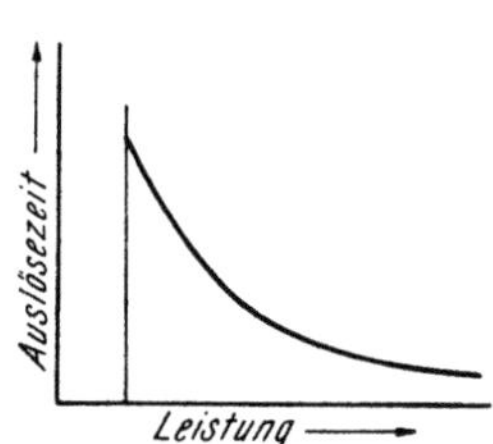

Abb. 129. Abhängig verzögertes Leistungsrelais
Schaltung, Induktionstype

Abb. 130. Abhängig verzögertes
Leistungsrelais, Kennlinie

Ansprechwert. Dieser wird durch einen kleinen permanenten Magneten erreicht, von dem sich die Scheibe erst losreißen muß. Die Kontaktgabe wird von einem kleinen Spannungsmagneten verstärkt. Die Rückzugsfeder ist so schwach, daß sie auf das Drehmoment keinen merkbaren Einfluß ausübt. Durch Verstellen des Kontaktabstandes kann die Kennlinie verändert werden. (S. & H.) Dasselbe kann man auch erreichen, wenn das Triebsystem eine Trommel besitzt, die über ein Getriebe eine Scheibe antreibt, die sich in einem Bremsmagneten bewegt. Auch hiebei wird die Kennlinie durch den Kontaktabstand eingestellt (BBC).

IV. Widerstandsrelais

Als Widerstandsrelais werden alle Relais bezeichnet, die die Spannung und den Strom derart zugeführt bekommen, daß ihre Funktion vom Widerstand, von der Impedanz oder dem Blindwiderstand abhängt. Eingeteilt werden die Widerstandsrelais in unverzögerte und verzögerte Relais (Widerstands-Zeitrelais). Die Meßglieder sind im Prinzip dieselben, wie bereits besprochen. Ihre Ausführung ist aber so verschieden, daß sich eine besondere Beschreibung der grundsätzlichen Meßorgane rechtfertigt.

a) Unverzögerte Widerstandsrelais

Dies sind Widerstandsrelais, die beim Ansprechen sofort einen Kontakt schließen oder öffnen. Hierunter versteht man also die Widerstands-Anwurfrelais und die Widerstands-Betätigungsrelais, die eine feste Zeitstufe betätigen.

1. Widerstandsanwurfrelais

Anwurfrelais nach dem Widerstandsprinzip dienen dazu, einen Schutz, meist Distanzschutz, anzuwerfen. Hiezu werden durchwegs Unterimpedanzrelais verwendet.

Diese Relais müssen eine Kennlinie haben, die, wie bereits gezeigt wurde, sich an die Betriebsimpedanz weitgehend anpaßt (s. Abb. 16). Die Ansprechimpedanz soll danach mit wachsendem Strom kleiner werden. Bei Strömen unter dem Nennstrom muß sie kleiner und kann bei Strömen über dem Normalstrom höher als die Betriebsimpedanz sein, wenn auch Überlastungen erfaßt werden sollen.

Hieraus ergeben sich folgende Ausführungen. Die einfachste Schaltung (s. Abb. 131a) [Schleicher, M. (*10*), Fröhlich, F. und Stark, G. (*133*), Poleck, H. und Sorge, J. (*151*)] ist die Verwendung von fest eingestellten Unterspannungsrelais und Überstromrelais, deren Kontakte hintereinander geschaltet sind. Das Spannungsrelais spricht bei einer Spannungsabsenkung auf 50 bis 70% an, das Stromrelais wird etwas unter den kleinsten vorkommenden Kurzschlußstrom eingestellt. Hiemit liegt die Kennlinie immer unter der Betriebsimpedanz; der Abstand ergibt sich aus der Einstellung des Spannungsrelais (Kurve b in Abb. 16).

Am häufigsten werden zwei Magnete verwendet, die auf einem gemeinsamen Hebel in entgegengesetztem Sinne wirken. Eine solche Ausführung zeigt Abb. 131b mit Tauchankermagneten (CdC). Hiemit wird eine etwa stromunabhängige Kennlinie (Kurve a in Abb. 16) erreicht. Gegen Prellungen ist der Anschlag im Magnet des Stromsystems elastisch ausgeführt. Abb. 131 c zeigt eine ähnliche Ausführung. Damit die Ansprechimpedanz bei großen Strömen größer als die Betriebsimpedanz ist, ist dem Strommagnet eine bei höheren Strömen gesättigte Drosselspule parallelgeschaltet. Bei hohen Strömen ist der induktive Widerstand der Spule kleiner und nimmt daher Strom vom Magnetsystem fort. Dadurch wird die Ansprechimpedanz erhöht. Bei anderen Ausführungen wird der Anker des Strommagneten über eine Feder mit dem Kontaktarm verbunden (Abb. 131d) oder es wird der Strommagnet mit Streublechen versehen, die bei hohen Strömen ein konstantes Drehmoment erzeugen [Poleck, H. (*150*)] (Abb. 131e). Beide Ausführungen wirken bei hohen Strömen daher wie reine Unterspannungsrelais. Auch das Induktionsprinzip kann verwendet werden (Abb. 131f). Der Strommagnet treibt eine Ferrarisscheibe [Matthey-Doret, B. (*141*)] an, der ein Spannungsmagnet elektromagnetisch entgegenwirkt. Der Spannungstrieb besteht aus zwei Teilmagneten, die phasenverschobene Flüsse zur Verringerung der Prellungsgefahr der Kontakte erzeugen. Ein entsprechendes rein magnetisches System, ebenfalls mit zwei Spannungsmagneten, zeigt Abb. 131g [Monseth, I. J. und Robinson, P. H. (*7*)]. Ein anderes magnetisches Relais (Abb. 131h) arbeitet ebenfalls mit zwei gegeneinander wirkenden Magneten. Der eine wird von der Spannung über Gleichrichter gespeist, der andere vom Strom. Dieser speist zwei hintereinandergeschaltete Wicklungen, von denen die eine einen Kurzschlußring besitzt, so daß die Anzugskraft während einer ganzen Periode vorhanden ist und dadurch die Prellungsgefahr verringert wird (CdC). Mit einem induktions-dynamometrischen Relais (Abb. 131 i) (GEC) ist mit dem

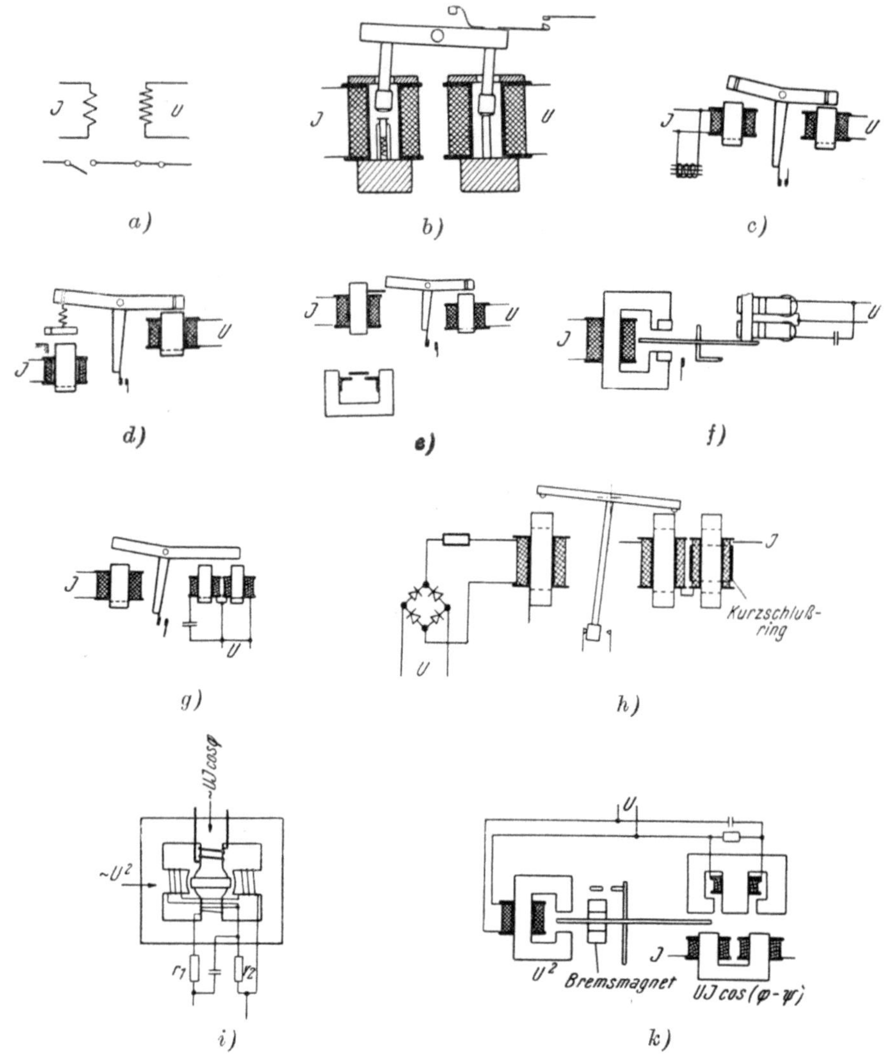

Abb. 131. Widerstands-Anwurfrelais

a) Unterspannungs- und Überstromrelais, b) Tauchspulen, magnetisches System, *c*) gesättigte Drosselspule, magnetisches System, *d*) elastische Kupplung, magnetisches System, *e*) gesättigte Streubleche, magnetisches System, *f*) Induktions- und magnetisches System mit phasenverschobener Spannung, *g*) magnetisches System mit phasenverschobener Spannung, *h*) Gleichrichter und Kurzschlußring, magnetisches System, *i*) Induktionsdynamometer mit Richtungsentscheid, *k*) Induktionssystem mit Richtungsentscheid

Anwurf gleichzeitig ein Richtungsentscheid verbunden. Der Strom im Rähmchen wird transformatorisch durch den Kurzschlußstrom und die Kurzschlußspannung erzeugt, so daß das Drehmoment dem Werte

$$U J \cos (\varphi - \psi) - U^2$$

proportional ist. Der innere Winkel ψ wird durch spannungsabhängige Widerstände (r_1 und r_2) stromabhängig gemacht, so daß die Richtungsempfindlichkeit bei kleinen Spannungen erhöht und die Ansprechimpedanz verringert wird. Dasselbe kann man auch mit einem Induktionsrelais erhalten (Abb. 131k) [Monseth, I. F. und Robinson, P. H. (7), v. Warrington, A. R. (159)].

2. Widerstands-Betätigungsrelais

Widerstandsrelais werden auch für den Zeitstufenschutz verwendet, sie sprechen momentan an, lösen je nach der Zeitstufe sofort aus oder schalten ein Zeitrelais ein. Sie werden auch zusätzlich beim Widerstandszeitschutz verwendet, um eine Schnellstufe zu betätigen. Im Gegensatz zu dem Anwurfrelais ist bei ihnen eine weitestgehende Stromunabhängigkeit erforderlich, damit sie bei jeder Stromhöhe den gleichen Widerstands-Ansprechswert besitzen. Für solche Relais wird die Impedanz, die Reaktanz und auch der Mischwiderstand als Meßgröße verwendet. Sie können ansprechen, wenn der Widerstand einen bestimmten Wert über- oder unterschreitet. Beim Unterschreiten eines bestimmten Widerstandswertes wird ein Zeitglied betätigt, bzw. sofort ausgelöst, wenn es sich um die Schnellstufe handelt. Beim Überwiderstandsrelais sperrt das Ansprechen eine Stufe. Bei der Schnellstufe würde dann dieses Relais die Auslösung verhindern, so daß der Schutz mit der Zeit der nächsten Stufe auslösen muß.

Bei den *Impedanzrelais* wird die Spannung und der Strom direkt verglichen. Das Drehmoment des Strommagneten ist proportional dem Quadrat des Stromes $D_i = c_1 J^2$, dasjenige des Spannungsmagneten $D_u = c_2 U^2$. Der Relaisanker, auf den beide Systeme wirken, erhält, da beide Drehmomente entgegenwirken, die Differenz $D_i - D_u = c_1 J^2 - c_2 U^2$ Im normalen Betrieb überwiegt das Drehmoment des Spannungssystems. Der Ansprechwert des Relais liegt bei $D_i = D_u$, also bei

$$c_1 J^2 = c_2 U^2 \quad \text{oder} \quad \frac{U}{J} = Z = \sqrt{\frac{c_2}{c_1}} \tag{63}$$

Dies ist der „Kippwert" des Relais; er ist gleich der Impedanz am Relais (Sekundärimpedanz).

Bei *Reaktanzrelais* wird die Blindleistung und der Strom miteinander verglichen, der Kippwert liegt dann bei

$$c_1 U J \sin \varphi = c_2 J^2 \quad \text{oder} \quad \frac{U}{J} \sin \varphi = X = \frac{c_2}{c_1} \tag{64}$$

Er ist also der am Relais liegenden Reaktanz gleich.

Die Verwendung der Blindleistung bei den Reaktanzrelais ergibt bei diesen Relais gleichzeitig eine Richtungsempfindlichkeit, die für den Schutz mit ausgenützt werden kann. Im allgemeinen wird aber trotzdem ein getrenntes Richtungsrelais vorgesehen, weil die Richtungsempfindlichkeit nicht ausreicht und andere Spannungen und Ströme für den Richtungsentscheid zugeordnet werden.

Die in Abb. 131b und f bis h dargestellten Ausführungen sind als Impedanzrelais auch für die Kippglieder des Zeitstufenschutzes verwendbar. Zur Erzielung einer möglichst guten Stromunabhängigkeit wird

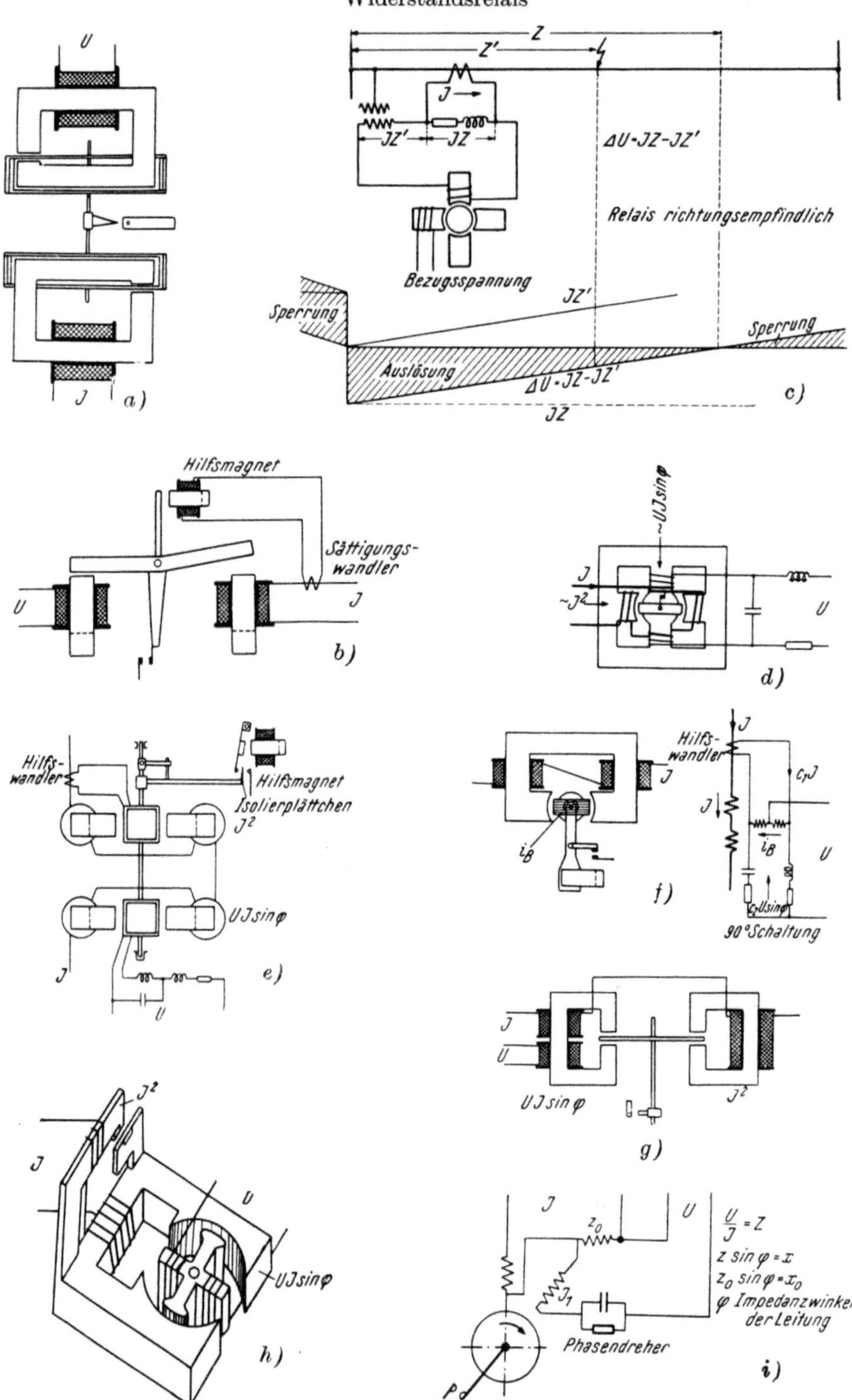

Abb. 132. Widerstands-Betätigungsrelais

a) Induktionsdynamometer (Impedanz), *b*) magnetisches System (Impedanz), *c*) Drehfeldrelais (Induktionssystem), *d*) Induktionsdynamometer (Reaktanz), *e*) Dynamometer, zwei Systeme (Reaktanz), *f*) Dynamometer, ein System (Reaktanz), *g*) Induktionssystem, gemeinsames System (Reaktanz), *h*) Induktionssystem, zwei Rotore (Reaktanz), *i*) Induktionssystem (Reaktanzvergleich)

das Stromsystem nicht eisengeschlossen ausgeführt [Fröhlich, F. und Stark, G. (*132*)]. Eine weitere Ausführung eines Impedanzrelais nach dem Prinzip des Induktionsdynamometers (Oerlikon) [Schleicher.M. (*10*)] zeigt Abb. 132a. Ein magnetisches Relais, dem der Strom einmal direkt sowie über einen Sättigungswandler an einen Hilfsmagnet zur Erhöhung der Empfindlichkeit bei kleinen Strömen zugeführt wird, zeigt Abb. 132b.

Eine andere Ausführung, die nach einem anderen Prinzip arbeitet, zeigt Abb. 132c. Es ist das Drehfeldrelais [Matthey-Doret, A. (*140, 141*)]. Hier ist das Relais selbst ein normales Leistungsrelais nach dem Induktionsprinzip. Ihm wird eine Bezugsspannung und die Differenz zweier Spannungen zugeführt. Diese ist gebildet aus der Spannung an der Einbaustelle des Schutzes und der Spannung an einer Ersatzimpedanz, die dem Spannungsabfall der im Schutzbereich liegenden Leitung entspricht. Eine gleichstromgespeiste Dämpferwicklung sorgt für prellungsfreies Arbeiten. Das Spannungsdiagramm ist genauer bereits im Abschnitt B I d γ 2 dargestellt. Das Relais ist richtungsempfindlich. Zur Erhöhung der Richtungsempfindlichkeit bei kleinster Spannung kann es einen Resonanzkreis vorgeschaltet erhalten [Matthey-Doret A. (*142*)] (Erinnerungsschaltung).

Mit diesem Relais sind außerordentlich kurze Zeiten bis zu 0,02 s zu erreichen.

Ein Reaktanzrelais, nach dem Prinzip des Induktiondynamometers, das denselben Kern wie das Relais der Abb. 131i besitzt, zeigt Abb. 132d. Hier wird dem mittleren Schenkel die Blindleistung, dem offenen Schenkel der Strom zugeführt, so daß das Drehmoment dem Blindwiderstand proportional ist. Auch das Induktionsrelais der Abb. 131k kann als Reaktanzrelais verwendet werden, wenn dem einen System die Blindleistung, dem anderen der Strom zugeführt wird. Eine Ausführung nach dem dynamometrischen Prinzip mit getrennten Magnetsystemen zeigt Abb. 132e [Poleck, H. und Sorge, J. (*151*), Poleck, H. (*150*)]. Den festen Spulen des einen Systems wird der Strom der beweglichen Spule über einen Hilfswandler zugeführt. Im anderen System wird der festen Spule der Strom, der beweglichen Spule aber die um 90° verschobene Spannung zugeführt. Die Kontakte sind fest. Bei Drehung des Relaissystems legt sich zwischen einen der beiden Kontakte ein Isolationsplättchen. Der Kontakt wird über einen Hilfsmagneten betätigt. Nur die Seite wird geschlossen, wo kein Isolierplättchen dazwischen liegt. Dieses Relais arbeitet gleichzeitig als Unter- und Über-Reaktanzrelais. Ein dynamometrisches Relais, bei dem mit einem einzigen Magnetsystem die Reaktanz-Eigenschaft erzeugt wird, zeigt mit der Schaltung die Abb. 132f (CdC). Dem festen System wird der Strom zugeführt. In der beweglichen Spule ruft die um 90° verschobene Spannung einen Strom hervor. Gleichzeitig wird ihr über einen Hilfsstromwandler eine dem Netzstrom proportionale Größe zugeführt. Im beweglichen Rahmen fließt also ein Gesamtstrom

$$i_B = c_1\, J - c_2\, U \sin \varphi$$

Das Drehmoment ist dann

$$D = C\, J\, i_B = C_1\, J^2 - C_2\, U\, J \sin \varphi$$

wie bei jedem Reaktanzrelais.

Beim Induktionsprinzip (Reyrolle) werden zwei Triebsysteme benutzt, von denen eines vom Strom, das andere vom Strom und der Spannung erregt wird [Schleicher, M. *(10)*] (Abb. 132 g). Hieraus entsteht, wenn beide Momente entgegengesetzt sind, wieder die Reaktanzbedingung. Kurzschlußringe sind hiebei nicht erforderlich. Ein Relais, das denselben Kern besitzt wie das hochempfindliche Erdschlußrelais mit Kreuzkern und Hilfsmagnet (Abb. 128), zeigt Abb. 132 h. Der Kreuzkern wird von der Spannung, der Hauptmagnet vom Strom erregt. Hiedurch entsteht ein der Blindleistung proportionales Drehmoment. Der Hilfsmagnet arbeitet entgegen und wird vom Strom erregt (J^2), so daß wieder die Reaktanzbedingung entsteht.

Ein weiteres Reaktanzrelais nach dem Induktionsprinzip mit Trommel zeigt Abb. 132 i. Das Relais besitzt acht Pole, je vier auf diesen Polen aufgewickelte Spulen sind hintereinandergeschaltet. Die eine Spulengruppe wird vom Strom J direkt, die andere von einer Spannung U, die ähnlich wie beim Drehfeldrelais gebildet wird. Sie setzt sich zusammen aus der tatsächlichen Spannung U und dem Spannungsabfall in einer der geschützten Strecke entsprechenden Ersatzimpedanz z_0, also

$$U_1 = U - Jz_0$$

Der in der zweiten Spulengruppe entstehende Spulenstrom J_1 wird durch einen Phasenverdreher in gleiche Richtung mit U_1 gebracht.

Die Reaktanz entsteht dann auf folgende Weise: Es ist das Drehmoment D proportional dem Werte

$$J\, J_1 \sin \widehat{JJ_1}.$$

Da J_1 mit U in Phase ist und U_1 die gleiche Phase wie die Leitungsspannung hat, ist der Winkel zwischen J und J_1 gleich dem Impedanzwinkel φ der Leitung, also

$$D \text{ prop. } J_1 J \sin \varphi$$

oder

$$U_1 J \sin \varphi$$

und wegen

$$Jz_0 - U = J (z_0 - z)$$

$$D \text{ prop. } J^2 (z_0 - z) \sin \varphi = J^2 (x_0 - x).$$

also proportional der Reaktanzdifferenz.

Das Drehmoment wechselt seine Richtung, wenn x_0 gleich x ist. Das Relais ist aber nicht richtungserkennend, es erfordert ein zusätzliches Richtungsrelais (CdC).

Auch mit dem magnetischen Prinzip läßt sich angenähert ein Blind- oder Mischwiderstandsrelais erhalten, wenn der Strom im Spannungsmagneten eine Phasenverschiebung gegenüber dem Strom erhält [Dahlby, G. *(131)*]. Sind die Flüsse des Strom- und Spannungsmagneten in Phase, tritt also das Maximum auf beiden Seiten im gleichen Augenblick auf, so ist ein höherer Strom erforderlich, um die Anziehungskraft des Magneten zu überwinden, als wenn eine Phasenverschiebung vorhanden ist. Man erhält einen praktisch von der Reaktanz abhängigen Ansprechwert.

Ein Mischwiderstandsrelais kann man durch Anbringen einer Spannungswicklung auf dem Stromkern erhalten. Man bekommt dann ein vom Fehlerwiderstand angenähert unabhängiges Relais.

In letzter Zeit werden auch *Drehspulenrelais mit Gleichrichtern*, ähnlich wie in der Meßtechnik für den Widerstandsschutz verwendet. Hiebei werden die Spannung selbst und der Spannungsabfall des Stromes in einen Widerstand über Gleichrichter einem Drehspulenrelais zugeführt und dort unmittelbar verglichen. Dies kann in Brückenschaltung [Neugebauer, H. (*148*)], wobei der Vergleich direkt durch galvanische Differenzbildung oder durch mehrere Wicklungen auf einen Kern, wobei die Differenzbildung magnetisch erfolgt, ausgeführt werden [Braten, J. L. und Hoel, H. (*129*)]. Abb. 133a und b zeigt die zugehörige Prinzipschaltung beider Systeme. Diese Schaltungen sind sehr anpassungsfähig, es lassen sich alle Variationen von reinen Impedanzrelais, Mischwiderstandsrelais zu Reaktanz- und den sogenannten Konduktanzrelais (Wirkleitwert-Relais) erreichen. Eine Richtungsempfindlichkeit läßt sich mit diesen Relais verbinden, wenn der Stromeinfluß auf die Spannung beim Mischwiderstandsrelais gerade so groß ist wie die Spannung selbst. Dann wird $U - U_i$ und U_i verglichen (U_i die durch den Strom erhaltene Vergleichsspannung). Überwiegt U_i gegenüber U, so wird ausgelöst. Bei Richtungswechsel überwiegt aber U, wobei das Relais sperrt. Bei der magnetischen Differenzbildung hat man noch den Vorteil, auch drei und mehr Kreise zu vergleichen, was die Variationsmöglichkeit noch erhöht.

Die Anwendung von *Elektronenröhren* hat beim Distanzschutz nur sehr zögernd Eingang gefunden. Erst die Erfahrungen beim Differentialschutz haben es ermöglicht, den Vorteil geringer Eigenzeiten auch beim Distanzschutz auszunutzen. Es sei im folgenden eine Anordnung beschrieben [Macpherson H. (*139*)], die für den widerstandsabhängigen Stufenschutz verwendet werden kann. Sie besteht aus drei Teilen, dem Impulsteil, dem Meßteil und dem eigentlichen Röhrenteil. Im Meßteil wird die Meßgröße gebildet, die aus den Momentanwerten der Spannung und einer den Momentanwerten des Stromes proportionalen Spannung besteht. Die Spannung selbst wirkt auslösehemmend, die aus dem Strom gewonnene Spannung auslösefördernd. Die Röhre führt nur dann Strom, wenn von den beiden Spannungen die letzte gerade überwiegt. Der Ansprechwert bestimmt sich also aus

$$k_1 \cdot U \sin \omega\, t = k_2\, J \sin (\omega\, t + \varphi - \psi)$$

worin k_1, k_2 Konstanten der Anordnung, φ die Phase des Kurzschlußstromes, ψ die innere Phasenverschiebung des Meßteiles sind.

Im Impulsteil wird eine Impulsspannung erzeugt, die die Röhre nur bei einer ganz bestimmten Stelle während einer Periode freigibt (Abb. 133 d), und zwar entweder während des Maximalwertes der Spannung oder während des Nulldurchganges des Stromes. Im Spannungsmaximum ist $\omega\, t = 90°$ zu setzen, woraus als Ansprechwert

$$k_1 \cdot U = k_2\, J \cos (\varphi - \psi)$$

folgt. Daraus ergibt sich:

$$\frac{U}{I \cos (\varphi - \vartheta)} = \frac{k_1}{k_2} = \frac{Z}{\cos (\varphi - \vartheta)}.$$

Dies ist der reziproke Wert eines Mischleitwertes. Daher gehört dieses Relais zu den „Mho"-Relais. Für $\varphi = 0$ ist es der reziproke Wert der Konduktanz.

Im zweiten Falle, im Stromnulldurchgang, ist $\omega t + \varphi = 0$ zu setzen, also $\omega t = -\varphi$. Daraus folgt als Ansprechwert

$$-k_1 U \sin \varphi = -k_2 J \sin \psi \quad \text{oder}$$

$$\frac{U \sin \varphi}{J} = \frac{k_2}{k_1} \sin \psi = x$$

also die Reaktanz, da $\sin \psi$ konstant ist.

Mit dieser Anordnung hat man ein momentan wirkendes widerstandsabhängiges Relais erhalten, das außer dem Fortfall der Eigenzeit den Vorteil geringer Bürde und großer Empfindlichkeit aufweist.

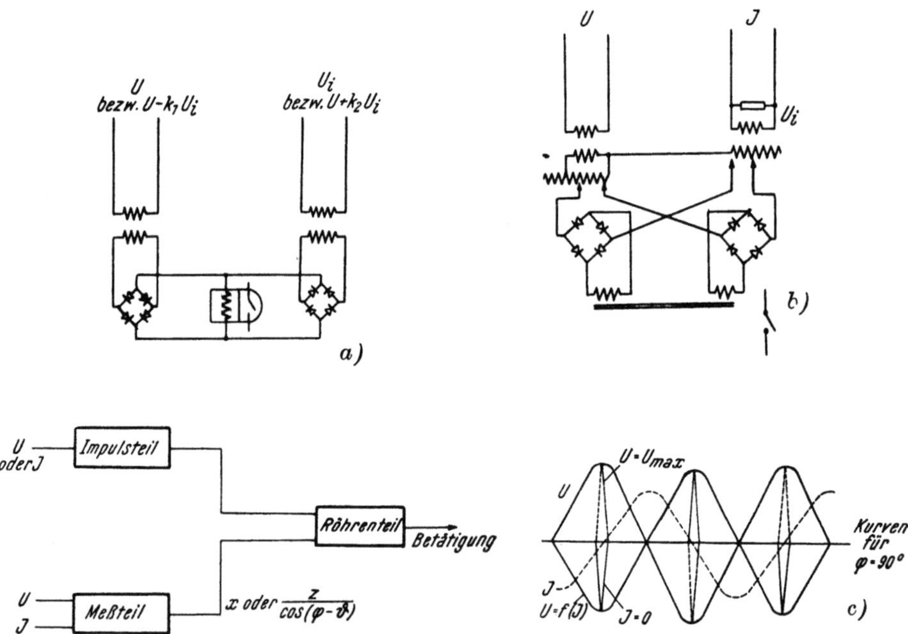

Abb. 133. Widerstandsrelais mit Gleichrichtern oder Elektronenröhren

a) Drehspulrelais mit Gleichrichtern in Brückenschaltung, b) Magnetische Relais mit Gleichrichtern und magnetischer Differenzbildung, c) mit Elektronenröhren, U im Impulsteil: Mischleitwert, J im Impulsteil: Reaktanz

Die meisten beschriebenen Relais sind auf verschiedene Impedanzwerte einstellbar. Dies wird entweder mit Anzapfungen an Spulen oder Hilfswandlern oder durch veränderliche Vorwiderstände im Spannungspfad ermöglicht.

b) Verzögerte Widerstandsrelais

Um die für einen Distanzschutz erforderliche Zeitstaffelung erreichen zu können, muß eine Zeitverzögerung vorhanden sein, die mit der Distanz (Impedanz oder Reaktanz) anwächst.

Man unterscheidet mehrere Arten von Kennlinien, die stetige Kennlinie, die gradlinig oder gekrümmt sein kann, und die gebrochene Kennlinie (s. Abschnitt B I d 3). Bei letzterer ist zu unterscheiden zwischen einer reinen

Stufenkennlinie und einer, bei der eine oder mehr Stufen widerstandsabhängig sind (gebrochene Kennlinie). Im folgenden werden nun erst die widerstandsabhängigen Systeme besprochen, worunter alle Systeme verstanden werden sollen, die in einer oder mehr Stufen oder zur Gänze eine abhängige Kennlinie aufzeigen. Der reine Zeitstufenschutz mit nur festen Zeiten wird dann gesondert behandelt.

Die für den Distanzschutz erforderlichen Zeitbegriffe seien im folgenden noch einmal kurz zusammengefaßt.

Die sich aus der Kennlinie eines Relais zu einem bestimmten Punkt ergebende Zeit ist die *Laufzeit* des Relais.

Schnellzeit ist die unverzögerte Laufzeit bei kleiner Impedanz (erste Stufe).

Eilzeit ist die nur wenig verzögerte Laufzeit bei kleiner Impedanz (erste Stufe).

Grundzeit ist die Laufzeit, die durch den Schnittpunkt der abhängigen Teile der Kennlinie mit der Nullachse gekennzeichnet ist. Sie kann bei geknickter Kennlinie virtuell sein.

Grenzzeit ist die höchste feste Laufzeit des Relais.

1. Widerstandszeitrelais

Besitzt der Distanzschutz an irgend einer Stelle eine abhängige Laufzeit, so spricht man von einem Widerstandszeitrelais.

Für die Zuführung der Meßgrößen gilt hiebei dasselbe wie bei unverzögerten Widerstandsrelais. Beim Impedanzrelais wird Strom und Spannung verglichen, beim Reaktanz-, bzw. Mischwiderstandrelais die Leistung (Blindleistung) und das Quadrat des Stromes.

Die große Zahl der Ausführungen kann man in drei Gruppen einteilen:

a) Relais, bei denen der Laufweg konstant bleibt, die Geschwindigkeit vom Widerstand abhängt,

b) Relais, bei denen sich die Geschwindigkeit nicht ändert, aber der Weg vom Widerstand abhängt und

c) Relais, bei denen die Geschwindigkeit von einer und der Weg von der andern Meßgröße abhängt, also beide veränderlich sind.

α) **Weg konstant, Geschwindigkeit variabel.** Der Weg, den der Kontakt, bzw. das bewegliche System bis zur Betätigung zurücklegt, ist unabhängig vom Meßwert; er kann meist am Relais eingestellt werden, wodurch die Steilheit der Kennlinie festgelegt werden kann. Die Geschwindigkeit v muß bei diesen Systemen vom Meßwert bestimmt sein. Da der Weg s = vt ist, so muß die Ablaufzeit t umgekehrt proportional dem Meßwert sein. Dem Relais muß also der Meßwert 1/Z oder J/U zugeführt werden. Eine der ersten Ausführungen von Distanzrelais zeigt die Abb. 134. Das Triebsystem mit Ferrarisscheibe ist so ausgelegt, daß das Drehmoment proportional dem Mischwiderstand ist. Dies kommt dadurch zustande, daß das Triebmoment des Magneten der Wirkleistung proportional ist, sein Bremsmoment vorzugsweise dem Quadrat der Spannung. Die Geschwindigkeit der Scheibe ist also

$$v = c\,\frac{J\cos(\varphi - \psi)}{U} \tag{65}$$

(c = eine Konstante, ψ = der innere Phasenwinkel)

und die Ablaufzeit t

$$t = \frac{s}{c}\,\frac{U}{J\cos(\varphi - \psi)} \tag{66}$$

Der Anwurf erfolgt mechanisch, indem der Anker des Anwurfrelais die Drehung der Scheibe freigibt. Der Richtungsentscheid ist durch das System selbst gegeben, da das Triebmoment in Sperr-Richtung im Sinne des Bremsmomentes wirkt [Biermanns, J. (*127, 128*)].

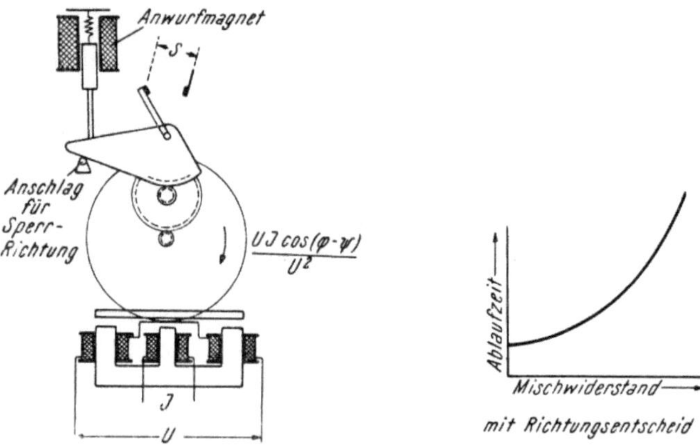

Abb. 134. Mischwiderstands-Zeitrelais, Weg konstant, Geschwindigkeit veränderlich

Die Kennlinie ist stetig und gekrümmt. Die Grundzeit ist die kleinstmögliche Laufzeit, eine nach oben begrenzte Zeit, Grenzzeit, besitzt das Relais nicht.

β) **Weg variabel, Geschwindigkeit konstant.** Bei diesem Relais ist der Weg, den das Laufwerk zurückzulegen hat, verschieden, aber die Geschwindigkeit für jeden Impedanz- oder Reaktanzwert konstant. Der Weg muß also direkt dem Meßwert proportional sein. Dies ist auf mehrere Arten möglich.

Hiezu kann man das dynamometrische Kippsystem der Abb. 131a verwenden, schließt aber das Spannungssystem an einen Spannungsteiler an und verändert den Anschlußpunkt mit einem Schieber so lange, bis das Relais kippt (s. Abb. 135a). Der zurückzulegende Weg des Schiebers ist um so größer, je größer die sekundäre Kurzschlußimpedanz ist.

Der Weg s ist also

$$s = c\,(Z - Z_0) \tag{67}$$

wobei Z_0 die Ansprechimpedanz des Systems ist. Die Kennlinie ist geradlinig. Nach dem gleichen Prinzip wird das Reaktanzrelais der Abb. 132g als Reaktanz-Zeit-Relais geschaltet. Bei dem Relais der Abb. 135b ist die Kippimpedanz veränderlich gemacht. Zwei Induktionssysteme sind über einen veränderlichen Hebel miteinander gekuppelt. Der Kupplungshebel wird nun von einem Zeitwerk so lange verstellt, bis die beiden Drehmomente gleich sind und der Kontakt geschlossen wird (AEG). Dieses System besitzt eine gekrümmte Charakteristik und kann gleichzeitig die Richtung feststellen.

Bei der Ausführung der Abb. 135c (ältere Ausführung BBC) wird durch ein Triebwerk eine Kulisse [Matthey-Doret, A. (*141*)] in eine vom Meßwert abhängige Lage gebracht. In ihr bewegt sich ein Hebel, der durch ein Zeitwerk mit konstanter Geschwindigkeit bewegt wird, bis er in die gezahnte Fläche der Kulissenwand eingreift. In diesem Augenblick wird dieser Punkt der Drehpunkt des Hebels, der nunmehr den Kontakt schließt.

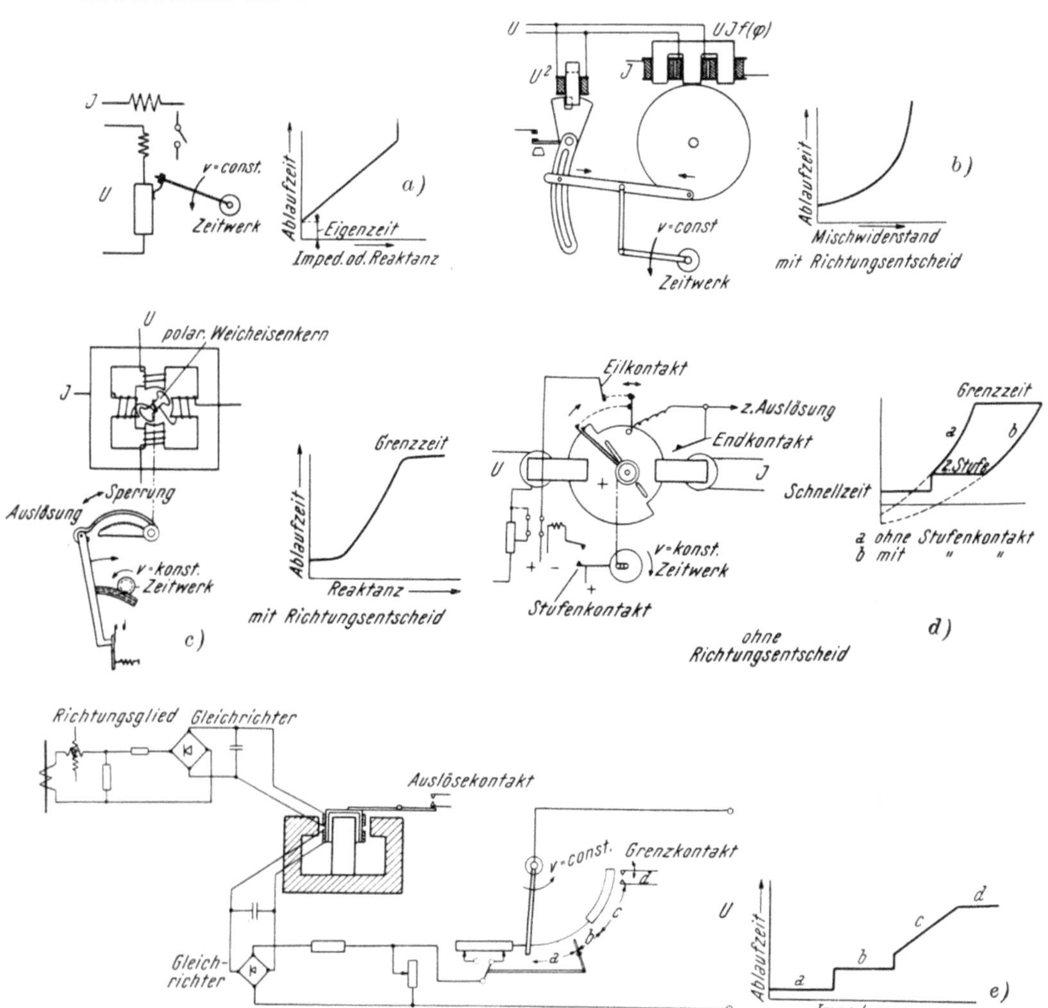

Abb. 135. Widerstandszeitrelais, Weg veränderlich, Geschwindigkeit konstant

a) Veränderung des Vorwiderstandes, b) Veränderung des Hebelarmes, c) Veränderung des Laufweges, d) Veränderung des Kontaktweges, e) Veränderung des Vorwiderstandes, Tauchspulenmeßwerk mit Gleichrichtern

Bei falscher Richtung hebt sich die Kulisse und der Hebel läuft darunter weg. Das Triebwerk ist ein Reaktanztrieb, das aus einem polarisierten Drehanker besteht, der sich in einem Kreuzfeld bewegt. Die Drehung des Ankers hängt vom Blindwiderstand ab.

$$\operatorname{tg} \alpha = c \, \frac{U}{J} \sin \varphi \tag{68}$$

Die Kennlinie ist gradlinig. Sie besitzt eine Grenzzeit, die durch das Ende der Kulisse bestimmt wird.

In Abb. 135d ist ein Impedanzrelais nach dem Induktionsprinzip gezeigt, dessen Scheibe so gestaltet ist, daß sich für jeden Impedanzwert eine bestimmte Stellung ergibt (S. & H.). Bei kleinen Impedanzen steht sie so, daß der auf ihr angebrachte Kontaktarm links ist, je größer die Impedanz, um so weiter rechts befindet sich der Gleichgewichtszustand und damit der Kontakt. Es wird also durch die Scheibe der Kontaktweg eingestellt. Der Gegenkontakt ist mit einem Zeitwerk verbunden, das ihn mit konstanter Geschwindigkeit auf den Scheibenkontakt auflaufen läßt. Dies ergibt eine wenig gekrümmte Kennlinie.

Bringt man auf der rechten Seite einen feststehenden Kontakt an, so kann man damit die Ablaufzeit bei hohen Impedanzen auf eine Grenzzeit begrenzen. Bringt man weiters auch am linken Ende einen Zusatzkontakt an, so kann man damit eine Schnell- oder Eilstufe einschalten (Eilkontakt, Kennlinie a). Eine weitere konstante Stufe erhält man dadurch, daß das Zeitrelais nach einer bestimmten Zeit, beispielsweise 0,8 s, über ein Hilfsrelais die Überbrückung eines Vorwiderstandes der Spannungsspule aufhebt und dadurch die Relaisimpedanz verringert und gleichzeitig die Wirkung des Eilkontaktes aufhebt. Dadurch steht der Scheibenkontakt immer an der gleichen Stelle, solange die Impedanz einen bestimmten Wert unterschreitet (Kennlinie b) [Neugebauer, H. (147)]. Hiebei ist ein getrenntes Richtungsglied für den Richtungsentscheid erforderlich, das elektrisch sperrt oder freigibt.

Die zeitliche Änderung des Vorwiderstandes im Spannungskreis wird bei dem Relais der Abb. 135e benutzt. Das Impedanzrelais arbeitet als Kipprelais und kippt, wenn die vom Zeitrelais mit konstanter Geschwindigkeit eingestellte Sekundärimpedanz der Kippimpedanz entspricht. Je höher die vom Kurzschluß herrührende sekundäre Kurzschlußimpedanz ist, um so mehr muß der Widerstand vergrößert weden, um so höher ist also die Ablaufzeit [Walter, G. (158), Stark, G. (154)]. Dem Impedanzrelais wird Strom und Spannung gleichgerichtet zugeführt (AEG). Es ist ein Gleichstromsystem mit zwei Spulen, einem permanenten Ringspaltmagneten (Tauchspule). Mit diesem Relais kann ebenfalls eine geknickte Kennlinie erhalten werden. Der abhängige Teil ist geradlinig. Die einzelnen Stufen werden dadurch erhalten, daß der Schleifkontakt zeitweise auf einer blanken Schiene läuft, ohne den Widerstand zu ändern. Die Änderung einer Stufe wird durch sprunghafte Überbrückung von Teilen des Vorwiderstandes erreicht. Durch Verschieben der Kontakte und Ändern der Vorwiderstände wird die Kennlinie eingestellt. Ein Richtungsglied ist erforderlich. Anwurf- und Richtungsglied schalten elektrisch.

γ) **Weg und Geschwindigkeit variabel.** Bei diesen Relais ist sowohl der Weg als auch die Geschwindigkeit von der Meßgröße abhängig. Meist beeinflußt hiebei eine Größe den Weg, z. B. die Spannung, und die andere Größe die Geschwindigkeit. Es werden aber auch in einigen Ausführungen beide von beiden Meßgrößen verändert.

In Relais der Abb. 136a treibt ein Strommagnet eine Ferrarisscheibe mit einer dem Strom proportionalen Geschwindigkeit. Der Weg, den die Scheibe zurücklegen muß, wird aber außer vom Strom noch durch einen Spannungsmagneten festgelegt, der der Drehung entgegenwirkt [Schleicher, M. (10), S. 197]. Bei Gleichheit der Drehmomente wird der Kontakt geschlossen. Es ist das Stromdrehmoment etwa $D_1 = c_1\,J\,t$, das Spannungsdrehmoment $D_2 = c_2\,U$.

Bei Gleichheit wird

$$t = \frac{c_2}{c_1} \cdot \frac{U}{J} = C\,Z \qquad (69)$$

Auch das thermische Prinzip kann man verwenden (s. Abb. 136b). Hiebei wird der Weg s von der Spannung mit Hilfe eines Dreheisenmeßgliedes und einer Kurvenscheibe eingestellt. Es ist also $s = c_1\,U$. Der Strom heizt (AEG) über einen Zwischenwandler, der etwa $J/\sqrt{J}$ übersetzt, einen Bimetallstreifen. Seine Durchbiegungsgeschwindigkeit v ist dem Strom proportional. Es ist $v = c_2\,J$.

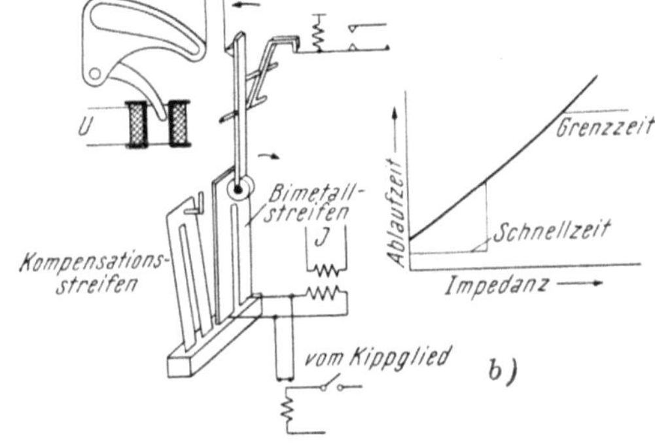

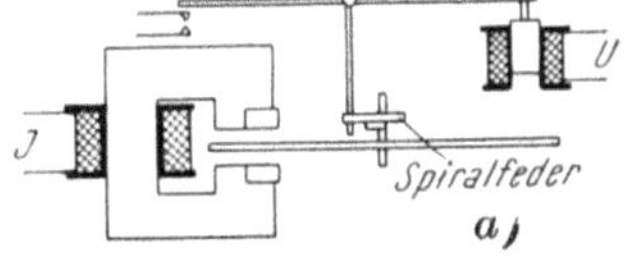

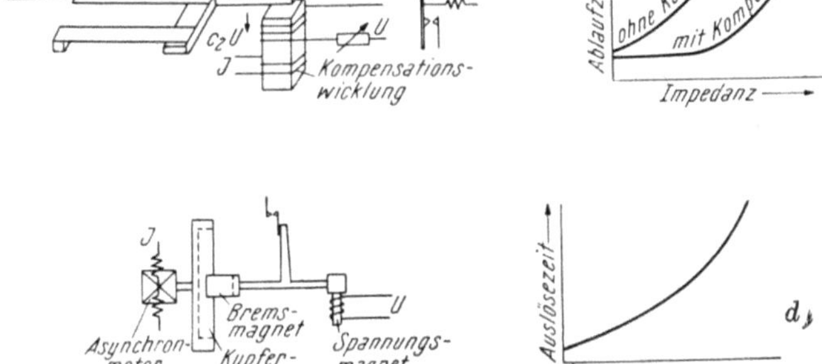

Abb. 136. Widerstandszeitrelais, Weg und Geschwindigkeit veränderlich

a) Stromtrieb Induktionssystem, Spannungstrieb magnetisch, b) Stromtrieb thermisch, Spannungstrieb Dreheisen, c) Stromtrieb thermisch, Spannungstrieb magnetisch, d) Stromtrieb Asynchronmotor, Spannungstrieb magnetisch

Die Ablaufzeit ist dann

$$t = \frac{s}{v} = \frac{c_1}{c_2}\,\frac{U}{J} = C\,Z \qquad (70)$$

Das Relais besitzt eine angenähert geradlinige Charakteristik. Durch zusätzlichen Einbau eines Impedanzkipprelais kann eine Schnellstufe vorgesehen werden. Diese arbeitet als Überimpedanzrelais und öffnet den Kurzschluß des Heizstreifens am Meßglied, wenn die Impedanz höher als die der Schnellzeit entsprechende Impedanz ist. Durch ein zusätzliches Zeitrelais kann eine Grenzzeit eingestellt werden. Bei dieser Ausführung sperrt ein getrenntes Richtungsglied mechanisch die Bewegung des Auslösehebels (N-Relais).

Gegen den Einfluß der Außentemperatur sind die Bimetallstreifen mit Kompensationsstreifen verbunden. Das Relais ist für Gleichstrom- und Wandlerstromauslösung zu verwenden. Die Rückstellzeit ist bei diesen Relais groß.

Eine andere Ausführung, bei der als Stromtrieb auch ein thermisches Glied, als Spannungstrieb dagegen ein Magnet verwendet wird, zeigt Abb. 136c. Dem vom Strom geheizten Bimetallstreifen [Wideroe, R. (160)] wirkt die Anzugskraft eines Spannungsmagneten entgegen. Sind beide Momente gleich, so gibt eine Klinke den Auslösekontakt frei. Das Anwurfrelais öffnet einen Überbrückungskontakt des Bimetallstreifens und gibt so das Stromsystem frei. Das Spannungssystem kann mit einer vom Strom erregten Kompensationswicklung versehen werden. Hiedurch erreicht man, daß bei kleiner Impedanz die Ablaufzeit nicht sofort ansteigt. Man erhält also eine Eilzeit.

Schließlich sei noch ein Impedanzrelais erwähnt, bei dem durch einen vom Strom erregten Asynchronmotor eine Kupferglocke gedreht wird [Dubusc, R. (130)]. Diese wird von einem permanenten Magneten gebremst, der mit dem Anker des Spannungsmagneten verbunden ist. Die Bremskraft wächst mit der Umdrehungszahl an. Wird sie größer als das Anzugsmoment des Magneten, so nimmt sie den Hebel mit und gibt Kontakt. Das Relais besitzt eine leicht gebogene Kennlinie. Richtungsglied und Anwurf schalten elektrisch (s. Abb. 136d).

2. Widerstandsstufenrelais

Widerstandsstufenrelais besitzen an keiner Stelle der Kennlinie einen abhängigen Teil. Es gibt nur Stufen mit festen Zeiten. Aus diesem Grunde entfällt bei diesen Relais jede Zeitabhängigkeit von der Meßgröße. Ein solcher Schutz besteht aus unverzögerten Widerstandsbetätigungsrelais mit Zeitrelais oder Zeitwerken.

Die Meßsysteme wurden bereits gesondert besprochen. Es soll hier nur noch die grundsätzliche Schaltung aufgezeigt werden. Es werden Impedanz- oder Reaktanzrelais verwendet, die in Verbindung mit Zeitrelais die einzelnen Zeitstufen ermöglichen. Man muß hiebei unterscheiden zwischen Ausführungen mit mehreren Widerstandsgliedern und solchen mit einem einzigen Widerstandsglied, dessen Ansprechimpedanz stufenweise geändert wird. Weiters sind Ausführungen mit Über- oder Unterwiderstandsgliedern zu nennen.

Abb. 137a zeigt die Schaltung mit drei Unterimpedanz- oder Unterreaktanzrelais und einem Zeitrelais. Das Relais I der ersten Stufe löst momentan über den Richtungsentscheidkontakt aus, wenn der Fehler in der ersten Zone liegt, also das Relais angesprochen hat. Liegt der Fehler in der zweiten Zone, so spricht das Relais I nicht an, wohl aber das Relais II der zweiten Stufe. Dies kann aber erst auslösen, wenn das Zeitrelais in der Stufenzeit seinen Kontakt geschlossen hat. Hat nur das Relais III der dritten Stufe angesprochen, so muß das Zeitrelais bis zu seinem nächsten Kontakt laufen und bewirkt erst dann die Auslösung. Eine Grenzzeit erhält man mit Hilfe eines dritten Kontaktes, der betätigt wird, wenn kein Meßglied angesprochen hat [Monseth, I. P. und Robinson, P. H. (7), S. 460, Dahlby, G. (131)].

Eine Ausführung mit Überimpedanzrelais zeigt Abb. 137b [Fröhlich, F. und Stark, G. (132)].

Der Vorteil dieser Anordnung ist, daß die Spannung der Impedanzglieder erst im Fehlerfall zugeschaltet zu werden braucht.

Die Gefahr einer Fehlauslösung infolge einer Öffnung des Spannungskreises ist dadurch beseitigt. Liegt der Fehler in der Schnellzone, so wird über den Richtungskontakt direkt ausgelöst, liegt er in der zweiten Zone, so öffnet Relais I und es wird erst nach Ablauf der ersten Zeit ausgelöst, liegt er in der dritten Zone, so öffnet auch das Relais II und es wird mit Grenzzeit ausgelöst. Die verschiedenen Ansprechwerte werden durch verschiedene Vorwiderstände eingestellt.

Verwendet man nur ein Meßglied, so muß die Ansprechimpedanz durch die Zeitkontakte geändert werden. Hiezu kann man Vorwiderstände im Spannungskreis oder Anzapftransformatoren verwenden, die durch die Zeitkontakte umgeschaltet werden (Abb. 137c). Zunächst liegt kein oder nur ein kleiner Vorwiderstand am Meßglied, die Ansprechimpedanz ist

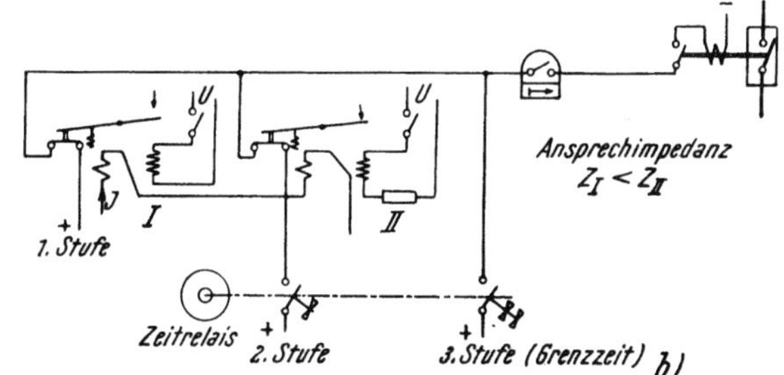

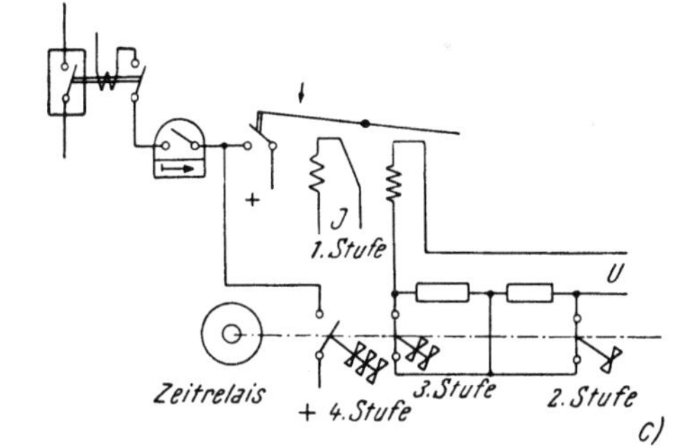

Abb. 137. Widerstandsstufenrelais
a) mit Unterimpedanzrelais, b) mit Überimpedanzrelais, c) mit Stufenwiderständen

daher gering. Spricht das Relais an, so wird momentan ausgelöst, spricht es nicht an, so läuft das Zeitrelais, bis ein höherer Widerstand oder eine niedere Anzapfung eingeschaltet wird, dadurch wird die Ansprechempfindlichkeit erhöht. Spricht das Relais nun an, so wird ausgelöst, spricht es nicht an, so wird der Vorgang wiederholt. Spricht das Relais überhaupt nicht an, so schaltet das Zeitrelais mit Grenzzeit selbst aus. Mit dieser Anordnung können beliebig viel Stufen vorgesehen werden. Die Einstellbarkeit ist durch Veränderung der Widerstände und der Zeiten gegeben [Poleck, H. (150, 151), Warrington, A. R. v. (159),

Matthey-Doret, A. (*140, 141*), Leyburn, H. und Lackey, U. A. (*21*), Vrethem, A. und G. Jancke (*78*)].

Alle die geschilderten grundsätzlichen Schaltungen können mit Impedanz- und Reaktanzrelais gebildet werden. Auch das Drehfeldrelais wird als Stufenschutz verwendet. Dort wird die Meßspannung die zunächst nur der Schnellzone entspricht, auf den Bereich der zweiten Zone, dritten Zone usw. durch Veränderung der Spannungswandlerübersetzung vergrößert (BBC). Überdies wird auch das Konduktanzrelais als Stufenrelais verwendet, dort wird der Vorwiderstand im Spannungskreis (S u. H) durch einen Zeitmotor umgeschaltet.

Zu allen diesen Ausführungen gehören noch Anwurfglieder, die in geeigneter Weise die Spannungs- und Stromkreise zuschalten müssen.

V. Thermische Relais

Als thermische Relais werden alle Relais bezeichnet, die bei Temperaturerhöhung einen elektrischen Kontakt betätigen. Hiebei ist zu unterscheiden zwischen Relais, denen die Temperaturerhöhung eines Betriebsmittels direkt zugeführt wird, und solchen, bei denen der Strom indirekt eine Temperaturerhöhung im Relais hervorruft. Wir nennen sie direkte und indirekte thermische Relais. Unter den indirekten thermischen Relais werden auch die zeitverzögerten Überstromrelais (primär und sekundär) behandelt, bei denen thermische Verzögerungsglieder benutzt werden.

Bei thermischen Relais werden in erster Linie sogenannte Bimetallstreifen verwendet. Diese bestehen aus zwei Metallstreifen, die stark verschiedene Temperaturkoeffizienten haben. Sie werden aufeinandergeschweißt. Bei Erwärmung dehnen sich die beiden Streifen verschieden stark aus und bewirken eine Durchbiegung.

Als Material verwendet man bestimmte Nickelstahllegierungen. Die Durchbiegung steigt bis etwa 200° linear mit der Temperatur an. Die hiebei auftretenden Biegungskräfte sind verhältnismäßig groß und in der Lage, Federkräfte auszugleichen. Andere Ausführungen arbeiten mit Heizdraht, der einen Wärmespeicher anheizt. Die Betätigung erfolgt dann bei einer bestimmten Temperatur. Auch Lötstellen werden für die thermische Auslösung verwendet, die bei einer bestimmten Wärmezufuhr durchschmelzen und dadurch eine Federkraft zur Auslösung freigeben.

Verwendet werden thermische Relais als Überlastschutz, wobei möglichst die Wärmeeigenschaften des zu schützenden Anlageteiles richtig erfaßt werden müssen, oder für thermische Zeitrelais beim Kurzschlußschutz.

a) Direkte thermische Relais

Direkte thermische Relais sind in dem Schützling selbst eingebaut. Ihnen wird seine Temperatur direkt zugeführt. Solche Relais werden bei Transformatoren beispielsweise in besonderen Taschen am Kessel eingebaut und messen dort die Temperatur des Öles. Ein solches Relais mit Bimetallstreifen zeigt Abb. 138a. Der Streifen gibt beim Durchbiegen eine Feder frei, die schlagartig den Kontakt schließt [v. Wiarda, E. und Wilm, E. (*124*)] (System BEWAG). Diese Relais eignen sich besonders für die Anzeige allmählicher Überlastungen. Bei Kurzschlüssen sind sie zu langsam, da das Öl erst allmählich höhere Temperatur annimmt. Man kann sie bei allen ölhaltigen Geräten anwenden. Die Überwachung der Temperatur in Wicklungen durch sogenannte Wärmewächter, deren Temperatur an Instrumenten abgelesen werden kann, sei hier nur erwähnt.

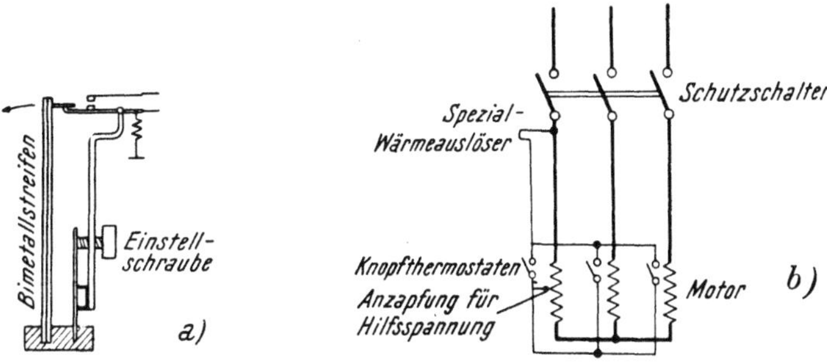

Abb. 138. Direkte Wärmerelais
a) für Öltransformatoren, *b)* Ipsothermschutz für Motoren

Beim Ipsothermschutz werden sogenannte Knopfthermostaten, das sind kleine Metallkapseln mit einer Bimetallmembrane und einem Kontakt, in die Wicklung von Motoren eingebaut. Sie erhalten die Spannung (Abb. 138b) über eine Anzapfung der Motorwicklung selbst und lösen einen Motorschutzschalter mit einem Spezial-Paketwärme-Auslöser aus. Er wird insbesondere benutzt, wenn bei schwierigen Betriebsverhältnissen ein normaler Motorschutzschalter die Temperaturverhältnisse nicht mehr richtig wiedergibt (BBC).

Ein genaues thermisches Abbild eines Transformators kann man erhalten, wenn man einen in Öl getauchten Heizwiderstand vom Sekundärstrom heizt. Das Ganze wird ebenfalls in den Transformatorkessel eingebaut. Die Übergangszeitkonstante von Heizwicklung und Öl muß derjenigen der Transformatorwicklung weitgehend entsprechen [Stöcklin, I. (*29, 119,* Parschalk, F. (*111*)].

b) Indirekte thermische Relais

Indirekte thermische Relais sind Relais, bei denen die Wärme mittels Strom erzeugt wird. Man unterscheidet hiebei Primär- und Sekundärrelais.

1. Primäre Thermorelais

Bei primären Thermorelais, bzw. -auslösern wird der Strom im Leiter selbst ohne Verwendung vom Stromwandlern dem Relais zugeführt und entweder der Schalter mechanisch ausgelöst (Thermoauslöser) oder ein Kontakt, bzw. Signal betätigt. Eine Stromspule überträgt die in ihr erzeugte Wärme einem thermischen Abbild (Abb. 139). Es wird ein Eisenkreis magnetisiert, der eine Kurzschlußwindung (Wärmewindung) besitzt, die darin erzeugte Wärme wird einer Bimetallsäule zugeleitet, durch deren Ausbiegung über einen Mechanismus die Betätigung ausgeklinkt wird. Besondere Gewichte dienen als Wärmeträger. Auf der unteren Seite der Bimetallsäule ist ebenfalls ein Heizstreifen angebracht, der der Kompensation der Außentemperatur dient. Die Erwärmung selbst kann abgelesen werden.

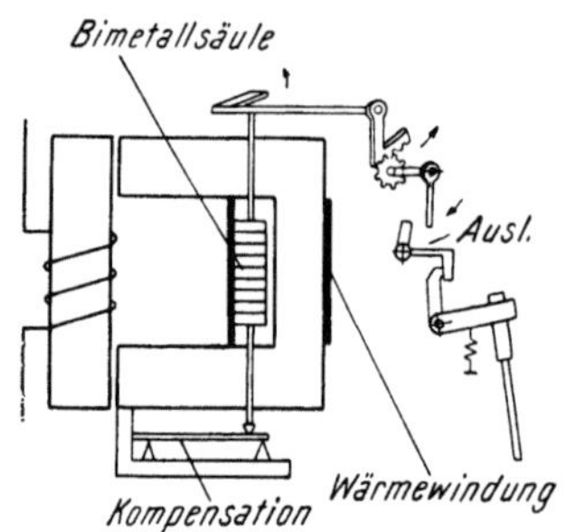

Abb. 139. Hauptstrom-Thermorelais; Momentan-Auslösung nicht gezeichnet

Das Relais ist für verschiedene Zeitkonstanten gebaut. Die Wärmeträger sind für mehrere Zeitkonstanten bis etwa 100 min auswählbar. Die zulässige Übertemperatur kann eingestellt werden. Das Relais ist gleichzeitig mit magnetischer Grenzstromauslösung versehen (BBC).

Das primäre Thermorelais kann für Motoren, kleinere Generatoren und für Kabel vorgesehen werden. Die Kennlinie ist stromabhängig und bewegt sich zwischen 150 min und 3 sek.

2. Sekundäre Thermorelais

Bei sekundären Thermorelais wird der Strom durch Stromwandler gewonnen und dem Relais zugeführt. Unterschieden wird hiebei zwischen Relais, bei denen thermische Glieder zur Gewinnung bestimmter Zeiten, also thermischen Überstromzeitrelais, und zwischen Relais, die der thermischen Belastungsfähigkeit der Betriebsmittel genau angepaßt sind, den thermischen Überlastrelais oder thermischen Abbildern.

α) **Thermische Überlastrelais** (Abbilder). Die thermischen Überlastrelais sind im Prinzip ähnlich wie das geschilderte Hauptstromrelais. Sie stellen möglichst genaue thermische Abbilder des zu schützenden Gegenstandes dar. Sie besitzen ein Heizglied, das einen Wärmespeicher heizt. Dieser wiederum betätigt ein Meßglied, das einen Kontakt betätigt oder einen Meßwert sendet.

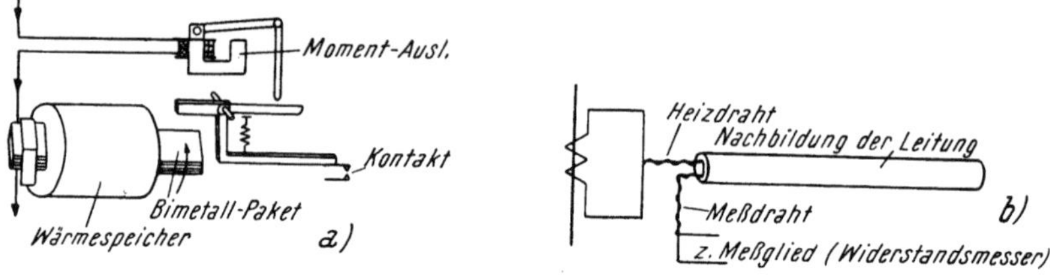

Abb. 140. Thermische Abbilder
a) mit Bimetallpaket, b) Modellabbild

Das Heizglied kann ein Band aus Heizwiderstand sein, das den Wärmespeicher heizt, der aus auswechselbaren Metallplatten besteht; diese bestimmen nach Wärmeaufnahme- und abgabe die Zeitkonstante. [Stoecklin, J. (*119*)]. In Abb. 140a ist ein ähnliches Relais gezeigt, bei dem Heiz- und Meßglied aus demselben Bimetallpaket gebildet sind. Dieses ist von einem Hohlzylinder umgeben, der die notwendige Abstrahlung besitzt. Der Bimetallstreifen ist indirekt und direkt geheizt, so daß die Zeitkonstante sich wie beim Schützling mit wachsendem Strome ändert. Eine zusätzliche Momentauslösung ist auch hier vorhanden. [Naef, O. und Imhof, A. (*108*)].

Bei Leitungen kann man ein Modell herstellen, dieses in dieselben Verhältnisse bringen wie die richtige Leitung und vom Sekundärstrom über einen Heizdraht heizen. Der Heizdraht muß dann ebensoviel Wärme erzeugen wie der Hauptstrom in der Leitung selbst. Die Temperatur wird mit Widerstandsthermometern überwacht (s. Abb. 140b).

Dieses System wird für Fahrleitungen verwendet [Klaudy, P. (*104a*)], kann aber für Freileitungen entsprechend angewendet werden.

β) **Thermische Überstromzeitrelais.** Thermische Überstromzeitrelais benutzen die Wärmewirkung zur Gewinnung einer Zeitverzögerung Auch diese Relais können sich den Erwärmungsverhältnissen der Schützlinge anpassen, sind aber keine völligen Abbilder oder Modelle der Erwärmungsverhältnisse.

Die Zeitverzögerung erhält man meist durch Bimetallstreifen, die direkt oder indirekt vom Strome geheizt werden (s. Abb. 141). Sie besitzen eine abhängige [Fröhlich, F. (*91*), Shreeve, A. G. und Shipton, P. I. (*115*), Podluski, M. W. (*9*)] Kennlinie, die häufig durch eine magnetische Momentauslösung ergänzt wird. Die Kennlinien können weitgehend variiert werden durch Nebenwiderstände mit nichtlinearen Kennlinien und durch gesättigte Zwischenwandler. Abb. 141b zeigt

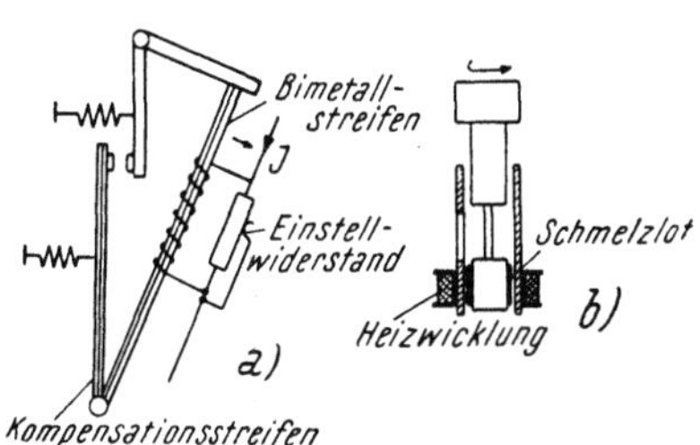

Abb. 141. Thermische Überstromzeitrelais

a) Bimetall, b) Schmelzlot

eine Ausführung, wo eine Lötstelle geheizt wird. Beim Durchschmelzen werden die Kontakte betätigt.

Die thermischen Überstromzeitrelais werden wie abhängige Überstromrelais für den Schutz von Leitungen und Motoren verwendet.

VI. Mechanische Relais

Von den Relais, die auf nichtelektrische Meßgrößen ansprechen, seien zwei Arten erwähnt. Der Buchholzschutz und der Täuberschutz. Beide dienen dem Schutze von Transformatoren. *Das Buchholzrelais* nutzt gewisse mechanische Erscheinungen aus, die in mehr oder weniger schweren Fehlern innerhalb des Transformators ihre Ursache haben. Es wird also nur für Fehler innerhalb des Transformators verwendet. Schwere Fehler müssen von ihm abgeschaltet werden, leichtere werden in der Regel, insbesondere in bedienten Stationen, nur signalisiert. Bei äußeren Fehlern, die sich ja auch mechanisch im Transformator auswirken können, darf nicht ausgelöst werden.

Das Buchholzrelais wird in die zwischen Transformatorkessel und dem Ölausdehnungsgefäß liegende Ölleitung eingebaut (Abb. 142). Es wird die Druckwelle ausgenutzt, die bei einem Kurzschluß entsteht und sich nach dem Ausdehnungsgefäß zu fortpflanzt. Weiter entstehen bei kleineren Fehlern Gasblasen, die nach oben ansteigen und sich im Relais ansammeln. Dies wird zur Signalgabe ausgenutzt. Das Relais besitzt, um diese Aufgaben ausführen zu können, zwei Schwimmer. Der eine liegt zwischen der Ein- und Austrittsöffnung des Relais, an ihm muß also der Ölstrom vorbei.

Ist er stark genug, so bewegt er den Schwimmer, der dann einen Kontakt (meist Quecksilberkontakt) betätigt. Über diesem Schwimmer ist ein weiterer Schwimmer vorgesehen, der nicht vom Ölstrom berührt wird, sich aber bewegt, wenn sich der Ölspiegel senkt. Dies geschieht, wenn sich

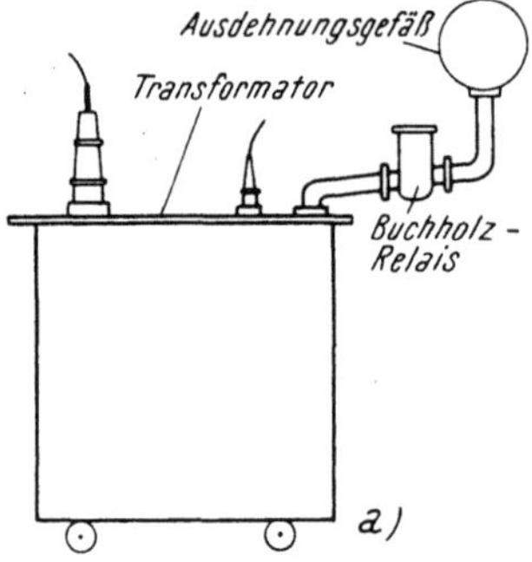

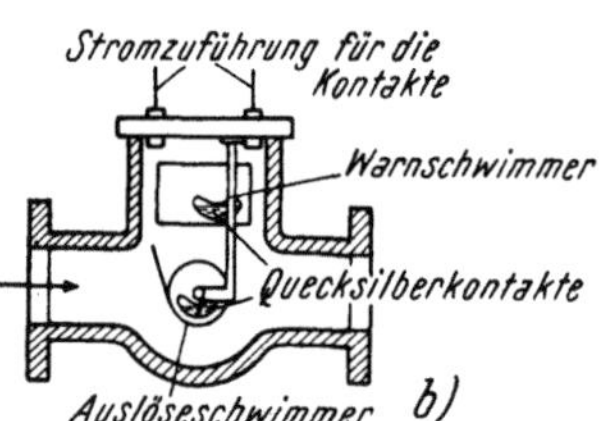

Abb. 142. Buchholzrelais
a) Einbau, b) Schnitt

Gas- oder Luftblasen an der Oberseite des Relais ansammeln. Dieser Schwimmer kann auch signalisieren, wenn der Ölspiegel zu niedrig ist, also wenn Ölverlust eintritt.

Bei neueren Ausführungen hat man an den Schwimmern Einstellbleche vorgesehen, die es ermöglichen, einen bestimmten Ansprechwert einzustellen, so daß das Relais bei äußeren Fehlern nicht anspricht, wo das Öl durch die mechanischen Kräfte, die der Kurzschlußstoß hervorruft, auch in Wallung gerät, sondern nur bei inneren Fehlern.

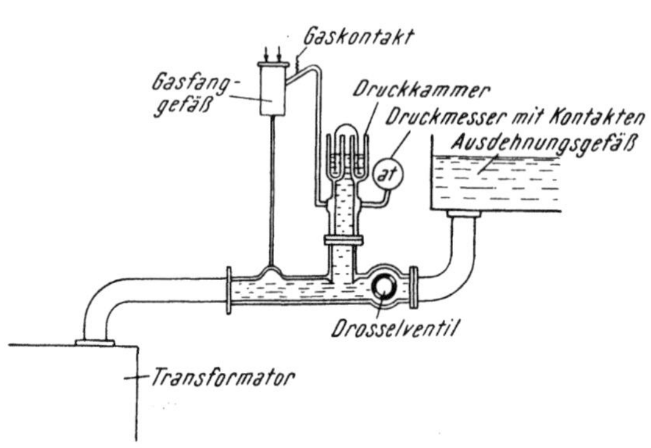

Abb. 143. Täuberschutz

Kleinere Transformatoren erhalten Relais mit nur einem Schwimmer [Prinz, H. (281), Schmohl, E. (283)].

Der Täuberschutz dient ebenfalls dem Schutz von Transformatoren. Er benutzt gleichfalls die Ölbewegung [Täuber, K. (285)] und die Gasblasenbildung. Durch Temperaturerhöhungen dehnt sich das Öl aus. Es wird nun in die zum Ausdehnungsgefäß führende Rohrleitung ein Drosselventil eingebaut und der durch die Ausdehnung entstehende Staudruck in einem Druckmesser gemessen (s. Abb. 143).

Der Druckmesser ist als Kontaktmesser ausgeführt, der bei langsamen Druckänderungen einen Alarmkontakt, bei raschen Änderungen einen Auslösekontakt betätigt. In einem Gassammelgefäß werden entstehende Gasblasen aufgefangen, beeinflussen von dort aus ebenfalls den Druckmesser, betätigen außerdem bei stürmischer Gasentwicklung einen eigenen Kontakt.

Der Täuberschutz paßt sich weitgehend der Erwärmung der Wicklung an.

E. Der Anwurfkreis

Zum Anwurfkreis soll alles gerechnet werden, was zeitlich vor der Betätigung des eigentlichen Zeitablaufgliedes, bzw. vor der Einschaltung des Betätigungskreises liegt. Es werden also vorwiegend in diesem Kapitel die Schaltungen behandelt, die die in Wandlern gewonnenen Meßgrößen an das eigentliche Ablauf- oder Betätigungsrelais in geeigneter Weise anschalten. Hieraus ergibt sich, daß in diesem Abschnitt der Hauptteil der Schutzschaltungen behandelt wird. Es läßt sich hiebei nicht ganz vermeiden, daß auch kleinere Besonderheiten im Betätigungskreis, meist durch den Anwurfkreis bedingt, behandelt werden müssen. Es sind nur diejenigen Schutzschaltungen in anderen Abschnitten behandelt, deren Hauptgewicht auf der Schaltung anderer Kreise, des Wandlerkreises oder des Betätigungskreises, liegt. Es ist aber in jedem solchen Fall auch in diesem Abschnitt darauf hingewiesen, so daß der Leser trotzdem sich gut zurechtfinden dürfte.

Das Kapitel wird unterteilt in den Schutz gegen Kurzschlüsse und Doppelerdschlüsse, gegen Erdschlüsse, Windungsschlüsse und Pendelungen.

I. Schutz gegen Kurzschluß und Doppelerdschluß

a) Staffelschutzsysteme

Je nach den verwendeten Meßgrößen werden der Strom-, Spannungs-, Leistungs- und Widerstandschutz unterschieden. Unter Leistungsschutz soll hier nur die Verwendung von selbständigen Leistungsrelais, also Rückleistungs- oder Gegenleistungsrelais usw., verstanden werden. Die unselbständigen Leistungsrelais, die anderen Schutzsystemen als Richtungsentscheid dienen, werden bei diesen selbst behandelt.

1. Überstromschutz

Der Überstromschutz wird wegen seiner einfachen und preiswerten Ausführung weitgehend angewendet. Die Unterscheidung zwischen den verschiedenen Ablaufzeiten interessiert hier weniger. Es soll nur beschrieben werden, wie die Meßgrößen an das Überstromrelais herangebracht werden.

α) **Ungerichteter Überstromschutz.** Die einfachste Schaltung ist, jedem Leiter ein Relais zuzuordnen. Diese ergibt die Drei- und Zweirelais-

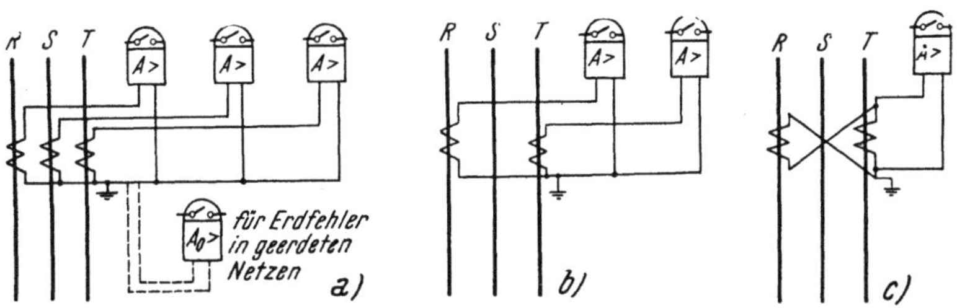

Abb. 144. Überstromschutz, Anwurfschaltungen
a) 3-Relais-Schaltung, *b*) 2-Relais-Schaltung, *c*) 1-Relais-Schaltung (Kreuzschaltung)

Schaltung, je nachdem, ob alle drei oder nur zwei Leiter geschützt werden (Abb. 144a und b). Letztere ist nur in Netzen mit isolierten oder hochohmig geerdeten Sternpunkten zulässig. In geerdeten Hochspannungsnetzen wird häufig noch ein viertes Relais vorgesehen, dem der Nullstrom zugeführt wird. Es kann meist niederere Ansprechwerte erhalten als die Leitungsrelais (Abb. 144a gestrichelt), da sie im Normalbetrieb keinen Strom führen.

Mit Hilfe der bereits erwähnten Kreuzschaltung der Stromwandler kann man auch mit einem einzigen Relais den Schutz ausführen und damit in nicht fest geerdeten Netzen einen auf alle Fehlerfälle ansprechenden Schutz erhalten (Abb. 144c). Diese Schaltung ist also einer dreipoligen Schaltung etwa gleichwertig.

Das Überstromrelais kann nun ein für alle Leiter gemeinsames Zeitwerk betätigen. Die Kontakte der Relais sind dann parallel geschaltet und gemeinsam mit dem Zeitrelais verbunden.

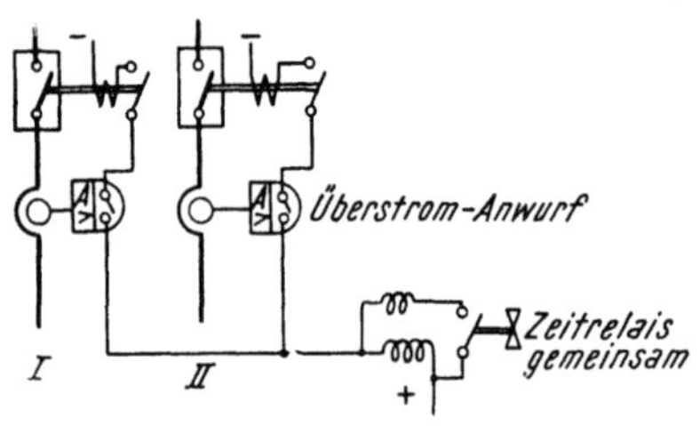

Abb. 145. Überstromanwurf eines gemeinsamen Zeitrelais

Man kann sogar für mehrere Abzweige ein gemeinsames Zeitrelais vorsehen, vorausgesetzt, daß die Ablaufzeit gleich sein darf (Abb. 145) [Ramelot, Ch. (63)]. Das Zeitrelais schließt sich hiebei nach dem Ablauf selbst über eine Haltespule kurz, der Erregerstrom wird dadurch erhöht und betätigt den Auslöser.

Die Staffelung mit unabhängigen Zeitrelais führt zu verhältnismäßig hohen Auslösezeiten in der Nähe der Kraftwerke. Dieser Nachteil kann wesentlich verringert werden, wenn man die Schaltung der Abb. 145 etwas variiert. In Abb. 146 [Ramelot, Ch. (62)] sind eine Einspeisung und Abgänge dargestellt, deren Schutz gegeneinander gestaffelt werden soll. Es ist hiebei nun möglich, bei einem Fehler in der Einspeisung diese mit kürzerer Zeit abzuschalten als bei einem Fehler in einem Abgang, wo sie gegenüber dem Abgang gestaffelt sein müssen. Es sind zwei Zeitrelais Z_1 und Z_2 vorgesehen. Z_1 besitzt eine Auslösezeit, die gegenüber den Relais nachgeordneter Abgänge gestaffelt ist. Z_2 besitzt die zusätzliche Staffelzeit gegenüber Z_1. Spricht das Stromrelais der Zuleitung allein an, so wird nur Z_2 angeworfen. Spricht aber auch ein Stromrelais der Abgänge an, so wird erst Z_1 und dann Z_2 angeworfen, so daß sich die Zeiten addieren. Dies geschieht mit einem Momentkontakt des Zeitrelais Z_1. Spricht Z_1 nicht an, so ist der Auslösevorgang gleich dem der Abb. 145. Spricht aber Z_1 an, so wird der Momentkontakt sofort geöffnet und der Stromkreis erst wieder über ein Hilfsrelais geschlossen, das zusammen mit dem Auslöser anspricht. Löst also aus irgend einem Grunde der Schalter eines Abganges nicht aus, so werden die Zuleitungen mit der um Z_2 höheren Zeit abgeschaltet.

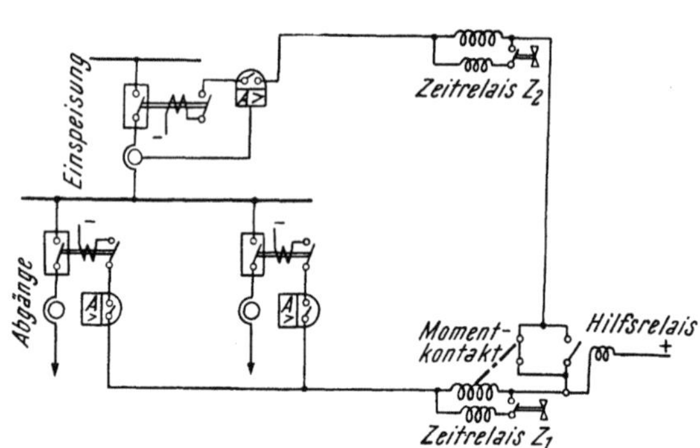

Abb. 146. Überstrom-Zeit-Schutz mit verschiedenen Zeiten

Diese Einspeisungen können beispielsweise Zuleitungen zu Eigenbedarfsgruppen in Kraftwerken oder Transformatoren in Umspannstationen sein, also Einspeisungen, die aus demselben Werke kommen. Bei Zuleitungen von anderen Werken wären Hilfsleitungen nötig. Die Einrichtung dient in allen Fällen zum Erfassen von Sammelschienenfehlern zwischen der Einspeisung und den Abgängen, wenn das Zeitrelais Z_2 nicht am Anfang, sondern am Ende der Leitung unmittelbar an der zu schützenden Sammelschiene vorgesehen wird.

β) **Gerichteter Überstromschutz.** Außer dem Überstrom- und Zeitrelais wird beim gerichteten Überstromschutz noch ein Richtungsrelais vorgesehen, das den Schutz nur freigibt, wenn die Leistung von der

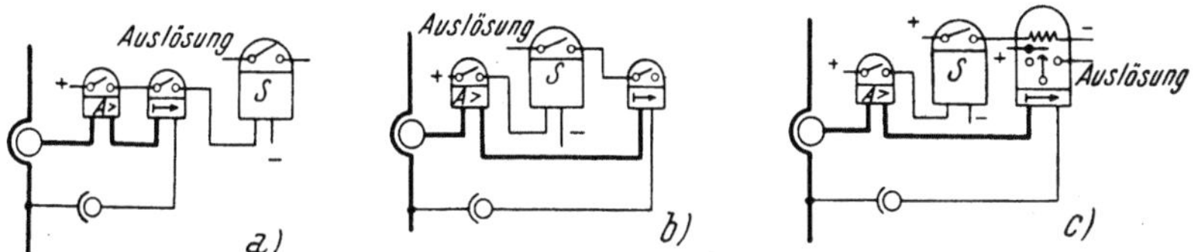

Abb. 147. Gerichteter Überstromschutz
a) Richtungskontakt im Anwurfkreis, b) Richtungskontakt im Auslösekreis, c) Richtungskontakt fremdgesteuert

Sammelschiene wegfließt. Dem Richtungsrelais wird Strom und Spannung in bereits früher angegebener Weise zugeführt, also in 0°-, 30°- usw. Schaltungen (s. B I c 3). Das Richtungsrelais besitzt einen Kontakt, der entweder in der Zuführung zum Zeitrelais (Abb. 147a) oder in der Auslöseleitung (Abb. 147b) liegen kann. Ist der Kontakt fremdgesteuert, d. h. wird er nicht direkt durch das Richtungsrelais betätigt, sondern erst von außen, wobei das Richtungsrelais nur die Kontaktart auswählt (s. Abb. 147c), so steuert ihn das Zeitrelais.

Die Richtungsrelais werden unabhängig von der Schaltung des Überstromrelais zwei- oder dreipolig ausgeführt.

Das Richtungsrelais kann dazu benutzt werden, um in Stationen, die nur eine Zuleitung und einen Abgang besitzen (z. B. in Ringleitungen oder bei Übergabestationen für Hochspannungsabnehmer), den Schalter je nach der Richtung auszuwählen und

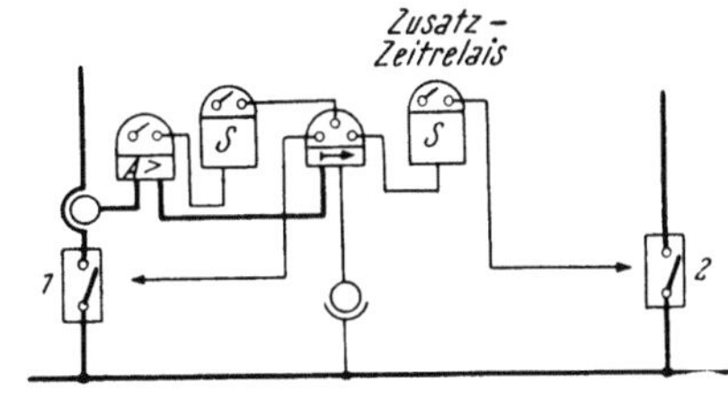

Abb. 148. Gemeinsamer Überstromschutz für zwei Leitungen

hiebei darüber hinaus mit verschiedenen Zeiten auszulösen [Titze, H.(76)]. Der eine Richtungskontakt löst beispielsweise den Schalter 1 direkt aus, der andere den Schalter 2 über ein zweites Zeitrelais. Hiebei wird eine einzige Schutzanordnung für zwei Leitungen, bzw. Abgänge benützt (s. Abb. 148). Selbstverständlich kann auf der einen Seite auch der Schutz unverzögert oder abhängig verzögert sein.

2. Spannungsschutz

Die Anwurfschaltungen für den Spannungsschutz sind denkbar einfach. ganz gleich, ob es sich um Unter- oder Überspannungsschutz handelt,

Meist genügt ein einpoliger Schutz, der von einer Dreiecksspannung betätigt wird.

Der *Unter*spannungsschutz wird vorwiegend bei Motoren, Umformern und Phasenschiebern angewendet.

Der *Über*spannungsschutz mit Relais soll gegen betriebsbedingt steigende Spannungen am Generator schützen. Diese Schaltungen für verzögerten Schutz entsprechen denen des Überstromschutzes. Eine Schaltung mit zwei Relais, von denen eines einen niederen Ansprechwert mit Verzögerung, das andere einen höheren Ansprechwert, aber ohne Verzögerung hat, bezweckt, starke Spannungssteigerungen bei größeren Lastabschaltungen und Versagen des Reglers so schnell wie möglich abzuschalten, geringere Spannungssteigerungen dagegen nur bei längerer Dauer.

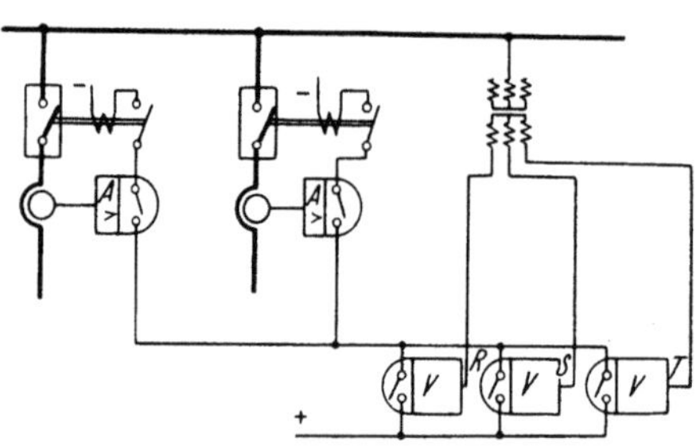

Abb. 149. Überstromschutz mit gemeinsamem Unterspannungs-Zeitrelais

Die Schaltung der Abb. 145, wo nur ein Zeitrelais für mehrere Überstromrelais verwendet wird, kann auch mit Unterspannungsrelais gemacht werden, wobei statt des Zeitrelais drei von der Sternspannung gespeiste verzögerte Unterspannungsrelais verwendet werden. Man erhält also hiebei eine spannungsabhängige Auslösezeit (s. Abb. 149) [Ramelot, Ch. (*63*)].

3. Leistungsschutz

Der reine Leistungsschutz wird fast ausschließlich bei Generatoren benutzt, er soll sie bei inneren Fehlern oder motorischem Lauf, wo Leistung vom Netz in ihn hineinfließt, abtrennen. Man kann hiefür die Rückleistung als Meßgröße verwenden, muß aber bedenken, daß Rückleistung auch bei Lastschwankungen und Pendelungen vorhanden ist. Verwendet man also die Rückleistung direkt, so ist eine längere Zeitverzögerung nötig. Sie wird heutzutage nur für den Schutz gegen motorischen Lauf von Generatoren verwendet. Der Schutz wird meist dreipolig ausgeführt. Die Spannung wird so ausgewählt, daß für die meisten Fehler genügend Leistung zur Verfügung steht. In Abb. 150 ist die 90°-Schaltung gezeigt.

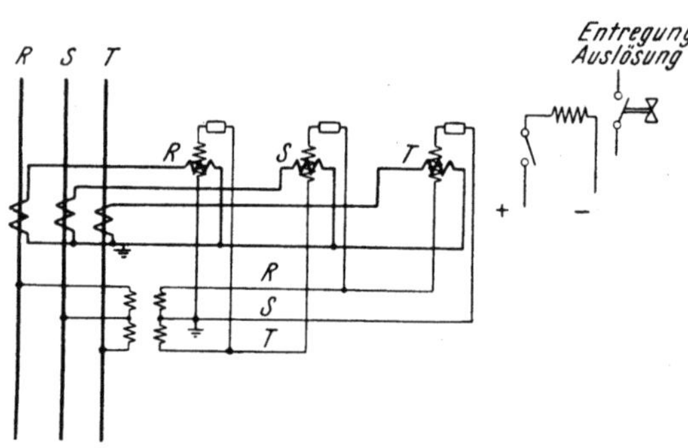

Abb. 150. Rückleistungsschutz gegen motorischen Lauf von Generatoren

Von Pendelungen und sonstigen Leistungsschwankungen wird der Schutz unabhängig, wenn man das Gegensystem der Leistung als Meßgröße heranzieht. Dieser ist nur bei unsymmetrischen Fehlern vorhanden. Bei einem dreipoligen Fehler ist dieser Schutz allerdings wirkungslos

(Abb. 151). Es werden einem zweipoligen Relais die Differenzströme $(\Im_R - \Im_S)\,\dfrac{1}{\sqrt{3}}$ und $\Im_T - \Im_0\,\dfrac{1}{3}$ sowie das Gegensystem der Spannung zugeführt (CdC) (Abb. 151a). In Abb. 151b wird einem einpoligen Relais je das Gegensystem von Strom und Spannung zugeführt (s. B I c 3 γ) [BBC (29)].

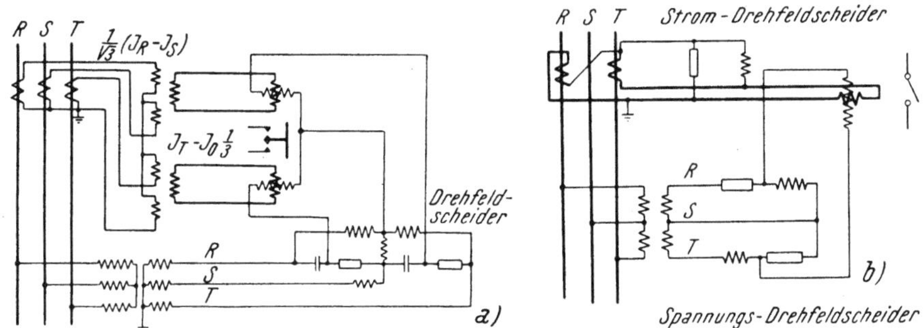

Abb. 151. Gegenleistungsschutz
a) Zweipolig mit einem Drehfeldscheider, b) einpolig mit zwei Drehfeldscheidern

Erwähnt sei noch, daß statt der Leistung selbst auch die Leistungsänderung wirksam gemacht werden kann [Jean-Richard, Ch. (51)]. Es spricht nur bei raschen Blindleistungsänderungen an. Der Anschluß entspricht dem der Leistungsrelais.

4. Widerstandschutz

Die Schaltungen des Anwurfkreises beim Widerstandsschutz entsprechen den Forderungen nach gleicher Ablaufzeit bei den verschiedenen Fehlerarten. Die Forderungen sind im Abschnitt B I d 5 zusammengestellt.

Im folgenden werden nun die Schaltungen beschrieben. Es wird unterschieden zwischen den Schaltungen des Anwurfrelais selbst und der Schaltung der Meßrelais (Widerstandszeitrelais) sowie der Richtungsglieder, die von dem Anwurfrelais die richtige Meßgröße zugeführt bekommen sollen. Der Widerstandsschutz kann durch den Strom oder den Widerstand als Meßgröße angeworfen werden.

α) **Der Stromanwurf.** Der Stromanwurf unterscheidet sich grundsätzlich nicht von den Schaltungen für den Überstromschutz.

Statt dem Zeitglied wird das Widerstandsmeßglied eingeschaltet und werden die notwendigen Umschaltungen vorgenommen, um dem Meßglied die jeweils richtigen Meßgrößen zuzuführen.

Es sei nur noch eine Schaltung für den Stromanwurf erwähnt, die nur für den Anwurf von Widerstandsrelais verwendet wird (CdC). Statt der Leiterströme wird die Differenz der Ströme als Meßgröße benutzt. Hierdurch braucht man für die dreipolig wirkende Umschaltung nur zwei Umschaltrelais (Abb. 152). Es wird einem Relais der Strom $\Im_R$ und entgegenwirkend der doppelte Strom $2\,\Im_S$, den anderen Relais der Strom $\Im_T$ und entgegenwirkend der doppelte Strom $2\,\Im_R$ zugeführt. Diese Relais sprechen beim dreipoligen Fehler nicht an, es erfolgt also keine Umschaltung, ebenso beim Fehler RS, während beim Fehler ST und RT

jeweils nur ein Relais anspricht. Diese Anordnung wird nur zu Umschalt-
zwecken benutzt und erfordert ein weiteres einpoliges Ansprechglied,
das mit dem Widerstandszeitrelais zusammengebaut sein kann. Dieser
Anwurf wird mit Umschaltung bei Erdfehlern benutzt. Die Anordnung
findet in geerdeten Netzen Anwendung.

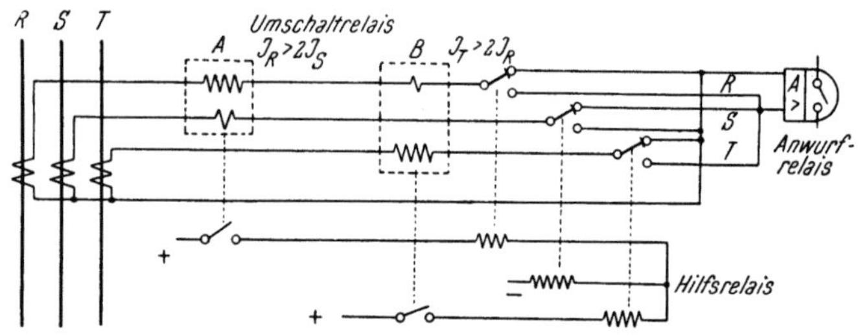

Abb. 152. Dreipoliger Anwurf mit zwei Umschalte- und einem Anwurfrelais (Differenzanwurf)

β) **Widerstandsanwurfschaltungen.** Beim Widerstandsanwurf (auch
Quotientenanregung genannt) muß der Strom und die Spannung einen
Wert haben, der ein sicheres Ansprechen gewährleistet. Ein Überstromrelais des Leiters R beispielsweise spricht beim zweipoligen Fehler RS
und RT in gleicher Weise an. Das Unterimpedanzrelais muß aber zum
richtigen Arbeiten einmal die Spannung U_{RS}, einmal U_{RT} zugeführt erhalten.
Legt man das Relais (R) fest an eine Spannung (RS), so ist nur bei einer
einzigen zweipoligen Fehlerart (RS) ein einwandfreies Ansprechen zu
erwarten, während bei einer anderen (RT) das Ansprechen unterbleibt
oder zum mindesten unsicher ist.

Dazu kommt, daß auch bei einpoligen Kurzschlüssen in geerdeten
Netzen nicht die richtige Spannung am Relais liegt. Hier muß die jeweilige
Spannung gegen Erde angelegt werden. Dasselbe gilt in isolierten Netzen
für den Doppelerdschlußfall. Auch hier muß wenigstens zwischen den
Fehlerstellen zur richtigen Erfassung die Spannung gegen Erde am Relais
liegen.

Die vollkommenste Anwurfschaltung (Abb. 153a) ohne Umschaltungen
ist die *Sechs-Relais-Schaltung.* Hier werden drei Relais für Fehler zwischen
den Leitern und drei Relais für Fehler gegen Erde verwendet. Diese
Schaltung wird in geerdeten Netzen angewendet, ist aber auch für nicht
geerdete Netze mit verwendbar. Dort wird für Erdfehler und Fehler
zwischen den Leitern wegen der verschiedenen Verhältnisse ein getrennter
Schutz vorgesehen. Es sind lediglich die Wandler gemeinsam. Will
man für Erdfehler dieselben Anwurfrelais verwenden, so muß durch
ein Nullstromrelais die Dreiecksspannung auf die Erdspannung umgeschaltet
werden. Um hiebei den gleichen Meßwert zu erhalten, muß ein Vorwiderstand vor die Dreiecksspannung geschaltet werden (Abb. 153b), wenn
man den Relais die Leiterströme zuführt. Bei Zuführung der Dreieckströme wird immer die richtige Impedanz gemessen.

In nicht fest geerdeten Netzen genügt eine dreipolige Anordnung der
Impedanzrelais (*Drei-Relais-Schaltung,* Abb. 153c). Für den Doppelerdschlußfall wird in diesem Falle ebenfalls die Dreiecksspannung verwendet.
Dies ergibt allerdings für die innerhalb der Doppelerdschlüsse liegenden Relais
eine gewisse Ungenauigkeit. Auch hier ist es deshalb zweckmäßig, die

Dreiecksspannungen bei Fehlern mit Erdströmen auf die Spannungen gegen Erde umzuschalten (Abb. 153b). Die Umschaltung besorgt der Nullstrom. Sie erfolgt nur, wenn der Einbauort des Schutzes zwischen den beiden Fehlerstellen liegt. Der Schutz außerhalb der Fehlerstelle wird wie bei dem entsprechenden zweipoligen Fehler angeworfen. Auch hierfür können Dreieckströme verwendet werden.

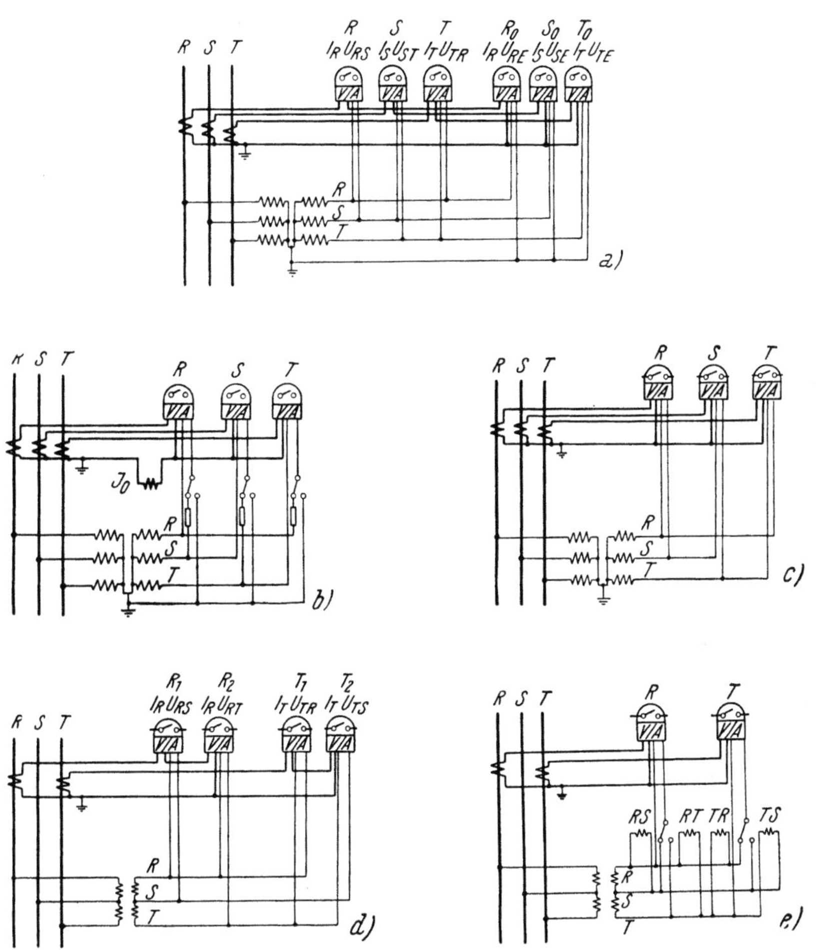

Abb. 153. Widerstandsanwurf

a) 6-Relais-Schaltung, geerdete und nicht geerdete Netze, b) 3-Relais-Schaltung, geerdete und nicht geerdete Netze, c) 3-Relais-Schaltung, nicht geerdete Netze, d) 2-poliger Anwurf mit 4 Relais, nicht geerdete Netze, d) 2-poliger Anwurf mit 2 Relais, nicht geerdete Netze

Bei dieser Schaltung spricht im Gegensatz zum Überstromanwurf jeweils nur ein Relais an, wenn ein zweipoliger Fehler auftritt. Beim Fehler RS spricht das Relais R, beim Fehler ST das Relais S, beim Fehler RT das Relais T an. Die übrigen Relais erhalten eine höhere, nur wenig zusammengebrochene Spannung zugeführt, sprechen nur bei hohen Kurzschlußströmen an. Mit ihrem Ansprechen kann daher nicht mit Sicherheit gerechnet werden.

Der dreipolige Fehler ist durch das Ansprechen sämtlicher Relais gekennzeichnet.

Auch ein *zweipoliger Anwurf* ist möglich. Man braucht dazu aber entweder vier Relais (s. Abb. 153 d) oder eine Spannungsumschaltung mittels eines Spannungsvergleichsrelais (Spannungswaage), das jeweils die zusammenbrechende Spannung an das Anwurfrelais schaltet (Abb. 153 e).

In beifolgender Tab. 12 sind die Anwurfarten, die für den Distanzschutz verwendet werden, und ihre Wirkungsweise zusammengestellt.

Bei sehr langen Höchstspannungsleitungen, z. B. für 220 kV, kann die Ansprechimpedanz so hoch liegen, daß ein Ansprechen bei hohen Lasten möglich ist. Niedrigere Ansprechwerte würden das Relais bei Fehlern am Ende der Leitung nicht mehr ansprechen lassen. Dieser Impedanzwert ist wegen der großen Länge solcher Leitungen verhältnismäßig hoch, so daß die Betriebsimpedanz nur wenig oder gar nicht mehr darüberliegt. Es kann daher der Schutz, ohne daß ein Fehler vorliegt, angeworfen werden. Dies kann durch eine Kompoundierungsschaltung [Vrethem, A. und Jahnke, G. (78)] verhindert werden, indem statt der Spannung U ein Wert $U - J Z$ dem Relais zugeführt wird, wobei Z der Sekundärwert etwa der halben Leitungsimpedanz ist. In diesem Falle mißt das Relais beim Fehler in der Mitte der Leitung die Impedanz 0, am Ende und am Anfang im Höchstfalle die halbe Leitungsimpedanz. Infolge des Phasenunterschiedes der Betriebs- und der Kurzschlußleistung ist dadurch der Abstand von Betriebsimpedanz und Ansprechimpedanz vergrößert worden. Die Schaltung zeigt Abb. 154.

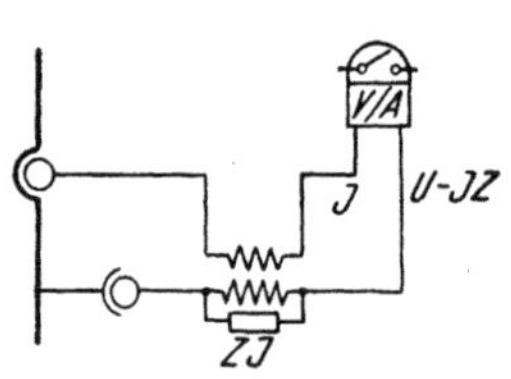

Abb. 154. Kompoundierter Impedanzanwurf für lange Leitungen Z = halbe Leitungsimpedanz

Die Anwurfrelais haben außer der Auswahl der Meßgrößen auch den Schutz einzuschalten. Dies erfolgt auf verschiedene Weise. Man kann einen Kurzschluß des Strompfades aufheben, ein Zeitwerk damit in Betrieb setzen; man kann mechanische Sperren aufheben. Oft werden mehrere dieser Anwurfmöglichkeiten ausgenutzt. Häufig benutzt man hiezu weitere Hilfsrelais, die von den Anwurfrelais betätigt werden.

γ) **Widerstandszeitrelaisschaltungen.** Die Anwurfrelais schalten an das eigentliche Zeitablaufglied die für jeden Fehlerfall passenden Spannungen und Ströme.

Die Größe der Meßwerte ist im Abschnitt B bereits eingehend besprochen und dort in den Tafeln 5 bis 7 niedergelegt.

Im folgenden sollen nun die zugehörigen Schaltungen angegeben werden.

Es kann so geschaltet werden, daß das Widerstandsmeßglied in jedem Leiter vorgesehen ist oder daß in Sparschaltungen weniger, oft sogar nur ein Relais, verwendet wird. Alle diese Möglichkeiten werden nachfolgend im Prinzip besprochen.

1. *Drei- und Sechs-Relais-Schaltungen.* In Abb. 155 sind die den Werten der Tafeln 5 bis 7 entsprechenden Schaltungen mit drei, bzw. sechs Relais gezeigt. In Abb. 155a wird in einer einfachen Drei-Relais-Schaltung den Relais die *Sternspannung* und der *Leiterstrom* zugeführt. Bei dreipoligem Fehler sprechen alle Anwurfrelais an und sämtliche Relais erhalten die Sternspannung. Bei einem zweipoligen Fehler sprechen nur zwei Relais

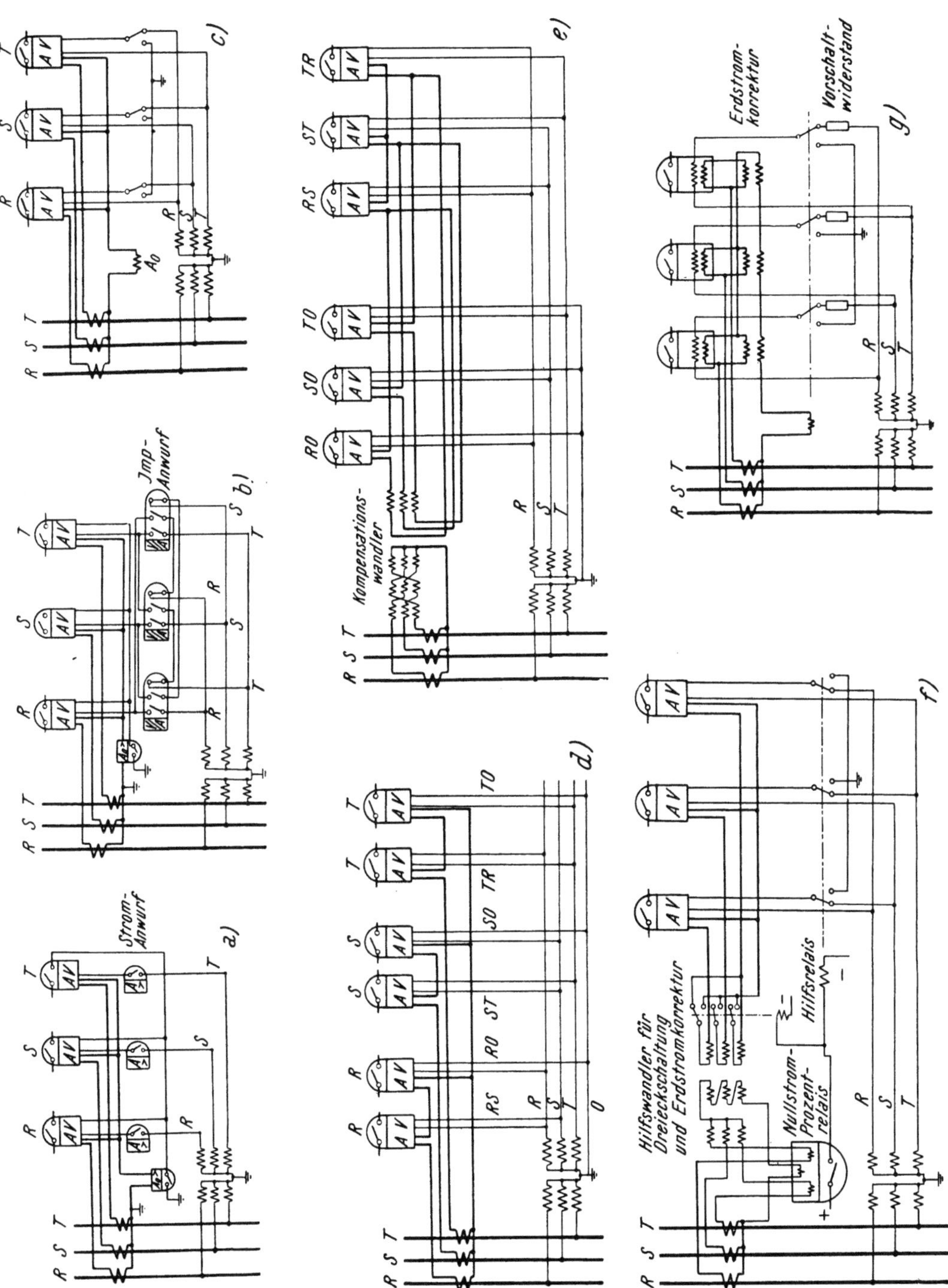

Abb. 155. Impedanzmeßschaltungen, Drei- und Sechs-Relais-Schaltungen
a) Sternspannung, Leiterstrom, Stromanwurf, b) Sternspannung, Leiterstrom, Impedanzanwurf;
c) Dreiecksspannung, Leiterstrom, Nullstrom-Umschaltung, d) Dreiecksspannung, bzw. Sternspannung, Leiterstrom, 6-Relais-Schaltung, e) Dreiecksspannung, bzw. Sternspannung, Dreieckstrom, bzw. Leiterstrom, Kompensationswandler, f) Dreiecksspannung, Dreieckstrom, Nullstrom-
Umschaltung, Erdstromkorrektur, g) Dreiecksspannung, Leiterstrom, Erdstromkorrektur

Tabelle 12. *Anwurfarten für den Widerstandsschutz.*

Fehlerart		Art des Anwurfes — Impedanz				Strom		Zwei-Relais mit Umschaltung Abb. 152 (R > 2 S, T > 2 R)	
		Sechs-Relais (Abb. 153 a)	Drei-Relais (Abb. 153 c)	Drei-Relais mit Umschaltung (Abb. 153 b)	Zweipolig (R T) (Abb. 153 d u. e)	Drei-Relais	Zwei-Relais	Umsch.-R.	Anwurf-R.
Dreipolig	R S T	R S T	R S T	R S T	$R_1 R_2 T_1 T_2$	R S T	R T	—	S
Zweipolig	R S	R	R (S)	R	R_1	R S	R	—	S
	S T	S	S (T)	S	T_2	S T	T	T > 2 R	T
	T R	T	T (R)	T	$R_2 T_1$	R T	R T	R > 2 S	R
Zweipolig mit Erdberührung	R S ⊥	R_0 S_0	—	R S	—	R S	—	—	S
	S T ⊥	S_0 T_0	—	S T	—	S T	—	T > 2 R	T
	T R ⊥	T_0 R_0	—	T R	—	R T	—	R > 2 S	R
Einpolig	R ⊥	R_0	—	R	—	R	—	R > 2 S	R
	S ⊥	S_0	—	S	—	S	—	—	S
	T ⊥	T_0	—	T	—	T	—	T > 2 R	T
Doppelerdschluß außerhalb der Fehlerstellen	R ⊥ S ⊥	R (S)	R (S)	R (S)	R_1	R S	R	—	—
	S ⊥ T ⊥	S (T)	S (T)	S (T)	T_2	S T	T	—	—
	T ⊥ R ⊥	T (R)	T (R)	T (R)	$R_2 T_1$	R T	R T	—	—
innerhalb der Fehlerarten	R ⊥	R_0	R	R	R_1	R	R	—	—
	S ⊥	S_0	(S)	S	—	S	—	—	—
	S ⊥	S_0	S	S	—	S	—	—	—
	T ⊥	T_0	(T)	T	T_2	T	T	—	—
	T ⊥	T_0	T	T	T_1	T	T	—	—
	R ⊥	R_0	(R)	R	R_2	R	R	—	—

Eingeklammerte Werte bedeuten unsicheres Ansprechen.   Die Bezeichnungen entsprechen den Abb. 152 und 153.

an (bei Stromanwurf) und es wird die halbe Dreiecksspannung an das angeworfene Relais gelegt $\left(\text{z. B. } \mathfrak{J}_\text{R} \text{ und } \dfrac{\mathfrak{U}_\text{RS}}{2}\right)$. Beim Doppelerdschluß wird durch ein Nullstromrelais die Spannung an Erde gelegt. Diese Schaltung entspricht etwa der Tab. 6, wobei nur für den dreipoligen und zweipoligen Fehler der Wert $\mathfrak{z}$ gemessen wird. Sie wird nur für nicht fest geerdete Netze verwendet. Um diese Schaltung auch mit Impedanzanwurf verwenden zu können, ist eine besondere Kontaktanordnung nötig, da beim zweipoligem Fehler ja nur ein Anwurfrelais sicher arbeitet. Es muß also durch das Ansprechen eines einzigen Relais die richtige Spannung an das Meßrelais gebracht werden (Abb. 155b). Spricht das Anwurfrelais R allein an, so wird an das zugehörige Meßrelais die Spannung R durch seinen Arbeitskontakt und an das Meßrelais S über einen Ruhekontakt des Relais T und zweiten Arbeitskontakt des Relais R die Spannung S gelegt. Jedes Relais bekommt also wieder die halbe Dreiecksspannung zugeführt.

Die Schaltung mit Zuführung der *Dreiecksspannungen und Leiterströme* ergibt für dreipolige Fehler den Meßwert $\mathfrak{z}\sqrt{3}$ für zweipolige den Wert $2\,\mathfrak{z}$ und für Doppelerdschluß einen Kombinationswert aus $\mathfrak{z}$ und dem Erdwiderstand $\mathfrak{z}_\text{E}$ (s. Tabelle 4 und 6), die angenähert ebenfalls $2\,\mathfrak{z}$ ergibt. Eine Umschaltung des Spannungspfades durch den Nullstrom ist dabei erforderlich (s. Abb. 155c).

Für geerdete Netze wird im wesentlichen auch heute noch die Sechs-Relais-Schaltung benutzt (s. Abb. 155d). Drei Relais dienen zur Erfassung der Fehler zwischen den Leitern und drei weitere gegen Erde. Die zugehörige Anwurfschaltung ist meist ebenfalls die Sechs-Relais-Schaltung (bei Impedanzanwurf).

Drei Relais werden die Dreiecksspannung und der Leiterstrom, den andern drei die Spannung gegen Erde und der Leiterstrom zugeführt. Bei Fehlern zwischen den Leitern hat mindestens ein Relais mit Dreiecksspannung, bei Fehlern mit Erde mindestens eins mit Erdspannung die kleinste Impedanz.

Bei der Dreiecksschaltung führt man den Relais bei Kurzschlüssen ohne Erdberührung die *Dreiecksspannung* und den *Dreieckstrom* zu. Für Erdfehler werden in der Sechs-Relais-Schaltung wieder Relais mit Leiterstrom und Erdspannung verwendet. Abb. 155e zeigt diese Schaltung unter Benutzung eines Kompensationswandlers, der für die Erdfehler dem Relais den jeweiligen Leiterstrom, kompensiert durch die Ströme der anderen Leiter, zuführt, um damit den Rückschluß über die gesunden Leiter auszugleichen [Leyburn, M. und Lackey, C. H. (*21*)]. Eine Umschaltung ist nicht erforderlich. Hiemit erhält man in geerdeten Netzen für jede Fehlerart eine richtige Messung. Dieselbe Schaltung kann auch mit drei Relais und entsprechender Umschaltung ausgeführt werden. Bei Erdfehlern muß die Spannung und der Strom auf die Leiterwerte umgeschaltet werden. Damit hiebei der gleiche Impedanzwert herauskommt (vgl. Tab. 6), muß die Erdspannung halbiert oder die Dreiecksspannung verdoppelt werden. Erstes kann durch einen Vorwiderstand oder Hilfstransformator, letztes nur durch einen Hilfstransformator ausgeführt werden. Es werden zweckmäßig nicht die Hauptstromwandler selbst in Dreieck geschaltet, sondern Hilfswandler benutzt. Dies hat den Vorteil, die Anwurfrelais, die den Leiterstrom erhalten, in den Hauptkreis legen und die notwendigen Umschaltungen nur im Nebenkreis vornehmen zu können. Eine gleichzeitige Herabsetzung des Nennstromes vereinfacht die Ausführung der Umschaltekontakte. Der Zwischenwandler wird dabei gleichzeitig zur Einführung der Erdstromkorrektur entsprechend Tab. 7 benutzt. Er besitzt eine dritte Wicklungsgruppe, deren Wicklungen hintereinander geschaltet sind und vom Erdstrom durchflossen werden. Eine solche Schaltung mit Zwischenwandler und Erdstromkorrektur zeigt Abb. 155f. Bei Einführung der Erdstromkorrektur entfällt die Halbierung oder Verdopplung der Spannung. Bei der dargestellten Schaltung ist das Nullstromrelais für die Umschaltung als Prozentrelais ausgeführt. Es besitzt die vom Nullstrom durchflossene Ansprechwicklung und eine ihr entgegenwirkende Haltewicklung, die von der Differenz zweier Leiterströme durchflossen ist. Bei Fehlern zwischen den Leitern und hoher Stromstärke wird der Ansprechwert erhöht, so daß ein Falschansprechen infolge Fehlerströme der Wandler usw. nicht möglich ist.

Die Erdstromkorrektur in der Drei-Relais-Schaltung mit Dreiecksspannung und Leiterstrom zeigt Abb. 155g.

Bei Erdfehlern wird dem Relais die Summe vom Leiterstrom und einem Teil des Nullstromes (Erdstromes) zugeführt. Der Anteil ergibt sich aus dem Verhältnis von Erdimpedanz und Kurzschlußimpedanz. Dies wird bei der Projektierung in Rechnung gesetzt. Die Erdstromkorrektur wird mit Hilfe von Zwischenwandlern ausgeführt, deren Sekundärwicklung parallel zur Relaisspule liegt. Weiter ist bei dieser Schaltung erforderlich, die Spannung entweder bei einem Erdfehler zu verdoppeln oder bei einem erdfreien Fehler zu halbieren (s. Tab. 7). Dies geschieht mit einem Vorwiderstand, der auch komplex sein kann, oder einem Zwischentransformator. In der Abb. 155g ist die Schaltung mit Vorwiderstand gezeigt. Der Vorteil der Drei- und Sechs-Relais-Schaltungen liegt insbesondere in den kürzeren Ansprechzeiten, die bis auf 0,02 s (eine Periode) heruntergehen können [Matthey-Doret, A. (*142*)].

2. *Zwei-Relais-Schaltungen.* Die verhältnismäßig teure Ausführung von Impedanzrelais hat den Wunsch entstehen lassen, die Anzahl der verwendeten Relais möglichst zu verringern und dadurch die ganze Schutzanordnung zu verbilligen. Dies ist leicht möglich, da in der Regel im Fehlerfalle ja nur ein Relais zu arbeiten hat. Man kann daher Sparschaltungen anwenden, ohne daß schutztechnisch irgend welche Nachteile entstehen, wenn besondere Umschaltungen die richtige Zuführung von Strom und Spannung gewährleisten.

Bei den Zwei-Relais-Schaltungen werden nur zwei Meßrelais verwendet. Die Wirkung des Schutzes bleibt hiebei dreipolig.

Im allgemeinen führt man bei der Zwei-Relais-Schaltung den Relais Dreiecksspannungen und Leiterströme zu. Die beiden Relais werden in den Leiter R und T eingebaut und ihnen normal die Spannung U_{RS} und U_{ST} zugeordnet. Bei einem dreipoligen Fehler und den zweipoligen Fehlern R S und S T arbeiten die Relais also im vorhinein richtig. Nur im Falle eines zweipoligen Fehlers R T muß eine Umschaltung auf die Spannung U_{RT} erfolgen. Dies kann nun gegenseitig geschehen, indem das Relais T die Spannung am Relais R umschaltet und umgekehrt das Relais R die Spannung am Relais T, oder es wird nur ein Relais allein umgeschaltet (Abb. 156). Im ersten Falle lösen dann beim Fehler R T beide Relais, im letzten nur ein Relais aus. Es ist ein Relais bevorzugt, wie man sagt. Dies wirkt sich auch auf den Doppelerdschlußfall aus, wo das betreffende

Relais bevorzugt und die zu ihm gehörige Fehlerstelle abschaltet (azyklische Bevorzugung). Die Umschaltung bei Doppelerdschluß entspricht den
Drei-Relais-Schaltungen. Sie wird mit Nullstromrelais ausgeführt. Ebenso
kann man die Erdstromkorrektur einführen.

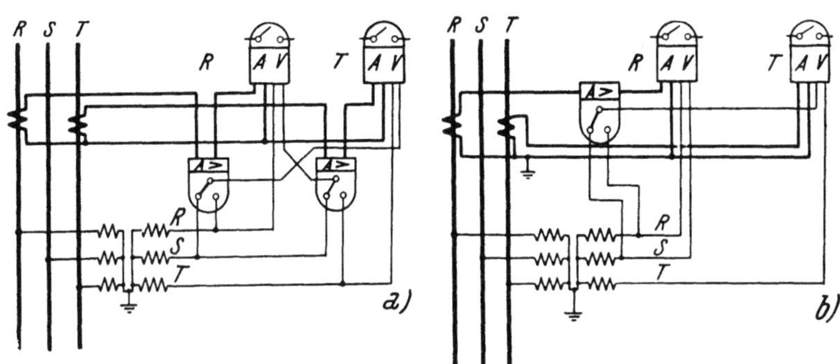

Abb. 156. Zwei-Relais-Schaltungen
a) Gegenseitige Umschaltung, b) Einseitige Umschaltung

Die Relais werden von ebenfalls zweipoligen Anwurfrelais angeworfen.
Beim Impedanzanwurf ist die Schaltung der Abb. 153d oder 153e anzuwenden.

In Kabelnetzen mittlerer Spannung kann man auf die Umschaltung
überhaupt verzichten, indem man annimmt, daß sich dort jeder zweipolige Fehler rasch in einen dreipoligen ausweitet. Man legt also bei der
zweipoligen Schaltung die Relais fest an die Spannungen U_{RS} und U_{ST}.
Die Relais arbeiten dann bei allen Fehlern außer dem zweipoligen Fehler
R T und beim Doppelerdschluß richtig.

3. *Ein-Relais-Schaltungen*. Man unterscheidet bezüglich des Strompfades grundsätzlich zwei Schaltungsarten, die Umschaltung im Strompfad auf den nötigen Strom und die Kreuzschaltung, die bereits beim
Überstromschutz beschrieben wurde und von vornherein den richtigen
Strom, wenigstens der Richtung nach, dem Relais zuführt.

Bei der *Kreuzschaltung* verhalten sich die Ströme, wie bereits früher
abgeleitet, für die verschiedenen Fehlerfälle wie $1 : \sqrt{3} : 2$. Der Unterschied von $\sqrt{3} : 2$ fällt bei Verwendung der Dreiecksspannung von selbst
heraus, da beim dreipoligen Fehler $\dfrac{U \sqrt{3}}{J \sqrt{3}} = \mathfrak{z}$ gemessen wird, bei zweipoligem Fehler R T aber $\dfrac{2\,U}{2\,J}$, was ebenfalls $\mathfrak{z}$ ergibt. Aber bei einem zweipoligen Fehler R S oder S T muß eine Korrektur vorgenommen werden.
Man kann sie im Spannungspfad durch Halbieren der einen oder Verdoppeln der andern Spannung oder entsprechend im Strompfad vornehmen. Die Halbierung der Spannung für den Fehlerfall R S und S T
zeigt Abb. 157a. Da die Kreuzschaltung nur in nicht fest geerdeten Netzen
verwendet werden kann, muß der Doppelerdschlußfall berücksichtigt
werden. Hier wird die Spannung auf die Erdspannung umgeschaltet.
Nur bei Doppelerdschluß R T bleibt die Dreiecksspannung am Relais.
Abb. 157b zeigt die Halbierung des Stromes beim dreipoligen oder beim
zweipoligen Fehler R T mit Hilfe eines Zwischenwandlers. Weiters ist

die Zusatzeinrichtung gezeigt, die nötig ist, wenn auch beim Doppelerdschluß RT umgeschaltet werden soll. Dies geschieht mit dem Hilfsrelais L, das nur anspricht, wenn beide Anwurfrelais R und T und das Nullstromrelais angeworfen werden. Hierdurch wird die Spannung R ans Relais gelegt. Es erfolgt also eine bevorzugte Abschaltung des Erdschlusses in R.

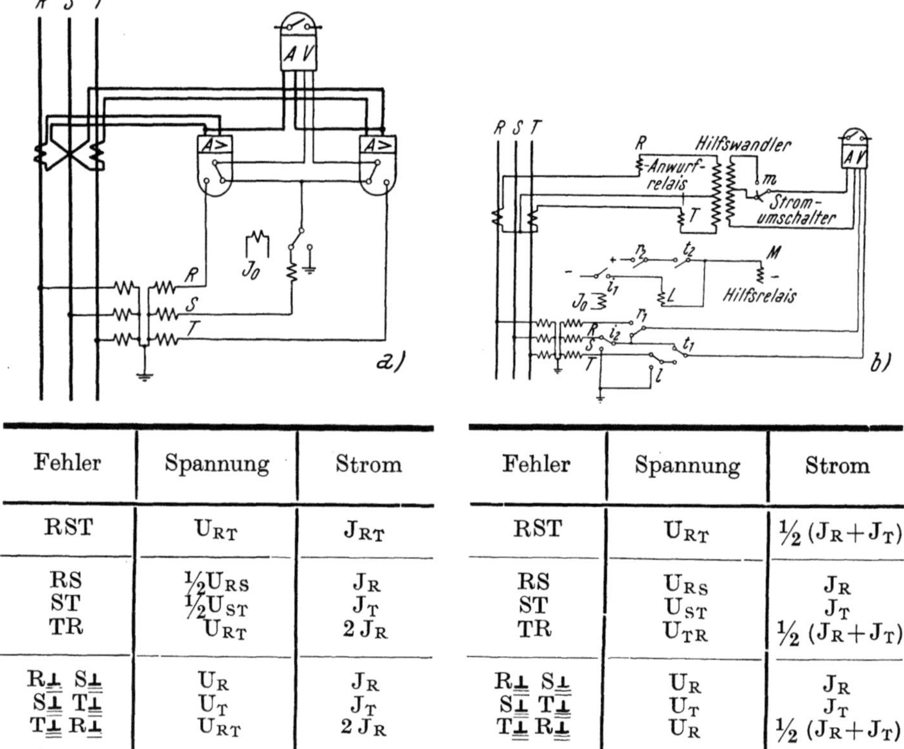

Fehler	Spannung	Strom	Fehler	Spannung	Strom
RST	U_{RT}	J_{RT}	RST	U_{RT}	$\tfrac{1}{2}(J_R+J_T)$
RS ST TR	$\tfrac{1}{2}U_{RS}$ $\tfrac{1}{2}U_{ST}$ U_{RT}	J_R J_T $2J_R$	RS ST TR	U_{RS} U_{ST} U_{TR}	J_R J_T $\tfrac{1}{2}(J_R+J_T)$
$R_\perp S_\perp$ $S_\perp T_\perp$ $T_\perp R_\perp$	U_R U_T U_{RT}	J_R J_T $2J_R$	$R_\perp S_\perp$ $S_\perp T_\perp$ $T_\perp R_\perp$	U_R U_T U_R	J_R J_T $\tfrac{1}{2}(J_R+J_T)$

Abb. 157. Einrelais-Schaltung mit Kreuzschaltung
a) Spannungshalbierung, Nullstromumschaltung nur bei R und T, *b)* Stromumschaltung, vollständige Doppelerdschlußerfassung

Schaltet man das Relais so, daß das Stromglied je nach der Fehlerart in einem bestimmten Wandlerkreis geschaltet wird, so ist eine Stromumschaltung nötig. Nennen wir diese Schaltung die *direkte Schaltung*. Sie hat den Vorteil, auch für geerdete Netze verwendbar zu sein. Hiebei kann der Strompfad je nach dem System den Dreieck- oder Leiterstrom bekommen. Diese Schaltungen verhalten sich genau wie die Drei-Relais-Schaltungen. Sie können in Verbindung mit Erdstromkorrektur und Umschaltung bei Erdfehlern einen völlig gleichmäßigen Ablauf bei den verschiedenen Fehlerarten gewährleisten. Die Stromumschaltung selbst macht heutzutage keine Schwierigkeiten mehr. Es muß die Konstruktion nur so getroffen sein, daß kein Stromwandlerkreis unterbrochen wird. Die Schaltleistung ist leicht zu beherrschen.

Abb. 158 zeigt die *direkte Schaltung* für Leiterstrom (a und b) und für den Dreieckstrom (c). In Abb. 158a ist nur das Prinzip der Umschaltung dargestellt unter Weglassen alles anderen Beiwerkes. Der Anwurf ist zweipolig.

Eine Umschaltung im Stromkreis erfolgt, wenn das Anwurfrelais R anspricht. Dann wird der Strom R zugeführt. Spricht R nicht an, so fließt der Leiterstrom T im Relais. Die Spannungsumschaltung entspricht

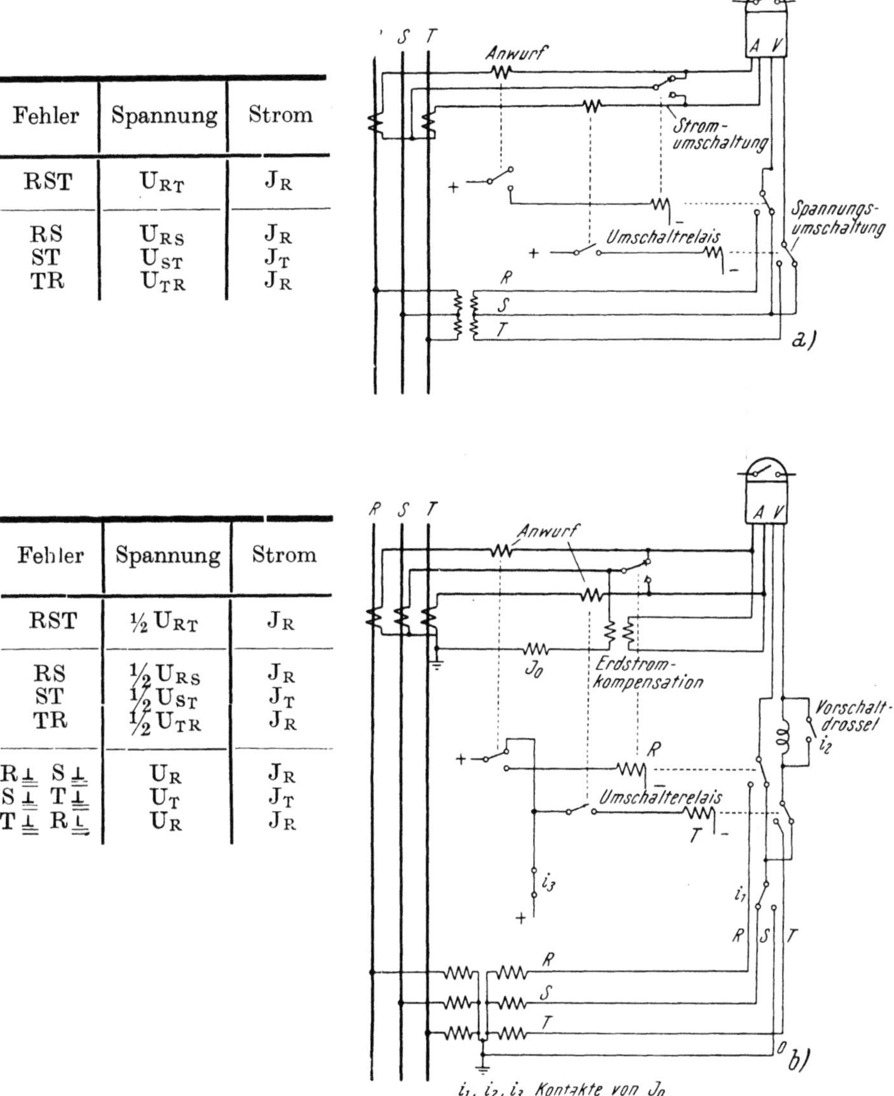

Fehler	Spannung	Strom
RST	U_{RT}	J_R
RS	U_{RS}	J_R
ST	U_{ST}	J_T
TR	U_{TR}	J_R

Fehler	Spannung	Strom
RST	$\frac{1}{2} U_{RT}$	J_R
RS	$\frac{1}{2} U_{RS}$	J_R
ST	$\frac{1}{2} U_{ST}$	J_T
TR	$\frac{1}{2} U_{TR}$	J_R
R⊥ S⊥	U_R	J_R
S⊥ T⊥	U_T	J_T
T⊥ R⊥	U_R	J_R

Abb. 158 a, b. Direkte Ein-Relais-Schaltung

a) Dreiecksspannung, Leiterstrom, ohne Doppelerdschlußerfassung, *b)* Dreiecksspannung, Leiterstrom, mit Doppelerdschlußerfassung und Erdstromkorrektur

der Zwei-Relais-Schaltung. Die ganze Schaltung mit vollständiger Doppelerdschlußumschaltung, Erdstromkorrektur und Spannungshalbierung zeigt Abb. 158b.

Die Erdstromkorrektur wird mit einem einpoligen Wandler gemacht.

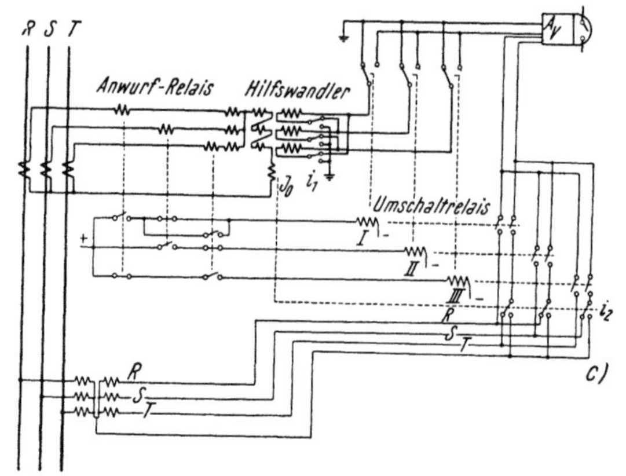

Abb. 158 c, d
Direkte Ein-Relais-Schaltung

c) Dreiecksspannung, Dreieckstrom, mit Doppelerdschlußerfassung und Erdstromkorrektur,

d) Dreiecksspannung, Leiterstrom, mit Differenz-Anwurf, für geerdete Netze

Fehler	Spannung	Strom	Relais
RST	U_{RT}	J_{RT}	I
RS	U_{RS}	J_{RS}	II
ST	U_{ST}	J_{ST}	III
TR	U_{TR}	J_{TR}	I
$R\perp$	U_R	$J_R + c\,J_O$	I J_O
$S\perp$	U_S	$J_S + c\,J_O$	II J_O
$T\perp$	U_T	$J_T + c\,J_O$	III J_O
$R\perp\ S\perp$	$U_S\ (U_R)$	$J_S + c\,J_O\,(J_R)$	II J_O
$S\perp\ T\perp$	$U_T\ (U_S)$	$J_T + c\,J_O\,(J_S)$	III J_O
$T\perp\ R\perp$	$U_R\ (U_T)$	$J_R + c\,J_O\,(J_T)$	I J_O
$RS\perp$	U_S	$J_S + c\,J_O$	II J_O
$ST\perp$	U_T	$J_T + c\,J_O$	III J_O
$TR\perp$	U_R	$J_R + c\,J_O$	I J_O

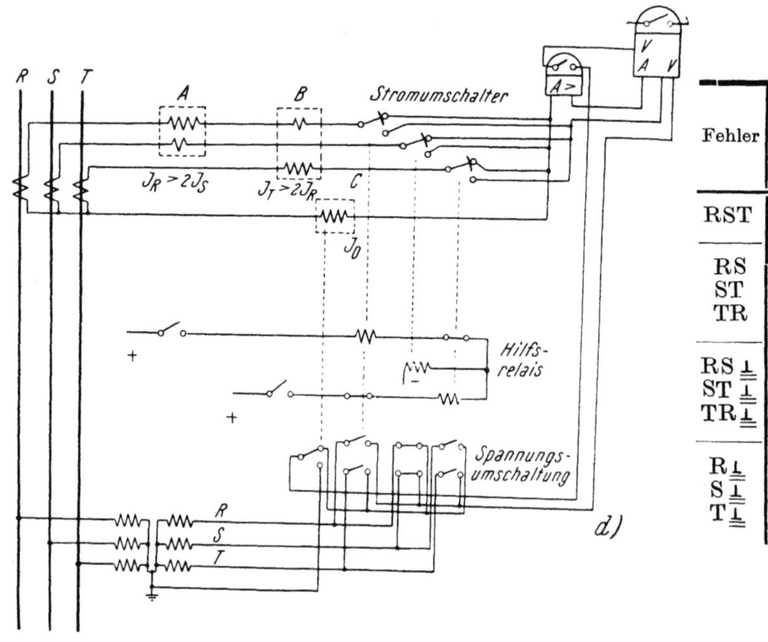

Fehler	Spannung	Strom	Relais
RST	U_{RS}	J_S	—
RS	U_{RS}	J_S	—
ST	U_{ST}	J_T	B
TR	U_{TR}	J_R	A
$RS\perp$	U_S	J_S	C
$ST\perp$	U_T	J_T	B C
$TR\perp$	U_R	J_R	A C
$R\perp$	U_R	J_R	A C
$S\perp$	U_S	J_S	C
$T\perp$	U_T	J_T	B C

Die vollständige Erfassung des Doppelerdschlusses ist hier etwas anders als in Abb. 156 b. Sie wird dadurch erreicht, daß beim Auftreten einer Nullkomponente das Ansprechen des Anwurfrelais in T bei Doppelerdschluß R und T rückgängig gemacht wird und so die Spannung U_R ans Relais gelegt wird. Dies besorgt der dritte Kontakt i_3 des Umschaltrelais J_0, der die Spannung vom Hilfsrelais T wegnimmt.

Abb. 158 c zeigt eine Schaltung für geerdete Netze und Dreieckstrom im Relais bei Fehlern ohne Erdberührung. Hier ist ein dreipoliger Hilfswandler erforderlich, der die Erdstromkorrektur und eine dreipolige Umschaltung des Widerstandsrelais vornimmt. Die Schaltung ist so gewählt, daß bei jedem Fehlerfall nur ein einziges Umschaltrelais anspricht. Und zwar arbeitet das Relais I, wenn das Anwurfrelais R, das Relais II, wenn S, und das Relais III, wenn T anspricht. Bei gleichzeitigem Ansprechen mehrerer Anwurfrelais wird jeweils zyklisch das davor liegende Relais gesperrt. Bei einem Fehler R S löst daher nur S aus, bei S T nur T, bei R T nur R. Für den dreipoligen Fehler, wo sich alle Relais gegenseitig sperren würden, wird das Relais R bevorzugt vom Relais des Leiters T freigegeben. Es spricht auch nur ein einziges Umschaltrelais an. Bei Doppelerdschluß kann auch bei nur einpoligem Ansprechen die Auslösung wie bei einem einpoligen Fehler erfolgen.

In Abb. 158 d ist eine Schaltung gezeigt, bei der ein zweipoliger Stromanwurf mit Differenzströmen benutzt wird, wie er bereits in Tab. 12 beschrieben wurde. Dieses System ist für geerdete Netze vorgesehen. Das Impedanzrelais besitzt ein eigenes Anwurfrelais, das von zwei Anwurfumschaltrelais einen bestimmten Strom zugewiesen erhält. Das Relais A schaltet, wenn der Strom $J_R > 2 J_S$ ist, B, wenn $J_S > 2 J_T$ ist. C ist das Nullstromrelais.

Ohne Umschaltung fließt der Strom J_S im Relais. Die einzelnen Umschaltungen sind aus der Abbildung in Verbindung mit der beigefügten Tabelle wohl ohne weitere Erklärungen verständlich.

γ) **Schaltungen des Richtungsgliedes.** Wir haben im Abschnitt B gesehen, daß die Meßgrößen für den Richtungsentscheid nicht die gleichen sind, wie für die Widerstandsmessung. Dies erfordert eine andere Schaltung für das Richtungsglied. Um Stromumschaltungen zu vermeiden, ist es zweckmäßig, dem Richtungsglied denselben Strom zuzuführen wie dem Meßglied. Dann ergeben sich aber andere Spannungen. Das Anwurfrelais oder sein von ihm betätigtes Hilfsrelais erhält weitere Kontakte für das Richtungsglied. Sind aber, wie bei den Ein-Relais-Schaltungen, schon Stromschaltungen nötig, so kann man natürlich auch dem Richtungsglied jeden erwünschten Strom zuführen.

Es gibt auch hier Drei-, Zwei- und Ein-Relais-Schaltungen. Hiebei sind natürlich alle Kombinationen möglich. Man kann die Richtungsglieder in Drei-Relais-Schaltungen, das Meßglied in Ein-Relais-Schaltung ausführen, man kann Zwei- und Ein-Relais-Schaltungen, Drei- und Zwei-Relais-Schaltungen kombinieren usw.

Sparschaltungen in der schon beim Überstromschutz erwähnten Form, daß ein Richtungsglied für zwei Schutzeinrichtungen gemeinsam vorgesehen wird, sind auch beim Impedanzschutz möglich. Man läßt dann, ähnlich wie in Abb. 148, das Richtungsrelais den abzuschaltenden Schalter auswählen. Fallweise ist hiebei auch der Einbau eines Zusatzzeitrelais für eines der beiden Richtungen möglich, wenn es die Selektivität erfordert.

b) Vergleichsschutzsysteme

Die Vergleichschutzsysteme werden hier nur in dem Falle behandelt, wo tatsächlich nur eine Schaltung des Anwurfskreises vorliegt. Einige Systeme sind unter dem Abschnitt Gewinnung der Meßgrößen behandelt, soweit Wandler zur Gewinnung der Vergleichsgrößen zusammengeschaltet werden, andere sind im Abschnitt Betätigungskreis beschrieben, soweit der Vergleich erst hinter dem eigentlichen Meßrelais erfolgt, es sich also um Schaltungen des Betätigungskreises handelt.

Die Vergleichsschutzsysteme können in drei Gruppen eingeteilt werden. Der eigentliche Differentialschutz, bei dem Vergleichsmeßgrößen gewonnen werden (z. B. der Differenzstrom), der Meßgrößenvergleich im Anwurfkreis (Strom-Richtungsvergleichsschutz) und der Betätigungsvergleich (Leistungsvergleichsschutz).

1. Der eigentliche Differentialschutz [1] (Differenz-Meßgrößen)

Beim Differentialschutz handelt es sich um einen Schutz, bei dem die Differenz der Ströme, seltener der Spannungen, zweier Vergleichsstellen durch Zusammenschaltung des Wandlerkreises gebildet wird. Man erhält als Meßgröße also den Differenzstrom. Dieser wird nun dem Relais zugeführt, wobei dieses Relais das Anwurfrelais eines Zeitrelais sein kann oder auch selbst direkt den Betätigungskreis schließt.

Zu unterscheiden ist die Differenzbildung am Anfang und Ende eines einzigen Anlagenteiles, der Längsdifferentialschutz, und das Differenzbilden von mehreren parallel geschalteten Anlageteilen, am gleichen Ende, der Querdifferentialschutz.

α) **Der Längsdifferentialschutz.** Die Gewinnung der Meßgröße, des Differenzstromes, ist im Abschnitt C II a 2 *γ* 4 genau beschrieben. Dort sind die Schaltungen für Leitungen, Maschinen und Transformatoren eingehend behandelt. Es bleibt hier nur noch übrig, die Schaltungen zu beschreiben, bei denen es Besonderheiten im Anwurfkreis gibt.

In diesem Abschnitte werden nun insbesondere noch die stabilisierten Schaltungen behandelt. Die Stabilisierung des Differentialschutzes hat den Zweck, den Einfluß von Falschströmen, die bei hohen durchlaufenden Kurzschlußströmen auftreten, zu vermindern. Bei Fehlern außerhalb des geschützten Betriebsmittels gehen Kurzschlußströme hindurch, ohne daß ein Vergleichsschutz angeworfen werden darf. Theoretisch dürfte hierbei auch kein Differenzstrom entstehen, so daß das Relais in Ruhe bleiben müßte. Praktisch ist dies aber nie ganz zu erreichen, da die Wandler nicht vollkommen gleich sind. Im Normalbetrieb macht dies nichts aus, da die verlangte Fehlergrenze nicht überschritten wird.

Im Überstrombereich sind die Abweichungen aber größer. Selbst wenn der Fehlerstrom nur 5% beträgt, macht dies bei 20fachem Überstrom also 100 A sek, bereits 5 A. Meist liegt aber der Ansprechstrom eines Differentialrelais tiefer, um bereits keimende Fehler zu erfassen.

Weiters müßte ohne Stabilisierung bei Anzapfungsänderungen von mit Differentialschutz geschützten Transformatoren jedesmal auch die Wandlerübersetzung geändert werden. Dies kann entfallen. Auch stetig

---

[1] Der Ausdruck „Differentialschutz" ist sprachlich eigentlich unkorrekt. Es müßte richtiger „Differenzschutz" heißen, da ein Differential mathematisch eine beliebig kleine Größe bedeutet, wir es aber mit endlichen Größen zu tun haben.

regelbare Transformatoren können mit Differentialschutz ausgerüstet werden, wenn Stabilisierung vorgesehen wird.

Die Stabilisierung wird auf zwei Arten durchgeführt. Entweder verwendet man sogenannte Prozentrelais, denen außer dem Differenzstrom als Ansprechgröße noch der Betriebsstrom als Haltestrom zugeführt wird, der den Ansprechstrom bei großen Strömen erhöht. Diese Ausführung ist unter den Relaisarten genauer beschrieben (D II c 3). Die Anwurfschaltung (einpolig) ist in Abb. 159a dargestellt. Der Haltewicklung werden entweder der Strom einer oder beider Seiten des Anlageteiles zugeführt [G. Bertola (168), F. Jahn (175)].

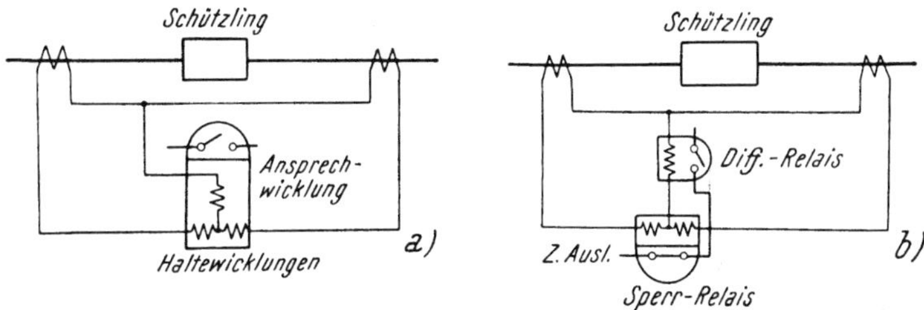

Abb. 159. Stabilisierter Differentialschutz
a) Prozentrelais, b) mit Sperr-Relais

Oder man benutzt ein Sperrelais zur Stabilisierung. Dieses Relais sperrt den Schutz, wenn die Richtung der Ströme auf beiden Seiten des Schützlings gleich ist. Es werden hiezu die unter Abschnitt D II c 4 beschriebenen Sperrelais verwendet. Die Schaltung zeigt Abb. 159b. Dem Relais werden die Ströme beider Seiten des Schützlings zugeführt. Das Relais schlägt je nach der relativen Richtung der beiden Ströme nach der einen oder anderen Seite aus. Es spricht erst beim Auftreten von Überströmen an [L. Ferschl (168a), F. Geise (170)].

Normal ist der Kontakt des Sperrelais geschlossen, der Schutz also arbeitsbereit. Erst bei den Nennstrom übersteigenden Strömen arbeitet das Sperrelais und sperrt, wenn die Richtung der Ströme einen außenliegenden Fehler kennzeichnen.

Der Kontakt wird geöffnet und die Auslösung unterbunden.

Der stabilisierte Schutz wird drei-, zwei- oder einpolig (Kreuzschaltung) ausgeführt. In nicht fest geerdeten Netzen genügt im allgemeinen die zweipolige Schaltung. Diese Sparschaltungen entsprechen den beim Überstromschutz dargestellten Schaltungen und können sinngemäß angewendet werden.

Die Stabilisierung kann bei jeder Art von Differentialschutz, bei Transformatoren, Generatoren und Leitungen angewendet werden.

Auf die bei Transformatoren darüber hinaus notwendige Einschaltstabilisierung sei in diesem Zusammenhang nur hingewiesen. Sie ist genauer im Abschnitt D II c 4 beschrieben.

Das Differentialschutzprinzip wird auch beim Sammelschienenschutz angewendet. Es werden sämtliche ankommenden und herausgehenden Ströme durch Zusammenschalten der Stromwandler verglichen. Im Normalbetrieb ist die Summe dieser Ströme null, im Fehlerfalle dagegen von null verschieden. Ein Stromrelais erwirkt die Auslösung sämtlicher

Schalter der Sammelschienenabgänge. Dies geht aber nur, wenn die
Wandler aller Abgänge eine gleiche Übersetzung besitzen. Ein Nachteil ist, daß bei größeren Anlagen eine große Anzahl von Leitungen
vorhanden ist, deren Ströme sich addieren. Es kann also in einzelnen
Leitungsabschnitten des Sekundärkreises schon im Normalbetrieb ein
beträchtliches Vielfaches des Normalstromes fließen, das eine Erhöhung
der Bürde für einzelne Wandler bedeutet. Die Möglichkeit von Falschströmen ist sehr erhöht, da die Belastung der Wandler mit Kurzschlußströmen stark verschieden sein kann. Hiedurch arbeiten die Wandler an
ganz verschiedenen Stellen des Überstrombereiches, was die besagten
Falschströme bei der Summenbildung hervorruft.

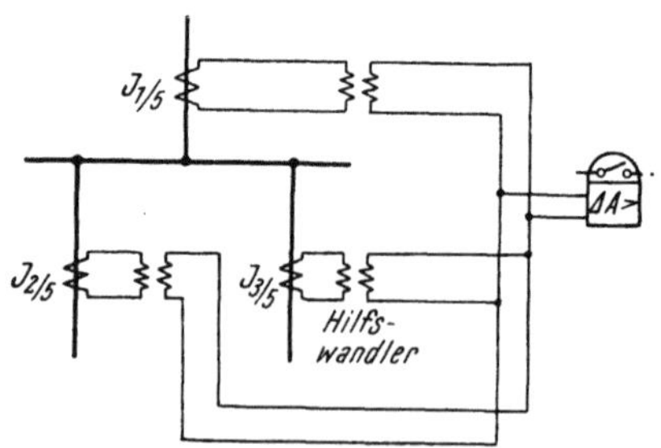

Abb. 160. Sammelschienenschutz mit Differentialrelais und Hilfswandler zum Ausgleich der Wandlerübersetzungen

Der Differentialschutz für Sammelschienen wird daher, wenigstens in
nicht fest geerdeten Netzen, nur selten
angewendet. Man überläßt die Abschaltung meist dem Staffelschutz.
Häufiger ist er aber in geerdeten
Netzen als Erdfehlerschutz zu finden,
wo die Überbürdung der Wandler
entfällt.

Fallweise vorhandene Ungleich-
heiten in den Wandlerübersetzungen
können durch Zwischenwandler aus-
geglichen werden (Abb. 160).

Erwähnt sei in diesem Zusammenhange auch die Methode, die Erdleitungen isoliert zu verlegen und nur an einer Stelle über einen Stromwandler
zu erden. In diesem Wandler kann nur Strom fließen, wenn ein Erdkurz-
schluß in der Station vorhanden ist. Dies kann auch als Kriterium für
den Sammelschienenschutz benützt werden. Es ist allerdings stark an
die Ausführung der Schaltanlage gebunden und daher nicht immer aus-
führbar.

Eine Stabilisierung ist beim Sammelschienenschutz sehr zweckmäßig.
Die Verwendung von Prozentrelais ist hiebei allerdings schwierig, da sich
schwer ein geeigneter Haltestrom finden läßt und dieser nicht durch Schalt-
handlungen irgendwelcher Art beeinflußt werden darf. Es sei denn, daß
jedem Abgange ein Prozentrelais zugeordnet wird, dem als Ansprechstrom

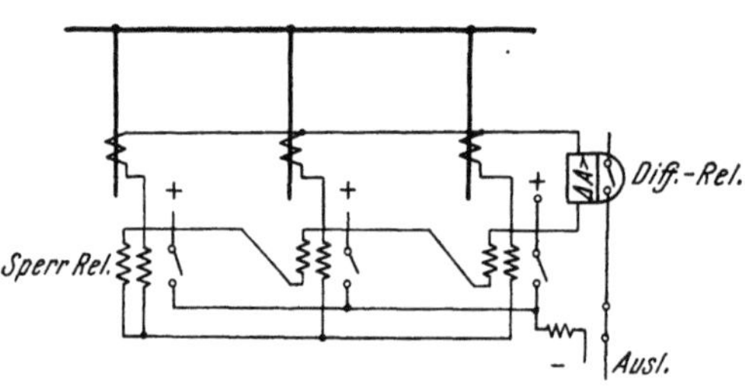

Abb. 161. Sammelschienenschutz mit Differential-
und Sperr-Relais

der Differenzstrom, als Haltestrom der jeweilige Wandlerstrom selbst zugeführt wird.

Dasselbe kann mit Sperrelais
erreicht werden, die die Auslösung
nur dann freigeben, wenn in allen
Abgängen der Differenzstrom
größer ist als der Einzelstrom.
Dies stimmt beim Sammelschienenfehler, während beim äußeren
Kurzschluß der Fehlerstrom kleiner als der Einzelstrom jedes
Abganges sein dürfte (Abb. 161).

Zur Stabilisierung genügt es, zwei Kennzeichen eines inneren Fehlers
gleichzeitig zu benützen [Kaufmann, M. und Szwander, W. (*177*)].

Man kann den Differenzstrom mit dem Wandlerstrom in der gemeinsamen
Erdverbindung isolierter Erdleitungen (Abb. 162a) kombinieren. Dies
kann in einem einzigen Relais geschehen, das nur anspricht, wenn beide

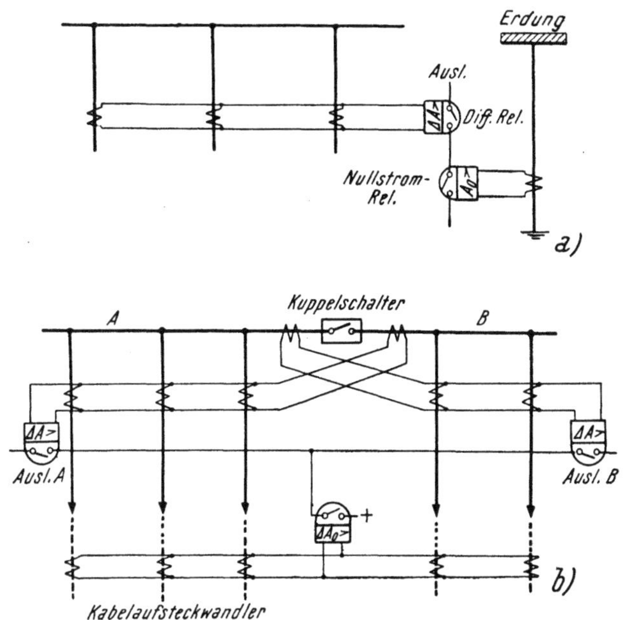

Abb. 162. Sammelschienenschutz in geerdeten Netzen
a) Differential- und Erdschlußrelais, b) Differentialrelais einer Gruppe und der ganzen Anlage

Kriterien auftreten. Weiters kann man den Differenzstrom eines Sammelschienenabschnittes mit dem Differenzstrom der ganzen Station kombinieren (Abb. 162b). Letzteren Strom kann man auch mittels Kabelaufsteckwandler, deren Wicklungen parallel geschaltet sind, gewinnen.

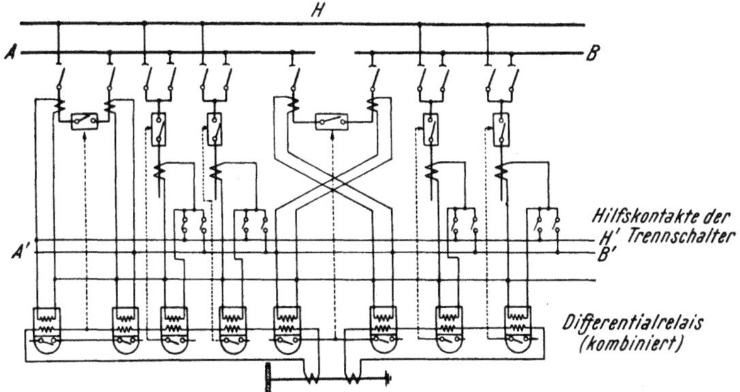

Abb. 163. Sammelschienenschutz für Sammelschienenabschnitte, Differential- und Erdschlußrelais kombiniert

Man kann auch in ganz einfacher Weise den Strom in der Erdverbindung
isolierter Erdleitungen mit dem Strom im Systemnullpunkt vergleichen.

Die selektive Abtrennung nur des fehlerhaften Sammelschienen-abschnittes ist natürlich wünschenswert. Es ist möglich (Abb. 163), dies mit Relais zu machen, die jedem Abzweig zugeordnet sind und den Differenz-strom sowie ein anderes Kriterium zugeführt bekommen, wobei der Differenzstrom über Hilfskontakte an den Trennschaltern geführt wird. Kuppelschalter werden entsprechend erfaßt. Man läßt aber hiebei den Schutzbereich sich überlappen, wie in der Abb. 163 angedeutet ist.

Die Schaltungen, die die Richtung mit heranziehen, sind beim Rich-tungsvergleichsschutz behandelt (Abschnitt F 2 c).

β) **Der Querdifferentialschutz.** Der Querdifferentialschutz ver-gleicht die Ströme paralleler Leitungen. Sind diese Leitungen gleich lang und haben sie gleichen Querschnitt, so verteilt sich der Strom im Normal-betrieb gleichmäßig auf sie. Im Kurzschlußfall ist dieses Gleichgewicht aber gestört. Schaltet man nun die Wandler so, daß die Ströme sich normal aufheben, so entsteht im Fehlerfall ein Differenzstrom, der einem Relais zugeführt werden kann. Die Schaltungen der Wandler für zwei parallele Leitungen, die Achterschaltung, und für mehrere parallele Lei-tungen, die Polygonschaltung, sind im Abschnitt C II a 2 γ 4 mit den Abb. 76 bis 78 beschrieben. Diese Schaltungen stellen bereits die Anwurf-schaltungen dar, wenn einfache Differenzstromrelais vorgesehen sind. Dies genügt bei Leitungen, die unter einem gemeinsamen Schalter liegen oder bei Kabeln, bei denen die Stromverteilung im Leiter selbst überwacht wird, indem ein Teil der Adern von den übrigen isoliert ist. (Spaltleiter-schutz s. Abb. 80). Besitzen aber die parallelen Leitungen jeder für sich einen Schalter, so genügt die Achter- bzw. Polygonschaltung allein meist nicht. Der Querdifferentialschutz stellt dann nur fest, daß ein Fehler da ist, aber nicht ohne weiteres, in welcher Leitung er ist. Wünscht man eine selektive Abschaltung der fehlerhaften Leitung, so ist der Querdiffe-rentialschutz irgendwie, meist durch Richtungsrelais, zu ergänzen. Das Richtungsrelais wählt den Schalter aus, der abgeschaltet werden soll. In die fehlerhafte Leitung fließt die Leistung hinein, während in den ge-sunden Leitungen die Ströme entweder entgegengesetzt gerichtet sind oder aber zum mindesten kleiner sind als in der fehlerhaften Leitung. Führt man also dem Richtungsrelais den Differenzstrom zu und eine Spannung, z. B. in der 30°-Schaltung, so zeigt es die fehlerhafte Leitung an.

Nur in einem Fall ist zunächst kein Richtungsentscheid möglich, nämlich dann, wenn bei einseitiger Speisung ein Kurzschluß am Ende einer Leitung auftritt. Dann verteilt sich auf der Lieferseite der Strom gleichmäßig auf alle Leitungen. Erst nach der Abschaltung am Ende ist hier ein eindeutiger Richtungsentscheid möglich. Da das Richtungsrelais im Differenzkreis liegt, ist nur ein einziges Relais für zwei Leitungen nötig. Die Schaltung für den Achterschutz zeigt Abb. 164a in einpoliger Dar-stellung. Hiebei muß Rücksicht darauf genommen werden, daß eine Leitung außer Betrieb sein kann. In diesem Fall fließt immer ein Differenzstrom von der Größe des Belastungsstromes. Damit dadurch keine Falschauslösung verursacht wird, muß der Ansprechstrom höher als der Betriebsstrom gewählt sein. Es wandelt sich der Achterschutz also bei Betrieb mit nur einer Leitung selbsttätig in einen gerichteten Überstromschutz um. Dieser spricht dann auch bei äußerem Fehler an, darf dann also nur als Staffel-schutz arbeiten. Dies bedeutet meist die Notwendigkeit einer zusätzlichen

Zeitverzögerung. Diese kann man erst beim Abschalten einer Leitung in Betrieb setzen oder im vorhinein auch beim Differentialschutz vorsehen. Die Umschaltung wird von Hilfskontakten am Leistungsschalter durchgeführt (Abb. 164b).

Der Kontakt des Differentialrelais wird mit denen des Richtungsrelais direkt nur dann verbunden, wenn beide Schalter eingeschaltet sind, sonst gibt erst das Zeitrelais den Betätigungskreis frei. Der Entscheid, welcher

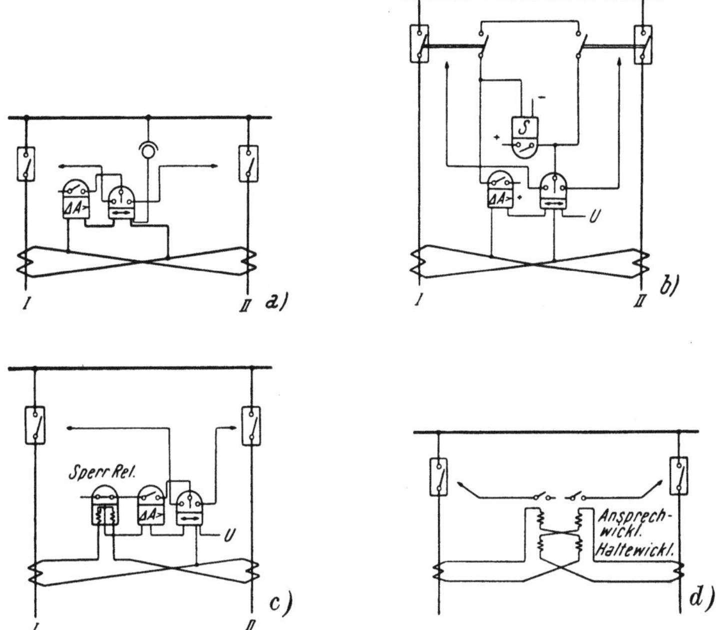

Abb. 164. Achterschutz
a) gerichteter Achterschutz, b) mit Zeitrelais, für einseitige Speisung, c) mit Sperr-Relais,
d) Querdifferentialschutz mit Zweifach-Prozentrelais

Schalter ausgelöst wird, bleibt dem Richtungsrelais überlassen. Um einen niederen Ansprechstrom wählen zu können, muß der Differentialschutz beim Ausschalten eines Leistungsschalters durch ein Überstromzeitrelais völlig ersetzt werden. Hiebei muß der Wandlerkreis unterbrechungslos umgeschaltet werden.

Man kann auch ohne Richtungsrelais den richtigen Schalter auslösen, wenn man zweisystemige Differentialrelais verwendet. Die Differenz wird magnetisch gebildet. Jedes System erhält die Ströme beider Seiten zugeführt. Der eine Strom wirkt im Auslösesinn (Ansprechstrom), der andere entgegen (Haltestrom). Die Haltewicklung ist so ausgeführt, daß ihre Wirkung gegenüber der Ansprechwicklung etwas überwiegt. Ist der Ansprechstrom größer als der Haltestrom, so wird der Schalter, der zu der Leitung mit dem größeren Strom gehört, ausgelöst. Diese Anordnung hat den Vorteil, daß bei außenliegenden Fehlern der Ansprechwert des Relais sich automatisch erhöht (Prozentrelais). Abb. 164c zeigt die Schaltung. Sie wird insbesondere als Nullstromschutz für einpolige Kurzschlüsse [Schneider, J. (189)] verwendet.

Sind die Leitungen nicht gleich, so teilen sich die Ströme im Normalfall nicht gleichmäßig auf. Um auch für ungleiche parallele Leitungen den Differentialschutz anwenden zu können, ist es nötig, wie beim Längsdifferentialschutz zu stabilisieren, derart, daß entweder der Ansprechstrom durch Prozentrelais bei äußeren Fehlern erhöht wird oder die Auslösung durch Sperrelais überhaupt gesperrt wird.

Der Ansprechstrom ist hiebei der Differenzstrom, der Haltestrom oder Sperrstrom der Strom der Leitungen selbst (s. Abb. 164 d). Nur wenn die Richtung beider Ströme tatsächlich entgegengesetzt ist, wird der Schutz freigegeben. Dies begrenzt die Anwendung auf das Ende einseitig gespeister Leitungen, da nur dort wirklich eine Umkehr der Stromrichtung eintritt. Bei zweiseitiger Speisung ist je nach der Lage des Fehlers auch eine beidseitige Umkehr der Stromrichtung möglich, wodurch die Sperrung aufrechterhalten bleibt. Die Benutzung von Prozentrelais begrenzt dagegen die Anwendung des stabilisierten Achterschutzes nicht. Ähnlich kann man die Schaltungen auch beim Polygonschutz ausführen. Hier wird jedem Differentialrelais ein Richtungsrelais beigeordnet, das den zugehörigen Schalter auswählt. Man kann auch mit geeigneter Schaltung von Kontakten ohne Richtungsrelais eine richtige Auswahl treffen. Es sprechen beim Polygonschutz jeweils zwei benachbarte Relais bei einem Kurzschluß an. Schaltet man nun paarweise die Auslösekontakte hintereinander und führt sie zu dem Schalter der zwischen ihnen liegenden Leitung, so kann man eine selektive Abschaltung erreichen [Schleicher, M. (*10*)].

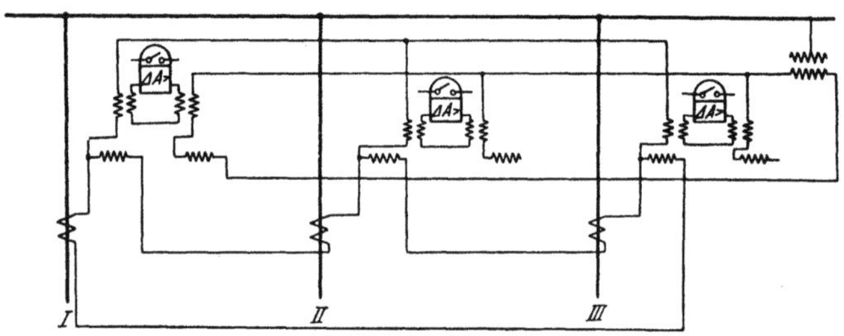

Abb. 165. Gerichteter Polygonschutz mit Leistungsbildung in Hilfswandlern

Statt Richtungsrelais können auch Wandleranordnungen gewählt werden, die von der Spannung und vom Strom erregt werden, wobei im Relais nur ein Strom fließt, der von beiden erzeugt worden ist (Abb. 165). Als Relais genügen also einfache Stromrelais. Die Wandleranordnung ist so getroffen, daß bei $\cos \varphi = 0{,}7$ die Empfindlichkeit am größten ist [Howath, O. (*46*)].

2. Stromrichtungsvergleichsschutz (Meßgrößenvergleich)

Beim Stromrichtungsvergleichsschutz werden nicht wie beim Differentialschutz die Kreise der Stromwandler zusammengeschaltet, sondern es werden die Meßgrößen getrennt einem Relais zugeführt und ihre gegenseitige Richtung miteinander verglichen.

Mit diesem Prinzip kann nicht die absolute Richtung, sondern nur die relative Richtung der Ströme auf beiden Seiten des Schützlings festgestellt werden. Dies ist aber zur Feststellung eines Fehlers ausreichend, da bei einem Kurzschluß auf der Leitung oder anderen Betriebsmitteln die Ströme immer ungefähr in Gegenphase liegen.

Angewendet wird dieses System insbesondere bei Leitungen und Kabeln, wo die örtliche Entfernung der Stromwandler ein direktes Zusammenschalten erschwert. Es können auch längere Leitungen damit geschützt werden als beim Differentialschutz.

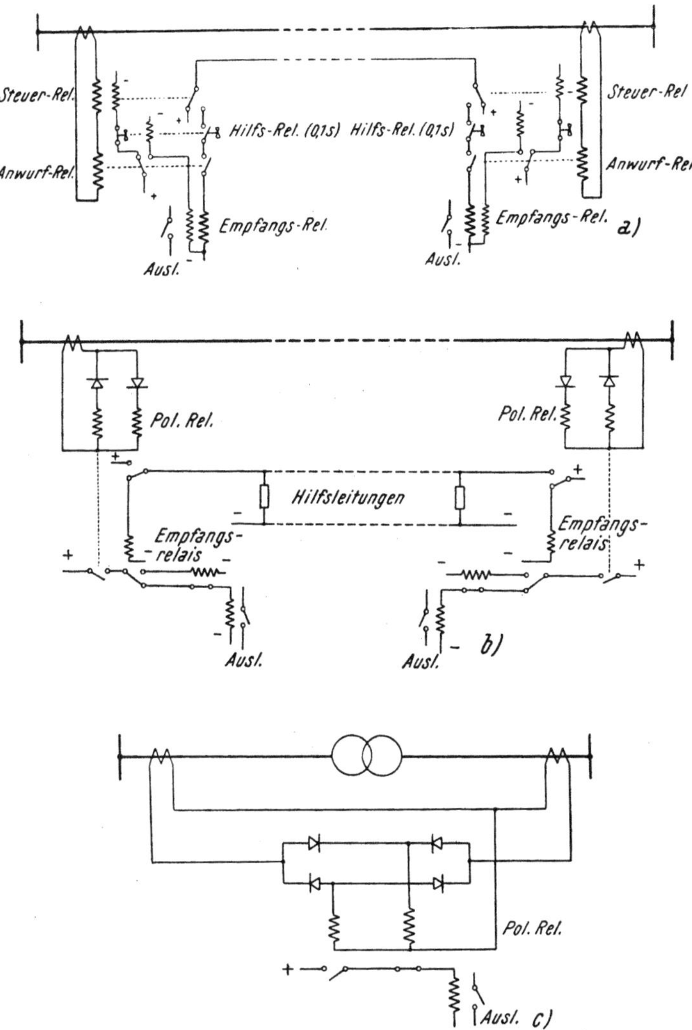

Abb. 166. Stromrichtungsvergleichsschutz
a) mit polarisiertem Wechselstromrelais, b) mit Gleichrichtern für lange, c) mit Gleichrichtern für kurze Leitungen, bzw. Transformatoren

Der Stromrichtungsvergleichsschutz kann mit magnetischen Relais gebildet werden. Es werden aber auch Elektronenröhren dazu verwendet.

In Abb. 166a ist ein Stromrichtungsvergleichsschutz mit polarisierten Relais gezeigt [Jahn, F. und Gutmann, H. (176)]. Diese Relais lassen

ihren Kontakt im Takte der Netzfrequenz schalten. Es ist ein Umschaltkontakt, der die Hilfsleitung abwechselnd an den Plus-Pol der Hilfsstromquelle und an das Empfangsrelais legt. Dieser Vorgang geht auf der anderen
Seite der Leitung entsprechend vor sich. Sind die Ströme entgegengesetzt,
so ist die Kontaktstellung der beiden Steuerrelais verschieden, liegt also
an einem Ende der Leitung gerade Plus an der Leitung, so liegt am anderen
das Empfangsrelais, ist das Empfangsrelais gerade ausgeschaltet, so liegt
am anderen Ende Plus an der Leitung, d. h. auf beiden Seiten werden
die Empfangsrelais impulsartig erregt und es wird ausgelöst. Sind aber
die Ströme auf beiden Seiten gleich, so liegen die Kontakte immer gleichzeitig entweder an Plus oder am Empfangsrelais. Es wird daher nicht
ausgelöst. Das Empfangsrelais ist zur Erhöhung der Empfindlichkeit
ebenfalls polarisiert, behält aber seine Stellung bei, wenn es einmal erregt
worden ist. Bei einseitiger Speisung wird bei einem Kurzschluß der Schutz
nur auf einer Seite erregt, es erfolgt aber trotzdem Auslösung, da im Ruhezustand mittels einer Hilfswicklung immer der Plus-Pol an der Leitung
liegt. Um zu verhindern, daß bei nicht gleichzeitigem Ansprechen auf
beiden Seiten bei außenliegenden Fehlern falsch ausgelöst wird, erhält
der Schutz eine geringe Zeitverzögerung von etwa 0,1 s, nach der erst
das Empfangsrelais schaltbereit ist.

Der Anwurf macht die Hilfswicklung am Steuerrelais stromlos und gibt
es auf diese Weise frei, weiters wird dadurch das Empfangs- und das verzögerte Hilfsrelais arbeitsbereit gemacht. Die Schaltung kann ein- und
mehrpolig ausgeführt werden. Sie ist für geerdete und nicht fest geerdete
Netze anwendbar. Auch für den Sammelschienenschutz kann man sie
vorsehen. Auch dort erspart man sich die unangenehme Zusammenschaltung der Wandler. Hiebei erhält jeder Abgang ein Steuerrelais,
dagegen ist nur ein einziges Empfangsrelais erforderlich.

Mit schnellschaltenden polarisierten Gleichstromrelais kann ein Stromrichtungsvergleichsschutz ausgeführt werden, wenn man den Wandlerstrom
gleichrichtet und über zwei verschieden polarisierte Relais führt (Abb. 166 b).
Das eine spricht während der positiven, das andere während der negativen
Halbwelle an. Die Schaltung ist so ausgeführt, daß wenn die gleiche Halb-
welle auf beiden Seiten der geschützten Leitung gleichzeitig auftritt,
die Auslösung freigegeben wird [Carson, W. und Last, F. H. (*34*)]. Diese
Anordnung kann natürlich auch mit Hochfrequenzkanälen betrieben werden.
Abb. 166 c zeigt eine vereinfachte Anordnung für kurze Leitungen oder
Transformatoren usw., wo nur ein Satz Relais verwendet zu werden braucht.

Das Prinzip des Stromrichtungsvergleiches läßt sich in sehr einfacher
Weise mit Elektronenröhren durchführen. Komplizierte und diffizile
mechanische Teile entfallen hiebei. Gleichzeitig läßt sich die Übertragung
in einfacher Weise mit Trägerfrequenz ausführen, wie sie genauer in
Abschnitt F II c beschrieben ist [Leyburn, H. und Lackey, C. H. (*20*)],
(Abb. 167). Die Stromwandler speisen zwei Hilfswandler (Summenwandler zur Erfassung der verschiedenen Fehlerarten), von denen der
eine zwei Anwurfrelais speist und der andere die Vergleichsanordnung.
Die Anwurfrelais bereiten den Auslösekreis vor, machen durch Wegnahme
negativer Gittervorspannung an der Modulationsröhre den Sender betriebsbereit und schalten den Meßkreis des zweiten Hilfswandlers zu.

Der zweite Wandler ist hochgesättigt und begrenzt daher die Amplitude
des Kurzschlußstromes auf einen immer konstanten Wert. Die dadurch

entstehenden Kurvenverzerrungen werden im Filter F rückgängig gemacht. Er speist über einen weiteren Hilfswandler T_3 die Modulationsröhre R_2. Diese wird außerdem durch die Oszillatorröhre R_1 gespeist, die die Trägerfrequenz erzeugt. Der Ausgang der Modulationsröhre ist eine mit der Netzfrequenz modulierte Trägerfrequenz. Durch den Diodenteil der

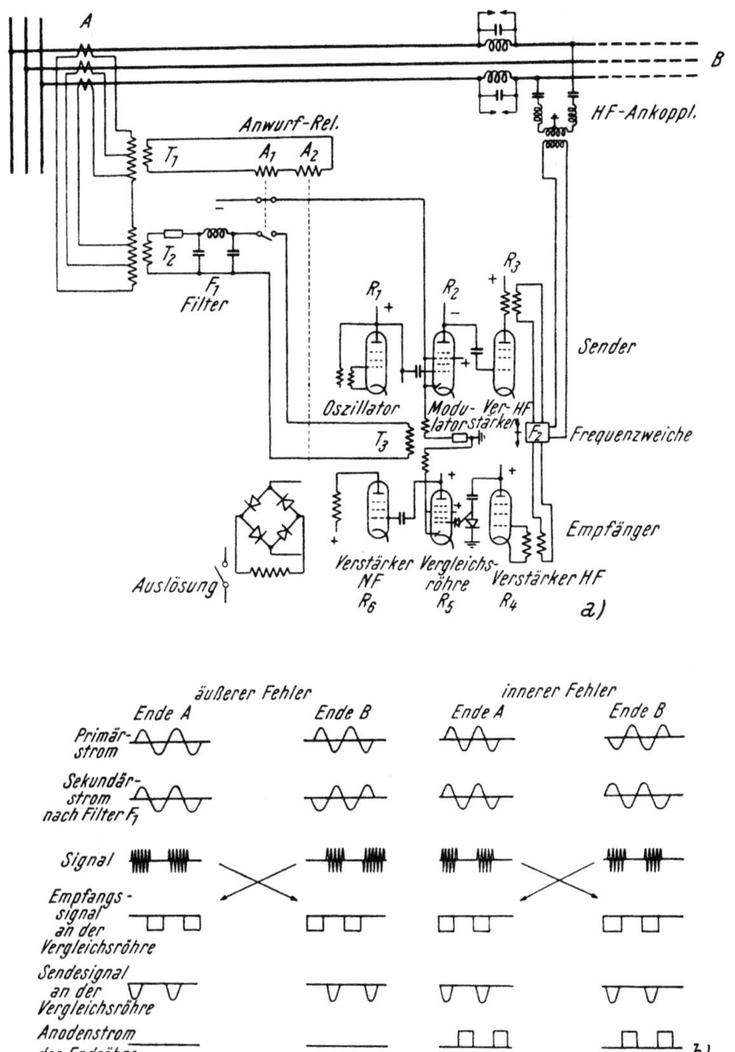

Abb. 167. Stromrichtungsvergleichsschutz mit Elektronenröhren (Telephase-System) Sende- und Empfangsfrequenz verschieden
a) Schaltbild, b) Wirkungsweise

Modulationsröhre wird nur die positive Halbwelle der Modulation zugeführt. Die Röhre wirkt gleichzeitig als Strombegrenzerröhre, so daß ein über eine Halbwelle der Netzfrequenz gleichmäßiges Signal entsteht. Dieses Signal wird nun nach nochmaliger Verstärkung in der Röhre R_3 über die Leitung dem anderen Ende mitgeteilt. Dort wird es über eine

Frequenzweiche F_2 der Verstärkerröhre R_4 zugeführt, wo es verstärkt und gleichgerichtet wird, derart, daß nur der negative Teil übrigbleibt. Dieser sperrt den Anodenstrom der Röhre R_5. Dieser Röhre wird gleichzeitig ebenfalls über den Transformator T_3 auch die an diesem Ende vorhandene Stromrichtung mitgeteilt. Diese ist ebenfalls im Diodenteil dieser Röhre gleichgerichtet und sperrt den Anodenstrom. In dieser Röhre findet also der eigentliche Vergleich der Ströme statt. Sind das Empfangssignal und das Ortssignal gleichphasig, so sperren sie beide in der gleichen Halbwelle. Während der anderen Halbwelle kann aber Anodenstrom fließen, der das Ausgangsrelais nach nochmaliger Gleichrichtung betätigt, das seinerseits die Auslösung erwirkt. Sind dagegen Empfangssignal und Ortssignal verschiedenphasig, so ergänzen sie sich gegenseitig und es fließt überhaupt kein Anodenstrom. Die Wandler müssen also so geschaltet sein, daß dies bei einem äußeren Fehler der Fall ist, während bei einem inneren Fehler Ortssignal und Empfangssignal in Phase sein muß. Abb. 167 zeigt die Wirkungsweise der Schutzeinrichtung auf die Ströme bei inneren und äußeren Fehlern. Für die Signale der beiden Enden der Leitung sind verschiedene Frequenzen erforderlich. Es ist nur ein Ende gezeichnet (Telephase-System).

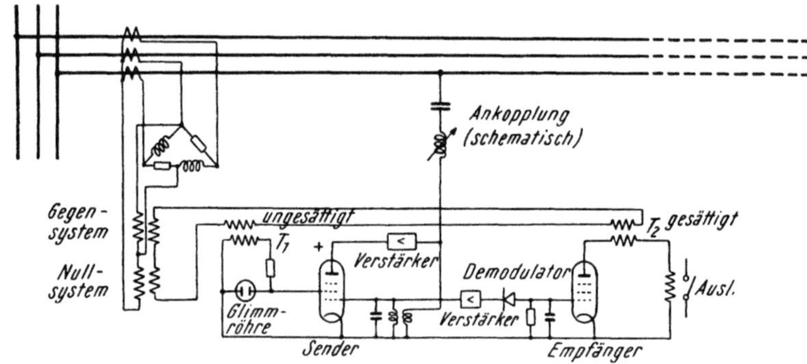

Abb. 168. Stromrichtungsvergleichsschutz mit Elektronenröhren, Sende- und Empfangsfrequenz gleich

In der Anordnung der Abb. 168 können die beiden Hochfrequenzen gleich sein, wenn man die Empfangsröhre gerade sperrt, wenn der zugehörige Sender arbeitet [Touly, M. (223)]. Der Sender arbeitet nur, wenn vom Transformator T_1 die positive Halbwelle an das Schirmgitter der Senderöhre gelegt wird. Liegt das Signal vom anderen Ende in Phase mit dem Sender, so hat die Empfangsröhre Zeit, während der anderen Halbwelle zu arbeiten. Es fließt Anodenstrom, der direkt als Netzstrom im gesättigten Transformator T_2 erzeugt wird und das Auslöserelais betätigt. Trifft dagegen von der anderen Seite das Signal gerade dann ein, wenn die Empfangsröhre an sich freigegeben ist, so sperrt es durch negative Gitterspannung, die im Gleichrichter entsteht, und es wird nichts ausgelöst. Dies geschieht bei äußeren Fehlern. Auch in dieser Schaltung sind die Anschlüsse der Hilfswandler auf beiden Seiten der Leitung, also gegenseitig, vertauscht. Die Meßgröße wird in einem Filter ausgesucht, das bei Erdfehlern den Nullstrom, bei zweipoligen Fehlern das Gegensystem und bei dreipoligen Fehlern infolge nicht genauer Abstimmung einen Teil des Mitsystems durchläßt.

3. Leistungsvergleichsschutz (Betätigungsvergleich)

Beim Leistungsvergleichsschutz wird an beiden Enden des Anlageteiles die Leistung gemessen und im Betätigungskreis die Schaltung der
Leistungsrichtungsrelais verglichen. Dies ist also im wesentlichen eine
Schaltung des Betätigungskreises. Der Anwurfkreis ist sehr einfach. Es
wird über Stromwandler ein Stromanwurfrelais und über Strom und
Spannungswandler ein Richtungsrelais erregt. Der eigentliche Vergleich
findet im Betätigungskreis statt. Die verschiedenen Schaltungsarten sind
daher im. Abschnitt F II c genauer beschrieben. Ebenso sind dort die

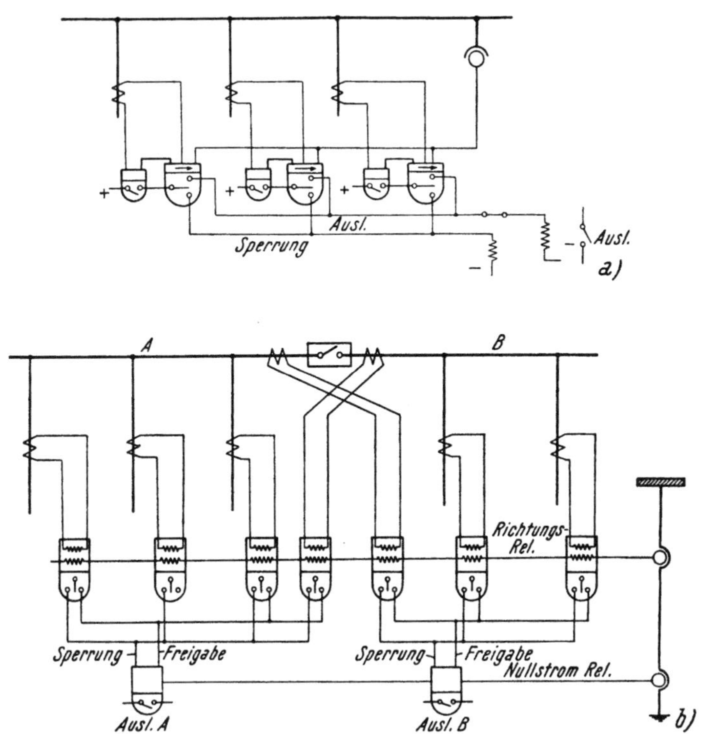

Abb. 169. Sammelschienenschutz mit Richtungsrelais
a) Richtung aus Spannung und Strom, b) Richtung aus zwei Strömen (geerdete Netze)

Möglichkeiten der Übertragung in Kanälen behandelt. Die Anwurfschaltung unterscheidet sich in nichts von der eines gerichteten Überstromschutzes.

Der Leistungsvergleichsschutz wird insbesondere für den Schutz von
Leitungen und Kabel benützt. Er wird aber auch für den Sammelschienenschutz angewendet, wo die Richtung der ein- und ausgehenden Leistungen
miteinander verglichen werden (Abb. 169a). Alle Richtungsrelais arbeiten
auf ein gemeinsames Auslöseschütz über ein Hilfsrelais, das nur anspricht,
wenn die Leistungsrichtung jedes eingeschalteten Abzweiges in die Sammelschiene weist. Eine selektive Abschaltung bestimmter Sammelschienenabschnitte ist hiemit auch möglich.

Statt die Spannung zu verwenden, kann man den Richtungsrelais
auch einen bestimmten, nur beim Sammelschienenfehler auftretenden

Strom zuführen. Dies hat insbesondere den Vorteil, daß keine tote Zone vorhanden ist. Man kann hiezu bei geerdeten Netzen den Strom im Nullpunktskreis benutzen oder fallweise den Strom im Stromwandler zwischen Erde und den isolierten Erdleitungen der Anlage, wie es bereits beim Differentialschutz beschrieben ist (Abb. 169b). Statt des Stromes jedes einzelnen Abzweiges kann man auch den Differenzstrom aus Kabelaufsteckwandlern benutzen. Hiebei ist nur ein Stromrelais für die ganze Anlage auch bei selektiver Abschaltung nötig. Für die Auswahl des betreffenden Sammelschienenabschnittes wird je ein weiteres Richtungsrelais vorgesehen, das vom Gesamterdschlußstrom gespeist wird und dessen zweite Wicklung oder System vom Ausschlag der Richtungsrelais gesteuert wird (z. B. durch Kurzschließen der Wicklung) (Abb. 169b).

II. Schutz gegen Erdschluß

Die hier beschriebenen Schutzarten beziehen sich alle auf nicht fest geerdete Netze. Ist das Netz mit Erdschlußspulen kompensiert, dann ist der Erdschlußstrom ein Wirkstrom, sonst ein Blindstrom. Der Erdschlußschutz ist grundsätzlich verschieden bei Leitungen und bei Maschinen. Bei Leitungen gibt es im wesentlichen nur totale Erdschlüsse, d. h. die Spannung eines Leiters wird durch den Erdschluß direkt an Erde gelegt. Bei Maschinen können dagegen auch partielle Erdschlüsse auftreten, wenn eine Wicklung an einer beliebigen Stelle erdgeschlossen wird. Es soll also unterteilt werden in den Erdschluß für Leitungen und für Maschinen.

a) Erdschlußschutz für Leitungen

Als Meßgröße kann für den Erdschlußschutz der Nullstrom, die Nullspannung und beides als Nulleistung, Wirk- oder Blindleistung, verwendet werden.

Die Verwendung richtet sich nach den Anforderungen, die an den Erdschlußschutz gestellt werden. Es kann verlangt werden, daß nur angezeigt wird, ob überhaupt ein Erdschluß vorhanden ist, man kann eine selektive Anzeige der schadhaften Leitung verlangen oder gar eine selektive Abschaltung derselben.

1. Zentrale Erdschlußmeldung

Im ersten Falle genügt die Verwendung der Spannung als Meßgröße. Es wird hiezu ein Spannungsrelais verwendet, das an eine offene Dreieckwicklung eines Spannungswandlers, an Sekundärwicklungen von Erdschlußspulen oder andere Einrichtungen zur Gewinnung der Nullspannung angeschlossen wird (s. unter Abschnitt C).

Es genügt auch, die Spannungen gegen Erde zu messen. Bricht eine dieser Spannungen zusammen, so dürfte in diesem Leiter ein Erdschluß sein, die anderen Spannungen erhalten den Dreieckswert. Man kann hiemit gleich den Leiter erkennen, der den Erdschluß hat. Im allgemeinen dürfte allerdings die Anzeige des fehlerhaften Leiters keine Bedeutung haben, da damit das Auffinden des Fehlers nicht erleichtert wird. An Stelle von drei Spannungsmessern kann auch ein Asymmeter vorgesehen werden, das die drei Spannungsmesser gewissermaßen in sich vereint. Diese bewegen gemeinsam eine Marke, die die Lage des Sternpunktes anzeigt. Sind alle drei Spannungen gleich, so liegt die Marke in der Mitte, ist ein Erdschluß vorhanden, so rückt die Marke zur Seite. Die Skala ist in Form eines Spannungssternes dargestellt, so daß man sofort die Erdschlußlage im System erkennen kann. Auch partielle Erdschlüsse können damit angezeigt werden.

Eine solche Erdschlußanzeige genügt an einer einzigen bewachten Stelle des Netzes. Der Fehler wird dann durch schrittweises Abschalten der Leitungen festgestellt. Es wird erst das Netz in zwei Teile geteilt und festgestellt, in welchem Teil der Fehler liegt. Dann kann man nochmals das Netz teilen und schließlich die einzelnen Abgänge nacheinander ausschalten. Die genaue Reihenfolge der Schaltungen hängt von der Netzgestaltung ab. Bei parallelen Leitungen ist eine gleichzeitige Abschaltung auf beiden Seiten nötig, bei Stichleitungen genügt eine einseitige Ausschaltung.

Das Suchen nach der fehlerhaften Leitung kann auch automatisch gemacht werden. Man verwendet hiezu eine von einem Synchronmotor angetriebene Schaltwalze, die nacheinander in etwa 1 s Abstand die Schaltungen ausführt. Beim Ausbleiben der Erdschlußspannung bleibt der Motor stehen und die betreffende Leitung bleibt abgeschaltet [Brown, H. I. (202)].

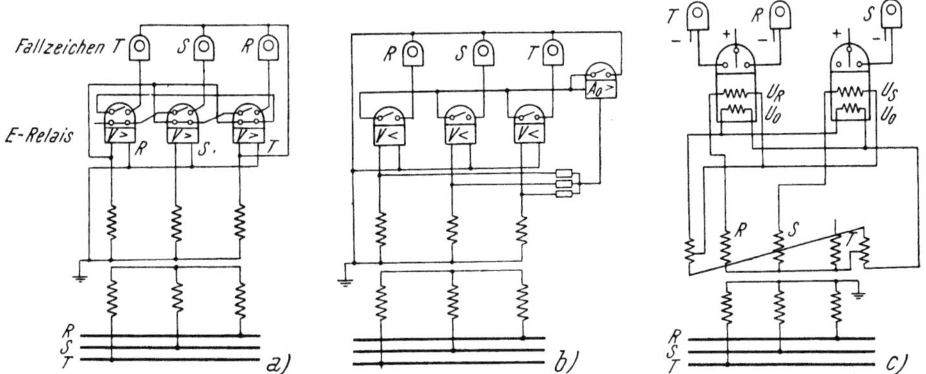

Abb. 170. Erdschlußmeldung mit Leiter-Anzeige
a) Überspannungsrelais (Piloty-Relais, b) Unterspannungsrelais, c) Spannungsvergleich

Zur Anzeige des erdgeschlossenen Leiters sind einige Relaisschaltungen entwickelt worden, die kurz behandelt werden sollen [Titze, H. (222)] (Abb. 170). Bei der Pilotyschaltung werden drei Spannungssteigerungsrelais verwendet, die beim Überschreiten der Sternspannung ansprechen. Beim Erdschluß werden zwei Relais angeworfen, wodurch jeweils ein Fallzeichen betätigt wird. Sprechen die Relais der Leiter R und S an, so wird das Fallzeichen T betätigt, da dann in T der Erdschluß liegt. Als Betätigungsspannung kann eine Dreiecksspannung verwendet werden [Geise, F. (210)]. Eine andere Anordnung benutzt den Zusammenbruch der Spannung des erdgeschlossenen Leiters in Verbindung mit einem Nullstromrelais, das von einem künstlichen Sternpunkt aus gespeist wird

(Abb. 170b). Hiebei wird das Fallzeichen von dem jeweils ansprechenden Relais betätigt. Als Betätigungsspannung wird die Nullspannung benutzt. Nach dem Ansprechen wird die Betätigungsspannung durch das Nullstromrelais kurzgeschlossen, so daß keine weitere Anzeige erfolgen kann. Dies hat den Grund, die insbesondere in gelöschten Netzen auftretenden Ausschwingvorgänge, bei denen Erdschlüsse auf gesunden Leitern vorgetäuscht werden (s. I. Bd., S. 70), unwirksam zu machen.

Eine dritte Ausführung vergleicht in Leistungsrelais zwei Spannungen, und zwar eine Sternspannung (nicht Erdspannung) mit der Nullspannung. Die Relais besitzen einen inneren Phasenwinkel von 30°. Beim Erdschluß in R liegen U_R und die Nullspannung in Phase. Relais R schließt seinen rechten Kontakt und das Fallzeichen zeigt den Leiter R an. Beim Erdschluß in S spricht das Relais S an und schließt seinen rechten Kontakt und damit das Zeichen S. Das Relais R bleibt in Ruhe, weil die Spannung U_R mit der Nullspannung einen Winkel von 60° bildet, also zusammen mit der inneren Phasenverschiebung keine Leistung entstehen kann. Beim Erdschluß des Leiters T schaltet Relais R den linken Kontakt und das Fallzeichen T, Relais S bleibt in Ruhe. Diese Anordnung kann durch ein drittes Relais und weitere Kontakte derart erweitert werden, daß auch Erdschlüsse in Dreieckwicklungen erkannt werden können. Zur Gewinnung der Nullspannung wird die Wicklung der äußeren Schenkel von Fünf-Schenkel-Wandlern benutzt. Die Nullkomponente wird von der Sternspannung durch Kompensation mit der Spannung der äußeren Wicklungen ferngehalten (Abb. 170c).

2. Selektive Erdschlußanzeige

Soll nun die Erdschlußanzeige auch den fehlerhaften Leitungsabschnitt erkennen lassen, so muß man den Strom als Meßgröße mit heranziehen. Bei Stichleitungen genügen Überstromrelais, die vom Nullstrom durchflossen werden. Sie werden, wie im Abschnitt C II a 2 beschrieben, in die Summenleitung der drei Stromwandler oder an Kabelaufsteckwandler geschaltet. Es können auch magnetische Anzeiger verwendet werden, deren Kern wie die Kabelaufsteckwandler über das Kabel gesteckt wird. Ein wesentlicher Strom fließt nur in der erdgeschlossenen Leitung, während in den anderen Leitungen nur der von ihrer Leitung herrührende Anteil fließt. Der Ansprechwert muß also zwischen diesen beiden Werten liegen.

Bei Doppelleitungen, Ringleitungen usw. müssen für eine selektive Anzeige, Leistungsrelais unter Ausnutzung der Richtwirkung verwendet werden. Es wird den Relais die Nullspannung und der Nullstrom zugeführt. In kompensierten Netzen sind dies Wirkleistungsrelais, in unkompensierten Blindleistungsrelais.

Die erdgeschlossene Leitung ist daran zu erkennen, daß die Leistungsrelais an beiden Seiten anzeigen, während an den übrigen Leitungen nur an einer Seite das Relais anspricht, an der anderen aber verriegelt.

Reicht der Strom des Netzes für den Schutz nicht aus, so kann man ihn mittels Erdschlußwiderständen künstlich erhöhen (C II c 3).

3. Selektive Erdschlußabschaltung

In Netzen, in denen verhältnismäßig hohe Erdschlußströme fließen, kann es nötig werden, den Erdschlußschutz abschalten zu lassen. Dies ist dann nötig, wenn ein Erdschluß in verhältnismäßig kurzer Zeit in einen Kurzschluß übergehen kann. Dies ist in unkompensierten, aber auch in kompensierten großen Netzen, insbesondere Kabelnetzen, der Fall. Als Schutz verwendet man hier ebenfalls Leistungsrelais, die aber verzögert und gestaffelt sein müssen. Ihre Wirkungsweise ist diejenige eines gerichteten Überstromschutzes, da die Spannung bei jedem Erdschluß praktisch dieselbe ist. Dies genügt, weil im Erdschlußfalle die Speisung mit den Nullkomponenten immer nur von einer Stelle aus erfolgt, nämlich der Erdschlußstelle (s. I. Bd., S. 152). Als Relais können begrenzt abhängige und unabhängige Relais verwendet werden. Ihre Schaltung ist die gleiche wie bei den Relais für die selektive Anzeige, sie werden also vom Nullstrom und der Nullspannung gespeist.

Beim selektiven Erdschlußschutz muß darauf geachtet werden, daß er nicht auch bei Doppelerdschlüssen anspricht. Auch hier treten Nulleistungen auf, die oft wesentlich höhere Werte haben als beim Erdschluß. Dies kann man in vielen Fällen durch einen besonderen Spannungsanwurf verhindern, da die Nullspannung selten den vollen Wert erreicht. Reicht dies noch nicht aus, so kann man mit Drehfeldscheidern den Schutz sperren oder in ganz hartnäckigen Fällen mit Hilfe von Frequenzrelais, die die Frequenzänderung beim Doppelerdschluß zur Sperrung ausnützen. Häufig genügt es, schon mit hohen Auslösezeiten des Erdschlußschutzes Fehlauslösungen zu verhindern [Titze, H. (12)].

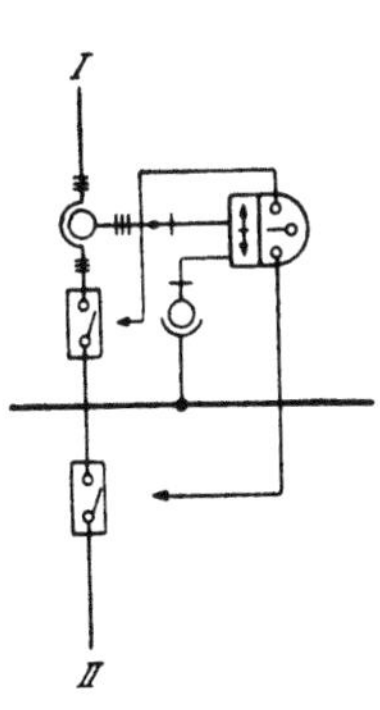

Abb. 171.
Erdschlußschutz
für zwei Leitungen

In Stichleitungs- und Ringleitungsnetzen können auch zwei hintereinanderliegende Leitungen mit demselben Schutz geschützt werden. Es wird ein Leistungsrelais benutzt, das je nach der Leistungsrichtung die eine oder die andere Leitung abschaltet (s. Abb. 171) [Golds, L. B. S. und Lippmann, C. L. (211)].

b) Erdschlußschutz für Maschinen

Der Erdschlußschutz unterscheidet sich bei Maschinen, wie gesagt, dadurch, daß nicht nur totale, sondern auch partielle Erdschlüsse berücksichtigt werden müssen. Dies erhöht die Anforderungen wesentlich, so daß wesentlich kompliziertere Schaltungen erforderlich sind.

Es ist zu unterscheiden zwischen dem Erdschlußschutz von Transformatoren und dem von laufenden Maschinen, insbesondere Generatoren und bei diesen zwischen dem Stator- und Rotor-Erdschlußschutz.

1. Erdschlußschutz für Transformatoren

Obwohl auch bei Transformatoren möglichst jeder Erdschluß bis zum Sternpunkt selbst erfaßt werden soll, ist sein Schutz gegen Erdschlüsse relativ einfach geblieben. Dies liegt vor allem daran, daß mit dem Buchholzschutz jeder beginnende Fehler erfaßt und signalisiert werden kann. Häufig wird außer dem Buchholzrelais kein weiteres Erdschlußrelais vorgesehen. Will man auch die Teile außerhalb des Transformators selbst, insbesondere Zuführungskabel zwischen Sammelschiene und Transformator, gegen Erdschluß schützen, so genügt ein einfaches Nullstromrelais, da ja der Transformatorabzweig für den Erdschlußstrom nur eine Stichleitung bedeutet. Sind Erdschlußspulen vorgesehen, so schaltet man das Nullstromrelais als Differentialrelais (s. Abb. 172). In kompensierten Netzen kann man auch Leistungsrelais verwenden, die bei äußeren Fehlern nicht ansprechen, da dann im wesentlichen nur Blindleistung in den Transformator hineinfließt, bei inneren Fehlern aber auslösen, da dann die ganze Wirkleistung auftritt. Man muß hiebei aber achtgeben, daß ein solches Relais nicht infolge des erhöhten und unsymmetrischen Erregerstromes falsch anspricht.

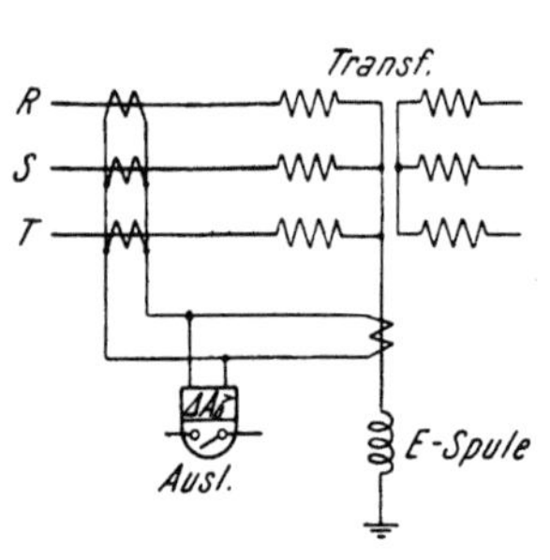

Abb. 172.
Erdschlußschutz von Transformatoren in Differentialschaltung

2. Erdschlußschutz für Generatoren

Der Schutz hat möglichst die ganze Wicklung zu erfassen. Dies hat seine besonderen Schwierigkeiten, da nach dem Sternpunkt zu die Nullspannung immer kleiner wird.

Es sind drei Fälle zu unterscheiden. Die Maschine arbeitet über einen Transformator aufs Netz (Blockschaltung), ist also für den Erdschluß elektrisch selbständig. Es genügt als Meßgröße die Spannung.

Die Maschine arbeitet direkt aufs Netz, der Erdschlußstrom des Netzes ist aber klein und reicht für einen selektiven Schutz nicht aus. Es wird mittels Nullpunktwiderstand der Erdschlußstrom erzeugt. Als Meßgröße dient die Wirkleistung.

Die Maschine arbeitet direkt auf ein Netz mit ausreichendem Erdschlußstrom. Als Meßgröße dient ebenfalls die Leistung, und zwar entweder Blind- oder Wirkleistung, seltener genügt der Strom.

*α) **Der Generator arbeitet über Transformator auf ein Netz*** (Blockschaltung). Es genügt hier die *Nullspannung* als Meßgröße und wird einem Spannungsrelais zugeführt. Je empfindlicher dieses ist, um so mehr werden Erdschlüsse auch in der Nähe des Sternpunktes erfaßt (Abb. 173a). Man muß bei der Auslegung der Relais aber darauf achten, daß auch oberspannungsseitige Erdschlüsse Verlagerungen auf der Unterspannungsseite hervorrufen können. Diese entstehen durch die Kapazität zwischen der Ober- und Unterspannungswicklung des Transformators. Die Nullpunktspannung des Oberspannungsnetzes liegt dabei an der Hintereinanderschaltung dieser Transformatorkapazität und der Erdimpedanz des Generators. Die Verlagerungsspannung des Generators ist ein Teil davon, der durch das Verhältnis von der Nullimpedanz des Generators zur Kapazitanz des Transformators bestimmt wird. Je kleiner die Nullimpedanz des Generators, umso kleiner auch die Verlagerungsspannung. Man kann also durch geeignete Wahl von Nullpunktwiderständen die Verlagerungsspannung kleinhalten. Es ist daher oft der Einbau solcher Widerstände notwendig. Der Einstellwert der Erdschlußrelais muß oberhalb der dann noch vorhandenen Verlagerungsspannung liegen.

Da Erdschlüsse in der Nähe des Sternpunkts nur geringe Spannungen an der Fehlerstelle erzeugen, so ist es nicht nötig, insbesondere bei großen Maschinen, sofort abzuschalten, sondern es genügt, den Fehler nur anzuzeigen. Bei totalen Fehlern dagegen ist die Abschaltung eher gerechtfertigt. Deshalb verwendet man bei großen Maschinen häufig *zwei Spannungsrelais* mit verschiedener Empfindlichkeit, von denen das empfindlichere, das bis 95% und mehr Fehler erfaßt, nur meldet, das weniger empfindliche, das nur etwa zwei Drittel der Wicklung erfaßt, dagegen auslöst.

Dem Spannungsrelais fügt man gerne eine *Zeitverzögerung* bei, um nur bei dauernden Erdschlüssen auszulösen.

Um jeden Punkt der Wicklung erfassen zu können, benutzt man die im Abschnitt C II c 3 behandelten *Verlagerungsschaltungen*, die einen künstlichen, gegenüber dem natürlichen, einen verlagerten Sternpunkt bilden. Es wurden dort drei Möglichkeiten beschrieben, von denen die Drosselspule mit verschiedener Windungszahl in den drei Leitern, die Erdung in der Mitte einer Dreiecksspannung für den Schutz von Maschinen, die über Transformatoren auf das Netz arbeiten, verwendet werden können. Das Spannungsrelais wird dann an einem einpoligen Spannungswandler angeschlossen, der parallel zum Belastungswiderstand liegt. Sind die Widerstände sekundär eingebaut, so legt man die Spannungsspule direkt ihnen parallel (s. a. Abb. 91 und 92).

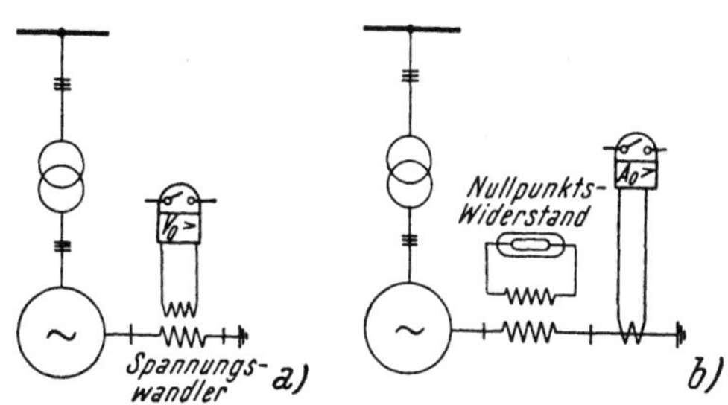

Abb. 173. Erdschlußschutz für Generatoren in Blockschaltung
a) Spannungsrelais, b) Strom-Relais

Auch der *Strom* kann als Meßgröße herangezogen werden, wenn ein künstlicher Erdschlußstrom mit Nullpunktwiderständen erzeugt wird. Dieser Strom kann durch Widerstände im Sternpunkt des Generators oder durch Gestellschlußdrosseln mit und ohne Verlagerungsspannungen erzeugt werden. Das Erdschlußrelais wird dann von einem Stromwandler im Widerstandskreis, von Kabelaufsteckwandler oder Summenwandlern gespeist. Der Widerstand kann spannungsabhängig gemacht werden (z. B. Eisenwasserstoffwiderstände), so daß der Erdschlußstrom bei kleineren Erdschlußspannungen selbsttätig größer wird (s. Abb. 90). Hiedurch erhält das Relais praktisch immer den gleichen Erdschlußstrom (Abb. 173 b).

β) Der Generator arbeitet auf ein Netz mit großem Erdschlußstrom. Bei Generatoren, die direkt auf ein Netz mit großem Erdschlußstrom arbeiten, muß der vom Netz herrührende Erdschlußstrom als Meßgröße verwendet werden. Eine künstliche Erzeugung desselben müßte derart stark sein, daß der Netzerdschlußstrom nicht ins Gewicht fällt. Dies würde sehr hohe Erdschlußströme bedingen, die unnötig hohe Zerstörungen hervorrufen würden. Man verwendet deshalb lieber den Netzstrom, zumal er vollauf genügt. Es muß unterschieden werden zwischen Erdschlüssen außerhalb und solchen innerhalb des Generatorabzweiges. Bei ersteren darf der Schutz nicht auslösen, höchstens signalisieren, beim letzten muß er auslösen. Der Erdschlußschutz muß also selektiv sein.

Die Erdschlußspannung ist bei jedem Erdschluß an jeder Stelle in gleicher Weise vorhanden, genügt also für eine Selektion nicht. Dagegen fließt der Strom im Generator nur, wenn dort auch der Fehler liegt. Bei Fehlern im Netz ist der Generatorabzweig praktisch stromlos.

Es genügt also, den *Strom* als Meßgröße zu verwenden. Er kann über Summenwandler oder Kabelaufsteckwandler gewonnen werden (s. Abb. 174a). Diese Anordnung findet meist nur bei kleineren Einheiten Verwendung, da der Schutzbereich nicht sehr groß ist.

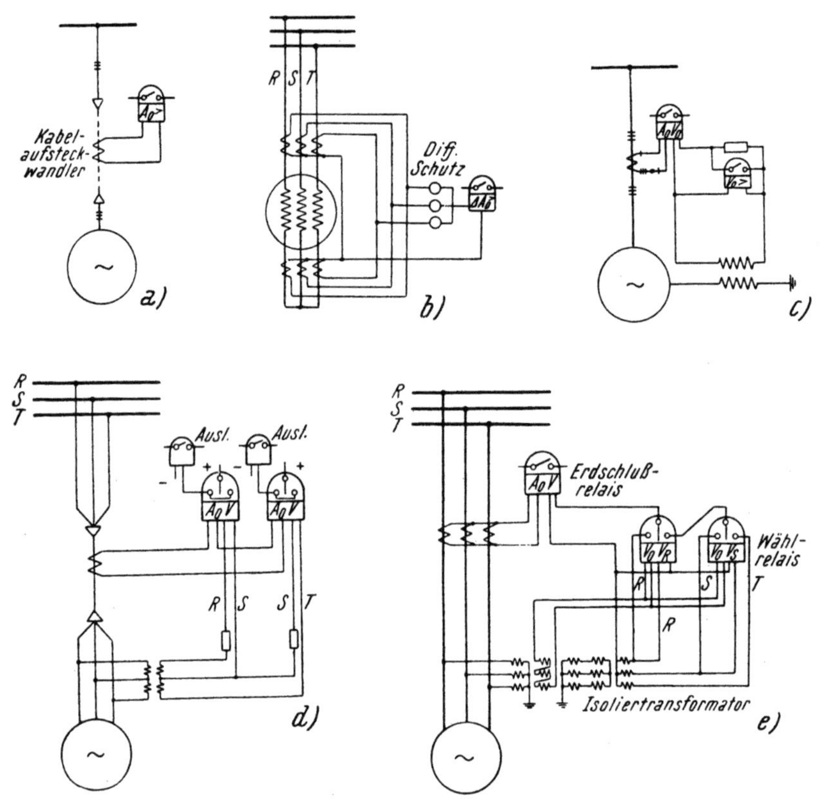

Abb. 174. Erdschlußschutz für auf ein Netz mit großem Erdschlußstrom arbeitende Generatoren *a)* Stromrelais, *b)* Differentialstromrelais, *c)* Leistungsrelais mit Spannungsstufe, *d)* Zwei Leistungsrelais mit Dreiecksspannung, *e)* Ein Leistungsrelais mit Wählrelais für Sternspannungen

Eine höhere Empfindlichkeit kann man mit Hilfe von *Differentialschaltungen* erreichen, bei denen die Differenz der Nullströme vor und hinter dem Generator gebildet wird. Abb. 174b zeigt eine Schaltung, bei der die Wandler für den Kurzschluß-Differentialschutz mit verwendet werden.

Besonders empfindlich wird der Erdschlußschutz, wenn die *Leistung* als Meßgröße verwendet wird. Der Nullstrom wird wie oben gewonnen und als Spannung kann man die Nullspannung benützen. Um auch bei Fehlern in der Nähe des Sternpunktes genügend hohe Spannungen zur Verfügung zu haben, kann man die Spannung „regenerieren", wie es bereits im Abschnitt C II c beschrieben wurde (s. Abb. 94).

Eine ähnliche Wirkung erzielt man, wenn man die Spannung am Relais bei hohen Erdschlußspannungen durch Vorschalten eines Widerstandes verkleinert. Auch hiedurch kann man die Spannungen angleichen und das Relais selbst empfindlicher ausführen, ohne daß die Gefahr einer Überlastung vorhanden ist. Zur Stufenschaltung benützt man ein Spannungsrelais (Abb. 174 c). Man kann auch als Spannung statt der Nullspannung eine feste Spannung, eine Dreiecksspannung oder Sternspannung, verwenden. Hiebei wird es allerdings für den richtigen Richtungsentscheid notwendig, den Schutz zwei- oder dreipolig zu machen, um die richtige Spannung zu erhalten (Abb. 174d und e).

γ) **Der Generator arbeitet direkt auf ein Netz, Erdschlußstrom künstlich erzeugt.** Der Schutz ist verschieden, je nachdem, ob die Gewinnung des Erdschlußstromes außerhalb des Generators an der Sammelschiene oder im Generatorabzweig erfolgt.

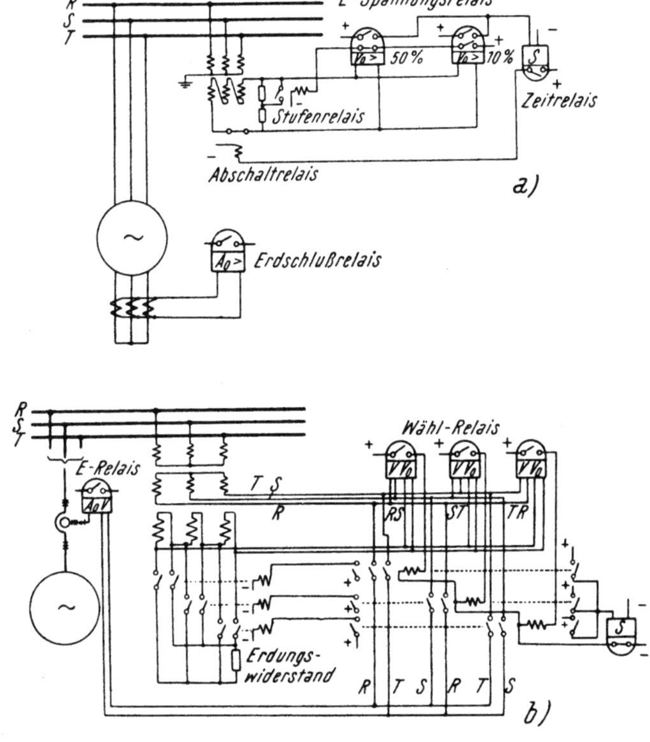

Abb. 175. Erdschlußschutz für Generatoren mit künstlicher Erdschluß-Strom-Erzeugung in der Sammelschiene
a) Stromrelais, Stufenschaltung des Erdungswiderstandes, *b*) Leistungsrelais, Erdung eines Leiters bei Erdschluß

Sind mehrere Generatoren vorhanden, so wird an einer gemeinsamen Stelle, also meist *an der Sammelschiene*, der Erdschlußstrom mit *Gestellschlußdrosselspulen* gewonnen. Diese Spulen können gleichzeitig Verlagerungen zur Ermöglichung eines 100%-Schutzes herstellen oder spannungsabhängige Widerstände enthalten. Im wesentlichen wird hiefür derselbe Schutz vorgesehen, wie im vorigen Abschnitt beschrieben wurde. Darüber hinaus ist es aber möglich, die Größe des Erdschlußstromes durch den Schutz selbst zu regeln. Je nach der Lage des Erdschlusses in der Generatorwicklung kann man mit Spannungsrelais den Erdungswiderstand größer oder kleiner machen und so bei Fehlern in der Nähe des Sternpunktes den Erdschlußstrom künstlich erhöhen. Man macht dies mit zwei Spannungsrelais verschiedener Empfindlichkeit, von denen das empfindlichere einen Teil des Widerstandes kurzschließt, das andere diese Schaltung verhindert (Abb. 175a). Für äußere Fehler schaltet man gerne noch ein Zeitrelais dazu, das nach etwa 10 s den Erdungskreis öffnet, um größere Zerstörungen im Netz zu verhindern. Gleichzeitig damit wird das Auftreten des Fehlers signalisiert.

Man kann auch den Erdungswiderstand überhaupt erst beim Auftreten eines Erdschlusses einschalten. Dies ist insbesondere nötig, wenn ein Leiter starr geerdet werden soll, um hohe Erdschlußströme bei jeder Lage des Erdschlusses zu erlangen. Man verwendet hiezu ein hochempfindliches Relais, das bis 99% den Fehler erfaßt. Ein solches Relais ist ein dreipoliges Spannungsvergleichsrelais, das die Nullspannung mit einer Dreiecksspannung vergleicht und je nach dem erdgeschlossenen Leiter einen bestimmten Leiter erdet (s. Abb. 175b). Auch dieser Erdungskreis muß nach einer bestimmten Zeit wieder unterbrochen werden. Die Vergleichsrelais wählen gleichzeitig auch die Spannung für das eigentliche Erdschlußrelais aus.

Arbeitet ein Generator allein auf ein Netz, so ist es vorteilhafter, die Einrichtungen zur *Erdschlußstromgewinnung beim Generator* selbst einzubauen. Wird diese hiebei vor der Maschine im Generatorabzweig eingebaut, so unterscheidet sich der Schutz gegenüber den eben geschilderten nicht, sofern der Stromwandler für das E-Relais zwischen Generator und der Gestellschlußdrossel liegt. Wird aber der Erdschlußstrom im Nullpunkt gewonnen, so ist die Stromverteilung anders und erfordert daher auch etwas andere Schaltungen. Der Stromwandler für die Relais liegt dann vor

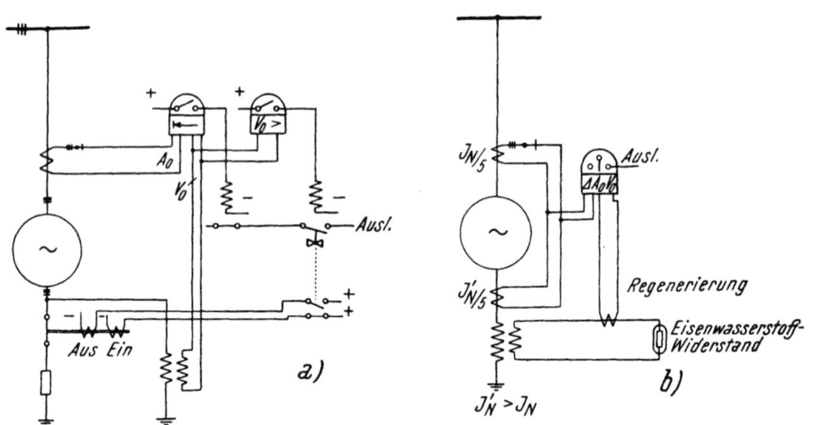

Abb. 176. Erdschlußschutz für Generatoren mit Nullpunktwiderständen
a) Gerichteter Spannungsschutz mit Aus- und Wiedereinschaltung des Erdungskreises, *b)* Unsymmetrische Differenzschaltung mit Spannungs„regenerierung"

dem Generator. Daraus folgt, daß Strom nur dann im Wandler fließt, wenn der Erdschluß nicht im Generator, sondern im Netz liegt. Bei einem Fehler im Generator schließt sich dagegen der Stromkreis bereits im Generator und der Wandler bleibt stromlos. Als Erdschlußschutz ist dafür der Differentialstromschutz und das Leistungsrelais als Sperrelais bei äußeren Fehlern zu verwenden.

Bei der *Differentialschaltung* wird der Nullstrom vor und hinter dem Generator verglichen. Hiebei genügt es, hinter dem Generator den Wandler zwischen Sternpunkt und Erde zu legen.

Empfindlicher kann man mit *Spannungsrelais* den Schutz gestalten, wobei ein Richtungsrelais die Auslösung bei äußeren Fehlern sperrt (Abb. 176a). Ein Zeitrelais kann hiebei wieder den Erdungskreis öffnen, wenn der Fehler außen liegt, und fallweise den Kreis nach Verschwinden des Erdschlusses wieder schließen.

Abb. 176b zeigt eine Schaltung, in der das *Leistungsrelais* in einen *Differenzkreis* gelegt ist. Die Wandler haben kein abgestimmtes Übersetzungsverhältnis, so daß bei außenliegendem Fehler ein Ausgleichstrom entsteht, der das Relais in Sperrstellung bringt. Beim Generatorfehler führt nur der Nullpunktswandler Strom und das Leistungsrelais nimmt Auslösestellung ein.

Zur Erhöhung der Empfindlichkeit kann man spannungsabhängige Widerstände zur Erhöhung des Erdschlußstromes und Spannungsregenerierung bei Fehlern in der Nähe des Sternpunktes vorsehen (C II c 4).

δ) **Erdschlußschutz der abgeschalteten Maschine.** Es ist vom betrieblichen Standpunkt von großem Vorteil, einen Fehler in der Maschine möglichst schon vor dem Zuschalten zu entdecken und ein Draufschalten eines Fehlers auf das Netz zu vermeiden. Ein Erdschluß kann bei abgeschalteter, aber laufenden Maschine nicht in allen Fällen vom normalen Schutz erfaßt werden. Maschinen, die über Transformatoren auf das Netz arbeiten, verhalten sich im abgeschalteten Zustande, was den Erdschluß angeht, in gleicher Weise. Der Erdschlußschutz ist vollkommen betriebsbereit. Ebenso ist es, wenn der Erdschlußstrom in dem Maschinenabzweig selbst erzeugt wird.

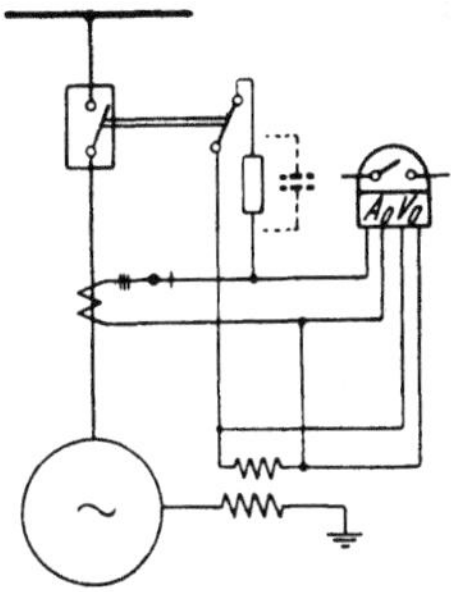

Abb. 177. Erdschlußschutz der abgeschalteten Maschine

Entsteht aber der Erdschlußstrom außerhalb des Generators im Netz selbst oder künstlich an der Sammelschiene, so ist kein Erdschlußstrom vorhanden, solange die Maschine noch vom Netz getrennt ist. Man hat nun Schaltungen entwickelt, die es ermöglichen, trotz Fehlen eines Stromes den Schutz arbeitsbereit zu machen. Zu diesem Zwecke legt man über einen Hilfskontakt des Leistungsschalters in den Strompfad des Relais einen Widerstand (beim unkompensierten Netz einen Kondensator), der von der Sekundärseite des Spannungswandlers gespeist wird (s. Abb. 177). Wird für den Erdschlußschutz eine feste Spannung benutzt, die durch ein Wählrelais ausgewählt wird, so schaltet man mit weiteren Hilfskontakten die Nullspannung an das Relais, so lange die Maschine noch vom Netz getrennt ist.

3. Rotor-Erdschlußschutz

Ein einziger Erdschluß im Rotor hat auf die Erregung noch keinen Einfluß. Erst wenn zwei Erdschlüsse vorhanden sind, entsteht ein Windungsschluß und die Erregung ändert sich. Es wird daher häufig überhaupt auf einen Erdschlußschutz für den Rotor verzichtet.

Da aber ein Windungsschluß sich nur schwer feststellen läßt, sieht man gern einen Erdschlußschutz vor, um dem Entstehen eines Windungsschlusses vorzubeugen. Ein solcher kann auf zwei Arten ausgeführt werden.

Erstens erdet man einen Punkt des Erregerkreises fest und mißt die Gleichspannung gegen Erde. Bei einem Erdschluß ändert sich diese und betätigt ein Relais. Abb. 178a zeigt eine solche Ausführung, wo über zwei Abgleichswiderstände die elektrische Mitte geerdet wird. Die beiden Gleichspannungen werden in einem Relais verglichen. Normalerweise

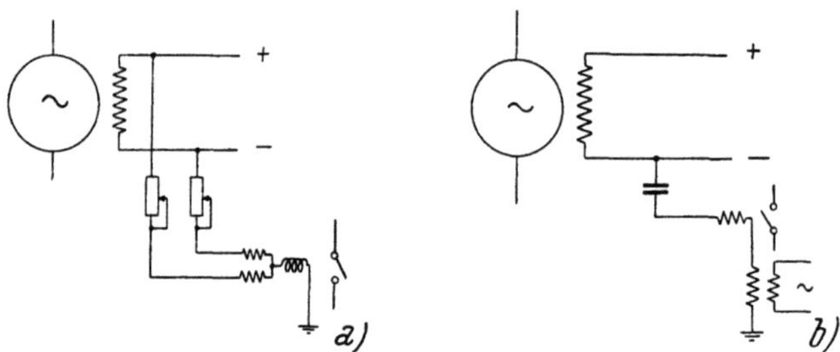

Abb. 178. Rotor-Erdschlußschutz

a) Spannungsvergleich Erdung in der Mitte, *b*) Hilfswechselspannung, einpolig geerdet

heben sie sich auf und das Relais bleibt in Ruhe. Tritt aber ein Erdschluß auf, so spricht das Relais an. Nur ein Erdschluß in der Mitte der Wicklung kann damit nicht erfaßt werden.

Um jeden Teil der Wicklung erfassen zu können, verwendet man zweitens eine Hilfswechselspannung, die einseitig geerdet ist und einpolig direkt oder über einen Kondensator am Erregerkreis liegt. Bei einem Erdschluß wird der Stromkreis geschlossen und ein Relais betätigt (Abb. 178b).

III. Schutz gegen Windungsschluß

Windungsschluß ist der Kurzschluß zwischen Windungen eines Leiters. Er tritt im allgemeinen selten auf und dürfte meist mit einem Gestellschluß verbunden sein. Vielfach wird deshalb weder im Läufer noch im Rotor einer Maschine ein besonderer Windungsschlußschutz vorgesehen.

Der bei jedem Generator vorhandene Kurzschlußschutz kann einen *Stator-Windungsschluß* im allgemeinen nicht mit erfassen, da sich die Meßgrößen außerhalb der Maschine nicht ändern. Lediglich der Gegenleistungsschutz ist in der Lage, auch Windungsschlüsse zu erkennen. Der Differentialschutz ist nicht dazu in der Lage, da vor und hinter der Maschine die Ströme gleich sind. Nur bei Doppelgeneratoren oder Generatoren mit zwei parallelen Wicklungen läßt sich mit einem Querdifferentialschutz der Windungsschluß mit erfassen.

Bildet man die Sternpunkte solcher Generatoren getrennt und schaltet zwischen ihnen einen Stromwandler, so fließt ein Strom, wenn die Generatoren sich infolge eines Windungsschlusses ungleich belasten. Dieser Strom wird einem Relais zugeführt, das den Fehler anzeigt oder den Generator abschaltet (s. Abb. 179a). Dasselbe erreicht man, wenn statt des Stromwandlers ein Spannungswandler die Spannung zwischen den Sternpunkten einem Relais zuführt.

Generatoren mit im Dreieck geschalteten Wicklungen kann man dadurch schützen, daß man in jeder Wicklung einen Stromwandler vorsieht, die

Sekundärwicklungen parallelschaltet und den fallweise entstehenden Summenstrom einem Relais zuführt. Ein solcher Summenstrom fließt nur, wenn die Wicklungen ungleich sind, also beim Windungsschluß. Außerdem fließen aber auch Oberwellen bereits im Normalbetrieb. Diese müssen mit einem Siebkreis, der keine Ströme über 100 Hz durchläßt, abgehalten werden (s. Abb. 179b).

In Stern geschaltete Generatoren können gegen Windungsschluß nur mit Hilfe einer äußeren Spannungsquelle geschützt werden. Hiezu benutzt man Stützdrosselspulen und verbindet die Sternpunkte über einen Spannungswandler, der ein Relais speist.

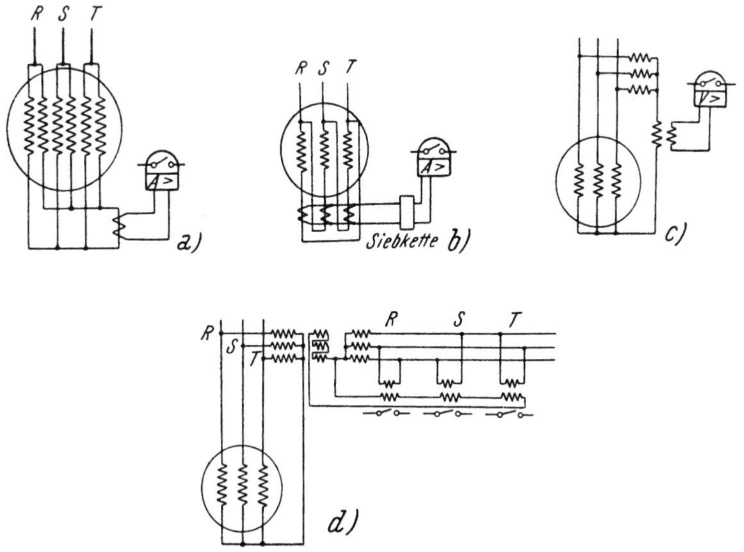

Abb. 179. Stator-Windungsschlußschutz
a) Strom zwischen den Sternpunkten, b) Generator im Dreieck, c) Generator im Stern, d) mit Anzeige der fehlerhaften Windung

Normalerweise haben die Sternpunkte gleiches Potential, bei einer Unsymmetrie aber verlagert sich die Sternpunktspannung und es entsteht am Spannungswandler eine Potentialdifferenz, die das Relais anwirft (s. Ab. 179c). Verwendet man Leistungsrelais, denen man eine feste Dreiecksspannung außer der Unsymmetriespannung zuführt, so ist eine besondere Siebkette nicht erforderlich. Allerdings sind dann zwei Systeme nötig, damit für jeden Leiter ein Triebmoment vorhanden ist. Bei Verwendung von drei Systemen läßt sich damit auch die Wicklung selbst erkennen, in der der Fehler liegt. Läßt man das Relais arbeiten, wenn man die zu der Wicklung gehörende Sternspannung mit der gegenüberliegenden Dreiecksspannung (z. B. R und ST) kombiniert, so spricht immer nur ein System an und zeigt den Leiter an (s. Abb. 179d).

Auch für den *Rotor* hat man Windungsschlußeinrichtungen entwickelt. Allerdings wird er hier noch seltener verwendet als beim Stator. Dies liegt insbesondere daran, daß sich ein einziger Generator nicht mit einfachen Mitteln gegen Windungsschluß des Rotors schützen läßt.

Dagegen ist er bei Doppelgeneratoren einfach dadurch herzustellen, daß man die Spannungen an den beiden Wicklungen unmittelbar vergleicht.

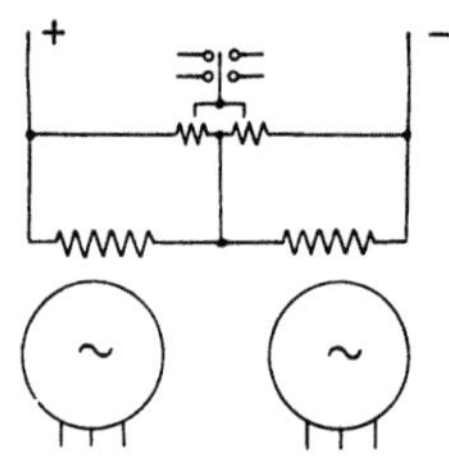

Abb. 180.
Rotorwindungsschlußschutz
bei Doppelgeneratoren

Bei einer Asymmetrie spricht ein Spannungsvergleichsrelais an und gibt einen Kontakt (s. Abb. 180).

Dasselbe kann man mit einem Querdifferentialschutz erreichen, der in der Statorwicklung liegt, da bei ungleicher Erregung auch die Belastung der beiden Generatoren ungleich ist. Durch Verwendung von Leistungsrelais kann die Empfindlichkeit erhöht werden.

IV. Schutz gegen Pendelungen

Man unterscheidet beim Pendelschutz zwei grundsätzliche Arten, die Pendelsperren, die den Kurzschlußschutz am Auslösen hindern, und den Pendelschutz, der an bestimmten Stellen die Netze oder die Maschinen trennt.

a) Pendelsperren

Es wurde bereits abgeleitet (B III), daß bei Pendelungen in der elektrischen Mitte von Kupplungen mehrerer Kraftwerke im Takte der Pendelungen ein Kurzschlußpunkt aufscheint und wieder verschwindet. Es entsteht ein hoher Strom und die Spannung geht bis auf null herunter. Hiedurch kann jedes Staffelschutzsystem ansprechen und fallweise auslösen, wenn der Schutz in der Nähe dieses fiktiven Kurzschlußpunktes liegt.

Der Unterschied gegenüber einem richtigen Kurzschluß besteht, abgesehen von der Periodizität, noch darin, daß der Strom immer in gleicher Richtung fließt. Dies bedingt die völlige Pendelsicherheit der Stromvergleichsschutzsysteme, also der Differentialstromschutz- und Stromrichtungsvergleichsschutzarten. Da die Spannung aber auf beiden Seiten des fiktiven Kurzschlußpunkts entgegengesetzte Richtung hat, so müssen auch die Leistungsrelais auf beiden Seiten entgegengesetzt anzeigen, so daß der Leistungsvergleichsschutz pendelempfindlich ist. Er ist es sogar mehr als der Staffelschutz, weil der Punkt der Leistungsumkehr auf der Leitung hin- und herwandert, also nicht nur der Schutz in der Nähe des fiktiven Kurzschlußpunktes, sondern auch weiter entfernt eingebaute Relais durch Pendelungen auslösen können. Noch ungünstiger liegen die Verhältnisse bei der Blindleistung und der Reaktanz, weil Punkte, bei denen diese null werden, auf der ganzen Kupplung während der Pendelung hin- und herwandern. Hievon rührt die hohe Pendelempfindlichkeit des Reaktanzschutzes her (s. auch Abb. 31).

Damit nun bei diesen Systemen keine Falschauslösung entstehen kann, versieht man sie in besonders pendelempfindlichen Netzen mit Pendelsperren. Die hiefür verwendeten Prinzipien sind im Abschnitt B III c theoretisch durchgesprochen. Hier werden nun die zugehörigen Schaltungen beschrieben.

Die Pendelsperren oder Durchlaufsperren haben die Aufgabe, die Kennzeichen einer Pendelung festzustellen und dann die Auslösezeit, insbesondere die der Schnellstufe, größer als die Dauer einer halben Pendelperiode zu machen. Der Pendelschutz erhöht also entweder mit einem Zusatzzeitrelais die Auslösezeit oder macht die Schnellstufe unwirksam. Die Anregung der Pendelsperre kann auf verschiedene Weise ausgeführt werden. Man kann die Zusatzzeit sofort einschalten, wenn das *Richtungsrelais* bei einem Fehler in Sperrichtung geht. In diesem Falle sind bei fallweise nachfolgenden Pendelungen schon etwa die Hälfte der Relais pendelsicher. Die anderen Relais werden dann beim Umschlagen der Richtung ebenfalls pendelsicher. Hier schaltet der Sperrkontakt die Zusatzzeit ein. Es sind nur noch Falschauslösungen möglich, wenn der scheinbare Kurzschlußpunkt dicht bei einem Relais liegt, das bei dem vorangehenden Fehler und bei Beginn der Pendelungen Auslöserichtung hat.

Eine zweite Möglichkeit besteht, das *Anziehen und Abfallen des Anwurfes* als Pendelkriterium zu verwenden und die Zusatzzeit einzuschalten (s. Abb. 181a). Gleichzeitig mit den Anwurfrelais läßt man ein Relais mit Abfallverzögerung mitlaufen, das zwar momentan seinen Anker an-

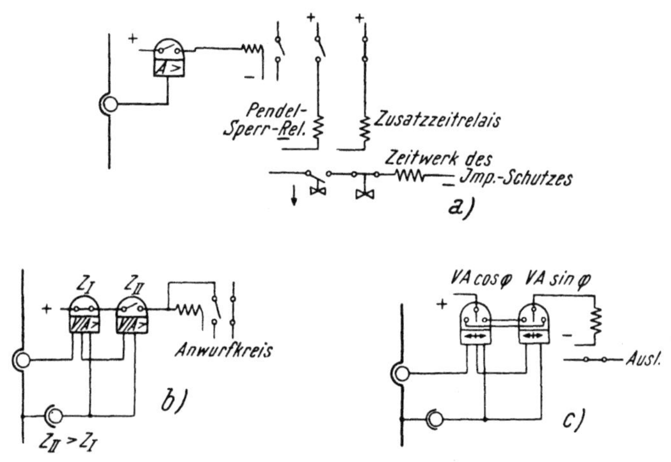

Abb. 181. Pendelsperren
a) wiederholter Anwurf, b) Impedanzrelais verschiedener Empfindlichkeit,
c) Wirk- und Blindleistungsrelais

zieht, ihn aber verzögert wieder losläßt. Dieses Relais schaltet das Verzögerungsrelais ein, das seinerseits eine Abfallverzögerung von der Größe der Zusatzzeit besitzt. Die Wirkungsweise ist dann folgende: Wird der Schutz angeworfen, so wird vom Anwurfrelais, meist über Hilfsrelais, das Pendelsperrelais momentan eingeschaltet und bereitet das Ansprechen des Zusatzzeitrelais vor, dessen Ansprechspule über einen Ruhekontakt des Anwurfrelais geführt ist, also selbst noch nicht ansprechen kann. Fällt nun infolge einer Pendelung der Anwurf wieder zurück, so kann das Pendelsperrelais wegen der Abfallverzögerung noch nicht abfallen, wohl aber erhält nunmehr das Zusatzzeitrelais Strom und schaltet das Zeitwerk des Schutzes aus. Dieses wird erst wieder in Betieb gesetzt, wenn das Zusatzzeitrelais mit seiner Ablaufzeit wieder abgefallen ist. Das Pendelsperrelais muß so eingestellt werden, daß die Abfallzeit größer als die größtmöglich halbe Pendelperiode ist, das Zusatzzeitrelais so, daß die kleinste Auslösezeit des ganzen Schutzes größer als diese Zeit wird. Auch bei diesem Schutz besteht die Möglichkeit einer Falschauslösung in der ersten Halbperiode, solange die Pendelsperre nicht arbeitet.

Eine weitere Methode benutzt die *Änderung der Impedanz* als Pendelkriterium. Bei einer Pendelung geht die Impedanz langsam, nämlich im Takte der Pendelfrequenz, herunter, bei einem Kurzschluß aber momentan. Man kann also mit zwei Impedanzrelais verschiedener Empfindlichkeit eine Pendelung erkennen, wenn diese nicht gleichzeitig, sondern nacheinander ansprechen (Abb. 181b). Das eine Relais erhält einen Ruhe-, das andere einen Arbeitskontakt, die beide hintereinandergeschaltet werden. Ein Stromkreis wird also nur bei ungleichem Ansprechen geschlossen. Ein Hilfsrelais wird dann in Tätigkeit gesetzt, das sich selber hält und den Anwurfkreis des Schutzes unterbricht.

Wieder ein anderes Kriterium ist der Unterschied des Richtungsentscheides durch ein *Wirk- und Blindleistungsrelais*. Ein entgegengesetzter Anschlag ist nur bei Pendelungen möglich (Abb. 181c). Der Stromkreis des Hilfsrelais, das die Auslösung sperrt, wird nur bei entgegengesetztem Ausschlag der beiden Richtungsrelais geschlossen.

Wichtig ist bei allen Pendelsperren, daß sie bei einem Kurzschluß während Pendelungen den Schutz wieder betriebsbereit machen. Bei Systemen, die nur die Auslösezeit erhöhen, ist dies von selbst der Fall. Der Schutz arbeitet dann nur mit größerer Zeit. Darüber hinaus sorgt meist ein Zeitrelais mit längerer Zeit (> 10 s), daß die Pendelsperre wieder außer Betrieb gesetzt wird. Bei Systemen aber, die den Schutz unwirksam machen, ist eine sofortige Auflösung der Sperre nötig. Dies kann dadurch geschehen, daß das Auftreten von Gegensystemen und Nullsystemen die Pendelsperre ausschaltet oder überbrückt. Bei Pendelungen treten ja nur Mitsysteme auf, so daß das Vorhandensein von Unsymmetrien auf einen Fehler hinweist. Allerdings können damit dreipolige Kurzschlüsse nicht erfaßt werden. Man kann die Pendelsperren auch so schalten, daß sie überhaupt nur bei dreipoligem Anwurf arbeiten.

b) Pendelschutz

Der Pendelschutz oder die Auftrenneinrichtung hat die Aufgabe an bestimmten Stellen im Netz, z. B. an bestimmten Kraftwerken, an Kuppelstellen von Netzen, bei einer Pendelung aufzutrennen.

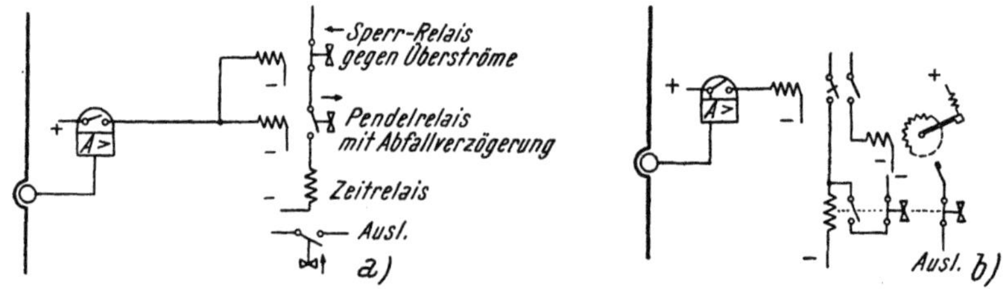

Abb. 182. Pendelschutz
a) mit Abfallverzögerung, *b*) mit Schrittschaltwerk

Man benutzt hiezu ähnliche Kennzeichen wie bei den Pendelsperren. Nur ist es zweckmäßig, eine längere Zeitverzögerung vorzusehen, um den Maschinen genügend Zeit zum Wiederfangen zu geben. Eine einfache Schaltung zeigt Abb. 182a [Titze, H. (*76*)]. Durch den Anwurf wird ein *Relais mit Abfallverzögerung* betätigt, das seinerseits, wenn es angezogen bleibt, ein verzögertes Auslöserelais betätigt. Die Abfallverzögerung richtet sich nach der Pendelperiode. Dieser Schutz kann so eingerichtet werden, daß bei langsamen Pendelungen, wo die Maschinen sich also mit großer Wahrscheinlichkeit wiederfangen, nicht anspricht. Da dieser Schutz auch bei längeren Überlastungen anspricht, kann man ihn dagegen durch ein weiteres Zeitrelais, das jede Pendelung mitmacht, wieder sperren. Dieses Relais spricht nur bei dauerndem Überstrom an, fällt dagegen bei Pendelungen ab.

Einen solchen Pendelschutz kann man auch mit *Schrittschaltwerken,* ähnlich einem Fernsprechwähler, oder mit *Relaisketten* ausführen. Bei jedem Anziehen wird ein Schritt oder ein Glied der Relaiskette weitergeschaltet. Die Auslösezeit ist hier abhängig von der Pendelfrequenz. Mit Hilfe eines weiteren Zeitwerkes können auch diese Anordnungen so geschaltet werden, daß sie bei langsamen Pendelungen nicht ansprechen (Abb. 182b). Zu diesem Zwecke wird der Auslösestromkreis über den Ruhekontakt eines Zeitrelais geführt, das nach einer festen Zeit anspricht.

Reichen also die Pendelperioden nicht aus, um vor Ablauf des Zeitrelais mit dem Schrittschaltwerk den Auslösekontakt zu schließen, so kann der Schutz nicht auslösen.

Um eine Staffelung zu erreichen, kann man auch die Zeiten mehrerer Pendelschutzeinrichtungen im Netz verschieden wählen. Man wird dann erst die unbedeutenderen Maschinen abschalten lassen und erst später die wichtigeren.

F. Der Betätigungskreis

Unter Betätigung soll verstanden werden, was die von den Meßgrößen angeworfene und nach einer vorgeschriebenen Zeit, die auch null sein kann, abgelaufene Relaiseinrichtung ausführt. Betätigungskreis ist der Kreis, in dem alle Funktionen ausgeführt werden, die zeitlich hinter der Tätigkeit der eigentlichen Meßrelais liegen. Dieser Kreis kann mechanisch sein, wenn beispielsweise eine direkte Auslösung eines Schalters erfolgt, er kann elektrisch sein, wenn erst dazwischengeschaltete elektrische Geräte irgend eine Betätigung ausführen. Wir wollen daher eine direkte und eine indirekte Betätigung unterscheiden.

I. Direkte Betätigung

Hiezu gehören alle Schutzeinrichtungen, die selbst eine Unterbrechung hervorrufen, wie die Sicherungen; weiters das Ausbrennen von Kabel, wo die Kabel selbst die Schutzeinrichtung darstellen, die Schutzschalter, die direkt wie Sicherungen von den Fehlermeßgrößen betätigt werden, aber nach dem Ansprechen weiter benutzt werden können, und die Primärauslöser, die normale Schalter (Trenn- oder Leistungsschalter) durch eine mechanische Auslösevorrichtung betätigen.

a) Das Ausbrennen

Das wohl primitivste Mittel einer Schutzanwendung überhaupt ist das Ausbrennen. Man läßt einen Fehler solange bestehen, bis die Enden einer Leitung soweit abgeschmolzen sind, daß der Fehler von selbst verschwindet. Dies sieht nach den Uranfängen der Elektrizitätversorgung aus, wo man ohne Schutz oder Sicherung die Elektrizität übertrug und bei einem Kurzschluß wartete, bis der Fehler von selbst verschwand. Diese Methode wird aber auch derzeit noch angewandt, und zwar in vermaschten [Krohne, B. (52), Mangoldt, W. V. (53), Wiarda, E. v. (75)] Niederspannungskabelnetzen. Man hat experimentell nachweisen können, daß Kabel bis zu einer Grenze, die durch die Größe des Kurzschlußstromes gegeben ist, an der Kurzschlußstelle soweit ausbrennen, daß der Kurzschluß meist innerhalb einer Sekunde erlischt. Infolge der Hitzewirkung des Kurzschlußstromes schmilzt das Kupfer oder Aluminium soweit ab, daß die beiden Enden der Fehlerstelle sich vollkommen voneinander trennen, die Adern innerhalb der Isolation ausschmelzen und dadurch der Lichtbogen schließlich abreißt.

Als obere Grenze des Kurzschlußstromes, bei dem dies noch sicher vor sich geht, ist etwa 20 kA bei 380-V- und 30 kA bei 220-V-Netzen angegeben worden. Man hat, um noch höhere Ströme bewältigen zu können, Spezialkabel hergestellt [Otten, F. u. a. (57)]. Es ist sogar beobachtet worden, daß mit Sicherungen geschützte Kabel früher ausbrannten, als die Sicherungen abschmolzen.

b) Die Sicherung

Die Sicherung stellt nicht nur die einfachste Schutzanordnung, sondern auch die älteste dar. Im Grunde ist eine Sicherung nichts weiter als ein Leitungsdraht, den man absichtlich dünner als die sonstige Leitung macht, damit im Falle eines Überstromes nur an dieser Stelle der Draht durchschmilzt.

Man unterscheidet zwischen Niederspannungs- und Hochspannungssicherungen.

1. Niederspannungssicherungen

Die älteste Sicherung ist die Bleistreifensicherung, bei der das Blei infolge seines niederen Schmelzpunktes früher durchschmilzt, als die zu schützende Leitung gefährdet wird. Heutzutage benutzt man als Schmelzmaterial im wesentlichen Silber, Kupfer, versilbertes Kupfer und verzinntes Kupfer, in Sonderfällen auch Lötstellen. Hiebei wird durch den Überstrom der Draht so stark erhitzt, daß der Schmelzpunkt erreicht wird und der Draht durchschmilzt. Man erhält damit Durchschmelzzeiten, die von der zugeführten Wärmemenge, also vom Überstrom abhängen. Eine Sicherung besitzt also eine stromabhängige Kennlinie (Abb. 183). Die nach diesem Prinzip arbeitenden Sicherungen besitzen eine verhältnismäßig steile Charakteristik, mit denen man für die meisten Fälle, insbesondere in normalen Hausinstallationen, für den Schutz der Leitungen ein Auslangen findet. Es sind die *flinken Sicherungen*. Man kann mit ihnen meist auch ausreichende Stromstaffelungen erreichen; d. h. hintereinanderliegende Sicherungen besitzen verschiedene Auslösezeiten, wenn die Nennstromstärken nach den Speisestellen zu anwachsen. Es ist aber bei den flinken Sicherungen die Staffelung nachzuprüfen, da bei höheren Strömen die Staffelzeiten sehr klein sind.

Die Sicherungen werden für Niederspannungsnetze bei kleineren Stromstärken zweiteilig hergestellt. Sie bestehen aus der Schraubkappe und der eigentlichen Patrone (Abb. 184a). Die Ausführung für die verschiedenen Stromstärken muß unverwechselbar [Klement, W. (234)] sein. Hierzu bringt man in den Sicherungssockeln sogenannte Paßschrauben an, die für jede Stromstärke eine andere Öffnung haben und in die nur Patronen der zugehörigen Stromstärke passen. Für größere Stromstärken, etwa über 25 A,

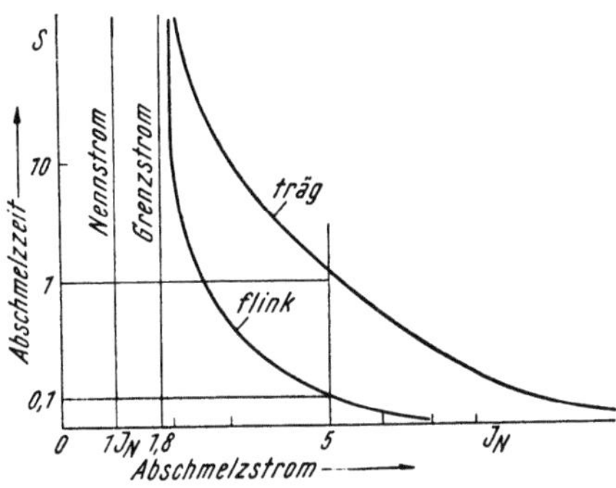

Abb. 183. Kennlinien von Sicherungen

verwendet man größere Schraubkappen und etwa über 100 A einteilige Sicherungspatronen, die angeschraubt oder zwischen Schaltfedern eingesetzt werden (Abb. 184b und 184c). Hierbei unterscheidet man offene und geschlossene Sicherungen. Die offenen sind nur für kleinere Kurzschluß- leistungen zu verwenden und sind nur noch in älteren An- lagen zu finden. Hochleistungs- sicherungen sind immer ein- teilig.

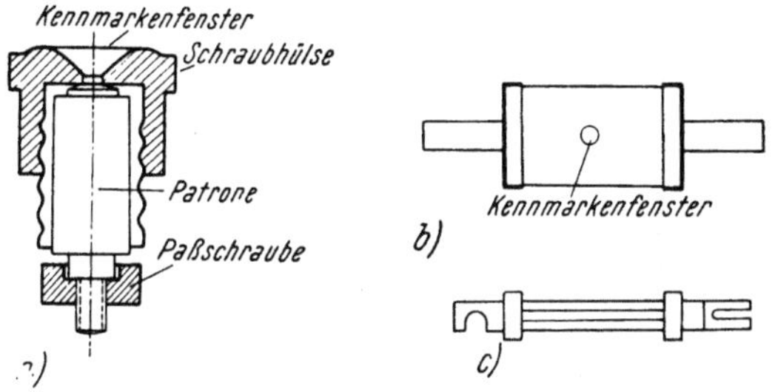

Abb. 184. Niederspannungssicherungen
a) zweiteilig, b) geschlossene Sicherung für hohe Ströme, c) offene Sicherung

Das Isoliermaterial ist dickwandiges, innen hohles Porzellan, in das der Schmelz- draht eingezogen ist. Der Draht selbst wird häufig in Talkum oder ähn- lichem gebettet.

Um zu erkennen, ob eine Sicherung durchgeschmolzen ist, besitzt jede Sicherung eine Kennmarke. Sie wird von einem dünnen, dem Haupt- draht parallelgeschalteten Draht in normalem Betrieb über eine Feder festgehalten. Bei durchgegangener Sicherung fliegt die Marke infolge der Federkraft heraus.

Die Sicherung muß eine bestimmte Abschaltleistung[1] bewältigen können, ohne die Umgebung zu gefährden. Die Durchschmelzzeit ist bei hohen Strömen so rasch, daß die Amplitude des Kurzschlußstromes meist gar nicht erreicht wird, sondern die Abtrennung bereits im ansteigenden Ast erfolgt. Die Abschaltzeit ist dann also kleiner als eine halbe Periode. Bei geringen Überlastungen sind die Auslösezeiten höher.

Die Sicherungen sind heutzutage soweit entwickelt, daß sie den von den verschiedenen Ländern gemachten Vorschriften hinsichtlich Kenn- linie, Abschaltleistung, Kennmarke usw. vollauf genügen. Die Nenn- stromstärke der Sicherungen ist für jeden Leitungsquerschnitt vor-

---

[1] Siehe die Vorschriften der einzelnen Länder.

geschrieben. Sie ist so ausgelegt, daß sie die ihr zugehörige Leitung gerade richtig schützt. Ihre Auslösekennlinie liegt also unter der Erwärmungskurve der Leitung. Ein Absichern mit höherer Nennstromstärke als der zugehörenden ist untersagt. In Tabelle 11 sind Leitungsquerschnitte und Nennstromstärken der Sicherungen für Installationsleitungen zusammengestellt.

Tabelle 11. *Leitungsquerschnitt und Nennstrom der Sicherungen*[1]

| Querschnitt | | Nennstrom der Sicherung | | |
| mm² | | A | | |
Cu	Al	Gruppe 1	Gruppe 2	Gruppe 3
1	—	6	10	15
1,5	2,5	10	15	20
2,5	4	15	20	25
4	6	20	25	35
6	10	25	35	50
10	16	35	50	60
16	25	50	60	80
25	35	60	80	100
35	50	80	100	125
50	70	100	125	160
70	95	—	160	200
95	120	—	200	225
120	150	—	225	260
150	185	—	260	300

Gruppe 1: Bis zu drei Drähten in Rohren (VDE) bis 4 Leiter nebeneinander (ÖVE).
Gruppe 2: Kabelähnliche Leitungen u. a. m.
Gruppe 3: Einadrige Leitungen, frei in Luft verlegt mit Zwischenraum.

Es gibt nun verschiedene Fälle, wo die normale flinke Sicherung nicht auslangt. Oft ist die notwendige Staffelung bei geringen Nennstromunterschieden nicht immer möglich, insbesondere aber ist bei kleineren Motoren die Gefahr vorhanden, daß beim Anlauf die Sicherungen bereits unerwünscht durchschmelzen. Man müßte daher bei Verwendung normaler Sicherungen übersichern. Dies hat wiederum zur Folge, daß die Zuleitungen verstärkt werden müßten, um selbst nicht übersichert zu sein. Aus diesem Grunde ist die *träge Sicherung* entwickelt worden, die eine flachere Kennlinie im Überlastungsbereich aufweist (Abb. 183). Diese Charakteristik kann dadurch erreicht werden [Junck, E. (232), Klement, W. (233)], daß ein Leiter mit einem Schmelzlot dem normalen Schmelzleiter parallelgeschaltet wird. Im Überlastungsbereich schmilzt erst das Schmelzlot, im Kurzschlußbereich erst der Schmelzleiter ab. Weiters kann man eine Verflachung durch Erhöhung der Abkühlungsfläche erhalten, indem der eigentliche Schmelzdraht nur ganz kurz gemacht wird und über dickere Leiter mit größerer Abkühlfläche mit den beiden Enden der Patrone verbunden wird. Hiedurch wird im Überlastungsbereich die Abschmelzung stark verzögert, während im Kurzschlußbereich sich gegenüber der flinken Sicherung nichts ändert.

Äußerlich unterscheidet sich die träge Sicherung, abgesehen von der Kennzeichnung, nicht von einer flinken Sicherung. Sie werden genau

---

[1] Entspr. VDE 0100/3.52 und ÖVE—E.

wie diese als zweiteilige und für größere Nennstromstärken als einteilige Sicherungen gebaut.

Zur Absicherung in Steckdosen und Geräten verwendet man für kleine Ströme (1 bis 10 A) noch *Kleinsicherungen* in *Lamellen-* und *Patronenform*. Die Lamellen sind einfach in Isolierplättchen eingeschlossene Schmelzdrähte. Die Patronen bestehen aus Glas mit Metallkappen, zwischen die der Draht gespannt ist. Das Durchschmelzen ist im Glas oder in einer Öffnung direkt festzustellen.

In Niederspannungs-Maschennetzen hat man zum Schutz der Netztransformatoren besonders träge *Maschennetzsicherungen* entwickelt, die den Transformator bei nahen Kurzschlüssen abtrennen sollen, aber bei Kurzschlüssen im Netz nicht ausschalten dürfen. Bei Fehlern im Netz teilt sich der Strom weitgehend auf, während im Transformator fast der ganze Kurzschlußstrom fließt. Im Netz sind die Durchschmelzzeiten daher oft verhältnismäßig lang. In Ausbrennetzen muß die Zeit des Ausbrennens berücksichtigt werden. Alles dies verlangt von der Transformatorsicherung eine hohe Abschmelzzeit. Man benutzt hiezu Lötsicherungen mit größeren Abkühlflächen, die durch aufgelegte Kupferplatten künstlich erhöht werden [Nettleton, L. A. (*244*), Krohne, E. (*52*)]. Die hohe Abschaltleistung wird durch rasches Auseinanderziehen der Lötstellen bewirkt. Solche Sicherungen haben selbst bei Klemmenkurzschluß noch Abschmelzzeiten bis 10 s.

2. Hochspannungssicherungen

In Hochspannungsnetzen werden Sicherungen insbesondere für Abzweige kleinerer Leistung und für Spannungswandler verwendet. Sie haben infolge aber ihres heutzutage hochliegendem Ausschaltvermögens auch in größeren Netzen Eingang finden können, wo keine besonderen Ansprüche an die Selektivität gestellt zu werden brauchen. Sie werden häufig in Verbindung mit Leistungstrennschaltern vorgesehen, wobei dieselben die betriebsmäßigen Ab- und Zuschaltungen, die Sicherungen die Kurzschlußabschaltungen übernehmen. Auch bei Transformatoren, deren Leistung niederspannungsseitig abgeschaltet werden kann, finden sie auf der Hochspannungsseite in Verbindung nur mit Trennschaltern Verwendung. Sie kommen auch mit Trennschaltern zusammengebaut als sogenannte Trennsicherungen vor.

Sie werden bis zu Spannungen von etwa 100 kV und mit Nennstromstärken bei niederen Spannungen (3 kV) bis etwa 400 A hergestellt [Altbürger, F. (*224*), ASEA (*161*), Lohausen, K. A. (*239*), Müller, H. (*241*)]. Bei höheren Spannungen ist die Nennstromstärke niedriger, bei 100 kV dürfte sie etwa 6 bis 10 A sein.

Das Abschaltvermögen der Sicherungen entspricht durchaus mittleren Leistungsschaltern. Es beträgt heutzutage bis zu mehreren 100 MVA (dreipolig). Es hängt, wie übrigens auch beim Leistungsschalter, stark vom Leistungsfaktor ab. Induktive Kurzschlußströme werden schwerer als solche mit Ohmschen Komponenten bewältigt.

Die Kennlinie der Hochspannungssicherungen entspricht etwa der der Niederspannungssicherungen. Man kann auch mit ihnen eine Selektivität bei hintereinanderliegenden Sicherungen verschiedener Nennstromstärken erreichen. Je höher der Kurzschlußstrom eines Netzes, um so schwieriger ist sie aber zu erhalten. Sie ist auch bei den verschiedenen Konstruktionen nicht gleich. Bei Transformatoren ist es nötig, selektiv mit dem Schutz der Niederspannungsseite zu sein. Es dürfen die Hochspannungssicherungen bei Niederspannungsfehlern nicht ansprechen. Dies ist bei Verwendung flinker Sicherungen auf der Niederspannungsseite im allgemeinen gegeben. Bei trägen Sicherungen können aber schon Staffelschwierigkeiten auftreten, die man durch Übersicherung auf der Hochspannungsseite beheben kann, wenn man nicht niederspannungsseitig sich nur auf die Absicherung der Abzweige beschränken will.

Auf eine genaue Anpassung der Sicherungskennlinie an die Überlastungsfähigkeit der geschützten Betriebsmittel wird bei Hochspannung kein so großer Wert gelegt. Man begnügt sich im allgemeinen, die Sicherung hauptsächlich als Schutz gegen Kurzschlüsse zu verwenden. Deshalb entspricht bei Hochspannung die Nennstromstärke der Sicherung nicht immer derjenigen des Betriebsmittels. Besondere Vorschriften bezüglich der Verwendung von Sicherungen bestimmter Nennstromstärken bestehen hier nicht.

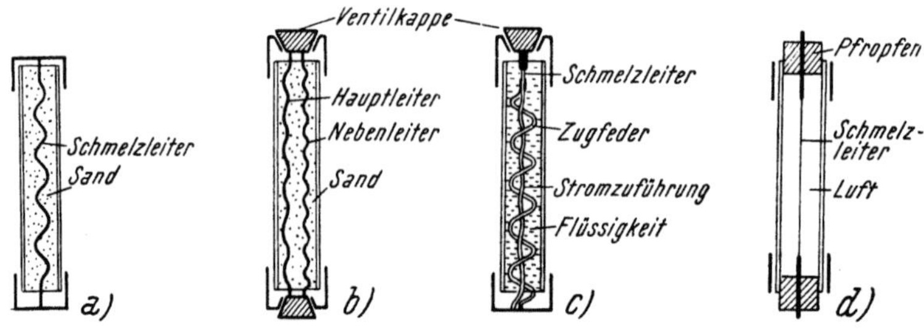

Abb. 185. Hochspannungssicherungen

a) Schmelzleiter ohne Nebenleiter, *b)* Sandfüllung mit Nebenleiter, *c)* Schaltsicherung, *d)* Blassicherung

Man unterscheidet im wesentlichen drei verschiedene Bauarten von Hochspannungssicherungen (Abb. 185), hoher Kurzschlußleistung, die Schmelzsicherung mit und ohne Nebenleiter, die Blassicherung und die Schaltsicherung.

Die reine *Schmelzsicherung ohne Nebenleiter*, die im Prinzip wenigstens ungefähr einer Niederspannungssicherung entspricht, besitzt einen Schmelzleiter, der meist schraubenförmig in ein pulverförmiges Löschmittel eingebettet ist. Der Abschaltvorgang ist hiebei folgender: Der Draht (Kupfer oder Silber) schmilzt durch, verdampft und bildet mit dem Füllsand zusammen eine Schmelzraupe, die einen Widerstand besitzt. Hiedurch wird der Strom begrenzt, bis er beim Nulldurchgang erlischt. Es entsteht bei dieser Sicherungsart also kein Lichtbogen, der volle Kurzschlußstrom kann sich dabei nicht ausbilden.

Bei der *Schmelzsicherung mit Nebenleiter* schmilzt zunächst der starke Schmelzfaden durch. Der dünne, aus Widerstandsmaterial bestehende Faden verringert dann den Kurzschlußstrom stark, so daß bei seinem Durchbrennen und Verdampfen in Verbindung mit dem Füllmittel der verbleibende schwache Lichtbogen meist bereits vor dem Nulldurchgang rasch erlischt. Die hiebei entstehenden Gase können durch die Ventilkappen nach beiden Seiten entweichen. Mit dieser Sicherung können mehrere

100 MVA unterbrochen werden. Auch hiebei bildet sich der volle Kurzschlußstrom nicht aus.

Die Schaltsicherung entspricht einem kleinen Leistungsschalter mit Isolierflüssigkeit. Beim Durchgehen des Schmelzleiters zieht eine Feder die beiden Enden rasch auseinander, die Isolierflüssigkeit dringt in den Lichtbogen und löscht ihn beim Nulldurchgang. Gase können durch die Ventilkappe entweichen. Wegen der Kleinheit der Sicherung im Vergleich zum Leitungsschalter ist hiebei die Schaltleistung natürlich geringer. Bei dieser Sicherung kann sich der volle Kurzschlußstrom ausbilden.

Bei der *Blassicherung* wird die durch den Lichtbogen entstehende Luft- oder Gasströmung zur Löschung benutzt. Häufig werden besondere Materialien in die Sicherung eingebracht, die die Löschgase zusätzlich erzeugen. Die Pfropfen lassen den Druck erst bis zu einer gewissen Grenze ansteigen, bevor die Gase entweichen können. Hiedurch wird die unangenehme Eigenschaft der Blassicherung, bei kleinen Kurzschlußströmen wegen der zu geringen Blaswirkung zu versagen, herabgemindert. Dieser Nachteil kann auch durch andere Mittel, zusätzlich enge Röhren über den Schmelzleitern, Umkleidung des Schmelzleiters mit gasabgebenden Mitteln weiter herabgesetzt werden.

c) Die Schutzschalter

Unter Schutzschalter wollen wir alle diejenigen Einrichtungen verstehen, die dem Schutze gegen Fehler dienen und den Stromkreis direkt auftrennen. Sie sind eigens zu Schutzzwecken konstruiert und entwickelt worden. Hiezu gehören im wesentlichen nur Niederspannungsschalter, insbesondere Kleinautomaten und Motorschutzschalter. Für Hochspannung ist der Spannungswandlerschutzschalter dazu zu rechnen.

1. Die Kleinautomaten

Die Kleinautomaten haben dieselbe Aufgabe wie die Sicherungen in Niederspannungsanlagen. Sie besitzen ihnen gegenüber den Vorteil, nach dem Ansprechen sofort wieder betriebsbereit zu sein. Sie brauchen also nicht ausgewechselt werden.

Der gleichzeitige Schutz gegen Überlastung und Kurzschlüsse wird durch eine Kombination von thermischer und magnetischer Auslösung erreicht (Abb. 186).

Es gibt drei Auslösemöglichkeiten, die alle auf den Auslösehebel wirken. Es sind die thermische Auslösung mit Hilfe des Bimetallstreifens, der sich beim Erwärmen durchbiegt, die magnetische Auslösung und die Handauslösung mittels Druckknopf. Der Schalterkontakt ist mit einem Kniehebel verbunden, der bei anliegendem Auslösehebel starr bleibt, beim Ansprechen des Auslösehebels aber zusammenbricht. Hiedurch wird die

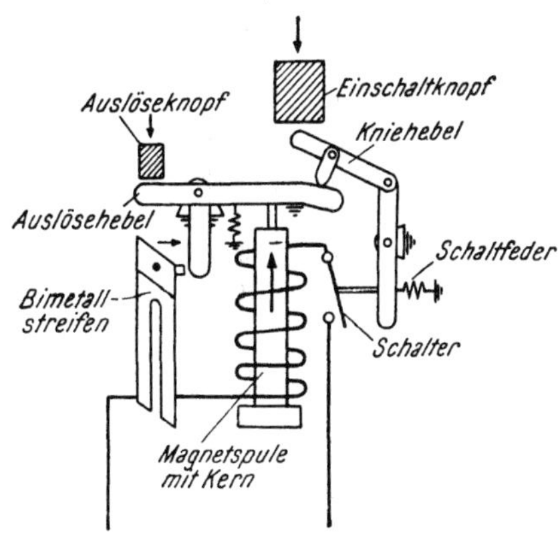

Abb. 186. Kleinautomat

Auslösung bewirkt, indem bei eingeknicktem Kniehebel die Schaltfeder die Kontakte trennt. Gleichzeitig hiemit kann der Einschaltknopf den Schalter nicht einschalten, sondern nur die Kniehebel in sich bewegen. Hiedurch wird erreicht, daß der Auslösemechanismus auch bei eingedrücktem Einschaltknopf ungehindert arbeiten kann.

Durch die thermische Auslösung wird die Kennlinie im Überlastungsbereich festgelegt, sie kann je nach der Stärke und Länge des Streifens variiert werden.

Bei höheren Strömen, etwa vom 5- bis 10fachen Nennstrom an, spricht der Elektromagnet an und schneidet die Kennlinie plötzlich ab (Abb. 187).

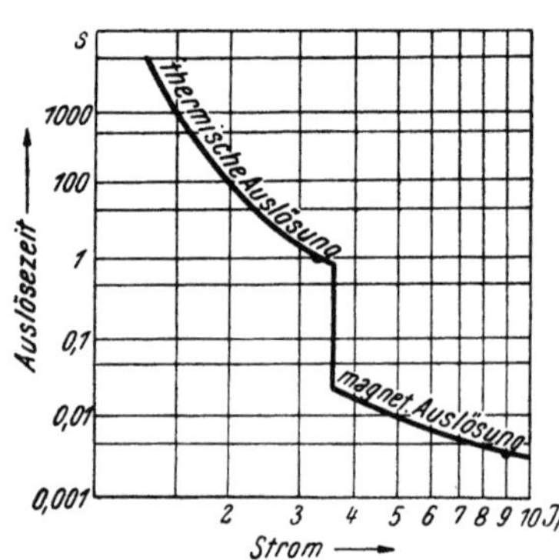

Abb. 187. Kleinautomat, Kennlinie

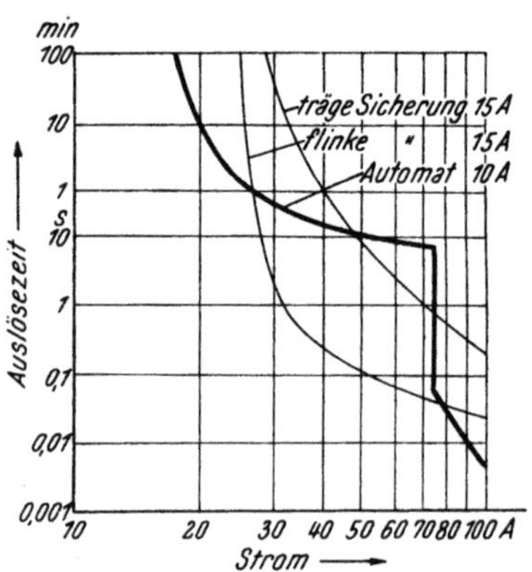

Abb. 188. Staffelung zwischen Kleinautomat und Sicherung

Die Abschaltleistung ist durch geschickte Ausführung und Anordnung der Kontakte sehr gut. Der Kontakt liegt in einem vom Schaltmechanismus getrennten Raum des Porzellangehäuses. Auftretende Lichtbögen werden durch Vergabelung des Lichtbogens mit Porzellanstegen, durch Ausnutzung der magnetischen Blasung des Auslösemagneten und hohe Abschaltungsgeschwindigkeit verbessert.

Moderne Automaten halten etwa 1200 bis 2000 A Kurzschlußstrom aus [Horst, A. *(101)*, Schrank, W. *(65)*]. Sie ist also geringer als bei Sicherungen.

Die Ausführung der Kleinautomaten ist verschieden. Sie können als Sockelautomaten auf Schalttafeln montiert werden, können aber auch als Stöpselautomaten, mit Edison-Gewinde versehen, in normale Sicherungssockel eingeschraubt werden, wobei auch die Unverwechselbarkeit gewährleistet ist. Ihre Baulänge ist dabei nicht viel größer als diejenige der Sicherungen [Schmidt, A. M. *(113)*]. Sie werden für Nennstromstärken bis 15 A in Stöpselform, bis 25 A in Sockelform ausgeführt.

Wichtig ist, die Staffelung zwischen Kleinautomaten und Sicherungen zu kennen. Es wird jeder eingebaute Kleinautomat irgendwie hinter einer Sicherung zu liegen kommen. Der Automat im Haushalt liegt beispielsweise hinter der Hausanschlußsicherung, mit der er gestaffelt sein soll. Die Hausanschlußsicherung mag 25 A, der Automat 10 A Nennstrom haben. Bei einem Kurzschluß in dem betreffenden Haushalt darf die Sicherung nicht ausschalten. Sie muß gegenüber dem Automaten gestaffelt sein. Die Verhältnisse für einen 10-A-Automaten mit vorgeschalteten 15-A-Sicherungen, und zwar trägen und normalen, zeigt Abb. 188. Man erkennt, daß Selektivität mit der normalen Sicherung erst bei sehr hohen Strömen, dagegen mit der trägen Sicherung fast im ganzen Bereich vorhanden ist. Im allgemeinen kann man sagen, daß ein Automat etwa mit der trägen Sicherung nächst höheren Nennstromes und mit einer flinken Sicherung etwa des drei- bis vierfachen Nennstromes selektiv zusammenarbeitet. Ein Kleinautomat hat, wie die Charakteristik zeigt, im Überlastungsbereich bei geringen Überströmen höhere Auslösezeiten, gestattet also eine etwas bessere Ausnutzung der Leitung.

2. Motorschutzschalter

Niederspannungsmotoren mittlerer und größerer Leistung werden mit Motorschutzschaltern geschützt.

Motorschutzschalter werden entweder allein als thermische Schalter gebaut oder mit magnetischer Schnellauslösung kombiniert. Gegen Spannungsabsenkungen werden sie weiters mit einer Unterspannungsauslösung versehen, gegen zu hohe Berührungsspannung häufig auch mit einer Fehlerspannungsauslösung, die bei zu hoher Spannung zwischen Gehäuse und Erde anspricht.

Die thermische Auslösung ist im Prinzip die gleiche wie beim Kleinautomaten, allerdings muß wegen der großen Zahl verschiedener Motorarten und Motorennennströme die Unterteilung eine weit größere sein. Es empfiehlt sich meist sogar eine Einstellbarkeit der Kennlinie am Schalter. Die Kennlinie ist so auszulegen, daß sie einmal die Motorwicklungen gegen unzulässige Erwärmungen schützt, anderseits aber beim Einschalten keine Abschaltung erfolgt. Dies kann mit den üblichen Bimetallstreifen in der Regel erreicht werden. Eine genauere Anpassung an die Erwärmung des Motors ist meist nicht erforderlich, sie ist auch selten wegen der verschiedenen Zeitkonstanten zu erreichen.

Für die thermische Auslösung verwendet man meist Bimetallstreifen. Bei kleineren Strömen werden diese direkt geheizt, bei größeren Strömen können mehrere Streifen zu Paketen zusammengefaßt werden, sogenannte Paketwärmeauslöser [Hopferwieser, S. P. (*97*), Gut, G. (*96*)], oder man heizt die Streifen indirekt. Hiezu kann man Heizwicklungen verwenden, die um den Streifen gewickelt werden. Sie haben den Nachteil, in explosionsgefährlichen Räumen beim Glühen gefährlich zu sein; oder man heizt den Streifen über besondere Stromwandler. Hiebei ist auch leicht eine Einstellbarkeit möglich, indem entweder die Wicklungen angezapft werden oder mit Hilfe von Luftspaltvariierung durch Änderung der Eisensättigung die Übersetzung beeinflußt wird [Horst, A. (*101*)].

Statt des Bimetallstreifens, der beim Durchbiegen die Auslösung bewirkt, kann man auch ein Schmelzlot verwenden. Hiemit wird ein mit der Auslösung gekuppeltes Zahnrad auf einer Achse festgelötet. Über einen Stromwandler wird die Achse beheizt. Bei Überlastung schmilzt das Lot und gibt damit das Zahnrad und den Auslöser frei [Horst, A. (*101*)].

Für die *Kurzschlußauslösung* verwendet man bei den Schaltern, die nur thermische Auslösung besitzen, zusätzlich *Sicherungen*. Ihre Nennstromstärke muß so hoch sein, daß sie im Überlastungsbereich sicher über den Auslösezeiten der thermischen Auslöser liegt. Im allgemeinen bedeutet dies eine Übersicherung. Die Verwendung träger Sicherungen ist in jedem Falle vorzuziehen. Solche Sicherungen werden bei kleinen Motoren gern angewendet, weil sie preiswerter sind, oder aber in Netzen, wo die Kurz-schlußleistung so hoch ist, daß der Schalter sie nicht bewältigt.

Bei Schaltern mit *magnetischer Schnellauslösung* übernimmt eine Magnet-wicklung die Auslösung im Kurzschlußfalle. Der Ansprechstrom ist je nach der Motorenart zwischen dem fünf- bis achtfachen Nennstrom. Er kann mit Hilfe veränderlicher Federspannung auch einstellbar gemacht werden.

Der Motorschutzschalter ist in diesem Falle für ein hohes Abschaltver-mögen auszulegen. Man verwendet daher Leistungsschalter, Automaten, auch Ölschalter, die den hohen Anforderungen gewachsen sind.

Gegen *Spannungsabsenkungen* wird ein weiterer Magnet mit einer Spannungsspule vorgesehen, die an eine Dreiecksspannung angeschlossen wird. Die Auslösung erfolgt beim Abfallen des Magneten.

Da bei meist kurzzeitigen Spannungsabsenkungen oder -unterbrechungen der Motor noch in Betrieb bleibt, so ist eine Zeitverzögerung zur Ver-meidung unnötiger Betriebsunterbrechungen vorzusehen. Man wählt hiezu eine feste Zeit von 2 bis 3 s oder eine begrenzt abhängige Kennlinie, gemäß der bei geringen Absenkungen eine längere, bei völliger Spannungslosigkeit eine Auslösezeit von etwa 2 s erhalten wird. Bei ferngesteuerten Schaltern kann die Einschaltspule selbst als Unterspannungsauslöser verwendet werden. Die Unterspannungsauslösung erfolgt häufig einpolig.

Für die *Fehlerspannungsauslösung* kann man einen Spannungsmagneten verwenden, der von der Berührungsspannung am Gehäuse erregt wird. Er liegt zwischen Gehäuse und Erde. Beim Auftreten von unzulässig hohen Berührungsspannungen infolge Erdschlusses wird der Motor abgeschaltet (Heinisch-Riedl-Auslöser). Erwähnt sei noch, daß diese Schutzeinrich-tungen auch bei Stern-Dreiecksschalter und Wendeschützen vorgesehen werden können.

3. Spannungswandler-Schutzschalter

Um auch in Spannungswandlern die Primär- und Sekundärwicklung gegen Überlastung schützen zu können, wurde ein Spannungswandler-Schutzapparat [Widmer, K. *(28)*] entwickelt, da normale Sicherungen praktisch nur einen Schutz gegen Kurzschlüsse darstellen. Dieser Schutz-schalter für Spannungswandler in Hochspannungsanlagen ermöglicht nicht nur einen völligen Schutz des Wandlers, sondern begrenzt beim Ansprechen auch den Kurzschlußstrom derart, daß mit einem Luftschalter der Fehler abgeschaltet werden kann.

Die Wirkungsweise ist folgende: Ein in Öl gebetteter Widerstand dehnt dieses durch die Erwärmung aus. Das Öl drückt nun über ein Luftpolster auf eine Membran, die mit einem Stift die Auslösung des Schalters bewirkt (Abb. 189). Der Widerstand, in dem der Wandler-Primärstrom direkt fließt, erhöht infolge der Erwärmung gleichzeitig seinen Widerstandswert und begrenzt dadurch selbst den Kurzschlußstrom. Die Abschaltleistung des Schalters wird durch schlagartige Ausschaltung (Auslösefeder) gegen-über gewöhnlichen Trennschaltern erhöht. Die Ausschaltung kann ein- oder bei gekuppelten Trennmessern auch dreipolig erfolgen. Der Schalter wird wie ein gewöhnlicher Trennschalter wieder eingeschaltet.

Die Kennlinie des Schutzschalters ist so gelegt, daß sie beim Grenz-strom des Spannungswandlers beginnt. Der Nennstrom liegt ja immer wesentlich tiefer, so daß ein Fehlansprechen, insbesondere bei Erdschluß, nicht befürchtet zu werden braucht. Bei größeren Strömen wird die Auslösezeit rasch kleiner (Abb. 190). Die Abhängigkeit von der Vorbelastung

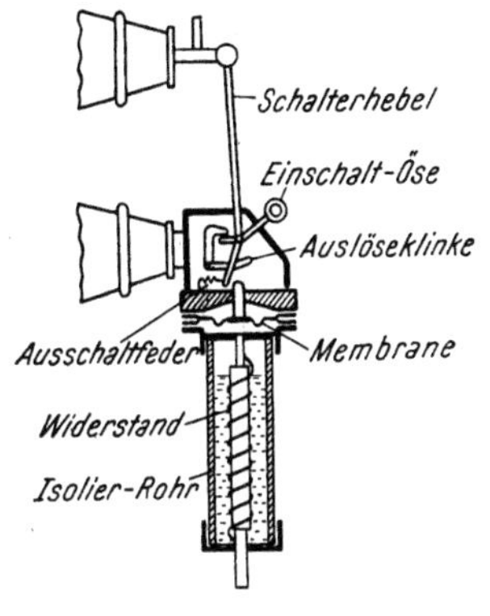

Abb. 189.
Schutzschalter für Spannungswandler

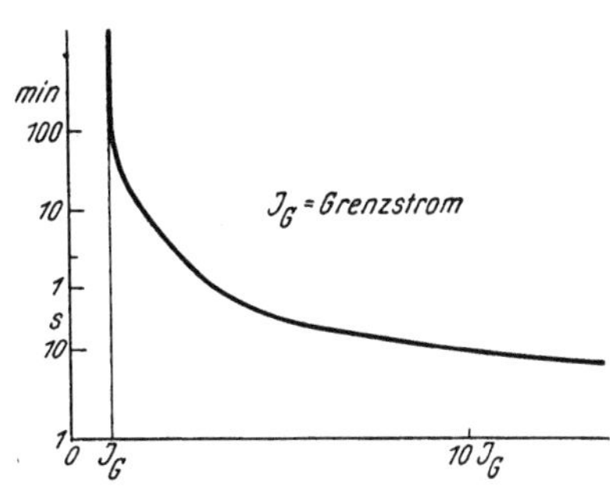

Abb. 190.
Spannungswandler-Schutzschalter, Kennlinie

ist gering. Solche Apparate können bis zu den höchsten Spannungen hergestellt werden, wo bekanntlich Sicherungen wegen der Zerstäubungsgefahr durch Korona-Erscheinungen nicht mehr verwendet werden können.

d) Die Primärauslöser

Primärauslöser sind Schutzapparate, die primärseitig erregt werden und einen normalen Leistungsschalter auslösen. Der Schalter gehört hiebei nicht unmittelbar zur Konstruktion.

Die prinzipielle Wirkungsweise zeigt Abb. 191. Ein Elektromagnet zieht bei Überstrom den Anker an und betätigt dadurch ein isoliertes Gestänge, das den Ausschaltmechanismus des Leistungsschalters betätigt.

Der Primärauslöser selbst muß den thermischen und dynamischen Kurzschlußkräften gewachsen sein. Es gilt hiefür etwa dasselbe wie bei Stromwandlern. Gegen Wanderwellen schützt man sie wie diese durch Parallelschalten von spannungsabhängigen Widerständen.

Die Verbreitung von Primärauslösern ist zahlenmäßig recht groß, obwohl ihre Anwendung naturgemäß beschränkt ist.

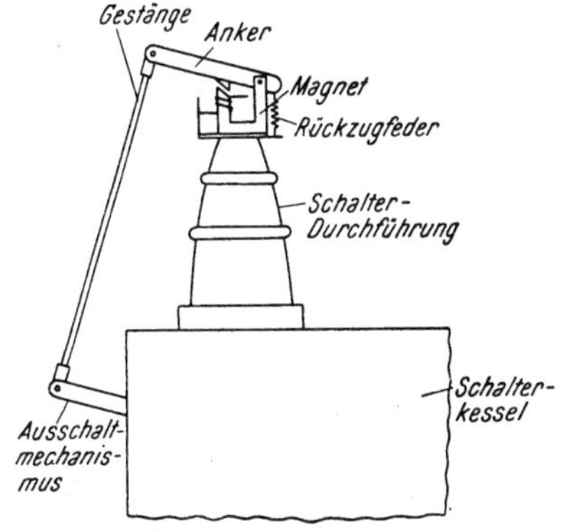

Abb. 191. Primärauslöser

Man findet sie in kleineren Abzweigen, bei Hochspannungsmotoren, kleineren Netztransformatoren usw. Auch im Leitungsnetz finden sie Anwendung, wenn keine Staffelschwierigkeiten befürchtet zu werden brauchen. Sie werden aber nur bei Mittelspannungsnetzen angewendet.

Es gibt mehrere Ausführungsformen, mit und ohne Zeitverzögerungen, mit abhängigen, begrenzt abhängigen und unabhängigen Charakteristiken. Auch als thermische Auslöser sind sie zu finden. Diese einzelnen

Konstruktionen sind im Abschnitt D II b unter Primärrelais genauer beschrieben, da zwischen ihnen und den Auslösern nur in der Art der Auslösung ein Unterschied besteht, die Meßglieder aber dieselben sind.

e) Auslösesicherung

Die Auslösesicherung, vielleicht besser bekannt unter dem Namen „steuerbare Sicherung", ist eine Einrichtung, die wohl selbständig den Strom wie eine normale Sicherung unterbrechen, aber auch von Relais ausgelöst werden kann. Als solche gehört sie bereits in den nächsten Absatz zu den Sekundärauslösern, wo sie auch noch einmal erwähnt ist; als Sicherung, die in den Hauptstrom unmittelbar eingeschaltet ist, gehört sie aber hieher.

Ihr Anwendungsgebiet ist insbesondere das Niederspannungsnetz. Sie wird dort in Transformatorenstationen als Ersatz für einen Schalter auf der Niederspannungsseite verwendet. Vor allem in Stationen für vermaschte Netze hat sie in vielen Fällen den teuren Maschennetzschalter ersetzen können. Dort wirkt sie als träge Sicherung und wird gleichzeitig von den Transformatorschutzrelais, wie Buchholzrelais, Rückleistungsrelais u. a. betätigt.

Sie hat als Sicherung die Aufgabe einer stark trägen Sicherung zu erfüllen, besitzt also eine Kennlinie, die im wesentlichen durch die Überlastungsfähigkeit des Transformators bestimmt wird. Anderseits muß sie als Auslöser möglichst rasch ausschalten. Weiters erfordert die Verwendung in kleineren Stationen, wo keine besonderen Betätigungskraftquellen zur Verfügung stehen, also die Niederspannung selbst zur Betätigung herangezogen wird, eine bis zu kleinsten Spannungen (10% der Nennspannung) zuverlässige Wirkungsweise.

Diese Bedingungen sind nur durch eine Konstruktion zu erfüllen, bei der kleine Steuerspannungen genügen, um große Wärmemengen zu erzeugen, also eine Zündung in einem explosiven Gemisch hervorrufen. Anderseits dürfen aber solche Einrichtungen durch die normale Erwärmung der Sicherung nicht zünden. Dies kann durch ein chemisches Gemisch erreicht werden, das eine hohe Zündtemperatur besitzt, aber nur eine geringe elektrische Leistung erfordert. Man bringt also an die Lötstelle der Sicherung eine Patrone, gefüllt mit einem Gemisch aus Metallstaub und Sauerstoff abgebenden Mitteln an, wie sie aus der Schweißtechnik bekannt sind. Sie wird elektrisch beim Ansprechen der Relais gezündet. Es genügen hiezu etwa 5 bis 10 g dieses Gemisches, um eine Unterbrechung auch bei höheren Nennstromstärken der Sicherung in 0,5 bis 2 s zu gewährleisten. Hiebei tritt nach außen keine Feuererscheinung auf.

Der Hauptvorteil ist bei den Auslösesicherungen die billige Ausführung und der geringe Platzbedarf. Nachteil ist natürlich die Unfähigkeit, sofort wieder eingeschaltet zu werden. Dagegen können sie aber meist leicht wieder hergestellt werden.

II. Indirekte Betätigung

Bei der indirekten oder sekundären Auslösung wirkt die Meßgröße erst über Relais auf die Auslösung.

Es werden im folgenden zuerst die Stromquellen für den Betätigungsstromkreis, die Arten der Betätigung und schließlich die Übertragungskanäle zwischen zwei Stationen besprochen.

a) Die Stromquellen

Es gibt drei Arten von Stromquellen, die für Betätigungsstromkreise verwendet werden. Gleichstrom aus besonderen Betätigungsbatterien, Wechselstrom aus dem Lichtnetz oder aus Spannungswandlern und der Wandlerstrom unter Mitbenützung der Stromwandler, die die Schutzeinrichtung speisen.

1. Gleichstrombetätigung

α) **Schaltung und Auslegung.** Als Stromquelle für die Gleichstrombetätigung wählt man eine besondere Betätigungsbatterie mit einer Spannung zwischen 24 und 220 V. Diese Batterie speist den Betätigungskreis (z. B. den Auslöser) über den Kontakt des Meßrelais. Die einfachste Schaltung ist die elektrische Betätigung des Schalters mit einem Auslöser (Abb. 192). Damit nach der Auslösung des Stromkreises möglichst schnell wieder unterbrochen wird, wird am ausgelösten Gerät, dem Schalter, ein Hilfskontakt angebracht, der sich zusammen mit dem Schalterkontakt öffnet. Der ganze Kreis wird mit gewöhnlichen Sicherungen oder Kleinautomaten abgesichert (Abb. 192). Der Kreis wird hiernach also nur

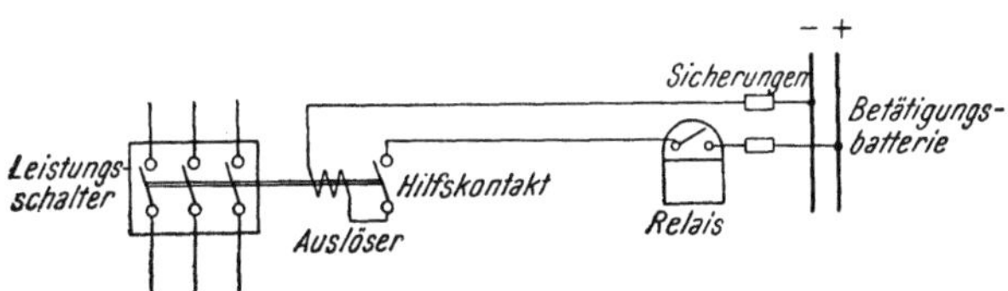

Abb. 192. Betätigung eines Leistungsschalters

einpolig betätigt. Es hat sich als zweckmäßig erwiesen, immer jeweils den Minuspol an den Auslöser, bzw. an sonstige Spulen des Betätigungskreises direkt zu legen. Es hat sich nämlich herausgestellt, daß dann die Korrosionserscheinungen am geringsten sind.

Die Betätigungsbatterie wird nicht nur zur Betätigung beim Schutze benutzt, sondern dient, soweit vorhanden, auch der Fernbedienung der Schalter und anderer Apparate und Einrichtungen wie Spannungsregler, Notbeleuchtung usw.

Die Größe der Batterie bestimmt sich aus der Belastung in üblicher Weise. Es ist besser, die Batterie zu groß als zu klein auszulegen. Damit die Spannungsabfälle nicht zu groß werden, ist die Nennspannung nicht zu niedrig zu wählen. Im allgemeinen verwendet man 110- oder 220-V-Batterien. Die Geräte des Betätigungskreises werden so ausgelegt, daß sie bis etwa 25% Unterspannung noch einwandfrei arbeiten.

β) **Überwachung.** Da ein Versager des Betätigungskreises ein Versagen des Schutzes zur Folge hat, ist auf einen einwandfreien Zustand der Batterie und eine ausreichende Spannung zu achten. Eine Reservebatterie ist erforderlich, da die Betätigungskreise nicht ohne Spannung sein dürfen, wenn die Batterie gereinigt oder repariert werden muß. Bei bedienten Werken ist eine laufende Messung der Batteriespannung nötig, bei Absinken der Spannung ist ein akustisches oder optisches Signal automatisch über Spannungsrelais zu geben.

Am besten schaltet man bei zu geringer Spannung automatisch auf die Reservebatterie um. In unbedienten Stationen ist dies unbedingt erforderlich.

Die Absicherung erfolgt derart, daß jeweils die zu einem Hauptstromabzweig gehörenden Betätigungskreise des Schutzes unter eine Sicherung oder einen Kleinautomaten kommen. Außerdem wird die Batteriehauptleitung nochmals mit höherer Nennstromstärke abgesichert. Die Absicherung ist doppelpolig auszuführen.

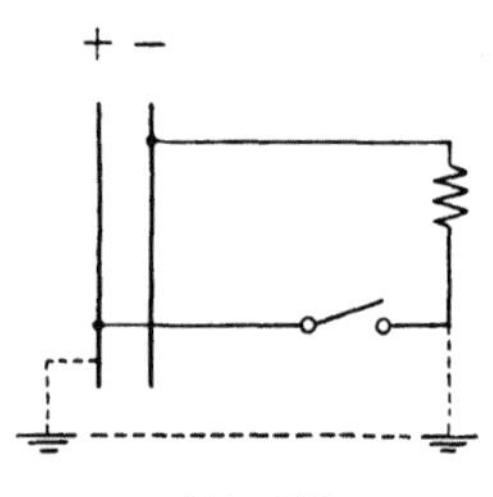

Abb. 193.
Überbrückung von Kontakten durch Erdschlüsse

Wichtig ist eine Überwachung des Isolationszustandes, um Falschauslösungen durch Fehler, insbesondere Erdschlüsse, im Betätigungskreis zu verhindern. Besteht beispielsweise seit längerer Zeit ein Erdschluß im Betätigungskreis zwischen Relais und Batterie, der nicht bemerkt worden ist, und wird dann aus irgendeinem Grunde der gleiche Pol vorübergehend zwischen Relais und Auslöser absichtlich oder unabsichtlich geerdet oder umgekehrt, so ist damit der Relaiskontakt überbrückt (s. Abb. 193) und der Leistungsschalter wird ausgelöst. Um dies zu vermeiden, ist eine dauernde Überwachung der Isolation erforderlich. Man kann dies mit zwei gegen Erde geschalteten Voltmetern machen (s. Abb. 194a) oder läßt mit Hilfe eines Spannungsrelais, das zwischen der elektrischen Mitte der beiden Pole und Erde liegt, ein Signal ertönen. Normalerweise besteht

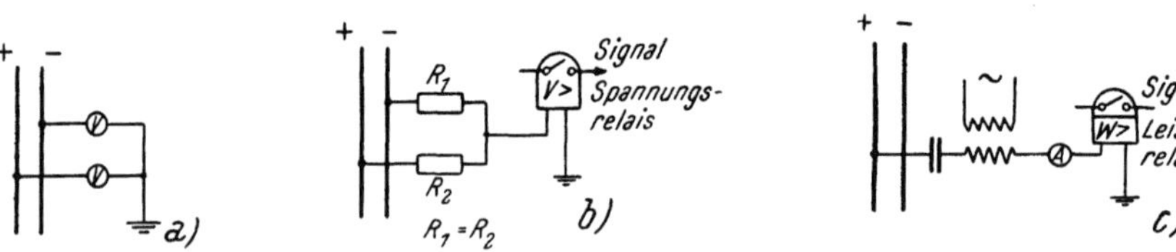

Abb. 194. Isolationsprüfung von Betätigungskreisen
a) Spannungsmessung, b) Signalisierung, c) Strommessung und Signalisierung mit Wechselstrom

zwischen diesen Punkten keine Spannung. Bei Verschlechterung der Isolation auf einer Seite aber verschiebt sich das Potential und es entsteht eine Spannung gegen Erde, die das Relais zum Ansprechen bringt (Abb. 194b). Eine laufende Messung in Verbindung mit einer Signalisierung kann man mit Hilfe von künstlichem Wechselstrom erhalten, der über einen einpoligen Transformator zwischen Leiter und Erde gelegt wird [Bütow, W. (203)]. Der Isolationszustand kann mit einem Amperemeter abgelesen werden, ein Relais spricht beim Überschreiten eines bestimmten Strom- oder Leistungswertes an und gibt ein Signal (s. Abb. 194c).

Wichtig ist auch das Anzeigen von Unterbrechungen im Betätigungskreis, also des Durchgehens der Sicherungen, schadhafter Stellen, loser Kontakten oder ähnlichem. Man kann dies dadurch betriebsmäßig feststellen, daß ein Ruhestromkreis mit geringem Strom gebildet wird, der dauernd im Normalzustand Strom führt. Dies kann mit Glimmlampen geschehen, die über einen Schutzwiderstand den Auslösekontakten der Relais parallelgeschaltet sind. Dieselben leuchten, solange die Anlage in Ordnung ist. Oder man kann besondere Signalwächter, sogenannte Schutzkreiswächter, benutzen, die eine hochohmige Spannungsspule besitzen, und ihren Anker im Normalzustand angezogen halten. Diese Wächter können gleichzeitig auch als Melderelais beim Ansprechen des Schutzes verwendet werden, da dann die Haltespannung ebenfalls zusammenbricht. Der Unterschied zwischen Ansprechen des Relais und einem Fehler im Betätigungskreis ist dadurch zu erkennen, daß im ersten Fall der Wächter beim Rückstellen wieder die Normallage einnimmt, im letzteren Falle aber abgefallen bleibt, was durch eine besondere Scheibe angezeigt wird [Kannengießer, P. (*271*)].

2. Wechselstrombetätigung

Die Aufstellung von Batterien für die Betätigung und Auslösung ist nur in größeren Werken, in Kraftwerken und Umspannstationen und größeren Schaltstationen wirtschaftlich tragbar. In kleineren Stationen ist meist kein Raum dafür vorhanden. Anderseits muß aber auch in solchen Stationen ein eingebauter Schutz richtig und zuverlässig arbeiten. Dies kann man unter anderem mit der Wechselstrombetätigung erreichen.

Es wird zu diesem Zwecke die in der Station für andere Zwecke vorhandene Niederspannung als Spannungsquelle für die Auslösung benützt. Meist wird diese Niederspannung direkt in solchen Stationen erzeugt.

Es wird also unter besonderer Absicherung diese Spannung über den betreffenden Relaiskontakt genau wie bei der Gleichstrombetätigung an den Auslöser geführt. Berücksichtigt werden muß hiebei nur, daß der Schutz auch bei starken Spannungsschwankungen, die ja gerade bei Fehlern auftreten, arbeiten muß. Deshalb müssen solche Auslöser, wenn sie auch bei einem starken Kurzschluß einwandfrei arbeiten sollen, noch bei 10% der Nennspannung einwandfrei arbeiten. Im allgemeinen genügen aber höhere Werte. Praktisch wird die Wechselstromauslösung nur dort verwendet, wo andere Betätigungsarten nicht möglich sind, insbesondere bei Relais, die nicht vom Strom als Meßgröße betätigt werden, also beispielsweise Buchholzrelais. Auch beim Differentialschutz oder Rückleistungsschutz, z. B. in Maschennetzschaltern, wird sie verwendet, weil dieser schon bei geringen Fehlerströmen arbeiten muß. Auch bei der Wiederzuschaltung in kleinen Stationen wird sie verwendet. Man findet sie insbesondere auch beim Schutz von Motoren und der Betätigung der Motorschalter.

Die Wechselspannung gewinnt man entweder aus dem Netz selbst, von der Niederspannungsseite der Transformatoren oder auch von Spannungswandlern. Im letzteren Falle ist auf die Leistungsfähigkeit der Wandler zu achten.

Im allgemeinen bleibt die Wechselstromauslösung auf nur wenige Fälle beschränkt.

3. Wandlerstrombetätigung

Mehr Bedeutung hat die Wandlerstrombetätigung erlangt. Bei ihr wird der Sekundärstrom des die Meßgröße liefernden Stromwandlers zur Betätigung und Auslösung mit herangezogen. Es ist klar, daß die Wandlerstrombetätigung nur dort angewendet werden kann, wo der Strom als

Meßgröße verwendet wird. Dies ist beim Überstromschutz und Distanz-schutz und bei Sicherungen der Fall. Sie wird aber nur in kleineren Stationen angewendet.

Die Schaltung ist anders als bei der Gleichstromauslösung. Der Wandler darf sekundär nicht offen sein. Man kann mehrere grundsätzliche Schal-tungen anwenden (s. Abb. 195). Bei der Ruhestromschaltung erhält das Relais einen Ruhekontakt, der den Auslöser normal überbrückt. Beim Ansprechen wird der Kontakt geöffnet und der Wandlerstrom fließt durch den Auslöser. Hiebei wird bei der Auslösung der Wandler zusätzlich stark bebürdet. Es darf hiebei nicht plötzlich infolge erhöhter Sättigung der Sekundärstrom so stark absinken, daß der Auslöser nicht mehr anspricht.

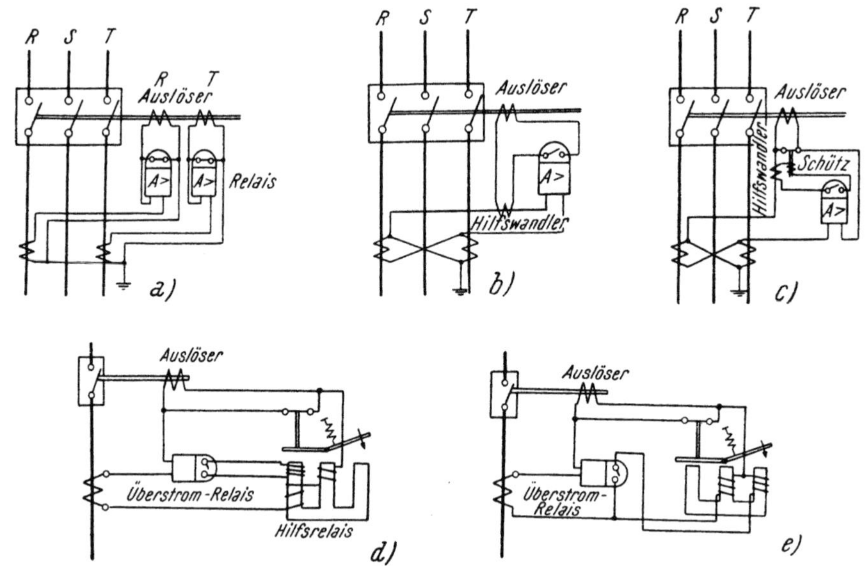

Abb. 195. Wandlerstromauslösung

a) Ruhestromauslösung, zweipolig, *b*) Arbeitsstromauslösung mit gesättigtem Hilfswandler, Kreuz-schaltung, *c*) Ruhestromauslösung mit gesättigtem Hilfswandler, Kreuzschaltung, *d*) Hilfs-relais, Kurzschließen einer Hilfswicklung, *e*) Hilfsrelais, Einschalten einer Hilfswicklung

Diese Schaltung kann man auch mit Sekundärsicherungen anwenden, wobei eine Sicherung parallel zum Auslöser geschaltet wird, eine sehr einfache und auch heute noch zu findende Anordnung, die den Namen Cleveland-Auslösung hat.

Bei der zweiten Ausführung wird ein gesättigter Hilfswandler verwendet, den man unbedenklich auch offen fahren kann. Er liefert bei verschieden großen Kurzschlußströmen immer angenähert den gleichen Sekundärstrom. Der Auslösekreis mit dem Hilfswandler als Stromquelle wird durch das Relais wie bei Gleichstrom eingeschaltet. Aber hiebei muß darauf geachtet werden, daß der Hilfswandler bei kleinen Überströmen noch genügend Strom für den Auslöser hergibt.

Diese Gefahr ist bei der dritten Schaltung beseitigt, wo der Zwischen-wandler erst ein Zwischenschütz betätigt und der Auslöser wieder durch den Sekundärstrom des Hauptwandlers betätigt wird. Diese Schaltung wird gern benutzt, wenn am Relais die Schaltleistung des Kontaktes nicht ausreicht.

Die erste Schaltung ist zweipolig dargestellt. In diesem Falle sind zwei Auslöser erforderlich. Es ist hiebei darauf zu achten, daß sich die Auslöser nicht gegenseitig induktiv beeinflussen. Es kann nämlich dabei geschehen, daß bei einem zweipoligen Fehler, wo die Ströme entgegengesetzt gewickelt sind, die Felder der Auslöser sich aufheben und der Schutz dadurch versagt. Bei dreipoligem Schutz sind dann drei Auslöser notwendig. Bei einer Einrelaisschaltung, wie in den beiden anderen Schaltungen dargestellt, ist nur ein Auslöser nötig. Die Zahl der Auslöser richtet sich also nach der Poligkeit des Schutzes. Dagegen können mehrere Relaisarten des gleichen Leiters in denselben Kreis gelegt werden. Bei der Ruhestromschaltung sind die Auslösekontakte hintereinander, bei der Arbeitsstromschaltung wie bei Gleichstrom parallel zu schalten.

Die Abb. 195d und e zeigen die Verwendung eines Hilfsrelais für die Wandlerstromauslösung. Dieses ist ein magnetisches Relais mit drei Schenkeln, von der der mittlere und ein äußerer bewickelt ist. Die Spulen werden derart vom Strom durchflossen, daß der Magnetfluß sich über die beiden bewickelten Schenkel schließt. Hiedurch wird der Anker angezogen und der Kontakt geschlossen gehalten. Auf dem äußeren Schenkel (AEG) (Abb. 195d) liegt nun noch eine zweite Wicklung, die mit dem Arbeitskontakt des Relais verbunden ist [Monseth und Robinson (7)]. Schließt dieser, so ist sie kurzgeschlossen und der Fluß wird durch den unbewickelten dritten Schenkel gezwungen. Der Anker schlägt um und öffnet den Kontakt, so daß der Auslöser Strom erhält.

Dasselbe erreicht man (Abb. 195e) (ASEA), wenn im Ruhezustand nur eine Wicklung Strom führt und nach dem Auslösen die zweite Spule erregt wird. Der Fluß schließt sich dann praktisch nur über die bewickelten Schenkel und der Anker zieht an.

Hilfskontakte an den Leistungsschaltern dürfen bei der Wandlerstromauslösung nicht vorgesehen werden. Sie sind auch nicht nötig, da ja der Auslösestrom nach der Abschaltung verschwindet.

b) Die Betätigungsarten

Ein Schutz hat meist die Aufgabe, einen oder mehrere Schalter auszuschalten und damit den schadhaften Anlageteil vom Netz abzutrennen. Dies ist aber nicht die einzige Betätigung, die er vornehmen kann. Abgesehen davon, daß eine Abschaltung sofort gemeldet werden muß, genügt es bei leichten Fehlern oft, nur auf das Vorhandensein derselben aufmerksam zu machen, damit inzwischen irgendwelche erforderliche Um- oder Zuschaltungen von Betriebsmitteln vorgenommen werden können, bzw. der Fehler selbst ohne Betriebsunterbrechung gesucht und beseitigt wird. Dann genügt es, daß der Schutz nur signalisiert. Bei Generatoren kommt zur Abschaltung noch die Feldschwächung als Betätigung vor. Weiters können besondere Schutzmaßnahmen, wie Feuerlöschung und Bremsungen, durch den Schutz ausgelöst werden.

Um Überlastungen zu vermeiden, kann man während eines Kurzschlusses besonders empfindliche Maschinen, wie Einankerumformer, Motoren, vorübergehend abschalten und dann nach Klärung des Fehlers wieder zuschalten. Damit die Maschinen aber möglichst betriebsbereit bleiben, sind besondere Inbetriebhaltungseinrichtungen vorgesehen, die ebenfalls vom Schutz ausgelöst werden.

Schließlich sei noch die in neuerer Zeit immer mehr zur Verwendung gelangende Kurzschlußfortschaltung erwähnt, bei der der schadhafte Anlageteil nur kurzzeitig abgeschaltet und dann wieder eingeschaltet wird. Hiebei wird angenommen, daß inzwischen der Fehler von selbst verschwunden ist.

1. Die Abschaltung

Die häufigste Form der Betätigung ist die Auslösung der Leistungsschalter. Sie wird mit Hilfe von Magnetspulen bewirkt, die beim Anziehen des Ankers die Ausschaltfeder oder das Eigengewicht des Schalters freigeben. Bei Druckluftantrieb wird dadurch das Ventil für die Abschaltung geöffnet. Diese Spulen sind die *Auslöser*, auch *Hilfs- oder Sekundärauslöser* genannt. Die Hilfsauslöser sind meist Tauch- oder Klappankermagnete und direkt an den Schaltern im Antriebskasten angeordnet. Als Auslöser ist hier auch noch einmal die Auslösesicherung (steuerbare Sicherung) zu nennen, bei der durch Zündung eines chemischen Gemisches die Lötstelle einer Sicherung derart erhitzt wird, daß dieselbe ausschaltet (s. F I e).

Für die Auslöser ist die Bedingung zu stellen, daß ihre Ansprechzeit so klein wie möglich ist. Dies ist bei den modernen Schnellschutzarten dringend erforderlich, da es keinen Sinn hat, dem Schutz eine kurze Auslösezeit zu geben, wenn der Auslösevorgang selbst eine zu große Zeit beansprucht. Es ergibt sich also, dem Auslöser und natürlich auch dem Abschaltvorgang selbst eine möglichst kurze Zeit zu geben. Auslöser und Schalter haben eine Zeit, die man die Eigenzeit des Schalters nennt. Diese Zeit ist für den Schutz sehr wichtig, denn sie bestimmt im wesentlichen die kleinste notwendige Staffelzeit. Diese muß ja größer sein als die Eigenzeit des Schalters einschließlich der Auslöser, da das übergeordnete Relais solange läuft, als Kurzschlußstrom fließt. Erst nach der Unterbrechung kann es wieder abfallen. Die Eigenzeit des Schalters schwankt zwischen einigen Perioden bei modernen Schaltern, bis zu einer halben Sekunde und mehr bei älteren Ölschaltern hoher Spannung. Je geringer also die Eigenzeit des Auslösers ist, um so geringer sind dann überhaupt die Auslösezeiten im Netz.

Der Verbrauch der Auslöser soll möglichst nicht zu hoch sein. Denn dieser bestimmt die Kontaktleistung des Relais. Anderseits verlangt aber die geringe Eigenzeit in Verbindung mit den aufzubringenden Kräften einen bestimmten Verbrauch. Der Auslöser hat ja nicht selbst den Schaltvorgang auszuführen, sondern dies macht meist ein Kraftspeicher, die Druckluft, das Eigengewicht usw. des Schalters. Es ist nur die Auslösearbeit zu verrichten, die durch geeignete konstruktive Ausführung kleingehalten werden kann.

Der Auslöser darf weiters nicht versagen, wenn die Auslösespannung abgesunken ist. Bei Gleichstrombetätigung muß er bei 25% Unterspannung, bei Wechselstrombetätigung sogar in gewissen Fällen bei 90% Spannungsabsenkung noch einwandfrei arbeiten. Bei Wandlerstromauslösung ist ein einwandfreies Arbeiten noch bei 20% kleineren Werten als der Nennstrom erforderlich.

Reicht die Kontaktleistung des Relais nicht aus, um den Auslöser einwandfrei zu schalten oder müssen mehrere Schalter wie beim Trans-

formatorschutz geschaltet werden, so schaltet man gerne noch ein Hilfsrelais dazwischen, das selbst nur einen geringen Verbrauch hat, dessen
Kontakt aber leistungsfähiger ist. Mit einem solchen Auslöserelais kann
man auch mehrere Betätigungen gleichzeitig ausführen. Das Relais hat
dann mehrere Kontakte (s. Abb. 196).

Bei Transformatoren besteht
manchmal der Wunsch, daß eine
Relaisart beide, eine andere nur
einen Schalter auslöst, oder mit
der Fernbetätigung jeder Schalter

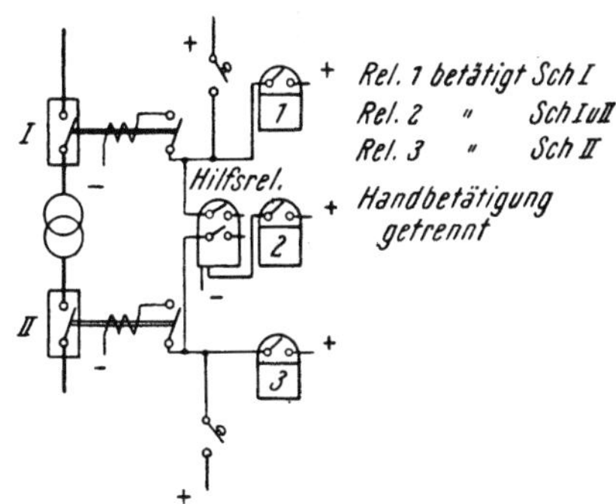

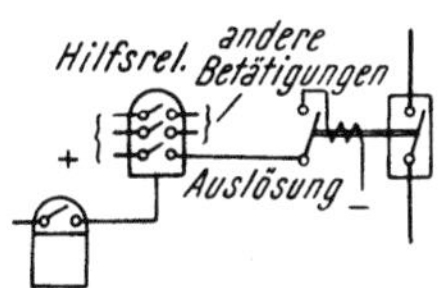

Abb. 196. Mehrfachbetätigung

Abb. 197. Auslösetrennung bei Betätigung
mehrerer Schalter

für sich ausgeschaltet werden soll. Auch dies kann man mit Hilfe
eines Hilfsrelais erreichen, wobei die Auslösekreise elektrisch getrennt
bleiben. Das Hilfsrelais tritt nur in Tätigkeit, wenn beide Schalter gleichzeitig ausgelöst werden sollen (s. Abb. 197).

2. Die Signalisierung

Bei der Signalisierung sollen zwei Gruppen unterschieden werden.
Erstens die mit jeder Abschaltung gleichzeitig verbundene Signalisierung,
zweitens die Signalisierung eines Fehlers ohne damit verbundene Abschaltung.

a) **Signalisierung der Abschaltung.** Die Signalisierung hat den
Zweck, zu zeigen, daß überhaupt irgendwo ein Schalter „gefallen" ist,

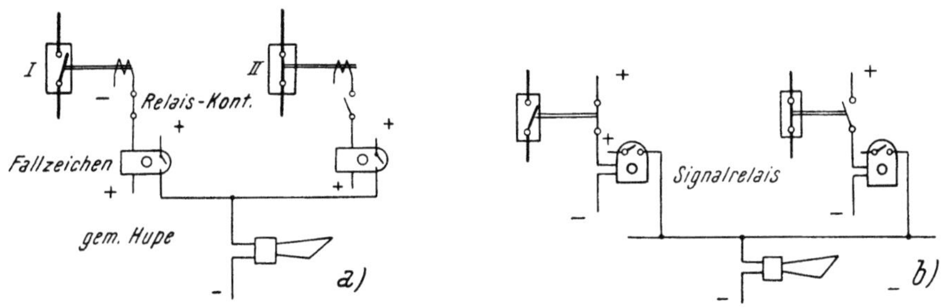

Abb. 198. Signalisierung von ausgelösten Schaltern
a) Stromfallzeichen, *b*) Spannungsfallzeichen

welcher Abzweig abgeschaltet wurde und gegebenenfalls, welches Relais
die Auslösung bewirkte. Dies erreicht man mit Hilfe von Fallzeichenrelais, die gleichzeitig mit den Relais oder Leistungsschaltern ansprechen
und mit den Fallzeichen (Fallklappe) das Ansprechen anzeigen. Beim
Ansprechen schließen sie einen Kontakt, der ein akustisches Signal ein

schaltet. Stellt man das Fallzeichen zurück, so wird dieses wieder ausgeschaltet. Hiefür gibt es verschiedene Schaltungen, von denen drei in Abb. 198 und 199 gezeigt sind. Abb. 198a zeigt ein Stromfallzeichen, das direkt in den Auslösekreis eingeschleift ist. Diese Schaltung hat den Vorteil, daß das Signal nur kommt, wenn im Auslöser tatsächlich Strom geflossen ist. Abb. 198b zeigt ein Spannungsfallzeichen, das zum Auslöser parallel liegt. Bei beiden wird der Kontakt für den Hupenkreis nicht durch die Spule, sondern durch das Fallzeichen selbst geschlossen. Abb. 199 zeigt die Schaltung eines Dreifachfallzeichens. Mit diesem kann die Hupe abgestellt werden, ohne das Fallzeichen selbst völlig

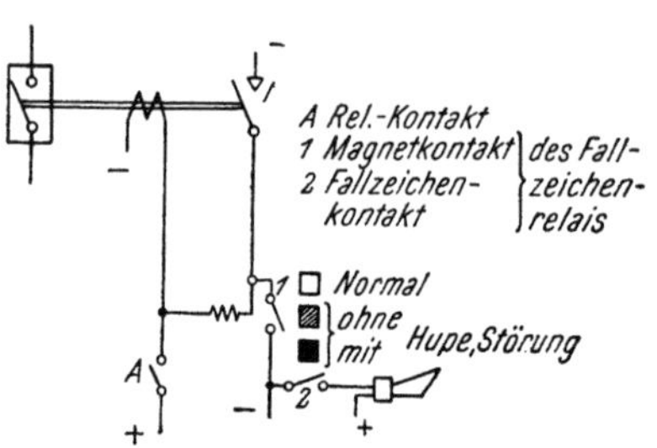

Abb. 199. Dreifachfallzeichen

zurückstellen zu müssen. Normalerweise zeigt sich beispielsweise ein weißes Zeichen. Beim Auftreten einer Störung, wenn also der Relaiskontakt geschlossen wird und der Schalter fällt, wird das Fallzeichen betätigt, das sich selbst hält und solange unter Spannung bleibt, solange der Relaiskontakt, z. B. vom Buchholzrelais oder Wärmerelais, geschlossen bleibt. Es zeigt dann eine rote Scheibe. Nach Rückstellung der Hupe erscheint ein gestreiftes Zeichen, das erst verschwindet, wenn das Fallzeichen entregt wird (Abb. 199). Ähnliche Schaltungen können auch in Verbindung mit dem Steuerquittungsschalter erreicht werden, bei dem das Fallzeichen so lange in Betrieb bleibt, bis die Stellung des ausgelösten Schalters quittiert wird, oder das Fallzeichen wird in Abhängigkeit vom Leistungsschalter selbstgesteuert.

In Niederspannungsnetzen mit einer großen Anzahl von Netzstationen ist es erforderlich, einen in einer Station ausgelösten Schalter zu einer zentralen Stelle zu melden. Hierbei muß die Station selbst gekennzeichnet sein. Um Signaladern zu sparen, kann man mehrere in einer gemeinsamen Richtung liegende Stationen zusammenfassen und jeder Station ein besonderes Signal nach Art der Morsezeichen oder mit Hilfe von Schrittschaltwerken geben.

Nicht nur der Schalter, sondern auch das Relais, das die Auslösung hervorgerufen hat, muß zu erkennen sein. Hierfür erhält das Relais selbst ein Fallzeichen. Man muß dabei unterscheiden zwischen *voll- und halbautomatischen* Relais, je nachdem, ob der Auslösekontakt, nach Aufhören der Relaiserregung, wieder zurückgeht oder nicht. Bei halbautomatischen Relais ist daher aus der Kontaktstellung zu ersehen, ob sie ausgelöst haben. Meist bringt man an dem Kontakt zur deutlichen Kennzeichnung der vollzogenen Auslösung eine Signalscheibe an. Bei vollautomatischen Relais geht dagegen der Kontakt nach der Auslösung wieder in die Ruhestellung zurück. Man kann bei solchen Relais aber auch kleine Fallscheiben anbringen, die nach der Auslösung liegen bleiben und das Relais kennzeichnen.

β) **Reine Signalisierung.** Bei verschiedenen Schutzsystemen, die nur bei Beginn eines Fehlers oder leichteren Fehlern ansprechen, ist es nicht erforderlich, den Leistungsschalter abzuschalten, sondern es genügt, den Fehler zu melden.

Diese Meldung geschieht dadurch, daß der Kontakt des Relais direkt auf eine Signalisierungsanlage geschaltet ist. Hiebei muß zu erkennen sein, welches Relais angesprochen hat. Die Maßnahmen sind ähnlich wie oben beschrieben. Der Relaiskontakt betätigt ein Signalrelais und gleichzeitig damit ertönt ein akustisches Signal, oder brennt eine Lampe, was ebenfalls vom Relaiskontakt oder vom Signalrelais betätigt werden kann.

In einigen Fällen kann man ein und dasselbe Relais bei schwachen Fehlern, z. B. Erdschlüssen, in einem Generator in der Nähe des Sternpunktes signalisieren, dagegen bei schweren Fehlern auslösen lassen. Dies ist durch mehrere Kontakte im Relais möglich, die von verschiedenen Meßgliedern betätigt werden.

Zweckmäßig ist es auch, eine Einrichtung zu treffen, daß man sofort erkennt, ob ein Schalter gefallen ist oder der Schutz nur einen Fehler signalisiert hat. Man kann dies beispielsweise mit zwei verschiedenfarbigen Lampen machen, von denen die eine bei Abschaltung, die andere bei Signalisierung gleichzeitig mit einem akustischen Signal aufleuchtet.

3. Die Feldschwächung

Bei Generatoren ist es erforderlich, nicht nur den Leistungsschalter abzuschalten, sondern gleichzeitig die Maschine so rasch wie möglich zu entregen, damit bei Fehlern in der Maschine selbst der Fehler trotz Abschaltung nicht weiter von der Maschine gespeist wird. Es hat ja keinen Sinn, dem Schutz möglichst kleine Abschaltzeiten zu geben, wenn der Entregungsvorgang mehrere Sekunden dauert. Zu einem schnell wirkenden Schutz gehören auch mindestens ebenso schnell arbeitende Auslösevorrichtungen. Es ist deshalb notwendig, den Entregungsvorgang der Generatoren zu beschleunigen.

Die Schwierigkeit ist dabei, daß das Feld nicht sofort verschwinden kann, sondern nur langsam, entsprechend der Zeitkonstante des Kreises, abklingt. Man muß also, um eine schnelle Entregung zu erhalten, die Zeitkonstante verkleinern. Da dieselbe (T) von der Induktivität (L) und dem Ohmschen Widerstand (R) nach der Gleichung

$$T = \frac{L}{R}$$

abhängt, kann man sie durch starke Vergrößerung von R verkleinern. Theoretisch ist natürlich das schnelle Auftrennen des Kreises das günstigste, da hiebei der Widerstand unendlich groß ist. Es entsteht aber dabei eine hohe Spannungsspitze, die zu Über- und Durchschlägen führen kann, falls nicht durch den Lichtbogen der Erregerstrom noch aufrecht erhalten wird. Dieser stellt auch einen Widerstand dar, dessen Wert aber sehr schwankt und nicht beherrscht werden kann. Man schaltet also besser einen Widerstand in den Kreis ein, der groß genug ist, um zu entregen, aber nicht so groß, daß unzulässige Spannungsspitzen entstehen.

Für kleinere Maschinen genügt es, zu diesem Zwecke einen Widerstand in den Feldstromkreis der Erregermaschine zu schalten. Hiebei verschwindet naturgemäß die Spannung nicht vollkommen, da ja der Feldstrom nicht gänzlich verschwindet. Die Generatorspannung strebt also einem Grenzwert zu. Man kann aber bei kleineren Maschinen unbedenklich

auch den Feldstromkreis einfach abschalten (Abb. 200a). In diesem
Falle ist die Restspannung durch die Remanenz bedingt. Da die Zeitkonstante des Erregerkreises selbst hiebei unverändert bleibt, dauert
das Abklingen noch verhältnismäßig lange, dies ist aber bei kleineren
Maschinen zulässig.

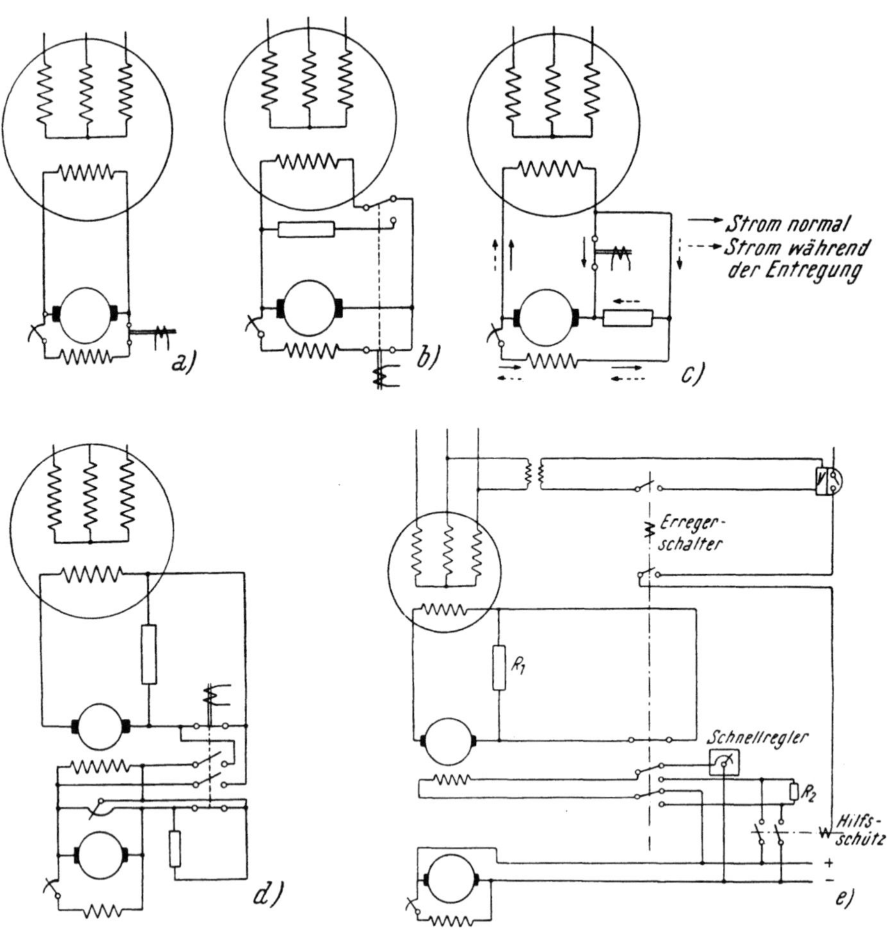

Abb. 200. Feldschwächung von Generatoren

a) Abschaltung des Feldstromkreises, *b*) Kurzschluß des Erregerkreises, *c*) Schwingungsentregung;
d) Schnellentregung bei Fremderregung, *e*) Gegenerregung

Man kann auch die Erregerwicklung mit einem Widerstand kurzschließen (Abb. 200b). Hiemit wird in der Regel eine völlig ausreichende
Schnellentregung erreicht. Die Zeitkonstante des Erregerkreises wird
hiebei ebenfalls stark herabgesetzt, so daß die Spannung der Maschine
rasch abklingt. Auch hier bleibt die Remanenzspannung übrig. Sie ist
aber klein genug, um in den meisten Fällen eine Wiederzündung des
Lichtbogens an der Fehlerstelle unmöglich zu machen [Keller, R. und
Courvoisier, A. (*280*)].

Will man darüber hinaus auch die Remanenzspannung noch beseitigen,
so kann man dies mit der Schwingungsentregung tun. Hiebei wird ein

Widerstand mit der Erregerwicklung hintereinander geschaltet, der Erregerkreis aber nicht abgetrennt. Derselbe Widerstand wird gleichzeitig in den Feldstromkreis der Erregermaschine hineingeschaltet (s. Abb. 200c). Hiebei geschieht folgendes: Einmal wird der Erregerkreis durch den Widerstand stark gedämpft, weiters wird der an dem Widerstand entstehende Spannungsabfall dazu benutzt, um einen der normalen Stromrichtung entgegengesetzten Strom in den Feldkreis zu schicken (gestrichelt in Abb. 200c). Hiedurch wird das Feld der Erregermaschine sehr rasch abgebaut und sogar entgegengesetzt magnetisiert. Die Generatorspannung geht dadurch sehr rasch auf null herunter, weil durch die Feldumkehrung eine um 180° versetzte Spannung entsteht. Diese Spannung schwingt eine kurze Zeit über, bis der ganze Vorgang abgeklungen ist (SSW). Abb. 201 zeigt den Verlauf der Generatorspannung bei den drei besprochenen Methoden. Abb. 200d zeigt noch eine Schaltung mit fremderregter Erregermaschine. Die Erregerspannung liefert hiebei eine besondere Hilfserregermaschine. Auch diese wird beim Einschalten der Schnellentregung an den Widerstand geschaltet, erhält aber außerdem

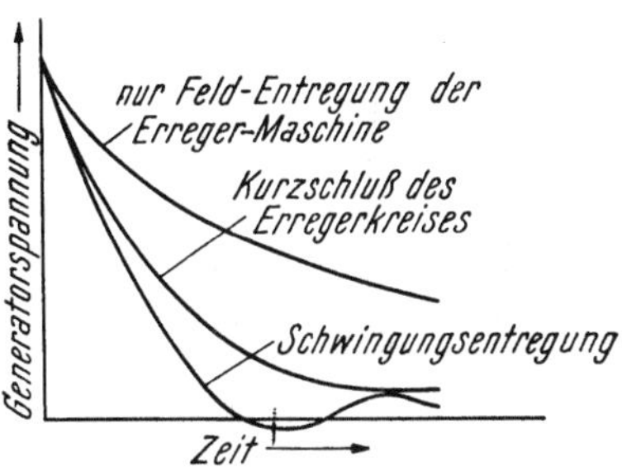

Abb. 201. Generatorspannung bei verschiedenen Entregungsarten

noch zusätzlich einen Widerstand in ihrem eigenen Stromkreis (Oerlikon). Eine schnelle Entregung erhält man auch durch unmittelbares Umpolen der Erregermaschine (Abb. 200e). Wird durch den Schutz der Erregerschalter ausgelöst, so wird über Hilfskontakte der Erregerkreis vom Schnellregler abgeschaltet und umgepolt, ein Widerstand R_1 zur Herabsetzung der Zeitkonstante in den Erregerkreis gelegt und das Hilfsschütz eingelegt. Gleichzeitig wird ein Unterspannungsrelais angeregt, das beim Nulldurchgang der Netzspannung das Schütz wieder abschaltet, so daß kein Überschwingen der Spannung auf die negative Seite entsteht. Der Widerstand R_2 verhindert Überspannungen im Hilfserregerkreis (BBC).

Alle diese Einrichtungen werden durch einen Magnetfeldschalter zugeschaltet, der vom Relais ausgelöst wird.

Die Schnellentregung wird nur bei solchen Schutzarten vorgesehen, die auf Fehler innerhalb des Generators ansprechen.

4. Inbetriebhaltung

Es ist bei Kurzschlüssen im Netz nicht nur erforderlich bei geeigneter Selektivität den schadhaften Anlageteil herauszuschalten, um einen geordneten Betrieb so schnell wie möglich wieder herzustellen, sondern man muß auch darauf achten, daß nach der Abschaltung alle Betriebsmittel sofort wieder ohne Schaden ihre Funktion ausführen können. Bei unbeweglichen Apparaten und Maschinen ist dies ohne weiteres gegeben. Rotierende Maschinen aber können infolge Drehzahländerungen ihre elektrischen Bedingungen so weit geändert haben, daß sie bei Wiederkehr der Spannung oder auch bereits während des Kurzschlusses Schaden nehmen können. Insbesondere handelt es sich hiebei um Einankerumformer.

Bei einem Fehler im Drehstromnetz nehmen Einankerumformer einen starken Rückstrom auf, wenn auf der Gleichstromseite Batterien oder Gleichstromgeneratoren vorhanden sind. Auch wenn andere Einankerumformer oder Motorgeneratoren auf dieselbe Gleichstromsammelschiene arbeiten, die von Teilen des Drehstromnetzes mit geringerer Spannungsabsenkung gespeist werden, kann diese Erscheinung auftreten. Ein Rückstrom ist aber für Einankerumformer sehr gefährlich, da außer Pendelungen auch Rundfeuer auftreten kann.

Man kann diese Maschinen aber dadurch in Betrieb halten, daß man den Rückstrom ausreichend begrenzt [Feindt, H. (*204*)]. Man schaltet in den Gleichstromkreis einen Widerstand, der so zu bemessen ist, daß der Rückstrom wohl den Umformer von der Gleichstromseite her weitgehendst auf seiner Drehzahl hält, aber noch kein Rundfeuer auslösen kann. Das Relais, in diesem Falle ein Rückstromrelais oder -auslöser, öffnet einen Schalter, der diesen Widerstand normalerweise kurzschließt, solange, als Rückstrom fließt. Erst wenn der Rückstrom zu lange, beispielsweise 10 s, anhält, wird die Maschine ganz abgeschaltet. Der Schalter wird bei Wiederkehr der Spannung mit einem Vorwärtsstromrelais wieder eingeschaltet.

5. Die Wiederzuschaltung

Die Wiederzuschaltung ist dadurch gekennzeichnet, daß beim Auftreten eines Fehlers sofort abgeschaltet wird und nach einiger Zeit, in der voraussichtlich der Fehler beseitigt ist, wieder zugeschaltet wird. Es ist hiebei zu unterscheiden zwischen einer Wiederzuschaltung von Betriebsmitteln, die selbst fehlerfrei sind, und der von fehlerhaften Anlagenteilen selbst.

α) **Wiederzuschaltung von fehlerfreien Anlagenteilen.** Es wurde bereits erwähnt, daß *Motoren* bei Fehlern nur kurze Zeit am Netz bleiben können, da sonst die Gefahr besteht, wegen des Drehzahlabfalls nach Wiederkehr der Spannung einen schädlichen Anlaufstrom aufzunehmen. Deshalb schützt man Motoren mit verzögerten Unterspannungsrelais, die sie nur eine begrenzte Zeit (etwa 2 bis 5 s) am Netz lassen.

Man kann aber auch so vorgehen, daß man die Motoren zunächst abschaltet und nach einer Zeit, in der sie sich wiederfangen können, ohne einen zu hohen Anlaufstrom aufzunehmen, wieder automatisch zuschaltet.

Erst wenn dann der Fehler noch nicht verschwunden ist, wird endgültig ausgeschaltet. Man macht dies so, daß beim Auftreten von Spannungsabsenkungen ein Unterspannungsrelais oder -auslöser den Motorschalter ausschaltet, gleichzeitig aber eine Verzögerungseinrichtung betätigt, die beispielsweise nach 2 s den Schalter wieder zuschaltet. Hat dann das Unterspannungsrelais noch nicht wiederangezogen, so bleibt die Abschaltung bestehen.

Weiters wird die Wiederzuschaltung in *vermaschten Netzen* angewendet. Die Stationen, die ein Niederspannungsnetz speisen, ordnet man aus wirtschaftlichen Gründen nicht in den Selektivschutz der Hochspannungsleitung ein. Es werden also nicht die einzelnen, zwischen den Stationen liegenden Teile der Hochspannungsleitung für sich mit Schutzeinrichtungen versehen, sondern die Leitung erhält nur als Ganzes einen Schutz.

Bei jedem Fehler auf dieser Leitung, in anderen Netzstationen und in der speisenden Station fließt Rückstrom aus dem Maschennetz in das Hochspannungsnetz. Dieser Strom kommt von anderen, das Netz speisenden Leitungen, fließt über das Maschennetz in die Stationen und von da in die Leitung zurück. Man hat nun in den Netzstationen auf der Niederspannungsseite Rückleistungsrelais vorgesehen, die den Niederspannungsschalter, den sogenannten Maschennetzschalter, auslösen. Damit nun nach Klärung des Fehlers das Maschennetz so rasch wie möglich wieder seine vollständige Speisung erhält, wird bei Wiederkehr der Spannung der Maschennetzschalter wieder zugeschaltet.

Er erhält also eine Einschaltspule, die von einem Spannungsrelais betätigt wird, das von der wiederkehrenden Spannung gespeist wird (Abb. 202) [Krohne, E. (52), Mestermann, R. (56), Parson, I. M. und Bostwirk, H. A. (60)]. Statt der Spannung selbst hat man auch die Differenzspannung zwischen der Sekundärspannung des Netztransformators und der Netzspannung zum Einschalten als Meßgröße herangezogen, und zwar muß die zweite größer als die erste sein. Hierdurch vermeidet man die Wiederzuschaltung, falls die Hochspannungsleitung noch gar nicht eingeschaltet ist, sondern nur von der Niederspannungsseite durch einen hängengebliebenen Maschennetzschalter gespeist wird.

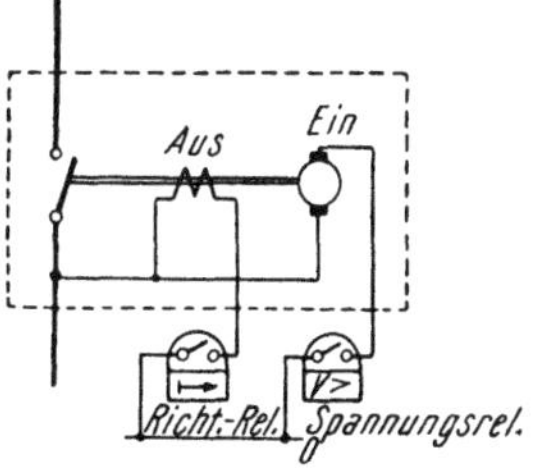

Abb. 202.
Maschennetzschalter

Man hat das Rückleistungsrelais so empfindlich eingestellt, daß es schon auf den Leerlaufstrom des Transformators anspricht, um bei Abschaltung der Hochspannungsleitung sofort außer Betrieb zu gehen. Allerdings hat diese empfindliche Einstellung bei Ausgleichsvorgängen zum Pumpen veranlaßt und erforderte wiederum ein besonderes Relais, um dies zu vermeiden.

*β) **Wiedereinschaltung fehlerhafter Leitungen.*** Überschläge an Freileitungen rufen in den meisten Fällen keine bleibenden Beschädigungen hervor. Nach Abschaltung des Fehlers ist eine solche Leitung meist wieder betriebsbereit. Es hat festgestellt werden können, daß in Freileitungsnetzen 70 bis 90% der Kurzschlüsse nach der Abschaltung völlig verschwinden, ohne bleibende Schäden zu verursachen. Es liegt daher der Gedanke nahe, nach der Abschaltung wieder in kurzer Zeit zuzuschalten. Ist dann der Fehler beseitigt, „fortgeschaltet", so bleibt der Schalter eingeschaltet, ist dagegen der Fehler noch vorhanden, so wird ganz ausgeschaltet, bzw. der Vorgang erst noch einmal wiederholt und dann endgültig ausgeschaltet.

Kann man die Aus- und Einschaltzeit so kurz machen, daß weder die Stabilität noch das Verhalten der Motoren beeinträchtigt wird, so bedeutet dies einen großen Vorteil [Grieb, F. (45), Margonlies, M. S. und Hubert, M. S. (261)]. Dies ist die sogenannte Kurztrennung, Schnellwiedereinschaltung oder Kurzschlußfortschaltung. Die Frage ist nun, wie weit kann man mit der Zeit vom Beginn des Fehlers bis zur Wiedereinschaltung, also der Störungszeit, heruntergehen. Dies hängt einmal von den Eigenzeiten der Relais und der Schalter sowie der Zeit ab, die erforderlich ist, um die Fehlerstelle wieder isolierend zu machen. Die Eigenzeiten der Relais und Schalter können derzeit bereits genügend kurz gemacht werden. Sie betragen nur noch einige Perioden. Das Relais kann in etwa 1 bis 5 Perioden den ersten Auslösebefehl geben, bei modernen Schaltern, insbesondere Druckluftschaltern, kann der Ausschaltvorgang einschließlich der Zeit des Auslösers auf 2 bis 4 Perioden begrenzt werden. Die Zeit zwischen der Abschaltung und der Wiedereinschaltung, also die Zeit der Spannungslosigkeit, hat sich aus Versuchen und praktischen Erfahrungen zu etwa 2 bis 10 Perioden ergeben [Ailleret, P. (250)]. Sie wird im wesentlichen bestimmt durch die Entionisierungszeit der Überschlagsstrecke. Im ganzen ergibt sich hiebei also eine Störungszeit von etwa $^1/_{10}$ bis ½ s. Wind begünstigt stark die Entionisierung und setzt die hiefür notwendige Zeit herab. Die spannungslose Zeit muß aber für den ungünstigsten Fall völliger Windstille bestimmt werden. In den meisten Fällen ist daher eine gute Sicherheit vorhanden.

Die erste Abschaltung braucht nicht selektiv zu sein, da sofort wieder zugeschaltet wird. Erst die endgültige Abschaltung muß selektiv sein.

Praktisch wird die Wiedereinschaltung auf folgende Weise ermöglicht:

Die Schalter müssen eine Auslösevorrichtung erhalten, die die Schaltbewegung in den geforderten Zeitabständen ausführen läßt. Es gibt hiefür mehrere Ausführungen, die man in zwei Gruppen einteilen kann: Einrichtungen, die direkt zum Schalterantrieb gehören und auch dort eingebaut sind, die Wiedereinschaltapparate und Wiedereinschaltrelais, die außerhalb des Antriebes diesen elektrisch betätigen.

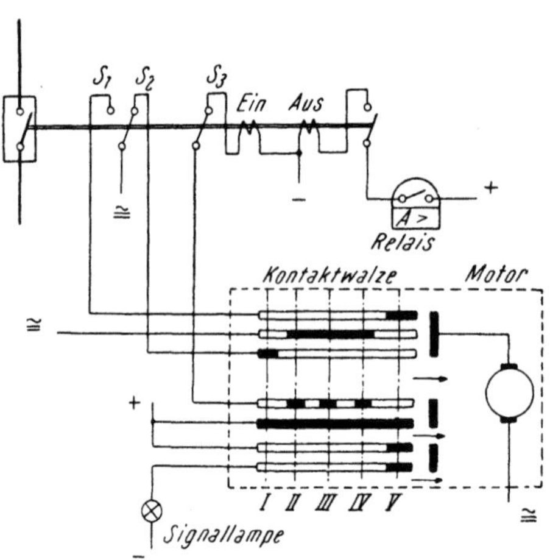

Abb. 203. Langsamer Wiedereinschaltapparat

Die Wiedereinschaltapparate bestehen im wesentlichen aus einer Kontaktwalze, die von einem Motor angetrieben wird [Kronauer, E. (260)]. Die Walze gibt in bestimmten Zeitabständen den Einschaltbefehl an den Einschaltmotor oder Einschaltmagneten des Leistungsschalters. Die Ausschaltung erfolgt über den Kurzschlußschutz. Der Wiedereinschaltapparat wird von einem Hilfskontakt des Leistungsschalters betätigt. Die Schaltung zeigt Abb. 203. Löst der Schalter durch das Maximalrelais aus, so sind die Hilfskontakte s_2 und s_3 geschlossen. Hiedurch wird der Motor des Wiedereinschaltapparates angeworfen, der in der Anfangsstellung I steht. Der Motor läuft und in der Stellung II wird der Einschaltmagnet oder -motor betätigt. Bleibt der Schalter eingeschaltet, so läuft der Wiedereinschaltapparat über die mittlere Schiene, dann in Stellung V über das obere Segment durch und zurück in die Anfangsstellung. Schaltet aber der Schutz wieder ab, so wird die Einschaltung zunächst in III und fallweise auch in IV wiederholt. In Stellung V bleibt der Wiedereinschaltapparat stehen, da das obere Segment keine Spannung erhält. Der Schalter bleibt ausgeschaltet. Gleichzeitig leuchtet die Signallampe auf. Falls die Kontaktwalze keine genügende Schaltleistung zur Betätigung des Einschaltmagneten besitzt, ist ein Hilfsrelais dazwischen zu schalten. Die gesamte Laufzeit ist durch den Abstand der Kontaktstellungen und die Geschwindigkeit des Motors bestimmt. Sie kann 3 bis 10 min dauern (langsame Wiedereinschaltung).

Bei Druckluftschaltern ist es möglich, für die Aus- und Einschaltung einen besonderen Zylinder mit Kolben zu betätigen; dieser öffnet das Blasventil nur so lange, wie es zur Löschung des Lichtbogens gerade erforderlich ist, ohne daß die völlige Schaltbewegung ausgeführt wird. [Mayr, O. (262)]. Ein kleiner Luftspeicher veranlaßt nach einer einstellbaren Verzögerung die Wiedereinschaltung. Die normale, bzw. endgültige Auslösung wird von dem normalen Ein- und Ausschaltzylinder über den normalen Selektivschutz veranlaßt. Hiedurch kann eine sehr kurze Störzeit erreicht werden.

Wiedereinschaltrelais arbeiten zum Teil im Prinzip ähnlich. Im Relais wird mittels Motor, Uhrwerk oder Schrittschaltwerk eine Nocken- oder Kontaktscheibe betätigt, die die gewünschten Wiedereinschaltungen bewirkt. Bei einem Relais ist es leichter möglich, die Zeiten einstellbar zu machen, indem die Kontakte auf der Zeitscheibe oder Nockenwelle verschiebbar angebracht sind oder einstellbare besondere Zeitrelais verwendet werden. [Dahlby, G. (253), Fleck, B. M. und Stark, G. (257)]. Die Rückstellung erfolgt entweder am Ende des ganzen Vorganges oder bereits, wenn der Leistungsschalter nicht mehr ausgelöst wird. Die Schaltung mit einem Schrittschaltwerk zeigt Abb. 204a. Wird der Leistungsschalter durch den Schutz ausgelöst, so läuft über einen Hilfskontakt am Schalter das Schrittschaltwerk an und schaltet die esrte Kontaktreihe ein. Dies kann mit Nocken oder Kontaktscheiben und ähnlichem geschehen. Der Kontakt III schaltet den Schalter momentan nur mit der Ansprechverzögerung des Fortschaltmagneten wieder zu. Man kann auch direkt nur über den Hilfskontakt wieder zuschalten lassen, dann verwendet man dazu ein Hilfsrelais,

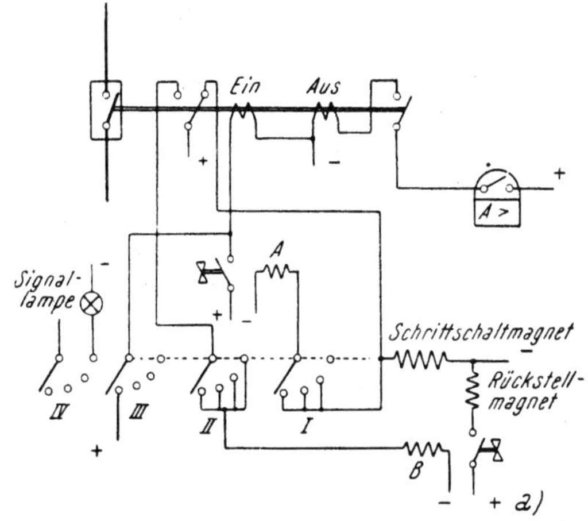

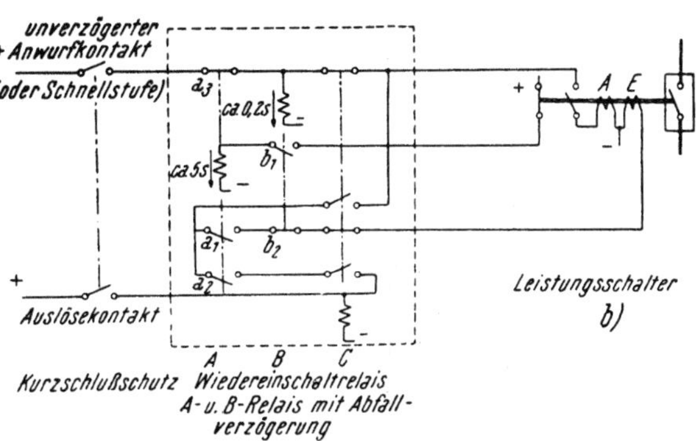

Abb. 204. Wiedereinschaltrelais
a) mit Schrittschaltwerk, b) mit Zeitrelais mit Abfallverzögerung

um die notwendige Verzögerungszeit zu erhalten. Gleichzeitig läuft das Zeitrelais B an, das das Schrittschaltwerk wieder zurückstellt, wenn keine weitere Auslösung erfolgt. Anderenfalls bekommt das Schrittschaltwerk, den zweiten Impuls. Hiedurch wird der Schalter noch einmal zugeschaltet nun aber über Kontakt I des Zeitrelais A. Dies kann man noch ein- bis dreimal wiederholen. An der letzten Stellung erhält das Relais A keinen Strom mehr, der Schalter bleibt ausgeschaltet und das Relais wird endgültig zurückgestellt.

Noch einfacher ist die Schaltung der Abb. 204b, wo Zeitrelais mit Abfallverzögerung verwendet werden. Hiebei ist nur nötig, daß der Kurzschlußschutz, wenn er verzögert ist, einen unverzögerten Hilfskontakt, z. B. den Anwurfkontakt, besitzt, der die Relaiskombination anwirft. Es wird (Abb. 204b) sofort die Auslösespule A am Leistungsschalter und das B-Relais mit etwa 0,2 s Abfallverzögerung betätigt. Nach der Auslösung wird der Hilfskontakt am Schalter geschlossen und betätigt das A-Relais, das die Wiedereinschaltung (Kontakt a_1) vorbereitet. Sobald B wieder abfällt, erfolgt die Einschaltung. Ist nun der Fehler fortgeschaltet, so fällt das A-Relais nach etwa 5 s ab und der Schutz ist wieder im Ruhezustand. Spricht aber der Kurzschlußschutz wieder an, so wird, nunmehr über den Hauptkontakt, das Hilfsrelais C und den noch geschlossenen Kontakt a_2 der Leistungsschalter endgültig ausgeschaltet. Eine neuerliche Wiedereinschaltung ist nicht möglich, da der Kontakt a_3 noch offen ist. Die endgültige Ausschaltung erfolgt also erst nach der Auslösezeit des Kurzschlußschutzes.

Eine solche Wiedereinschalteinrichtung braucht nicht an jedem Schalter angebracht zu werden. Es genügt beispielsweise, die Kraftwerkschalter zu wählen. Hiedurch werden zwar fehlerfreie Abzweige mitbetroffen. Dies ist aber bei der Kürze des Vorganges belanglos. Die endgültige Abschaltung muß dann allerdings von dem sowieso vorhandenen Staffelschutz ausgeführt werden.

Um dies zu erreichen, kann man, wie bereits in Abb. 204b angedeutet, dem Staffelschutz einen momentan wirkenden Anwurfkontakt geben, der die Wiedereinschaltung betätigt oder man kann Vergleichsschutzsysteme für die Wiedereinschalteinrichtung verwenden, den Staffelschutz aber nur für die endgültige Abschaltung lassen. Beim Distanzschutz verwendet man die momentan wirkenden Anwurfglieder für die Wiedereinschaltung und läßt nur die endgültige Abschaltung mit der Impedanzlaufzeit erfolgen. Beim Zeitstufen-Distanzschutz kann man auch so vorgehen (BBC), daß für die Wiedereinschaltung der Schnellzeitbereich erweitert wird. Normalerweise erstreckt sich dieser Bereich auf etwa 80% der zu schützenden Leitung. Es würde also bei einem Fehler in den letzten 20% der Leitung bereits mit der ersten Zeitstufe ausgelöst werden, was eine unzulässige Erhöhung der Kurzschlußdauer zur Folge haben würde. Aus diesem Grunde wird die Ansprechimpedanz so geändert, daß der Schutzbereich etwa 130% wird. Erst nach der ersten Abschaltung wird auf die für die selektive Abschaltung erforderliche Ansprechimpedanz umgeschaltet. Auch dies geschieht mit Hilfe von Zeitrelais mit Abfallverzögerung oder mit dem Zeitwerk des Schutzes selbst (Übergreifschaltung).

Die ganze Einrichtung kann je nach der Fehlerart auch ein- oder zweipolig arbeiten. Dies hat den Vorteil, daß über die nicht betroffenen Leiter weiter die Verbindung aufrechterhalten bleibt und dadurch ein Ausein-

anderlaufen von Maschinen noch mehr eingeschränkt wird. Eine Mitnahme
des Schalters am anderen Ende der Leitung durch die Betätigung des
Wiedereinschaltrelais hat sich auch als zweckmäßig erwiesen. Die Mitnahme
kann einpolig und mehrpolig erfolgen. Die endgültige Abschaltung muß
aber immer dreipolig sein. Es muß also die einpolige Abschaltung mit Hilfe
eines Zeitgliedes nach einer bestimmten Zeit in die dreipolige umgeschaltet
werden.

Sind für jeden Leiter Anwurfglieder oder Meßglieder vorhanden, so
ist die Auswahl der abzuschaltenden Leiter von diesen eindeutig auszuwählen. Bei gemeinsamen Anwurfsystemen, die nicht den entsprechenden
Leiter kennzeichnen, erfolgt die ein- oder zweipolige Wiedereinschaltung
mittels einer Auswähl-
einrichtung, die den
kranken Leiter aus-
sucht und die Auslö-
sung nur auf diesen
wirken läßt. Eine sol-
che Einrichtung kann
mit Elektronenröhren
ausgeführt werden, um
die Eigenzeit fast völlig
zu beseitigen [Touly,
M. (223)]. Die Anord-
nung zeigt Abb. 205.
Als Meßgröße wird die
zusammengebrochene
Spannung des fehler-
haften Leiters benutzt.
Die Spannungen U_R,

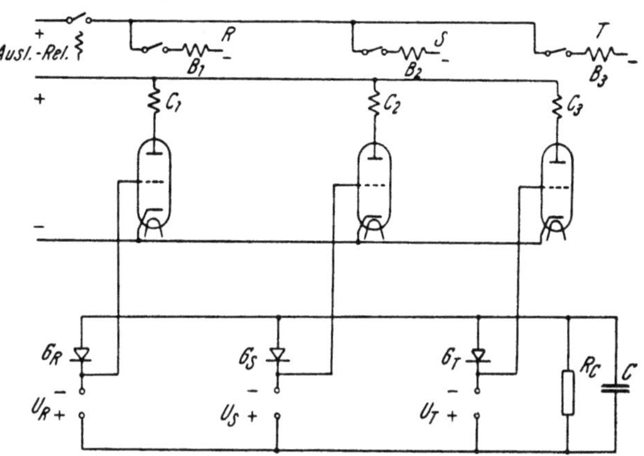

Abb. 205. Auswähleinrichtung für die Abschaltung
der einzelnen Leiter

U_S, U_T werden gleichgerichtet und geglättet. Sie laden normalerweise einen
Kondensator C, dem ein hoher Widerstand (Ableitwiderstand) parallel-
liegt, über die Gleichrichter G_R, G_S, G_T auf. Hierbei wird das Gitter
negativ und es fließt kein Anodenstrom. Bricht eine Spannung zusammen,
so gleichen sich die gesunden Spannungen über den zugehörigen Gleichrichter aus und erzeugen, da der Ausgleich über die Sperrichtung des Gleich-
richters erfolgt, einen hohen Spannungsabfall. Dadurch wird das Gitter der
zugehörigen Röhre positiv, es fließt Anodenstrom, der das betreffende
Relais C betätigt und damit über eines der B-Relais den fehlerhaften
Leiter auslöst. Beim dreipoligen Fehler entlädt sich der Kondensator über
alle drei Gleichrichter und erwirkt die Auslösung aller Leiter.

Bei der langsamen Wiedereinschaltung, bei der erst nach frühestens
10 s wiedereingeschaltet wird, muß in vermaschten Netzen oder bei Kuppelleitungen darauf geachtet werden, daß die Spannungen noch richtig zueinander liegen, daß also auf beiden Seiten des Schalters die Spannungen
noch halbwegs synchron sind. Dies kann man mit Hilfe zweier Spannungsrelais machen, von denen das eine die Summe beider Spannungen, die nicht
unter einen zulässigen Wert von 2 U sinken darf, und das andere den
Winkel zwischen den beiden Spannungen mißt, der den zulässigen Wert,
etwa 30°, nicht überschreiten darf. Beide Relais geben die Wiedereinschaltung über ein Zeitrelais, das feststellt, daß der Spannungszustand sich
nicht ändert, frei [L. Roche (262a)].

6. Sonstige Betätigungsarten

Außer den erwähnten Betätigungsarten ist es möglich, durch den Schutz jeden beliebigen Apparat zu betätigen. Von allen Möglichkeiten sei nur noch der Brandschutz und der Schnellschluß für Maschinen erwähnt. Bei Fehlern in Generatoren besteht die Gefahr einer Entzündung der Isolation durch den Lichtbogen. Die Abschaltung und Schnellentregung genügt nicht, wenn die Umgebung der Fehlerstelle bereits Feuer gefangen hat. Es ist noch notwendig, das Feuer so rasch wie möglich, am besten automatisch, zu löschen. Zu diesem Zweck läßt man den Schutz, der bei inneren Fehlern anspricht, also vor allem den Differential- und Windungsschutz auf diese Einrichtungen arbeiten. Beim Erdschluß ist die Gefahr eines Brandes infolge der kleineren Ströme geringer.

Der Brandschutz wird mit einem magnetischen Auslöser in Tätigkeit gesetzt, der einen Kraftspeicher, eine Feder oder ein Gewicht freigibt, wodurch die Ventile von Löschgasflaschen mit sauerstoffarmer gekühlter Luft oder Kohlensäure geöffnet werden. Bei Generatoren mit Frischluftkühlung muß hiebei gleichzeitig die Kühlkammer abgeschlossen werden. Dies kann durch den gleichen Kraftspeicher erfolgen, der gleichzeitig mit dem Öffnen der Ventile den Kühlraum mit Klappen verschließt.

Auch für Transformatoren hat man einen Brandschutz vorgesehen, der meist von in der Transformatorenkammer angebrachten Wärmerelais betätigt wird. Auch hiebei ist es zweckmäßig, eine fallweise vorhandene Luftkühlung abzusperren.

Außer dem Brandschutz wendet man bei Dampfturbinen noch den Schnellschluß an, wo durch den Schutz das Füllungsventil selbsttätig geschlossen wird.

Bei Wasserturbinen bringt man zur Beschleunigung des Auslaufes der Maschinen Bremsen an, die auch vom Schutz aus betätigt werden können.

c) Übertragungskanäle für Vergleichsschutzsysteme (Betätigungsvergleich)

Übertragungskanäle sind Hilfsverbindungen irgendwelcher Art zwischen zwei Stationen. Sie werden beim Schutz dort notwendig, wo ein Vergleich zwischen den Meßgrößen am Anfang und Ende der Leitung durchgeführt wird. Also bei allen Differential- und Richtungsvergleichsschutzarten. Beim Differentialschutz werden die Wandlerkreise miteinander verbunden. Sie sind deshalb bei den Wandlerschaltungen (C II a 2 γ 4) behandelt.

Beim Stromrichtungsvergleichsschutz werden die Meßgrößen für den Anwurf der Richtung nach über Hilfsleitungen verglichen und dann auf den Auslösekreis gegeben. Dieser Fall ist bei den Anwurfschaltungen behandelt (E I b 2). Beim Richtungsvergleich aber werden die Betätigungskreise miteinander verbunden. Der Richtungsvergleichsschutz soll auslösen, wenn der Strom, bzw. die Leistung auf beiden Seiten der Leitung in sie hineinfließt. Es müssen also die Ausschläge der Richtungsrelais miteinander verglichen werden. Der Auslösekreis ist erst geschlossen, wenn die Richtungsrelais beider Seiten ihre Kontakte entsprechend schließen.

Die Übertragung des Auslösebefehls kann auf verschiedene Weise durchgeführt werden. Es gibt mehrere Vergleichsmöglichkeiten, die die Übertragungsarten bestimmen. Sie werden im folgenden beschrieben werden.

Übertragungskanäle werden auch dazu benutzt, um Auslösungen zusammenzuschalten, wo also die Auslösung auf einer Seite diejenige der anderen Seite mitnimmt (Mitnahmeschaltung).

Es gibt verschiedene Übertragungsmittel. Man kann Gleichstrom dazu verwenden, gleichgerichteten Wechselstrom, Tonfrequenz-, Hochfrequenz- oder Kurzwellenübertragung.

Im folgenden werden zunächst die möglichen Übertragungsarten beschrieben und dann die Übertragungsmittel besprochen.

1. Übertragungsarten

Die verschiedenen Übertragungsarten oder Vergleichsmöglichkeiten sind so behandelt, als wenn es nur Gleichstrom als Übertragungsmittel gäbe und jeder Seite ein getrennter Kanal zur Verfügung stünde. Dies ist für das Verständnis am einfachsten. Es kann aber in vielen Fällen der Gleichstrom durch andere Mittel ersetzt werden, wovon im nächsten Abschnitt die Rede ist.

Die Richtungsrelais schlagen je nach der Stromrichtung nach der einen oder anderen Seite aus. Wir wollen sie mit Auslöse- und Sperrrichtung bezeichnen. Man kann die eine oder die andere Richtung nach dem anderen Ende melden. Man gibt also entweder ein Sperr- oder ein Auslösezeichen. Die Schaltungen kann man so auswählen, daß im Übertragungskanal entweder bei Normalbetrieb oder bei einem Fehler Strom fließt. Hiernach unterscheidet man Ruhestrom- oder Arbeitsstromschaltungen. Die Zeichen werden beiderseits auf je ein Empfangsrelais (Auslöserelais) gegeben, das entweder seinen Kontakt offenhält und den Auslösekreis nur schließt, wenn ausgelöst werden soll, oder normalerweise den Kontakt geschlossen hat und unterbricht, wenn nicht ausgelöst werden darf. Das Empfangsrelais besitzt also entweder einen Schließ- oder einen Öffnungskontakt [Schleicher, M. (10)]. Es ergeben sich daraus vier verschiedene Unterscheidungsmöglichkeiten. Die Arbeitsstromschaltung mit Auslöse- oder Sperrzeichen und die Ruhestromschaltung mit Auslöse- oder Sperrzeichen (Abb. 206 und 208).

Die verschiedenen sich so ergebenden Schaltungsmöglichkeiten unterscheiden sich in ihrem Verhalten bei Fehlern auf den Übertragungsadern selbst und bei einseitiger Speisung der Leitung, wo am Ende im Störungsfalle kein Strom fließt. Bei Systemen, wo die Hilfsleitungen stromlos sind, wenn nicht ausgelöst wird, würde beispielsweise bei einem Bruch einer Ader der Schutz im Fehlerfalle nicht auslösen können. Bei Systemen, wo dagegen Sperrzeichen übertragen werden, würde bei einem Aderbruch bei äußeren Fehlern unerwünscht ausgelöst werden. Anordnungen mit Ruhestrom erlauben eine dauernde Überwachung der Leitung, während dies bei Arbeitsstromanordnungen direkt nicht möglich ist.

Bei einseitiger Speisung besitzt die Verwendung von Sperrzeichen den Vorteil, auch in diesem Fall auslösen zu können. Bei einem Fehler auf der Leitung fließt zwar an ihrem Ende kein Strom, es kommt aber von dieser Seite auch kein Zeichen. Die Auslösung selbst kann dabei nicht gehindert werden. Bei Auslösezeichen ist dies nicht möglich, da dieses vom Ende nicht gesendet wird, die Auslösung also in jedem Falle gesperrt bleibt.

Es werden nun im folgenden die einzelnen Schaltungen durchgesprochen.

α) **Arbeitsstromschaltungen.** Bei der Arbeitsstromschaltung wird ein Zeichen nach beiden Seiten gegeben, wodurch das Empfangsrelais betätigt wird. Abb. 206a zeigt die Arbeitsstromschaltung mit Schließkontakt am Empfangsrelais. Hiebei wird ein Auslösezeichen nach beiden Seiten gegeben, wodurch das Empfangsrelais anspricht und den Leitungsschalter abschaltet.

Der Auslösekontakt des Richtungsrelais ist mit dem Kontakt des Empfangsrelais hintereinander geschaltet. Beide sind geschlossen, wenn auf beiden Seiten die Leistung in die Leitung hineinfließt.

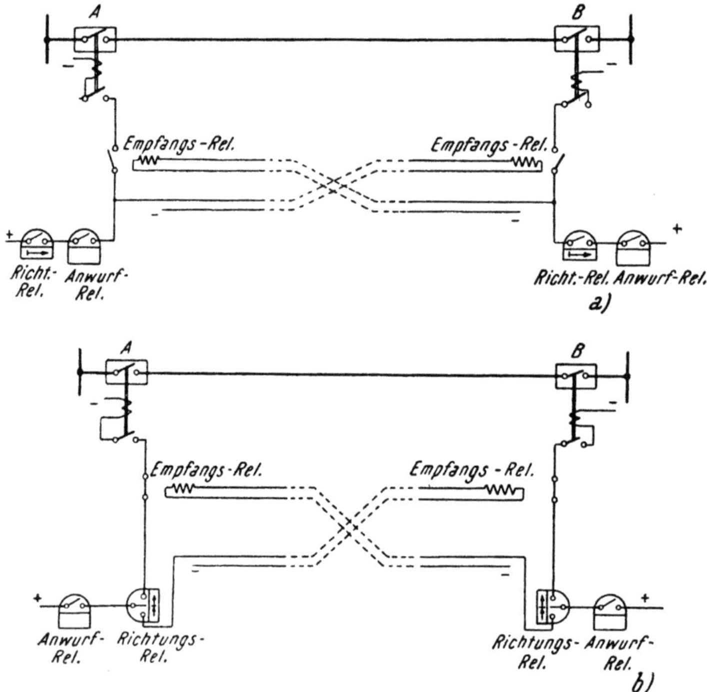

Abb. 206. Arbeitsstromschaltungen beim Richtungsvergleichschutz
a) Auslösezeichen mit Schließkontakt, *b)* Sperrzeichen mit Öffnungskontakt

Der Nachteil dieser Anordnung ist, daß erstens keine direkte Überwachung möglich ist, sondern diese nur mit besonderen Hilfsmitteln durchgeführt werden kann.

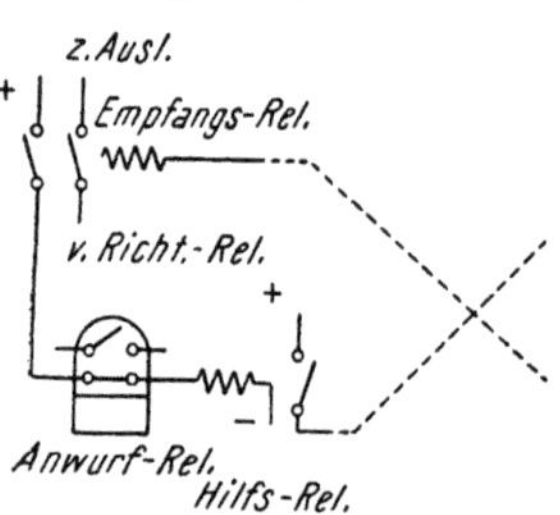

Abb. 207. Echoschaltung

Zweitens arbeitet ein solcher Schutz nur bei zweiseitiger Speisung richtig. Bei einseitiger Speisung spricht der Schutz am Ende der Leitung nicht an, weil dort kein Strom fließt, und kann daher kein Zeichen über den Übertragungskanal geben. Infolgedessen spricht auch am Anfang der Leitung das Empfangsrelais nicht an und der Schutz löst nicht aus. Diesen Nachteil kann man durch die sogenannte *Echoschaltung* beseitigen (s. Abb. 207). Das Empfangsrelais und das Anwurfrelais des Schutzes erhalten je einen zweiten Kontakt, und zwar erstes einen Schließ-, letztes einen Öffnungskontakt. Beide sind hintereinander geschaltet und geben Spannung auf die Hilfsader, wenn das Empfangsrelais allein anspricht. Spricht also am Anfang der Leitung der Schutz in Auslöserichtung an, so gibt er das Auslösezeichen an das Ende der Leitung. Ist dort der Schutz nicht angeworfen, so erhält der Übertragungskanal über die beiden Zusatzkontakte direkt oder über ein Hilfsrelais Spannung und gibt so das Auslösezeichen gewissermaßen als Echo wieder an den Anfang der Leitung zurück, wo jetzt das dortige Empfangsrelais anspricht und die Auslösung stattfinden kann.

In Abb. 206b ist die Arbeitsstromschaltung mit Öffnungskontakt am Empfangsrelais gezeigt. Hiebei wird ein Sperrzeichen nach beiden Seiten übertragen. Das Empfangsrelais hat normalerweise seinen Kontakt geschlossen, der auch hier mit dem Auslösekontakt des Richtungsrelais in Reihe liegt. Wenn kein Sperrzeichen vom anderen Ende eintrifft, so ist die Auslösung freigegeben. Zeigt aber ein Richtungsrelais in Sperrrichtung, so fließt Strom im Übertragungskanal und das Empfangsrelais muß seinen Kontakt öffnen.

Auch bei dieser Anwendung ist keine direkte Überwachung vorhanden, wohl aber arbeitet sie auch bei einseitiger Speisung von vornherein richtig, da ein Sperrsignal in diesem Falle nicht kommen kann. Weiters muß bei dieser Schaltung darauf geachtet werden, daß der Schutz nicht bereits vor dem Eintreffen des Sperrzeichens auslöst. Das Anwurfrelais muß also gegenüber dem Richtungsrelais ein wenig verzögert arbeiten, um Falschauslösungen zu verhindern.

β) **Ruhestromschaltungen.** Bei der Ruhestromschaltung steht der Kanal normalerweise unter Spannung und speist die Empfangsrelais. Bei der Durchgabe eines Zeichens wird der Stromkreis unterbrochen und das Empfangsrelais fällt ab.

Hat das Empfangsrelais einen *Schließkontakt*, so ist also die Auslösung normal freigegeben und wird durch ein Sperrzeichen gesperrt (s. Abb. 208a). Auch hier liegt der Kontakt des Empfangsrelais mit dem Auslösekontakt des Richtungsrelais in Reihe. Der Strom im Kanal wird mit einem vom Sperrkontakt gesteuerten Hilfsrelais (Senderelais) unterbrochen.

Mit dieser Anordnung ist eine direkte Überwachung des Kanals vorhanden. Sie arbeitet bei ein- und zweiseitiger Speisung, da bei einseitiger Speisung kein Sperrzeichen gegeben werden kann.

Hat das Empfangsrelais dagegen einen *Öffnungskontakt*, so ist die Auslösung normal durch den Ruhestrom im Kanal gesperrt und muß durch ein Auslösezeichen freigegeben werden (Abb. 208b). Es wird also der Strom im Kanal mit einem vom Auslösekontakt des Richtungsrelais gesteuerten Senderelais unterbrochen.

Auch hierbei ist, wie bei jeder Ruhestromschaltung, die Überwachung direkt möglich. Der Schutz arbeitet aber bei einseitiger Speisung nicht. Es muß also bei dieser Schaltung die Echoschaltung verwendet werden.

Der Zusatzkontakt am Empfangsrelais muß hierbei aber ein Öffnungskontakt sein.

γ) **Mitnahmeschaltungen.** Unter Mitnahmeschaltungen werden diejenigen Schaltungen verstanden, bei denen der Auslösebefehl über Übertragungskanäle auf andere Schalter weitergegeben wird.

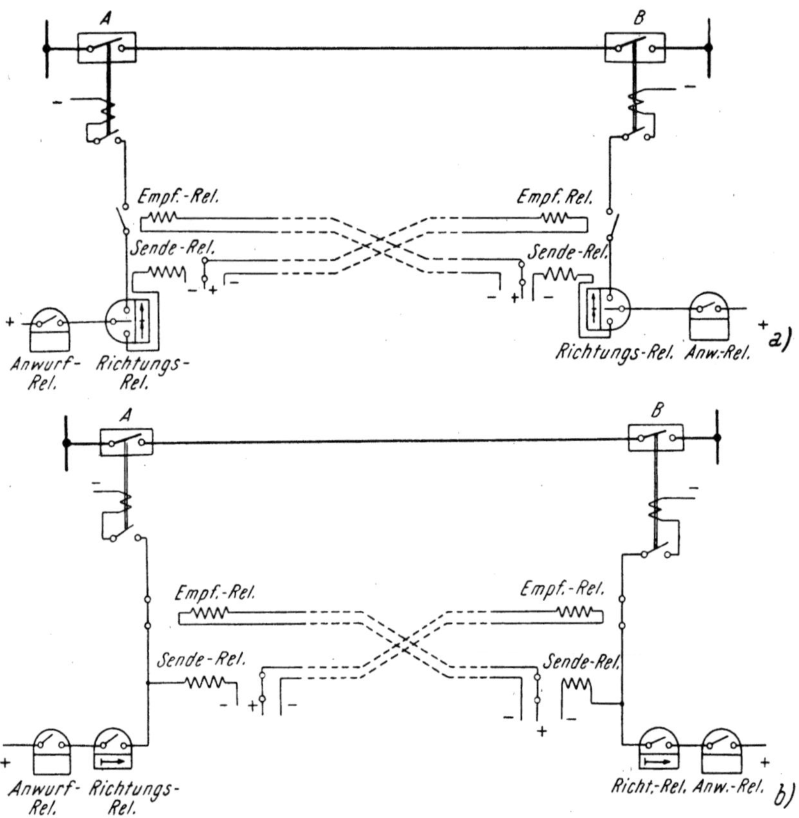

Abb. 208. Ruhestromschaltungen beim Richtungsvergleichschutz
a) Sperrzeichen mit Schließkontakt, b) Auslösezeichen mit Öffnungskontakt

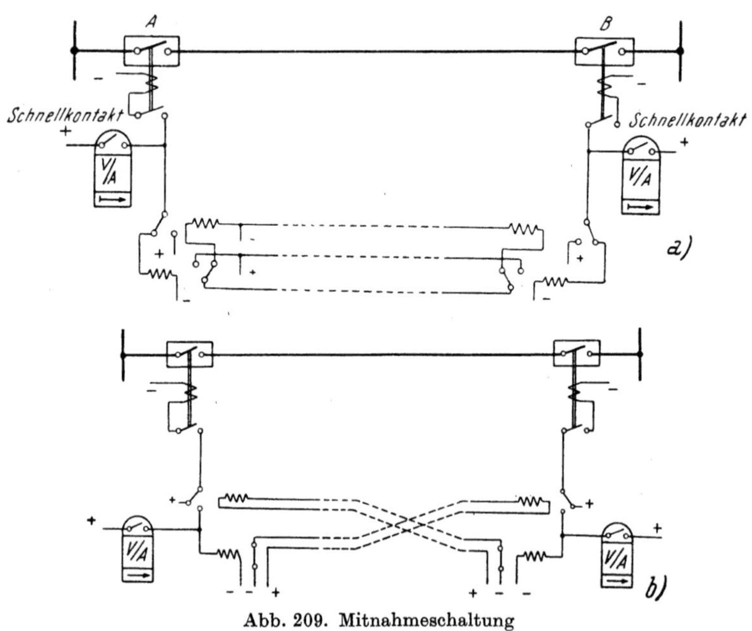

Abb. 209. Mitnahmeschaltung
a) Arbeitsstrom, b) Ruhestrom

So kann man, wenn ein Distanzschutz mit Schnellzeit auslöst, den Schalter am anderen Ende der geschützten Leitung mitnehmen [Borberg, H. (*163*)]. Dies hat den Vorteil, daß der Schutz bei Fehlern auf den betreffenden Leitungen immer mit der Schnellzeit auslöst, mit der sonst nur etwa 70 bis 90% der Strecke geschützt werden können. Es liegt ja immer das Relais einer Seite im Schnellzeitbereich. Dieses schaltet zuerst ab und nimmt den Schalter der anderen Seite mit, der sonst vielleicht erst mit längerer Zeit auslösen würde. Es genügt, diese Mitnahmeschaltung, nur vom Schnellkontakt steuern zu lassen.

Die Schaltungen zeigt Abb. 209. Es werden hierfür auf jeder Seite zwei Hilfsrelais (Sende- und Empfangsrelais) benötigt, um die Auslösung gegenseitig mitnehmen zu können. Man unterscheidet auch hier Arbeits- und Ruheschaltungen. Ebenso kann bei einem Schutz mit Wiedereinschalteinrichtungen das Auslösezeichen über einen Kanal die Mitnahme der anderen Seite veranlassen.

Eine Mitnahmeschaltung ist es auch, wenn die Abschaltung eines Schalters durch den Schutz oder auch von Hand die Abschaltung anderer Schalter, die selbst keinen Schutz besitzen, mitnimmt. So läßt man den Schalter an der Einspeisestelle einer Leitung die Schalter der Abnahmestellen dieser Leitung mitnehmen. Dies hat man bei Speiseleitungen von Niederspannungs-Maschennetzen ausgeführt, wo der Hauptschalter dieser Leitungen die Maschennetzschalter der gespeisten Stationen speist. Man kann sich dadurch die Hochspannungsschalter in den Stationen sowie die Maschennetzrelais ersparen (s. Abb. 210). Hier wird die Mitnahme mit Hilfe von Hilfskontakten am Leistungsschalter bewirkt. Will man, daß die Schalter nur beim Ansprechen des Schutzes mitgenommen werden, so steuert man die Mitnahme durch einen besonderen Auslösekontakt des Schutzes.

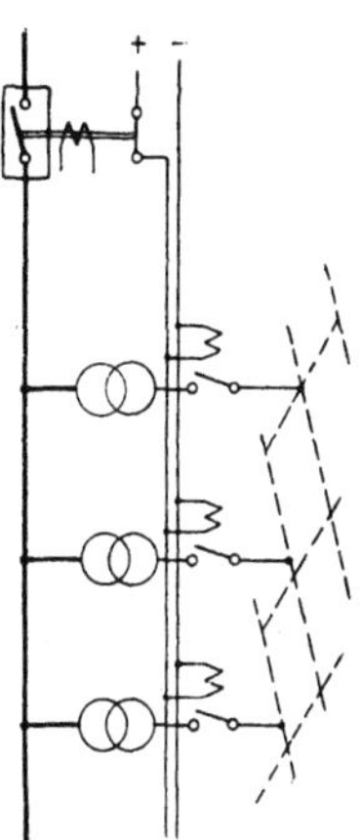

Abb. 210.
Mitnahmeschaltung von Maschennetzschaltern

2. Übertragungsmittel

α) **Gleichstrom.** Die bisherigen Schaltungen wurden mit Gleichstromkanälen dargestellt. Hierbei wird für jede Richtung ein getrennter Kanal verwendet. Für ein Signal von der Station A nach B wird ein Adernpaar benutzt, für ein Signal von B nach A ein anderes. Bei diesen Schaltungen ist darauf geachtet worden, möglichst nicht die Batterien zweier Stationen zusammenzuschalten. Dies ist aus Überwachungsgründen und wegen der Übersichtlichkeit der Schaltungen sehr zu empfehlen. Wie aus den Abbildungen hervorgeht, sind die Kreise der Auslöserelaisspulen jeweils von der anderen Seite gespeist, aber gänzlich getrennt von der eigenen Betätigungsbatterie. Bei getrennten Kanälen werden die Betätigungsbatterien beider Seiten benutzt, man braucht also vier Adern. Die Benutzung nur einer Batterie ist auch möglich, bringt aber bezüglich der Adernzahl keine Vorteile, da auch vier Adern benötigt werden, wie sich leicht zeigen läßt. Es ist aber insofern besser, als dadurch nur eine Batterie für Übertragungskanäle mit ihren größeren Anfälligkeiten benutzt wird. Der Betriebsmann sieht es an sich nicht gerne, daß

seine Batterie für diese Zwecke verwendet wird. Deshalb wählt man
gerne für die Kanäle eine getrennte Stromquelle, wenn man nicht überhaupt zu anderen Übertragungsmitteln greift.

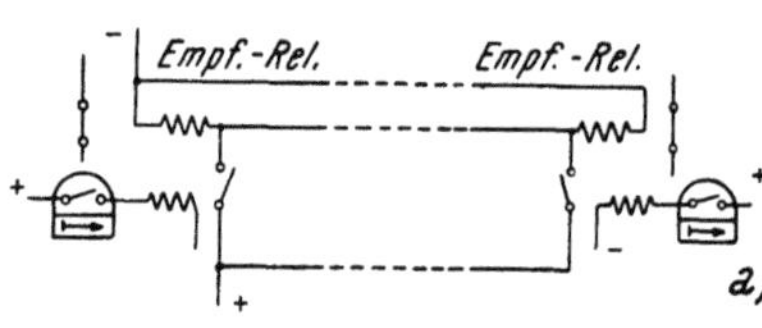
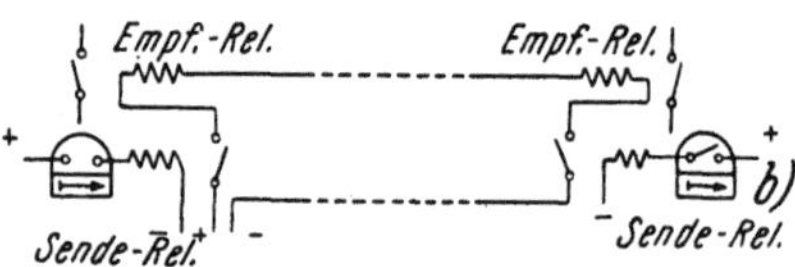

Abb. 211. Gemeinsamer Gleichstromkanal
a) Parallelschaltung, drei Adern,
b) Reihenschaltung, zwei Adern

Statt getrennter Kanäle kann man auch die Signale beider Seiten in einem gemeinsamen Kanal übertragen. Dies kann man durch Hintereinander- oder Parallelschalten der Senderelaiskontakte und der Empfangsrelaisspulen ausführen. Welche Schaltung man wählt, hängt von der Art des Empfangsrelais ab (Arbeitskontakt, Ruhekontakt) (Abb. 211a und b). Hilfsrelais als Senderelais müssen, um die Trennung der Batterien zu ermöglichen, in jedem Falle vorgesehen werden. Man erkennt, daß bei Parallelschaltung nur drei, bei Reihenschaltung sogar nur zwei Adern erforderlich sind.

Die Ersparnis einer weiteren Ader durch Mitbenutzung der Erde ist
an sich möglich, wohl auch ausgeführt worden, empfiehlt sich aber im
allgemeinen nicht wegen der Gefahr von Irrströmen, die die Wirkungsweise der Schaltung beeinflussen können.

Gleichstrom ist schaltungstechnisch das einfachste Übertragungsmittel.
Bei kürzeren Leitungen sind auch Schwierigkeiten kaum zu erwarten,
wenn die Hilfsadern zuverlässig sind. Bei längeren Leitungen oder Kabeln
aber machen sich dieLadeströme bereits bemerkbar. Jedes Kabel besitzt
ja eine Kapazität, die beim Einschalten aufgeladen wird und beim Ausschalten sich entladen muß. Beim Einschalten gibt es daher einen Lade-
stoß, der im ersten Moment kurzschlußähnlichen Charakter hat. Am
anderen Ende entsteht dann die Spannung erst nach Abklingen des Stoßes
entsprechend der Zeitkonstante des Kreises. Dadurch wird die Betätigung
verzögert, was unter Umständen bei einer Übermittelung von Sperrzeichen von Nachteil sein kann. Kommt das Sperrzeichen zu spät, so kann
der Schutz schon ausgelöst haben. Bei der Ruhestromschaltung bleibt
trotz Abschaltung die Spannung noch über die Kapazität erhalten und
klingt erst allmählich ab. Auch dies kann bei längeren Leitungen nach-
teilige Folgen haben.

β) **Niederfrequenter Wechselstrom.** Die Verwendung von normalem
Wechselstrom von 40 bis 60 Hz bringt gegenüber der Gleichstromversorgung
keine weiteren Vorteile. Ihre Verwendung ist denkbar, aber wohl kaum
ausgeführt.

Dagegen erspart die Verwendung von gleichgerichtetem Wechselstrom
niederer Frequenz bei Doppelleitungen [Neher, I. K. (*181*), Monseth, I. T.
und Robinson, P. K. (*7*)] eine weitere Anzahl von Adern. Man benutzt hiebei
für die eine Leitung die positive Halbwelle, für die andere Leitung die
negative Halbwelle. Die Schaltung des Kanales zeigt Abb. 212. Für
den Wechselstrom wird eine Frequenz von 13 bis 20 Hz gewählt, um den
Blindspannungsabfall so klein wie möglich zu machen. Als Gleichrichter
können gewöhnliche Kupferoxydul-Gleichrichter verwendet werden.

Man braucht für diese Anordnung nur zwei Adern für eine Doppelleitung bei der gezeichneten Arbeitsstromschaltung und Übertragung von

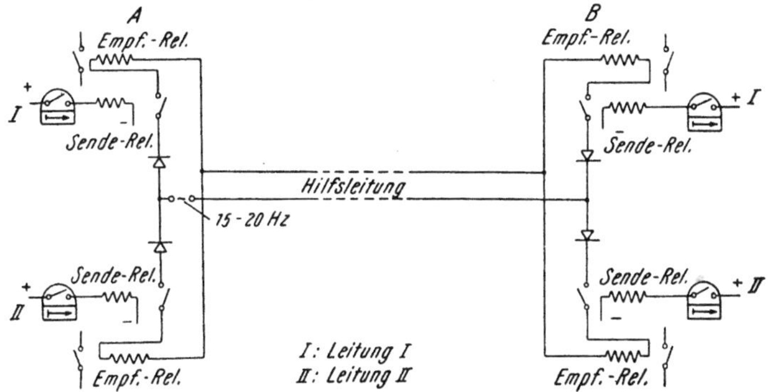

Abb. 212. Übertragungskanal mit gleichgerichtetem Wechselstrom für Doppelleitungen

Auslösezeichen. Andere Schaltungsarten sind nach diesem Prinzip auch möglich.

γ) **Mittelfrequenter Wechselstrom.** Statt Niederfrequenz kann man auch höhere Frequenzen als Übertragungsmittel wählen. Die Verwendung von Mittelfrequenzen (Tonfrequenzen) bietet den Vorteil, für die Richtung der Zeichengabe verschiedene Frequenzen zu wählen. Man kommt also auch mit einem Adernpaar aus und benutzt trotzdem getrennte Kanäle. Es wird dann der Kanal durch die jeweilige Frequenz gekennzeichnet. Die Verwendung derselben Frequenz, also einem gemeinsamen Kanal für beide Richtungen der Zeichengabe, ist wohl schaltungsmäßig möglich. Die gegenseitigen Beeinflussungen bei dieser Frequenz sind aber zu groß, so daß sie, wenn überhaupt, nur durch besondere Hilfsmittel zu beherrschen sind. Insbesondere ist es die Kapazität der Leitungen gegeneinander, die unerwünschte Beeinflussungen hervorruft.

Die Schaltung ist im Prinzip dieselbe wie bei einem Gleichstromkanal (Abb. 213). Nur werden statt dem Sende- und Empfangsrelais mit Gleichstrombetätigung ein Tongenerator und -empfänger verwendet.

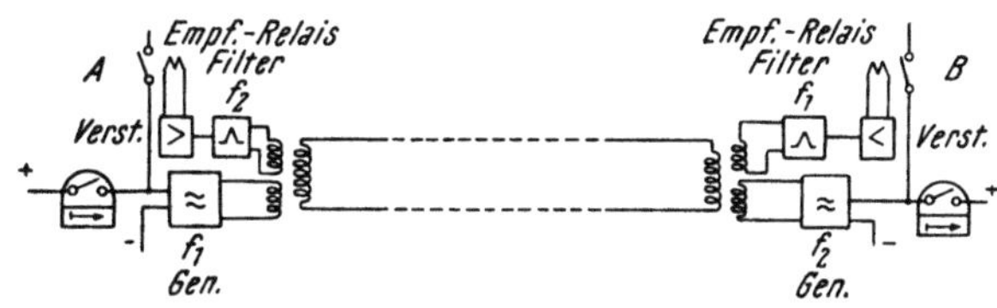

Abb. 213.
Übertragungskanal mit Mittelfrequenz (f_1 und f_2)

Der Generator wird durch die Kontakte des Richtungsrelais gesteuert und der Empfänger steuert seinerseits den Auslösekreis. Der Generator ist ein Röhrengenerator in bekannter Ausführung. Er wird entweder dadurch gesteuert, daß die Anodenspannung oder die Gittervorspannung zu- und abgeschaltet wird. Auch durch Ein- und Ausschaltung der Hilfsadern mit Hilfsrelais kann gesteuert werden. Der Empfänger besteht aus einem Verstärker, meist mit Pegelregelung, und einem Tonfrequenzrelais. Für die beiden Richtungen werden verschiedene Frequenzen verwendet, die durch Siebkreise voneinander getrennt werden.

Der Hauptvorteil dieser Anordnung, der den höheren Aufwand rechtfertigt, ist die Möglichkeit, auf derselben Leitung mit anderen Frequenzen auch Telephonie- und Telegraphensignale durchzugeben. Diese werden durch weitere Filter voneinander getrennt.

δ) **Hochfrequenzkanäle.** Die größte Bedeutung hat die Verwendung von Hochfrequenz als Übertragungsmittel erlangt. Dies liegt in erster Linie daran, daß man die Übertragungsleitung selbst als Kanal benutzen kann. Man braucht also überhaupt keine Hilfsadern. Außerdem ist die Länge der Leitung ohne Einfluß auf die Übertragung, so daß jede beliebige Länge mit einem Vergleichsschutz geschützt werden kann.

Die besondere Eigenart eines Hochfrequenzkanals auf den Übertragungsleitungen ist, daß bei einem Fehler auch der Kanal unterbrochen wird. Diese Tatsache schließt die Verwendung aller Schaltungen aus, die ein Empfangsrelais mit Arbeitskontakt verwenden, wo also der Strom im Kanal die Auslösung freigibt. Da weiter die Hochfrequenz eine dauernde Überwachung erfordert, bevorzugt man die Ruhestromschaltung. Die hiefür in Frage kommende Schaltung ist diejenige der Abb. 208 b. Diese Schaltung erfordert, wie bereits erwähnt, für die Erfassung von Fehlern bei einseitiger Speisung den zusätzlichen Einbau der Echoschaltung.

Auch bei der Hochfrequenzverbindung ist eine Beeinflussung der beiden Kanäle zu verhindern. Dies kann man mit verschiedenen Frequenzen für beide Richtungen machen. Die beiden Frequenzen werden im Empfänger auf ein Mischrohr gegeben, und die Differenzfrequenz $f_1 - f_2$ ausgesiebt. Das Empfangsrelais spricht nur auf diese Differenz an. Es wird also auf das Mischrohr einmal dauernd die von derselben Seite ausgesendete Frequenz und die von der andern Seite ankommende Frequenz gegeben, solange das Sperrzeichen gesendet wird. Fehlt dieses, so kann das Empfangsrelais nicht arbeiten. Dies ist das *Interferenzverfahren* (Abb. 214a) [Neugebauer, H. (*182*)]. Die verwendete Trägerfrequenz ist etwa 50 bis 200 kHz.

Man kann auch für mehrere Leitungen einen gemeinsamen Hochfrequenzsender benutzen und diesen mit einer für jede Leitung anderen Tonfrequenz modulieren. Die Empfänger scheiden dann diese Tonfrequenz durch Audion- oder Röhrengleichrichtung aus und geben sie über Filter an das Empfangsrelais, das dann nur auf eine bestimmte Tonfrequenz anspricht. Fehlt diese, so fällt es ab und der Schutz kann auslösen, *Modulationsverfahren* (Abb. 214b).

Die Trägerfrequenz ist hierbei in jeder Station verschieden, so daß auch hier für die beiden Richtungen verschiedene Trägerfrequenzen zur Verfügung stehen.

Die Hochfrequenzsender bestehen aus einer quarzgesteuerten Schwingstufe in bekannter Schaltung und einem Verstärker, der die Leistung auf zirka 10 W bringt, weiters bei dem Modulationsverfahren aus dem Oszillator für die Tonfrequenz und der Modulatorstufe. Die Steuerung des Senders erfolgt durch Zu- und Abschalten der Anodenspannung, der Gittervorspannung oder des Ausganges.

Die Empfänger bestehen aus einem Verstärker und bei dem Interferenzverfahren aus einer Mischstufe, einem Filter (Tiefpaß) und dem Tonfrequenzempfangsrelais. Bei dem Modulationsverfahren ist ein Demodulator vorhanden, der die Tonfrequenz über ein Filter ebenfalls auf das Empfangsrelais gibt. Meist besitzen sie eine automatische Pegelregelung.

Die Speisung der Sender und Empfänger erfolgt über die Betätigungsbatterien durch Umformeraggregate oder durch das Betriebsnetz mit Netzanschlußgeräten. Beim Ausbleiben der Netzspannung wird auf eine Notstromgruppe umgeschaltet.

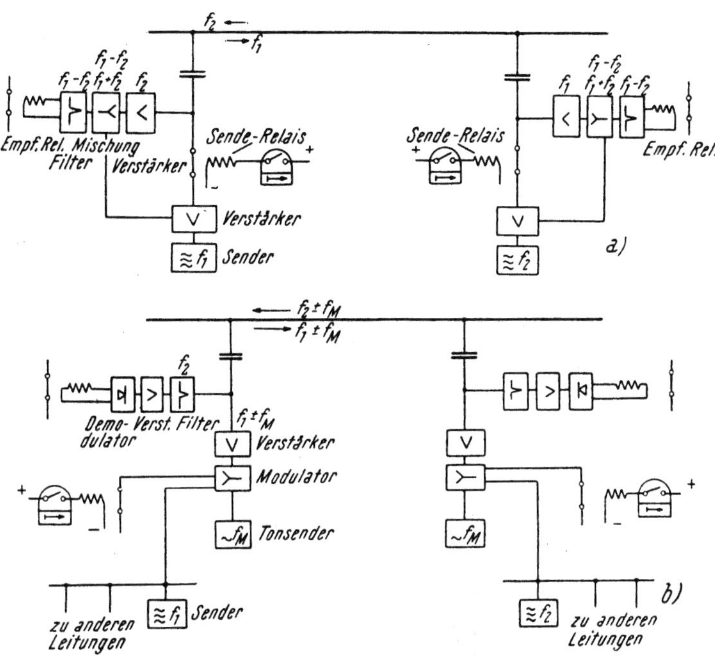

Abb. 214. Hochfrequenzkanäle
a) Interferenzverfahren, *b*) Modulationsverfahren

Die Ankopplung der Hochfrequenz an die Hochspannungsleitung wird mit Hochspannungskondensatoren durchgeführt. Zur elektrischen Trennung verwendet man außerdem noch Übertrager, deren Isolierung zwischen den Wicklungen besonders sorgfältig ausgeführt werden muß. Als Prüfspannung zwischen beiden Wicklungen wird mindestens 10 kV verlangt [Hancess, E. (*174*)]. Die Kondensatoren sollen, um unnötige Hochfrequenzverluste zu vermeiden, mindestens etwa 2000 pF betragen. Die Ankopplung wird mittels Trennschalter ausgeschaltet. Als Schutz besitzt er eine Sicherung, die mit dem Trennschalter zusammengebaut werden kann (Trennsicherung). Zweckmäßig ist weiters ein Überspannungsableiter, der Überspannungen vom Hochfrequenzteil fernhalten soll. Die ganze Schaltung der Ankopplung zeigt Abb. 215.

Außer der Ankopplung sind auf der Leitung Hochfrequenzsperren auf der Sammelschienenseite der Leitung vorzusehen, damit die Hochfrequenz nicht über die Sammelschiene in andere Leitungen übergehen kann. Mit Hilfe dieser Sperren kann die Hochfrequenz nur auf der zugehörigen Leitung übertragen werden. Die Sperren sind Spulen, die auf die Niederfrequenz keinen wesentlichen Einfluß haben, aber für die Hochfrequenz einen hohen Widerstand darstellen. Besonders günstig haben sich Hochfrequenzsperren bewährt, die einen Sperrkreis mit Spule und Kondensatoren darstellen. Hiebei ist die Beeinflussung des Starkstromes am geringsten. Die Spulen müssen für den Nennstrom der Leitung ausgelegt sein. Die Kondensatoren werden variabel ausgeführt, um ein Nachstimmen zu ermöglichen. Auch Doppelwellensperren sind ausgeführt worden.

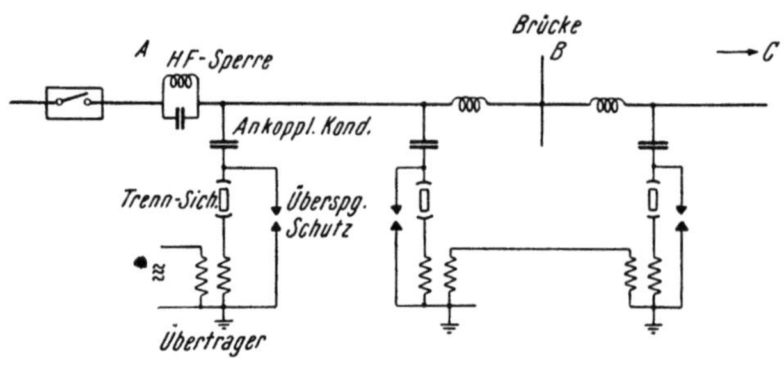

Abb. 215. Hochfrequenzankopplung und Hochfrequenzbrücke

Die Hochfrequenz wird meist zwischen einem Leiter und Erde angekoppelt. Sie kann auch zwischen zwei Leitern ohne Mitbenutzung der Erde angekoppelt werden. Diese Ankopplung ist leistungsfähiger und vermeidet zusätzliche Ableitungen, z. B. bei Rauhreif [Chevalier, A. (*164, 165*), Wertli, A. (*195*)].

In der Leitung liegende hochfrequente Hindernisse, z. B. Drosselspulen in Schaltstationen, die keinen gesonderten Schutz haben, also mit in dem Schutzbereich des Streckenschutzes liegen müssen, müssen umgangen werden. Dies geschieht mit Kondensatoren und Zwischenübertragern (Abb. 215).

Bei Übertragungen von Mitnahmezeichen für die Kurzschlußfortschaltung einzelner Leiter sind weitere Unterscheidungen erforderlich. Je nachdem, welcher Leiter ausgeschaltet werden soll, muß ein anderes Zeichen gegeben werden. Man benutzt hiezu weitere Frequenzen. Insgesamt sind daher mindestens drei, für Doppelleitungen sechs Frequenzen erforderlich.

Der große wirtschaftliche Vorteil ist bei der Hochfrequenzübertragung die Mitbenutzung der Kanäle durch leitungsgerichtete Hochfrequenztelephonie und Telegraphie sowie Übertragung von Fernmeß- und Fernsteuersignalen.

ε) **Kurzwellenkanal, drahtlos.** Die Verwendung eines drahtlosen Kurzwellenkanals für die Übertragung von Schutzsignalen bietet gegenüber der Drahtübertragung mit Hochfrequenz gewisse Vorteile. Störungen auf der Leitung haben keinen Einfluß auf den Kanal. Die Ausführung ist einfacher und billiger. Die Leistung der Sender ist kleiner und beträgt nur wenige Watt. Durch Verwendung von Reflektorantennen erhält man auch hiebei eine gute Richtwirkung. Man kann auch die Arbeitsstromschaltung verwenden, so daß die Kurzwellenübertragung nur kurzzeitig in Betrieb ist und dadurch die Störanfälligkeit noch geringer ist. Fraglich ist allerdings der Einfluß von Gewittern, bei denen ja der Schutz meist gerade zu arbeiten hat. Es fragt sich, ob dadurch nicht Störungen auftreten und durch Blitze falsche Auslösungen hervorgerufen werden können.

Die Schaltung unterscheidet sich nicht wesentlich von der Hochfrequenzübertragung. Man verwendet modulierte Wellen von etwa 5 m. Die Frequenz ist für beide Richtungen verschieden, kann aber für alle von einer Station abgehenden Leitungen gleich sein. Der Empfänger ist ein Überlagerungsempfänger bekannter Bauart.

3. Die Überwachung der Kanäle

Es wurde schon auf die Schwierigkeiten hingewiesen, die bei einzelnen Schaltungsarten wegen der Überwachungsmöglichkeit auftreten. Ruhestromschaltungen lassen eine laufende Kontrolle mit Voltmeter, Glimmlampen, Signalrelais dauernd zu. Sie werden durch die auf dem Übertragungskanal liegende Spannung selbst betätigt. Bei Ausbleiben der Spannung geben sie Signal oder die Anzeige verschwindet.

Bei Arbeitsstromschaltungen ist dies nicht ohne weiteres möglich. Der Kanal ist spannungslos und man weiß nicht, ob er in Ordnung ist oder nicht. Hier ist eine periodische Überwachung notwendig, die beispielsweise mittels Synchronuhr auf beiden Seiten die Leitung einschaltet und das Arbeiten des Schutzes nachahmt [Neher, I. H. (181)]. Man kann auch den Arbeitskontakt des Senderelais mit einem empfindlichen hochohmigen Hilfsrelais überbrücken. Durch dieses fließt normalerweise Strom, der aber nicht ausreicht, um ein Empfangsrelais zu betätigen. Beim Wegbleiben der Spannung gibt es ein Signal.

Bei Ruhestromschaltungen kann man, wenn der Ruhestrom oder die Hochfrequenz auf Grund eines Fehlers im Betätigungskreis wegbleibt, auch automatisch den Schutz außer Betrieb setzen, bis die Spannung wiederkehrt. Auch bei der Ruhestromschaltung besteht die Gefahr, daß beim Wegbleiben des Ruhestromes und gleichzeitigem Fehler im Hochspannungsnetz Falschauslösungen oder Versager entstehen. Wird ein Sperrsignal gegeben, so kann dadurch der Schutz bei außerhalb der Leitung liegenden Fehlern auslösen. Bei einem Auslösesignal kann bei innerem Fehler der Schalter geschlossen bleiben. Um dies zu verhindern, hat man die Schaltung mit dem Zeitspalt angewendet [Neugebauer, H. (182)]. Fällt die Speisung des Kanals aus, so wird ein Zeitrelais mit einer Zeit von 1,5 s, dem Zeitspalt, angeworfen, das den Auslösekreis auftrennt. Ist also die Übertragung auf Grund eines Auslösezeichens ausgeblieben, so schaltet der Schutz innerhalb dieser 1,5 s ab, ist sie aber auf Grund eines Defektes in der Hilfsleitung oder im HF-Sender ausgeblieben, so dauert dies länger und der Schutz wird nach 1,5 s unwirksam gemacht. Dann ist also eine Gefahr der Fehlauslösung nur während des Zeitspaltes vorhanden. Es ist aber unwahrscheinlich, daß gerade in dieser Zeit ein Fehler auf der Hochspannungsseite entsteht. Gleichzeitig mit der Außerbetriebsetzung des Schutzes wird ein Zeitrelais geschaltet, das bei Wiederkehr der Spannung anläuft und den Schutz wieder nach etwa 10 s einschaltet.

G. Die Projektierung von Schutzanlagen

Um einen Schutz für irgend eine elektrische Anlage entwerfen zu können, ist in erster Linie eine genaue Kenntnis des Netzes einschließlich seiner Maschinen, Transformatoren, Phasenschieber und was es sonst noch gibt, erforderlich. Der Schutzspezialist eines Elektrizitätsversorgungs-Unternehmens muß also genau so wie jeder Betriebsingenieur das Netz kennen. Dies genügt aber noch nicht allein. Für die Schutzprojektierung ist die Kenntnis der Fahrweise der Maschinen, der Lage der Trennstellen, der Benutzung der Kupplungen, unbedingt nötig. Im Netzschaltbild kann ein Netz den Eindruck eines Maschennetzes machen und trotzdem kann die Betriebsweise die eines Strahlennetzes sein. Im Netzschaltbild erkennt man einen Netzring. Die Betriebsweise läßt aber immer an einer bestimmten Trennstelle einen Schalter geöffnet, so daß sich schutztechnisch zwei Stichleitungen ergeben. Diese Beispiele mögen deutlich zeigen, wie wichtig die Kenntnis der Betriebsweise für die Wahl und die Auslegung des Schutzes ist.

In manchen Fällen kann es vorkommen, daß der Schutz besonders kompliziert werden muß, weil der Schaltungs- oder Betriebsingenieur irgend eine besondere Schaltung oder Betriebsweise wünscht. Es kann der Schutz oft aber bedeutend verbilligt werden, wenn die verlangte Schaltung nur geringfügig geändert wird. In diesem Falle wird der Schutzspezialist auch Einfluß auf die Netzgestaltung nehmen müssen. Im allgemeinen darf er das aber nicht. Er muß sich immer vor Augen halten, daß die Hauptsache im Versorgungsbetrieb die Schaltung mit allem Zubehör ist, daß der Schutz nur eine, allerdings auch sehr wichtige, aber doch nur eine Anordnung zweiter Klasse ist. Er ist ein oft vom Betriebsmann wenig gern gesehener Anlagenbestandteil, der nur für den Notfall da ist. Am schönsten wäre es, man brauchte ihn gar nicht. Aus diesem Grund soll von seiten der Schutztechnik möglichst wenig der Betrieb beeinflußt oder gar eingeschränkt werden.

Noch eines ist für die Projektierung von Schutzanlagen zu berücksichtigen. Am einfachsten läßt es sich projektieren, wenn eine vollkommen neue Anlage errichtet werden soll. Man braucht dann auf Bestehendes keine Rücksicht zu nehmen. Dies ist aber in Wirklichkeit kaum einmal anzutreffen. Fast immer sollen neue Schutzeinrichtungen in bestehenden Anlagen oder zum mindesten in Netzteilen, die ein bereits bestehendes Netz erweitern, eingebaut werden. Eine Rücksichtnahme auf Bestehendes ist daher unvermeidlich.

Es soll nun zuerst besprochen werden, welche Schutzart bei den einzelnen Betriebsmitteln zu wählen ist und dann der Gang der Projektierung behandelt werden.

I. Wahl der Schutzart

Natürlich kann kein bis ins einzelne gehendes Rezept angegeben werden. Wohl aber kann eine allgemeine Richtlinie aufgezeigt werden und der Grund dargelegt werden, warum eine bestimmte Schutzart verwendet wird. Meist sind mehrere Möglichkeiten für den Schutz gegeben, aus denen man sich die eine oder andere Anordnung aussuchen kann. Auch mögen die Meinungen, ob das eine oder andere Relais notwendig ist oder nicht, verschieden sein.

Als allgemeine Richtlinie kann für die Wahl der Schutzart gelten: Man soll immer daran denken, daß der Schutz nur selten in Funktion tritt. Daher nicht übermäßig und überkompliziert schützen! Immer nach Einfachheit trachten und genau abwägen, ob der Gewinn bei Anwendung einer Schutzart wirklich die Komplikation einer Anlage rechtfertigt. Den unbedingt nötigen Schutz einfach gestalten und zusätzlich Glieder nur dort vorsehen, wo sie gerechtfertigt sind. Man wird eine Pendelsperre beispielsweise nur dort vorsehen, wo erfahrungsgemäß häufig Pendelungen auftreten. Man wird sie aber dort fortlassen, wo Pendelungen im allgemeinen nicht zu erwarten sind. Es ist unzweckmäßig, zu sagen, sie schadet hier ja auch nichts; für den Fall, daß dort aus irgend welchen Gründen einmal vielleicht eine Pendelung auftritt, soll sie vorgesehen werden. Man kompliziert den Schutz nur dadurch und erhöht die Anfälligkeit der gesamten Anordnung. Durch solche Überlegungen kann die Fehlerhäufigkeit in der Relaisanordnung selbst unter Umständen größer werden als in der zu schützenden Anlage.

a) Der Schutz von Generatoren

Der Aufwand an Schutzeinrichtungen ist je nach der Größe und Bedeutung der Maschine verschieden. Die Art des Schutzes richtet sich wieder nach der Schaltung. Ebenso ist die Betätigungsart je nach der Größe der Maschine, je nach der Schaltung, nach der Bedienungsweise (unbediente und bediente Anlagen) und der Bedeutung des Schutzes selbst verschieden. Alles dies soll wohl kurz besprochen werden, kann aber selbstverständlich nicht für jeden einzelnen Fall genau angegeben werden.

Es wird unterschieden zwischen großen, mittleren und kleinen Generatoren.

1. Großgeneratoren

Als Großgeneratoren sollen alle Generatoren bezeichnet werden, die mehr als etwa 15 bis 20 MVA Leistung haben.

Die grundsätzlichen Schutzarten sind, der Überspannungsschutz, von dem hier nur diejenigen Überspannungen behandelt werden, die in der elektrischen Anlage selbst entstehen, also die anlagebedingten Überspannungen. Diese können infolge falscher Regelung, unzweckmäßiger Blindlastverteilung entstehen. Atmosphärische Überspannungen, gegen die man sich mit Ableitern schützt, werden nicht näher behandelt, seien nur insoweit erwähnt, daß man sie praktisch nur in Freileitungsnetzen vorsieht. Weiters ist der Überlastungsschutz zu erwähnen, der Kurzschlußschutz gegen äußere und innere Fehler, der Erdschlußschutz für Stator und Rotor, der Windungsschlußschutz und die Schutzreserve bei Versagen des untergeordneten Netzschutzes.

In den folgenden Tabellen ist der Schutz für die zwei Schaltungsmöglichkeiten zusammengestellt, und zwar für die Speisung über Transformator und für direkt auf die Sammelschiene arbeitende Maschinen. Im einzelnen ist dazu noch folgendes zu sagen:

α) **Generator-Transformator-Gruppe (Blockschaltung, Tab. 13).** *Der Überspannungsschutz* mit Überspannungsrelais wird zweckmäßig an eigene Spannungswandler angeschlossen, damit er auch Spannungssteigerungen durch Defekte an Spannungsreglern mit erfassen kann. Es genügt im allgemeinen ein einpoliger Schutz. Eine Verzögerung ist zweckmäßig. Fallweise kann eine Momentanauslösung bei hohen Überspannungen vorgesehen werden. Er löst den Schalter und die Entregung aus. Bei sehr wichtigen Aggregaten, wo der Ausfall einer Maschine unangenehme Rückwirkungen auf die Lastverteilungen haben kann und wenn eine Spannungserhöhung wenigstens eine Zeitlang zugelassen werden kann, ist eine Signalisierung statt der Auslösung angebracht, um dem Betrieb Zeit zu geben, schnellstens Maßnahmen für eine Entlastung zu ergreifen.

Der Überlastungsschutz kann durch Thermorelais, Thermostaten, thermische Abbilder gebildet werden. Sie können direkt vom Strom beheizt

Tabelle 13. *Schutz großer Generatoren, Transformator und Generator eine Einheit*

Nr.	Fehlerart	Schutzart	Zeit	Polig-keit	Betätigung	Einbauort
1	Anlage-bedingte Über-spannung	Über-spannungs-schutz	unabhängig oder ab-hängig fall-weise mit Moment-auslösung bei hohen Spannungen		Schalter, Entregung oder Signal	an getrenntem Wandler
2	Über-lastung	Thermoschutz eventuell mit Grenzauslösung	abhängig (mit Moment-auslösung)	1 (3)	Signal	Transformator oder Sternpunkt
3	Äußere Kurz-schlüsse	Grenzauslösung des Thermo-schutzes, UMZ- oder Impedanz-schutz	unabhängig, 1 oder 2 Stufen	3 (4) oder 2	Schalter, Entregung	Sternpunkt
4	Innere Kurz-schlüsse	Differential-schutz, stabilisiert	unverzögert	3 (4) oder 2	Schalter, Entregung, Brandschutz, Bremsung, Schnellschluß	Transformator, Sammelschiene, Seite und Sternpunkt
5	Stator-Erdschluß	Nullspannungs-relais, Buchholz-schutz	(verzögert)		Schalter, Entregung, Brandschutz, Bremsung, oder Signal, oder gestuft	Sternpunkt, Gestellschluß-spannung Transformator
6	Windungs-schluß	Leistungs-schutz, Gegen-leistungs-schutz, Ausgleich-stromrelais (bei Doppel-wicklung)		(3)	Schalter, Entregung, Brandschutz, Bremsung, oder Signal	Sternpunkt und Spannungs-wandler Sternpunkt
7	Rotor-Erdschluß	Spannungs-vergleich oder Wechsel-spannungs-relais			Signal	Erregerkreis

werden oder auch im Transformator eingebaut werden. Kommen auch unsymmetrische Überlastungen vor, so ist der Schutz dreipolig auszuführen. Er löst ein Signal aus. Ist der Schutz mit einer magnetischen Momentan-auslösung bei großen Überströmen versehen, so läßt man dieselbe den Schalter und die Entregung auslösen. Die Grenzstromauslösung kann aber meist entfallen, da gegen äußere Kurzschlüsse andere Relais vor-gesehen sind oder sie erhält eine Zeitverzögerung.

Der Kurzschlußschutz gegen äußere Fehler hat die Aufgabe, Fehler im Abzweig, soweit sie nicht vom Differentialschutz erfaßt werden, also zwischen Stromwandler und Sammelschiene und an der Sammelschiene selbst, falls diese keinen eigenen Schutz besitzt, zu erfassen.

Außerdem soll er bei Versagern von Netz- und anderen Relais der Generatoren in Funktion treten. Er kann aus Überstromzeitrelais gebildet werden. Die Zeiteinstellung richtet sich dabei nach den Auslösezeiten im Netz. Sie ist meist verhältnismäßig hoch, da sie die letzte Staffelung im Netz darstellt. Man kann auch Impedanzrelais mit abhängiger Zeit oder mit nur zwei Zeitstufen, vor denen eine bei Fehler im Generator kurzzeitig, die andere Stufe mit größerer Zeit bei Fehlern hinter dem Transformator wirksam ist. Ein Impedanzschutz mit fester Zeit, der nur bei Fehler vor dem Transformator angeworfen wird, ist möglich, wenn der Transformator unmittelbar in die Leitung übergeht und dort der Leitungsschutz bereits wirksam ist. Der Schutz ist je nach der Netzart zwei- oder dreipolig auszuführen. Eine Berücksichtigung des Doppelerdschlußfalles ist nicht erforderlich. Für die Erfassung von Erdfehlern in geerdeten Netzen kann der Schutz auch vierpolig ausgeführt sein. Der Anschluß erfolgt möglichst an Wandler auf der Sternpunktseite der Generatoren, um den ganzen Bereich der Maschine erfassen zu können.

Als *Kurzschlußschutz gegen innere Fehler* ist Differentialschutz vorzusehen. Da Transformator und Generator eine Einheit bilden, genügt ein Differentialschutz für beide. Es werden also die Ströme auf der Sammelschienenseite des Transformators mit denen auf der Sternpunktseite des Generators verglichen. Eine Stabilisierung ist zu empfehlen. Der Schutz ist im allgemeinen dreipolig auszuführen. Bei nicht fest geerdetem Sternpunkt kommt man auch mit einem zweipoligen Schutz aus. Er löst den Schalter, die Entregung und fallweise auch den Brandschutz, den Schnellschluß und bei Wasserturbinen eine Bremsung aus.

Als Stator-Erdschlußschutz genügt ein Spannungsrelais, das am Sternpunkt angeschlossen ist. Um die Wicklung gänzlich erfassen zu können, werden Verlagerungs- und Regenerationsschaltungen angewandt.

Es ist insbesondere bei wichtigen Aggregaten zweckmäßig, zwei Spannungsstufen vorzusehen, von denen die eine bei niedriger Erdschlußspannung ein Signal gibt, die andere bei höherer Spannung den Schalter die Entregung und den Brandschutz (fallweise Bremsung) auslöst.

Ein Windungsschlußschutz kann ebenfalls vorgesehen werden. Allgemein wird der wattmetrische Schutz angewendet, der zwischen Sternpunkt und künstlichem Sternpunkt einer Verlagerungsdrossel liegt oder der Gegenleistungsschutz. Bei Parallelwicklungen kann auch der Ausgleichstrom gemessen werden. Das Relais kann auf Auslösung (Schalter, Entregung, Brandschutz, Bremsung) oder auf Signal arbeiten.

Für den Windungs- und Erdschlußschutz des Transformators ist ein Buchholzrelais vorgesehen. Für Gasansammlung wird es auf ein Signal, für Ölströmung auf Auslösung geschaltet. Man kann aber auch hiebei auf die Auslösung verzichten, da bei einem Fehler, der nur den Buchholzschutz betätigt nicht aber den Differentialschutz, meist noch Zeit für eine rasche Umschaltung sein dürfte.

Als *Rotor-Erdschlußschutz* kann ein Erdschlußanzeiger nach dem Prinzip des Spannungsvergleiches oder dem mit Wechselspannung verwendet werden.

β) **Generator arbeitet direkt auf die Sammelschiene** (Tab. 14).
Ist kein Transformator direkt mit dem Generator verbunden, sondern eine
Sammelschiene dazwischen geschaltet, auf die noch andere Generatoren
arbeiten können, so muß zum Teil der Schutz etwas anders gewählt werden.

Beim Schutz gegen äußere Kurzschlüsse muß noch mehr als im ersten
Falle auf das Zusammenarbeiten mit dem Netzschutz geachtet werden,
da praktisch zwischen Generator und Netz keine Impedanz liegt. Hier
wird meist nur ein Schutz mit unabhängiger Auslösezeit möglich sein.

Der Schutz gegen innere Fehler ändert sich insofern, als der Differentialschutz nur noch allein für den Generator da ist. Eine Stabilisierung ist
auch hier von Vorteil.

Tabelle 14. *Schutz großer Maschinen, Generator speist direkt auf eine Sammelschiene*

Nr.	Fehlerart	Schutzart	Zeit	Polig-keit	Betätigung	Einbauort
1,2	wie Tabelle 13					
3	Äußere Kurz-schlüsse	Grenzauslösung des Thermo-schutzes oder UMZ-Schutzes	unabhängig	3 (4) oder 2	Schalter, Entregung	Sternpunkt
4	Innere Kurz-schlüsse	Differential-schutz, stabilisiert	unverzögert	3 (4) oder 2	Schalter, Entregung, Brandschutz, Schnellschluß	vor und hinter dem Generator
5	Stator-Erdschluß a) Erd-schlußstrom entsteht im Generator-abzweig, b) außer-halb des Generators	a) Leistungs-relais in Differenz- oder gerichteter Spannungs-schaltung, b) Leistungs-relais mit Spannungs-auswahl, Schutz der abgeschalteten Maschine Stromrelais	(verzögert)		Schalter, Entregung, Brandschutz, Schnellschluß	vor und hinter dem Generator oder Sternpunkt, Sternpunkt und Sammelschiene
6,7	wie Tabelle 13					

Am meisten beeinflußt wird der Stator-Erdschlußschutz. Hier genügt
das Nullspannungsrelais nicht, sondern es muß ein selektiver Erdschlußschutz mit Leistungsrelais vorgesehen werden, der äußere und innere
Erdschlüsse unterscheiden kann. Hiefür kommen alle beschriebenen Anordnungen in Frage. Unterschieden werden muß nur noch, ob der Erdschlußstrom im Generatorabzweig selbst oder außerhalb entsteht. Im
ersten Falle kann er als gerichteter Spannungsschutz oder als Leistungs-

schutz in Differenzschaltung gewählt werden. Im zweiten Falle wird ein Leistungsrelais[1] vorgesehen, dem die Spannung in einer an der Sammelschiene liegenden Anordnung ausgewählt wird. Es können eine Spannungsregenerierung, bei erdschlußmäßig schwachen Netzen auch Verlagerungen zur Erfassung aller Wicklungsteile vorgesehen werden. Um auch bei der abgeschalteten Maschine gegen Erdschluß geschützt zu sein, kann der Erdschlußschutz bei ausgeschaltetem Leistungsschalter zusätzlich durch von der Sternpunktspannung gespeiste Widerstände oder Kondensatoren wirksam gemacht werden.

Es gibt auch Schaltungen, wo die Maschine wahlweise auf eine Sammelschiene oder auf einen Transformator geschaltet werden kann. Hiedurch ergeben sich auch einige Besonderheiten, auf die aber nicht näher eingegangen zu werden braucht, da sie sich sinngemäß aus dem bereits Besprochenen ergeben.

2. Mittlere Generatoren (Tab. 15)

Als mittlere Generatoren sollen Generatoren zwischen etwa 2 bis 3 und 15 bis 20 MVA angesehen werden.

Prinzipiell unterscheiden sie sich schutztechnisch kaum von den Großgeneratoren. Wohl aber ist nicht jede Schutzart mehr wirtschaftlich vertretbar und man wird versuchen, den Schutz in einigen Fällen zu vereinfachen.

Tabelle 15. *Schutz mittlerer Maschinen (über Transformator oder direkt auf Sammelschiene)*

Nr.	Fehlerart	Schutzart	Zeit	Poligkeit	Betätigung	Einbauort
1	Überspannung (anlagebedingt)	Überspannungsschutz	verzögert	1	Schalter, Entregung	getrennter Wandler
2	Überlastung und Kurzschlüsse (äußere)	Thermoschutz mit Magnetauslösung oder UMZ	verzögert	3 (4) oder 2	Schalter, Entregung	Sternpunkt
3	Innere Kurzschlüsse	Differentialschutz, stabilisiert	verzögert	3 (4) oder 2	Schalter, Entregung	vor und hinter dem Generator oder Generator-Transformator-Einheit
4	Stator-Erdschluß	wie Tabelle 13 und 14				
5	Windungsschlußschutz	entfällt oder Spannungsrelais	unverzögert	1	Schalter	Sternpunkt und Spannungswandler
6	Rotor-Erdschluß	wie Tabelle 13				

---

[1] In gewissen Fällen genügen auch Stromrelais.

Auf den Überspannungsschutz kann schon in manchen Fällen verzichtet werden. Mindestens kann man auf die Momentanauslösung bei hohen Spannungen verzichten. Der Überlastungsschutz kann mit dem Kurzschlußschutz gegen äußere Fehler zusammengelegt werden. Entweder sieht man Thermorelais mit verzögerter magnetischer Auslösung oder nur UMZ-Schutz vor. Der Schutz gegen Windungsschluß wird oft ganz weggelassen. Ebenso verzichtet man auf den Brandschutz, die Bremsung und den Schnellschluß. Der Statorerdschlußschutz ist etwa derselbe wie bei großen Generatoren.

3. Kleinere Generatoren (Tab. 16)

Für kleinere Generatoren, also unter 2 bis 3 MVA wird der Schutz noch weiter vereinfacht. Der anlagenbedingte Überspannungsschutz entfällt meist ganz. Der Überlastungs- und Kurzschlußschutz wird mit Primärrelais oder Primärauslösern ausgeführt. Der Generatorsternpunkt ist häufig nicht herausgeführt, so daß der Differentialschutz entfallen muß. Statt dessen verwendet man verzögerte Rückleistungsrelais, · Gegenleistungsrelais oder auch Blindleistungsänderungsrelais. Dieser Schutz

Tabelle 16. *Schutz kleiner Maschinen*

Nr.	Fehlerart	Schutzart	Zeit	Polig-keit	Betätigung	Einbauort
1	Überlast- und Kurz-schlußschutz	Primäre oder sekundäre Thermorelais mit magnetischer Auslösung, Primärauslösung oder UMZ-Schutz	abhängig unabhängig	3 (2)	Schalter	Generator-schalter oder Stromwandler in Abzweig
2	Innere Kurz-schlüsse (Windungs-schluß)	Rückleistungs-schutz (Gegenleistung, Blindleistungsänderung), UMZ-Schutz	verzögert	3 (2)	Schalter	Abzweig Sternpunkt
3	Erdschluß a) Generator-Transformator-Gruppe	Nullspannung	verzögert		Schalter	Sternpunkt
	b) Generator auf Sammelschiene, Erdschlußstrom außerhalb erzeugt	Nullstrom				Abzweig
	c) Erdschlußstrom am Generator erzeugt	Nulleistung				Abzweig, Sternpunkt

kann auch entfallen, wenn ein Überstromschutz an Wandler im herausgeführten Sternpunkt angeschlossen werden kann. Als Erdschlußschutz kommen einfachere Ausführungen in Frage. Nullspannungsschutz bei Generatoren, die mit Transformatoren eine Einheit bilden, Nullstromrelais, wenn der Erdschlußstrom außerhalb des direkt auf die Sammelschiene arbeitenden Generators und gerichteter Erdschlußschutz, wenn der Strom im Generatorsternpunkt entsteht. Ein besonderer Windungsschluß- und Rotor-Erdschlußschutz entfällt, ebenso die Entregungseinrichtung.

b) Der Schutz der Transformatoren

1. Großtransformatoren (Tab. 17)

Als Großtransformatoren sollen alle Transformatoren über 10 bis 15 MVA gerechnet werden, die zwei Hochspannungsnetze verschiedener Spannung miteinander verbinden. Auch die Maschinentransformatoren sollen dazu gerechnet werden, soweit sie schutztechnisch selbständig sind, also nicht mit dem Generator eine Einheit bilden.

Transformatoren müssen gegen Überlastungen, äußere und innere Kurzschlüsse und gegen Erdschluß und Windungsschluß geschützt werden. Da die Transformatoren ohne Ausnahme ölhaltig sind, so läßt sich der *Überlastungsschutz* leicht mit in den Ölkessel eingebauten thermischen Relais oder thermischen Abbildern ausführen. Aus demselben Grunde sind sie gegen *innere Fehler*, insbesondere Erdschlüsse und Windungsschlüsse mit den besonders empfindlichen mechanischen Relais, Buchholzrelais oder Täuberschutz zu schützen. Gegen *innere Kurzschlüsse* werden sie außerdem mit Differentialschutz geschützt, der stabilisiert und gegen Einschaltstöße gesichert ausgeführt sein muß. Gegen *äußere Kurzschlüsse* ist ein Staffelschutz vorzusehen, dessen Zeiten den Schutzsystemen der beiden Netze angepaßt sein muß. Vielfach genügt hiefür ein Überstromschutz. Man kann auch gerichteten UMZ-Schutz oder sogar Impedanzrelais verwenden, deren Kennlinie sich nach denen des Netzschutzes richten muß. Der Transformator bildet in diesem Falle gewissermaßen einen Teil des Netzes. Er kann dann wie eine Leitung mit seiner Kurzschlußimpedanz behandelt werden, wobei allerdings im wesentlichen nur auf die Fehler an beiden Enden Rücksicht genommen zu werden braucht. Die Erfassung von Doppelerdschlüssen ist dabei meist nicht nötig, da Doppelerdschlüsse innerhalb des Transformators vom Buchholz- und Differentialschutz abgeschaltet werden und Fehler auf der einen Seite des Transformators mit Erdschlüssen auf der anderen Seite keine Doppelerdschlüsse bilden können[1]. Ein besonderer *Erdschlußschutz* kann vorgesehen werden. Er hat aber nur die Aufgabe, Erdschlüsse im Transformatorabzweig zu erfassen, da innenliegende Erdschlüsse besser vom Buchholzschutz festgestellt werden. Der Schutz ist meist beidseitig vorgesehen. Schutztechnisch ist für den Erdschlußfall jeder Transformator nur ein einseitig gespeister Abzweig wie eine Stichleitung. Es fließt also überhaupt nur Strom, wenn ein Erdschluß im Transformatorabzweig auftritt. Es genügen daher Stromrelais. Bei Transformatoren, an deren Sternpunkt Erdschlußspulen angeschlossen sind, fließt allerdings in jedem Falle ein Erdschlußstrom von der Größe des Spulenstromes. In diesem Falle wendet man den Null-

---

[1] Ausgenommen Spartransformatoren.

stromdifferentialschutz an. Auch Leistungsrelais sind verwendet worden, haben aber offenbar infolge des erhöhten Erregerstromes bei Erdschluß in Verbindung mit nichtgenügendem Wandlerabgleich und Oberwellen nicht immer befriedigend gearbeitet. *Windungsschlüsse* werden vom Buchholzschutz mit erfaßt.

In unbedienten Stationen wird jeder Schutz auf Auflösung geschaltet. In bedienten läßt man Überlastschutz, Buchholzschutz bei Gasansammlungen und meist auch den Erdschlußschutz ein Signal geben. Die Auslösung kann so geschaltet werden, daß bei innenliegenden Fehlern beide Seiten oder bei einseitiger Speisung nur die Lieferseite, bei äußeren Fehlern nur eine Seite abgeschaltet wird.

Tabelle 17. *Schutz von Großtransformatoren*

Nr.	Fehlerart	Schutzart	Zeit	Poligkeit	Betätigung	Einbauort
1	Überlastung	Thermoschutz, thermisches Abbild	verzögert	(1)	Signal	Transformatorkessel
2	Kurzschluß, außen	UMZ, magnetische Auslösung des Thermoschutzes oder Impedanzschutz	unabhängig / verzögert / verzögert	3 (4) oder 2 / 3 (6)	Auslösung / (Schalter)	Lieferseite / beide Seiten
3	Kurzschluß, innen [Erdschluß (innen), Windungsschluß]	Differentialschutz, stabilisiert, gegen Einschaltstoß gesichert / Buchholzschutz (Täuberschutz)	unverzögert	3 (4)	Auslösung (beide Schalter) / Signal (Auslösung)	beide Seiten / Transformator
4	Erdschluß (außen) a) ohne, b) mit E-Spule	a) Nullstromschutz (Leistung), b) Nullstrom-Differentialschutz	verzögert		Signal (Auslösung)	beide Seiten

2. Mittlere Transformatoren (Tab. 18)

Unter mittleren Transformatoren sollen Transformatoren zwischen etwa 1 und 10 bis 15 MVA verstanden werden, die zwei Hochspannungsnetze über 1 kV miteinander kuppeln. Bei diesen kann man den Überlastungsschutz durch einfache Thermostaten ersetzen, oder mit dem Kurzschlußschutz kombinieren. Man verzichtet auf den Differentialschutz bei einzelgeschalteten Transformatoren und schützt sie gegen grobe innere und äußere Kurzschlüsse gemeinsam mit UMZ-Relais oder Thermoschutz mit magnetischer Kurzschlußauslösung. Meist entfällt auch ein besonderer

Tabelle 18. *Schutz von mittleren Transformatoren*

Nr.	Fehlerart	Schutzart	Zeit	Polig-keit	Betätigung	Einbauort
1	Überlastung und Kurz-schluß außen und innen	Thermorelais und UMZ-Schutz mit oder ohne magnetische Auslösung auch Differential-schutz, stabilisiert und gegen Einschaltstöße gesichert	verzögert unverzögert	3 (4) oder 2 3 (4) oder 2	beide Schalter beide Schalter	Speiseseite beidseitig
2	Innere Fehler	Buchholz-schutz mit 2 Schwimmer oder nur mit 1 Schwimmer			Signal und Auslöser (Auslösung)	Transformator

Erdschlußschutz. Gegen leichte innere Fehler schützt der Buchholz-schutz, der aber auch schon durch Einschwimmerausführungen verein-facht werden kann.

3. Netztransformatoren (Tab. 19)

Unter Netztransformatoren sollen alle kleineren Transformatoren verstanden werden, die aus einem Hochspannungsnetz ein Nieder-spannungsnetz speisen. Hierunter fallen also alle Transformatoren, die größere verzweigte Niederspannungsnetze für die Versorgung der Wohn-häuser speisen, es sollen aber auch die Transformatoren für Fabrik-anlagen und die Eigentransformatoren von Kraftwerken und Stationen dazugerechnet werden, da diese sich schutztechnisch kaum von den anderen unterscheiden.

Tabelle 19. *Schutz von Netztransformatoren*
a) einseitige Speisung

Oberspannung	Primärauslöser	Maximal-Relais, primär oder sekundär (Buchholz)	(Netzschutz) Buchholz (Thermo)	HH-Sicherung
Unterspannung	Sicherung, Automat (Schutzschalter)		Sicherungen	HH-Sicherung

b) mehrfache Speisung

Oberspannung	Primärauslöser	HH-Sicherung	(Netzschutz) Buchholz (Thermo)	(Netzschutz) Buchholz (Thermo)
Unterspannung	Maschennetz-schalter	Maschennetz-schalter	Maschennetz-schalter	Auslöse-sicherung

Schutztechnisch ist es vielmehr wichtiger, zwischen Transformatoren zu unterscheiden, die ein Netz allein speisen und solchen, die ein Maschennetz speisen, das gleichzeitig auch von anderen Transformatoren versorgt wird, wo also Rückspeisung möglich ist.

Die große Anzahl solcher Transformatoren erfordert eine billige und einfache Ausführung des Schutzes. Deshalb begnügt man sich mit einer, höchstens zwei Schutzarten.

Als Überlast- und Kurzschlußschutz werden Primärauslöser auf der Primärseite und Sicherungen oder Automaten (Schutzschalter) auf der Sekundärseite verwendet. Oder man wählt Primärrelais, die die Ober- und Unterspannungsseite abschalten. Man benutzt auch sekundäre Überstromrelais in der gleichen Wirkungsweise. Es wird sogar ganz auf den hochspannungsseitigen Schutz verzichtet, der Transformator mit Buchholzschutz geschützt und auf der Niederspannungsseite Sicherungen oder Automaten vorgesehen. Bei Hochspannungsfehlern außerhalb des Transformators muß dann der Schutz der Zuleitung abschalten. Auch Hochspannungssicherungen werden statt des Maximalschutzes vorgesehen.

Sonstige Schutzarten entfallen meist ganz.

Etwas komplizierter wird der Schutz, wenn vom Netz aus eine Rückspeisungsmöglichkeit besteht, wo also noch weitere Transformatoren das gleiche Netz speisen. Hier muß man automatische Maschennetzschalter vorsehen. Diese schalten nur bei Hochspannungsfehlern und Transformatorfehlern durch Rückleistungsrelais aus und werden bei Wiederkehr der Spannung wieder zugeschaltet. Auf der Hochspannungsseite wird durch Buchholzschutz oder Hochspannungssicherungen ausgeschaltet. Beim Fehlen von Hochspannungsschaltern tritt der Netzschutz in Funktion. In diesem Falle kann man auch durch Fernbetätigung von der Speisestation aus die Maschennetzschalter in Mitnahmeschaltung wieder zuschalten. An Stelle von Maschennetzschaltern wird auch die Auslösesicherung (steuerbare Sicherung) verwendet, die einerseits vom Buchholzschutz und Thermoschutz ausgelöst werden kann, anderseits als Niederspannungssicherung (meist sehr träge) selbst den Stromkreis unterbrechen kann.

4. Spannungswandler

Der Schutz von Spannungswandlern ist im allgemeinen sehr einfach. Bis zu gewissen Spannungen werden hoch- und niederspannungsseitig Sicherungen eingebaut. Bei Höchstspannungsnetzen entfällt jeder Schutz auf der Oberspannungsseite und der Netzschutz des zugehörigen Abzweiges tritt dafür ein. Ein Schutz, der die Wicklung völlig erfassen kann, ist der Spannungswandlerschutzapparat, der auf dem thermischen Prinzip arbeitet. Auf der Niederspannungsseite können statt der Sicherung auch Kleinautomaten verwendet werden.

c) Der Schutz von Motoren (Tab. 20)

Der Schutz von Motoren ist etwas unterschiedlich, je nach ihrer Größe und der Betriebsspannung. *Große Hochspannungsmotoren* haben einen Schutz, ähnlich einem kleineren Generator. Rechnet man zu den Motoren auch die *Phasenschieber* dazu, so kann der Generatorschutz auch bei diesen sinngemäß angewendet werden.

Es wird für sie Überstromschutz, der auch verzögert arbeiten kann, insbesondere wenn im Kurzschlußfall eine Einspeisung in den Kurzschluß möglich ist. Dies ist bei Synchronphasenschiebern meist gegeben, während Asynchronphasenschieber beim Zusammenbrechen der Spannung nur noch wenig Strom behalten.

Weiter erhalten sie Erdschlußschutz, fallweise auch Windungsschlußschutz und Schutzeinrichtungen für den Erregerstromkreis. Sind besondere Anwurfmaschinen vorhanden, so werden diese meist mit Überstromschutz versehen.

Tabelle 20. *Schutz von Motoren*

Motorart	Überlastungs- und Kurzschlußschutz	Erdschlußschutz	Sonstiges
Phasenschieber	UMZ- oder AMZ-, auch Differentialschutz	Nullstromrelais	Überstromschutz für Anwurfmotor, fallweise Rotorschutz, Windungsschlußschutz
Umformer	abhängiger Überstromschutz		Inbetriebhaltung
Große Hochspannungsmotoren	abhängiger Überstromschutz, thermische Abbilder, Thermorelais mit magnetischer Auslösung	(Nullstromrelais)	Unterspannungsschutz, verzögert
Kleine Hochspannungsmotoren	abhängiger Überstromschutz, Thermoauslöser, HH-Sicherungen		Unterspannungsrelais, verzögert
Niederspannungsmotoren	Motorschutzschalter, Sicherungen Kleinautomaten	Fehlerspannungsschutz (Heinisch-Riedl)	(Unterspannungsschutz, möglichst verzögert)

Einankerumformer erhalten einen ähnlichen Schutz wie große Hochspannungsmotoren. Dazu kommt noch fallweise die Inbetriebhaltungseinrichtung, wenn die Maschine von der Gleichstromseite bei Absinken der Netzspannung her gespeist werden kann.

Kleinere Hochspannungsmotoren schützt man mit abhängigen Überstromrelais, -Auslösern oder Thermoschutzeinrichtungen. Auch thermische Abbilder werden benutzt. Bei hohen Kurzschlußströmen wird zusätzlich eine Momentanauslösung angebracht oder, wenn die Kurzschlußleistung zu groß ist, Hochleistungssicherungen. Gegen Spannungsabsenkungen werden verzögerte Unterspannungsrelais vorgesehen.

Niederspannungsmotoren erhalten Motorschutzschalter mit thermischer und magnetischer Überstromauslösung, sowie Sicherungen. Wird eine Unterspannungsauslösung vorgesehen, so soll sie möglichst auch verzögert sein. Auch eine Fehlerspannungsauslösung kann man an den Schaltern vorsehen. Wichtig ist insbesondere die richtige Anpassung an die Überlastungscharakteristik des Motors. Der Schalter muß genau wie die abhängigen Relais bei Hochspannungsmotoren, einmal eine Kennlinie erhalten, die sich den Erwärmungsverhältnissen anpaßt, darf aber beim Einschalten nicht auslösen. Kleine Motoren werden durch Sicherungen mit Motorschutzkennlinien geschützt.

d) Der Sammelschienenschutz

Obwohl Fehler an den Sammelschienen meist von unangenehmster Auswirkung sind, haben sie häufig keinen eigenen Schutz. Dies liegt daran, daß die Schutzsysteme ziemlich kompliziert sind und weil Fehler nicht allzu häufig vorkommen.

Besitzt das Netz einen Staffelschutz, so erfaßt dieser auch die Sammelschiene, allerdings fast nie mit geringer Zeit. Denn es löst ja bei gerichtetem Schutz normalerweise nicht das der Sammelschiene nächste Relais, sondern das Relais am anderen Ende aus. Es liegt also für dieses Relais die Impedanz der Leitung zur Gänze als Kurzschlußimpedanz dazwischen. Allerdings kommt es zuweilen vor, daß infolge der „toten Zone" des Richtungsrelais die der Sammelschiene näher gelegenen Relais auslösen. Bei großer Leitungszahl kann der Strom je Leitung auch noch sehr klein sein, obwohl Sammelschienenfehler meist insgesamt die größten Kurzschlußströme besitzen. Dies hat bei manchen Relaisarten eine weitere Vergrößerung der Auslösezeit zur Folge. Es ist also zu überlegen, ob in solchen Fällen ein getrennter Sammelschienenschutz zweckmäßig ist oder nicht. Sind keine Staffelschutzsysteme vorhanden, so ist auf jeden Fall ein Sammelschienenschutz erforderlich. Er wird als Strom- oder Leistungsvergleichsschutz mit seinen Abarten ausgeführt.

In geerdeten Netzen kann der Sammelschienenschutz allein für Erdfehler ausgeführt werden, da diese die häufigsten Sammelschienenfehler sind, insbesondere, wenn die Leiter getrennt angeordnet sind. Die Methode der Isolierung der Anlage gegen Erde mit gemeinsamem Nullstromwandler in der Erdverbindung ist nur für Erdfehler anwendbar. Sie ist allein oder in Verbindung mit anderen Systemen zu gebrauchen.

e) Der Netzschutz

Der Netzschutz besteht in erster Linie aus dem Schutz der einzelnen Leitungen und Kabel. Weiters soll dazugerechnet werden der Schutz von Kupplungen nicht nur mehrerer Stationen, sondern auch innerhalb eines Werkes. Zu unterscheiden ist zwischen dem Schutz von Höchst-, Hoch-, Mittel- und Niederspannungsnetzen.

1. Höchstspannungsnetze (Tab. 21)

Hierunter sollen alle Netze von etwa 60 kV und darüber verstanden werden. Die zu diesen Netzen gehörenden Leitungen, vorwiegend Freileitungen, sind äußerst wichtig und ihr Ausfall kann auf die Stromversorgung große Auswirkungen haben.

Die je Leitung übertragene Leistung ist sehr hoch und stellt meist einen hohen Anteil an der Gesamtleistung dar. Anderseits sind die Herstellungskosten wegen der erforderlichen hohen Isolation hoch, so daß im Verhältnis dazu die Kosten für den Schutz wenig ins Gewicht fallen, er daher ohne Rücksicht auf sie mit allen notwendigen Feinheiten ausgebildet werden kann.

Es kommt daher fast ohne Ausnahme als Staffelschutz der Distanzschutz in Frage. Er wird fallweise mit Doppelerdschlußerfassung, wo notwendig auch mit Pendelsperren, dreipolig bzw. sechspolig wirkend, ausgeführt. Als Vergleichsschutz kommt in der Regel Hochfrequenzvergleichsschutz mit Leistungs- oder Stromvergleich in Frage. Häufig werden Distanz- und Vergleichsschutz gleichzeitig vorgesehen, um auf der ganzen Strecke einer Leitung möglichst kurze Auslösezeiten zu erhalten.

Um selbst im Fehlerfalle so wenig wie möglich Leitungen außer Betrieb zu bekommen, ist der Einbau von Wiedereinschaltungseinrichtungen von großem Vorteil und wird weitgehend in immer größerem Ausmaße angewendet. Die Kurzschlußfortschaltung möglichst nur eines oder zweier Leiter macht solche Höchstspannungsübertragungen zu einem außerordentlich zuverlässigen Glied der Stromversorgung. Dies ist auch nötig, da solche Leitungen mehrere Netze über weite Strecken verbinden und eine unerwünschte Abschaltung sich auf ganze Landesgebiete auswirken kann.

Im allgemeinen sind die Leitungen untereinander vermascht, so daß ein Distanzschutz nötig ist. Aber auch in wichtigeren Stichleitungen wird man gerne Distanzschutz wegen der kleinen Auslösezeiten und aus Einheitlichkeitsgründen vorsehen.

Als Anwurf ist meist der Impedanzanwurf nötig. Ob Stromanwurf genügt, entscheidet die Durchrechnung des Netzes. Da der Lichtbogeneinfluß in solchen Netzen im allgemeinen nicht zu vernachlässigen ist, ist ein Schutz mit geringer Lichtbogenwiderstandsempfindlichkeit insbesondere bei den mittleren Auslösezeiten zweckmäßig.

In nicht fest geerdeten Netzen ist auch ein Erdschlußschutz nötig. Er ist in der Regel auf Signal geschaltet, nur wenn der Erdschlußstrom sehr hoch ist, ist ein abschaltender Schutz zu empfehlen. Aber auch ein nur anzeigender Schutz muß selektiv arbeiten. Ist das Netz kompensiert, so wird ein Wirkleistungsrelais, ist es unkompensiert, ein Blindleistungsrelais als Erdschlußschutz vorgesehen.

2. Hoch-(Mittel-)Spannungsnetze (Tab. 21)

Als Hochspannungsnetze sollen alle Netze von etwa 2 bis 60 kV bezeichnet werden. Man nennt sie vielfach auch Mittelspannungsnetze. Der Schutz dieser Netze ist je nach der Schaltung des Netzes und Bedeutung der Abzweige stark verschieden. Unter den Netzarten gibt es stark vermaschte Netze, die mehrere Kraftwerke untereinander verbinden und dem Leistungsausgleich und freizügiger Lastverteilung dienen, aber meist nicht direkt den Abnehmer versorgen. Es gibt Ringnetze als Ausgleichsnetze und als Speisenetze für Abnehmer und Netzstationen, es gibt Stichleitungsnetze für die Speisung von Abnehmern und von Netzstationen. Weiters gibt es Freileitungsnetze vorwiegend in ländlichen Bezirken und Kabelnetze vorwiegend in den Städten.

Je nach der Schaltungsart ist der Schutz verschieden. In der Regel wird der Schutz einfacher geschaltet als in den Höchstspannungsnetzen.

Vermaschte Netze erfordern einen Distanzschutz als Staffelschutz. Ein Vergleichsschutz wird in Mittelspannungsnetzen seltener vorgesehen, meist nur für kürzere Leitungen, wo mit dem Distanzschutz keine Staffelung wegen der geringen Leitungsimpedanz erreicht werden kann. Der Distanzschutz wird bei den niederen Spannungen, insbesondere bei Kabelnetzen ohne Doppelerdschlußerfassung, manchmal sogar nur zweipolig wirkend, ausgeführt.

In besonders gelagerten Netzen ist es möglich, auch mit UMZ-Schutz auszukommen. Dies muß aber genau untersucht werden.

Als Erdschlußschutz wird bei höheren Spannungen selektiv anzeigender Schutz, in großen Kabelnetzen abschaltender Erdschlußschutz, in kleineren Netzen meist nur einfache Anzeige an den Sammelschienen vorgesehen. Die Abschaltung des Fehlers kann dann durch automatisches oder manuelles Absuchen des Netzes erwirkt werden. In Freileitungsnetzen mit kleinerer Spannung und nicht zu großem Erdschlußstrom ist ein längerer Betrieb im Erdschluß ohne Gefahr möglich. Bei zu geringem Erdschlußstrom werden Einrichtungen zur Stromerhöhung vorgesehen.

Tabelle 21. Netzschutz

Nr.	Netzart	Kurzschluß	Erdschluß
1	Höchstspannung	Distanzschutz mit Doppelerdschluß (Pendelsperre), Hochfrequenz-, Vergleichsschutz, Kurztrennung	selektive Meldung mit Leistungsrelais
2	Hoch-(Mittel-)Spannung a) vermascht	Distanzschutz (Doppelerdschluß), Vergleichsschutz nur bei kurzer Leitung (selten UMZ)	selektive Meldung oder Abschaltung (nur Meldung) mit Leistungs- oder Stromrelais (Spannung)
3	b) Ring	Distanzschutz, gerichteter UMZ	Meldung (selektive Meldung), Spannung (Leistung)
4	c) Parallelleitungen	AMZ, gerichteter UMZ, Querdifferentialschutz, stabilisiert	Meldung (selektive Meldung), Spannung (Leistung)
5	d) Stichleitungen	UMZ (Distanz) Schutz, Sicherungen	Meldung (selektive Meldung), Spannung (Strom)
6	Niederspannung, vermascht	Sicherung (Spezial), Ausbrennen bei Kabeln	
7	Stichnetz	Sicherungen	
8	Abzweige	Sicherungen (Kleinautomat)	

Ringleitungen können ebenfalls mit Distanzschutz geschützt werden. Es genügt aber ein gerichteter Überstromschutz mit festen Zeiten. Der Leistungsentscheid kann so ausgeführt werden, daß die Auslösezeit je nach der Richtung verschieden ist.

Parallele Leitungen können mit abhängigem Überstromrelais, gerichtetem UMZ-Schutz und Querdifferentialschutz geschützt werden. Einseitig gespeiste parallele Leitungen brauchen den Querdifferentialschutz oder den Richtungsentscheid nur auf der Abnehmerseite, auf der Speiseseite genügen einfache UMZ-Relais. Verschiedene Längen der parallelen Leitungen können durch Stabilisierung des Querdifferentialschutzes berücksichtigt werden.

Stichleitungsnetze werden mit UMZ-Relais ausreichend geschützt. Auch hiebei ist Distanzschutz möglich, der die Gesamtzeit des Schutzes wesentlich herabsetzt. Einzelne Abgänge können auch mit unverzögertem Überstromrelais geschützt werden, wenn gegenüber dem untergeordneten Schutz Stromstaffelung besteht, d. h. wenn der Leitungsschutz nur bei Fehlern auf der Leitung angeworfen wird. Leitungen geringerer Bedeutung werden auch mit Hochspannungssicherungen oder Primärauslösern ausgerüstet.

3. Niederspannungsnetze (Tab. 21)

In Niederspannungsnetzen, also allen Netzen unter 1 kV, die der Versorgung der Abnehmer dienen, herrscht die Anwendung der Sicherung vor. Die Sicherungen können, wenn man die Nennstromstärke vom Abnehmer bis zur Station anwachsen läßt, mit Stromstaffelung eine genügende Selektivität gewährleisten.

In vermaschten Netzen genügen ebenfalls Sicherungen, allerdings meist mit besonderer Charakteristik (Maschennetzsicherungen). In vermaschten Kabelnetzen kann man überhaupt jeden Schutz weglassen und läßt das Netz ausbrennen. Der Hausanschluß und jeder Wohnungsabzweig wird mit stromgestaffelten Sicherungen geschützt. In Wohnungen ist die Verwendung von Kleinautomaten von Vorteil.

4. Kupplungen (Tab. 22)

Soweit Kupplungen über das Netz gehen, also bei Kupplungen von einem Werk oder einer Station zur anderen, ist der Schutz derselbe wie bei den Leitungen. Anders ist es mit Kupplungen innerhalb der Kraftwerke. Diese verbinden Sammelschienenabschnitte miteinander. Man unterscheidet Längs- und Querkupplungen. Längskupplungen kuppeln verschiedene Sammelschienenabschnitte miteinander, Querkupplungen kuppeln zwei Sammelschienensysteme (Abb. 216). Weiter ist zu unterscheiden, ob die Kupplung starr oder über Drosselspulen erfolgt.

Kupplungen über Drosselspulen sind vorwiegend Längskupplungen. Ein Schutz ist nötig, da die Spule fehlerhaft werden kann. Das Vorhandensein einer Impedanz in dieser Art Kupplungen ermöglicht es,

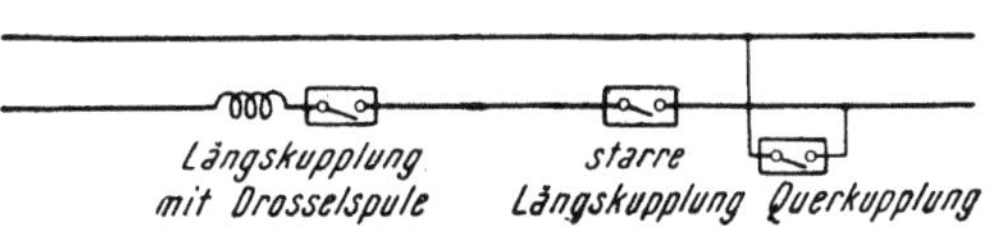

Abb. 216. Kupplungsarten

den Schutz in den Netzschutz einzubeziehen. Man wird also den gleichen Schutz vorsehen wie im Netz, die Kupplung also wie eine Leitung behandeln. So gibt man ihr als Schutz sogar Distanzrelais auf beiden Seiten der Spule. Man kann hiebei die beiden Schutzsysteme an denselben Stromwandler anschließen, muß aber verschiedene Spannungswandler verwenden.

Es ist auch möglich, nur ein einziges Schutzsystem zu verwenden, bei dem durch das Richtungsglied die jeweilige Spannung an das Meßglied geschaltet wird. Wenn es die Staffelverhältnisse gestatten, ist auch ein UMZ-Schutz möglich.

Tabelle 22. *Schutz von Kupplungen*

Nr.	Kupplungsart	Schutzart
1	Längskupplung mit Drosselspule	wie Netz-, also Distanzschutz oder UMZ-Schutz, vereinfachte Schaltungsmöglichkeit
2	Kupplung ohne Spule, betriebsmäßig geschlossen (meist Längskupplung)	
	a) beide gekuppelten Abschnitte besitzen Speisung	Überstrom unverzögert
	b) nur ein Abschnitt besitzt Speisung	UMZ
3	Kupplung betriebsmäßig offen (meist Querkupplung)	ohne Schutz oder nur beim Zuschalten unverzögerter Überstromschutz

Der Schutz von Kupplungen ohne Drosselspulen hat nur die Aufgabe, bei Sammelschienenfehlern die Sammelschienen zu trennen und damit wenigstens einen Teil einer Station unter Spannung zu lassen. Da keine Impedanz vorhanden ist, kann der Schutz nicht wie der Netzschutz behandelt werden. Deshalb findet man mit Überstromrelais meist ein Auslangen. Sie können eine feste Zeit erhalten, wenn sie nicht sofort auslösen sollen. Im allgemeinen wird man sie unverzögert ausschalten lassen. Sie lösen dann, falls sie angeworfen werden, bei Netzfehlern mit aus. Dies ist aber ohne Bedeutung, da meist eine zusätzliche Spannungslosigkeit nicht eintritt, wenn beide Sammelschienenteile eigene Speisequellen besitzen. Ist dies nicht der Fall, speist also ein Sammelschienenabschnitt über den Kuppelschalter den anderen, dann muß der Schutz verzögert werden. Oft werden Kuppelschalter, meist die Querkuppelschalter, nur für irgend welche Schaltoperationen gebraucht und sind nur kurzzeitig eingeschaltet. In diesem Falle kann ein Schutz entfallen. Es ist auch möglich, Kuppelschalter nur für die Zeit des Einschaltens mit einem Schutz zu versehen. Hiedurch wird ein Draufschalten auf einen Fehler verhindert. Ist kein Fehler vorhanden, so wird der Schutz nach einigen Sekunden unwirksam.

Ein Erdschlußschutz entfällt bei Kupplungen. Ist ein Sammelschienenschutz vorhanden, so kann der Kuppelschalter in diesen einbezogen werden.

II. Der Gang der Projektierung

Ist man sich über die Wahl der Schutzart klar, so muß man an die Auslegung gehen. Welche Ansprechwerte müssen gewählt werden? Welche Auslösezeiten, also welche Kennlinie müssen die Relais haben?

Zu ihrer Bestimmung ist die genaue Kenntnis der bei den möglichen Schaltzuständen auftretenden elektrischen Größen notwendig. Zum Schaltzustand gehört die Betriebsweise des Netzes mit seinen Leitungen und Kabeln, der Maschinen- und Transformatoreneinsatz zu verschiedenen Belastungszeiten, insbesondere zur Zeit schwächster und höchster Last. Es müssen nun die richtigen Verhältnisse herausgewählt werden und dafür die Fehlerberechnung durchgeführt werden. Aus diesen Werten ermittelt man dann die Ansprechwerte und die Kennlinie des Schutzes. Schließlich prüft man einige Sonderfälle nach. Dieser Gang soll nun im einzelnen etwas genauer betrachtet werden.

a) Die Fehlerberechnung

Es sollen hier nicht die Methoden besprochen werden, nach denen die Fehlerberechnung ausgeführt wird. Dies ist im ersten Band eingehend behandelt worden. Hier muß nur ausgeführt werden, welche Grundlagen für die Fehlerberechnung gewählt werden müssen. Es ist hiebei zu unterscheiden zwischen der Berechnung der Ansprechwerte und der Auslösezeiten, bzw. der Kennlinie eines Relais.

Ein Schutz muß noch arbeiten, wenn der Kurzschlußstrom den kleinsten Wert auf der betreffenden Leitung hat. Für die Bestimmung des *Ansprechwertes* ist also der Netzzustand und Maschineneinsatz mit den kleinsten Kurzschlußströmen zugrunde zu legen. Dies ist meist beim kleinsten Maschineneinsatz der Fall. Man darf aber nicht übersehen, daß bei parallelen Leitungen der Strom je Leitung größer wird, je weniger Leitungen in Betrieb sind. Es kann also sein, daß für diese Leitungen der kleinste Kurzschlußstrom nicht beim kleinsten Maschineneinsatz auftritt. Man muß also in zweifelhaften Fällen mehrere Rechnungen durchführen.

Für die Bestimmung der *Auslösezeiten* ist besonders bei stromabhängigen Relais-Systemen eine Kurzschlußberechnung nötig. Da mit steigendem Kurzschlußstrom die Auslösezeiten kleiner werden, so ist die Staffelung bei größten Strömen am kleinsten. Es müssen also die Betriebsverhältnisse zugrunde gelegt werden, die die größten Ströme ergeben.

Auch bei stromunabhängigen Distanzschutzsystemen ist für die Ermittlung der Auslösezeit eine Kurzschlußstromberechnung nötig, wenn das Netz vermascht ist, also in den einzelnen Zweigen verschiedene Ströme fließen.

Auch für die Verteilung des *Erdschlußstromes* kann eine Berechnung notwendig sein, wenn strom- oder leistungsabhängige Erdschlußrelais eingebaut werden sollen. Auch diese kann nach den in Band I angegebenen Verfahren berechnet werden.

Die Verhältnisse bei *Pendelungen* werden auf Leitungen nachgeprüft, über die Ausgleichsströme von Maschinen fließen können.

Hier müssen die Schaltzustände zugrunde gelegt werden, die die größte Kuppelimpedanz zwischen den Kraftwerken ergeben, da hiebei die Maschinen am leichtesten außer Tritt fallen.

b) Ansprechwerte

Der Ansprechwert einer Schutzanordnung bestimmt sich nach verschiedenen Gesichtspunkten. Bei Staffelschutzsystemen ist er anders als bei Vergleichsschutzsystemen oder beim Schutz gegen einpolige Fehler. Zunächst seien die *Staffelschutzsysteme* behandelt.

1. Staffelschutz

Aus der Fehlerstromberechnung erhält man den kleinsten Kurzschlußstrom, bei dem der Schutz noch arbeiten muß. Dieser Wert ist nun zu vergleichen mit dem größtmöglichsten Belastungsstrom auf dem betreffenden Anlageteil. Der Ansprechwert muß dann mit einem gewissen Sicherheitszuschlag zwischen diesen beiden Werten liegen. Der Sicherheitszuschlag richtet sich nach dem Halteverhältnis des Anwurfrelais und nach seiner Eigenzeit. Die Eigenzeit ist im Ansprechbereich am größten. Wählt man den Ansprechwert tiefer als den kleinsten Fehlerstrom, so ist die Eigenzeit in allen praktisch vorkommenden Fällen genügend klein und das Ansprechen sicher gewährleistet. Anderseits darf der Betriebsstrom nach Abschaltung nicht so groß sein, daß das Relais nicht abfallen kann. Der Abfallwert muß also noch über dem größtmöglichsten Betriebsstrom liegen.

Liegen also kleinster Fehlerstrom und größter Betriebsstrom so weit auseinander, daß der Ansprechwert der Relais nach diesen Gesichtspunkten dazwischengelegt werden kann, so ist ein Stromanwurf vorzusehen. Sind die Grenzen zu eng, oder überschneiden sie sich, so muß Impedanzanwurf verwendet werden. Die Kennlinie eines Impedanzanwurfrelais ist so zu legen, daß die Ansprechimpedanz bis zum größten Betriebsstrom unter der Betriebsimpedanz (Nennspannung zu Betriebsstrom) liegt. Bei höheren Strömen kann sie oder besser, soll sie sogar über ihr liegen, damit gleichzeitig auch Überlastungen erfaßt werden können (s. Abb. 15).

Bei Staffelschutzsystemen findet man insbesondere beim Überstromschutz auch die *Stromstaffelung* angewendet. Dies bedeutet, daß ein Schutz nur bei Fehlern im zugehörigen Anlageteil und vielleicht noch im darauffolgenden angeworfen werden soll, bei weiter entfernt liegenden aber nicht mehr. Man hat dadurch den Vorteil, bei der Festlegung der Auslösezeit diese Schutzsysteme nicht berücksichtigen zu müssen und erhält insgesamt kürzere Fehlerzeiten. In solchen Fällen sind also die Kurzschlußströme bei Fehlern vor und hinter dieser Grenzstelle zu berechnen und der Ansprechwert dazwischen zu legen. Dies ist beispielsweise bei Transformatoren leicht auszuführen, wo der Schutz der Oberspannungsseite bei Fehlern auf der Unterspannungsseite nicht mehr zu arbeiten braucht. Hiebei bleibt natürlich eine ungeschützte Zone zwischen den Einbaustellen der beiden Schutzsysteme übrig, die man durch Vergleichsschutz oder Spezialrelais (z. B. Buchholzrelais) überbrücken kann (Abb. 217). Die Relais 1 und 2 sprechen nur bei Fehlern bis zur Oberspannungswicklung (I) an,

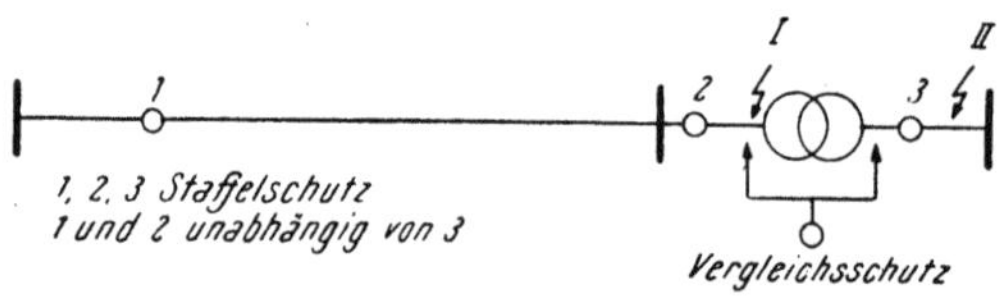

Abb. 217. Stromstaffelung

bei Fehlern dahinter, also z. B. bei II nicht mehr. Die Auslösezeit von Relais 3 kann daher beliebig hoch gewählt werden. Zwischen I und II ist ein Vergleichsschutz vorgesehen. Natürlich liegt in solchen Fällen der Ansprechstrom immer wesentlich höher als der Belastungsstrom.

Auch der Impedanzanwurf kann entsprechend ausgelegt werden, dies ist dann eine Impedanzstaffelung. Man verwendet sie, wenn sich die Kennlinien der über Transformatoren gekuppelten Netze nicht gegenseitig anpassen lassen.

Die Ansprechwerte beim Staffelschutz legt man im allgemeinen etwa zwischen dem 1,1- bis 2fachen Nennstrom. Die unteren Werte gelten vorwiegend für Relais, die auch als Überlastrelais verwendet werden. Bei zusätzlichen Momentanauslösungen können die Ansprechwerte noch höher sein. (2- bis 8fach). Diese Werte sind in Tab. 23 zusammengestellt.

Beim Erdschlußschutz ist der Bereich, der für die Wahl des Ansprechwertes zur Verfügung steht, größer als beim Kurzschlußschutz. Die Impedanz als Meßgröße ist nicht erforderlich. Lediglich bei Stromstaffelungen ist auch eine untere Grenze vorhanden. Solche Stromstaffelungen gibt es beim Erdschlußschutz, wo Stromrelais nur ansprechen sollen, wenn ein Erdschluß in der betreffenden Leitung liegt, also ein hoher Erdschlußstrom fließt, nicht aber, wenn bei außenliegendem Fehler nur der der Leitung zugehörige Anteil vorhanden ist. In diesem Falle liegt der Ansprechwert zwischen diesen beiden Grenzwerten.

Der Ansprechwert wird in diesem Falle etwa 30 bis 80% des kleinsten Fehlerstromes sein (Tab. 23).

Bei Maschinen wird ein möglichst totaler Erdschlußschutz angestrebt, der möglichst die Wicklung zur Gänze erfaßt. Hier liegt der Ansprechwert so tief wie möglich. Er kann bei 1% bis 20% der vollen Erdschlußspannung liegen.

2. Vergleichs- und Fehlerschutz

Bei Vergleichsschutzsystemen und allen Schutzsystemen, die nur bei einem Fehler im geschützten Anlageteil arbeiten sollen (direkter Wärmeschutz, Buchholzrelais u. a.) liegen die Verhältnisse günstiger als beim Staffelschutz. Theoretisch kann der Ansprechwert so tief wie möglich gelegt werden. Die untere Grenze ist praktisch nur durch Fehlerwerte gegeben, die bei äußeren Fehlern entstehen können.

Im allgemeinen liegt beim Differentialschutz der Ansprechwert etwa zwischen 15 und 50% des Nennstromes (Tab. 23).

Bei Leitungen und Kabel kann der Wert oft höher sein, da eine so hohe Empfindlichkeit wie bei Maschinen nicht erforderlich ist. Insbesondere ist dies bei Leistungsvergleichssystemen der Fall, wo ein getrenntes vom Leitungsstrom durchflossenes Anwurfrelais den Schutz anwirft. Hier werden etwa dieselben Werte wie beim Staffelschutz, also das 1,1- bis 2fache des Nennstromes gewählt. Dasselbe gilt für den Querdifferentialschutz, wenn von mehreren parallelen Leitungen nur eine im Betrieb ist.

Die Ansprecherhöhung beim stabilisierten Schutz hängt von den Falschströmen der Wandler ab, bei regelbaren Transformatoren auch von den Falschströmen, die infolge nicht angepaßter Wandlerübersetzungen an den äußeren Regelstellungen entstehen. Der Ansprechwert muß soweit erhöht werden, daß er größer ist als diese bei äußeren Fehlern auftretenden Falschströme zusätzlich eines Sicherheitszuschlages. Ist also der Fehlerstrom der Wandler p % bei dem betreffenden Strom, das Verhältnis der Wandlerübersetzungen von Ober- und Unterspannungsseite n, die größte davon abweichende Übersetzung des Regeltransformators n' und $s\,\%$ der Sicherheitszuschlag, $J_{k_{sek}}$ der auf die Sekundärseite bezogene größte Kurzschlußstrom, so ergibt sich der zulässige Ansprechwert zu

$$J_A = \left[\frac{p+s}{100} + \frac{n'}{n} - 1\right] J_{k_{sek}} \tag{71}$$

Als Wandlerfehler setzt man den Fehler einer einzigen Wandlergruppe ein. Da die Fehler bei beiden Gruppen in gleicher Richtung liegen, so ist dies der ungünstigste Fall. Für den Sicherheitsfaktor setzt man praktisch denselben Wert ein.

Die einzustellende Ansprecherhöhung J_H, auf den Nennstrom J_N (5 A) bezogen, ist dann

$$J_H = J_A \frac{J_N}{J_{ksek}} - J_{A_0} \tag{71a}$$

wobei J_{A_0} die Grundeinstellung (Ansprechwert ohne Berücksichtigung der Falschströme) ist.

Sperrelais müssen bereits betriebsbereit sein, wenn der Differentialschutz angeworfen werden kann. Bei ihrem Ansprechen darf der Fehlerstrom noch nicht größer sein als der eingestellte Ansprechwert. Man kann dies ebenfalls mit Gl. (71) machen, rechnet daraus aber den Strom $J_{k_{sek}}$ aus und setzt für J_A den Einstellwert ein.

Auch bei Buchholzrelais ist es zweckmäßig, die Verhältnisse bei äußeren Fehlern zu studieren, da auch bei diesen infolge der durch die Kurzschlußkräfte im Transformator verursachten Bewegungen Ölströmungen entstehen. Bei dieser darf das Buchholzrelais noch nicht arbeiten, muß aber bei inneren Fehlern einwandfrei abschalten [Schmohl, B. (233)]. Zu diesem Zwecke sind einstellbare Buchholzrelais von Vorteil.

Tabelle 23. Ansprechwerte

Schutzart	Ansprechwert	Anmerkung
Überstromschutz	$1{,}1$ bis $2\,J_N$	
Momentanauslösung bei verzögerten Systemen	2 bis $8\,J_N$	
Impedanzanwurf	entsprechend Betriebsimpedanz	
Differentialschutz für Transformatoren und Generatoren	$0{,}15$ bis $0{,}5\,J_N$	Diese Werte sind nur Richtlinien. Sie ersparen im allgemeinen nicht eine sorgfältige Rechnung
derselbe für Leitungen	$1{,}1$ bis $2\,J_N$	
Stabilisierung	nach Gl. (71)	
Erdschlußschutz bei Stromstaffelung	$0{,}3$ bis $0{,}8\,J_{E_{min}}$	
für Generatoren	$0{,}01$ bis $0{,}2\,U_E$	
Richtungsrelais	$0{,}1$ bis $2\,\%$ der Nennleistung	

3. Richtungsglieder

Die Ansprechempfindlichkeit der Richtungsglieder für gerichtete Schutzsysteme muß sehr hoch sein, damit die tote Zone so klein wie möglich wird. Diese Zone ist die Entfernung des Kurzschlusses vom Fehlerort, bis zu der wegen der kleinen Spannung die Leistung nicht ausreicht, um einen Richtungsentscheid auszuführen. Diese Zone ist bei unsymmetrischem Fehler, je nach der Schaltung meist null, aber bei einem dreipoligen Kurzschluß unter Vernachlässigung des Lichtbogenwiderstandes immer vorhanden, wenn man nicht durch besondere Maßnahmen die Spannung noch kurzzeitig aufrecht hält (Erinnerungsschaltung). Je höher die Empfindlichkeit, um so kleiner ist die tote Zone. Ist der Kurzschlußstrom beispielsweise der 10fache Nennstrom, also sekundär 50 A, und die Empfindlichkeit des Richtungsgliedes 5 W, so ist eine Spannung von $\frac{5}{50} = 0,1$ V sekundär erforderlich, das sind $1^0/_{00}$ der Nennspannung, also bei 30 kV Nennspannung nur 30 V. Diese entstehen bei einem primären Kurzschlußstrom von 1000 A (100/5-Wandler) und einem Widerstand von 17,3 mΩ. Dies entspricht bei einem 50-mm²-Kabel etwa 150 m Länge. Man sieht, daß 5 W eine noch gar nicht so sehr hohe Empfindlichkeit darstellt. Deshalb gibt es auch noch empfindlichere Typen. Im Durchschnitt dürfte die Empfindlichkeit 0,1 bis 2% der Nennleistung sein, dies entspricht bei 5 A und 100 V einer Leistung von 0,5 bis 10 W.

c) Der Staffelplan

Die Bestimmung der Auslösezeiten erfordert eine sorgfältige Prüfung des Netzes und der Schaltzustände. Eine Kurzschlußstromberechnung ist nur bei Relais erforderlich, die den Strom selbst als Meßgröße für die Festlegung der Auslösezeit benützen. Dies ist bei allen abhängigen Überstromschutzsystemen einschließlich auch der Sicherungen und Thermorelais der Fall, soweit ihre Charakteristik die Auslösezeit im Kurzschlußfalle festlegt. Beim Distanzschutz ist eine Kurzschlußberechnung in vermaschten Netzen nötig, da hier hintereinanderliegende Teile durch Einspeisungen über andere Leitungen verschiedene Ströme haben können und bei der Bestimmung der Staffelung die Impedanzen im Verhältnis der Ströme umgerechnet werden müssen. Bei älteren Systemen ist die Kennlinie oft noch stromabhängig. Auch in diesem Falle ist eine Kurzschlußstromberechnung durchzuführen. Meist genügen hiefür aber angenäherte Rechnungen.

Am einfachsten lassen sich die Auslösezeiten für *UMZ-Relais* bestimmen. Man zeichnet sich zu diesem Zwecke das Netz in einfacher Form auf und trägt vom Abnehmer angefangen bis zum Kraftwerk die Auslösezeiten wachsend ein. Gibt es Stellen, wo durch Stromstaffelung der Schutz erst von bestimmten Punkten an arbeitet, so kann man von diesen Punkten an mit der Staffelung von neuem beginnen. Einen solchen Staffelplan eines einfachen Stichnetzes zeigt Abb. 218. Die angegebene Betriebsweise des Kuppel-

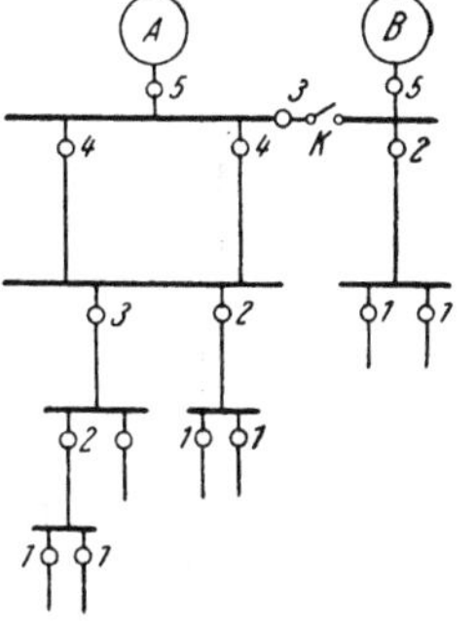

Abb. 218. Staffelplan für UMZ-Schutz bei vorgeschriebener Betriebsweise
Betriebszustand: *K* offen, wenn *A* und *B* in Betrieb; *K* nur geschlossen, wenn *B* außer Betrieb

schalters hat Einfluß auf die Einstellung seines Schutzes. Dadurch, daß die Maschine B nie allein in Betrieb sein darf, ist es möglich, diese Auslösezeit mit 3 s festzulegen. Sonst müßte diese Zeit 5 s und der Schutz der Maschine 6 s betragen.

Als Staffelzeiten wählt man 0,5 bis 1 s. Bei modernen Schaltern kann man bis 0,3 s heruntergehen. Die unteren Werte sind nur dann zuverlässig, wenn die Eigenzeiten des Anwurfes und der Schalter und insbesondere die Nachlaufzeit des Zeitgliedes klein sind (Tab. 24).

Tabelle 24. *Staffelzeiten*

Relaisart	Staffelzeit s
Unabhängiges Überstromrelais	0,3 bis 1
Abhängiges Überstromrelais	0,8 bis 1,5
Distanzschutz	0,3 bis 1

Bei *abhängigen Überstromrelais* zeichnet man sich die Kennlinie der hintereinanderliegenden Relais auf das gleiche Blatt (Abb. 219). In diesem Blatt werden die Auslösezeiten in Abhängigkeit vom sekundären Kurzschlußstrom eingetragen. Sind die sekundären Ströme der hintereinanderliegenden Ströme gleich, so zeigen die Kennlinien direkt die Staffelung an. Ausreichende Staffelung ist dann vorhanden, wenn der Abstand der Kurven

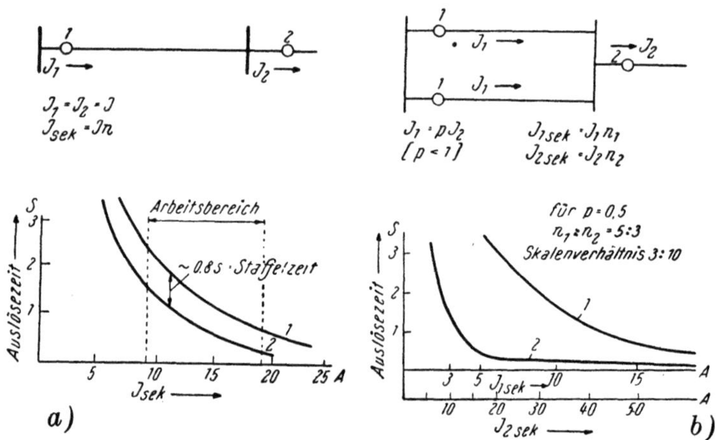

Abb. 219. Staffelpläne für abhängige Überstromrelais
a) Sekundärstrom gleich, *b)* Sekundärstrom verschieden

in dem Bereich der praktisch vorkommenden Ströme 0,8 bis 1,5 s nicht unterschreitet (Abb. 219a). Oft sind aber die Sekundärströme der hintereinanderliegenden Relais nicht gleich. Entweder sind die Wandlerübersetzungen verschieden oder die Stromverteilung ergibt verschiedene Primärströme oder beides (Abb. 219b). In solchen Fällen zeichnet man sich zwei oder mehr Skalen an die Abszissenachse, derart, daß die zugehörigen Sekundärströme übereinander kommen. Da dieselben jeweils das gleiche Verhältnis zueinander haben, bedeutet dies nur die Anwendung verschiedener Maßstäbe. Auf diese Weise liegen dann die zueinander gehörenden Zeiten wieder genau übereinander und man kann die Staffelzeiten direkt ablesen. Ist p das Verhältnis der Primärströme, n_1 und n_2 die Wandlerübersetzungen, so müssen die Maßstäbe im Verhältnis $1 : p \frac{n_2}{n_1}$ zueinander stehen. Dies ergibt, wie in der Abb. 219b, bei $p = \frac{1}{2}$ $n_1 = \frac{500}{5}$, $n_2 = \frac{300}{5}$ ein Verhältnis von $3 : 10$ [Szwander, W. (73), Titze, H. (75)].

Für den *Distanzschutz* läßt sich ein Staffelplan sehr übersichtlich darstellen, wenn man die Anlageteile im Impedanzmaßstab darstellt. Man wählt am zweckmäßigsten die sekundäre Impedanz, die sich aus der primären Impedanz und den Wandlerübersetzungen n_J und n_U ergibt:

$$Z_{sek} = Z_{pr} \frac{n_J}{n_U} \qquad (72)$$

Über dieser Impedanz zeichnet man nun die aus der Relaischarakteristik sich ergebenden Auslösezeiten auf (Abb. 220a). An der Einbaustelle ist die Impedanz null, also die Grundzeit, Eil- oder Schnellzeit einzuzeichnen. Die Auslösezeit bei Fehlern an einer bestimmten Stelle der Leitung ist die über dieser Stelle eingetragene Zeit. Der Abstand zweier übereinanderliegenden Kennlinien ist die Staffelzeit der zugehörigen Relais. Dieser Abstand muß im ganzen Bereich größer als die kleinste zulässige Staffelzeit sein (0,3 bis 1 s). Man kann in diesem Staffelplan die Auslösezeiten für beide Kurzschlußrichtungen einzeichnen. Oberhalb der Abszissenachse die Richtung von links nach rechts, darunter die von rechts nach links. Auf diese Weise ist der Distanzschutz von Ring-

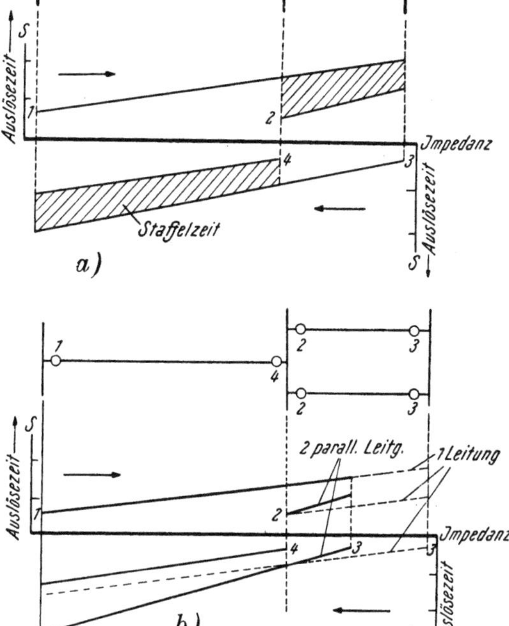

Abb. 220. Staffelpläne für Distanzschutz
a) Leitungen in Serie, b) Leitungen zum Teil parallel

leitungen und sonstigen einfach hinter geschalteten Betriebsmittel darstellbar. Bedingung ist nur eine gleiche Wandlerübersetzung. Auch bei Verwendung verschiedener Systeme ist die Benutzung dieser Pläne möglich.

Exakt ist ein solcher Plan aber nur, wenn die Impedanzwinkel der betrachteten Betriebsmittel gleich sind. Bei verschiedenen Impedanzwinkeln ist diese Methode ungenau, weil die zeichnerische Darstellung einer zahlenmäßigen Addition der Absolutwerte entspricht, während in Wirklichkeit vektoriell addiert werden müßte. Dies ist insbesondere bei der Hintereinanderschaltung von Transformatoren und Leitungen zu beachten. Es ergeben sich dabei für das übergeordnete Relais zu große Auslösezeiten, also zu günstige Werte. Ergeben sich knappe Staffelzeiten, so ist eine rechnerische Nachprüfung erforderlich.

Beim Reaktanzschutz werden statt der Impedanzen die Reaktanzen aufgetragen. Hiebei entfällt die angegebene Schwierigkeit.

Sind die Wandlerübersetzungen nicht gleich, so kann man sich entweder so helfen, daß man die Primärimpedanzen aufträgt, also die Kennlinien auf die Primärwerte umrechnet oder man benutzt zwei Maßstäbe, ähnlich wie bei den Staffelplänen für den AMZ-Schutz.

Kommen im Netz parallele Leitungen vor, so wird für die eine Seite die Staffelung verbessert, für die andere aber verschlechtert (Abb. 220b). Für die dem Relais einer solchen parallelen Leitung übergeordneten Relais (1) wird die Impedanz verkleinert, da dieses Relais den Parallelwiderstand, während das Relais (2) die Impedanz seiner Leitung mißt. Die Staffelung wird also verkleinert. Umgekehrt mißt das Relais (3) einer der parallelen Leitungen bei einem Fehler auf der nachfolgenden Leitung etwa die doppelte Impedanz, da der Strom sich aufteilt. Daher wird die Staffelung verbessert. In Abb. 220b ist diese Tatsache dadurch berücksichtigt, daß für die beiden parallelen Leitungen die halbe Impedanz eingesetzt worden ist. Die Verhältnisse bei Betrieb mit nur einer Leitung sind gestrichelt angedeutet.

Genau stimmt dies allerdings nur für einen Fehler am Ende der parallelen Leitung. Für Fehler auf der Leitung ist die resultierende Impedanz die Parallelschaltung eines Leitungsabschnittes bis zur Fehlerstelle mit der Summe von der Impedanz der anderen Leitung und des restlichen Stückes. Der Einfluß ist also in Wirklichkeit etwas geringer als angegeben. Wohl aber gilt die Betrachtung exakt für Doppelleitungsfehler, bei der beide Leitungen vom Fehler betroffen werden (s. Abschnitt e).

Bei der Projektierung, wo die ungünstigsten Fälle zugrunde gelegt werden müssen, geht man so vor, daß man für die Bestimmung der Staffelung mit dem untergeordneten Schutz nur eine Leitung eingeschaltet läßt. Für die Staffelung mit dem übergeordneten Schutz müssen dagegen alle parallelen Leitungen eingeschaltet gedacht sein.

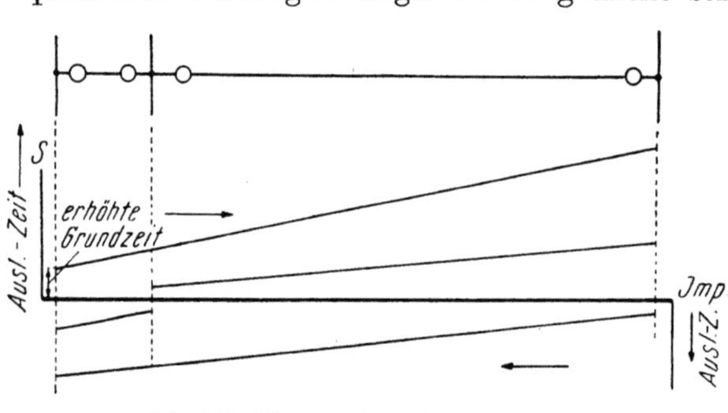

Abb. 221. Distanzschutz kurzer Leitungen

Fließen in zwei Zweigen eines Netzes verschiedene Primärströme, so sind beim Staffelplan alle Primärimpedanzen auf einen einzigen Strom zu beziehen, d. h. sie werden im Verhältnis der Ströme umgerechnet und dann im Staffelplan aneinandergesetzt. Bei der Hintereinanderschaltung von Leitungen stark verschiedener Längen kann es vorkommen, daß die Einstellungsmöglichkeiten am Relais keine geeignete Kennlinie ergeben. Dann kann man sich mit einer Grundzeiterhöhung (Abb. 221) helfen, wobei die Schnellzeit durch einen Differentialschutz ersetzt werden kann.

Oft macht die Bestimmung der Kennlinie von *Kuppelstellen* in Netzen oder zwischen zwei Netzen gewisse Schwierigkeiten, insbesondere, wenn der Schutz der angrenzenden Netze nicht geändert werden darf. Nicht immer läßt sich dann ein Staffelplan nach Abb. 220 aufstellen. Man kann dann auch so vorgehen, daß für verschiedene Kurzschlußstellen die zugehörigen Auslösezeiten der unter-, bzw. übergeordneten Relais ermittelt und in der Charakteristik über die zugehörige Impedanz des Schützlings eingetragen werden. Man erhält auf die Weise die Grenzen, zwischen denen die Auslösezeit an der Kuppelstelle liegen darf. Man muß nun noch die Staffelzeit berücksichtigen. Hat man mehrere

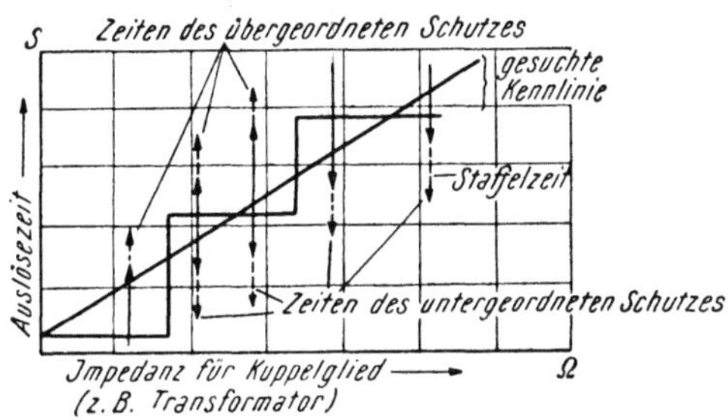

Abb. 222. Kennlinienermittlung bei Kuppelstellen

solcher Werte, so kann man die notwendige Kennlinie leicht einzeichnen (Abb. 222). Sie kann stetig oder gebrochen sein.

d) Auswahl der Wandler

Die Wandler müssen hinsichtlich ihrer Übersetzung, ihrer Genauigkeit, Leistung und Überlastungsfähigkeit richtig ausgelegt sein. Da Wandler auch zu Meßzwecken benutzt werden, diese aber meist anderen Bedingungen unterliegen, ist es erwünscht, für den Schutz bei Stromwandlern getrennte Kerne vorzusehen und bei Spannungswandlern die Schutzkreise unter eigenen Sicherungen getrennt zu lassen.

Die Übersetzung der Wandler bestimmt sich meist aus den Betriebswerten des zu schützenden Abzweiges. Bei Spannungswandlern ist die Nennspannung des Netzes maßgebend. Hierbei muß nur darauf geachtet werden, daß in Netzen mit hochohmig oder nicht geerdeten Sternpunkten im Erdschlußfalle die Dreiecksspannung auch bei zwischen Erde und Leiter geschalteten Wandlern für die Auslegung maßgebend sein muß. Bei Stromwandlern (s. Tab. 25) gilt in der Regel der Nennstrom des zu schützenden Abzweiges für alle Überstrom-, Distanz- und Differentialschutzarten. Für den Erdschlußschutz gilt nur dann ebenfalls der Nennstrom des Abzweiges, wenn die Wandler für den Kurzschlußschutz mitbenutzt werden. Dies ist aber nicht immer möglich, da der zur Verfügung stehende Erdschlußstrom unter Umständen wesentlich kleiner als dieser Nennstrom sein kann. Diese Wandler können nur dann mitbenützt werden, wenn der Erdschlußstrom etwa mindestens 5% des Nennstromes beträgt, da sonst die Gefahr besteht, daß der für den Erdschlußschutz notwendige Summenstrom bei Kurzschlüssen infolge der Wandlerfehler größer als der Erdschlußstrom wird. Bei kleineren Erdschlußströmen kann man sich in Kabelnetzen mit Kabelaufsteckwandlern behelfen, die genau entsprechend dem auftretenden Erdschlußstrom ausgelegt werden können. Es ist zweckmäßig, etwa 50% des gesamten Erdschlußstromes zu wählen.

Die erforderliche Genauigkeit der Wandler ist je nach der Schutzart verschieden. Man muß hierbei vor allem berücksichtigen, daß sich die für die

Tabelle 25. *Auslegung von Stromwandlern*

Schutzart	Übersetzung (Primärstrom)	Klasse	Überstromziffer n	Bemerkungen
Überstromschutz unabhängig ...		3	beliebig	Bei Grenzstrommomentanauslösung $n > 5$
abhängig		1	etwa 5 bis 10	
Differentialschutz .	etwa Nennstrom des Abganges oder höher, wenn nötig	1	beliebig, aber für alle Wandler gleich	
Distanzschutz		1 (3)	etwa 10 bis 20	Wandler mit Genauigkeitsgrenze im Überstrombereich vorzuziehen
Erdschlußschutz .. Strom $> 5\% \, I_N$ ..		1	beliebig, aber für alle Wandler gleich	
Strom $< 5\% \, I_N$ ..	50% des Erdschlußstromes	3	—	nur bei Kabelaufsteckwandlern in Kabelnetzen

Wandler vom Hersteller angegebene Genauigkeit (Klasse) fast durchwegs auf den Nennstrom und die Nennbürde bezieht, daß aber der Schutz in den meisten Fällen bei Werten über dem Nennstrom arbeiten muß, wo die Genauigkeit viel geringer als bei Nennstrom ist. Man muß also vor allem den Überstrombereich für den Schutz berücksichtigen. Ein Maß für die Genauigkeit in diesem Bereich ist die *Überstromziffer*, die angibt, bei welchem Strom der Stromfehler gerade — 10% ist. Bei einem unabhängigen Überstromschutz kommt es auf einen genauen Stromwert nicht an, da die Ablaufzeit immer gleich ist. Hier braucht also die Überstromziffer nicht besonders festgesetzt zu werden und auch die Genauigkeit nicht sehr hoch zu sein. Es genügt hierfür die Klasse 3 ohne besondere Vorschrift für die Überstromziffer. Bei abhängig verzögertem Überstromrelais braucht die Überstromziffer nicht sehr hoch zu sein, da die Auslösezeiten bei größeren Strömen sich nicht mehr wesentlich ändern. Hier genügt meist schon eine Überstromziffer von 5 bis 10. Die Klassengenauigkeit sollte aber höher sein, damit die Auslösezeiten bei Strömen in der Nähe des Nennstromes nicht zu sehr streuen und die Staffelzeiten klein behalten werden können. Hierfür ist die Klasse 1 zu empfehlen. Beim Differentialschutz ist eine hohe Genauigkeit zu verlangen, damit bei außenliegenden Fehlern die Fehlerströme im Relais nicht zu groß werden. Es kommt hierbei nicht so sehr auf die Größe der Überstromziffer selbst an, sie muß aber in den drei Leitern und auf beiden Seiten des zu schützenden Anlageteiles unbedingt gleich sein. Klasse 1 ist erforderlich. Beim Distanzschutz kommt es in allen Fällen auf eine genaue Messung an. Eine zu kleine Überstromziffer würde bei großen Strömen eine zu hohe Impedanz vortäuschen. Die Überstromziffer muß also hoch, etwa 10 bis 20 sein. Die Genauigkeit selbst muß vor allem bei Relais mit stetigen Kennlinien gut sein. Es ist die Klasse 1 zu empfehlen, obwohl sehr häufig hier noch Klasse 3 vorgesehen wird. Für den Impedanzschutz wäre es zweckmäßig, die Genauigkeitsgrenze nicht für den Nennstrom, sondern für einen höheren Strom festzulegen. Dies könnte die Arbeitsweise der Relais noch genauer gestalten und damit eine weitere Verringerung der Staffelzeiten ermöglichen[1].

Auch für den Erdschlußschutz ist die Klasse 1 zu empfehlen, damit der Summenstrom bei äußeren Kurzschlüssen nicht zu groß wird, auch hierfür ist eine bei allen Wandlern gleiche Überstromziffer nötig. Dagegen ist eine solche Genauigkeit für Kabelaufsteckwandler nicht erforderlich.

Für Spannungswandler gilt für den Distanzschutz eine Klasse 1, wobei möglichst auch bei kleinen Spannungen die Genauigkeit gut sein sollte. Für den Erdschlußschutz genügt beim Leitungsschutz in der Regel die Klasse 3, dagegen ist beim Maschinenschutz wegen der Erfassung von Erdschlüssen in der Nähe des Sternpunktes die Klasse 1 zu empfehlen.

Die Leistung der Wandler richtet sich nach dem Verbrauch der angeschlossenen Geräte. Der Unterschied zwischen dem Verbrauch und der Nennleistung soll bei Stromwandlern nicht zu groß sein.

e) Veränderungen während des Fehlers

Die bisherigen Betrachtungen gelten unter der Annahme, daß die Fehlerart und der Schaltzustand während des Fehlers im wesentlichen unverändert bleibt. Dies ist in den meisten Fällen auch richtig. Es ist aber auch möglich, daß Veränderungen während des Fehlers eintreten, die die Arbeitsweise mehr oder minder beeinflussen. Dies sind der Übergang von einer Fehlerart in eine andere und der Einfluß von ersten Abschaltungen auf die Auslösezeit abhängiger Relais.

Der Übergang einer Fehlerart in eine andere muß insbesondere bei der Schaltung des Schutzes berücksichtigt werden. Es können zweipolig beginnende Fehler sich zu dreipoligen ausweiten oder in geerdeten Netzen einpolig beginnende Kurzschlüsse zwei- und dreipolig werden. Ist nun die Auslösezeit nicht die gleiche bei beiden Fehlerarten, so setzt sich die endgültige Auslösezeit aus zwei Teilen zusammen. Es stellt sich eine etwa mittlere Zeit zwischen den beiden Werten ein. Im allgemeinen ist dieser Fall kaum von Bedeutung, da die Zeiten, wenn überhaupt, so nur wenig verschieden sind.

Etwas mehr kann sich der Übergang eines erdfreien Fehlers in einen Erdfehler auswirken, also beispielsweise der Übergang eines zweipoligen Fehlers in einen zweipoligen Fehler mit Erdberührung. Beim Auftreten der Erdberührung ergeben sich Umschaltungen im Erdstromkreis, die so erfolgen müssen, daß kein Relais zurückfällt, sondern gleich mit den neuen Meßgrößen weiterläuft. Diese Veränderungen sind, wie man erkennt, bereits bei der Entwicklung des Schutzes zu berücksichtigen. Für den Projektanten ist nur wichtig, nachzuprüfen, ob der Schutz sich dabei richtig verhält. Sind verschiedene Systeme in einem Netz eingebaut, so ist auf gleichmäßiges Verhalten beim Fehlerwechsel zu achten. Im allgemeinen sind aber auch hiebei kaum Schwierigkeiten zu erwarten.

Unangenehmer kann sich der Übergang eines Erdschlusses in einen

---

[1] In der Schweiz sind bereits Wandler auf dem Markt, deren Genauigkeitsgrenze im Überstrombereich liegt. Diese Wandler haben beispielsweise vom $^2/_3$- bis 20fachen Nennstrom einen vorgeschriebenen Fehler von $\pm\,5\%$ und 300 Min. Es wäre wünschenswert, daß sich auch andere Länder dieser Gepflogenheit anschließen.

Doppelerdschluß auswirken, wenn ein leistungsabhängiger Erdschlußschutz auf Auslösung arbeitet. Es tritt dann plötzlich ein hoher Nullstrom auf, zu dem eine wesentlich kürzere Auslösezeit als beim Erdschluß gehört. Dadurch können, je nachdem, wie weit das Relais bereits gelaufen ist, kleinste Auslösezeiten entstehen, die mehrere Falschauslösungen zur Folge haben können. Sind Sperrmaßnahmen gegen Auslösungen beim Doppelerdschluß vorhanden, so müßten dieselben in kürzester Zeit wirksam sein. Bei Spannungsanwurf muß das Halteverhältnis gut sein, um ein sofortiges Abfallen des Relais beim Fehlerwechsel zu bewirken, die Nachlaufzeit so klein wie möglich sein.

Wichtiger als der Fehlerwechsel ist für die Projektierung der *Wechsel des Schaltzustandes*. Für die Klärung eines Fehlers sind meist zwei Abschaltungen erforderlich, die selten zu gleichen Zeiten stattfinden. Meist wird der Schalter zuerst auslösen, der dem Kurzschluß näher liegt. Nach der ersten Abschaltung ändert sich aber die Stromverteilung und insbesondere bei stromabhängigen Relais, aber auch beim Distanzschutz kann sich dadurch der Meßwert ändern. Ein Beispiel hiefür zeigt Abb. 223

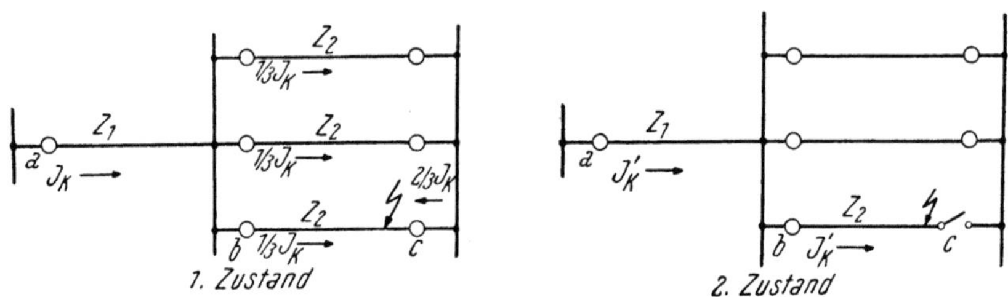

Abb. 223. Schaltzustandsänderung während eines Fehlers

[Titze, H. (74, 76)]. In den drei parallelen Leitungen fließt bei einem Kurzschluß in der Nähe des Relais der dritte Teil des gesamten Kurzschlußstromes. Das Relais c selbst erhält zwei Drittel desselben. Der Schalter c löst zuerst aus. Nun fließt nur noch in der fehlerhaften Leitung Strom, und zwar der Kurzschlußstrom zur Gänze, der allerdings einen anderen Wert als vorher hat. Das Relais b erhält also einen anderen Strom. Ist es ein abhängiges Überstromrelais, so setzt sich eine Auslösezeit aus zwei Zeiten zusammen und läßt sich nicht direkt aus der Kennlinie bestimmen. Ein Impedanzrelais an der Stelle b mißt hiebei immer die gleiche Impedanz. Das übergeordnete Relais a aber ändert seine Auslösezeit auch. Ist es ein AMZ-Relais, so sind die nur wenig verschiedenen Kurzschlußströme maßgebend, ist es aber ein Impedanzrelais, so ist seine Impedanz wesentlich verändert. Im Zustand 1 ist die Impedanz $Z_1 + \frac{1}{3} Z_2$, im Zustand 2 aber $Z_1 + Z_2$. Die Auslösezeit ist also höher, als dem ersten Zustand entspricht. Dies kann von Bedeutung werden, wenn sich aus dem Staffelplan für den ersten Zustand eine zu kurze oder knappe Auslösezeit ergibt. Oft zeigt es sich, daß bei Berücksichtigung der Änderung des Schaltzustandes die Staffelung doch noch ausreicht.

Der Einfluß der Änderung der Meßgröße ist je nach der Konstruktion der Relais verschieden. Es sind drei Fälle zu unterscheiden, für die die Gleichungen abgeleitet werden sollen. Das Relais hat eine konstante Geschwindigkeit, aber veränderlichen Ablaufweg, das Relais hat eine veränderliche Geschwindigkeit und konstanten Ablaufweg oder Geschwindigkeit und Weg sind beide variabel.

Im ersten Fall wird der Ablaufweg von der Meßgröße eingestellt. Ist der zum zweiten Zustand gehörende Weg kleiner als der Weg, den das Relais bereits zurückgelegt hat, so löst es sofort aus. Es ist also die resultierende Auslösezeit $t = T_1$, wenn $t_2 < T_1$ ist ($t_2 =$ Auslösezeit des zweiten Zustandes, $T_1 =$ Zeit bis zur ersten Abschaltung). Ist der zum zweiten Zustand gehörende Weg größer, so ist die Auslösezeit des zweiten Zustandes maßgebend, also $t = t_2$, wenn $t_2 > T_1$.

Im zweiten Fall, also veränderliche Geschwindigkeit und konstanter Weg, wie es beim AMZ-Relais meist der Fall ist, setzt sich die Auslösezeit aus zwei Teilen zusammen. Der Weg bis zur ersten Abschaltung ergibt sich aus der Auslösezeit t_1 des ersten Zustandes, verkleinert im Verhältnis der Zeiten T_1 und t_1. Daraus ergibt sich als erste Teilzeit $t' = t_1 \cdot \dfrac{T_1}{t_1} = T_1$. Die zweite Teilzeit ist entsprechend $t'' = t_2 \left(1 - \dfrac{T_1}{t_1}\right)$. Daraus folgt für die resultierende Auslösezeit $t = t' + t'' = T_1 + t_2 \left(1 - \dfrac{T_1}{t_1}\right)$.

Im dritten Fall sind beide, Weg und Geschwindigkeit, verschieden. Ist der Weg des zweiten Zustandes kleiner als der des ersten, so gibt es Momentanauslösung bei der ersten Abschaltung, also $t = T_1$. Ist er größer, so gibt es wieder zwei Teilzeiten, von denen die erste wieder T_1 ist, die zweite sich zu $t_2 \left(1 - \dfrac{T_1}{t_1} p\right)$ ergibt. p ist dabei das Verhältnis der zugehörigen Meßgrößen M_1/M_2 für den ersten und zweiten Zustand, um das die Geschwindigkeit verändert ist. Hängt der Ablaufweg von der Spannung allein ab, so ist $p = U_1/U_2$ (Tab. 26).

Tabelle 26. *Auslösezeiten bei zwei verschiedenen Schaltzuständen*

Relaiseigenschaft		Auslösezeit	Relaisart
Ablaufgeschwindigkeit	Ablaufweg		
konstant	konstant	unverändert	UMZ-Relais
konstant	variabel	$t = t_2$ bei $t_2 > T_1$ $t = T_1$ bei $t_2 < T_1$	Impedanzrelais
variabel	konstant	$t = T_1 + t_2 \left(1 - \dfrac{T_1}{t_1}\right)$	Impedanzrelais AMZ-Relais
variabel	variabel mit der Meßgröße M	$t = T_1 + t_2 \left(1 - \dfrac{T_1 M_1}{t_1 M_2}\right)$	Impedanzrelais

t = resultierende Auslösezeit
t_1 = Auslösezeit des ersten Zustandes, $T_1 =$ Zeit bis zur ersten Abschaltung
t_2 = Auslösezeit des zweiten Zustandes.

f) Mehrfachfehler

Die bisherigen Betrachtungen gelten für das Auftreten nur eines einzigen Fehlers im Netz. Dies ist aber nicht immer der Fall.

Es kann auch vorkommen, daß mehrere Fehler gleichzeitig vorhanden sind.

Verhältnismäßig häufig kommt es bei *Doppelleitungen* vor, wo beide Leitungen auf gemeinsamem Gestänge liegen. Blitzeinschläge treffen sehr oft beide Leitungen gleichzeitig und rufen einen sogenannten Doppelleitungsfehler hervor. Auch zu Zeiten starken Nebels, bei denen die Isolierfähigkeit der Luft stark herabgesetzt ist, führen einfache Erdschlüsse nicht nur leicht zu Doppelerdschlüssen, sondern auch zu Dreifacherdschlüssen, sogenannten Gesellschaftserdschlüssen, die an verschiedenen Stellen des Netzes in dem betreffenden Nebelgebiet liegen können. Es ist notwendig, diese Fälle bei der Projektierung zu berücksichtigen.

Die Arbeitsweise des Schutzes bei Doppelleitungsfehlern erkennt man aus dem Staffelplan, wie bereits angegeben, wenn die parallelen Leitungen mit der halben Impedanz eingesetzt werden. Die Verhältnisse der Abb. 220b gelten hierfür dann exakt. Dies gilt für dreipolige Fehler auf beiden Leitungen oder gleichpolige Fehler, bei denen die gleichen Leiter auf beiden Leitungen betroffen sind.

Etwas anders liegen die Verhältnisse, wenn die Fehler nicht gleichpolig sind, also beispielsweise bei einem Fehler R S auf einer und R T auf der anderen Leitung. Hiebei ist auf gleiche Auslösezeiten bei verschiedenen Fehlerarten besonders zu achten. Denn ein solcher Fehler wird vom übergeordneten Schutz als dreipoliger aufgefaßt, da dort alle Leiter Kurzschlußstrom führen, während die Relais jeder parallelen Leitung je einen zweipoligen Fehler feststellen. Ähnlich ist es im geerdeten Netz, wenn je ein einpoliger Fehler in verschiedenen Leitern auftritt oder ein zweipoliger und ein einpoliger. Der übergeordnete Schutz stellt einen zweipoligen Fehler fest, auf den einzelnen Leitungen wird ein einpoliger Fehler ausgemessen.

Es können sich hiebei auch die Auslösezeiten auf beiden Leitungen unter Umständen addieren, so daß die Staffelungen verkleinert werden. Bei bevorzugter Abschaltung eines Leiters in Ein- oder Zweirelaisschaltungen ist es möglich, daß bei einem Kurzschluß R S auf einer und T auf der anderen Leitung und Bevorzugung der Abschaltung in T erst die Leitung mit dem Fehler T abgeschaltet wird, da auf der andern Leitung in T eine größere Impedanz gemessen wird und dann erst nach dem Wechsel der Fehlerart das Relais R der anderen Leitung auslöst. Auch dieser Fall kann nach Tab. 26 errechnet werden. Solche Fehler können auch kurz hintereinander auftreten, wenn zwei Blitzschläge unmittelbar aufeinander folgen. Dies entspricht für den Schutz etwa einer Schaltungsänderung, da die Impedanz für den übergeordneten Schutz geändert wird. Die resultierende Auslösezeit kann nach der Tab. 26 ausgerechnet werden.

Gesellschaftserdschlüsse können zur Folge haben, daß bei einseitiger Bevorzugung eines Leiters nur die Relais abschalten, die zum Leiter T gehören, und dann ein Doppelerdschluß bestehen bleibt, der erst hinterher abgeschaltet wird, wenn er nicht sogar wieder inzwischen sich zu einem zweiten Gesellschaftserdschluß erweitert. Es gibt also auch hier Addition der Auslösezeiten. Die Forderung nach kurzen Zeiten ist auch hier von großer Bedeutung.

Selten treten *Mehrfachfehler* an mehreren elektrisch verschiedenen Stellen eines Kabelnetzes gleichzeitig auf. Dies kann vorkommen, wenn mehrere Kabel, die von verschiedenen Stationen herkommen, an einer Stelle, Brücke, einem Bahndamm u. ä., verlegt sind und dort plötzlich ein Fehler durch Erdrutsch, Beschädigung entsteht. Hiedurch scheinen gleichzeitig an elektrisch ganz verschiedenen Stellen des Netzes Fehler zu bestehen. Es ist zweckmäßig, das Verhalten des Schutzes bei Fehlern an solchen Stellen wenigstens nachzuprüfen. Eine Berücksichtigung bei der Auslegung ist wegen der Seltenheit solcher Fälle — ausgenommen der Kriegsfall, der aber hier als ein hoffentlich für die Zukunft nicht mehr vorkommendes Ereignis außer Betracht bleiben soll — nur dann zu empfehlen, wenn der Schutz für die Normalfälle nicht verschlechtert und nicht kompliziert wird [Titze, H. (71)].

Es sei deshalb keine genaue Untersuchung hier mitgeteilt, sondern nur zusammenfassend angegeben, was geschehen kann. In Stich- und Ringleitungen können sich die Kurzschlußströme der einzelnen Fehlerstellen addieren und so bei AMZ- und Distanzrelais zu Zeitverkürzungen führen. In Kuppelstellen, Kuppelleitungen oder Ausgleichsleitungen kann eine Subtraktion der Ströme eintreten, wenn im Netz auf beiden Seiten Fehler liegen. Hiedurch können Anwurfversager und Erhöhungen der Auslösezeit auftreten.

H. Prüfung und Betrieb

Eine Schutzanlage zu überprüfen, ist genau wie bei jedem Anlageteil eine Notwendigkeit. Man prüft einmal beim Einbau und dann im laufenden Betrieb.

I. Einbauprüfung und Inbetriebnahme

Bevor ein Schutz in Betrieb genommen werden kann, muß die Schaltung genauestens geprüft und für richtig befunden sein. Die Relais selbst müssen genauestens mechanisch und elektrisch untersucht sein.

In der Fabrik wird jedes Relais eingehend geprüft, bevor es ausgeliefert wird. Da der Einbau aber nur an Ort und Stelle erfolgen kann, ist eine genaue Einbauprüfung trotzdem unerläßlich.

Sämtliche Leitungen werden an Hand der Schaltbilder noch einmal eingehend kontrolliert. Für einfache Anlagen dürfte damit die Einbauprüfung abgeschlossen sein. In komplizierten Anlagen, also beim Impedanz-, Vergleichsschutz u. a., wird ein sogenannter Hochfahrversuch vorgenommen, bei dem der betreffende Anlageteil von einer getrennten Maschine allmählich hochgefahren wird. Bei einem solchen Versuch wird die Ansprechempfindlichkeit, der Richtungsentscheid und die Auslösezeit nachgeprüft. Beim Distanzschutz kann auch die Staffelung nachgeprüft werden, wenn ein Netzversuch ausgeführt wird, also gleichzeitig zwei oder mehr hintereinanderliegende Leitungen von einer Versuchsmaschine gespeist werden. Netzversuche können auch in normalen Betriebsverhältnissen ausgeführt werden und künstliche Kurzschlüsse eingebaut werden (Kurzschlußversuche). Bei Vergleichsschutzsystemen wird der Hochfahrversuch zweimal ausgeführt, und zwar mit innerem Fehler zur Überprüfung der Ansprechempfindlichkeit und mit äußerem Fehler zur Überprüfung der Stabilisierung. Beim Differentialschutz von regelbaren Transformatoren muß die ungünstigste Reglerstellung dabei eingestellt werden. Eine Kontrolle des hiebei auftretenden Ausgleichsstromes ermöglicht die genaue Einstellung mittels anzapfbarer Hilfswandler.

Beim Erdschlußschutz kann die Einbauprüfung durchgeführt werden, indem ein Erdschluß im Netz eingebaut wird.

Es wird bei Leistungsrelais die richtige Polung von Spannung und Strom, der Ausgleichstrom im erdschlußfreiem Zustand, der Ansprechwert festgestellt.

Sind Hochfahrversuche nicht möglich, so kann man sich durch eine Primärprüfung helfen, wie sie später beschrieben wird. Eine Beschränkung auf eine Sekundärprüfung ist weniger zu empfehlen, da dadurch die Wandler nicht miterfaßt werden können.

Wichtig ist bei allen Verfahren auch das Mitprüfen des Auslöserkreises, insbesondere kann bei Wandlerstromauslösung oft durch falsche Wahl von Auslösern ein Versagen des Schutzes eintreten. Eine Schutzprüfung ist nur dann als völlig zuverlässig anzusehen, wenn sie alle zum Schutz gehörenden Teile vom Wandler bis zum Auslöser erfaßt.

II. Laufende Prüfungen

Man kann sich nicht damit begnügen, den Schutz beim Einbau exakt zu prüfen. Es ist damit noch keineswegs gesagt, daß der Schutz für alle Zeiten einwandfrei bleibt. Die Schwierigkeit bei Relais ist gerade, daß sie lange Zeit, oft Jahre nicht in Funktion treten und dann aber einmal ganz plötzlich mit großer Genauigkeit arbeiten müssen. In dieser langen Zeit sind sie allen möglichen Einflüssen ausgesetzt, von denen nur die Temperatur, die Witterung, Erschütterungen, Verschmutzungen aller Art genannt sein mögen. Um nun sicher zu sein, daß der Schutz auch wirklich arbeitsbereit bleibt, sind laufende Prüfungen erforderlich.

Eine solche Prüfung erstreckt sich zunächst auf eine äußere Prüfung des Relais. Wie sieht das Relais aus, ist es stark verschmutzt, hat es Rost angesetzt, befindet sich Wasser im Relais, wie sehen die Kontakte aus, die Spulen, der Mechanismus usw. Dies ist nötig, um sich ein Urteil über die äußeren Einflüsse während einer bestimmten Zeit bilden zu können. Als zweites ist eine Reinigung und Ausbesserung an Ort und Stelle nötig. Ist der Schaden zu groß, so müssen sie gegen Reserverelais ausgewechselt werden.

Schließlich ist nach Einbau eine nochmalige Prüfung der Funktionsweise, der Zeiten, der Ansprechwerte mit Hilfe eigens hiefür vorgesehener Prüfeinrichtungen durchzuführen. Solche Prüfungen können ebenfalls die ganze Anordnung vom Wandler bis zur Auslösung erfassen, kann aber auch als Sekundärprüfung ausgeführt werden.

Sie werden von Spezialmonteuren, die nur mit Relais zu tun haben, in einem bestimmten Turnus ausgeführt. Je öfter eine solche Prüfung erfolgt, um so sicherer kann man sich auf den Schutz verlassen. Der Turnus sollte höchstens ein halbes Jahr dauern. Auf keinen Fall sollte er ein Jahr überschreiten. Bei besonders wertvollen Schutzarten und wertvollen Anlageteilen, deren Ausfall große Folgen nach sich ziehen kann, sowie bei Relais, die in leicht verschmutzenden Anlagen eingebaut sind, ist eine vierteljährliche Wiederholung der Prüfung zu empfehlen.

Sehr zweckmäßig sind Prüfeinrichtungen, die es gestatten, während des Betriebes mit einem Druckknopf ein Relais zum Ablauf bringen zu lassen, ohne dabei auszulösen. Eine solche Prüfung kann allmonatlich vom Betriebspersonal ausgeführt werden. Hiedurch wird das Relais bewegt und die Kontakte betätigt, wodurch häufig Schmutz und Oxydationen beseitigt werden. Solche Prüfungen müssen aber ohne Eingriff in das Relais ausgeführt werden können.

III. Generalüberholung

Neben den laufenden Prüfungen und Reinigungen an Ort und Stelle ist es nötig, von Zeit zu Zeit die Relais auszutauschen und in eine Werkstatt zur Generalüberholung zu bringen. Eine solche Relaiswerkstatt mit angeschlossenem Prüflaboratorium sollte jedes größere Versorgungsunternehmen besitzen. Notfalls kann auch die Zählerwerkstatt damit beauftragt werden. Man darf aber nicht außer acht lassen, daß Relais Spezialgeräte sind, die auch Spezialarbeiter zur Pflege verlangen.

Die Überholung muß sich insbesondere auf die mechanischen Teile erstrecken. Die Lager müssen untersucht, die Schmierung, falls nötig, erneuert und die Kontakte überholt werden. Weiters sind die elektrischen Teile zu überprüfen, so der Zustand der Isolation, der Magnete, der Wärmeglieder usw.

Obwohl die Relais nur selten arbeiten, ist doch auch eine Abnutzung vorhanden. Es treten häufig Vibrationen schon im Normalbetrieb auf, die die Lager im Laufe der Zeit abnützen. Ausgearbeitete Lager, gesprungene Steine müssen ausgewechselt werden. Achsen sind auf Abnutzung zu untersuchen, Rostansätze fallweise zu beseitigen und alle Teile neu einzufetten.

Die Schmierung ist zu ersetzen. Die geölten Teile werden erst sorgfältig gewaschen und dann frisch mit dem meist vorgeschriebenen Öl im gleichen Maße eingefettet. Starkes Ölen ist unzweckmäßig.

An den Kontakten sind Abbranderscheinungen zu entfernen und die Oberflächen zu glätten. Bei starker Abnutzung muß der Kontakt ersetzt werden.

Nach der Überholung sind die Relais neu zu eichen, was zweckmäßig in einem Laboratorium geschieht. Die Veränderungen an den Lagerstellen haben die Reibungskräfte geändert, die Federkräfte haben sich geändert, so daß dadurch auch die Eichwerte anders geworden sind. Eine solche Nacheichung ist darum unbedingt nötig.

IV. Relaisprüfeinrichtungen

Die verwendeten Prüfeinrichtungen lassen sich in drei Gruppen einteilen, in die Prüfschaltungen, die den Netzstrom und die Netzspannung verwenden, in die Primärprüfungen mit ausgeschaltetem Netz und die Sekundärprüfungen, die während des Betriebes mit Fremdspannung oder im Laboratorium durchgeführt werden können.

a) Prüfschaltungen im eingeschalteten Netz

Zu dieser Gruppe gehören die Schaltungen für Netzversuche, also z. B. zum Hochfahren eines neu eingebauten Schutzes, und alle Schaltungen, die im Betrieb mit Betriebswerten ausgeführt werden.

1. Netzversuche

Das Hochfahren bedingt meist keine allzu großen besonderen Schaltungsmaßnahmen. Man muß allerdings dabei berücksichtigen, daß bereits kleine Änderungen in der Hochspannungsanlage viel Zeit und mehr Mühe kosten als größere Schaltungen im Sekundärteil. Im Netz wird an bestimmter Stelle ein Kurzschluß eingebaut und der Schützling mit dem Relais über eine vom Netz getrennte Maschine langsam hochgefahren. In die Sekundärkreise legt man Strommesser und Spannungsmesser zur Kontrolle der Meßwerte am Relais. Beim Prüfen von Vergleichsschutzsystemen muß die Prüfung zweimal, bei innen- und außenliegendem Fehler, durchgeführt werden. Bei letzter Prüfung bestimmt man damit außer den richtigen Anschlüssen und der Feststellung, daß das Relais in Ruhe bleibt, auch die Größe des Fehlerstromes und kann mit einem einstellbaren Hilfswandler das Stromminimum suchen und danach fallweise einstellen. Es dürfen nur Strommesser mit geringem Eigenverbrauch verwendet werden, damit nicht Fälschungen infolge zu hoher Wandlerbelastungen entstehen. Bei solchen Versuchen prüft man zweckmäßig aus den Angaben der Strom- und Spannungsmesser und der Lage des Kurzschlusses die Impedanzwerte von Leitungen, Transformatoren usw. nach, um eine genaue Kontrolle und fallweise eine Korrektionsmöglichkeit der Rechnung und Auslegung des Schutzes zu erhalten.

Die Bestimmung der Ablaufzeit der Relais kann bei größeren Zeiten mit der Stoppuhr, bei kleineren besser mit Sekundenmessern erfolgen.

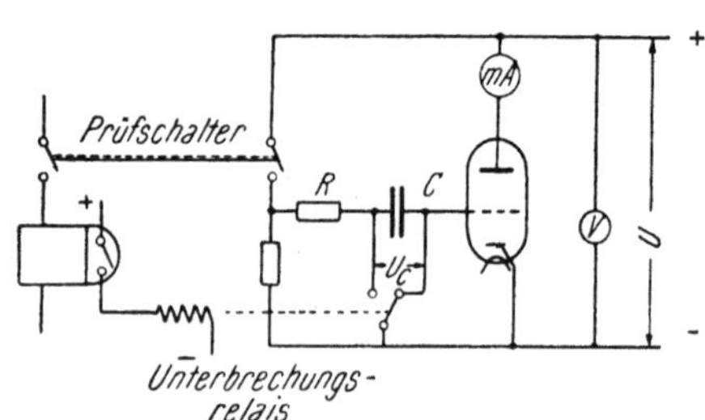

Abb. 224. Messung kleiner Zeiten

Bei Netzversuchen schaltet man zweckmäßig die Uhr über einen Steuerkontakt des Leistungsschalters. Reicht für sehr kurze Zeiten die Genauigkeit solcher Sekundäruhren auch nicht aus, so kann man mit der Schaltung der Abb. 224 die Zeit bestimmen [Monseth, I. T. und Robinson, P. H. (7)]. Hier wird während der zu messenden Zeit über einen Widerstand R ein Kondensator C mit der Hilfsstromquelle (Gleichstrom) U aufgeladen und die Ladung mit einem Röhrenvoltmeter gemessen. Die Zeit t kann aus der Aufladungsgleichung

$$U_c = U \left(1 - e^{-\frac{t}{RC}} \right) \tag{73}$$

(U_c = Spannung an C) bestimmt werden. Das Röhrenvoltmeter ist entsprechend geeicht.

Die Richtungsanzeige wird mit Drehfeld- und Richtungsanzeigern nachgeprüft.

Das Hochfahren eines separaten Netzteiles kann für die Inbetriebnahme eines Kurz- oder Erdschlußschutzes als Einbauprüfung angewendet werden. Eine solche Prüfung sollte bei wichtigeren Schutzsystemen bei jedem Einbau als Prüfung der richtigen Schaltung ausgeführt werden. Nur bei einfachen Systemen kann man darauf verzichten.

Um ein neues Schutzsystem, das bisher noch nicht im Netz vorhanden ist, in seiner Wirkungsweise nachzuprüfen, macht man fallweise beim erstmaligen Einbau Kurzschluß- oder Erdschlußversuche im ganzen Netz während des Betriebes. Man wählt hiezu allerdings Zeiten schwacher Belastung. Es werden an verschiedenen Stellen des Netzes Kurzschlüsse möglichst über einen eigenen Schalter nacheinander zugeschaltet und die Wirkungsweise des Schutzes, also die Auslösezeiten und Staffelzeiten, nachgeprüft. Die Kurzschlußwerte stellt man mittels Oszillographen fest.

2. Prüfungen im normalen Betrieb mit Netzwerten

Nicht immer braucht man, insbesondere bei laufenden Prüfungen, Fehler im Netz einzubauen, sondern man kann auch Messungen mit den normalen Betriebswerten vornehmen. Überstromsysteme sind nach dieser Methode allerdings in einfacher Weise nicht zu prüfen, sondern erfordern eine Hilfsquelle, wohl aber Differentialrelais, indem sekundär eine Wandlergruppe kurzgeschlossen wird. Dann fließt der Strom einer Seite durch das Relais. Bei Unterspannungsrelais wird ein Widerstand in den Spannungskreis geschaltet, der die Spannung am Relais herabsetzt. Auch der Impedanzanwurf kann unter solchen Umständen nachgeprüft werden. Auch der Erdschlußschutz kann während des Betriebes geprüft werden (Abb. 225):

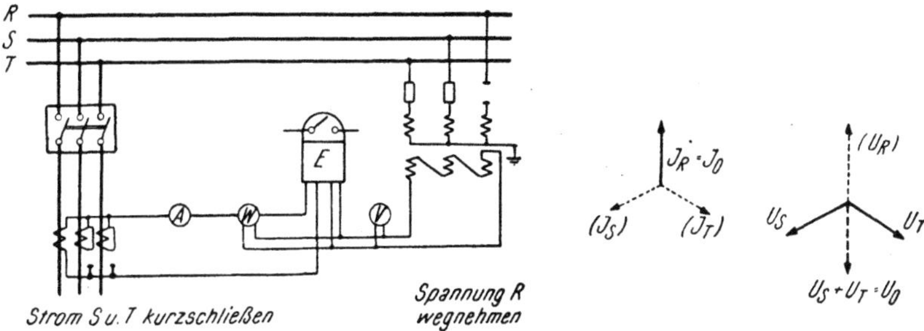

Abb. 225. Prüfschaltung für Erdschlußleistungsrelais

Es werden zwei Stromwandler, z. B. der Leiter S und T, kurzgeschlossen, dann scheint der Strom R als Nullstrom auf. Im Spannungspfad klemmt man die Spannung R ab (durch Herausnahme der Sicherung) und erhält so eine Nullspannung, die die Summe der übrigen Spannungen darstellt. Sie ist ein Drittel der im Erdschlußfalle austretenden Nullspannung. Strom und Spannung sind dadurch gleichphasig. Bei allen diesen Prüfungen darf natürlich nicht abgeschaltet werden. Man nimmt die Auslösung weg und läßt die Relais auf ein Signal arbeiten.

3. Überwachungseinrichtungen

Zu den Prüfungen im Betrieb gehören auch die Überwachungseinrichtungen, die dauernd eingeschaltet sind und irgendwelche Fehler sofort anzeigen.

So ist es zweckmäßig, mittels Glimmlampen das Vorhandensein der Auslösespannung nachzuprüfen. Die Glimmlampe liegt parallel zum Auslösekontakt der Relais. Über die Überwachung der Betätigungsquelle selbst ist bereits im Abschnitt über den Betätigungskreis berichtet worden.

Wichtig ist auch die Überwachung von Hilfsleitungen für den Vergleichsschutz. Bei Ruhestromschaltungen erfolgt die Überwachung durch den
Ruhestrom selbst, bei dessen Unterbrechung irgend ein Signal betätigt
wird oder eine Lampe erlischt. Bei Arbeitsstromschaltungen fließt im
normalen Betriebe kein Strom. Man kann aber durch besondere Einrichtungen einen schwachen Strom als Überwachungsstrom über diese
Leitungen schicken. Dieser läßt wohl Überwachungseinrichtungen: Glimmlampe, empfindliche Relais, betätigen, nicht aber den Betätigungskreis
der Schutzeinrichtungen.

Bei Hochfrequenzkanälen in Arbeitsstromschaltungen kann die Überwachung periodisch durch eine Synchronuhr erfolgen, die auf beiden Seiten
die Hochfrequenzeinrichtung in Betrieb setzt und so einen Kurzschluß
nachahmt [Neher, I. H. (*181*)].

b) Prüfungen mit Hilfsstromquellen

1. Primärprüfungen im abgeschalteten Zustande

Bei Primärprüfungen im abgeschalteten Zustande des Netzes wird die
Hochspannungsanlage vom Netz getrennt und ein künstlicher Prüfstrom
durch die Stromwandler geschickt (Abb. 226). Der Leistungsschalter und
die Stromwandler liegen im Bereich des Hilfs-
stromes. Zur Erzeugung dieses Hilfsstromes hat
man meist einpolige trag- oder fahrbare Prüfeinrichtungen hergestellt, die vom Niederspannungsnetz gespeist werden und über einstellbare
Transformatoren den hohen Strom erzeugen.
Sekundenmesser und Strommesser und ein Zu-

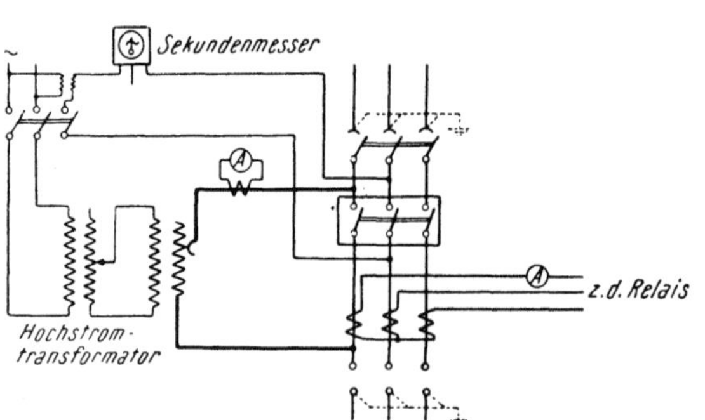

Abb. 226. Primärprüfeinrichtung

schalter sind eingebaut oder können leicht angeschlossen werden [Fröh-
lich, F. (*263*), Johannsen, K. (*270*)]. Primärprüfeinrichtungen sind für
höchste Ströme von 1000 bis etwa 4000 A bei Leistungen bis zu 20 kVA
ausgelegt. Die Leistung ist hiebei keine Dauerleistung, sondern bezieht
sich auf eine Belastung von höchstens 1 bis 3 min. Sie haben den
Vorteil, alle Glieder einer Schutzeinrichtung einschließlich Stromwandler
und Schalter überprüfen zu können. Diesem Vorteil gegenüber steht ein
verhältnismäßig hoher Aufwand an Prüfeinrichtungen und der Eingriff
in die Hochspannungsanlage, der allerdings durch Einbau von Laschen,
Erdungsschalter erleichtert werden kann. Notwendig sind Primärprüfungen
natürlich bei der Prüfung von Primärrelais.

Auch Leistungsrelais und Distanzrelais kann man primär prüfen.
Zu diesem Zwecke wird in die Prüfeinrichtung ein Phasenschieber eingebaut,
der eine zwischen 0 und 360° beliebige Phase einzustellen erlaubt.

2. Sekundärprüfungen

Sekundärprüfungen können im Gegensatz zur Primärprüfung auch
während des Betriebes durchgeführt werden. Solche Prüfungen können

in ihrer Handhabung so einfach sein, daß auch das Betriebspersonal der Werke selbst sie laufend etwa allmonatlich ausführen kann. Es sollen dabei aber möglichst keine Eingriffe in das Relais vorgenommen werden. Auch die Einstellungen dürfen nicht geändert werden. Irgendwelche Beanstandungen müssen an die Relaisabteilung oder eine andere zentrale Stelle gemeldet werden. Von dort aus wird dann die Änderung am Relais veranlaßt und durchgeführt. Weiters darf nach solchen Prüfungen kein Schalter in der Prüfstellung bleiben, insbesondere muß die Auslösung, die während der Prüfung außer Betrieb ist, wieder eingeschaltet sein. Dies kann man selbsttätig mit Hilfe von Klinkenkontakten erreichen, die beim Einstecken der Prüfstöpsel den Auslösekreis unterbrechen. Oder man versieht die Klinken oder Klemmen für die Prüfeinrichtung mit einem federnden Deckel. Wird dieser hochgehoben, so öffnet er mit einem Hilfs-

kontakt den Auslösekreis. Nach Herausziehen der Stöpsel schließt er sich wieder von selbst.

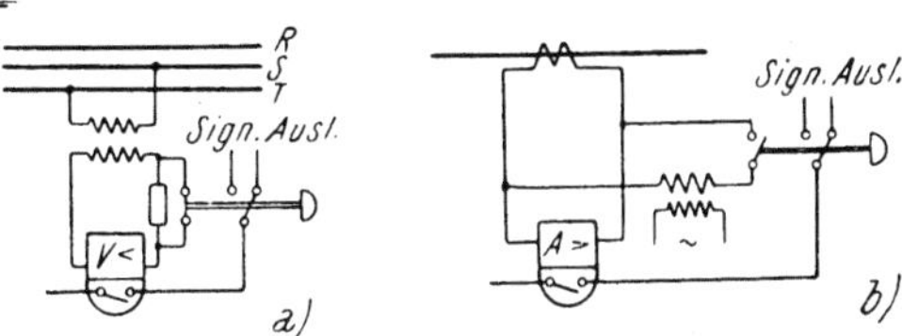

Abb. 227. Sekundärprüfungen mit Taste
a) Spannungsrelais mit Vorwiderstand,
b) Stromrelais mit Hilfsstromquelle

Das Einfachste ist, das Relais überhaupt nur mit einer Prüftaste zu prüfen und mit dieser alle Schaltungen auszuführen.

Hier ist noch einmal die Prüfung von Unterspannungsrelais zu nennen, bei denen durch Vorschalten eines Widerstandes die Spannung heruntergesetzt wird (Abb. 227a). Dies kann durch eine einzige Drucktaste erfolgen, die den Kurzschluß des Widerstandes aufhebt und die Auslösung absperrt.

Ein Überstromrelais kann auf diese Weise nur mit Hilfe eines vom Netz gespeisten Hilfstransformators geprüft werden, dessen Strom dem Betriebsstrom überlagert wird (Abb. 227b). Bei diesen Ausführungen ist die Zeit nur mit der Stoppuhr roh festzustellen.

Um die Auslösezeiten genauer feststellen zu können, wobei gleichzeitig der Strom eingestellt und gemessen werden kann, hat man tragbare Prüfeinrichtungen entwickelt. Sie enthalten den Transformator, den Regelwiderstand, den Strommesser, Anschluß für den Sekundenmesser und ein

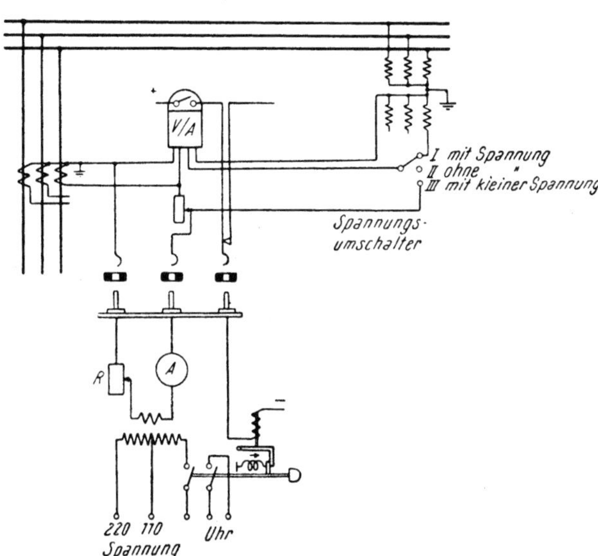

Abb. 228. Prüfeinrichtung für Distanzschutz, einpolig

Signalrelais, das ein Signal nach erfolgter Auslösung gibt und gleichzeitig die Uhr steuert. Diese Prüfeinrichtung wird entweder an Prüfklemmen oder über eine Steckvorrichtung an den Schutz angeschlossen. Bei letzterer wird der Auslösekreis mit dem Stecker und einem Klinkenkontakt unterbrochen.

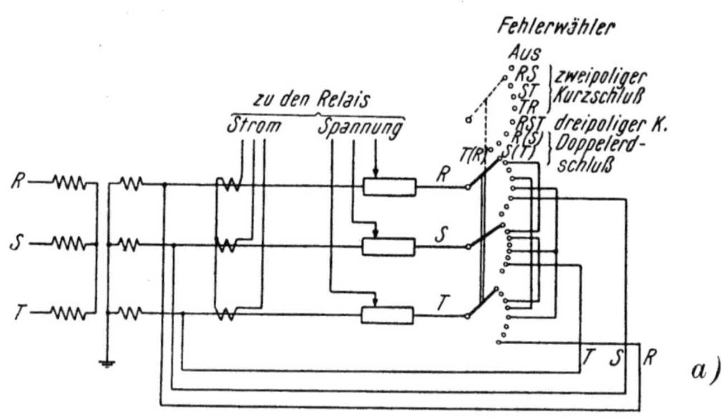

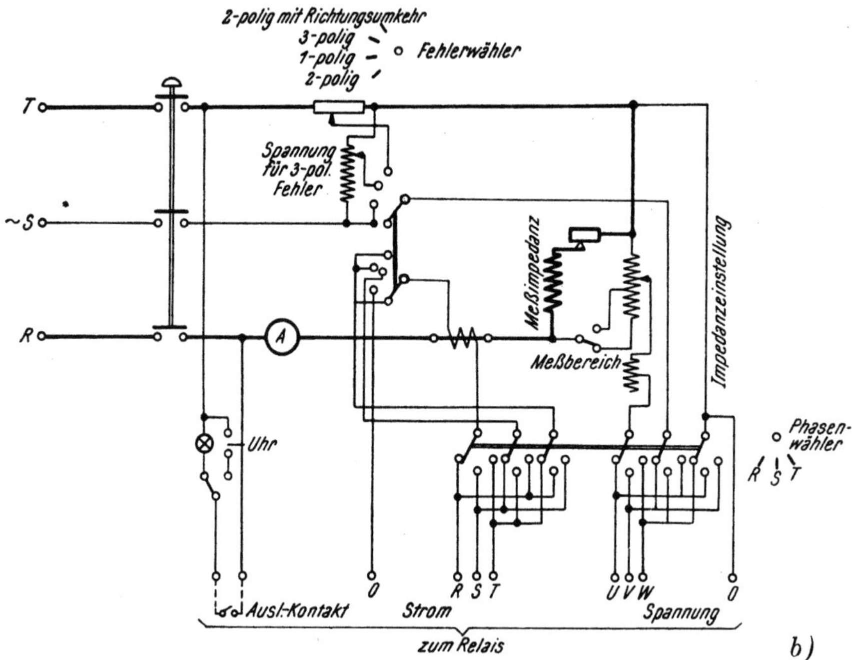

Abb. 229. Prüfeinrichtung für Distanzschutz, dreipolige Prüfmöglichkeit
a) dreipolige, b) einpolige Schaltung

Diese Einrichtung kann auch für die Prüfung von Impedanzrelais verwendet werden (Abb. 228). Der Strom wird über einen einstellbaren Widerstand R dem Relais zugeführt [Rimmark, L. (276)]. Die Spannung wird, wie im normalen Betrieb, vom Spannungswandler gewonnen. Sie ist aber über einen Dreifachschalter geführt, dessen erste Stellung die ganze

Spannung zuführt (Betriebsstellung und Messung von Grenzzeiten), dessen zweite Stellung zur Messung der Grundzeiten die Spannung abschaltet und dessen dritte Stellung den Spannungsabfall an dem im Strompfad liegenden Widerstand R an das Relais legt (mittlerer Wert).

Diese Prüfeinrichtung ist einpolig. Sie muß bei mehrpoliger Prüfung jedesmal umgesteckt oder umgeklemmt werden. Man hat auch dreipolige Prüfeinrichtungen entwickelt, die mittels Umschalter nicht nur die gleichzeitige Prüfung aller Relais, sondern auch das Verhalten bei verschiedenen Fehlerarten gestatten.

Zwei solcher Ausführungen zeigt Abb. 229. Der Anschluß ist dreipolig. Bei der einen Ausführung (Abb. 229a) ist die Gewinnung der Meßgrößen ebenfalls dreipolig. Die Ströme werden über drei Stromwandler, die Spannung als Spannungsabfall an drei veränderlichen Widerständen abgenommen. Die Fehler werden unmittelbar hinter diesen Widerständen, die somit die Leitungsimpedanz ersetzen, mit Hilfe eines dreipoligen Schalters (Fehlerwählers) nachgebildet. Man kann zwei- und dreipolige Kurzschlüsse und Doppelerdschlüsse damit messen. Eine andere Ausführung (Abb. 229b) gestattet ebenfalls eine dreipolige Messung für verschiedene Fehlerarten, läßt die Meßgrößen aber nur einpolig gewinnen und ans Relais geben. Trotzdem werden auch hierbei völlig ausreichend die Fehlerarten nachgeahmt. Der Strom wird über einen Stromwandler gewonnen und mit Hilfe eines Fehlerwählers an das Relais verteilt. Bei zweipoligem Fehler erhält das Relais zwei Ströme, bei einpoligem einen und bei dreipoligem Fehler drei Ströme zugeführt, wobei im letzteren Falle allerdings die Ströme kein Drehstromsystem darstellen. Die Spannung wird über einen Anzapfwandler je nach der Impedanz abgenommen. Dieser Wandler liegt an einer der Leitungsimpedanz entsprechenden Meßimpedanz. Auch die Spannung wird je nach der Fehlerart umgeschaltet. Beim dreipoligen Fehler wird hierbei die Spannung zwischen den Leitern S und T künstlich verkleinert. Mit Hilfe eines Widerstandes kann zur Richtungskontrolle die Richtung der Spannung umgekehrt werden. Dieselbe Prüfeinrichtung kann auch für die Prüfung von Spannungs- und Stromrelais verwendet werden (BBC).

Statt einer Hilfsstromquelle aus dem Niederspannungsnetz kann man auch die Spannungswandler selbst benutzen. Man belastet sie über einen Zwischenwandler, der die Spannung auf etwa ein Zehntel herabtransformiert. Man braucht bei dieser Einrichtung keine zusätzlichen Prüfeinrichtungen. Die ganze Prüfung besteht nur aus Drücken von Tasten, die fest eingebaut sind.

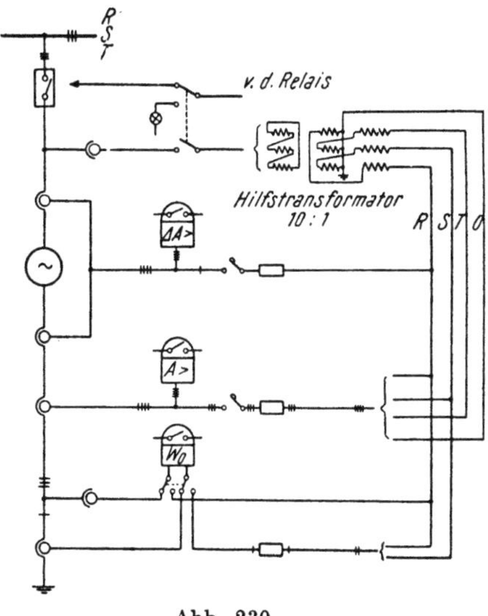

Abb. 230.
Prüfeinrichtung für Generatorschutz

Eine solche Einrichtung für den Generatorschutz zeigt Abb. 230. Es kann damit der Überstromschutz, der Differentialschutz und der Erd-

schlußschutz nur durch Prüfumschalter und Tasten geprüft werden, ohne
daß Stromwandler kurzgeschlossen werden müssen [Fröhlich, F. (268)].
In der Abbildung kann der Überstromschutz in jedem Pol, der Differentialschutz einpolig geprüft werden. Der Hilfstransformator ist als Ausgleichs-
transformator geschaltet, um ungleichmäßige Belastungen des Spannungswandlers zu vermeiden.

V. Störungsklärung

Ein wichtiger Prüfstein für den Schutz ist das Verhalten bei den
Störungen selbst. Der Zweck des Schutzes ist nur dann erreicht, wenn
die Störung einen entsprechend vorausgesehenen Verlauf nimmt. Es darf
also dabei nur der wirkliche fehlerhafte Anlagenteil betroffen werden.
Eine richtige Selektivität ist meist schon ein genügender Beweis für das
richtige Funktionieren des Schutzes. Bei einer Störung werden aber meist
nicht nur die Relais angeregt, die die Störungsstelle vom Netz abtrennen
sollen, sondern auch noch viele andere Relais im Netz. Sie sind gestaffelt
und lösen daher nicht aus, wohl aber sind sie in Tätigkeit gewesen. Es
bedeutet nun eine Kontrolle, zu wissen, welche Relais angeworfen waren
und wie lange sie gelaufen sind. Um dies richtig beurteilen zu können,
muß man sich über den Verlauf der Störung ein klares Bild machen können,
muß weiters Einrichtungen besitzen, die die Arbeitsweise des Relais anzeigen, auch wenn es nicht auslöst.

Hiezu gehören Anzeigevorrichtungen, die meist bereits fabriksmäßig
im Relais eingebaut sind. Es sind Fallzeichen vorgesehen, die das Ansprechen anzeigen. An Zeitwerken werden Schleppzeiger vorgesehen,
die die tatsächliche Laufzeit erkennen lassen. Diese laufen mit dem Zeitwerk mit, bis es aufhört zu laufen und bleiben dann an der Stelle stehen,
auch wenn das Zeitwerk wieder zurückgegangen ist. Auch Zählwerke
sind insbesondere an Kuppelstellen von Vorteil, um zu zählen, wie oft ein
Relais bei Pendelungen angesprochen hat.

Zur Beurteilung einer Störung ist die Verwendung von Spannungs- und
Stromschnellschreibern unerläßlich. Auch Netzoszillographen wendet man
besonders an Kuppelstellen an, um die Momentanwerte von Pendelungen
zu erfassen.

Solche Schnellschreiber werden an mehreren Stellen des Netzes vorgesehen, um die Spannungen kontrollieren und nachrechnen zu können.
Man kann sie als sogenannte Rußschreiber ausführen. Das sind berußte,
sich drehende Trommeln, in die ein von einem Meßwerk angetriebener
Metallstift eingreift, der den Ruß entfernt. Normalerweise bildet sich
eine den Betriebsschwankungen entsprechende mehr oder minder breite
Linie aus. Im Störungsfall aber schlägt der Metallstift weit aus und
zeichnet den Spannungsverlauf auf. Die Rußdiagramme werden dann
fixiert und ausgewertet.

Tintenschreiber kann man nicht dauernd mit hoher Geschwindigkeit
laufen lassen, da sonst der Papierverbrauch unnötig hoch wäre. Man
läßt diese normal langsam laufen und erhält so den täglichen Verlauf
des Meßwertes. Bei einer Störung schaltet ein Unterspannungsrelais
den Schnellauf ein, so daß die Störung aufgeschrieben wird. Die Ge-
schwindigkeitserhöhung beträgt hiebei etwa das 2000- bis 4000fache,
wenn beispielsweise der Vorschub des Streifens von 18 bis 20 mm/h auf

36.000 bis 72.000 mm/h (10 bis 20 mm/s) erhöht wird. Diese Umschaltung braucht natürlich Zeit, so daß häufig der Beginn des Störungsvorganges verloren geht. Es muß also auf eine möglichst geringe Eigenzeit der Umschaltvorrichtungen geachtet werden. Die Ausführungen erfordern besondere Relais, um die Anwurfzeit so klein wie möglich zu machen. Es sei hier auf zwei Ausführungen hingewiesen, von denen eine Kippröhren (Thyratron) [Brauer, W. (266)], die andere eine Meßwertverzögerung benutzt (Memnograph) [Lange, W. (272)] und die dritte nach dem Löschverfahren arbeitet.

Ihre Wirkungsweise sei kurz erläutert (Abb. 231). Die Meßgröße, die die Umschaltung bewirken soll, also die verminderte Spannung, wird bei der ersten Ausführung gleichgerichtet und geglättet (Abb. 231a), dann über einen Widerstand R mit einem Kondensator C und einem sehr hohen Widerstand R_C (Ableitwiderstand von C) belastet.

Auf diese Weise entsteht im normalen Betriebe am Gitter der Kippröhre eine negative Spannung, da am Widerstand R ein Spannungsabfall von A nach B erscheint und das Gitter an B, die Kathode an A liegt. Sinkt nun aber die Spannung ab, so entlädt sich der Kondensator über den Widerstand R und das Gitter erhält eine positive Spannung. Die Röhre kippt und die Umschaltspule erhält Strom. Hiemit können schnelle Spannungsabsenkungen schnellstens erfaßt

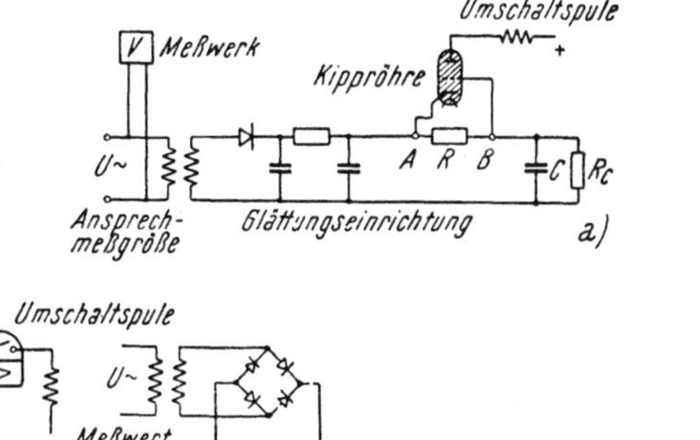

Abb. 231. Störungsschreiber (einpolig dargestellt)
a) Ansprechrelais mit Kippröhre, b) Meßwertverzögerung

werden; langsame Absenkungen, die meist andere Ursachen haben, werden hiemit nicht wirksam.

Die andere Ausführung benutzt ein mechanisches Anwurfrelais, läßt aber den Meßwert nach der Gleichrichtung über eine Laufzeitkette laufen, die eine Verzögerung, etwa von der Größenordnung der Anlaufverzögerung, besitzt. Das Meßwerk tritt also erst verzögert in Tätigkeit, wenn der Papiervorschub bereits erhöht worden ist. Natürlich darf eine solche Laufzeitkette, die aus Induktivitäten und Kondensatoren besteht, keine Verzerrungen hervorrufen (Abb. 231b). Hierzu gehört ein Abschluß der Kette mit dem Wellenwiderstand

$$z = \sqrt{\frac{L}{C}} \qquad (74)$$

Die Laufzeit wird durch die Eigenfrequenz ω_0 der Kette mit der Gliederzahl n aus

$$t = \frac{2}{\omega_0}\, n \qquad (75)$$

bestimmt. Die Abbildungen sind einpolig dargestellt. Der Anschluß erfolgt meist dreipolig. Eine weitere Möglichkeit, den Anfang der Störung

vollkommen aufzuschreiben, besteht darin, ähnlich wie bei dem Rußschreiber, eine Trommel oder Scheibe dauernd laufen zu lassen, so daß der
Störungsschreiber immer schreibt, aber das Geschriebene am Ende jeder
Umdrehung wieder automatisch auslöscht, wenn keine Störung inzwischen
aufgetreten ist. Zu diesem Zwecke kann man eine solche Trommel nach
jeder Umdrehung mit einem Film von Spezialtinte versehen, in der ein
Stift schreibt. Durch das neue Auftragen des Filmes wird die Aufzeichnung
wieder gelöscht. Im Falle einer Störung wird aber ein Papierstreifen an-
gedrückt, der das Aufgeschriebene vor der Löschung übernimmt (System
Mason). Man kann auch ähnlich einem Magnetophonband ein Magneto-
gramm aufschreiben lassen, das nach jeder Umdrehung mit Hilfe eines
Löschkopfes ausgelöscht wird. Bei einer Störung wird der Löschkopf entweder ausgeschaltet, oder Schreib- und Löschkopf laufen spiralförmig
von der erstgeschriebenen Zeile nach dem Mittelpunkt der Scheibe. Hierbei bleiben die Vorgänge während der Störung aufgeschrieben und können
mittels eines Hörkopfes auf ein Registrierinstrument übertragen werden
(AEG).

Mit Hilfe einer möglichst exakten Störungsklärung und den Anzeigevorrichtungen an den Relais selbst ist eine Beurteilung des Schutzes und
seiner Wirkungsweise gegeben. Eine genaue Statistik der Störungen
ist sehr zweckmäßig, da man daraus sowohl für das Entstehen von
Störungen wie über die Güte eines Schutzsystems wertvolle Erfahrungen
bekommt.

Schlußbetrachtung und Ausblick

Im Vorwort zum ersten Bande wurde gesagt, daß die stürmischen
Zeiten der Entwicklung in der Schutztechnik vorüber seien und einem
ruhigeren, langsameren Fortschritt Platz gemacht hätten. Fast könnte
diese Bemerkung Lügen gestraft werden, wenn man den Stand der Technik
nur in der kurzen Zeit zwischen der Anfertigung des Manuskriptes und dem
Erscheinen des zweiten Bandes vergleicht. Es sind tatsächlich eine ganze
Reihe von Neuerungen auf den Markt gekommen, besonders die Technik
der Selektivschutzrelais mit Gleichrichtung ist in dieser Zeit weiter verbessert worden. Trotzdem aber ist die erwähnte Tendenz schon deutlich
genug, wenn man einen Vergleich mit der Zeit der dreißiger Jahre zieht.
Im großen und ganzen glaube ich schon, eine Zusammenstellung geschaffen
zu haben, die für die nächste Zeit brauchbar bleiben kann.

Man darf allerdings nicht erwarten, daß bald ein Stillstand in der
Weiterentwicklung eintreten wird. Noch wird in allen Industrielaboratorien
experimentiert und gerechnet, um die Auslösezeiten weiter zu verkleinern,
um die Schutztechnik allen neueren Erfordernissen, besonders der 220-
und 380-kV-Übertragung, der Verwendung von Reihenkondensatoren
anzupassen. Immer noch kommen neben Bestätigungen einwandfreien
Arbeitens hier und da auch nicht vorausgesehene Fälle vor, in denen der
Schutz sich nicht ganz einwandfrei verhalten hat. Die Entwicklung ruht
also noch längst nicht, aber sie strebt einem Sättigungspunkt zu, wie bereits früher viele andere technische Entwicklungen heute auf der Sätti-
gungslinie angekommen sind. Man denke an die Motoren, die Isolatoren
in der Starkstromtechnik, die Telephone und Telegraphen in der Nach-

richtentechnik, ja sogar im Rundfunk ist dies schon zu beobachten. Man kann daraus wohl ein allgemeines Entwicklungsgesetz ableiten. Nach der ersten Patenterteilung in einem bestimmten Gebiete geht erst die Entwicklung ganz langsam vorwärts, dann aber, wenn alle mehr oder weniger richtigen Bedenken überwunden sind, steigt die Kurve plötzlich steil an, um schließlich, nachdem ein großer Teil der Möglichkeiten erschöpft ist, sich wieder abzuflachen.

Aber nun von dieser allgemeinen Abschweifung zurück zur Schutztechnik. Was gibt es da noch für Möglichkeiten? Die Anwendung der Gleichrichtung kennzeichnet die augenblickliche Epoche. Ob hierdurch viel erreicht wird, ist gar nicht so sicher. Kleine Auslösezeiten sind auch ohne Gleichrichtung möglich, ebenso kleiner Verbrauch und kleinere Elemente. Es bleibt eigentlich nur die vielseitigere Verwendungsmöglichkeit und die leichtere Zusammensetzung der Meßgrößen (Addition und Subtraktion der Absolutwerte). Die Anwendung von Röhren setzt sich nur langsam durch. Dies rührt weniger, wie ich glaube, von der Abneigung des Betriebsmannes gegen die angeblich nicht betriebssicheren Röhren her, als wohl davon, daß man auch mit Röhren augenblicklich nicht viel mehr erreichen kann als mit anderen Mitteln. Hier ist aber wohl noch nicht das letzte Wort gesprochen und bei der Vielseitigkeit der Anwendungsmöglichkeiten von Röhren gibt es sicher noch unbekannte Anordnungen, wo der Erfindergeist sich betätigen wird. Der Ersatz der Röhren durch Transistoren (Kristalltrioden) oder vielleicht auch durch Transduktoren (magnetische Verstärker) wird auch auf die Schutztechnik nicht ohne Wirkung bleiben.

Gibt es aber vielleicht auch noch grundsätzlich andere Methoden für den Schutz? Hier kann man schwerlich ja oder nein sagen, ohne Gefahr zu laufen, sich vielleicht zu blamieren. Aber auf eines sei hier doch hingewiesen. Für die Fehlerortung, auf die in diesem Buche nicht eingegangen worden ist, wird bereits das Reflexionsverfahren benutzt. Hier wird ein Hochfrequenzimpuls ausgesendet, an der Fehlerstelle reflektiert und dann wieder am Ausgangsort empfangen. Aus der Laufzeit kann man die Lage des Fehlers bestimmen. Diese Methode könnte natürlich auch für den Schutz angewendet werden. Ob sie Erfolg haben wird, dürfte erst eine ausgiebige Entwicklungsarbeit erweisen, aber die Perspektiven sind außerordentlich groß. Man denke an die Unabhängigkeit von den Starkstromgrößen, so daß Leitungen vor dem Einschalten leicht geprüft werden können; Seriekapazitäten bedeuten hierbei keine Schwierigkeiten. Durch Anwendung von Laufzeitketten sind Staffelungen bei allen, auch impedanzlosen, Betriebsmitteln möglich. Tote Zonen des Richtungsrelais gibt es nicht mehr und wer weiß, was noch manches andere. Dieser Hinweis möge genügen, um zu zeigen, wo die Möglichkeit einer wirkungsvollen Weiterentwicklung liegen könnte.

Die ganze Betrachtung zeigt aber noch etwas anderes, und zwar etwas, was mit den landläufigen Ansichten über die moderne Entwicklung der Technik im Widerspruch zu stehen scheint. Das vorliegende Buch berichtet über ein Spezialgebiet bestimmter Art. Man könnte also auch hier sagen, man sieht, wie das menschliche Wissen immer mehr spezialisiert wird und es kaum noch möglich ist, ein Gebiet ganz zu überblicken. Man bedauert dies — mit Recht — im Interesse einer gewissen Allgemeinbildung und Allgemeinmenschlichkeit. Jeder sehe nur noch sein Gebiet und der Zusammenhang ginge verloren. Dies ist die landläufige Ansicht. Aber stimmt

dies wirklich? Läuft hier nicht eine andere Entwicklung nebenher? Eine
Entwicklung zur Überbrückung, zur Verbindung verschiedener Gebiete?
Wer hätte früher daran gedacht, in einem reinen Gebiet der Starkstromtechnik Hochfrequenz zu verwenden, oder gar Anordnungen ähnlich der
Radartechnik? Zeigt sich hier nicht, daß der Schutzspezialist in seinen
Grundlagen auch mit der Nachrichtentechnik vertraut sein muß? Also
auf der einen Seite wird ein Spezialistentum nötig, auf der anderen Seite
aber benötigt man dazu Elemente mehrerer Gebiete. Diese Erscheinung
ist keineswegs auf die Schutztechnik beschränkt. Sie gibt es auf anderen
Gebieten der Elektrotechnik genau so, ja sogar auf allen Gebieten mensch-
lichen Forschens. Der Arzt muß heute Physiker, Biologe und Psychologe
sein, der Physiker muß die Gesetze der Chemie kennen, ja als Quanten-
physiker gelangt er an die Fragen der Erkenntnistheorie heran. Überall
werden Querverbindungen zwischen den Gelehrten nötig, gerade um die
Spezialgebiete beherrschen zu können. Ja man kann diesen Gedanken
noch weiter ausdehnen, aus dem wissenschaftlichen Gebiet hinein in das
eigentliche Menschliche, aus dem ordo naturae in den ordo humanus. Wir
sehen in der Welt immer noch den größten Egoismus, der Mensch sucht
seinen eigenen Vorteil, aber er denkt kaum an seinen Mitmenschen, er
richtet seine Handlungen nur nach dem Urteil für sich aus und nicht nach
den Folgen für das Wohl und Wehe der anderen. Ich bin aber der festen
Überzeugung, daß auch hier schon eine zweite Entwicklung nebenher
geht, die wie oben die Querverbindungen sucht, nämlich, daß die Erkenntnis immer weiter um sich greift: Wir sollen und wollen aus eigenem freiem
Entschluß heraus an unsere Mitmenschen denken, wir wollen Rücksicht
nehmen in der Erkenntnis, daß es dann erst auch uns selbst gut gehen kann.

Literaturverzeichnis

A. Bücher

(1) Bresson, C.: Transformateur de mesure et Relais de protection. Paris. 1933
(2) Goldstein, J.: Die Meßwandler. Berlin: Springer-Verlag. 1928.
(3) Hague, B.: Instrument transformers. London: Pitman. 1936.
(4) Iliovici, A.: Protection sélective des réseaux. Paris. 1938.
(5) Kostrow, M. F., I. I. Solowiew und A. M. Fedossejew: Grundlagen der Relais-Technik. Moskau. 1944.
(6) Kesselring, Fr.: Selektivschutz. Berlin: Springer-Verlag. 1930.
(7) Monseth, I. T. und P. H. Robinson: Relay systems. New York: McGraw-Hill. 1935.
(8) N. E. L. A.: Relay handbook and supplement. New York. 1926/31.
(9) Podluski, M. W.: Das thermische Überstromrelais und seine Anwendung. Berlin. AEG; 1944.
(10) Schleicher, M.: Die moderne Selektivschutztechnik und die Methoden der Fehlerortung in Hochspannungsanlagen. Berlin: Springer-Verlag. 1936.
(11) Stupel, I. A.: Relaisschutz und Automatik. Moskau. 1941.
(12) Titze, H.: Erdschluß- und Doppelerdschlußstromverteilung in vermaschten Netzen und ihr Einfluß auf den Schutz. Diss. Berlin: 1935. ETZ. 1936. S. 1031.
(13) Walter, M.: Strom- und Spannungswandler. München: Oldenbourg. 1937.
(14) Walter, M.: Selektivschutz nach dem Widerstandsprinzip. München: Oldenbourg. 1933.
(15) Walter, M. und andere: Relaisbuch. Berlin: Frank. 1951.

B. Zeitschriftenaufsätze

I. Gewinnung der Meßgrößen

(16) Bütow, W.: Nullpunktserdung elektrischer Generatoren. AEG.-Mitt. 1930. S. 33.
(17) Dürst, E.: Spannungswandler. Bull. Oerl. 1946. S. 1739.
(18) Erich, M.: Gütesteigerung von Stromwandlern. ETZ. 1937. S. 741.
(19) Friedländer, E. und O. Schmutz: Über Drehfeldscheider zur Aufspaltung unsymmetrischer Drehstromsysteme in die symmetrischen Komponenten. Wiss. Ver. a. d. Siem.-K. 1931/I. S. 24.
(19a) Groß, E. T. B. Kabelringwandler für Erdschlußschutz. Bull. SEV. 1951. S. 503.
(20) Keiter, A.: Blindleistungsmessung in Dreiphasenanlagen. E und M 1927. S. 437.
(21) Leyburn, H. und C. H. Lackey: Développements récents de la protection des lignes aériennes à très haute tension. CIGRÉ. 1946/338.
(22) Mangoldt, W.: Das Ausbrennen von Fehlern in Netzen mit Aluminium-Kabeln. VDE-Fachb. 1937/41.
(23) Poleck, H.: Über neue Phasen-Kunstschaltungen für Meßzwecke mit Frequenz- und Temperatur-Kompensation. Wiss. Ver. a. d. Siem.-K. 1940/III, S. 270.
(24) Poleck, H.: Ein Berechnungsdiagramm für induktiv gekoppelte Stromverzweigungen, insbesondere 90°-Schaltungen. Wiss. Ver. a. d. Siem.-K. 1942. S. 13.
(25) Sallard, J.: Symmetrische Komponenten der Leistung beim Richtungsrelais. Rev. gén. d'El. 1939. S. 865.
(26) Titze, H.: Die elektrischen Vorgänge auf Kuppelleitungen bei Pendelungen. Elektr.-Wirtsch. 1934. S. 475/514.
(27) Vahl, H.: Vor- und Gegenmagnetisierung bei den Stromwandlern. VDE-Fachb. 1934. S. 38.
(28) Widmer, K.: Der automatische Schutzapparat für Spannungswandler. Bull. Oerl. 1944. S. 1614.

II. Schutz allgemein

(29) Brown Boveri: Transformatorenschutz. BBC-Mitt. 1947. S. 143.

(30) Brown Boveri: Generatorenschutz. BBC-Mitt. 1945. S. 171.

(31) Besold, H. und O. Müller: Neuerungen für den Betrieb von Drehstrom-Niederspannungs-Maschennetzen. ETZ. 1930. S. 953.

(32) Bräuer, E.: Neuzeitliche Tauchspulenrelais. ETZ. 1938. S. 225.

(33) Calliess, H.: Die Entwicklung des Schutzes mit Relais für Starkstromanlagen. ETZ. 1938. S. 1309.

(34) Carson, W. und F. H. Last: Ultra-High-speed relays in the field of protection and measurement. JJEE, 1947. S. 667.

(35) Carson, W. und F. H. Birch: The menagement of protective gear on power supply systems. JJEE. 1942. S. 317.

(35a) Cohn, A.: 25 Jahre Maschennetzschalter. ETZ. 1952. S. 765.

(36) Cornelsen, F.: Leistungsschutz beim Außertrittfallen von Kraftwerken. ETZ. 1935. S. 963.

(37) Courvoisier, G.: Der Kurzschlußschutz von Wechselstromnetzen. Bull. SEV. 1933. S. 421.

(38) Dietsch, Chr. u. a.: Des transformateurs a très haute tension et resultats pratiques d'exploitation. CIGRÉ. 1950/342.

(39) Dubusc, R.: La protection rationelle des transformateurs. Soc. Belge El. Bull. 1938. S. 534; 1939. S. 17.

(39a) Ferschl, L.: Der elektrische Schutz großer Wasserkraftzentralen. E und M 1949. S. 141.

(40) Field, D. C. Protection systems for rural distribution up to 33 kV. JJEE. 1942. S. 2.

(41) Franck, S.: Selbstanlaufende Synchronkleinmotoren. ETZ. 1937. S. 117.

(42) Fröhlich, F.: Über das Halteverhältnis von Relais-Magneten. AEG.-Mitt. 1937. S. 412.

(43) Freiberger, H.: Kurzschlußschutz in Niederspannungsmaschennetzen. Elektr.-Wirtsch. 1932. S. 282.

(44) Gastel, A. v.: Moderne Schutzmittel für Mittelspannungsnetze. BBC-Mitt. 1945. S. 123.

(45) Grieb, Fr.: Die Bedeutung kurzer Abschaltzeiten in elektrischen Anlagen. BBC-Mitt. 1944. S. 359.

(45a) Hauser, W.: Spannungshaltung und Kurzschlußschutz im Betrieb mit 380-kV-Anlagen. Bull. SEV. 1953, S. 137.

(46) Howarth, O.: Protection systems for supply networks operating at voltages up to 11 kV. JJEE. 1944. S. 6.

(47) Hunt, L. F. und A. A. Kroneberg: Aus der Praxis amerikanischer Leitungsschutztechnik. El. Eng. 1935. S. 530.

(48) Hopferwieser, S. E.: Schutz von Niederspannungsanlagen industrieller Betriebe. BBC-Mitt. 1944. S. 152.

(49) John, S.: Neues polarisiertes Starkstrom-Relais. Siem.-Z. 1933. S. 221.

(50) Jean-Richard, Ch.: Réglage automatique d'un transformateur à gradin avec choix automatique du genre de réglage: puissance réactive ou tension. CIGRÉ. 1946/104.

(51) Jean-Richard, Ch.: Les progrès de la technique du relais Delta-VAR. CIGRÉ. 1948/314.

(51a) Jean-Richard, Ch.: Protection de réserve des réseaux à haute tension. Bull. SEV. 1952. S. 137.

(51b) Kinghorn, J. H.: Relay protection for medium-length transmission lines. El. Eng. 1950. S. 314.

(52) Krohne, E.: Betriebs- und Versuchsergebnisse mit den neuen Niederspannungsmaschennetzen der BEWAG. ETZ. 1932. S. 645.

(52a) Krohne, E.: Die Schutzeinrichtungen in den 30-kV- und 6-kV-Netzen der Berliner Kraft- und Licht- (BEWAG) A.G. Elektr.-Wirtschaft 1937. S. 417.

(53) Kuhlmann, K.: Besondere Schutzeinrichtungen gegen gefahrbringende Ströme in elektrischen Netzen. ETZ. 1908. S. 316.

(54) Mangoldt, W.: Das Ausbrennen von Fehlern in Netzen mit Aluminiumkabeln. VDE-Fachb. 1937.

(55) Matena, S.: Le perfectionnement des résaux maillé par l'usage d'un nouveau relais direct et primaire de direction. CIGRÉ. 1950/344.

(56) Mestermann, R.: Elektrizitätsversorgung von Städten durch vielfach gespeiste vermaschte Drehstrom-Niederspannungsnetze mit Maschennetzschaltern. Siem.-Z. 1931. S. 433 u. S. 498.

(57) Otten, F. u. a.: Starkstromkabel und Zubehör. ETZ. 1936. S. 1403.

(58) Oberdorfer, G.: Wirtschaftliche und technische Bedeutung des Generatorschutzes. E und M. 1931. S. 926.

(59) Puppikofer, H.: Die neuen Relais-Konstruktionen der Maschinenfabrik Oerlikon. Bull. Oerl. 1934. S. 881.

(60) Parsons, I. M. und M. A. Bostwick: Neues Maschennetzrelais. El. Journ. 1937. S. 288.

(61) Roche, L.: La protection des réseaux à haute tension. Rev. gén. d'El. 1945. S. 106.

(62) Ramelot, Ch.: Nouveaux dispositifs de protection sélective rapide pour portes abaisseurs à haute tension et cabines principales de distribution à moyenne tension. CIGRÉ. 1946/309.

(63) Ramelot, Ch.: Note sur un nouveau dispositif de protection relais pour neuds de distribution alimentés par une réseau de grand transport. GIGRÉ. 1939. 310.

(64) Schleicher, G. und C. Reinarz: Drehstrom-Niederspannungsmaschennetze in Gebieten großer Verbrauchsdichte. AEG.-Mitt. 1931. S. 594.

(65) Schrank, W.: Schmelzsicherung, Selbstschalter, Motorschutzschalter und Geräteschutz. ETZ. 1937. S. 773.

(66) Solowiew, I. I.: Entwicklung von Relais und automatischen Schutzanlagen in Energiesystemen. Elektritschestwo. 1946. H. 10.

(67) Schimpf, R. und G. Oberdorfer: Störungsbekämpfung in großen Netzen. E und M 1937. S. 185 und S. 199.

(68) Steel, R. W. und A. W. Allwood: Protection system for rural distribution up to 33 kV. JJEE. 1944. S. 10.

(69) Sterner, V.: ASEA-Standard relays and theyr application. ASEA.-J. 1933. S. 42/58.

(70) Sterner, V.: Relay protection for the Krangede Generators and transformers. ASEA.-J. 1937. S. 87.

(72) Sterr, P. v. d.: Zur Entwicklung des Netzschutzes. ETZ. 1933. S. 7.

(73) Szwander, W.: Quelques aspects pratiques des conceptions concernant l'équipment de protection. CIGRÉ. 1950/301.

(74) Titze, H.: Die Bestimmung der Ablaufzeiten von Relais bei veränderlichen Betriebsbedingungen. Elektr.-Wirtsch. 1936. S. 590.

(75) Titze, H.: Die Planung von Schutzsystemen unter Berücksichtigung mehrerer gleichzeitiger oder kurz aufeinander folgender Fehler. VDE-Fachb. 1938. S. 161.

(76) Titze, H.: Die Planung und Bemessung von Schutzeinrichtungen elektrischer Netze. ETZ. 1940. S. 471.

(77) Titze, H.: Neuere Entwicklungen in der Selektivschutztechnik. E und M 1949. S. 301.

(77a) Ver. d. Elektrizitätsw. Begriffserklärungen für den Selektivschutz. Elektr.-Wirtsch. 1952. S. 656.

(77b) Ver. d. Elektrizitätsw. Richtlinien für den Generatorschutz, Elektr.-Wirtsch. 1953, S. 345.

(78) Vrethem, A. und G. Jancke: Systèmes des relais de protection sélective des réseaux à haute tension comportant des longues lignes aériennes. CIGRÉ. 1946/327.

(79) Weissmann, H.: Wie ist ein Transformator am zweckmäßigsten geschützt? Siem.-Z. 1935. S. 67.

(80) Wiarda, E. v.: Kabelbetrieb. ETZ. 1936. S. 1401. Vgl. auch Nr. 21 und 28.

III. Überstrom- und Wärmeschutz

(81) Atabekow, G. I.: Schema eines Dreiphasenrelais für Starkstromleitungen. Elektritschestwo. 1948. H. 8. S. 15.

(82) Bergmann, A. und F. Schoof: Neue kleine Motorschutzschalter. AEG.-Mitt. 1937. S. 309.

(83) Besag, E.: Sbik-Fernwart, ein neuer ferngesteuerter Motorschutzschalter. ETZ. 1932. S. 202.

(84) Bopp, E. und W. Koch: Überstromwächter als Schutz von Generatoren und Anlagen. Siem.-Z. 1931. S. 151.

(*85*) Brockhaus, G.: Hochkurzschlußfeste Primärauslöser hoher Zeitgenauigkeit. AEG.-Mitt. 1940. S. 77.

(*86*) Carlsson, I. E.: Overload protection in motor control gear by thermal relays. ASEA-J. 1935. S. 162.

(*87*) Christeler, E.: Der Oerlikon-Steckautomat Type St, ein Selbstschalter für Niederspannungsanlagen. Bull. Oerl. 1940. S. 1379.

(*88*) Denk, F.: Kurzschlußschutz für Motoren. AEG.-Mitt. 1936. S. 383.

(*88a*)Franken, H.: 30 Jahre Motorschutz. E und M 1952. S. 192.

(*89*) Freytag, E.: Sonderausführungen von Überstromauslösern für Motoren. AEG.-Mitt. 1937. S. 170.

(*90*) Fritz, A. u. E.: Überstromschutz mit fester Staffelung. E und M 1936. S. 14.

(*91*) Fröhlich, F.: Ein neues thermisches Überstromrelais. AEG.-Mitt. 1938. S. 149.

(*92*) Gallop, S. W., und R. H. Bonsfield: Applications and limitations of the inverse time overload relay to the protection of a 11 kV network. JJEE. 1940. S. 113.

(*93*) Gantenberg, W. Gußgekapselte Schaltanlagen mit Motorschutz-Ölfernschaltern. AEG.-Mitt. 1936. S. 362.

(*94*) Gasser, A.: Sicherungen oder Selbstschalter in Niederspannungsanlagen. Bull. SEV. 1937. S. 91.

(*94a*)Geise, F.: Überstromzeitschutz mit Synchronantrieb. Siem.-Z. 1953. S. 104.

(*95*) Gewecke, I.: Thermische Motorschutzauslöser im Aussetzbetrieb. Siem.-Z. 1934. S. 317.

(*96*) Gut, G.: Schaltkasten zum Schutz von Dreiphasenmotoren. BBC.-Mitt. 1926. S. 91.

(*97*) Hopferwieser, S. E.: Motorschutz durch Paketwärmeauslöser in Dauer- und aussetzenden Betrieb. BBC.-Mitt. 1937. S. 135.

(*98*) Hopferwieser, S. E.: Über den Schutz von Motorzuleitungen gegen schädliche Erwärmung. BBC.-Mitt. 1936. S. 255.

(*99*) Hopferwieser, S. E.: Stern-Dreieckschalter mit Paketwärmeauslöser. BBC.-Mitt. 1935. S. 242.

(*100*) Hopferwieser, S. E.: Bemessung und Schutz von Motorzuleitungen. BBC.-Mitt. 1944. S. 310.

(*101*) Horst, A.: Leitungs- und Motorschutzschalter. E und M 1944. S. 284.

(*102*) Imhof, Th.: Das neue Überstromrelais mit Motoranker und unabhängiger Zeitauslösung. Bull. Oerl. 1937. S. 1027.

(*103*) John, S.: Ein neues Überstromzeitrelais. Siem.-Z. 1934. S. 134.

(*104*) Jean-Richard, Ch.: Protection thermique des transformateurs. CIGRÉ. 1950/309.

(*104a*)Klaudy, P.: Schutzeinrichtungen zur thermischen Überwachung von Fahrleitungen. E u. M 1947. S. 113.

(*105*) Klein, J.: Netzschutz mit abhängigen Überstromzeitrelais. AEG.-Mitt. 1937. S. 167.

(*106*) Montsinger, V. M. und G. Camilli: Thermal protection of transformers under overload condition. El.-Eng. 1944. S. 160.

(*107*) Mutter, K.: Neue Motorschutzschalter. AEG.-Mitt. 1938. S. 151.

(*108*) Naef, O. und A. Imhof: Das neue Limitherm-Relais. Bull. Oerl. 1944. S. 1581.

(*109*) Nathorff, G.: Überlastungsschutz durch Bimetallrelais. Siem.-Z. 1932. S. 436.

(*110*) Parschalk, F.: Überlast- und Kurzschlußschutz von Hochspannungs-Anlagen durch Primärrelais. E und M 1938. S. 362.

(*111*) Parschalk, F.: Überlastschutz von Hochspannungsanlagen durch Hauptstrom-Thermorelais. ETZ. 1938. S. 211.

(*112*) Rauber, G.: Motorschutzschalter in handwerklichen Betrieben. AEG.-Mitt. 1935. S. 355.

(*113*) Schmidt, A. M.: Entwicklung des Schraubstöpsel-Selbstschalters. ETZ/E u. M. 1944. S. 449.

(*114*) Schuler, H.: Neuere Motorschutz-Ölschalter. AEG.-Mitt. 1938. S. 153.

(*115*) Shreeve, A. G. und P. I. Shipton: Excess current protection by overcurrent relays on medium voltage circuits. JJEE. 1945. S. 430.

(*116*) Siegfried, Th.: Steckautomat und seine Anwendung als Leitungs-Motorschutzschalter. Bull. SEV. 1942. S. 721.

(*117*) Stark, G.: Schnellarbeitendes Richtungsglied in Schutzeinrichtungen. AEG.-Mitt. 1940. S. 111.

(*118*) Stark, G.: Hochempfindliches und schnellarbeitendes Richtungsrelais. AEG.-Mitt. 1933. S. 220.

(*119*) Stoecklin, J.: Hauptstrom-Thermorelais. BBC.-Mitt. 1937. S. 323.

(*120*) Stoecklin, J.: Das stromanzeigende Sekundärrelais S. BBC.-Mitt. 1935. S. 227.

(*121*) Stösser, I. und E. Bernhardt: Die thermischen Abbilder elektrischer Maschinen als Grundlage eines Überlastschutzrelais. Bull. SEV. 1938. S. 290.

(*122*) Walter, M.: Neue Verfahren beim Überstromzeitschutz. ETZ. 1934. S. 206.

(*123*) Walter, M.: Neue Schutzeinrichtungen für Hochspannungsmotoren mit großen Anlaufströmen. AEG.-Mitt. 1936. S. 357.

(*124*) Wiarda, E. und E. Wilm: Neuzeitlicher Transformatorenschutz. ETZ. 1928. S. 88.

(*125*) Wydler, F.: Die hochkurzschlußfesten Hauptstrom-Zeitauslöser. Bull. Oerl. 1942. S. 1473.

Vgl. auch Nr. 28, 29, 41, 65, 77.

IV. Distanzschutz

(*126*) Bernische Kraftwerke: Betriebserfahrungen mit Schnell-Distanzschutz im 150-kV-Netz der Bernischen Kraftwerke A.-G. Bull. SEV. 1945. S. 805.

(*127*) Biermanns J.: Fehlerschutz in Hochspannungsnetzen. E und M 1925. S. 369.

(*128*) Biermanns, J.: Die Sicherung der elektrischen Stromversorgung. ETZ. 1925. S. 909/954.

(*129*) Braten, I. L. und H. Hoel: Un nouveau relais de distance à grande vitesse. CIGRÉ. 1950/307.

(*129a*) Brown-Boveri: Fortschritte auf dem Gebiet des Schnelldistanzschutzes für kompensierte und starr geerdete Netze. BBC-Nachr. 1953, S. 75.

(*130*) Dahlby, G.: Distances protection. ASEA.-J. 1936. S. 109.

(*131*) Dubusc, R.: Ein neues Distanzrelais. Bull.-SFE. 1936. S. 855.

(*132*) Fröhlich, F.: und G. Stark: AEG-Schnell-Distanzschutz. AEG.-Mitt. 1934. S. 27.

(*133*) Geise, F.: Ein-Relais-Schaltungen des Impedanzschutzes und Schnellschaltmöglichkeit. VDE.-Fachb. 1936. S. 47.

(*134*) Geise, F.: Längsvergleichsschutz mit Impedanzreservezeit als Schutz für große Kabelnetze. Siem.-Z. 1938. S. 446.

(*135*) Gross, E.: Der Einfluß der Transformator-Stern-Dreieck-Schaltung auf den Distanzschutz der Hochspannungsleitungen. E und M. 1937. S. 333.

(*136*) Gross, E.: Die neuere Entwicklung der Distanzschutzschaltungen. E und M 1934. S. 597/612.

(*137*) Gross, E.: Über Schnellselektivschutz in Hochspannungsnetzen. E und M 1933. S. 201.

(*138*) Gutmann, H.: Pendelsperreinrichtungen für schnellarbeitende Distanzrelais. Elektr. Wirtsch. 1940. S. 14.

(*138a*) Hoel, H.: Et nytt hurtigvirkende distansrele, El. Tidskr. 1950. S. 349.

(*139*) Macpherson, R. H. u. a.: Electronic protective Relays. El. Eng. 1949. S. 122.

(*140*) Matthey-Doret, A.: Protection de distance rapide pour réseaux aériens à moyenne tension. Bull. SEV. 1942. S. 718.

(*141*) Matthey-Doret, A.: Schnelldistanzschutz. BBC.-Mitt. 1941. S. 130.

(*142*) Matthey-Doret, A.: Protection de distance rapide à une periode. CIGRÉ. 1950/312.

(*143*) Neugebauer, H.: Lichtbogenwiderstand und widerstandsabhängiger Zeitstaffelschutz. Elektr. Wirtsch. 1938. S. 396.

(*144*) Neugebauer, H.: Schnellabschaltung beim Selektivschutz. ETZ. 1934. S. 181.

(*145*) Neugebauer, H.: Kennliniengestaltung beim widerstandsabhängigen Schutz. Siem.-Z. 1938. S. 25.

(*146*) Neugebauer, H. und F. Geise: Eilimpedanzrelais. Siem.-Z. 1932. S. 47.

(*147*) Neugebauer, H.: Schnellimpedanzschutz RZ 4. Siem.-Z. 1936. S. 272.

(*148*) Neugebauer, H.: Gleichstrom-Drehspulrelais mit Gleichrichter für die Selektivschutztechnik. ETZ. 1950. S. 389.

(*148a*) Neugebauer, H.: Meßtechnische Grundlage der Widerstandsmessung beim neuen Siemens-Leitungsschutz. Siem.-Z. 1951. S. 244.

(*149*) Parschalk, F.: Der BBC-Schnelldistanzschutz für Freileitungsnetze. BBC.-Nachr. 1941. H. 2.

(*150*) Poleck, H.: Drehstrom-Reaktanzschutz. Siem.-Z. 1932. S. 272.

(*151*) Poleck, H. und J. Sorge: Zeitstufen-Reaktanzschutz für Hochspannungs-Freileitungen. Siem.-Z. 1928. S. 694.

(*151a*) S c h ä r, F.: Erfahrungen mit der Schnellwiedereinschaltung auf der 150-kV-Leitung Gösgen–Lavorgo. Bull. Sev. 1952. S. 160.

(*152*) S c h i m p f, R.: Verhalten des Selektivschutzes beim Außertrittfallen von Kraftwerken. ETZ. 1933. S. 1134.

(*153*) S o r g e, J. und M. W e l l h ö f e r: Impedanzschutz für Kabel und Freileitungen. Siem.-Z. 1928. S. 668.

(*154*) S t a r k, G.: Die Anwendung eines neuartigen Meßgliedes in Schnelldistanzrelais. VDE-Fachb. 1938. S. 158.

(*154a*) Stark, G.: Fortschritte im Bau von Selektivschutzeinrichtungen. Elektrotechnik. 1951. S. 401.

(*155*) S z i e g h a r d, V.: Der Doppelerdschluß in Hochspannungskabelnetzen und seine Beseitigung durch Distanzrelais. ETZ. 1934. S. 928.

(*156*) T h e w a l d, A.: Doppelerdschlußerfassung beim Widerstands-Staffelschutz. Siem.-Z. 1938. S. 355.

(*157*) T h e w a l d, A.: Das Verhalten des Selektivschutzes bei Pendelungen. ETZ. 1951. S. 20.

(*158*) W a l t h e r, G.: Schnelldistanzrelais mit gebrochener Kennlinie. AEG-Mitt. 1938. S. 99.

(*159*) W a r r i n g t o n, A. R. von C.: A high speed reactance relay. El. Eng. 1933. S. 248.

(*160*) W i d e r o e, R.: Über technische Probleme der gekuppelten Kraftwerke in Ostnorwegen. E und M 1937. S. 622.
Vgl. auch Nr. 21, 26, 76, 78, 117, 118.

V. Vergleichsschutz

(*161*) ASEA: Generator and transformer protection. ASEA.-J. 1946. S. 34.

(*162*) B e r t o l a, G.: Fortschritte im Transformatorschutz durch einschaltsichere Prozentdifferentialrelais. BBC.-Mitt. 1945. S. 129.

(*163*) B o r b e r g, H.: Hochfrequenz-Selektivschutz. ETZ. 1937. S. 237.

(*164*) C h e v a l l i e r, A.: Propagation d'ondes à haute fréquence le long d'une ligne triphasée symétrique. Rev. gén. d'El. 1945. S. 25.

(*165*) C h e v a l l i e r, A.: Propagation d'ondes porteuses à haute fréquence sur une ligne à haute tension. CIGRÉ. 1946/305.

(*166*) D u b u s c, R.: Les schémes de protection différentielle des transformateurs. CIGRÉ. 1935/120.

(*167*) E s t o r f f, W.: Lypro-Kabelschutz. ETZ. 1922. S. 1029.

(*168*) F a b r i k a n t, W. L. und G. T. G r e k: Differentialschutz bei Erdschluß des Stators von Generatoren. Elektritschestwo. 1948. H. 6.

(*168a*) F e r s c h l, L.: Neuartige, stabilisierte Differentialschutzeinrichtungen. E und M 1953. S. 285.

(*169*) G e i s e, F.: Schnelldifferentialschutz für Großtransformatoren und die Netzstaffelung. Siem.-Z. 1938. S. 491.

(*170*) G e i s e, F.: Der stabilisierte Differentialschutz. Siem.-Z. 1932. S. 413.

(*171*) G e i s e, F.: Fortschritte beim Bau von stabilisierten Differentialschutz-Anlagen. Siem.-Z. 1936. S. 283.

(*172*) H ö c h s t e t t e r, H.: Das Lypro-System. ETZ. 1921. S. 1154.

(*173*) H o e l, H. und J. S t o e c k l i n: Ein einschaltsicheres Prozentdifferentialrelais für Transformatoren. Bull. SEV. 1945. S. 160.

(*174*) H a n c e s s, E.: Hochfrequenz-Telephonie und Fernwirkübertragungen im Dienste der Elektrizitätswerke. BBC.-Mitt. 1944. S. 335.

(*175*) J a h n, F.: Schnellarbeitender Längsdifferentialschutz. AEG.-Mitt. 1940. S. 163.

(*176*) J a h n, F. und H. G u t m a n n: Der Stromrichtungs-Vergleichsschutz. Elektr.-Wirtsch. 1938. S. 113.

(*177*) K a u f m a n n, M. und W. S z w a n d e r: Busbar protection. JJEE. 1943. S. 273.

(*178*) K u h l m a n n, K.: Besondere Schutzeinrichtungen gegen gefahrbringende Ströme in elektrischen Netzen. ETZ. 1908. S. 316.

(*178a*) L e n s n e r, H. W.: Protective relaying systems using microwave channels. El. Eng. 1952. S. 400.

(*179*) M a r e t, A.: Längsdifferentialschutz mit Röhrenrelais. Bull. SEV. 1938. S. 507.

(*180*) N e h e r, I. H.: Selektivschutz mit Verbindungsleitungen. El. Eng. 1934. S. 162.

(*181*) N e h e r, I. H.: The use of communication facilities transmission line relaying. Trans. AIEE. 1933. S. 595.

(*182*) N e u g e b a u e r, H.: Streckenschutz mit Hochfrequenzverbindung. Siem.-Z. 1934. S. 83.

(183) Neugebauer, H.: Grundschaltungen für den Richtungsvergleich beim Streckenschutz. Siem.-Z. 1933. S. 332.
(184) Neugebauer, H.: Was ist Streckenschutz? Siem.-Z. 1933. S. 94.
(184a) Neugebauer, H.: Meßtechnische Grundlage des neuen Siemens-Differentialschutzes. Siem.-Z. 1952. S. 219.
(185) Parschalk, F.: Neue Relais für den Netzschutz. ETZ. 1936. S. 278.
(186) Rottsieper, K.: Fortentwicklung des Kabelschutzes Pfannkuch. AEG.-Mitt. 1931. S. 473.
(187) Ruban, V. I.: Differentialschutz und Erdfehlerschutz von Generatoren. Elektr. Stantii. 1939. VII. S. 30.
(188) Schiller, H.: Betriebserfahrungen mit Transformatoren. Bull. SEV. 1944. S. 663.
(189) Schneider, J.: Differentialschutz für Doppelleitungen in Netzen mit geerdetem Nullpunkt. BBC.-Mitt. 1937. S. 245.
(189a) SEV.: Regeln und Leitsätze für Hochfrequenzverbindungen auf Hochspannungsleitungen. Bull. SEV. 1953. S. 593.
(190) Scnnemann, W. K.: A high-speed differential relay for generator protection. Trans. AJEE 1940. S. 608.
(191) Stark, G.: Ein neues Differentialrelais. E und M 1931. S. 177.
(192) Sterner, V.: ASEA standard-Relays and theyr application. ASEA-J. 1936. S. 278.
(193) Thewald, A.: Einsystemiger Streckenschutz. Siem.-Z. 1936. S. 278.
(194) Traver, O. C., J. Auchincloss und E. H. Bancker: Pilot protection by power directed relay using carrier currant. Gen. el. Rev. 1932. S. 567.
(195) Wertli, A.: Einfluß des Rauhreifs auf die Fortpflanzung hochfrequenter Wellen über Hochspannungsleitungen. BBC.-Mitt. 1944. S. 362.
(196) Wilson, W.: The protection of supply networks. Electrician. 1924. S. 624.
(197) Wilson, W.: Kabelschutzsystem Ferranti-Howkins. El. Rev. 1921. S. 563.
(198) Vrethem, A. und G. Jancke: Développements récents de la protection aériennes à très haute tension. CIGRÉ 1946/338.
Vgl. auch Nr. 21, 29, 30, 34, 135.

VI. Erdschlußschutz

(199) Barsan, A. B.: Berechnungen des Generator-Erdschlusses. Elektritschestwo. 1948. H. 2. S. 58.
(199a) Blackburn, I. L.: Ground faults relay protection of transmission lines. El. Eng. 1952. S. 1119.
(200) Bopp, E.: Der hochempfindliche Gestellschlußschutz für unmittelbar das Netz speisende Generatoren. Siem.-Z. 1938. S. 53.
(201) Bopp, E.: Der grundsätzliche Aufbau der fünf Hauptfehler-Überwachungssysteme des Generatorschutzes. Siem.-Z. 1936. S. 405.
(202) Brown, H. I.: Automatic selective isolation of sustained earthfaults on a network protected by Petersen coils. JJEE. 1944. S. 21.
(203) Bütow, W.: Die Überwachung des Isolationszustandes nicht geerdeter Gleichstromnetze mit einem wattmetrischen Instrument. ETZ. 1931. S. 502.
(204) Bütow, W.: Die Entwicklung des Erdschlußschutzes für Stromerzeuger. AEG.-Mitt. 1937. S. 233.
(205) Bütow, W.: Erdschlußschutz für Generatoren. Elektr.-Wirtsch. 1930. S. 301.
(206) Denzel, P.: Falschmeldungen von Erdschlußrelais und ihre Verhütung. AEG.-Mitt. 1931. S. 342.
(207) Diesendorf, W. und E. Gross: Zur Theorie der Pohlschen Nullpunktsverlagerung für vollständigen Gestellschlußschutz. E und M 1936. S. 253.
(208) Ducrot, M.: Study of protection against earthing in threephase networks. Rev. gén. d'El. 1939. S. 545.
(209) Fleischhauer, W.: Erdschlußsuchschaltungen zum Feststellen fehlerhafter Leistungen in offen betriebenen Netzen. Siem.-Z. 1935. S. 565.
(210) Geise, F.: Erdschlußmelder mit Anregesperre. Siem.-Z. 1931. S. 493.
(210a) Geise, F.: Erdschlußschutz. Siem.-Z. 1952. S. 78.
(211) Golds, L. B. S. und C. L. Lipman: A modern earthfault relay equipment for use on systems protected by Petersen coils. JJEE. 1944. S. 377.
(212) Gilbert, I. C.: Voltage operated earth leakage protection. JJEE. 1941. S. 183.

(*213*) Gross, E. und W. Weller: Über die zulässige Empfindlichkeit von Erdschlußrelais in Hochspannungsnetzen. E und M 1932. S. 117.

(*214*) Lippa, E.: Der Erdschlußschutz in den Hochspannungsverteilnetzen der WEW. E und M 1937. S. 233/249.

(*215*) Meyer, K.: Ein neues wattmetrisches Erdschlußrelais. AEG.-Mitt. 1936. S. 84.

(*216*) Neugebauer, H.: Ein neuartiges Prinzip zum Erfassen von kurzzeitigen Erdschlüssen mittels eines Wanderwellenrichtungsanzeigers. Siem.-Z. 1936. S. 287.

(*217*) Piloty, H.: Ein neues Erdschlußanzeigerelais. AEG.-Mitt. 1936. S. 84.

(*218*) Pohl, R.: Neuzeitliche Turbogeneratoren und Luftkühler. ETZ. 1927. S. 320.

(*219*) Scheu, H.: Erdschlußschutz für Drehstromerzeuger. AEG.-Mitt. 1940. S. 115.

(*220*) Schulze, E.: Erdschlußprobleme in großen Kabelnetzen. Elektr.-Wirtsch. 1933. S. 277/298.

(*221*) Stalder, H.: Generatorerdschlußschutz. BBC.-Mitt. 1944. S. 392.

(*222*) Titze, H.: Übersicht über den Stand des Erdschlußschutzes. ETZ. 1937. S. 101.

(*223*) Touly, M.: Protection sélective par lampes electroniques. CIGRÉ. 1948/316.

(*223a*) Weller, W.: Erdschlußkompensation und Schutzeinrichtungen. ÖZE. 1951. S. 148.

(*223b*) Westphal, B.: Ständer-Erdschlußschutz von Generatoren. Siem.-Z. 1953. S. 134.

Vgl. auch Nr. 16, 19a, 29, 30, 77, 78, 186.

VII. Sicherungen

(*224*) Altbürger, P.: Absicherung von Netztransformatoren und Versuche mit einfachen Hochspannungssicherungen. Elektr.-Wirtsch. 1933. S. 544.

(*225*) Bogenschütz, R.: Neuer Weg im Bau von überstromträgen Sicherungen. ETZ. 1938. S. 619.

(*226*) Driescher, F.: Neue Wege im Bau von Hochleistungspatronen. ETZ. 1938. S. 264.

(*227*) Driescher, F.: Eine neue Hochleistungs-Sicherungspatrone für Niederspannungsnetze. ETZ. 1950. S. 81.

(*228*) Ely, O.: Ein beachtenswerter Fortschritt auf dem Gebiete der zweiteiligen Schraubstöpsel-Sicherung. ETZ. 1924. S. 593.

(*229*) Grillet, I.: Hochleistungssicherungen. Rev. gén. d'El. 1938. S. 623.

(*230*) Hermanni, A.: Die letzte Entwicklung elektrischer Schmelzstöpsel und ihre fabriksmäßige Herstellung. ETZ. 1910. S. 932/969.

(*231*) Hendeberg, H.: Highcapacity fusible cutbuts for voltages of up to 525 V, Type SL. ASEA-J. 1940. S. 41.

(*232*) Junck, E.: Aufbau, Wirkungsweise und Vorteile der Tardo-Sicherung. ETZ. 1929. S. 1397.

(*233*) Klement, W.: Das Wesen der trägen Schmelzsicherungen und ihr Zweck. Siem.-Z. 1937. S. 425.

(*234*) Klement, W.. Entstehung und Fortentwicklung der Schmelzsicherungen. ETZ. 1909. S. 75/106.

(*235*) Klement, W.: Tedi-Patronen. Siem.-Z. 1931. S. 229.

(*236*) Läpple, H.: Die Lichtbogenlöschung in körnigen Löschmitteln bei Hochspannungssicherungen. ETZ. 1937. S. 369/426.

(*237*) Läpple, H.: Die neue Hochspannungs-Hochleistungssicherung. Siem.-Z. 1931. S. 65.

(*238*) Läpple, H.: Die Vorgänge bei der Kurzschlußunterbrechung mit schnellschaltenden Sicherungen. VDE-Fachb. 1934. S. 72.

(*239*) Lohausen, K. A.: Hochspannungssicherungen. E und M 1935. S. 385.

(*240*) Morgan, P. D.: Streifensicherungen aus verzinntem Kupferdraht. JJEE. 1929. S. 926.

(*241*) Müller, H.: Neue Hochspannungs-Hochleistungs-Sicherungen. BBC.-Mitt. 1937. S. 248.

(*242*) Müller, H.: Abschmelzcharakteristik von Schmelzsicherungen. Bull. SEV. 1947. S. 425.

(*243*) Muth, H. und K. Zimmermann: Steuerbare Sicherungen in Maschennetzbetrieben. ETZ. 1938. S. 1257.

(*244*) Nettleton, L. A.: Neue Sicherungen im Maschennetz von Brooklyn. El. Eng. 1936. S. 1046.

(245) Patzelt, F.: Hausanschlußsicherungen. ETZ. 1921. S. 437.
(246) Riecke, R.: Eine Ursache des Versagens von Sicherungen. ETZ. 1942. S. 335.
(247) Schatz, J.: Eignung von Kupfer-Silber-Manteldrähten zu Schmelzeinsätzen in elektrischen Sicherungen. ETZ./E und M 1944. S. 341.
(248) Schoof, F.: Über die betriebsmäßige Erwärmung von großen D-Sicherungsstöpseln. ETZ. 1922. S. 431.
(249) Wehrle, C.: Neue Wege im Sicherungsbau. AEG.-Mitt. 1931. S. 601.
Vgl. auch Nr. 65, 94.

VIII. Kurztrennung und Inbetriebhaltung

(250) Ailleret, P.: Klärung vorübergehender Fehler auf Verbundleitungen durch Schnellwiedereinschaltung. Bull. SFE. 1938. S. 341.
(251) Anderson, A. E.: Automatic reclosing of oil circuit breakers. El. Eng. 1934. S. 48.
(252) Cabanes, u. a.: Résultats pratiques d'un nouveau dispositif de locatisation des défauts pour incidents fugitifs et quelques resultats d'exploitation de réenclenchement lent et de rebouclage automatique. CIGRÉ. 1950/341.
(252a) Couvreur, C.: Résultats d'essais obtenus sur disjoncteurs à réenclenchement rapide BBC au poste de Clichy-sous-Bois. Bull. SEV. 1952. S. 533.
(253) Dahlby, G.: Automatic reclosing device for feeder switches. ASEA-J. 1940. S. 30.
(254) Feindt, H.: Einanker-Umformer mit neuzeitlichem Schutz bei Netzstörungen. ETZ. 1937. S. 599.
(255) Feindt, H.: Inbetriebhaltung großer Asynchronmotoren mit Schleifringläufer bei Spannungsabsenkungen. ETZ. 1932. S. 1193.
(256) Fleck, B. und F. Schultheiß: Druckgasschalter für Kurzschlußfortschaltung. AEG.-Mitt. 1940. S. 71.
(257) Fleck, B. und G. Stark: Neues Wiedereinschaltrelais für sofortige und verzögerte Wiedereinschaltung. AEG.-Mitt. 1939. S. 173.
(258) Grieb, F.: Einordnung der Kurzschlußfortschaltung in den Netzbetrieb. Bull. SEV. 1945. S. 181.
(259) Harrington, E. I. und E. C. Starr: Deionization time of fault arc paths. El. Eng. 1950. H. 2. S. 130.
(260) Kronauer, E.: Wiedereinschaltvorrichtungen für Schalter mit selbsttätiger Auslösung. BBC.-Mitt. 1934. S. 191.
(261) Margoulies, M. S. und M. E. Hubert: Le réenclenchement ultrarapide des disjoncteurs. CIGRÉ. 1946/105.
(262) Mayr, O.: Kurzschlußfortschaltung. VDE-Fachb. 1938. S. 158.
(262a) Roche, L.: Le réenclenchement automatique sur le réseau français Bull. SFE. 1952. S. 501.
(263) Sporn, Ph. u. a.: Experience with ultra high speed reclosing of high voltage transmission lines. El. Eng. 1939. S. 625.
(264) Thommen, H.: Recherches sur le réenclenchement rapide en cas des court circuit sur les réseaux aériens et sa réalisation par l'emploi du disjoncteur pneumatique ultrarapide. CIGRÉ. 1939/108.
(264a) Thoren, B.: Rapid reclosing tests on a distribution network. ASEA-J. 1952. S. 102.
Vgl. auch Nr. 45.

IX. Relaisprüfung und Betrieb

(265) Ahlen, H.: A portable relay testing outfit. ASEA-J. 1937. S. 102.
(266) Brauer, W.: AEG-Störungsschreiber. AEG.-Mitt. 1937. S. 62.
(267) Brookman, J. R.: Maintenance of relay and associated equipment. JJEE. 1940. S. 485.
(268) Fröhlich, F.: Die Prüfung von Schutzrelais. AEG.-Mitt. 1937, S. 473.
(269) Geise, F. und O. Kessler: Eine neue Einrichtung zum Nachprüfen von Sekundärrelais während des Betriebes. Siem.-Z. 1932. S. 171.
(270) Johannsen, K.: Relaisprüfeinrichtungen. AEG.-Mitt. 1939. S. 476.
(271) Kannengießer, P.: Schutzkreis-Überwachung in Schaltanlagen. AEG.-Mitt. 1929. S. 709.
(272) Lange, W.: Ein neuer Siemens-Störungsschreiber ohne Anlaufverzögerung. Siem.-Z. 1938. S. 393.

(*273*) Laue, F. J. und W. Carson: L'entretien de l'appareillage de protection dans les réseaux à haute tension. CIGRÉ. 1950/328.
(*274*) Ofenschüssel, G.: Symmetrie-Überwachung von Batterien. E und M 1943. S. 380.
(*275*) Podlusky, M. W.: Prüfung und Wartung von Schutzrelais in Kraftwerken und Industrieanlagen. E und M 1944. S. 417.
(*276*) Rimmark, L.: Zweckmäßige Prüfverfahren für den Selektivschutz. VDE-Fachb. 1936. S. 44.
(*277*) Rimmark, L.: Prüfverfahren für Netzschutzrelais. Siem.-Z. 1936. S. 305.

X. Sonstiges

(*278*) Bopp, E.: Windungsschluß für Generatoren. Siem.-Z. 1936. S. 492.
(*279*) Buchholz, M.: Das Buchholz-Schutzsystem und seine Anwendung in der Praxis. ETZ. 1928. S. 1257.
(*280*) Keller, R. und G. Courvoisier: Entregungsschaltungen. BBC.-Mitt. 1945. S. 175.
(*281*) Prinz, H.: Das neue Siemens-Buchholzrelais. Siem.-Z. 1936. S. 298.
(*282*) Schimpf, R.: Generatorschutz bei Gegenlauf-Radial-Turbinen. Siem.-Z. 1935. S. 128.
(*283*) Schmohl, E.: Über aus Betriebserfahrungen abgeleitete Verbesserungen am Buchholzrelais. VDE-Fachb. 1936. S. 27.
(*284*) Schwenkhagen, H.: Der Buchholzschutz und seine Anwendungen in der Praxis. VDE-Fachb. 1928. S. 27.
(*285*) Täuber, K.: Der Täuberschutz. ETZ. 1939. S. 314.
(*286*) Wideroe, R.: Thyratron tubes in relay practice. Trans. AJEE. 1934. S. 1347.

Sachverzeichnis

Berichtigungen zu Band I.

Seite 6, Gl. 10 lies: $a = 1\,\underline{|120^0} = -\dfrac{1}{2} + j\,\dfrac{1}{2}\sqrt{3}$, statt: $-j\,\dfrac{1}{2}\sqrt{3}$.

$\qquad a^2 = 1\,\underline{|240^0} = -\dfrac{1}{2} - j\,\dfrac{1}{2}\sqrt{3}$, statt: $+j\,\dfrac{1}{2}\sqrt{3}$.

Seite 54, Zeile 12 von oben lies: T, T′, S′ T′, statt: T, T′, ST′.

Seite 56, Abb. 32: Im rechten unteren Diagramm S und T vertauschen.

Seite 58, Zeile 6 von oben lies: Abb. 35, statt 36.

Seite 76, Gl. 113 lies: $\mathfrak{J}_{IIM} = \mathfrak{J}_{IIIM} - \mathfrak{J}_{2M}$, statt $-\mathfrak{J}_{IIM} + \mathfrak{J}_{2M}$.

$\qquad$ Gl. 115 lies: im Zähler $(\mathfrak{z}_{I\,II} + \mathfrak{z}_{II})$- statt $(\mathfrak{z}_{I\,II} + \mathfrak{z}_{I})$.

$\qquad$ Gl. 116 lies: $\left(\dfrac{\mathfrak{z}_{II}}{\mathfrak{z}} + \dfrac{2}{3}\,\dfrac{\mathfrak{z}_{I\,II}}{\mathfrak{z}}\right)$, statt $\left(\dfrac{\mathfrak{z}_{I}}{\mathfrak{z}} + \dfrac{2}{3}\,\dfrac{\mathfrak{z}_{I\,II}}{\mathfrak{z}}\right)$.

Seite 94, Gl. 148: lies im Zähler $1 - 2a\,\sin^2\omega_{E}\,\dfrac{t}{2}$, statt $1 - 2a\,\sin\omega_{E}\,\dfrac{t}{2}$.

Seite 105, Zeile 13 von oben lies: Leerlauf-, statt Streu-,

$\qquad$ Zeile 16 von oben lies: kleiner, statt noch wesentlich größer.

Seite 108, Zeile 11 von oben: in der Klammer muß es heißen:
$\qquad\qquad$ (Längs- und Querregler)

$\qquad$ Zeile 13 von oben: lies angenähert gleich, statt gleich.

Seite 114, Zeile 28 von oben: lies $M\Omega \cdot km$, statt $M\Omega/km$.

Seite 116, Gl. 192, lies: 0,124 statt 0,8, in der Klammer ergänzen „in cm".

Seite 117, Abb. 84 Erdkapazität in $\mu F/km$ angegeben.

Seite 124, Zeile 22 von oben lies: $x_D = j\,33\,\Omega$, statt $j\,3,3\,\Omega$.

$\qquad$ Zeile 33 von oben lies: $0.5\,\underline{|43^0} + \dfrac{4\,(3 + 1,5)}{8,5}\,\underline{|43^0}$. (Im Zähler fehlt die 4).

Seite 161, Gl. 236 lies: GD^2, statt GD.

Fehler und Fehlerschutz in elektrischen Drehstromanlagen. Von Dr.-Ing. **Hans Titze**, Wien. In zwei Bänden.
Band I: **Die Fehler und ihre Berechnung.** Mit 100 Textabbildungen. VII, 170 Seiten. 1951.   Ganzleinen S 120.—, DM 24.—, $ 5.70, sfr. 24.50
„...Im vorliegenden ersten Band behandelt der Verfasser nach ausführlicher Darlegung der mathematischen Grundlagen die elektrischen Vorgänge bei den verschiedenen Fehlerarten wie Kurzschluß, Erdschluß usw. Dann geht er auf die Berechnung der Fehlerströme und Fehlerspannungen ein und gibt die Berechnungsverfahren klar und verständlich an. Der erste Band stellt bereits eine wesentliche Bereicherung des Schrifttums dar und ist allen in der Praxis stehenden Ingenieuren, die mit diesem Arbeitsgebiet in Berührung kommen, sowie allen Studierenden sehr zu empfehlen.“   *VDI-Zeitschrift*

Hochspannungstechnik. Von Dr.-Ing. **Arnold Roth**, Delegierter des Verwaltungsrates der Sprecher & Schuh A.-G. in Aarau (Schweiz). Dritte, vollständig neubearbeitete und vermehrte Auflage. Herausgegeben unter Mitwirkung von Professor Alfred Imhof, Direktor der Moser-Glaser & Co. A.-G., Muttenz (Schweiz). Mit 743 Abbildungen im Text sowie 98 Zahlentafeln. IX, 704 Seiten. 1950.
S 315.—, DM 63.—, $ 15.—, sfr. 65.—; Halbl. S 336.—, DM 67.—, $ 16.—, sfr. 69.—

Die Hochspannungs-Freileitungen. Von Dr.-Ing. **Karl Girkmann**, o. Prof. an der Technischen Hochschule in Wien und Dr.-Ing. **Erwin Königshofer**, Oberingenieur der Österreichischen Elektrizitätswirtschafts A. G. (Verbundgesellschaft) in Wien. Zweite, erweiterte Auflage. Mit 592 Abbildungen im Text und 124 Zahlentafeln. XV, 655 Seiten. 1952.
Ganzleinen S 470.—, DM 94.—, $ 22.40, sfr. 96.—

Elektrische Maschinen. Eine Einführung in die Grundlagen. Von **Theodor Bödefeld**, Prof., Dr.-Ing., Berlin, und **Heinrich Sequenz**, Prof., Dr. techn., Dr.-Ing., Dr. phil., Wien. Fünfte Auflage mit Ergänzungen. Mit insgesamt 655 Abbildungen. XXVI, 502 Seiten. 1952.
S 127.50, DM 25.50, $ 6.10, sfr. 26.20; Ganzl. S 142.—, DM 28.50, $ 6.80, sfr. 29.20

Die Wicklungen elektrischer Maschinen. Von Dipl.-Ing., Dr. techn., Dr.-Ing., Dr. phil. **Heinrich Sequenz**, o. Professor a. D. der Technischen Hochschule in Wien. In vier Bänden.
Band I: **Wechselstrom-Ankerwicklungen.** Mit 408 Textabbildungen. XX, 365 Seiten. 1950.   S 189.—, DM 37.—, $ 9.—, sfr. 39.—
Ganzleinen S 208.—, DM 40.—, $ 9.90, sfr. 42.50
Band II: **Wenderwicklungen.** Mit 423 Textabbildungen. XVI, 331 Seiten. 1952.   S 270.—, DM 54.—, $ 12.90, sfr. 56.—
Ganzleinen S 285.—, DM 57.—, $ 13.50, sfr. 59.—
Band III: **Wechselstrom-Sonderwicklungen.** *In Vorbereitung.*
Band IV: **Herstellung der Wicklungen.** *In Vorbereitung.*

Technische Elektrodynamik. Von Dr.-Ing., Dipl.-Ing. **Franz Ollendorff**, Professor der Elektrotechnik und Vorstand des Elektrotechnischen Laboratoriums der Hebräischen Technischen Hochschule Haifa, Mitglied des wissenschaftlichen Forschungsrates für Israel.
Band I: **Berechnung magnetischer Felder.** Mit 287 Textabbildungen. X, 432 Seiten. 1952.   Ganzleinen S 330.—, DM 66.—, $ 15.70, sfr. 67.50
Band II: **Innere Elektronik.** Teil 1: Elektronik des Einzelelektrons; Teil 2: Elektronik von Kollektiven. *In Vorbereitung.*
Weitere Bände werden folgen.

Kurzgefaßte Elektrizitätswirtschaftslehre. Von Dr. techn. **Erwin Königshofer**, Wien. Mit 17 Textabbildungen. VII, 127 Seiten. 1952.
Steif geheftet S 48.—, DM 9.60, $ 2.30, sfr. 10.—

If you have any concerns about our products,
you can contact us on
ProductSafety@springernature.com

In case Publisher is established outside the EU,
the EU authorized representative is:
Springer Nature Customer Service Center GmbH
Europaplatz 3, 69115 Heidelberg, Germany

Printed by Libri Plureos GmbH
in Hamburg, Germany